전산응용기계제도
실기·실무

주요 저서

1996	전산응용기계설계제도
1997	제도박사 98 개발
1998	기계도면 실기/실습 「도서출판 일진사」
2001	전산응용기계제도 실기 「고시연구원」
2002	Practical Engineering Drawing 시리즈(2권) 저
2006	Creative Engineering Drawing 시리즈(5권) 저
	KS규격집 기계설계 「예문사」
2007	전산응용기계제도 실기/실무 「예문사」
	전산응용기계제도 실기 출제도면집 「예문사」
2012	AutoCAD-2D 활용서 「예문사」
	AutoCAD-2D와 기계설계제도 「예문사」
2015	기능경기대회 공개과제 도면집 「예문사」
2018	권사부의 인벤터-3D 실기 「예문사」
2023	컴퓨터응용가공선반/밀링기능사 필기 「예문사」
2023	기계 인벤터 3D/2D 실기 활용서 「예문사」

저자 약력

다솔유캠퍼스 대표
고용노동부 과정평가형 자격 지정종목 검토위원
산업통상자원부 기술표준원 ISO 기계제도 표준위원

대표 강좌

권사부의 도면해독 실기이론
기계AutoCAD-2D 3일 완성
인벤터-3D/2D 실기
인벤터-3D 실기
기계제도-2D

늘 **기본에 충실히**
탑을 쌓듯이 **차근차근**

아무리 훌륭한 CAD 솔루션이라 할지라도 설계자 위에 있을 수는 없습니다.
그것은 설계를 하기 위한 툴이고 도구일 뿐입니다.
중요한 것은 창조적인 설계 능력과 도면화할 수 있는 설계 제도 기술입니다.

이 책은 기계설계제도의 기본에서 기하공차 적용 부분까지 자격증취득은 물론
실무에서도 활용할 수 있도록 심도 있게 구성해 놓았으며,
과제도면은 유형별 분류 및 부품명 해설을 통해 도면 분석에 보다 쉽게 접근할 수 있도록 하였습니다.

이 책이 기계설계분야에 첫발을 내딛는 입문자, 비전공자들에게 밝은 빛이 되어줄 것이라 믿습니다.

다솔유캠퍼스 연구진들의 땀과 정성으로 만든 이 책이 누군가에게는 기회를 만들 수 있는 초석이 되었으면 하는 바람입니다.

권신혁

1996

전산응용기계설계제도

1998

제도박사 98 개발
기계도면 실기/실습

2001

전산응용기계제도 실기
전산응용기계제도기능사 필기
기계설계산업기사 필기

2007

KS규격집 기계설계
전산응용기계제도 실기 출제도면집

2008

전산응용기계제도 실기/실무
AutoCAD-2D 활용서

1996

다솔기계설계교육연구소

2000

㈜다솔리더테크
설계교육부설연구소 설립

2002

(주)다솔리더테크
신기술벤처기업 승인

2008

다솔유캠퍼스 통합

2010

자동차정비분야
강의 서비스 시작

2001

다솔유캠퍼스 오픈
국내 최초 기계설계제도
교육 사이트

2012

홈페이지 1차 가

Since 1996

Dasol U-Campus

다솔유캠퍼스는 기계설계공학의 상향 평준화라는 한결같은 목표를 가지고 1996년 이래 교재 집필과 교육에 매진해 왔습니다.
앞으로도 여러분의 꿈을 실현하는 데 다솔유캠퍼스가 기회가 될 수 있도록 교육자로서 사명감을 가지고 더욱 노력하는 전문교육기업이 되겠습니다.

2011

전산응용제도 실기/실무(신간)
KS규격집 기계설계
KS규격집 기계설계 실무(신간)

2012

AutoCAD-2D와 기계설계제도

2013

전산응용기계제도실기 출제도면집

2014

NX-3D 실기활용서
인벤터-3D 실기/실무
인벤터-3D 실기활용서
솔리드웍스-3D 실기/실무
솔리드웍스-3D 실기활용서
CATIA-3D 실기/실무

2015

CATIA-3D 실기활용서
기능경기대회 공개과제 도면집

2017

CATIA-3D 실무 실습도면집
3D 실기 활용서 시리즈(신간)

2018

기계설계 필답형 실기
권사부의 인벤터-3D 실기

2019

박성일마스터의 기계 3역학
홍쌤의 솔리드웍스-3D 실기

2020

일반기계기사 필기
컴퓨터응용가공선반기능사
컴퓨터응용가공밀링기능사

2021

건설기계설비기사 필기
기계설계산업기사 필기
전산응용기계제도기능사 필기
CATIA-3D 실기/실무 II

2022

UG NX-3D 실기 활용서
GV-CNC 실기/실무 활용서

2013

홈페이지 2차 개편

2015

홈페이지 3차 개편
단체수강시스템 개발

2016

오프라인
원데이클래스

2017

오프라인
투데이클래스

2018

국내 최초 기술전문교육
브랜드 선호도 1위

2020

홈페이지 4차 개편
Live클래스
E-Book사이트(교사/교수용)

2021

모바일 최적화 1차 개편
YouTube 채널다솔 개편

2022

모바일 최적화 2차 개편

이 책의 **특징과 구성**

실제 형상 이미지

형상 이해 및 제도법을 쉽게 설명하기 위해
풍부한 이미지를 적용했습니다.

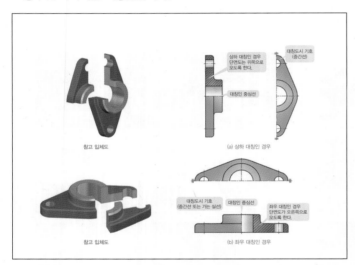

좋은 예, 나쁜 예

도면을 표현하는 좋은 예와 나쁜 예를 비교해 줍니다.
바람직한 방법으로 도면을 표현하세요.

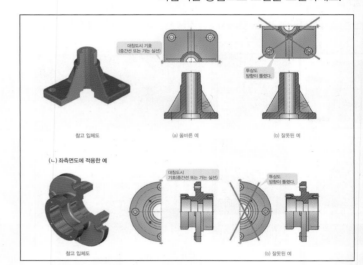

말풍선 설명

말풍선으로 설명되는 부분에도 중요한 내용이 있습니다.
그냥 지나치지 마세요.

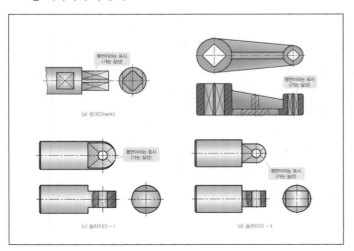

실제 적용 예

단원이 끝나면 실제(과제)도면에 적용하는 방법들을
알려주니 꼭 봐야 합니다.

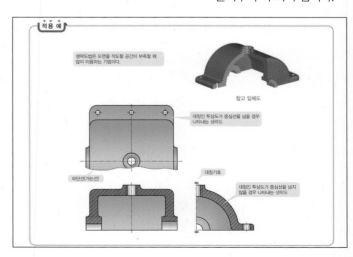

치수기입 순서와 기법

부품도면을 작성하고 치수를 빠짐없이 기입할 수 있는
순서와 기법을 알려줍니다.

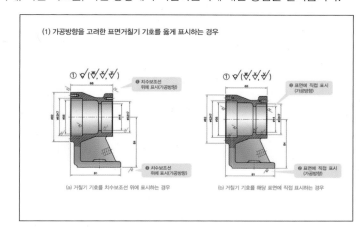

실수를 줄이는 표면거칠기 적용법

부품도면에 치수기입을 하고 표면거칠기 기호를
어디에, 어떤 기호를, 어떤 방향에서 기입하는지에 대한 방법을 알려줍니다.

공차와 기하공차의 완벽한 도면 분석

공차와 기하공차는
실무적으로 적용할 수 있는 부분까지 해석해 줍니다.

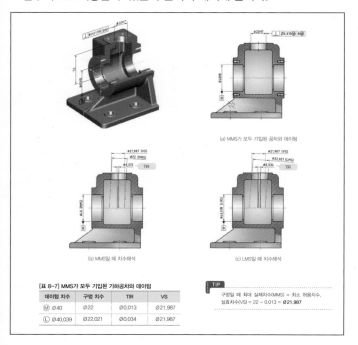

KS 규격품 구조 이해 및 과제도면에 적용하는 법

KS규격품 형상 이해와 용도를 정확히 파악하고 KS규격치수를 찾아서
과제도면에 실제 적용하는 방법을 알려줍니다.

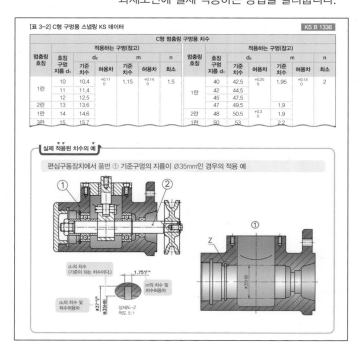

이 책의 **특징과 구성**

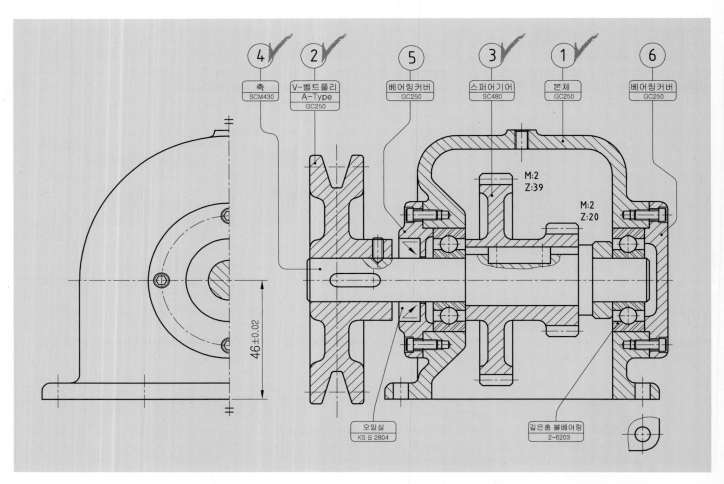

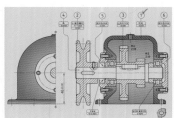
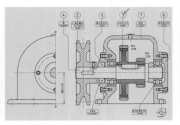
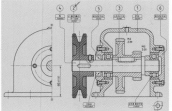
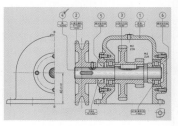

77개의 실전 과제도면

시험에 자주 출제되는 유형별로 과제도면, 2D부품도(모범답안), 3D조립도, 3D구조도 등으로 구성했으며, 형상의 이해를 돕기 위해 주요 부품 별로 채색이 되어 있습니다. 또한 과제도면에 부품명 및 적용된 재질을 표기했습니다.(교육용이며 실제 시험에서는 제시되지 않습니다.)

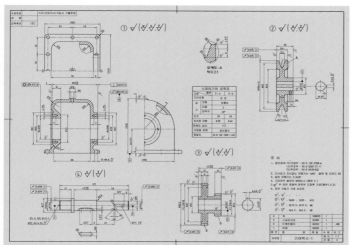

2D 부품도

다양한 투상 기법과 치수기입법, 표면거칠기 및 공차 적용법 등을
시험 뿐만 아니라 실무적인 난이도에 맞게 적용했습니다.

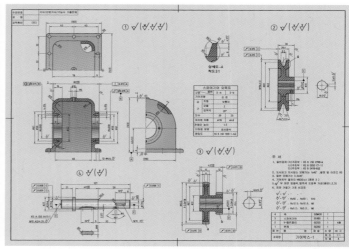

2D 부품도(채색)

부품의 단면부를 한 눈에 알아볼 수 있도록 부품별로 채색을 하여
부품도를 스스로 분석하고 이해할 수 있도록 했습니다.

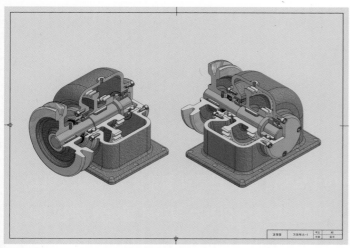

3D 조립도

과제의 전체 형상을 3D 조립도로 구현하여
내부와 외부의 구조를 한 눈에 보고 이해 할 수 있습니다.

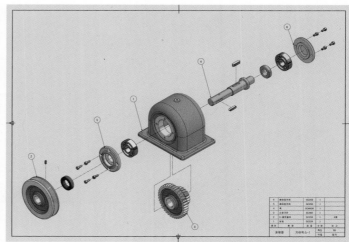

3D 구조도

조립된 전체 부품들을 분해하여 각 부품 간의 관계와
위치를 이해하도록 구조도를 배치했습니다.

합격으로 가는 작업형 로드맵

01 AutoCAD-2D

2D 부품도 작성을 위한 캐드의 기능을 학습하는 기초 강좌입니다.
기초강좌가 필요하신 분은 고객센터로 요청해 주세요! (무료제공)

03 기계제도-2D+첨삭

합격을 좌우하는 필수 강좌로 3D에서 넘어온 2D도면을 AutoCAD 에서 완성도 있는 2D도면을 작성하는 기법이 전수된다.
(기계제도 실기이론 포함)
권사부의 명품 첨삭지도를 받고, 다솔클래스에 참석할 수 있는 다솔의 대표강좌이다.

5일 ★ START **3**일 **5**일 **7**일 15일 완성 ▶▶▶▶

★ 기계제도 실기이론

도면해독의 창시자인 권사부의 직강으로 기계제도의 꽃이라 불리는 강좌이다.
출제도면집의 과제도면과 연계하여 가공의 원리와 개념을 잡고 도면을 완성할 수 있도록 체계적으로 강의가 구성되었다(자격증/실무강좌.)

02 3D 모델링

도면에 핵심을 두고 하는 모델링 강좌.
투상과 모델링이 동시에 되면서 도면을 쉽고 빠르게 하는 기법을 제시한다.
(인벤터3D, 솔리드웍스3D, 카티아3D)

03★ 인벤터3D/2D실기+첨삭

AutoCAD가 불필요한 강좌.
기계제도 실기이론강좌가 포함되어 있고, 인벤터 하나로 3D와 2D를 한 번에 끝내는 권사부의 초특급 최단기 작업형 실기 강좌로 합격률을 최대치로 끌어 올린 강좌!

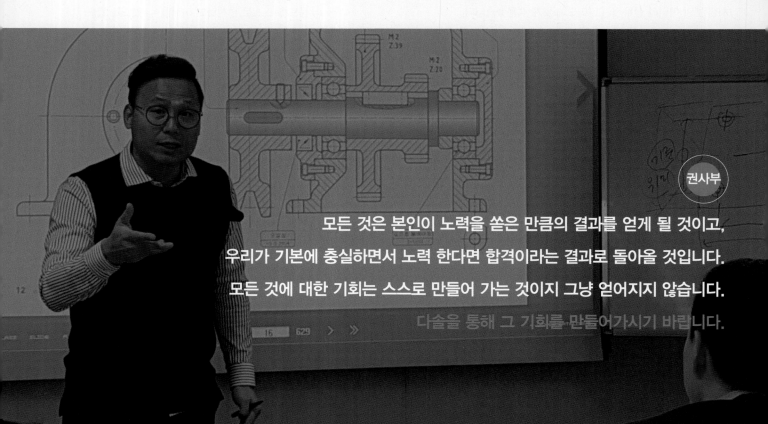

모든 것은 본인이 노력을 쏟은 만큼의 결과를 얻게 될 것이고,
우리가 기본에 충실하면서 노력 한다면 합격이라는 결과로 돌아올 것입니다.
모든 것에 대한 기회는 스스로 만들어 가는 것이지 그냥 얻어지지 않습니다.
다솔을 통해 그 기회를 만들어가시기 바랍니다.

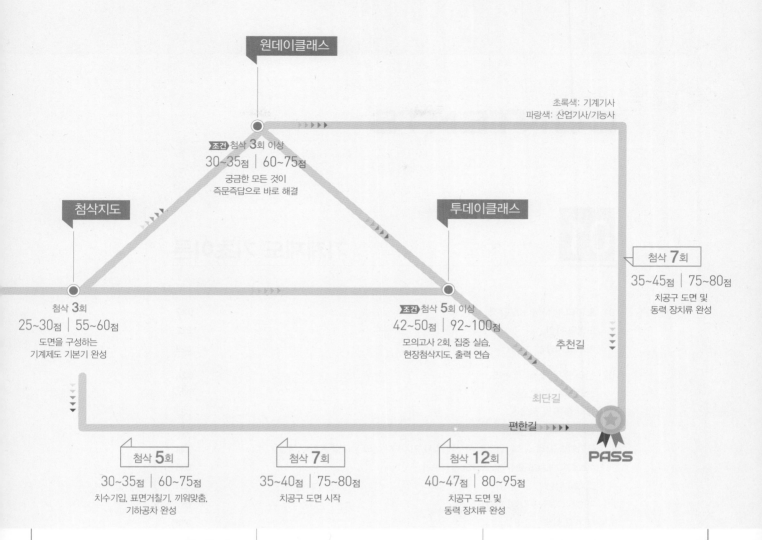

원데이클래스

초록색: 기계기사
파랑색: 산업기사/기능사

조건 첨삭 3회 이상
30~35점 | 60~75점
궁금한 모든 것이
즉문즉답으로 바로 해결

첨삭지도

투데이클래스

첨삭 7회
35~45점 | 75~80점
치공구 도면 및
동력 장치류 완성

첨삭 3회
25~30점 | 55~60점
도면을 구성하는
기계제도 기본기 완성

조건 첨삭 5회 이상
42~50점 | 92~100점
모의고사 2회, 집중 실습,
현장첨삭지도, 출력 연습

추천길

최단길

편한길

PASS

첨삭 5회
30~35점 | 60~75점
치수기입, 표면거칠기, 끼워맞춤,
기하공차 완성

첨삭 7회
35~40점 | 75~80점
치공구 도면 시작

첨삭 12회
40~47점 | 80~95점
치공구 도면 및
동력 장치류 완성

첨삭지도

20년 교육 노하우로 정립된 권사부의 명품 첨삭지도.
제도의 기본부터 어떤 도면에도 대응하는 실력이
갖춰지는 다솔의 대표적인 교육 코스.
단계별로 그룹 지도가 진행되고 동영상으로 녹화된
첨삭지도 파일이 개별적으로 전송된다.

원데이클래스

혼자서 해결되지 않았던 것들이
즉석에서 답변이 되고, 시험 2~3주 남은
시점에서 효율적인 학습방향을 잡아준다.
조급함이 사라지고 간결한 전략만 남는
다솔 사부님들의 명강이다.

투데이클래스

교육으로 서비스 되는 다솔 최고의 이벤트!
합격은 기본이며, 자격증 그 이상의
감동과 교육을 경험하는 클래스.
먹여주고 재워주고 가르쳐주는 전국 유일의
O2O 교육 시스템이다.

교육으로 서비스하는 다솔 최고의 이벤트!
다솔 클래스는 어떤 수업일까요?

유튜브 채널다솔

CONTENTS

기계제도 기초이론

01 도면의 형식 및 KS 규격		022
	도면의 크기	022
	척도 표시방법	023
02 선의 종류 및 굵기, 용도		024
	선의 굵기 및 선 군	024
	선의 종류 및 적용	025
	선의 용도에 따른 명칭	034
	국가기술 자격 실기시험(기능사/산업기사/기사) 시 선의 용도별 굵기와 색깔	034
	AutoCAD에서 도면규격(LIMITS) 설정하기	036
	ZOOM 명령	036
	RECTANG(직사각형) 명령	037
	LAYER 설정	038
	STYLE(문자스타일) 명령	038
	치수 스타일 명령	039
	PLOT 설정(시험규격 : A1, A2, A3) 방법	044
	중심선 긋는 방법	047
03 투상도법		048
	정투상도법	049
	입체도법(2.5D)	056

전산응용기계제도 실기·실무

도면 작도방법

01 투상도 수 선택방법 060
　정면도만으로 표현이 가능한 경우 060
　정면도와 평면도만으로 표현이 가능한 경우 061
　정면도와 측면도만으로 표현이 가능한 경우 061
　투상도의 배치 및 방향 선택방법 062

02 단면도법 063
　단면도법의 원칙 064
　전단면도(온단면도) 065
　반단면도(한쪽 단면도, 1/4단면도) 066
　부분단면도 067
　회전단면도 068
　조합단면도 071
　생략도 074
　단면을 해서는 안 되는 경우와 특수한 경우의 도시방법 077

03 기타 정투상도를 보조하는 여러 가지 특수 투상기법들 084
　보조투상도 084
　회전투상도 085
　부분투상도 085
　국부투상도 086
　상세도(확대도) 087

치수 · 표면거칠기/ 끼워맞춤공차/ 일반공차 · 기하공차

01 치수 기입(KS A 0113, ISO 129) 094
　치수 기입의 원칙 094
　치수보조기호 및 기입방법 096
　그 밖의 여러 가지 치수기입법 101

02 치수를 빠짐없이 기입할 수 있는 순서와 기법 105

기법1 : 대칭인 경우와 비대칭인 경우를 찾아야 한다 105

기법2 : 길이에 관한 치수를 기입한다 107

기법3 : 높이에 관한 치수를 기입한다 108

기법4 : 폭에 관한 치수를 기입한다 109

기법5 : 특정 부위의 치수를 기입한다 110

03 표면거칠기(KS B 0617, 0161, KS A ISO 1302) 111

표면거칠기 기호 표시방법 111

표면거칠기 기호의 뜻 111

어느 부분에 표시할 것인가 112

04 도면에 표시된 표면거칠기 기호 해석 113

부품 도면에 표면거칠기 기호를 표시하는 방법 116

일반도면 및 CAD 도면에서 표시되는 표면거칠기 기호의 방향 및 크기 120

05 IT 등급에 의한 끼워맞춤공차 121

정밀도 122

크기 122

06 일반공차 126

KS B 0401에 의한 일반공차 값 적용 126

헐거운 끼워맞춤공차 128

중간 끼워맞춤공차 129

억지 끼워맞춤공차 130

중심거리의 허용차(KS B 0420) 135

07 기하공차(KS B 0243, 0425, 0608) 136

일반 치수공차와 기하공차의 비교(기하공차는 왜 필요한가?) 137

데이텀(기준) 139

최대 실체치수와 최소 실체치수 146

08 기하공차 해석 150

모양공차 중 ― 진직도(Straitness) [데이텀 불필요, MMS 적용 가능] 150

모양공차 중 ▱ 평면도(Flatness) [데이텀 불필요, MMS 불필요] 153

모양공차 중 ○ 진원도(Roundnss) [데이텀 불필요, MMS 불필요] 155

모양공차 중 ⌀ 원통도(Cylindricity) [데이텀 불필요, MMS 불필요] 157

자세공차 중 ∥ 평행도(Palallelism) [데이텀 필요, MMS 적용 가능] 158

자세공차 중 ⊥ 직각도(Squareness) [데이텀 필요, MMS 적용 가능] 164

자세공차 중 ∠ 경사도(Angularity) [데이텀 필요, MMS 적용 가능] 167

흔들림공차 중 ↗ 원주 흔들림(Circular Runout) [데이텀 필요, MMS 불필요] 170

흔들림공차 중 ↗↗ 온 흔들림(Total Runout) [데이텀 필요, MMS 불필요] 173

위치공차 중 ◎ 동축도(Concentricity) [데이텀 필요, MMS 적용 가능]　176

위치공차 중 ☰ 대칭도(Symmetry) [데이텀 필요, MMS 적용 가능]　178

위치공차 중 ⊕ 위치도(Position) [데이텀 필요 또는 불필요, MMS 적용 가능]　181

09 과제도면에 기하공차 적용해 보기　**185**

본체에 적용된 기하공차 분석하기　187

피스톤(슬라이더)에 적용된 기하공차　192

피스톤에 적용된 기하공차 분석하기　192

축에 적용된 기하공차　195

축에 적용된 기하공차 분석하기　196

V−벨트풀리에 적용된 기하공차　200

V−벨트풀리에 적용된 기하공차 분석하기　201

기어에 적용된 기하공차　205

기어에 적용된 기하공차 분석하기　206

커버에 적용된 기하공차　207

커버에 적용된 기하공차 분석하기　207

CHAPTER 04

KS 규격 찾는 방법 및 실제 적용법

01 널링(KS B 0901)　**212**

02 키(Key, KS B 1311)　**213**

KS 규격 찾는 방법　213

평행키(활동형 · 보통형 · 조립형, KS B 1311)　214

반달키(KS B 1311)　218

03 스냅링, 멈춤링(B 1336～KS B 1338)　**220**

04 베어링　**224**

KS 규격 찾는 방법　224

구름베어링의 끼워맞춤　226

05 베어링용 너트와 와셔(KS B 2004)　**229**

06 오일실(KS B 2804)　**232**

07 플러머블록(KS B 2052 : 폐지 / 대체표준 : KS B ISO 113)　**235**

08 나사(KS B ISO 6410)   **237**
　나사 제도   237
　암나사 제도   237
　수나사 제도   238
　나사기호 및 호칭기호 표시방법   239
　KS 규격 찾는 방법   240

09 자리파기(KS : 미제정)   **241**

10 V-벨트풀리(KS B 1400)   **244**

11 롤러 체인스프로킷(KS B 1408)   **246**

12 O링(KS B 2799)   **249**
　KS 규격 찾는 방법 - Ⅰ   250
　KS 규격 찾는 방법 - Ⅱ   252

13 센터 구멍 도시 및 표시방법(KS A ISO 6411-1)   **254**

14 센터 구멍 규격(KS B 0410)   **255**

CHAPTER 05

주석(주서)문의 보기와 해석

01 주석(주서)문의 보기   258

02 주석(주서)문의 해석   259

CHAPTER 06

기계요소제도 및 요목표

01 스퍼기어 제도 · 요목표(KS B 0002)   270

02 헬리컬기어 제도 · 요목표(KS B 0002)   272

03 웜과 웜휠 제도 · 요목표(KS B 0002)   274
04 베벨기어 제도 · 요목표(KS B 0002)   276
05 래크 및 피니언 제도 · 요목표(KS B 0002)   278
06 기어등급 설정(용도에 따른 분류)   280
07 래칫 휠 · 제도 요목표   281
08 등속 판캠 제도   283
09 단현운동 판캠 제도   284
10 등가속 판캠 제도   285
11 원통캠 제도   286
12 문자, 눈금 각인 요목표   287
13 압축코일 스프링 제도 · 요목표(KS B 0005)   288
14 각 스프링 제도 · 요목표(KS B 0005)   290
15 이중코일 스프링 제도 · 요목표(KS B 0005)   291
16 인장 코일 스프링 제도 · 요목표(KS B 0005)   292
17 비틀림 코일 스프링 제도 · 요목표(KS B 0005)   293
18 지지, 받침 스프링 제도 · 요목표(KS B 0005)   294
19 테이터 판 스프링 제도 · 요목표(KS B 0005)   296
20 겹판 스프링 제도 · 요목표(KS B 0005)   298
21 이중 스프링 제도(KS B 0005)   300
22 토션바 제도 · 요목표(KS B 0005)   301
23 벌류트 스프링 제도 · 요목표(KS B 0005)   302
24 스파이럴 스프링 제도 · 요목표(KS B 0005)   303
25 S자형 스파이럴 스프링 제도 · 요목표(KS B 0005) 304
26 접시 스프링 제도 · 요목표(KS B 0005)   305
27 동력전달장치의 부품별 재료표   306
28 지그 · 유공압기구 부품별 재료표   307

CHAPTER
07

여러 가지 기계요소 형상

310

모델링에 의한 과제도면 해석

과제명 해설	322
표면처리	322
도면에 사용된 부품명 해설	322

■ 기어박스-1	326	■ 피벗베어링하우징-1	422
■ 기어박스-2	330	■ 피벗베어링하우징-2	426
■ 기어박스-3	334	■ 편심왕복장치-1	430
■ V-벨트전동장치-1	338	■ 편심왕복장치-2	434
■ V-벨트전동장치-2	342	■ 편심왕복장치-3	438
■ 아이들러풀리	346	■ 편심왕복장치-4	442
■ 기어펌프-1	350	■ 편심왕복장치-5	446
■ 기어펌프-2	354	■ 편심왕복장치-6	450
■ 기어펌프-3	358	■ 편심왕복장치-7	454
■ 동력전달장치-1	362	■ 편심왕복장치-8	458
■ 동력전달장치-2	366	■ 동력변환장치-1	462
■ 동력전달장치-3	370	■ 동력변환장치-2	466
■ 동력전달장치-4	374	■ 래크와 피니언-1	472
■ 동력전달장치-5	378	■ 래크와 피니언-2	476
■ 동력전달장치-6	382	■ 펀칭머신	480
■ 동력전달장치-7	386	■ 축받침대	484
■ 동력전달장치-8	390	■ 롤러블록	488
■ 동력전달장치-9	394	■ 심압대-1	492
■ 동력전달장치-10	398	■ 심압대-2	496
■ 동력전달장치-11	402	■ 연속접점장치	500
■ 동력전달장치-12	406	■ 밀링잭-1	504
■ 동력전달장치-13	410	■ 밀링잭-2	508
■ 소형탁상그라인더-1	414	■ V-블록 클램프	512
■ 소형탁상그라인더-2	418	■ 클램프-1	516

전산응용기계제도 실기 · 실무

■ 클램프-2	520	
■ 클램프-3	524	
■ 클램프-4	528	
■ 클램프-5	532	
■ 클램프-6	536	
■ 클램프-7	540	
■ 탁상클램프-1	546	
■ 탁상클램프-2	552	
■ 바이스-1	558	
■ 바이스-2	562	
■ 바이스-3	566	
■ 바이스-4	570	
■ 바이스-5	574	
■ 공압바이스	578	
■ 드릴지그-1	582	
■ 드릴지그-2	586	

■ 드릴지그-3	590
■ 드릴지그-4	594
■ 드릴지그-5	598
■ 드릴지그-6	602
■ 드릴지그-7	606
■ 드릴지그-8	610
■ 리밍지그-1	614
■ 리밍지그-2	618
■ 소형레버에어척	622
■ 2지형 단동레버에어척	626
■ 3지형 레버에어척-1	630
■ 3지형 레버에어척-2	634
■ 요동 장치	638
■ 스윙레버	642

CHAPTER 09

출제경향 · 채점기준 · 요구사항

01 기계기사, 산업기사, 기능사 실기(CAD) 2D 작업형 채점기준   648

02 기계기사, 산업기사, 기능사 실기(CAD) 3D 작업형 채점기준   649

03 실기 수험생이 갖춰야 할 능력   650

04 다솔유캠퍼스에서 준비과정   650

05 기계설계산업기사 실기시험 방법 및 도면 제출방법   651

06 전산응용기계제도 기능사/기계기사 실기시험 방법 및 도면 제출방법   659

전 산 응 용 기 계 제 도 실 기 · 실 무

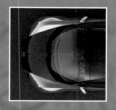

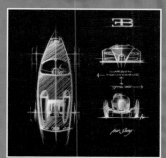

기계제도 기초이론

💬 **BRIEF SUMMARY**

이 장에서는 기계제도의 기초 및 규격 그리고 투상법에 관하여 간단 명료하게 해석하고자 한다.

01 | 도면의 형식 및 KS 규격

01 도면의 크기

도면의 크기와 양식은 KS B ISO 5457 표준 A열 크기에 따른다.

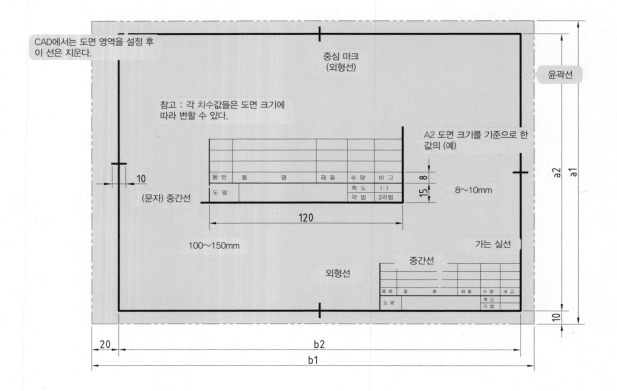

[표 1-1] 제도용지의 크기　　　　　　　　　　　　　　　　　　　　KS B ISO 5457

크기	제도용지		제도공간	
	a1	b1	a2	b2
	(1)	(1)	±0.5	±0.5
A0	841	1189	821	1159
A1	594	841	574	811
A2	420	594	400	564
A3	297	420	277	390
A4	297	210	277	180

비고 1) A0 크기보다 클 경우는 KS M ISO 216 참조
　　 2) 기타 표준은 KS B ISO 5457 참조
　　 3) 표제란 정보작성법 표준은 KS A ISO 7200 참조
　주(1) 공차는 KS M ISO216 참조

02 척도 표시방법

"대상물의 실제 치수"에 대한 "도면에 표시한 대상물의 비율"을 척도(Scale)라 한다.

- 실물을 축소해서 작도한 도면 – **축척**(Reduction Scale)

- 실물과 같은 크기로 작도한 도면 – **현척/실척**(Full Scale)

- 실물을 확대해서 작도한 도면 – **배척**(Enlargement Scale)

- 비례척이 아닌 임의의 척도 – NS(Not to Scale)

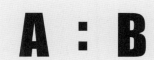

도면 크기　:　실제 물체의 크기

[표 1-2] KS 규격에 의한 척도 표시　　　　　　　　　　　　　　　　KS A 0110

종 류	척 도		
현척	1:1		
축척	1:2	1:5	1:10
	1:20	1:50	1:100
	1:200	1:500	1:1000
	1:2000	1:5000	1:10000
배척	5:1	2:1	10:1
	50:1	20:1	

02 | 선의 종류 및 굵기, 용도

01 선의 굵기 및 선 군

기계 제도에서 2개의 선 굵기가 보통 사용되고 선 굵기 비는 1 : 2이어야 한다. 그러나 실무, 기능대회, 자격검정에서는 편의상 중간선을 추가하여 총 3개의 굵기로 사용하기도 한다.

[표 2-1] 선 군   KS A ISO 128-24

선 군	선 번호에 대한 선 굵기	
	01.2 - 02.2 - 04.2	01.1 - 02.1 - 04.1 - 05.1
0.25	0.25	0.13
0.35	0.35	0.18
0.5[1]	0.5	0.25
0.7[1]	0.7	0.35
1	1	0.5
1.4	1.4	0.7
2	2	1

주[1] 권장할 만한 선 굵기의 종류
비고) 선의 굵기 및 선 군은 도면의 종류, 크기 및 척도에 따라 선택되어야 한다.

02 선의 종류 및 적용

이 장에서는 선 굵기에 따른 정확한 용도를 알아보도록 한다.

[표 2-2] 선의 종류별 적용 및 해당 표준 KS A ISO 128-24

선의 종류		적용 및 해당 표준
번호	설명 및 표시	
01.1	가는 실선 ———	1. 서로 교차하는 가상의 상관관계를 나타내는 선(상관선) 01.1
01.1		2. 치수선 01.1
01.1		3. 치수 보조선 01.1 ISO 129-1
01.1		4. 지시선 및 기입선 -0.3 01.1 ϕ4 01.1 KS A ISO 128-22

KS A ISO 128–24

선의 종류		적용 및 해당 표준
번호	설명 및 표시	
01.1		5. 해칭 01.1 KS A ISO 128–50
01.1		6. 회전 단면 한 부분의 윤곽을 나타내는 선 01.1 KS A ISO 128–40
01.1		7. 짧은 중심을 나타내는 선 01.1
01.1	가는 실선	8. 나사의 골을 나타내는 선 01.1 01.1 KS A ISO 6410–1
01.1		9. 시작점과 끝점을 나타내는 치수선 01.1 30 ISO 129–1
01.1		10. 원형 부분의 평평한 면을 나타내는 대각선 01.1 01.1

KS A ISO 128-24

선의 종류		적용 및 해당 표준
번호	설명 및 표시	
01.1		**11. 소재의 굽은 부분이나 가공 공정의 표시선** 01.1 01.1
01.1		**12. 상세도를 그리기 위한 틀의 선** X 01.1
01.1	가는 실선	**13. 반복되는 자세한 모양의 생략을 나타내는 선(예 : 기어의 이뿌리 원)** 01.1 01.1
01.1		**14. 테이퍼가 진 모양을 설명하기 위한 선** 01.1 01.1 ISO 3040
01.1		**15. 판의 겹침이나 위치를 나타내는 선(예 : 트랜스포머 판의 겹침 표시)** 01.1

선의 종류		적용 및 해당 표준
번호	설명 및 표시	
01.1	가는 실선 ————	16. 투상을 설명하는 선
01.1		17. 격자를 나타내는 선
01.1	가는 자유 실선 ∿∿∿	18. 생략을 나타내는 가는 자유 실선(손으로 그을 때)
01.1	지그재그 가는 실선 ⟋⟍⟋	19. 생략을 나타내는 지그재그 가는 실선(기계적으로 그을 때)
01.2	굵은 실선 ——	1. 보이는 물체의 모서리 윤곽을 나타내는 선
01.2		2. 보이는 물체의 윤곽을 나타내는 선

KS A ISO 128-24

선의 종류		적용 및 해당 표준
번호	설명 및 표시	
01.2		3. 나사 봉우리의 윤곽을 나타내는 선 01.2　01.2　01.2 KS B ISO 6410-1
01.2		4. 나사의 길이에 대한 한계를 나타내는 선 01.2　01.2 KS B ISO 6410-1
01.2	굵은 실선	5. 도표, 지도, 흐름도에서 주요한 부분을 나타내는 선 01.2
01.2		6. 구조를 나타내는 선 01.2 KS A ISO 5261

선의 종류		적용 및 해당 표준
번호	설명 및 표시	
01.2		7. 성형에서 분리되는 위치를 나타내는 선 KS A ISO 10135
01.2	굵은 실선 ────────	8. 절단 및 단면을 나타내는 화살표의 선 KS A ISO 128-40
02.1	가는 파선 – – – – – –	1. 보이지 않는 물체의 모서리 윤곽을 나타내는 선 KS A ISO 128-30
02.1		2. 보이지 않는 물체의 윤곽을 나타내는 선 KS A ISO 128-30
02.2	굵은 파선 ▬ ▬ ▬ ▬ ▬	1. 열처리와 같은 표면처리의 허용 범위나 면적을 지시하는 선

선의 종류		적용 및 해당 표준
번호	설명 및 표시	
04.1	가는 일점 쇄선	**1. 중심을 나타내는 선** **2. 대칭을 나타내는 중심선** **3. 기어의 피치원을 나타내는 선** KS A ISO 2203 **4. 구멍의 피치원을 나타내는 선**
04.2	굵은 일점 쇄선	**1. 제한된 면적을 지시하는 선(열처리 범위, 측정 면적 등)**

KS A ISO 128-24

선의 종류		적용 및 해당 표준
번호	설명 및 표시	
04.2	굵은 일점 쇄선 ——·—·—	2. 절단면의 위치를 나타내는 선
05.1		1. 인접 부품의 윤곽을 나타내는 선
05.1	가는 이점 쇄선 ——··—··—	2. 움직이는 부품의 최대 위치를 나타내는 선
05.1		3. 그림의 중심을 나타내는 선
05.1		4. 가공(성형) 전의 윤곽을 나타내는 선

KS A ISO 128-24

선의 종류		적용 및 해당 표준
번호	설명 및 표시	
05.1		5. 물체의 절단면 앞모양을 나타내는 선 05.1
05.1	가는 이점 쇄선 ——-‑‑——	6. 움직이는 물체의 외형 궤적을 나타내는 선 05.1
05.1		7. 소재의 마무리된 부품 모양의 윤곽선 05.1 KS A ISO 10135
05.1		8. 특별히 범위나 영역을 나타내기 위한 틀의 선 05.1
05.1		9. 공차 적용 범위를 나타내는 선 05.1 KS A ISO 10578

03 선의 용도에 따른 명칭

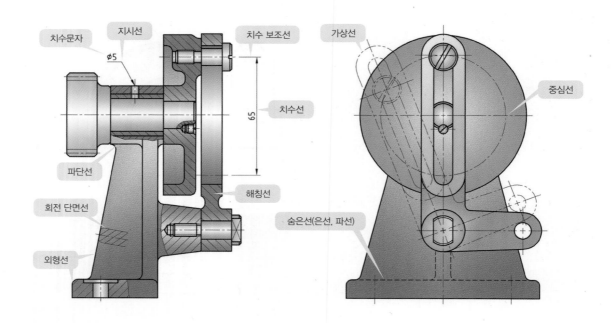

04 국가기술 자격 실기시험(기능사/산업기사/기사) 시 선의 용도별 굵기와 색깔

CAD에서는 선의 굵기가 아닌 색깔(Color)로서 선을 정의하고 결과는 선의 굵기로 출력된다. 따라서 제도에서 선의 용도와 굵기는 반드시 알아둘 필요가 있다.

선가중치	문자높이	색 상	용 도
0.7 ~ 0.8mm	7.0mm	하늘색(Cyan)	윤곽선
0.5 ~ 0.6mm	5.0mm	초록색(Green)	외형선, 개별 주서 등
0.3 ~ 0.35mm	3.5mm	노란색(Yellow)	숨은선, 치수문자, 일반 주서 등
0.18 ~ 0.25mm	2.5mm	흰색(White), 빨강(Red)	해칭선, 치수선/치수보조선, 중심선, 파단선, 가상선 등

* 참고 : 위 표는 A1, A2, A3 사이즈 출력 예이며, 출력 시 AutoCAD 선가중치는 다소 차이가 있을 수 있다.

적용 예

- CAD에서 가는 선의 색깔(Color)이 빨간색이라고 할 때 중심선, 가상선, 해칭선, 파단선, 치수선 및 치수보조선과 그 밖의 가는 실선과 같은 굵기의 선들은 모두 빨간색이어야 한다.
- CAD에서 중간 선의 색깔(Color)이 노란색이라고 할 때 은선, 문자, 치수문자의 색깔은 노란색이어야 한다.
- CAD에서 굵은 선의 색깔(Color)이 초록색이라고 할 때 외형선과 그 밖의 외형선과 같은 굵기의 선들은 모두 초록색이어야 한다.

TIP

전산응용(CAD) 기계제도기능사/기계기사/산업기사(작업형) 실기시험에서 CAD 화면상에서는 도면을 잘 그렸더라도 출력결과가 좋지 못해 자격시험에서 불합격하는 경우가 적지 않다.

그 이유는, 위의 적용 예를 무시하고 CAD에서 너무 여러 가지 Color를 이용해 도면을 그렸기 때문이다. 출력할 때는 이미 지정된 Color 이외의 것들은 출력되지 않는다는 것을 명심해야 할 것이다.

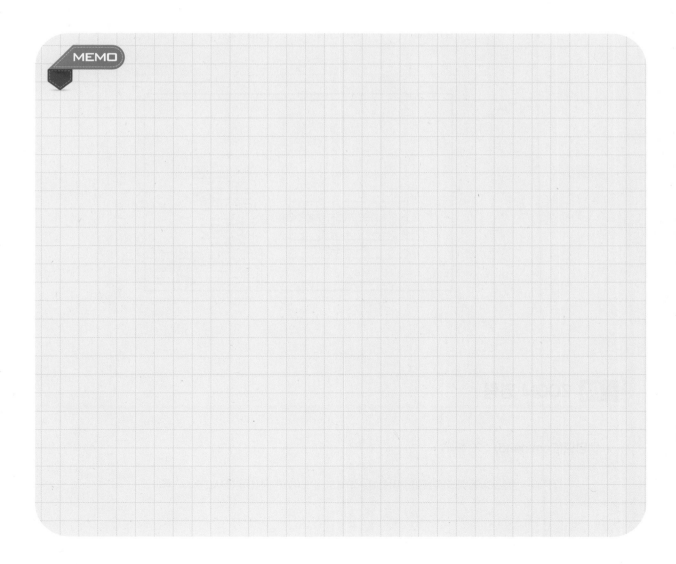

MEMO

05 AutoCAD에서 도면규격(LIMITS) 설정하기

시험에서는 A2 사이즈로 도면을 작성하고 출력할 때는 A2, A3 용지로 출력한다.

① **명령(Command)** : LIMITS `Enter`

② **다른 경로** : 형식(O) → 도면한계(I) `Enter`

> • 왼쪽 아래 구석 지정 또는 [켜기(ON)/끄기(OFF)] 〈0.0000,0.0000〉 : `Enter` **(왼쪽 하단의 좌표)**
>
> • 오른쪽 위 구석 지정 〈12.0000,9.0000〉 : 594,420 `Enter` **(오른쪽 상단의 좌표)**

③ KS 규격 도면 사이즈

용지치수	A0	A1	A2	A3	A4
A×B	1189×841	841×594	594×420	420×297	297×210

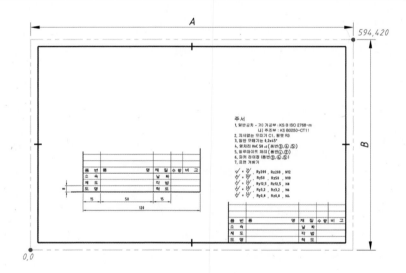

06 ZOOM 명령

① **명령(Command)** : Z `Enter`

> • [전체(A)/중심(C)/동적(D)/범위(E)/이전(P)/축척(S)/윈도(W)/객체(O)] 〈실시간〉 : A `Enter`

07 □ RECTANG(직사각형) 명령

① 명령 : REC [Enter]

② 툴바 메뉴(그리기) : ///⌐⌐⌐⌐⌐ (toolbar icons)

> • 첫 번째 구석점 지정 또는 [모따기(C)/고도(E)/모깎기(F)/두께(T)/폭(W)] : 10,10 [Enter]
> • 다른 구석점 지정 또는 [영역(A)/치수(D)/회전(R)] : 584,410 [Enter]

③ KS 규격에 따른 직사각형(Rectang) 작도 사이즈

A0	A1	A2	A3	A4
1179×831	831×584	584×410	410×287	287×200

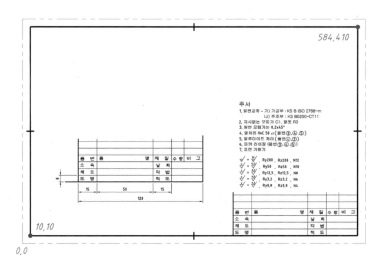

④ 기타 명령옵션 요약

명령옵션	설 명
켜기(ON)	규정된 도면영역 밖으로 도면 작도를 통제한다.
끄기(OFF)	규정된 도면영역 밖으로 도면 작도를 허용한다.

 TIP

테두리선의 굵기 0.7mm(하늘색)
도면영역 설정시 기능키 F12를 눌러 동적 입력을 해제한다.

08 LAYER 설정

① 명령(Command) : LA Enter
② 툴바 메뉴(도면층) :

③ 아래와 같이 설정한다.

④ 주요 설정 요약

Layer(이름)	선 색상	종류
외형선(0)	초록색(3)	Continuous
중심선	빨간색(1) 또는 흰색(7)	CENTER2
숨은선	노란색(2)	HIDDEN2
가상선	빨간색(1) 또는 흰색(7)	PHANTOM2

09 STYLE(문자 스타일) 명령

① 명령(Command) : ST Enter
② 툴바 메뉴(문자) :

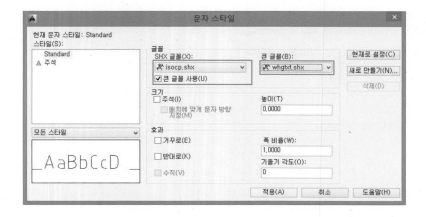

③ KS 규격에 맞는 STYLE 설정

스타일 이름	영문 글꼴	한글 글꼴	높이
Standard	isocp.shx	Whgtxt.shx, 굴림체	0

TIP

KS 규격에 맞는 문자는 고딕체이면서 단선체여야 한다.

---

10 치수 스타일 명령

① **명령(Command)** : D Enter

② **툴바 메뉴(치수)** : [툴바 아이콘] ISO-25

1) 실기시험 규격(A1, A2, A3)에 맞는 치수 스타일 설정

(1) 선

① 다음과 같이 설정한다.

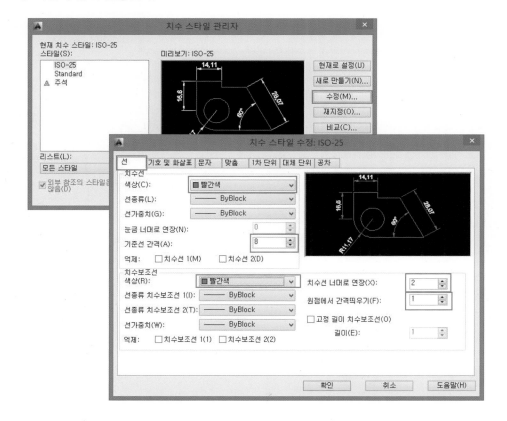

② 주요 설정 요약

치수선(C) 및 치수보조선 색상(R)	기준선 간격(A)	치수선 너머로 연장(X)	원점에서 간격띄우기(F)
빨간색 또는 흰색	8mm	2mm	1mm

(2) 기호 및 화살표

① 다음과 같이 설정한다.

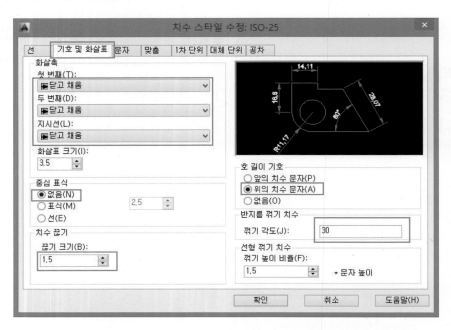

② 주요 설정 요약

화살표 크기(I)	중심 표식	치수 끊기	호 길이 기호	반지름 꺾기 치수
3.5mm	없음(N)	1.5mm	위의 치수 문자(A)	30°

(3) 문자

① 다음과 같이 설정한다.

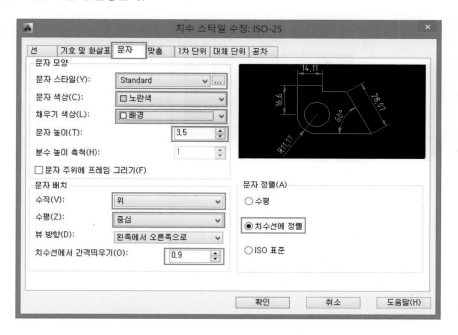

② 주요 설정 요약

문자 스타일(Y)	문자 색상(C)	채우기 색상(L)	문자 높이(T)	문자 배치(수직)	문자 배치(수평)	치수선에서 간격띄우기(O)	문자 정렬(A)
Standard	노란색(2)	배경	3.5mm	위	중심	0.8~1mm	치수선에 정렬

③ KS 규격에 맞는 문자스타일(Y) 설정

스타일 이름	영문 글꼴	한글 글꼴
Standard	isocp.shx	Whgtxt.shx, 굴림체

(4) 맞춤

① 다음과 같이 설정한다.

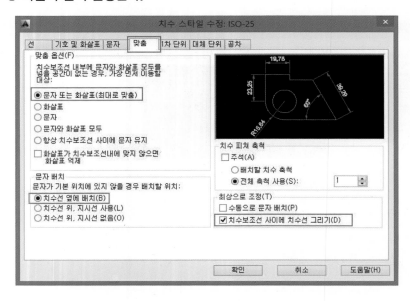

(5) 1차 단위

① 다음과 같이 설정한다.

② 주요 설정 요약

단위 형식(U)	정밀도(P)	소수 구분 기호(C)	반올림(R)	측정 축척(1:1)	측정 축척(1:2)	측정 축척(2:1)
십진	0	' , '(쉼표)	0	1	0.5	2

2) 그 밖의 치수(Dim) 변수들

- Dim : TOFL `Enter`

  - Current value 〈off〉 New value : 1(on) `Enter`

- Dim : TIX `Enter`

  - Current value 〈off〉 New value : 1(on) `Enter`

- Dim : TOH `Enter`

  - Current value 〈on〉 New value : 0(off) `Enter`

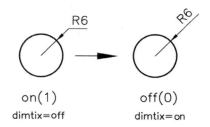

off(0)　　　　on(1)

off(0)　　　　on(1)

on(1)　　　　off(0)

dimtix=off　　dimtix=on

11 🖨 PLOT 설정(시험규격 : A1, A2, A3) 방법

① 명령(Command) : PLOT Enter
② 툴바 메뉴(표준) :

(1) 플롯 기본 설정

① 다음과 같이 설정한다.

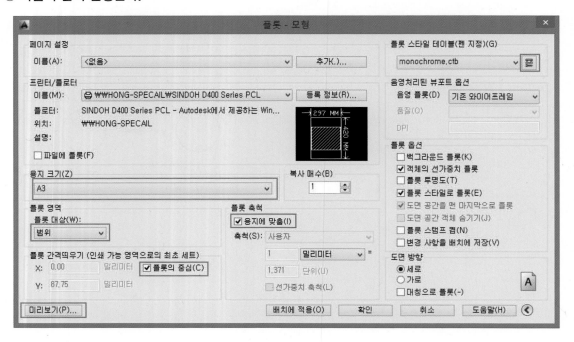

② 시험용 주요 설정 요약

프린터/플로터	용지 크기(Z)	플롯 대상(W)	플롯 간격띄우기	플롯 축척	플롯 스타일 테이블 (펜 지정)(G)	미리보기(P)
시험장소 기종 선택	A3 또는 A2	범위, 한계	플롯의 중심(C)	용지에 맞춤 (I)	monochrome.ctb	확인 후 플롯

(2) 출력 색상 및 굵기/펜 지정

① 다음과 같이 설정한다.

② 주요 설정 요약

플롯 스타일(P)	색상(C)	선가중치(A2)
빨간색(1)	검은색	0.18 ~ 0.25
노란색(2)	검은색	0.3 ~ 0.35
초록색(3)	검은색	0.5 ~ 0.6
하늘색(4)	검은색	0.7 ~ 0.8
흰색(7)	검은색	0.18 ~ 0.25

 TIP

> 출력 시 선가중치(굵기)는 약간의 차이가 있으므로 환경에 따라 결정토록 한다.

(3) 플롯 미리보기

미리보기 화면에서 마우스 오른쪽 버튼 → 플롯 → 확인을 클릭한다.

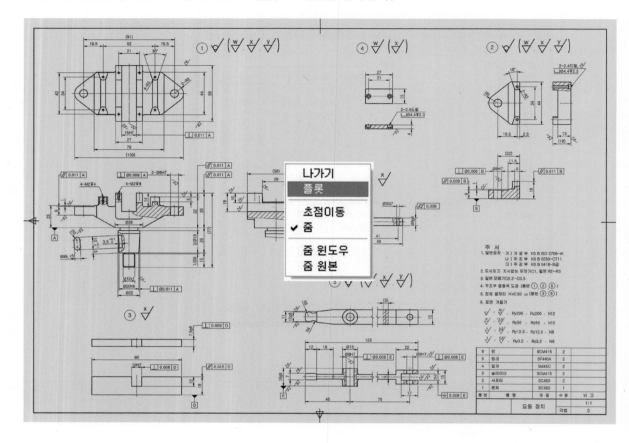

12 중심선 긋는 방법

도형에 중심이 있을 때에는 반드시 중심선(0.18~0.25mm)을 기입하는 것이 바람직하다[그림 2-1].

(a) 참고 입체도 - Ⅰ

(b) 참고 입체도 - Ⅱ

좋은 예

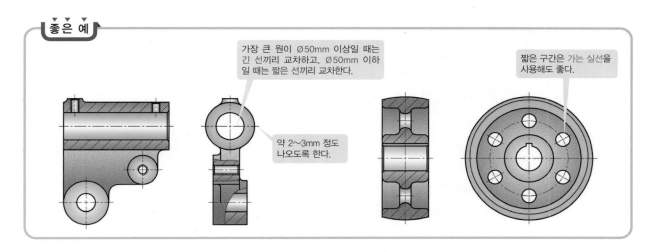

가장 큰 원이 Ø50mm 이상일 때는 긴 선끼리 교차하고, Ø50mm 이하 일 때는 짧은 선끼리 교차한다.

약 2~3mm 정도 나오도록 한다.

짧은 구간은 가는 실선을 사용해도 좋다.

나쁜 예

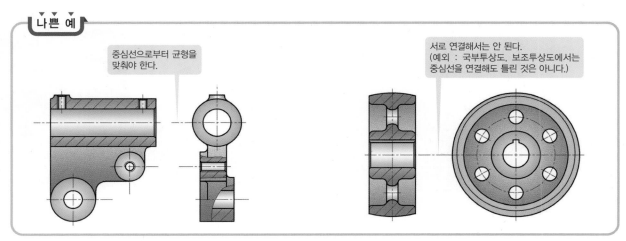

중심선으로부터 균형을 맞춰야 한다.

서로 연결해서는 안 된다. (예외 : 국부투상도, 보조투상도에서는 중심선을 연결해도 틀린 것은 아니다.)

[그림 2-1] 중심선 긋는 방법

03 | 투상도법

도면을 그릴 때에는 입체적인 형상을 평면적으로 그릴 수 있는 기술이 필요하고, 읽을 때에는 평면적인 도면을 입체적으로 상상해낼 수 있는 능력이 필요하다.

즉, 이러한 기술과 능력을 갖추는 것만이 단순한 CAD 오퍼레이터에서 탈피할 수 있는 방법이다.

 기술 입체적인 형상을 평면적으로...

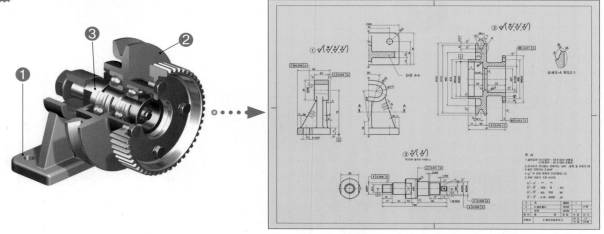

 능력 평면적인 도면을 입체적으로...

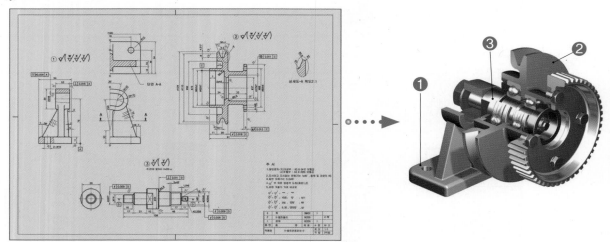

> **TIP**
>
> 쉽게 이야기해서 면접시험 시 어떠한 물체를 하나 던져 주고 "이 제품을 도면으로 작도해 보세요."하는 것은 도면 그리는 기술과
> 능력이 있는가를 테스트하는 것이고, 3D 작업을 하기 위해서는 도면을 볼 수 있는 능력이 있어야 한다.

01 정투상도법

물체의 주된 화면을 투영면에 평행하게 놓았을 때의 투상을 **정투상도법**이라 하고 [그림 3-1(a)]처럼 실물의 크기가 정확하게 표시되어야 한다.

일반적으로 건축도면에서는 [그림 3-1(b)]와 같은 투시도법이 많이 쓰인다.

정투상도법

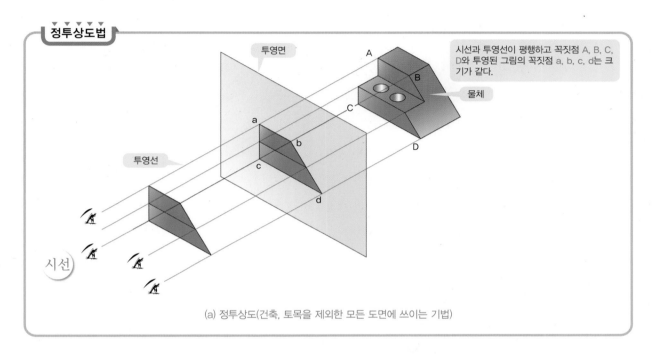

(a) 정투상도(건축, 토목을 제외한 모든 도면에 쓰이는 기법)

투시도법

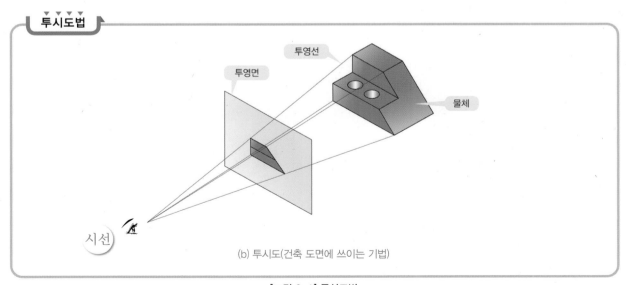

(b) 투시도(건축 도면에 쓰이는 기법)

[그림 3-1] 투상도법

(1) 1각법의 원리

4각 중 1각에 물체(형체)를 놓고 투영하는 투상도법을 1각법이라 한다. 1각법은 물체(형체)의 뒤쪽에 투상도가 도시되는 투상법으로서 정면도 아래쪽에 **평면도**, 정면도 좌측에 **우측면도** 등을 배치하게 된다. 1각법은 주로 건축이나 토목설계에서 사용되는 투상도법이다.

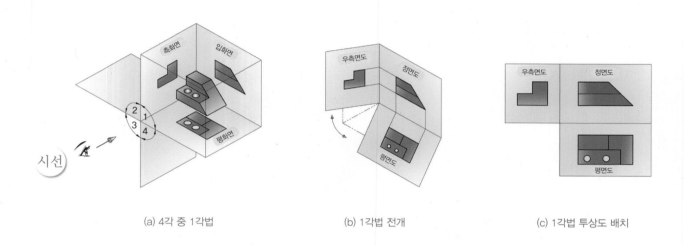

| (a) 4각 중 1각법 | (b) 1각법 전개 | (c) 1각법 투상도 배치 |

(2) 3각법의 원리

4각 중 3각에 물체(형체)를 놓고 투영하는 투상도법을 3각법이라 한다. 3각법은 물체(형체)를 보는 위치에 투상도가 도시되는 투상법으로서 정면도 위쪽에 **평면도**, 정면도 우측에 **우측면도** 등을 배치하게 된다. 3각법은 주로 기계설계에 적용되는 투상법으로서 건축설계나 토목설계를 제외하고 모든 제품 설계에서 폭넓게 사용되는 **정투상도법**이다.

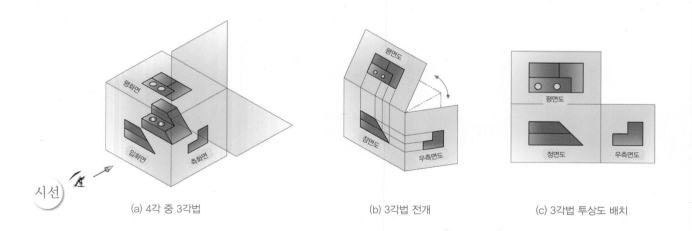

| (a) 4각 중 3각법 | (b) 3각법 전개 | (c) 3각법 투상도 배치 |

(3) 정투상도의 정의 및 표시방법

[그림 3-2]와 같은 물체에서 한 개의 투상(투영)만으로는 모든 형태를 표시할 수 없으므로 [그림 3-2(a), (b), (c)]와 같이 3개의 투상면(투영면)을 선택한 후 정투상법에 의하여 물체의 형상 및 특징이 가장 잘 나타난 부분을 **정면도**(a)로 선정하고 정면도를 기준으로 위에는 **평면도**(b), 우측에는 **우측면도**(c)를 그린다. 이러한 3개의 그림을 조합하면 입체적인 물체의 형태를 완전히 평면적인 도면으로 표시할 수 있다. 이것이 **정투상도**이다.

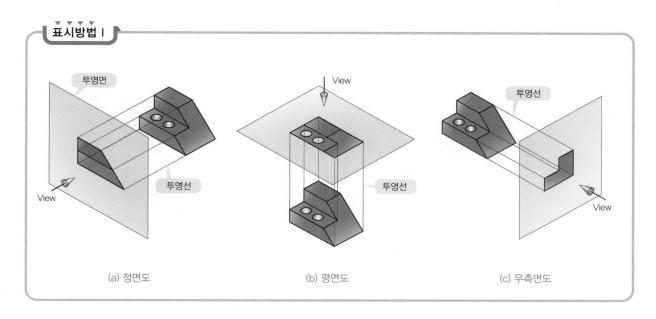

표시방법 Ⅰ

(a) 정면도　　　　　　(b) 평면도　　　　　　(c) 우측면도

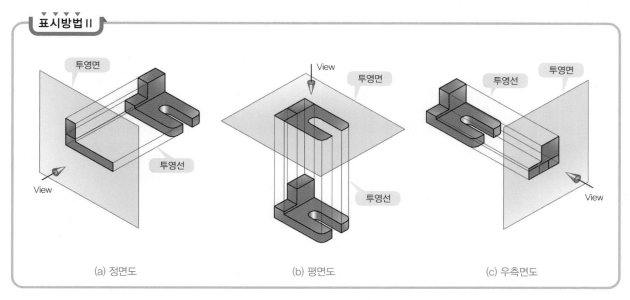

표시방법 Ⅱ

(a) 정면도　　　　　　(b) 평면도　　　　　　(c) 우측면도

[그림 3-2] 정투상도의 표시방법

(4) 정투상도의 배열

투상도를 배열할 때는 [그림 3-2]와 같이 투상면을 각각 분리시키는 것이 아니고, [그림 3-3]과 같이 유리상자 속의 물체를 유리판에 투영한 정면도를 중심으로 평면도와 우측면도를 [그림 3-3(b)]와 같이 전개하면 [그림 3-3(c)]와 같은 투상도가 배치된다.

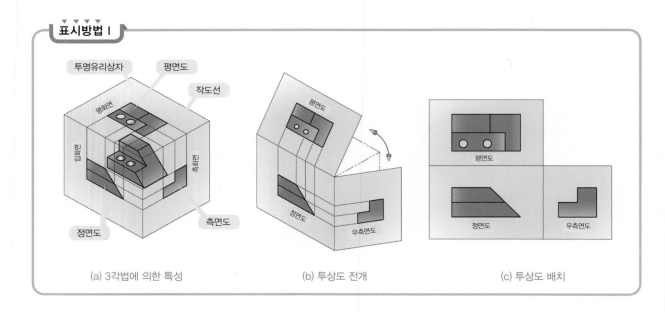

표시방법 I

(a) 3각법에 의한 특성   (b) 투상도 전개   (c) 투상도 배치

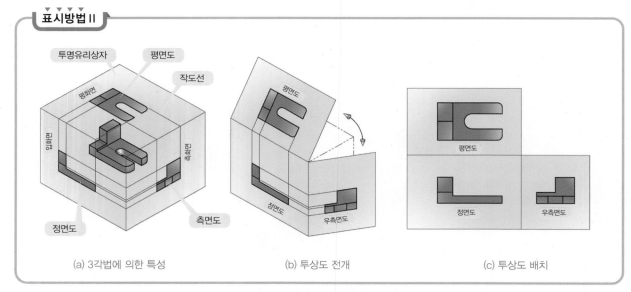

표시방법 II

(a) 3각법에 의한 특성   (b) 투상도 전개   (c) 투상도 배치

[그림 3-3] 투상도를 펼치는 방법

6면으로 만든 유리상자 속의 물체를 투영하여 펼치면 [그림 3-4]와 같이 **정면도**를 중심으로 우측에는 **우측면도**, 좌측에는 **좌측면도**, 우측면도 오른쪽에는 **배면도**, 정면도 위쪽에는 **평면도**, 정면도 밑에는 **저면도**(하면도)를 전개할 수 있다.

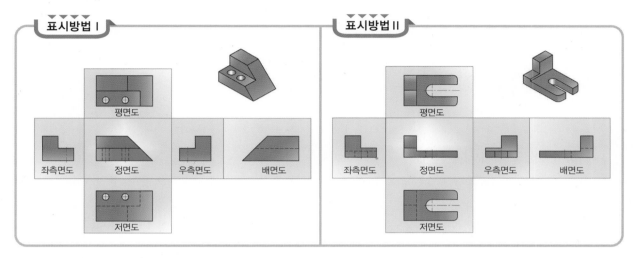

[그림 3-4] 정투상도법에 의한 투상도 배치

(5) 주투상도의 올바른 선택방법

① 투상도는 물체의 형상 및 특징이 가장 뚜렷한 부분을 정면도로 하여 꼭 필요한 투상도만을 그리는 것이 바람직하며, 이것을 **주투상도**라고 한다[그림 3-5]. 불필요한 투상도는 시간적 낭비일 뿐만 아니라 보는 사람으로 하여금 혼돈만 주게 된다.

② 주투상도를 선정하는 방법에서 같은 주투상도가 2개일 경우 숨은선이 적은 도면을 선택하는 것이 바람직하다. 그 이유는 숨은선이 많으면 혼돈하기 쉽고, 간단한 도면도 복잡해 보이기 때문에 비교적 외형선이 뚜렷한 투상도를 선정하는 것이 올바른 방법이다. 도면은 어느 누가 봐도 이해하기 쉽고 간단 명료하게 그려야 한다.

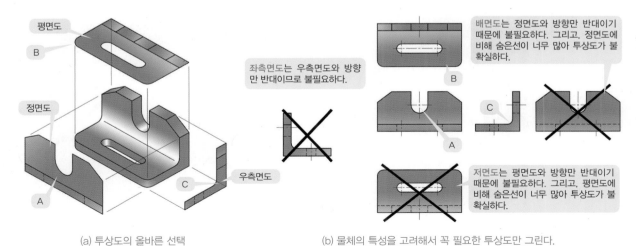

(a) 투상도의 올바른 선택　　　　　　(b) 물체의 특성을 고려해서 꼭 필요한 투상도만 그린다.

[그림 3-5] 주투상도의 선택방법

053

[그림 3-5]에서 정면도는 세워져 있는 부분의 폭과 높이, 홈 부분의 폭과 깊이 A를 완전히 도시하고 있고, 평면도는 앞에서 뒤 끝까지의 거리와 두 개의 모서리의 둥근 부분 B를 완전히 도시하며, 우측면도는 직각과 두께와 구석의 둥근 부분 곡선 C의 형태를 완전히 도시하고 있다. 그러므로, [그림 3-5]에서 정면도를 중심으로 평면도, 우측면도 3개의 투상도만으로 물체의 형태를 충분히 표현할 수 있으므로 저면도, 좌측면도, 배면도는 불필요하다.

• 저면도가 제외된 이유 : 평면도와 형상이 같은데 평면도는 저면도와 비교해서 물체의 형상도 뚜렷하고, 은선도 적다.
• 좌측면도가 제외된 경우 : 좌·우측면도가 똑같을 경우에는 우측면도를 그리는 것을 원칙으로 하고, 그렇지 못한 경우는 은선(숨은선)이 적고 물체의 형상이 더 뚜렷한 투상도를 선택한다.
• 배면도가 제외된 이유 : 배면도는 특별한 형상을 나타낼 경우에만 작도한다.

(6) 주투상도 배치 시 주의사항

주투상도는 정면도를 중심으로 하여 반드시 같은 선상에 배치되어야 한다.
[그림 3-6(b), (c)]와 같이 투상도가 어긋나지 않도록 도면을 작도하고 물체의 특성과 치수 기입을 고려하여 충분한 공간을 확보한 다음 투상도를 그리는 것이 바람직하다.

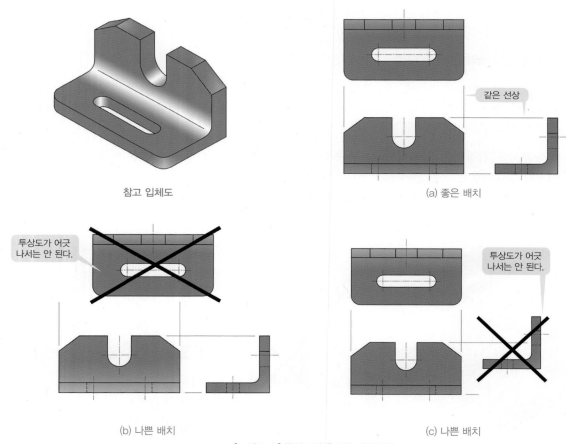

참고 입체도

(a) 좋은 배치

(b) 나쁜 배치

(c) 나쁜 배치

[그림 3-6] 투상도의 올바른 배치방법

(7) 주투상도를 작도하는 기법

① **길이**에 관한 투상도는 정면도와 평면도, 저면도와의 관계에서 나타난다.
　 (길이＝정면도, 평면도, 저면도)

② **높이**에 관한 투상도는 정면도와 측면도의 관계에서 나타난다.
　 (높이＝정면도, 우, 좌측면도)

③ **폭**에 관한 투상도는 측면도와 평면도, 저면도의 관계에서 나타난다.
　 (폭＝측면도, 평면도, 저면도)

참고 입체도

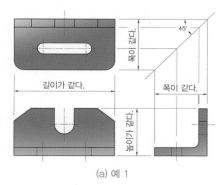

(a) 예 1　　　　　　　　　　　　　　　　(b) 예 2

[그림 3-7] 주투상도를 작도하는 기법

▼▼▼
적용 예

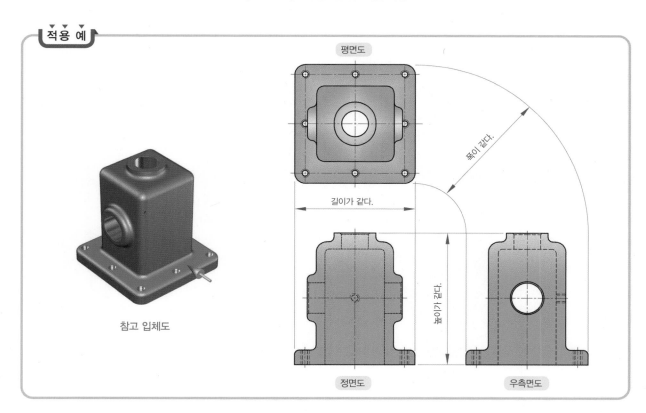

참고 입체도

02 입체도법(2.5D)

구조물의 조립상태나 조립순서 등을 쉽게 알 수 있도록 한 개의 투상도로 세 면의 형상을 나타낼 수 있는 투상도법을 **입체도법**이라 한다[그림 3-8].
종류에는 등각투상도법, 부등각투상도법, 사투상도법 등이 있다.

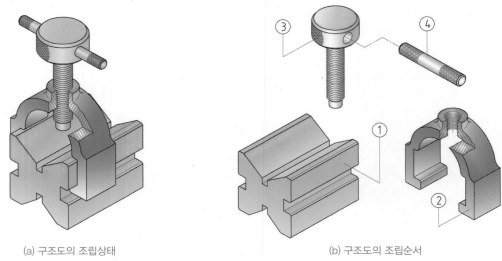

(a) 구조도의 조립상태　　　　　　　　　　　　　　(b) 구조도의 조립순서

[그림 3-8] 입체도법

(1) 등각투상도(Isometric drawing)

등각투상도란 x축과 y축에 있는 $\overline{ab}$와 $\overline{ac}$가 수평선과 각각 30°이며, 내각이 120°를 갖고, **z축**에 대해 **등각**을 이루는 작도법이다[그림 3-9].
등각투상도는 입체도법 중 가장 많이 이용되는 기법이기도 하다.

> AutoCAD에서 **Command : SNAP** → Style → Isometric 명령어를 사용한다.

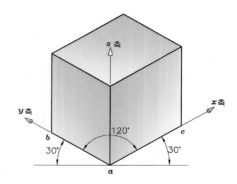

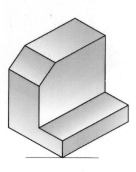

등각투상도의 예

[그림 3-9] 등각투상도를 그리는 법

(2) 부등각투상도(Anisometrical drawing)

부등각투상도에서는 A, B, C가 각각 다른 값이 되도록 α, β의 경사각을 잡는다.

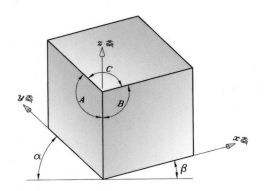

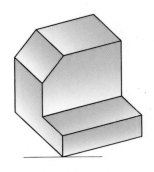

부등각투상도의 예

[그림 3-10] 부등각투상도를 그리는 법

(3) 사투상도(Oblique drawing)

사투상도는 물체의 정면 형태만 실치수로 그리고, 앞쪽에서 뒤끝까지는 경사지게 그린다.

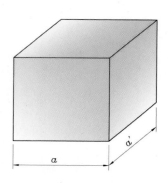

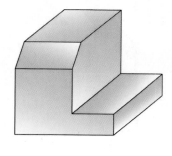

사투상도의 예

[그림 3-11] 사투상도를 그리는 법

057

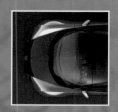

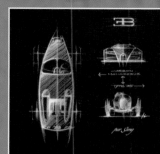

도면 작도방법

💬 BRIEF SUMMARY

도면을 해석하기 위해서는 입체적인 형상을 평면적으로 그릴 수 있는 기술과 평면적인 그림을 입체적으로 상상할 수 있는 능력이 요구된다고 앞 장에서 설명한 바 있다.

물체의 외부 형상만을 정투상도법에 의해 작도한다고 하면 내부 형상은 모두 숨은선으로 표시되어 물체의 형상이 불확실할 뿐만 아니라 도면을 처음 접하는 사용자들은 도면을 해독하는 데 있어 상당한 어려움을 겪을 것이다. "도면은 어느 누가 봐도 쉽게 이해할 수 있어야 한다." 따라서 불확실한 숨은선이 많은 도면은 좋지 못한 도면이다.

이 장에서는 정투상도를 보조하여 도면을 간결하게 그릴 수 있는 여러 가지 투상기법들과 숨은선을 제거하기 위해 물체를 가상적으로 절단 · 투상하여 도면을 작도하는 단면도법에 관하여 설명하고자 한다.

01 | 투상도 수 선택방법

주투상도에서 정면도만으로 물체의 형태를 완전하게 표시할 수 없을 경우에는 주투상도를 보충하는 다른 투상 도를 사용한다. 그러나 가급적이면 정면도를 보충하는 투상도의 수는 적게 하는 것이 바람직하다.

01 정면도만으로 표현이 가능한 경우

물체의 형상이 원형인 경우에는 하나의 투상도만으로도 표현이 가능한 경우가 있다. 투상도 하나만으로 도형을 나타내는 기법을 **1면도법**이라 한다[그림 1-1].

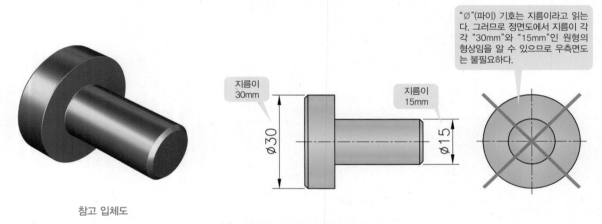

참고 입체도

"∅"(파이) 기호는 지름이라고 읽는 다. 그러므로 정면도에서 지름이 각 각 "30mm"와 "15mm"인 원형의 형상임을 알 수 있으므로 우측면도 는 불필요하다.

(a) 정면도만으로 나타내는 1면도법 − I

참고 입체도

치수는 반드시 투상도 내부에 기입한다.

t3은 두께가 3mm임을 뜻한다. 그러므로, 우측면도는 불필요하다.

(b) 정면도만으로 나타내는 1면도법 − II

[그림 1-1] 정면도만으로 나타내는 1면도법

02 정면도와 평면도만으로 표현이 가능한 경우

[그림 1-2]은 정면도 외에 평면도와 우측면도를 투상한 것인데, 물체의 형상을 잘 표현하고 있는 그림은 정면도와 평면도이고, 각 부위의 치수도 이 두 투상도만으로 충분히 표현 가능하다. 따라서, 우측면도는 필요 없게 된다.

이와 같이 두 개의 투상도만으로 도형을 나타내는 기법을 **2면도법**이라 한다.

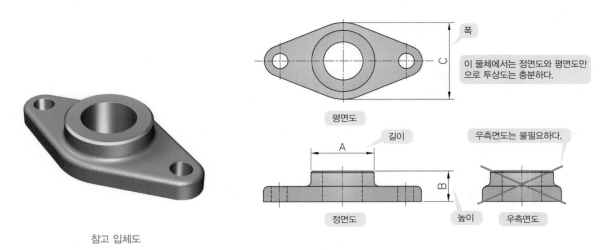

참고 입체도

[그림 1-2] 정면도만으로 나타내는 2면도법

03 정면도와 측면도만으로 표현이 가능한 경우

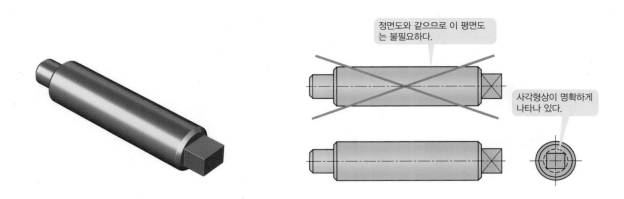

참고 입체도

[그림 1-3] 정면도와 측면도로 나타내는 2면도법

04 투상도의 배치 및 방향 선택방법

투상도를 배치할 때는 공작물이 실제 가공되는 방향 등을 고려하여 작도하는 것이 바람직하다.
[그림 1-4]는 선반가공에서의 내경과 외경, 그리고 수나사를 가공할 때 공구의 **절삭 가공 방향**과 공작물의
설치 방향을 고려하여 투상도를 배치한 경우이다.

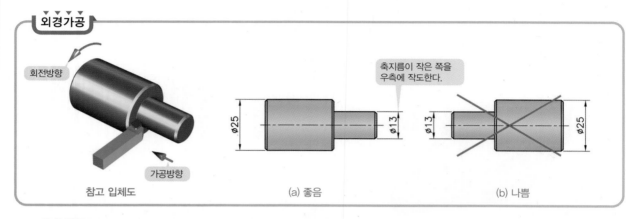

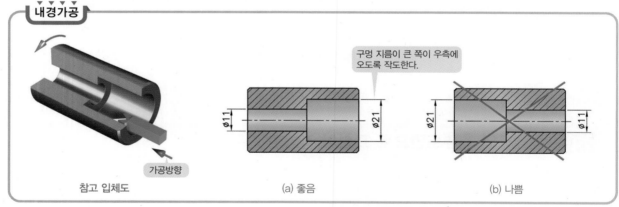

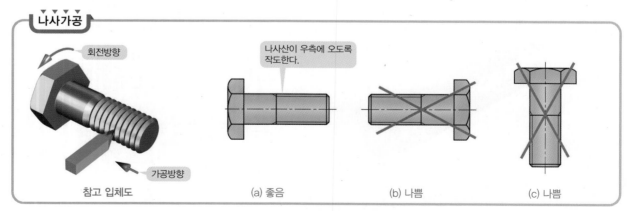

[그림 1-4] 투상도를 올바르게 배치하는 방법

02 단면도법

단면도법이란 지금까지 은선으로만 나타냈던 내부형상 혹은 물체의 보이지 않는 부분을 좀 더 명확하게 도시하기 위해서 가상적으로 필요한 부분을 절단하여 투상한 다음, 도면으로 나타내는 기법이다[그림 2-1]. 물체의 보이지 않는 부분은 숨은선으로 도시한다. 그러나, 간단한 형상도 숨은선이 있으면[그림 2-1(a)] 도형이 복잡해 보이고, 만약 실제로 복잡한 형상이라면 숨은선은 더 많을 것이므로 도면을 이해하는 데 있어 더욱 더 어려움이 따를 것이다. 도면은 간단 명료해야 하고 설계자의 뜻을 명확하게 전달할 수 있어야 한다고 앞에서도 강조한 바 있다. 그러므로 **단면도법**을 잘 활용하면 좋은 도면을 그릴 수 있을 것이다.

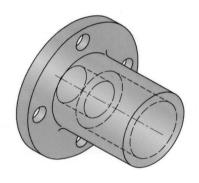

(a) 내부에 은선이 복잡하여 알아보기가 어려운 경우

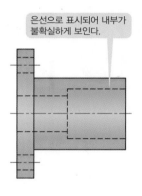

은선으로 표시되어 내부가 불확실하게 보인다.

(b) 단면하지 않은 투상도

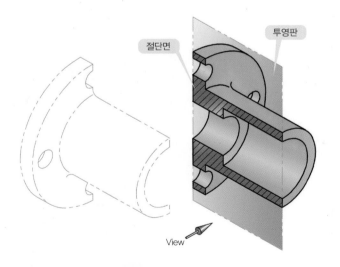

투영판

절단면

View

(c) 내부가 외형선으로 나타나 이해하기 쉬운 경우

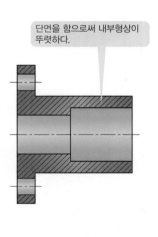

단면을 함으로써 내부형상이 뚜렷하다.

(d) 단면도

[그림 2-1] 단면표시와 단면도법

01 단면도법의 원칙

① 숨은선은 되도록 생략한다.

② 절단면과 절단되지 않는 면을 구별하기 위해 절단면에 **45°의 가는 실선**을 3~5mm의 간격으로 긋는다. 이것을 **해칭**이라 한다.

③ 단면을 할 때는 [그림 2-2]와 같이 단면위치를 보는 방향의 화살표와 문자로서 표시한다. 그러나, 절단면과 단면도의 관련이 분명할 때는 단면위치 및 표시방법의 일부 또는 전부를 생략할 수 있다[그림 2-3].

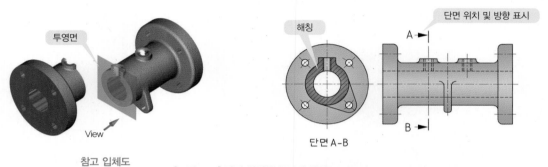

참고 입체도

[그림 2-2] 단면 위치를 문자와 화살표로 표시

참고 입체도

(a) 단면 위치가 분명한 경우 - I

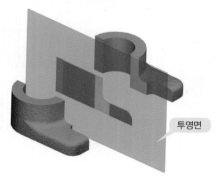

참고 입체도

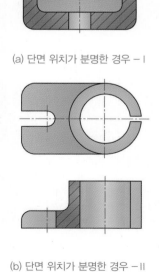

(b) 단면 위치가 분명한 경우 - II

[그림 2-3] 단면 위치가 분명한 경우의 도시방법

02 전단면도(온단면도)

물체의 기본 중심선을 기준으로 모두 절단하고, 절단면을 수직방향에서 투상한 기법으로, 가장 기본적인 단면 기법이다. 그러나 물체의 형상이 반드시 **대칭**이어야 한다[그림 2-4].

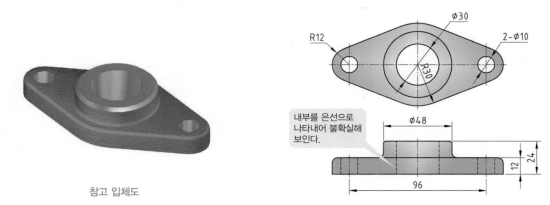

참고 입체도

[그림 2-4] 단면하지 않았을 때의 투상도

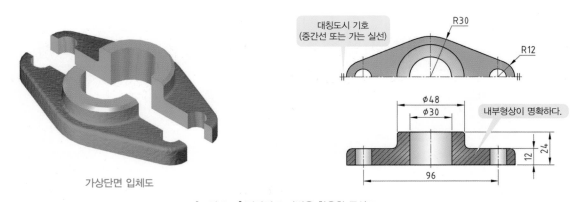

가상단면 입체도

[그림 2-5] 전단면도 기법을 활용한 투상도

적용 예

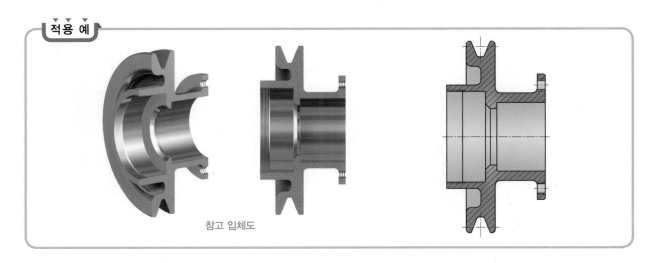

참고 입체도

03 반단면도(한쪽 단면도, 1/4 단면도)

상하좌우 각각 대칭인 물체의 중심선을 기준으로 하여 1/4에 해당하는 한쪽만 절단하고 반대쪽은 그대로
나타내어 투상하는 기법으로 물체의 **외부형상**과 **내부형상**을 동시에 나타낼 수 있는 장점이 있다. 반단면도
역시 물체의 형상이 **대칭**이어야 한다[그림 2-6].

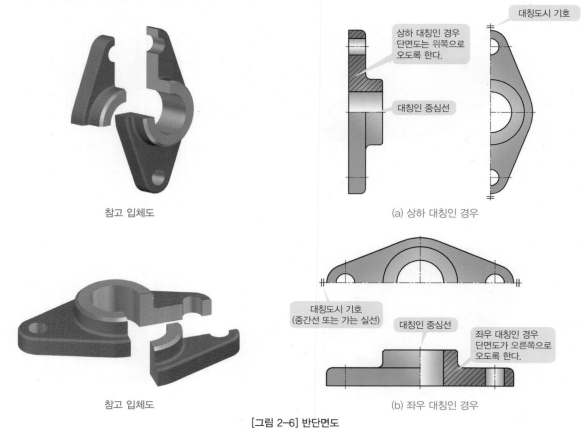

참고 입체도

대칭도시 기호

상하 대칭인 경우
단면도는 위쪽으로
오도록 한다.

대칭인 중심선

(a) 상하 대칭인 경우

참고 입체도

대칭도시 기호
(중간선 또는 가는 실선)

대칭인 중심선

좌우 대칭인 경우
단면도가 오른쪽으로
오도록 한다.

(b) 좌우 대칭인 경우

[그림 2-6] 반단면도

적용 예

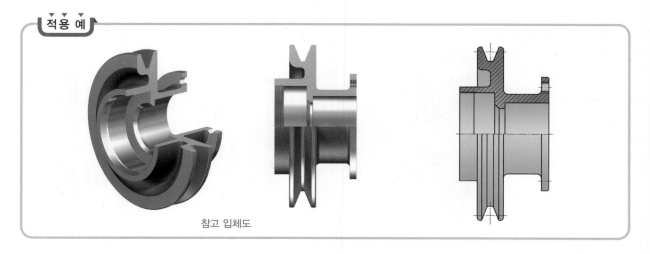

참고 입체도

04 부분단면도

물체의 필요한 부분만을 절단하여 투상하는 기법으로 단면기법 중 가장 자유롭고 적용범위가 넓다. 단면한 부위는 **파단선**을 이용하여 경계를 표시하며, 물체가 **대칭**이든 **비대칭**이든 모두 적용이 가능한 것이 특징이다 [그림 2-7].

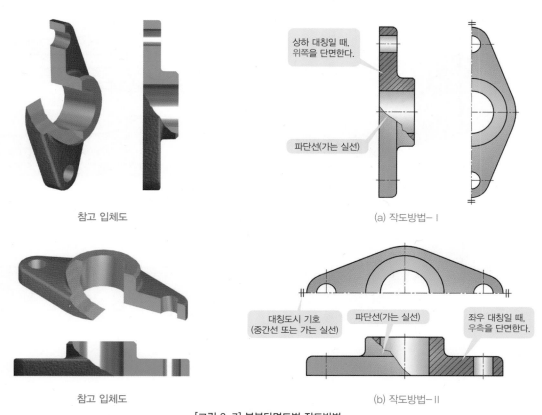

참고 입체도

상하 대칭일 때, 위쪽을 단면한다.

파단선(가는 실선)

(a) 작도방법-Ⅰ

참고 입체도

대칭도시 기호 (중간선 또는 가는 실선)

파단선(가는 실선)

좌우 대칭일 때, 우측을 단면한다.

(b) 작도방법-Ⅱ

[그림 2-7] 부분단면도법 작도방법

적 용 예

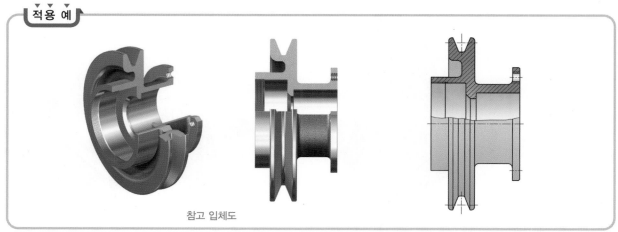

참고 입체도

05 회전단면도

절단면을 그 자리에서 90°로 회전시켜 투상하는 단면기법으로 **바퀴의 암**(arm)이나 **리브, 형강** 등에 많이 적용된다[그림 2-8, 그림 2-9].

(1) 절단면 사이에 외형선으로 나타내는 방법

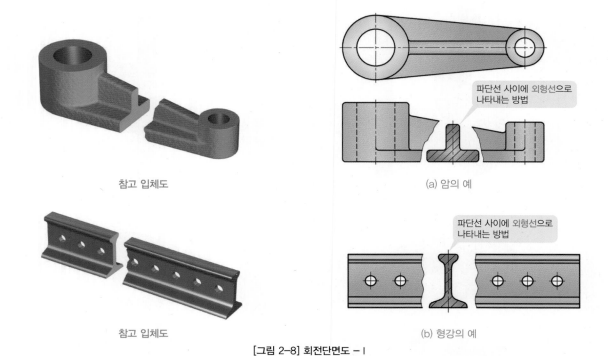

참고 입체도

파단선 사이에 외형선으로 나타내는 방법

(a) 암의 예

참고 입체도

파단선 사이에 외형선으로 나타내는 방법

(b) 형강의 예

[그림 2-8] 회전단면도 - Ⅰ

적용 예

참고 입체도

중심선을 연장시켜 외형선으로 나타내는 방법

(2) 절단면 위에 가는 실선으로 나타내는 방법

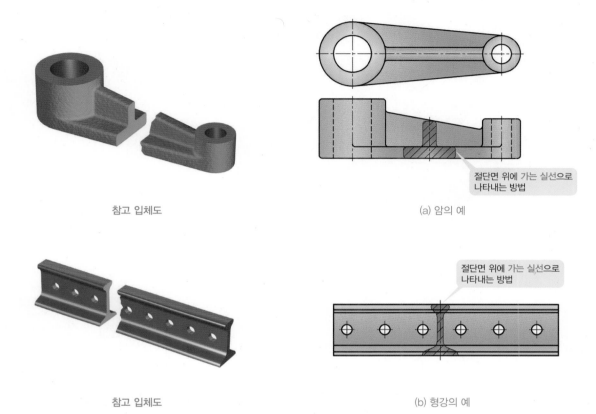

참고 입체도

절단면 위에 가는 실선으로
나타내는 방법

(a) 암의 예

참고 입체도

절단면 위에 가는 실선으로
나타내는 방법

(b) 형강의 예

[그림 2-9] 회전단면도 - Ⅱ

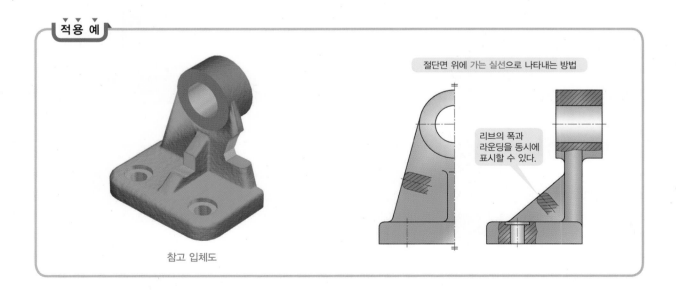

적용 예

참고 입체도

절단면 위에 가는 실선으로 나타내는 방법

리브의 폭과
라운딩을 동시에
표시할 수 있다.

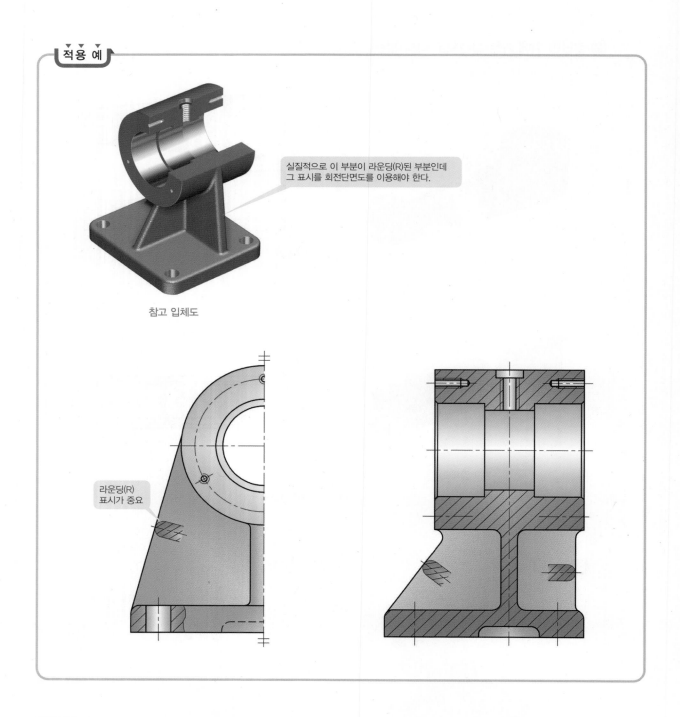

적용 예

실질적으로 이 부분이 라운딩(R)된 부분인데 그 표시를 회전단면도를 이용해야 한다.

참고 입체도

라운딩(R) 표시가 중요

TIP

회전단면도를 그릴 때에는 가는 실선으로 나타내는 방법이 작업시간도 짧고 더 능률적이어서 많이 이용한다.

06 조합단면도

조합단면도는 여러 개의 절단면을 조합하여 단면도로 표시하는 기법을 말한다.

(1) 대칭에 가까운 물체를 나타내는 조합단면도

[그림 2-10]은 A–O–B를 중심선을 따라 절단하고, O–B를 O–C 까지 회전시켜 A–O–C 형체의 대칭중심선 상에 놓고 투상하는 기법의 예이다.

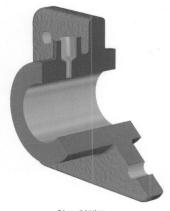

참고 입체도

A–O–B를 절단하고 화살표 방향에서 본다.
단, B는 C까지 회전시켜 투상한다.

단면 A–O–B

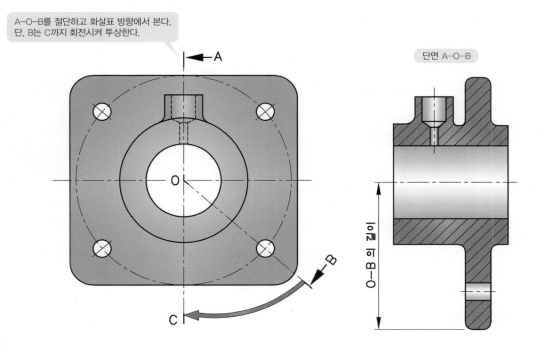

[그림 2-10] 대칭에 가까운 물체의 조합단면도

(2) 평행인 두 평면을 나타내는 조합단면도

[그림 2-11]과 같이 절단할 때는 A′, B를 연결하는 선이 이론적으로는 [그림 2-11(b)]와 같이 나타나게 되지만 이와 같은 단면 도시기법에서는 [그림 2-11(a)]와 같이 나타내는 것을 원칙으로 한다.

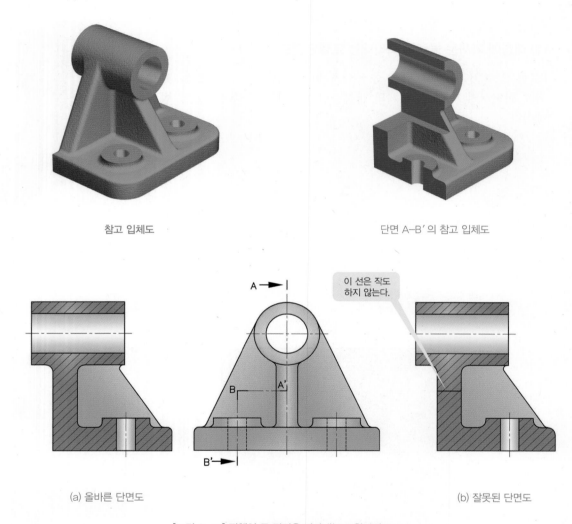

참고 입체도

단면 A-B′의 참고 입체도

이 선은 작도
하지 않는다.

(a) 올바른 단면도

(b) 잘못된 단면도

[그림 2-11] 평행인 두 평면을 나타내는 조합단면도

(3) 복잡한 물체를 나타내는 조합단면도

① [그림 2-12]는 절단면 A-O-B-C-D에서, A-O-B는 90°, B-C-D는 45°로 각각 회전시켜 나타내는 단면 도법의 예이다.

참고 입체도

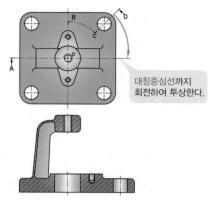

A-O-B-C-D를 절단한 단면도

[그림 2-12] 복잡한 물체를 나타내는 조합단면도

② [그림 2-13]은 절단면 A를 90°로 O-B선 위까지 회전시켜 나타내는 단면도법의 예이다.

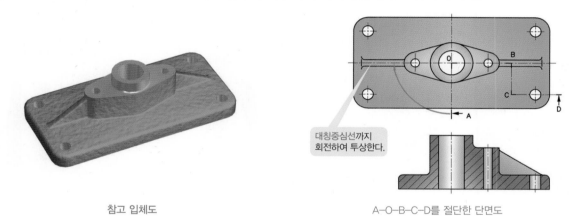

참고 입체도

A-O-B-C-D를 절단한 단면도

[그림 2-13] 복잡한 물체를 나타내는 조합단면도

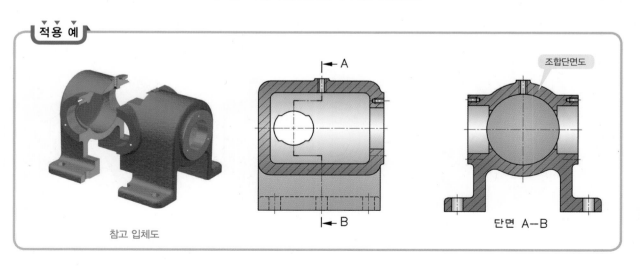

적용 예

참고 입체도

단면 A-B

07 생략도

(1) 대칭도형의

도형이 대칭인 경우 대칭 중심선을 기준으로 한쪽을 생략할 수 있다. 이때, 한쪽 도형만 작도하고 대칭 중심선의 양 끝에 **2개의 짧은 중간선 또는 가는 실선**을 나란히 긋는다[그림 2-14].

① 대칭인 투상도가 중심선을 넘지 않을 경우의 도시 예

생략도를 작도할 때 대칭 중심선을 기준으로 **평면도는 위쪽, 저면도는 아래쪽, 우측면도는 우측, 좌측면도는 좌측**에 도면을 각각 배치하는 것이 올바른 투상이다.

(ㄱ) 평면도에 적용한 예

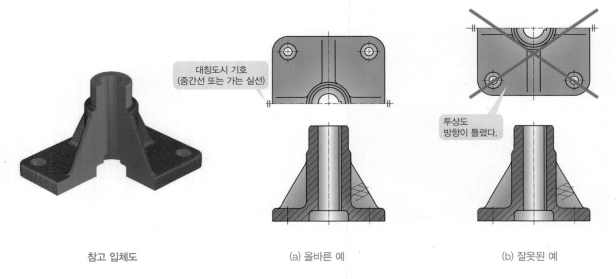

참고 입체도   (a) 올바른 예   (b) 잘못된 예

(ㄴ) 좌측면도에 적용한 예

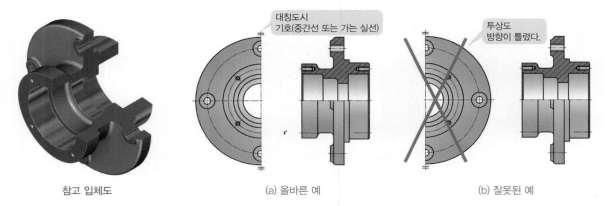

참고 입체도   (a) 올바른 예   (b) 잘못된 예

[그림 2-14] 중심선을 넘지 않을 경우의 도시 예

② 대칭인 투상도가 중심선을 넘을 경우의 도시 예

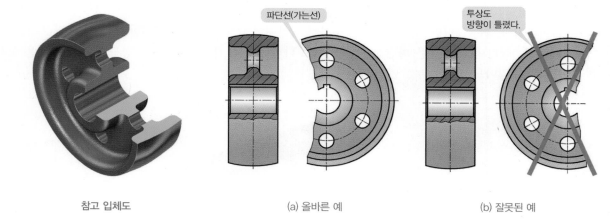

참고 입체도   파단선(가는선)   (a) 올바른 예   투상도 방향이 틀렸다.   (b) 잘못된 예

[그림 2-15] 중심선을 넘을 경우의 도시 예

적용 예

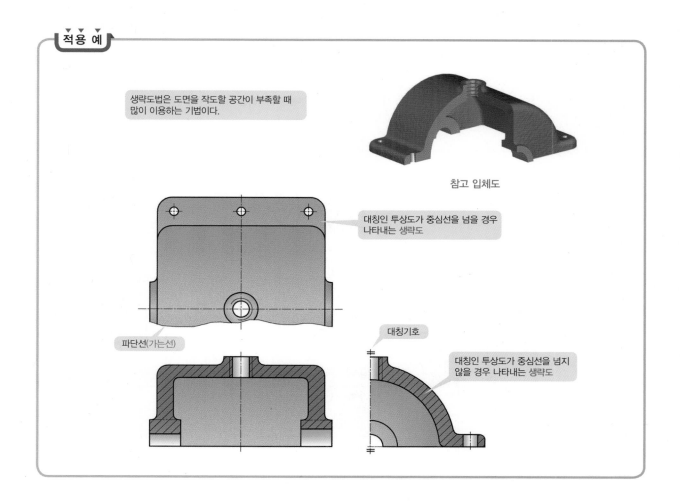

생략도법은 도면을 작도할 공간이 부족할 때 많이 이용하는 기법이다.

참고 입체도

대칭인 투상도가 중심선을 넘을 경우 나타내는 생략도

파단선(가는선)

대칭기호

대칭인 투상도가 중심선을 넘지 않을 경우 나타내는 생략도

(2) 중간 부분을 생략할 수 있는 여러 가지 기법들

축, 막대, 파이프, 형강, 래크, 테이퍼축과 같이 규칙적으로 줄지어 있는 부분 또는 **너무 길어서** 도면 영역 내에 들어가지 못하는 그림인 경우에는 중간 부분을 잘라내어 중요한 부분만 도시할 수 있다[그림 2-16].
이 경우, 잘라낸 끝 부분은 파단선(가는선)으로 나타내고 긴 테이퍼의 경우, 경사가 완만한 것은 실제 각도로 표시하지 않아도 좋다.

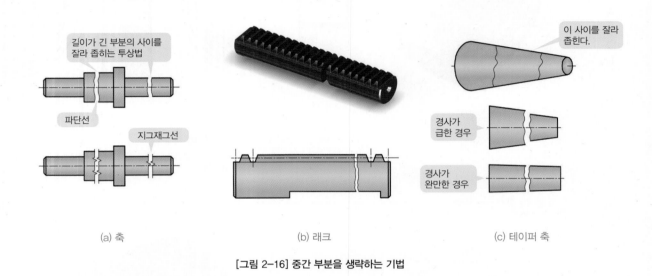

(a) 축

(b) 래크

(c) 테이퍼 축

[그림 2-16] 중간 부분을 생략하는 기법

적용 예

단면 C-C

전체 길이치수

08 단면을 해서는 안 되는 경우와 특수한 경우의 도시방법

(1) 단면을 해서는 안 되는 경우

축, 리브, 바퀴암, 기어의 이, 볼트, 너트 등과 같은 경우 단면을 하지 않는 경우가 있다.
그 이유는 단면을 함으로써 도형을 이해하는 데 방해만 되고, 단면을 한다 해도 별 의미가 없을 뿐만 아니라
잘못 해석할 우려가 있기 때문에 **길이방향**으로는 단면을 하지 않는다[그림 2-17].

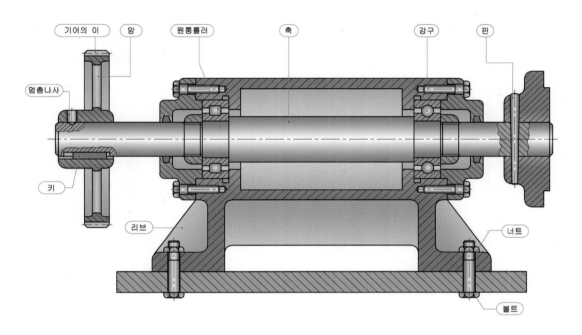

[그림 2-17] 길이방향으로 단면하지 않는 경우

TIP

위에서 지시한 기계요소들을 길이방향으로 단면하게 되면 도면을 보는 사람들이 형상을 잘못 이해할 수 있다.

① 잘못 해석하기 쉬운 도형 중 리브의 예

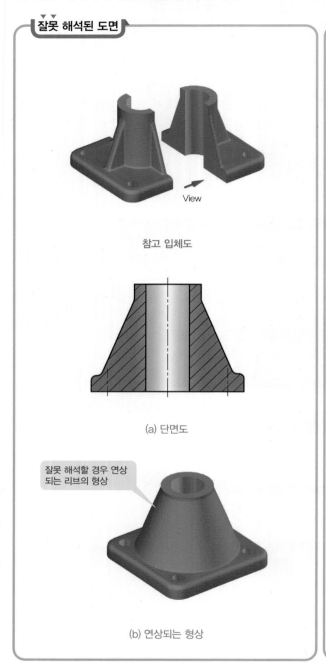

잘못 해석된 도면

참고 입체도

(a) 단면도

잘못 해석할 경우 연상되는 리브의 형상

(b) 연상되는 형상

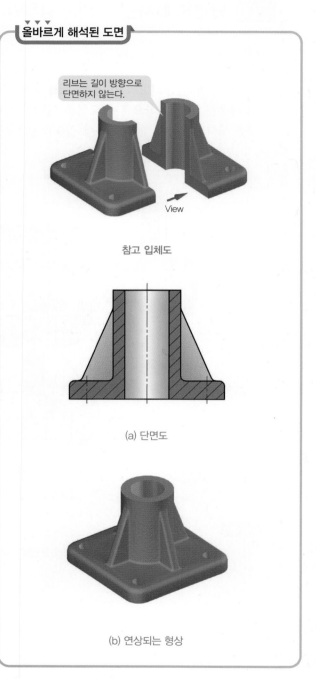

올바르게 해석된 도면

리브는 길이 방향으로 단면하지 않는다.

참고 입체도

(a) 단면도

(b) 연상되는 형상

② 잘못 해석하기 쉬운 축의 예

참고 입체도

잘못 해석된 도면

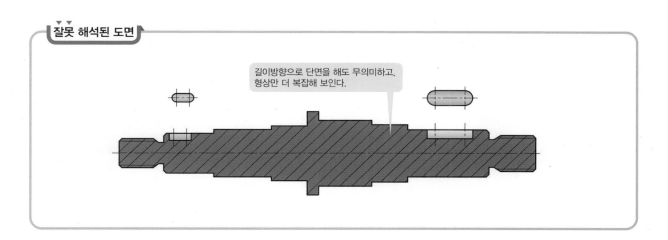

길이방향으로 단면을 해도 무의미하고,
형상만 더 복잡해 보인다.

올바르게 해석된 도면

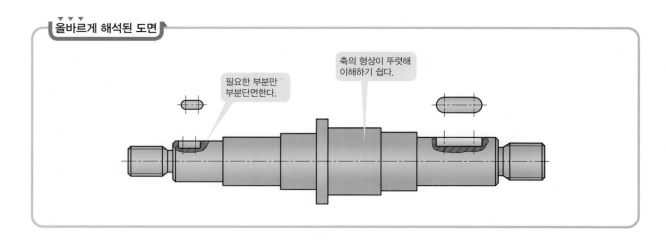

필요한 부분만
부분단면한다.

축의 형상이 뚜렷해
이해하기 쉽다.

(2) 특수한 경우의 도시방법

단면도법이나 생략도법 이외에 특수한 경우, 도형을 표시하는 방법이 있다.

① 특정 부분이 평면인 경우의 도시방법

도형 내에 특정 부위가 평면일 때 이것을 표시해야 될 경우, 평면인 부위에 **가는 실선**으로 대각선을 긋는다 [그림 2-18].

참고 입체도

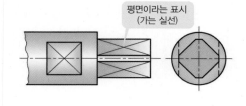

(a) 생크(Shank)

참고 입체도

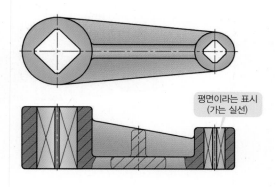

(b) 핸들

참고 입체도

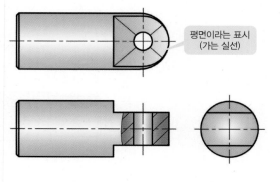

(c) 슬라이더 - Ⅰ

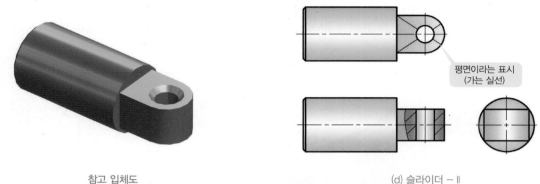

참고 입체도   (d) 슬라이더 – Ⅱ

평면이라는 표시
(가는 실선)

[그림 2-18] 특정 부위가 평면인 경우의 도시방법

② 도형이 구부러진 경우의 도시방법

구부러진 부분의 면이 라운드 처리가 되어 있는 경우에는 교차선의 위치에서 그에 대응하는 위치까지 **가는 실선**으로 표시하고, 교차한 대응도면 위치의 상관선도 **가는 실선**으로 표시한다[그림 2-19].

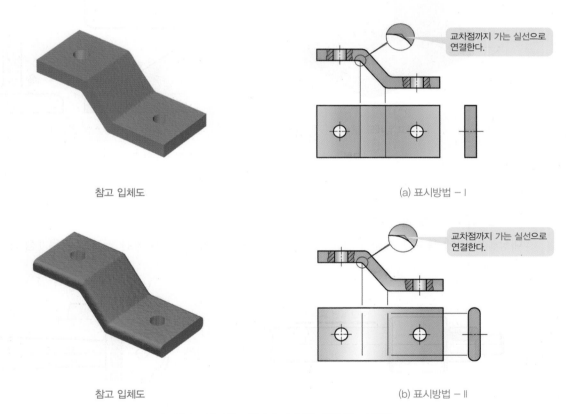

참고 입체도   (a) 표시방법 – Ⅰ

교차점까지 가는 실선으로
연결한다.

참고 입체도   (b) 표시방법 – Ⅱ

교차점까지 가는 실선으로
연결한다.

[그림 2-19] 라운드 처리가 되어 있는 경우의 도시방법

081

③ 리브의 끝을 도시하는 방법

리브의 끝 부분에 라운드 표시를 할 때에는 크기에 따라 직선, 안쪽 또는 바깥쪽으로 구부러진 경우가 있다 [그림 2-20].

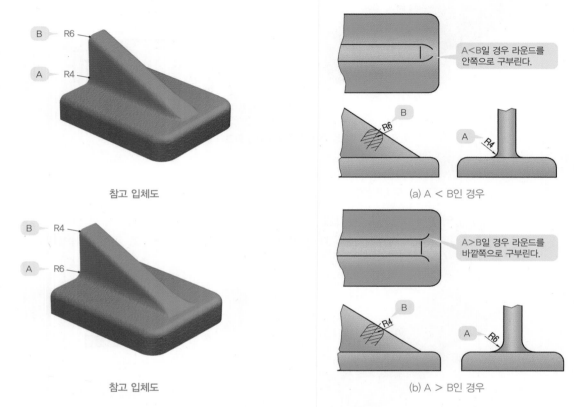

참고 입체도

(a) A < B인 경우

A<B일 경우 라운드를 안쪽으로 구부린다.

참고 입체도

(b) A > B인 경우

A>B일 경우 라운드를 바깥쪽으로 구부린다.

[그림 2-20] 리브의 끝 부분이 라운드 처리된 경우의 도시방법

④ 특수한 가공 부분을 표시하는 방법

대상물의 면에 특수한 가공이 필요한 부분은 그 범위를 외형선에서 약간 띄어서 **굵은 1점 쇄선**으로 표시할 수 있다[그림 2-21].

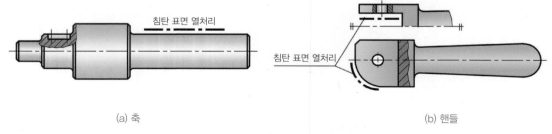

침탄 표면 열처리

침탄 표면 열처리

(a) 축

(b) 핸들

[그림 2-21] 특수가공을 표시하는 방법

■ 특수가공부 실제 적용 예

마찰운동을 주로 하는 실린더, 피스톤, 편심장치, 크랭크축, 기어의 이 등과 같은 마찰부위에는 특수한 재질을 쓰지만 일반적으로 **표면 열처리**를 부여하는 경우가 많다.

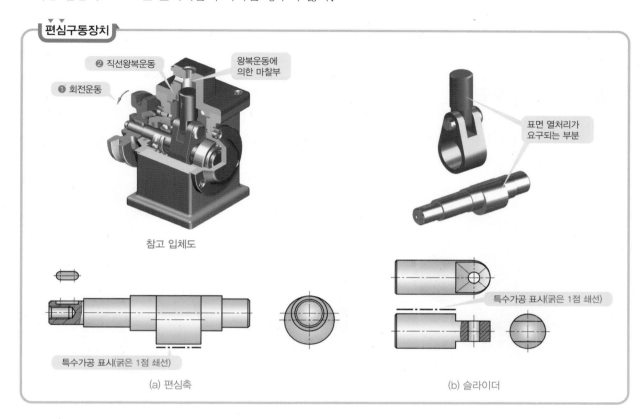

편심구동장치

② 직선왕복운동
왕복운동에 의한 마찰부
① 회전운동
표면 열처리가 요구되는 부분
참고 입체도
특수가공 표시(굵은 1점 쇄선)
특수가공 표시(굵은 1점 쇄선)
(a) 편심축
(b) 슬라이더

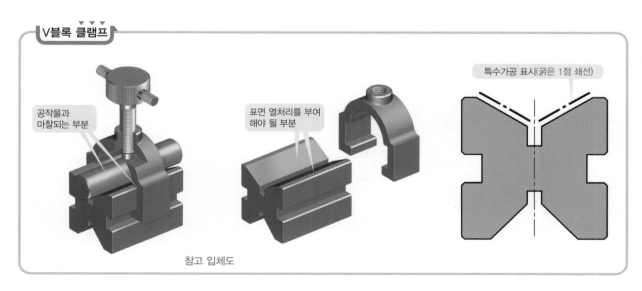

V블록 클램프

공작물과 마찰되는 부분
표면 열처리를 부여 해야 될 부분
특수가공 표시(굵은 1점 쇄선)
참고 입체도

03 기타 정투상도를 보조하는 여러 가지 특수 투상기법들

01 보조투상도

물체의 경사면에서 실제의 길이를 나타내기 위해서 경사면과 수직하는 위치에 나타내는 투상도를 **보조투상도**라 하고 도시하는 방법은 [그림 3-1, 그림 3-2]와 같다.

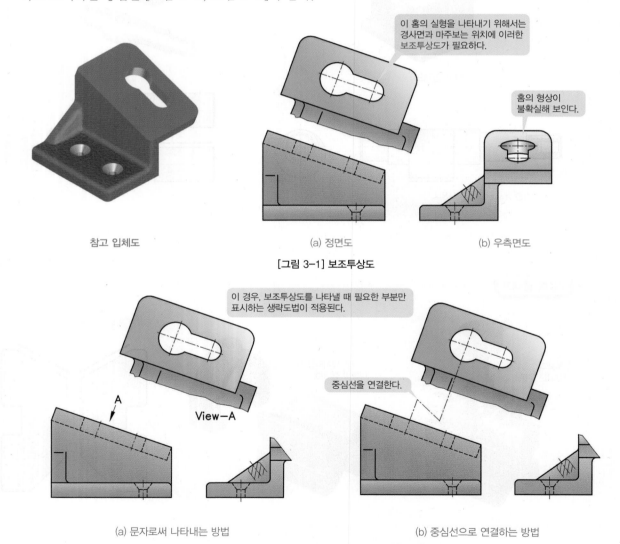

참고 입체도

(a) 정면도

이 홈의 실형을 나타내기 위해서는 경사면과 마주보는 위치에 이러한 보조투상도가 필요하다.

홈의 형상이 불확실해 보인다.

(b) 우측면도

[그림 3-1] 보조투상도

이 경우, 보조투상도를 나타낼 때 필요한 부분만 표시하는 생략도법이 적용된다.

중심선을 연결한다.

A

View-A

(a) 문자로써 나타내는 방법

(b) 중심선으로 연결하는 방법

[그림 3-2] 문자와 중심선에 의한 보조투상도 도시방법

02 회전투상도

물체의 일부분이 경사져 있을 때 경사진 부분만 회전시켜서 나타내는 투상도법을 **회전투상도**라 하고 잘못 해석할 우려가 있을 경우 작도선을 남긴다[그림 3-3].

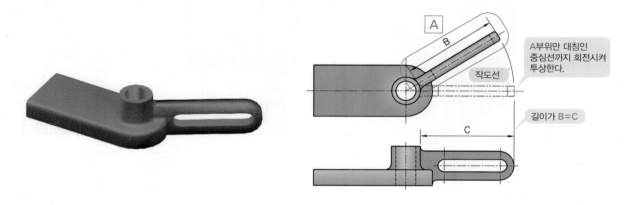

참고 입체도

[그림 3-3] 회전투상도

03 부분투상도

주투상도에서 잘 나타나지 않은 부분 혹은 꼭 필요한 일부분만 오려내서 나타내는 투상도법을 **부분투상도법**이라 한다[그림 3-4].

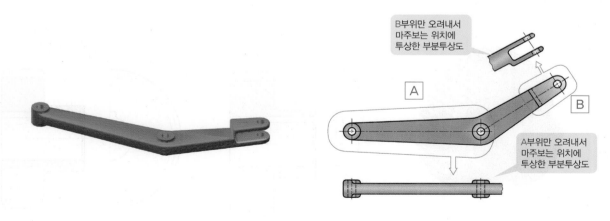

참고 입체도

[그림 3-4] 부분투상도

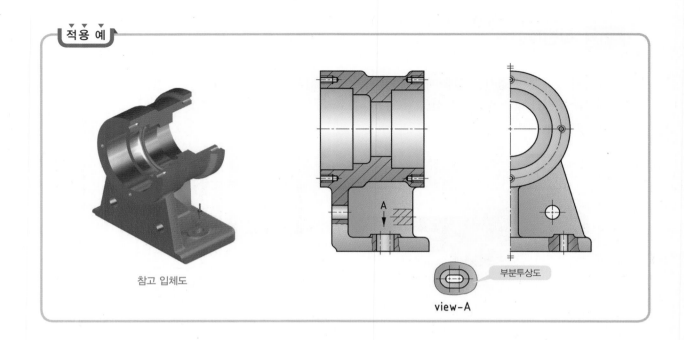

적용 예

참고 입체도

부분투상도

view-A

04 국부투상도

정면도를 보조하는 투상도를 그릴 때, 특수한 부분만 나타내는 투상도법이다[그림 3-5, 그림 3-6].
이 때 중심선은 연결해준다.

(1) 회전체인 경우의 도시방법

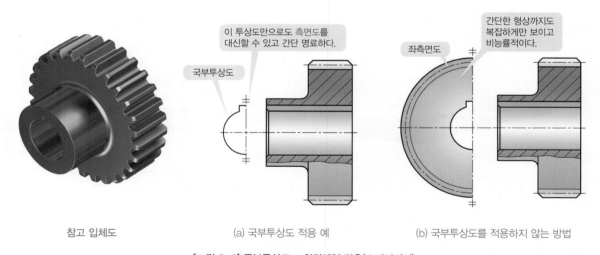

이 투상도만으로도 측면도를
대신할 수 있고 간단 명료하다.

간단한 형상까지도
복잡하게만 보이고
비능률적이다.

국부투상도

좌측면도

참고 입체도   (a) 국부투상도 적용 예   (b) 국부투상도를 적용하지 않는 방법

[그림 3-5] 국부투상도 – 회전체인 경우(스퍼어기어)

(2) 축인 경우의 도시방법

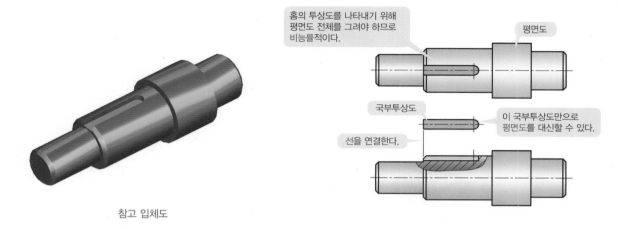

홈의 투상도를 나타내기 위해 평면도 전체를 그려야 하므로 비능률적이다.

평면도

국부투상도

이 국부투상도만으로 평면도를 대신할 수 있다.

선을 연결한다.

참고 입체도

[그림 3-6] 국부투상도 – 축인 경우

05 상세도(확대도)

물체의 중요한 부분이 너무 작은 경우 그 부분을 가는 실선으로 둘러싸고 인접한 부분에 크기를 확대시켜 그리는 투상도를 **상세도법**이라 한다. 문자로 척도를 표시하고 **치수는 실척치수**로 기입한다[그림 3-7].

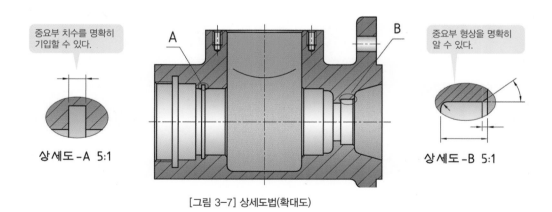

중요부 치수를 명확히 기입할 수 있다.

A

B

중요부 형상을 명확히 알 수 있다.

상세도–A 5:1

상세도–B 5:1

[그림 3-7] 상세도법(확대도)

TIP

실무에서나 KS 규격에는 없지만 상세도 크기(Scale)가 명확하지 않을 때, 임의의 크기로 작도하고 NS로 표시할 수 있다.

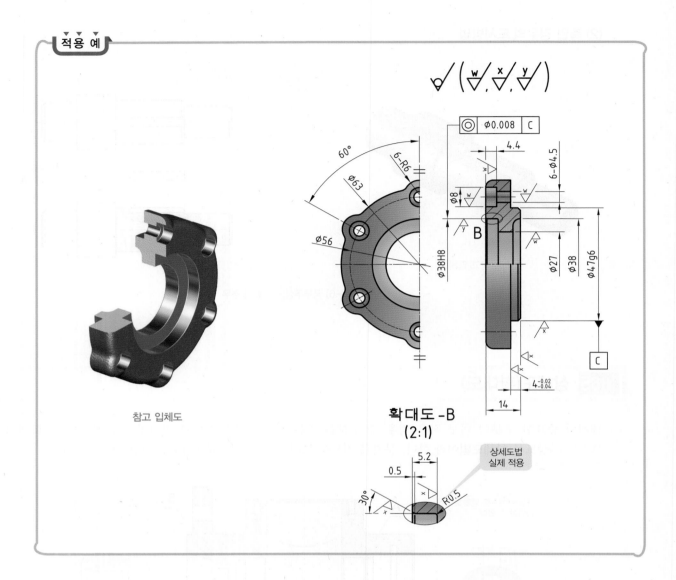

적용 예

참고 입체도

확대도-B
(2:1)

상세도법
실제 적용

과제도면에 적용된 각종 상세도 - Ⅰ

[V-벨트풀리]

상세도 - A
척도 2:1

[오일실]

확대도-B
(2 : 1)

과제도면에 적용된 각종 상세도 – Ⅱ

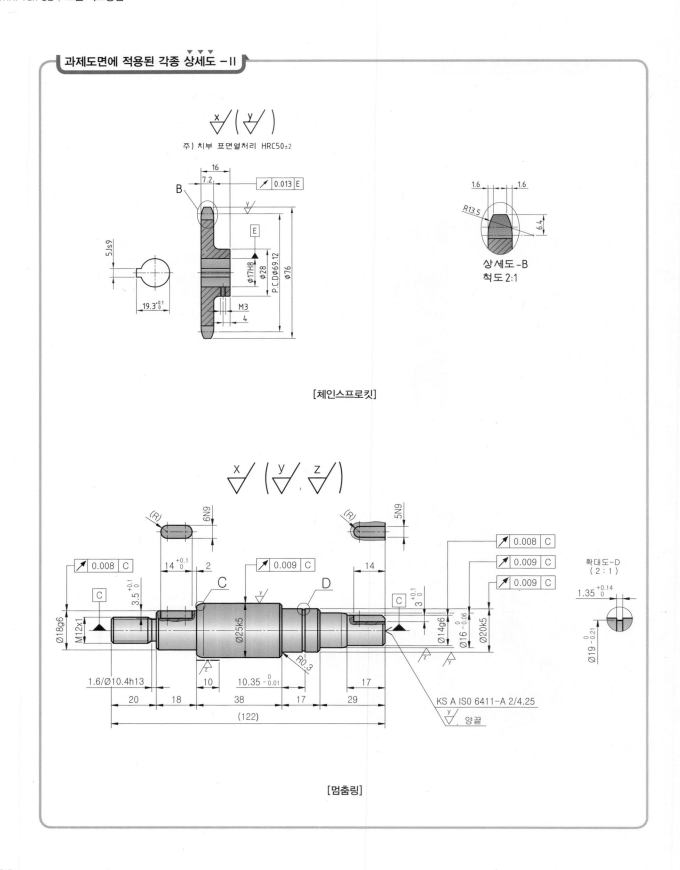

[체인스프로킷]

상세도–B
척도 2:1

[멈춤링]

확대도–D
(2 : 1)

KS A ISO 6411–A 2/4.25
양끝

과제도면에 적용된 각종 상세도 -Ⅲ

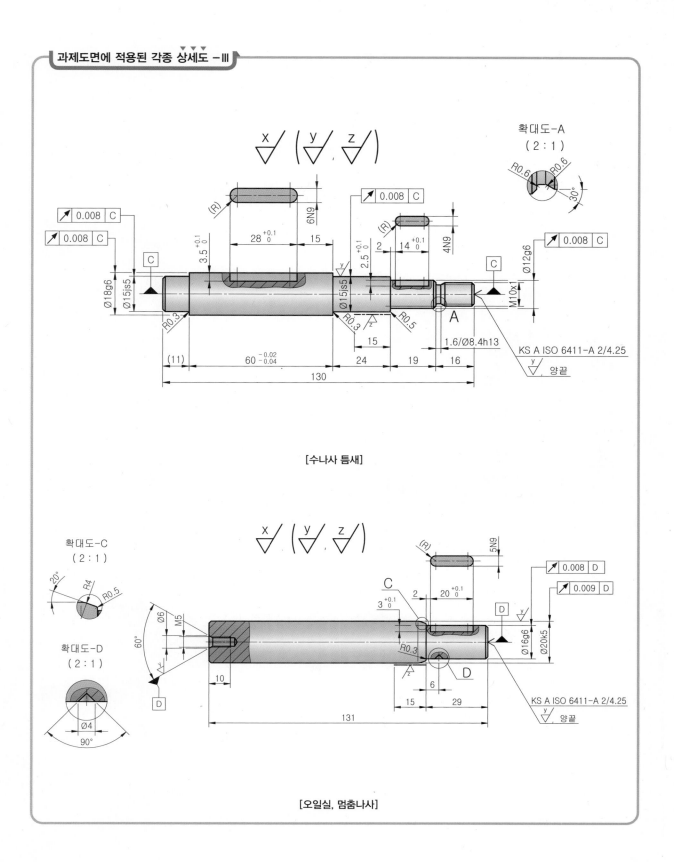

[수나사 틈새]

[오일실, 멈춤나사]

전 산 응 용 기 계 제 도 실 기 · 실 무

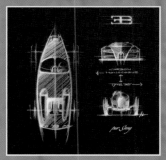

치수·표면거칠기/
끼워맞춤공차/
일반공차·기하공차

BRIEF SUMMARY

이 장에서는 치수를 도면에 빠짐없이 기입하는 기법과 순서에 관하여 설명하고 기타 표면거칠기 및 공차 기입에 대한 표기법들을 간결하고 알기 쉽게 해석해 놓았다. 또한 기하공차 기입법에 관한 전문지식을 토대로 한 실제 과제도면을 예로 들어 기하공차를 쉽게 이해할 수 있도록 정의해 놓았다.

01 | 치수 기입(KS A 0113, ISO 129)

01 치수 기입의 원칙

도면을 작도하는 데 있어서 치수 기입은 중요한 요건 중 하나이다. 설계자 또는 제도자가 도면에 기입한 치수는 제작자가 직접 보고 가공할 치수이므로 정확한 수치를 기입해야 하고 무엇보다 알기 쉽고 **간단 명료**해야 한다.

(1) 치수 기입 시 유의사항

① 공작물의 기능면 또는 제작, 조립 등에 있어서 꼭 필요하다고 생각되는 치수만 명확하게 도면에 기입한다.

② 치수는 되도록 계산해서 구할 필요가 없도록 기입한다.

③ 중복치수는 피하고 되도록 정면도에 집중하여 기입한다.

④ 필요에 따라 기준으로 하는 점과 선 혹은 가공면을 기준으로 기입한다.

⑤ 관련된 치수는 되도록 한곳에 모아서 보기 쉽게 기입한다.

⑥ 참고치수에 대해서는 치수문자에 괄호를 붙인다.

⑦ 반드시 전체 길이, 전체 높이, 전체 폭에 관한 치수를 기입한다.

(2) 치수의 단위 표시방법

① 길이 치수로서 단위를 붙이지 않는 숫자는 모두 밀리미터(mm)이다. 만약, 밀리미터(mm) 이외의 단위를 사용할 때는 그에 해당되는 단위기호를 붙이는 것을 원칙으로 한다.
   예 : cm(센티미터), m(미터), ft(피트), inch(인치)

② 치수정밀도가 높을 때에는 소수점 2자리 내지 3자리까지 표시할 수 있다.
   예 : 20mm를 20.000mm로 정밀도에 따라 표시한다.

③ 각도는 '도(˚)'를 기준으로 하나, 필요에 따라 '분(′)', '초(″)'를 병용할 수 있다.
   예 : 45˚, 45˚38′52″

(3) 치수선 및 치수보조선, 지시선을 긋는 방법

① 치수선, 치수보조선은 **가는 실선**으로 긋고 양 끝에 기호를 붙인다[그림 1-1].

② 치수선은 외형선으로부터 최초에는 10~20mm 정도 띄우고 두 번째부터는 8~10mm 간격으로 띄운다[그림 1-2].

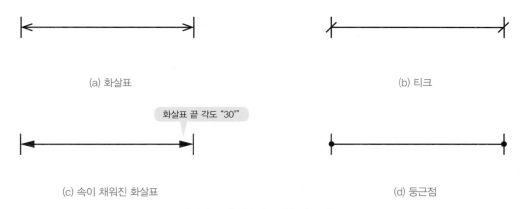

(a) 화살표

(b) 티크

화살표 끝 각도 "30°"

(c) 속이 채워진 화살표

(d) 둥근점

[그림 1-1] 치수선 끝에 붙이는 기호

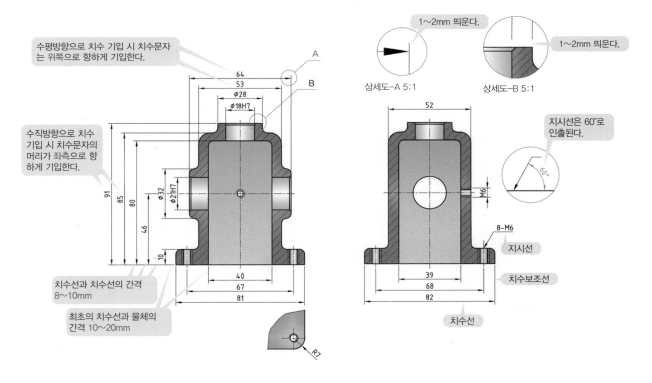

[그림 1-2] 치수선 · 치수보조선 · 치수문자 기입방법

02 치수보조기호 및 기입방법

[표 1-1] 치수보조기호
KS B 0001

구 분	기 호	호 칭	기입방법	예
지름	Ø	파이	치수보조기호는 치수문자 앞에 붙이고, 치수문자와 같은 크기로 쓴다.	Ø5
반지름	R	알		R5
구(Sphere)의 지름	SØ	에스파이		SØ5
구(Sphere)의 반지름	SR	에스알		SR5
정사각형의 변	□	사각		□5
판재의 두께	t=	티		t=5
45°의 모떼기	C	씨		C5
원호의 길이	⌒	원호	치수문자 위에 원호를 붙인다.	⌒20
이론적으로 정확한 치수	▭	테두리	치수문자를 직사각형으로 둘러싼다.	[20]
참고치수	( )	괄호	치수문자를 괄호 기호로 둘러싼다.	(20)
카운터보어	⊔		평평한 바닥이 있는 원통형 구멍은 지름과 깊이로 표시	⊔Ø11
카운터싱크(접시 자리파기)	∨		지름과 각도로 표시하는 원형 모따기	∨Ø11
깊이	↧		구멍 또는 내측 형체의 깊이	↧3.4

(1) Ø(지름 치수, Diameter)

치수를 기입하고자 하는 부분이 원형일 때 Ø를 치수문자 앞에 붙이고 투상도를 정면도 하나만 작도하고 측면도는 생략할 수 있다[그림 1-3].

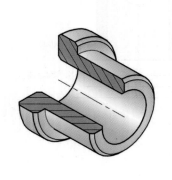

참고 입체도

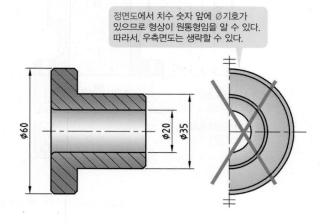

정면도에서 치수 숫자 앞에 Ø기호가 있으므로 형상이 원통형임을 알 수 있다. 따라서, 우측면도는 생략할 수 있다.

[그림 1-3] 지름 치수 기입법

(2) 지름 치수 기입 시 주의사항

① 일반적으로 원형인 투상도는 [그림 1-4]와 같이 대칭도에 치수 기입을 할 때 치수선이 대칭 중심선을 넘지 않고 "R" 기호를 붙여 [그림 1-4(a)]와 같이 반지름 치수를 기입하는 것은 잘못된 것이다.

이 경우 반드시 치수선이 대칭중심선을 넘도록 하여 [그림 1-4(b)]와 같이 "∅"를 붙여 **지름 치수** (예 : ∅100)를 기입해야 한다.

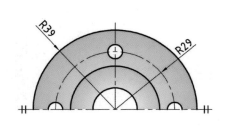

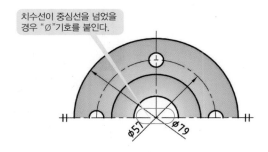

치수선이 중심선을 넘었을 경우 "∅"기호를 붙인다.

(a) 잘못된 치수 기입 예   (b) 지름(∅) 치수 기입의 올바른 예

[그림 1-4] R과 ∅사용법

> **TIP**
>
> 형체가 대칭 중심을 기준으로 180° 이상은 "∅(파이)" 치수를 기입하고, 180°(까지) 미만은 "R(알)" 치수로 기입한다.

적용 예

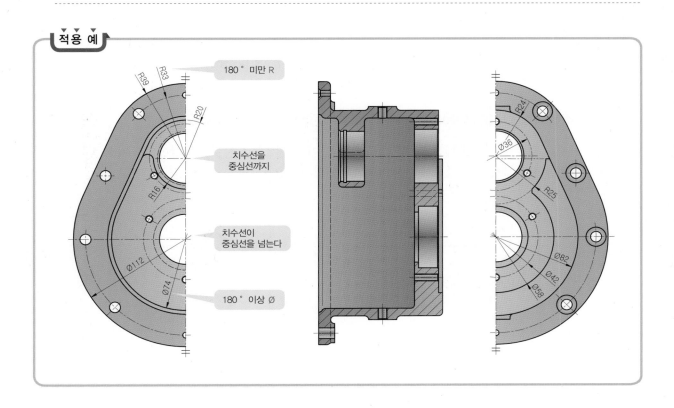

180° 미만 R

치수선을 중심선까지

치수선이 중심선을 넘는다

180° 이상 ∅

② 주투상도의 형상이 원형이고 볼트 구멍이 등간격(90°, 120°)일 경우 [그림 1-5(a)]와 같이 **1면도**만으로 나타낼 수 있으며, 명확한 투상도를 나타내기 위해서는 [그림 1-5(b)]와 같이 측면도를 그릴 수 있다.

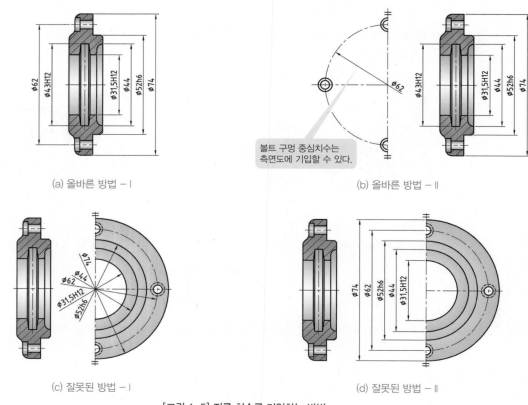

[그림 1-5] 지름 치수를 기입하는 방법

(3) R(Radius, 반지름 치수)

① 반지름 치수를 기입할 때는 [그림 1-6(a)]와 같이 일반적으로 치수문자 앞에 "R" 기호를 붙인다. 그러나 치수선을 중심까지 그을 경우에는 R 기호를 생략할 수 있다[그림 1-6(b)].

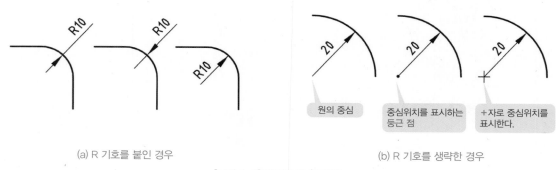

[그림 1-6] 반지름 치수기입법

② 큰 반지름일 경우 [그림 1-7]과 같이 Z자형으로 구부려서 치수를 기입할 수 있다. 이때 구부러진 치수선의 끝은 반드시 원호의 중심점을 향해야 한다.

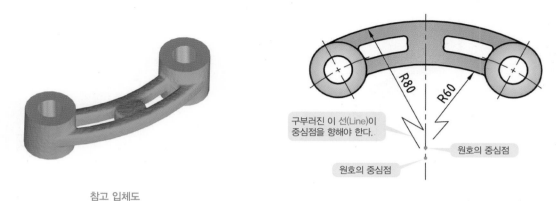

참고 입체도

[그림 1-7] 반지름이 큰 경우의 치수기입법

(4) SØ(구의 지름), SR(Sphere, 구의 반지름)

구(Sphere)의 지름 또는 구의 반지름을 나타내는 치수를 기입할 때 치수문자 앞에 각각 SØ, SR을 치수문자와 같은 크기로 표시한다[그림 1-8].

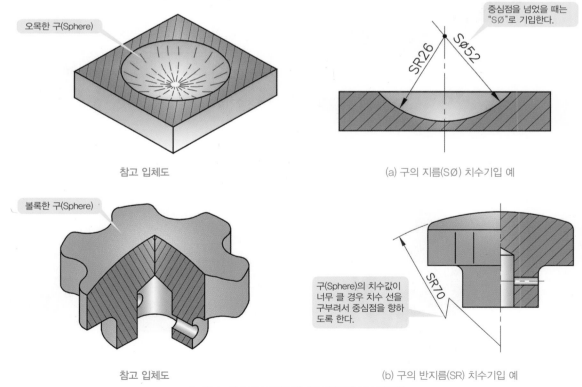

[그림 1-8] 구의 지름(SØ), 반지름(SR) 치수기입법

(5) □(정사각형임을 표시), t (두께 표시)

① 물체의 형상이 정사각형임을 표시할 때는 □ 기호를 치수문자 앞에 치수문자와 같은 크기로 표시한다 [그림 1-9].

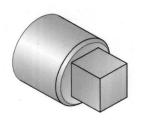

참고 입체도

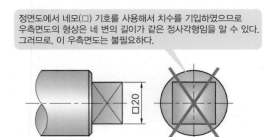

정면도에서 네모(□) 기호를 사용해서 치수를 기입하였으므로 우측면의 형상은 네 변의 길이가 같은 정사각형임을 알 수 있다. 그러므로, 이 우측면도는 불필요하다.

[그림 1-9] 네 변의 길이가 같은 정사각형(□) 치수기입법

② 두께를 나타내는 치수 기입 시 정면도에 치수와 함께 t 기호를 쓰고 그에 해당하는 두께 치수값을 기입한다. 이때, 우측면도는 생략한다[그림 1-10].

참고 입체도

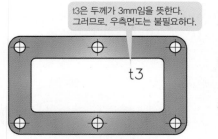

t3은 두께가 3mm임을 뜻한다. 그러므로, 우측면도는 불필요하다.

[그림 1-10] 두께(t) 치수기입법

(6) C(Chamfer, 45°의 모따기 표시)

참고 입체도

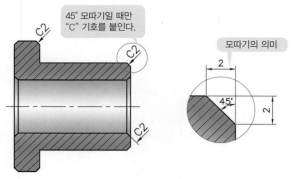

45° 모따기일 때만 "C" 기호를 붙인다.

모따기의 의미

[그림 1-11] 45° 모따기 치수기입법

TIP

제도에서 치수문자 및 도면에 쓰는 모든 문자는 고딕체를 쓰는 것을 원칙으로 한다.
그리고 치수 기입 시 기호문자는 대문자, 소문자를 정확히 구분해서 기입해야 한다.

03 그 밖의 여러 가지 치수기입법

(1) 좁은 공간에서의 치수기입법

치수보조선의 간격이 좁을 때는 [그림 1-12]의 (a)와 같이 화살표 대신 지시선을 이용하여 그 위에 치수 기입을 한다거나 (b)와 같이 검은 점을 사용해도 좋다. 그리고 너무 좁을 때는 (c)와 같이 상세도법을 이용하도록 한다.

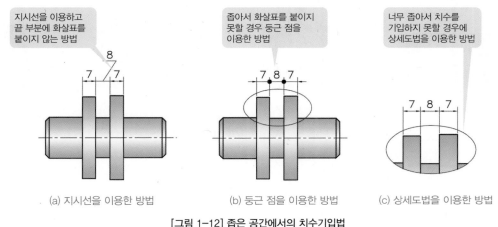

(a) 지시선을 이용한 방법   (b) 둥근 점을 이용한 방법   (c) 상세도법을 이용한 방법

[그림 1-12] 좁은 공간에서의 치수기입법

(2) 경사진 선이 교차하는 부분의 치수기입법

[그림 1-13]의 (a)와 같이 라운드나 모따기가 있는 부분에 치수를 기입할 때는 **가는 실선**으로 표시하고 그 교점에서 **치수보조선**을 긋는다. 또 명확히 나타낼 필요가 있을 때에는 (b)와 같이 각각의 선을 교차시키거나 (c)와 같이 교점에 검은 둥근 점을 붙인다.

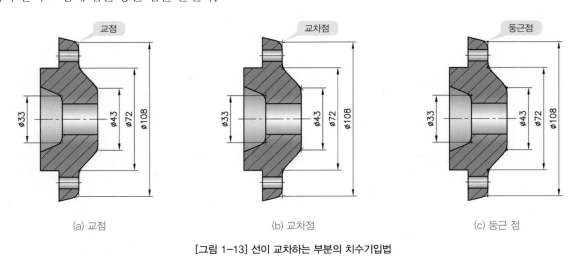

(a) 교점   (b) 교차점   (c) 둥근 점

[그림 1-13] 선이 교차하는 부분의 치수기입법

(3) 볼트 · 너트의 머리가 묻히는 곳의 자리파기 가공부의 치수기입법

볼트나 너트의 머리를 공작물에 묻히게 하기 위해서는 **카운터보링(Counter boring)**이나 **스폿페이싱(Spot facing)** 가공이 필요하다. 일반적으로 [그림 1-14]와 같은 6각구멍붙이 볼트 또는 [그림 1-15]와 같은 6각머리 볼트 · 너트의 자리파기 기호는 "⌴"를 표기하고, 그 깊이 기호는 "▽"를 표기한다.

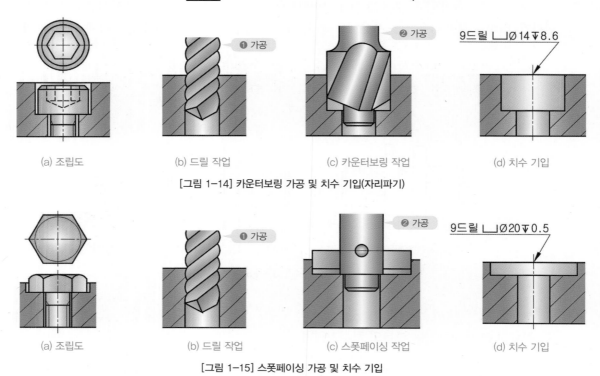

[그림 1-14] 카운터보링 가공 및 치수 기입(자리파기)

[그림 1-15] 스폿페이싱 가공 및 치수 기입

(4) 키(Key)가 들어가는 축과 보스의 치수기입법

① 축에 키홈 치수기입법

축에 키홈 가공을 하는 방법으로는 [그림 1-16]과 같이 엔드밀이나 밀링커터에 의한 가공이 일반적이다. 키홈의 치수로는 **키홈의 폭(b_1), 키홈의 깊이(t_1), 키홈의 길이(L), 키홈의 위치**가 가장 중요한 치수이자 꼭 필요한 치수이다.

(a) 키의 조립상태

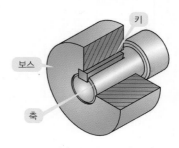

(a) 키의 조립상태

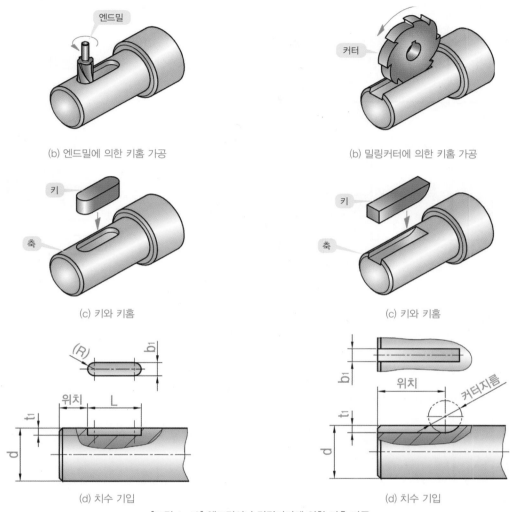

(b) 엔드밀에 의한 키홈 가공

(b) 밀링커터에 의한 키홈 가공

(c) 키와 키홈

(c) 키와 키홈

(d) 치수 기입

(d) 치수 기입

[그림 1-16] 엔드밀이나 밀링커터에 의한 키홈 가공

② 구멍에 키홈 치수기입법

보스에 키홈 가공을 하는 방법으로는 [그림 1-17]과 같이 세이퍼(Shaper)와 수직세이퍼라고도 하는 슬로터(Slotter)에 의해 가공 하는것이 일반적이고, 치수기입법은 [그림 1-18]과 같다.

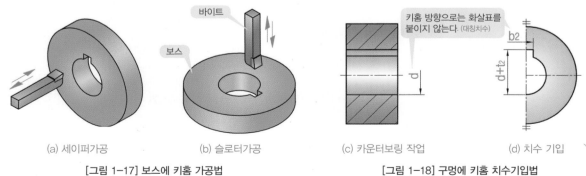

(a) 세이퍼가공   (b) 슬로터가공

(c) 카운터보링 작업   (d) 치수 기입

[그림 1-17] 보스에 키홈 가공법

[그림 1-18] 구멍에 키홈 치수기입법

103

(5) 대칭된 도형의 치수기입법

생략도법에 의해 작도된 투상도에서는 치수 기입을 할 때 [그림 1–19]와 같이 중심선을 약간 넘도록 치수선을 연장시켜 전체치수를 기입한다. 이때 연장시킨 치수선 끝에는 화살표를 붙이지 않는다.

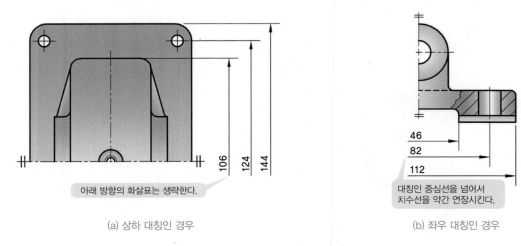

(a) 상하 대칭인 경우   (b) 좌우 대칭인 경우

[그림 1–19] 대칭도형의 치수기입법

(6) 같은 구멍이 여러 개 있을 때의 치수기입법

같은 중심선 상에 지름이 같은 구멍이 여러 개 나열되어 있을 경우에는 치수를 모두 기입할 필요 없이, 구멍의 개수와 함께 치수를 한 곳에 기입할 수 있다[그림 1–20].

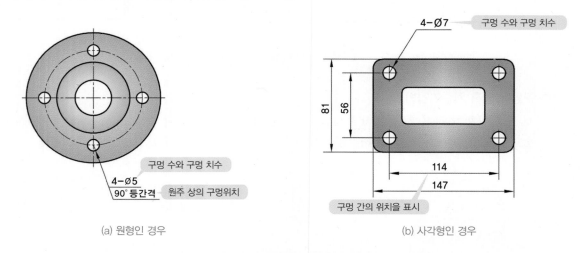

(a) 원형인 경우   (b) 사각형인 경우

[그림 1–20] 같은 구멍이 여러 개 있을 때의 치수기입법

02 | 치수를 빠짐없이 기입할 수 있는 순서와 기법

투상도를 모두 작도하고 나면 치수 기입을 해야 한다. 그러나 어디서부터 어떻게 기입해야 할지 몰라 누구나 한번쯤은 당황하는 경우가 있다. 치수는 간단 명료해야 하고 설계자의 뜻을 분명히 전달할 수 있어야 한다고 앞에서도 언급한 바 있다. 지금부터 빠짐 없이 정확히 치수를 기입할 수 있는 기법을 제시하고자 한다.

01 기법 1 : 대칭인 경우와 비대칭인 경우를 찾아야 한다

대칭인 경우는 중심점이 기준이 되어 "△,▽형"으로 치수선이 인출되고[그림 2-1(a)], 비대칭인 경우 기준이 되는 "면"을 찾아 그 면으로부터 치수선이 인출된다[그림 2-1(b)]. 이때 기준면은 가공면이나 물체의 특성을 고려하여 선정하도록 한다.

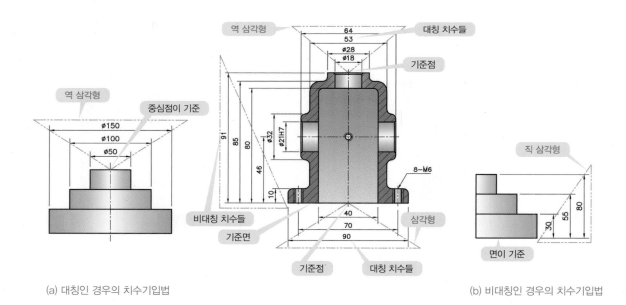

(a) 대칭인 경우의 치수기입법   (b) 비대칭인 경우의 치수기입법

[그림 2-1] 대칭과 비대칭인 경우의 치수기입법

TIP

치수 기입 시에는 머릿속에 항상 주의사항을 떠올리면서

- 반드시 전체 길이, 전체 높이, 전체 폭을 기입한다.
- 되도록 치수는 중복되지 않도록 한다.
- 치수는 정면도에 집중하여 기입하도록 하고 관련된 치수는
  한 곳에 모아서 기입한다. 왜냐하면 정면도가 물체의 형상이
  가장 뚜렷한 투상도이기 때문이다.

참고 입체도

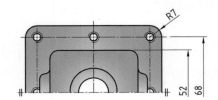

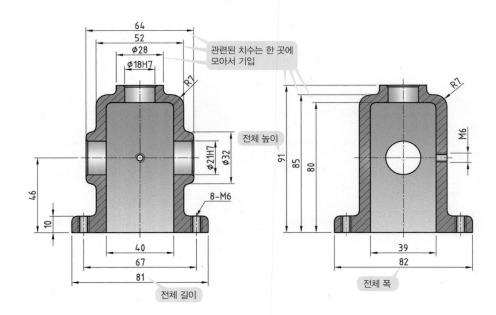

[그림 2-2] 치수 기입 시 주의사항

02 기법 2 : 길이에 관한 치수를 기입한다

① 길이는 **정면도**와 **평면도, 저면도**의 관계를 나타낸다.

② **측면도**는 신경 쓰지 않아도 된다.

③ 정면도와 평면도 혹은 저면도를 보면서 치수를 기입하고자 하는 부분이 뚜렷한 곳에 치수가 분산되지 않도록 기입한다.

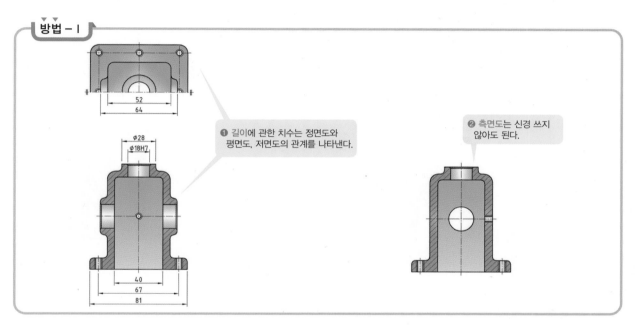

방법 – Ⅰ

❶ 길이에 관한 치수는 정면도와 평면도, 저면도의 관계를 나타낸다.

❷ 측면도는 신경 쓰지 않아도 된다.

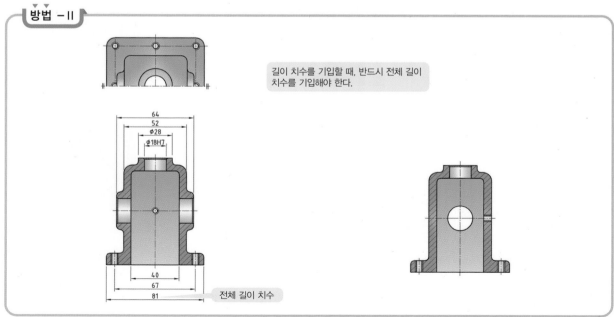

방법 – Ⅱ

길이 치수를 기입할 때, 반드시 전체 길이 치수를 기입해야 한다.

전체 길이 치수

[그림 2-3] 길이에 관한 치수 기입

03 기법 3 : 높이에 관한 치수를 기입한다

① 높이는 정면도와 측면도만의 관계를 나타낸다.

② 평면도는 신경 쓰지 않아도 된다.

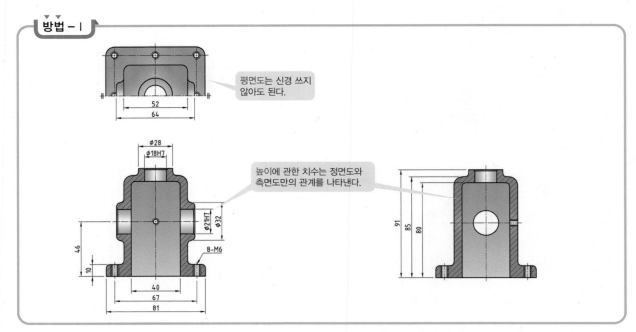

방법 – I

평면도는 신경 쓰지 않아도 된다.

높이에 관한 치수는 정면도와 측면도만의 관계를 나타낸다.

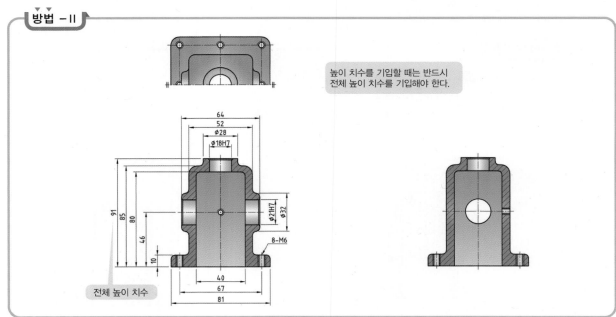

방법 – II

높이 치수를 기입할 때는 반드시 전체 높이 치수를 기입해야 한다.

전체 높이 치수

[그림 2-4] 높이에 관한 치수기입법

04 기법 4 : 폭에 관한 치수를 기입한다

① 폭은 측면도와 평면도, 저면도의 관계를 나타낸다.

② 정면도는 신경 쓰지 않아도 된다.

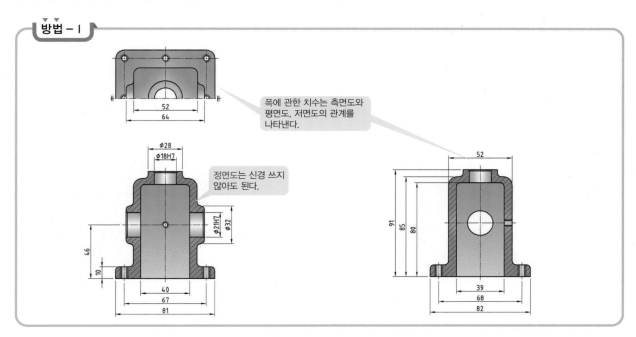

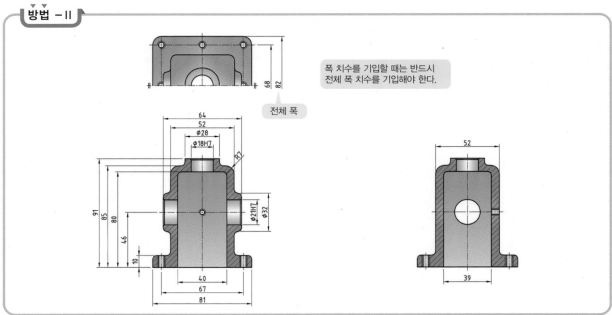

[그림 2-5] 폭에 관한 치수기입법

05 기법 5 : 특정 부위의 치수를 기입한다

"M, R, C, SR, SØ" 등과 함께 치수를 완성한다.

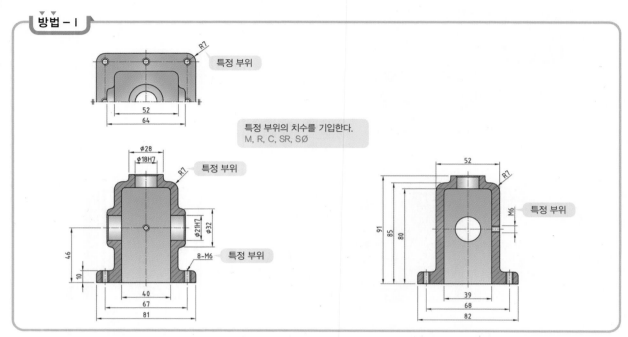

특정 부위의 치수를 기입한다.
M, R, C, SR, SØ

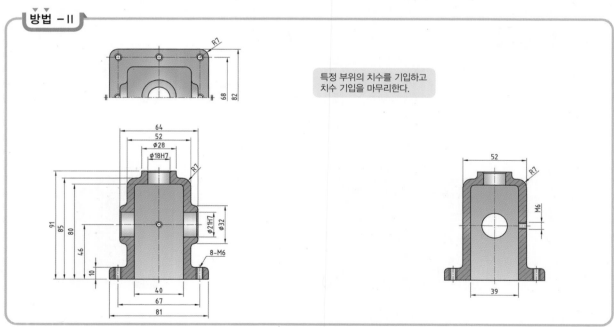

특정 부위의 치수를 기입하고
치수 기입을 마무리한다.

[그림 2-6] 특정 부위의 치수 기입

03 | 표면거칠기 (KS B 0617, 0161, KS A ISO 1302)

표면거칠기 표시는 가공된 표면의 거칠기를 기호로써 표기하는 것을 말한다. 어떤 부분은 어느 정도 거칠고, 또 어떤 부분은 얼마만큼 매끄럽다는 것을 가공자에게 기호로서 지시하는 것이다. 표면거칠기의 표시는 공차(公差)와 밀접한 관계가 있다. 표면거칠기 기호가 기입되어 있고, 끼워맞춤이 있는 가공부는 거기에 따른 정확한 공차값도 기입되어 있기 마련이다.

- 끼워맞춤 : 기준 치수가 같은 구멍과 축이 서로 결합되어 있는 상태(공차기입법 참조) 맞춤

01 표면거칠기 기호 표시방법

다듬질 기호(예 : ▽) 대신 되도록이면 표면지시 기호(예 : ✓)를 사용하고 반복해서 기입할 경우에는 알파벳의 소문자 부호(예 : ✓)와 함께 사용하도록 한다.

그리고 그 뜻을 주투상도 곁이나 혹은 주석문에 반드시 표시하고 지시값은 KS A ISO 1302, KS B 0617, KS B 0161에 의거해서 **"산술(중심선) 평균거칠기(Ra)"**의 표준수열 중에서 선택하도록 한다[그림 3-1].

$$\varphi\!\!\!/ = \varphi\!\!\!/, \quad {}^{W}\!\!\!\!\bigvee = \frac{25}{\bigvee}, \quad {}^{X}\!\!\!\!\bigvee = \frac{6.3}{\bigvee}, \quad {}^{y}\!\!\!\!\bigvee = \frac{1.6}{\bigvee}, \quad {}^{Z}\!\!\!\!\bigvee = \frac{0.2}{\bigvee}$$

[그림 3-1] 표면거칠기 기호 표시방법

02 표면거칠기 기호의 뜻

[그림 3-2(a)]는 제거가공을 하지 않는 부분에 표시하는 기호이다. 즉, 일반 절삭가공을 해서는 안 되는 표면 부분에 표시하는 기호이다(예 : 주물의 표면).

[그림 3-2(b)]는 공작기계로 절삭가공 또는 연삭가공 및 각종 정밀입자가공이 요구되는 표면 부분에 표시하는 기호이다(예 : 선반가공, 밀링가공, 드릴가공, 기타 다른 공작기계들에 의한 일반 절삭가공).

그리고 ✓ʷ, ✓ˣ, ✓ʸ, ✓ᶻ 등과 같이 문자와 함께 쓰는 기호들은 절삭가공을 하는 표면 중에서 정밀도를 문자기호로써 표시한 것이다.

제거가공을 금할 때 내접원

절삭가공을 할 때는 삼각을 닫는다.

(a) 제거가공을 금할 때 표시   (b) 제거가공을 할 때 표시

[그림 3-2] 표면거칠기 기호의 뜻

03 어느 부분에 표시할 것인가

(1) 표면거칠기 표기법 및 가공법

단위 : ㎛

명 칭	다듬질 기호 (종래의 심벌)	표면거칠기 기호 (새로운 심벌)	가공방법 및 표시(표기)하는 부분
제거 가공 금함	~	∇	• 기계가공 및 제거가공을 하지 않는 부분으로서 특별히 규정하지 않는다. • 주조, 압연, 단조품의 표면
거친 가공부	▽	W⁄	• 밀링, 선반, 드릴 등 기타 여러 가지 기계가공으로 가공 흔적이 뚜렷하게 남을 정도의 거친 면 • 끼워맞춤이 없는 가공면에 기입한다. • 서로 끼워맞춤이 없는 기계가공부에 기입한다(볼트구멍, 자리파기).
중다듬질	▽▽	X⁄	• 기계가공 후 그라인딩(연삭) 가공 등으로 가공 흔적이 희미하게 남을 정도의 보통 가공면 • 단지 끼워맞춤만 있고 마찰운동은 하지 않는 가공면에 기입한다. • 커버와 몸체의 끼워맞춤부, 키홈, 기타 축과 회전체와의 끼워맞춤부 등
상다듬질	▽▽▽	y⁄	• 기계가공 후 그라인딩(연삭), 래핑 가공 등으로 가공 흔적이 전혀 남아 있지 않은 극히 깨끗한 정밀 고급 가공면 • 베어링과 같은 정밀가공된 축계 기계요소의 끼워맞춤부 • 기타 KS, ISO 정밀한 규격품의 끼워맞춤부 • 끼워맞춤 후 서로 마찰운동하는 부(회전운동, 왕복운동, 기타 마찰운동)
정밀 다듬질	▽▽▽▽	z⁄	• 기계가공 후 그라인딩(연삭), 래핑, 호닝, 버핑 등에 의한 가공으로 광택이 나며, 거울면처럼 극히 깨끗한 초정밀 고급 가공면 • 각종 게이지류 측정면 또는 유압실린더 안지름면 • 내연기관의 피스톤, 실린더 접촉면 • 베어링 볼, 롤러 외면

(2) 표면거칠기 기호 및 상용하는 거칠기 구분치[KS B 0161, KS A ISO 1302]

단위 : ㎛

다듬질 기호 (종래의 심벌)	표면거칠기 기호 (새로운 심벌)	산술(중심선)평균 거칠기(Ra) 값	최대높이(Ry) 값	10점 평균 거칠기(Rz) 값	비교표준 게이지 번호
~	∇	특별히 규정하지 않는다.			
▽	W⁄	Ra25 Ra12.5	Ry100 Ry50	Rz100 Rz50	N11 N10
▽▽	X⁄	Ra6.3 Ra3.2	Ry25 Ry12.5	Rz25 Rz12.5	N9 N8
▽▽▽	y⁄	Ra1.6 Ra0.8	Ry6.3 Ry3.2	Rz6.3 Rz3.2	N7 N6
▽▽▽▽	z⁄	Ra0.4 Ra0.2 Ra0.1 Ra0.05 Ra0.025	Ry1.6 Ry0.8 Ry0.4 Ry0.2 Ry0.1	Rz1.6 Rz0.8 Rz0.4 Rz0.2 Rz0.1	N5 N4 N3 N2 N1

04 | 도면에 표시된 표면거칠기 기호 해석

[그림 4-1]의 동력전달장치 중 '품번 ① 몸체, ② 축, ④ V벨트풀리, ⑤ 커버' 등에 실제로 표면거칠기 기호를 표시한 후 해석해 보도록 하자.

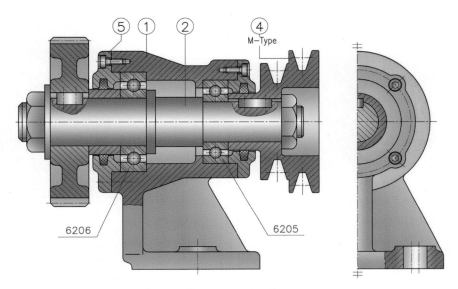

[그림 4-1] 전동전달장치 조립도

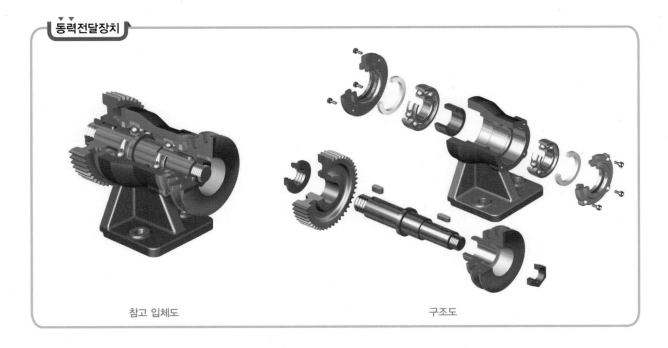

■ 품번 ① 몸체 ✓ (ᵂ∇, ˣ∇, ʸ∇)

" ✓ "는 전체가 제거가공을 하지 않는 제품(예 : 주물제품)에 사용된다. 그러나 " ᵂ∇, ˣ∇, ʸ∇ "는 일반 절삭가공 및 정밀가공이 요구되는 거칠기이다.

그리고 이 부품에서 지시된 평균거칠기 값은 ᵂ∇ = ²⁵∇, ˣ∇ = ⁶·³∇, ʸ∇ = ¹·⁶∇ 이라는 뜻이다.

참고 입체도

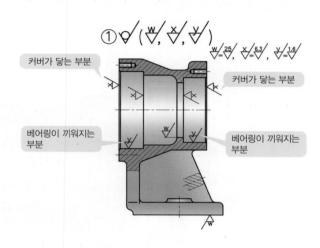

커버가 닿는 부분

커버가 닿는 부분

베어링이 끼워지는 부분

베어링이 끼워지는 부분

* 투상도 일부와 치수 기입은 생략하였음

■ 품번 ② 축 ˣ∇ (ʸ∇)

" ˣ∇ "는 전체가 중다듬질 가공이다. 그러나 " ʸ∇ "는 상다듬질 가공이 요구되는 특정 부위이다. 그리고 이 부품에서 지시된 평균거칠기 값은 ˣ∇ = ⁶·³∇, ʸ∇ = ¹·⁶∇ 이라는 뜻이다.

참고 입체도

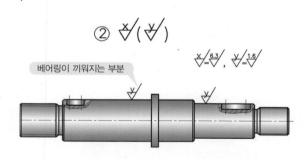

베어링이 끼워지는 부분

* 투상도 일부와 치수 기입은 생략하였음

■ 품번 ④ V벨트풀리 ✓ (ᵂ∇, ˣ∇, ʸ∇)

" ✓ "는 전체가 제거가공을 하지 않는 제품(예 : 주물제품)에 사용된다. 그러나 " ᵂ∇, ˣ∇, ʸ∇ "는 특정 부위에 해당되는 절삭가공 및 정밀가공이 요구되는 부분이다. 그리고 이 부품에서 지시된 평균거칠기 값은 ᵂ∇ = ²⁵∇, ˣ∇ = ⁶·³∇, ʸ∇ = ¹·⁶∇ 이라는 뜻이다.

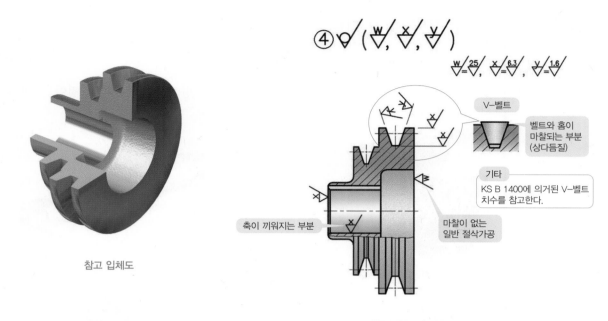

참고 입체도

* 투상도 일부와 치수 기입은 생략하였음

■ **품번 ⑤ 커버** ⊘/(W∇/, X∇/)

"⊘/"는 전체가 제거가공을 하지 않는 제품(예 : 주물제품)에 사용된다. 그러나 " W∇/, X∇/ "는 특정 부위에 해당되는 절삭가공 및 정밀가공이 요구되는 부분이다. 그리고 이 부품에서 지시된 평균거칠기 값은 W∇/ = 25∇/, X∇/ = 6.3∇/이라는 뜻이다.

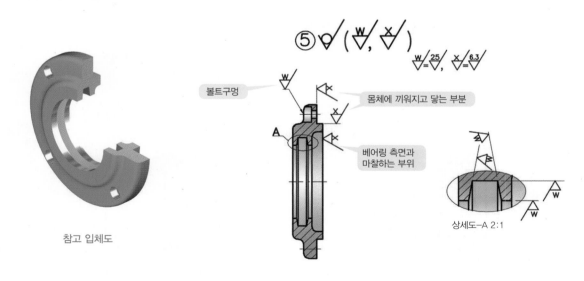

참고 입체도

* 투상도 일부와 치수 기입은 생략하였음

01 부품 도면에 표면거칠기 기호를 표시하는 방법

도면에 표면거칠기 기호를 기입할 때는 공작물의 가공방향에서 지시해야 한다.
[그림 4-2]는 실제로 동력전달장치의 각 부품들이 가공되는 모습을 형상으로 표현해 본 것이고, 여기에 따른
표시방법은 [**표시방법 1**]과 [**표시방법 2**]를 참조하기 바란다.

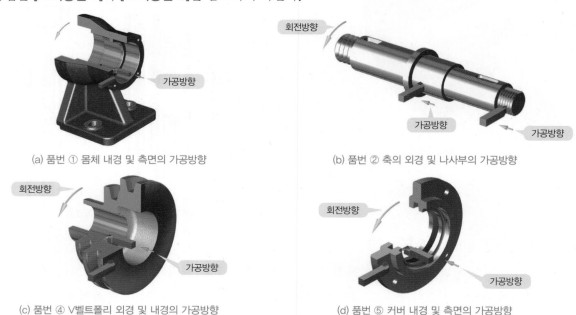

(a) 품번 ① 몸체 내경 및 측면의 가공방향   (b) 품번 ② 축의 외경 및 나사부의 가공방향

(c) 품번 ④ V벨트폴리 외경 및 내경의 가공방향   (d) 품번 ⑤ 커버 내경 및 측면의 가공방향

[그림 4-2] 각 부품들이 실제 가공되는 가공방향

(1) 가공방향을 고려한 표면거칠기 기호를 옳게 표시하는 경우

표면거칠기 기호는 [그림 4-3(a)]와 같이 **치수보조선 위**에 기입하는 것이 바람직하다.
그러나 치수보조선이 없는 경우, 해당 다듬질 표면에 직접 기입해도 틀린 것은 아니다[그림 4-3(b)].

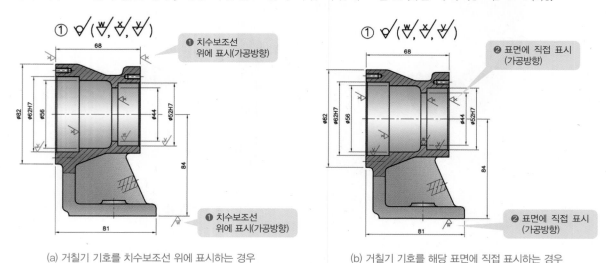

(a) 거칠기 기호를 치수보조선 위에 표시하는 경우   (b) 거칠기 기호를 해당 표면에 직접 표시하는 경우

[그림 4-3] 가공방향에 따른 표면거칠기 표시방법

① **[표시방법 1]**

표면거칠기 기호는 되도록 **치수보조선에 기입**해야 하나 부득이한 경우 다듬질 표면에 직접 기입할 수 있다.

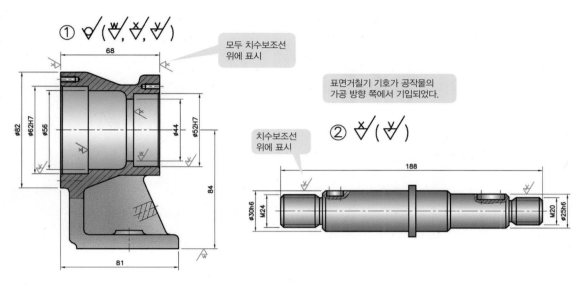

(a) 품번 ① 본체

(b) 품번 ② 축

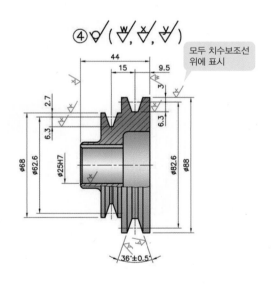

(c) 품번 ④ V벨트풀리

(d) 품번 ⑤ 커버

* 투상도 일부와 치수 기입은 생략하였음

② [표시방법 2]

아래 도면은 **다듬질 표면에 직접 기입**하고 부득이한 경우에는 치수보조선 위에 기입한 것이다.

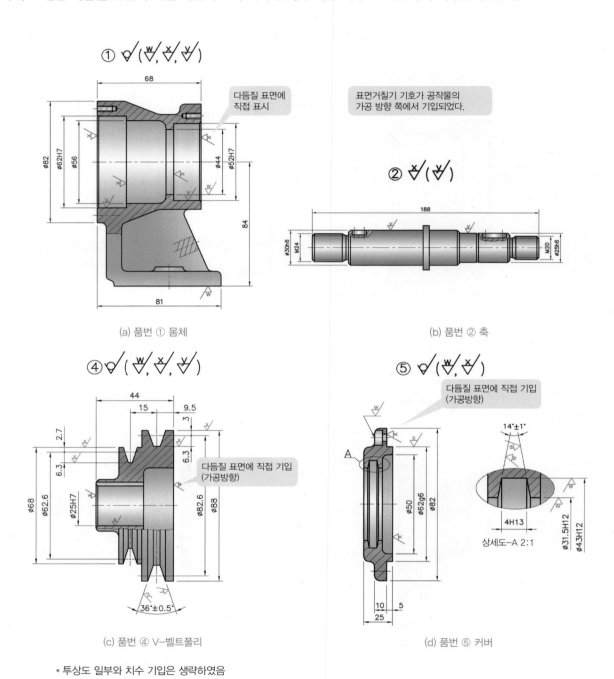

(a) 품번 ① 몸체

(b) 품번 ② 축

(c) 품번 ④ V-벨트풀리

(d) 품번 ⑤ 커버

* 투상도 일부와 치수 기입은 생략하였음

(2) 가공방향을 고려하지 않고 표면거칠기 기호를 잘못 표시하는 경우

표면거칠기는 가공방향에 의해서 기입하는데, 다음은 잘못 표시한 경우이다.

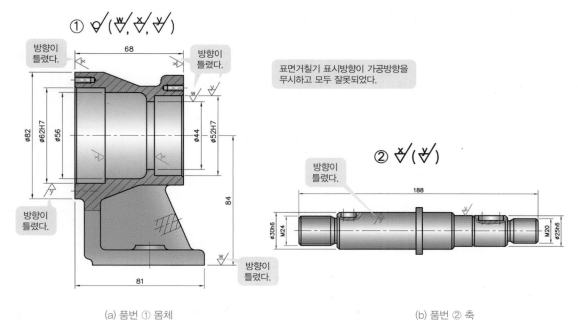

(a) 품번 ① 몸체

(b) 품번 ② 축

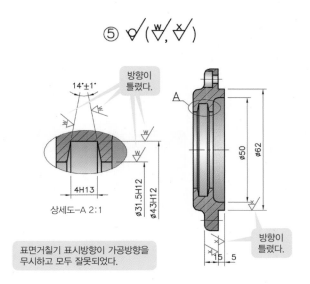

(c) 품번 ④ V-벨트풀리

(d) 품번 ⑤ 커버

* 투상도 일부와 치수 기입은 생략하였음

02 일반도면 및 CAD 도면에서 표시되는 표면거칠기 기호의 방향 및 크기

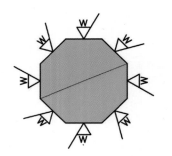 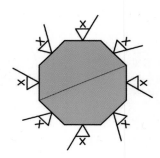 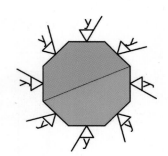

[그림 4-4] 표면거칠기 및 문자방향

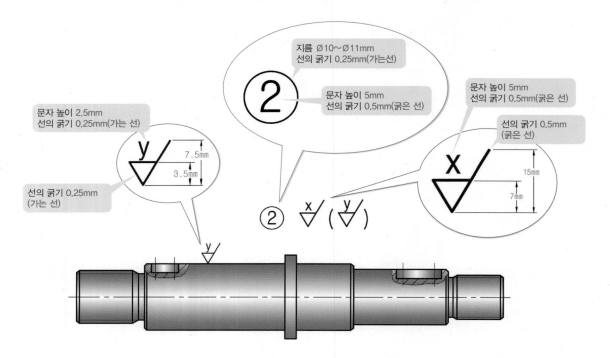

지름 Ø10~Ø11mm
선의 굵기 0.25mm(가는선)

문자 높이 5mm
선의 굵기 0.5mm(굵은 선)

문자 높이 5mm
선의 굵기 0.5mm(굵은 선)

선의 굵기 0.5mm
(굵은 선)

15mm

7mm

문자 높이 2.5mm
선의 굵기 0.25mm(가는 선)

7.5mm
3.5mm

선의 굵기 0.25mm
(가는 선)

[그림 4-5] 일반도면 및 CAD 도면에서 표면거칠기 크기 및 선의 굵기

> **TIP**
>
> **도면에 표면거칠기 기호 기입 시 주의사항**
>
> • 너무 정밀한 거칠기 값은 요구하지 않는다.
>
> • 제품의 특성을 고려해서 기입한다.
>
> • 지시된 표면거칠기 값은 반드시 주투상도 옆이나 주석에 표시하도록 한다.

05 | IT 등급에 의한 끼워맞춤공차

기계제도 학습자들은 Ø50H7 혹은 Ø50h6 등의 공차치수들을 공개도면을 통해 많이 보았을 것이다. 여기서 Ø50은 **기준 치수**이고 알파벳 대문자 **H**는 **구멍 크기**, 소문자 **h**는 **축 크기**를 뜻한다[표 5-1].

[표 5-1] 구멍과 축의 기호 및 상호관계

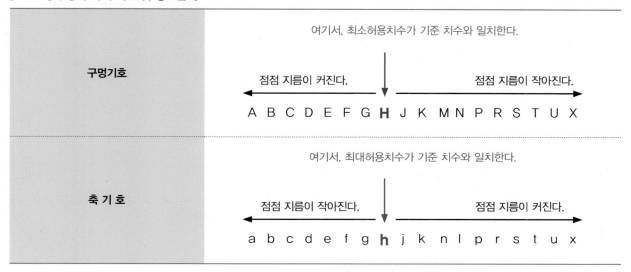

| 구멍기호 | 여기서, 최소허용치수가 기준 치수와 일치한다.
점점 지름이 커진다. ← ↓ → 점점 지름이 작아진다.
A B C D E F G **H** J K M N P R S T U X |
| 축 기 호 | 여기서, 최대허용치수가 기준 치수와 일치한다.
점점 지름이 작아진다. ← ↓ → 점점 지름이 커진다.
a b c d e f g **h** j k n l p r s t u x |

또 알파벳 뒤에 붙은 숫자 7과 6은 ISO 공차방식에 따른 IT **기본공차등급**을 표시하는 것으로서 등급이 낮을수록 정밀하다[표 5-2]. 즉 **정밀도**를 뜻한다.

[표 5-2] IT 기본공차등급

용도	게이지류 제작공차	일반 끼워맞춤공차	끼워맞춤이 없는 부분의 공차
구멍	IT 01 ～ IT 05	IT 06 ～ IT 10	IT 11 ～ IT 18
축	IT 01 ～ IT 04	IT 05 ～ IT 09	IT 10 ～ IT 18

01 정밀도

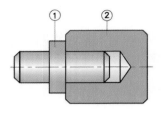
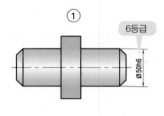
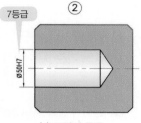

(a) 축과 구멍의 조립도   (b) 축의 등급   (c) 구멍의 등급

[그림 5-1] 축과 구멍의 등급에 의한 정밀도

- **[그림 5-1]에서**

  - Ø50h6 _____ 기준축(h) Ø50인 축의 등급은 6등급

  - Ø50H7 _____ 기준구멍(H) Ø50인 구멍의 등급은 7등급

- **결과 : 축이 구멍에 비해 정밀하다는 것을 알 수 있다.**

> 정밀도가 높을수록 가공 공정이 많이 필요하고 가공시간 등의 여러 가지 예산낭비만 초래할 수도 있다. 특별히 정밀한 부품이 아니고는 IT 등급 일반끼워맞춤 범위를 되도록 벗어나지 않도록 기입하는 것이 바람직하다.

02 크기

(1) 끼워맞춤의 종류

- **헐거운 끼워맞춤** – 구멍이 축보다 클 경우 발생하는 끼워맞춤
- **중간 끼워맞춤** – 구멍과 축이 서로 크거나 같을 때 발생하는 끼워맞춤
- **억지 끼워맞춤** – 축이 구멍보다 클 경우 발생하는 끼워맞춤
- ▶ 단, 기준 치수는 구멍이나 축이나 항상 같아야 한다(예제 참조).

(2) KS B 0401에 의한 구멍기준식 끼워맞춤

끼워맞춤은 KS B 0401에 의거한 구멍기준식 끼워맞춤 중 **기준구멍 H7**을 기준으로 축을 맞추는 끼워맞춤이 가장 많이 이용된다[표 5-3].

> • 일반적으로 구멍이 축보다 가공하기 힘든 경우가 많다. 구멍의 경우 비교적 형태가 복잡한 공작물이 많지만, 축의 경우는 편심인 것을 제외하고는 일반적으로 쉽게 가공할 수 있고 또 가공하다가 잘못되더라도 더 작은 것으로 활용할 수 있다.
> • H7은 KS B 0401 구멍기준식에서 적용범위가 가장 넓다.

[표 5-3] 상용하는 구멍기준식 끼워맞춤
`KS B 0401`

기준 구멍	축의 공차역 클래스																		
	헐거운 끼워맞춤						중간 끼워맞춤			억지 끼워맞춤									
H6					g5	h5	js5	k5	m5										
				f6	g6	h6	js6	k6	m6	n6*	p6*								
H7				f6	g6	h6	js6	k6	m6	n6	p6	r6	s6	t6	u6	x6		
			e7	f7		h7	js7												
H8					f7		h7												
			e8	f8		h8													
		d9	e9																
H9			d8	e8			h8												
	c9	d9	e9				h9												
H10	b9	c9	d9																

※ H7의 기준구멍이 가장 많은 축의 공차역 클래스
(f6~x6, e7~js7)가 규정되어 이용범위가 넓다.

* 이들의 끼워맞춤은 치수의 구분에 따라서 예외가 생긴다.

예제

① H7을 기준으로 한 구멍기준식 헐거운 끼워맞춤의 예

회전운동, 왕복운동, 마찰운동부 본체와 커버 조립부의 끼워맞춤 등

$$Ø50H7 \; / \; Ø50g6$$

해설 : [표 5-3]에서 구멍 H7을 기준으로 축 g6이 끼워지는 헐거운 끼워맞춤

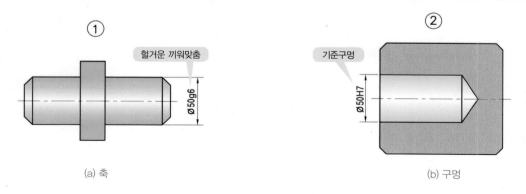

(a) 축   (b) 구멍

[그림 5-2] 구멍기준식 헐거운 끼워맞춤

② H7을 기준으로 한 구멍기준식 중간 끼워맞춤의 예

Ø50H7 / Ø50js6

해설 : [표 5-3]에서 구멍 H7을 기준으로 축 js6이 끼워지는 중간 끼워맞춤

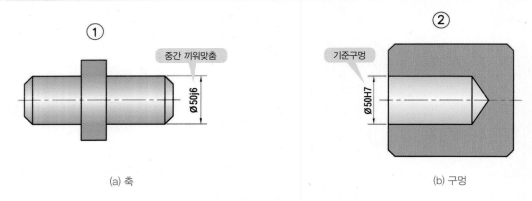

[그림 5-3] 중간 끼워맞춤

③ H7을 기준으로 한 구멍기준식 억지 끼워맞춤의 예

Ø50H7 / Ø50p6

해설 : [표 5-3]에서 구멍의 H7을 기준으로 축 p6이 끼워지는 억지 끼워맞춤

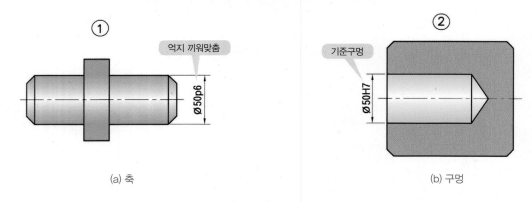

[그림 5-4] 억지 끼워맞춤

(3) KS B 0401에 의한 축기준식 끼워맞춤

축기준식은 구멍기준식과 반대로 축을 기준으로 구멍을 맞추는 끼워맞춤이다.

[표 5-4] 상용하는 축기준식 끼워맞춤　`KS B 0401`

기준축	구멍의 공차역 클래스																
	헐거운 끼워맞춤							중간 끼워맞춤				억지 끼워맞춤					
h5							H6	JS6	K6	M6	N6*	P6					
h6					F6	G6	H6	JS6	K6	M6	N6	P6*					
					F7	G7	H7	JS7	K7	M7	N7	P7	R7	S7	T7	U7	X7
h7				E7	F7		H7										
					F8		H8										
h8			D8	E8	F8		H8										
			D9	E9			H9										
h9			D8	E8			H8										
		C9	D9	E9			H9										
	B10	C10	D10														

* 이들의 끼워맞춤은 치수의 구분에 따라서 예외가 생긴다.

06 | 일반공차

실무적으로는 끼워맞춤공차 기입법보다는 일반공차 기입법[그림 6-1(b)]이 널리 이용된다. 특히 일반공차 값의 범위는 실질적인 허용공차 값이므로 산업현장에서 가장 많이 쓰이는 측정용 게이지의 측정범위를 벗어나지 않도록 기입한다[표 6-1].

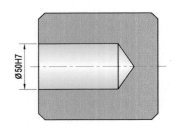

(a) 끼워맞춤공차

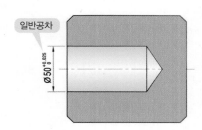

(b) 일반공차

[그림 6-1] 끼워맞춤공차와 일반공차

[표 6-1] 측정용 게이지의 측정범위

측정용 게이지	측정범위
버니어캘리퍼스(Vernier calipers)	0.05~0.02mm(1/20~1/50)
마이크로미터(Micrometer)	0.01~0.001mm(1/100~1/1000)
하이트게이지(Height gauge)	0.05~0.02mm(1/20~1/50)
다이얼게이지(Dial gauge)	0.01~0.001mm(1/00~1/1000)

01 KS B 0401에 의한 일반공차 값 적용

일반적으로 도면에 치수를 기입할 때 가장 까다롭고 어려운 부분이 공차 치수라 생각하지만 KS 규격을 찾아 적용하는 방법을 익히면 쉽다. 공차 치수를 응용하는 방법은 좀 더 실무적인 경험을 쌓고 적용해도 늦지 않을 것이다.

(1) 끼워맞춤공차와 일반공차의 관계

Ø50H7 ——————— 끼워맞춤공차

$Ø50^{+0.025}_{0}$ ——————— 일반공차 ⎤
⎥ 모두 같은 치수
$\left(\begin{array}{c} Ø50.025 \\ Ø50 \end{array}\right)$ ——————— 한계치수공차 ⎦

① 피트공차 해석

Ø50H7

해석 : 기준 치수가 Ø50이고 **7등급**인 구멍의 치수 및 공차

② 일반공차 해석

$$Ø50^{+0.025}_{0}$$

해석 : [표 6-4]에서 끼워맞춤 공차를 일반공차 값으로 환산한 값

③ 한계치수공차 해석

최대허용치수

$\left(\begin{array}{c} Ø50.025 \\ Ø50 \end{array}\right)$ 최소허용치수

해석 : 최대허용치수와 최소허용치수를 모두 써주면 **한계치수** 값이다.

골치 아픈 공차이론 맛보기

- **기준 치수 + 위 치수 허용차 = 최대허용치수**
  (예 : 50 + 0.025 = 50.025)

- **기준 치수 + 아래 치수 허용차 = 최소허용치수**
  (예 : 50 + 0 = 50)

- **위 치수 허용차 − 아래 치수 허용차 = 공차**
  (예 : 0.025 − 0 = 0.025)

---

02 헐거운 끼워맞춤공차

헐거운 끼워맞춤공차를 일반공차 값으로 환산해 보자.

(1) 끼워맞춤공차

• [표 5-3]에서 적용한 구멍기준식 끼워맞춤공차

구멍	Ø50H7
축	Ø50h6

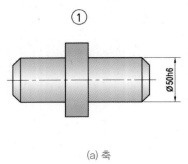

(a) 축

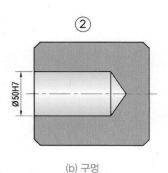

(b) 구멍

[그림 6-2] 끼워맞춤공차(헐거운 끼워맞춤)

(2) 일반공차 값

• [표 6-3]과 [표 6-4]에서 찾은 축과 구멍의 일반공차 값

구멍	$Ø50^{+0.025}_{0}$
축	$Ø50^{0}_{-0.016}$

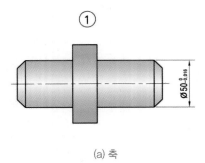

(a) 축

②

(b) 구멍

[그림 6-3] 일반공차(헐거운 끼워맞춤)

03 중간 끼워맞춤공차

중간 끼워맞춤공차를 일반공차 값으로 환산해 보자.

(1) 끼워맞춤공차

• [표 5-3]에서 적용한 구멍기준식 끼워맞춤공차

구멍	Ø60H7
축	Ø60js6

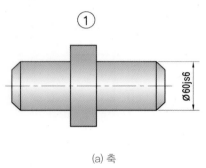

(a) 축

(b) 구멍

[그림 6-4] 끼워맞춤공차(중간 끼워맞춤)

(2) 일반공차 값

• [표 6-3]과 [표 6-4]에서 찾은 축과 구멍의 일반공차 값

구멍	Ø60$^{+0.030}_{0}$
축	Ø60±0.0095

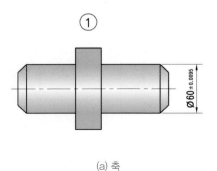

(a) 축

(b) 구멍

[그림 6-5] 일반공차(중간 끼워맞춤)

04 억지 끼워맞춤공차

억지 끼워맞춤공차를 일반공차 값으로 환산해 보자.

(1) 끼워맞춤공차

• [표 5-3]에서 적용한 구멍 기준식 끼워맞춤공차

구멍	Ø70H7
축	Ø70p6

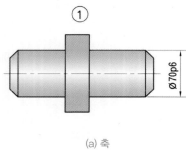

① 축

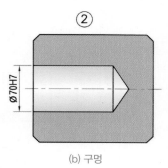

(a) 축

(b) 구멍

[그림 6-6] 끼워맞춤공차(억지 끼워맞춤)

(2) 일반공차 값

• [표 6-3]과 [표 6-4]에서 찾은 축과 구멍의 일반 공차 값

구멍	Ø70$^{+0.030}_{0}$
축	Ø70$^{+0.051}_{+0.032}$

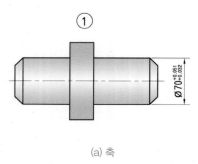

(a) 축

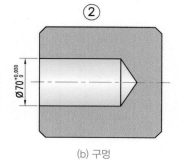

(b) 구멍

[그림 6-7] 일반공차(억지 끼워맞춤)

[표 6-2] 상용하는 구멍기준 끼워맞춤의 적용 예

기준 구멍	끼워맞춤의 종류		구멍과 축의 가공법	조립·분해 작업 및 틈새의 상태	적용 예
6급 구멍	H6/n5	억지 끼워맞춤	연삭, 래핑, 슈퍼피니싱, 극정밀공작	프레스, 잭 등에 의한 가벼운 압입	각종 계기, 엔진 및 그 부속품, 고급 공작기계, 베어링, 기타 정밀기계의 주요 부분
	H6/m5 H6/m6	중간 끼워맞춤		손망치 등으로 때려 박는다.	
	H6/k5 H6/k6				
	H6/j5 H6/j6				
	H6/h5 H6/h6	헐거운 끼워맞춤		윤활유의 사용으로 쉽게 이동시킬 수 있다.	
7 · 8급 구멍	H7/u6 ~H7/r6	억지 끼워맞춤	연삭 또는 정밀공작	수압기 등에 의한 강력한 압입, 수축끼워맞춤	철도 차량의 차륜과 타이어, 축과 바퀴, 대형 발전기의 회전체와 축 등의 결합 부분
	H7/t7 ~H7/r7				
	H7/r6 ~ H7/p6 (H7/p7)			수압기 프레스 등의 가벼운 압입	주철 차륜에 청동 부시 또는 베어링용 라이닝을 끼울 때
	H7/m6 H7/n6	중간 끼워맞춤		쇠망치로 때려 박음, 뽑아내기	자주 분해하지 않는 축과 기어, 핸들차, 플랜지 이음, 플라이 휠, 볼베어링 등의 끼워맞춤
	H7/j6			나무망치, 납망치 등으로 때려 박는다.	키 또는 고정나사로 고정하는 부분의 끼워맞춤, 볼베어링의 끼워맞춤, 축 컬러, 변속기어의 축
	H7/h6 (H7/h7)	헐거운 끼워맞춤		윤활유를 공급하면 손으로도 움직 일 수 있다.	긴 축에 끼는 키, 고정 풀리와 축 컬러
	H7/g6 (H7g7)			틈새가 근소하고, 윤활유의 사용 으로 서로 운동 가능	연삭기의 스핀들베어링 등 정밀공작기계 등의 주축과 베어링, 고급변속기의 주축과 베어링
	H7/t7			작은 틈새, 윤활유의 사용으로 서로 운동 가능	크랭크 축, 크랭크 핀과 그들의 베어링
	H8/e8			조금 큰 틈새	다소 하급인 베어링과 축, 소형엔진의 축과 베어링
8 · 9급 구멍	H8/h8		보통공작	쉽게 끼고 빼고 미끄러질 수 있다.	축, 컬러, 풀리와 축, 소형엔진의 축과 베어링
	H8/t8			작은 틈새, 윤활유의 사용으로 서 로 운동 가능	내연기관의 크랭크베어링, 안내차와 축, 원심 펌프 송풍기 등의 축과 베어링
	h8/d9			큰 틈새, 윤활유의 사용으로 서로 운동 가능	차량베어링, 일반 하급 베어링, 요동베어링, 아이들 휠과 축 등
	H9/c9 H9/d8			대단히 큰 틈새, 윤활유의 사용 으로 운동하는 부위	

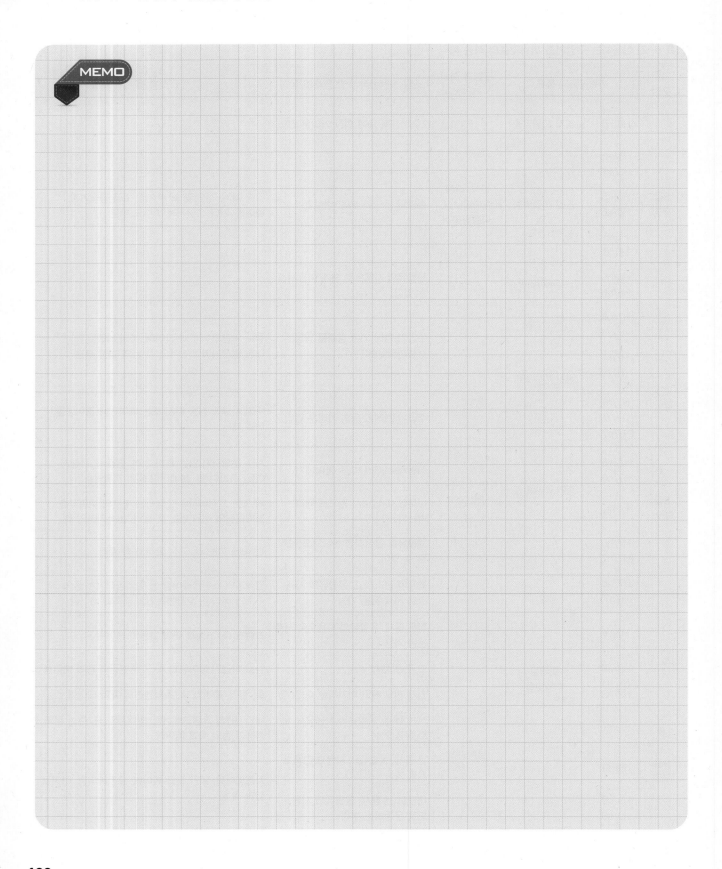

(단위 : μm = 0.001mm)

		JS			K			M			N		P		R	S	T	U	X	치수의 구분 (mm)	
9	10	5	6	7	5	6	7	5	6	7	6	7	6	7	7	7	7	7	70	초과	이하
+25 / 0	+40 / 0	±2	±3	±5	0 / -4	0 / -6	0 / -10	-2 / -6	-2 / -8	-2 / -12	-4 / -10	-4 / -14	-6 / -12	-6 / -16	-10 / -20	-14 / -24	–	-18 / -28	-20 / -30	–	3
+30 / 0	+48 / 0	±2.5	±4	±6	0 / -5	+2 / -6	+3 / -9	-3 / -8	-1 / -9	0 / -12	-5 / -13	-4 / -16	-7 / -17	-8 / -20	-11 / -23	-15 / -27	–	-19 / -31	-24 / -36	3	6
+36 / 0	+58 / 0	±3	±4.5	±7.5	+1 / -5	+2 / -7	+5 / -10	-4 / -10	-3 / -12	0 / -15	-7 / -16	-4 / -19	-12 / -21	-9 / -24	-13 / -28	-17 / -32	–	-22 / -37	-28 / -43	6	10
+43 / 0	+70 / 0	±4	±5.5	±9	+2 / -6	+2 / -9	+6 / -12	-4 / -12	-4 / -15	0 / -18	-9 / -20	-5 / -23	-15 / -26	-11 / -29	-16 / -34	-21 / -39	–	-26 / -44	-33 / -51	10	14
+43 / 0	+70 / 0	±4	±5.5	±9	+2 / -6	+2 / -9	+6 / -12	-4 / -12	-4 / -15	0 / -18	-9 / -20	-5 / -23	-15 / -26	-11 / -29	-16 / -34	-21 / -39	–	-26 / -44	-38 / -56	14	18
+52 / 0	+84 / 0	±4.5	±6.5	±10.5	+1 / -8	+2 / -11	+6 / -15	-5 / -14	-4 / -17	0 / -21	-11 / -24	-7 / -28	-18 / -31	-14 / -35	-20 / -41	-27 / -48	–	-33 / -54	-46 / -67	18	24
+52 / 0	+84 / 0	±4.5	±6.5	±10.5	+1 / -8	+2 / -11	+6 / -15	-5 / -14	-4 / -17	0 / -21	-11 / -24	-7 / -28	-18 / -31	-14 / -35	-20 / -41	-27 / -48	-33 / -54	-40 / -61	-56 / -77	24	30
+62 / 0	+100 / 0	±5.5	±8	±12.5	+2 / -9	+3 / -13	+7 / -18	-5 / -16	-4 / -20	0 / -25	-12 / -28	-8 / -33	-21 / -37	-17 / -42	-25 / -50	-34 / -59	-39 / -64	-51 / -76	–	30	40
+62 / 0	+100 / 0	±5.5	±8	±12.5	+2 / -9	+3 / -13	+7 / -18	-5 / -16	-4 / -20	0 / -25	-12 / -28	-8 / -33	-21 / -37	-17 / -42	-25 / -50	-34 / -59	-45 / -70	-61 / -86	–	40	50
+74 / 0	+120 / 0	±6.5	±9.5	±15	+3 / -10	+4 / -15	+9 / -21	-6 / -19	-5 / -24	0 / -30	-14 / -33	-9 / -39	-26 / -45	-21 / -51	-30 / -60	-42 / -72	-55 / -85	-76 / -106	–	50	65
+74 / 0	+120 / 0	±6.5	±9.5	±15	+3 / -10	+4 / -15	+9 / -21	-6 / -19	-5 / -24	0 / -30	-14 / -33	-9 / -39	-26 / -45	-21 / -51	-32 / -62	-48 / -78	-64 / -94	-91 / -121	–	65	80
+87 / 0	+140 / 0	±7.5	±11	±17.5	+2 / -13	+4 / -18	+10 / -25	-8 / -23	-6 / -28	0 / -35	-16 / -38	-10 / -45	-30 / -52	-24 / -59	-38 / -73	-58 / -93	-78 / -113	-111 / -146	–	80	100
+87 / 0	+140 / 0	±7.5	±11	±17.5	+2 / -13	+4 / -18	+10 / -25	-8 / -23	-6 / -28	0 / -35	-16 / -38	-10 / -45	-30 / -52	-24 / -59	-41 / -76	-66 / -101	-91 / -126	-131 / -166	–	100	120
+100 / 0	+160 / 0	±9	12.5	±20	+13 / -15	+4 / -21	+12 / -28	-9 / -27	-8 / -33	0 / -40	-20 / -45	-12 / -52	-36 / -61	-28 / -68	-48 / -88	-77 / -117	-107 / -147	–	–	120	140
+100 / 0	+160 / 0	±9	12.5	±20	+13 / -15	+4 / -21	+12 / -28	-9 / -27	-8 / -33	0 / -40	-20 / -45	-12 / -52	-36 / -61	-28 / -68	-50 / -90	-85 / -125	-119 / -159	–	–	140	160
+100 / 0	+160 / 0	±9	12.5	±20	+13 / -15	+4 / -21	+12 / -28	-9 / -27	-8 / -33	0 / -40	-20 / -45	-12 / -52	-36 / -61	-28 / -68	-53 / -93	-93 / -133	-131 / -171	–	–	160	180
+115 / 0	+185 / 0	±10	±14.5	±23	+2 / -18	+5 / -24	+13 / -33	-11 / -31	-8 / -37	0 / -46	-22 / -51	-14 / -60	-41 / -70	-33 / -79	-60 / -106	-105 / -151	–	–	–	180	200
+115 / 0	+185 / 0	±10	±14.5	±23	+2 / -18	+5 / -24	+13 / -33	-11 / -31	-8 / -37	0 / -46	-22 / -51	-14 / -60	-41 / -70	-33 / -79	-63 / -109	-113 / -159	–	–	–	200	225
+115 / 0	+185 / 0	±10	±14.5	±23	+2 / -18	+5 / -24	+13 / -33	-11 / -31	-8 / -37	0 / -46	-22 / -51	-14 / -60	-41 / -70	-33 / -79	-67 / -113	-123 / -169	–	–	–	225	250
+130 / 0	+210 / 0	±11.5	±16	±26	+3 / -20	+5 / -27	+16 / -36	-13 / -36	-9 / -41	0 / -52	-25 / -57	-14 / -66	-47 / -79	-36 / -88	-74 / -126		–	–	–	250	280
+130 / 0	+210 / 0	±11.5	±16	±26	+3 / -20	+5 / -27	+16 / -36	-13 / -36	-9 / -41	0 / -52	-25 / -57	-14 / -66	-47 / -79	-36 / -88	-78 / -130		–	–	–	280	315
+140 / 0	+230 / 0	±12.5	±18	±28.5	+3 / -22	+7 / -29	+17 / -40	-14 / -39	-10 / -46	0 / -57	-26 / -62	-16 / -73	-51 / -87	-41 / -98	-87 / -144		–	–	–	315	355
+140 / 0	+230 / 0	±12.5	±18	±28.5	+3 / -22	+7 / -29	+17 / -40	-14 / -39	-10 / -46	0 / -57	-26 / -62	-16 / -73	-51 / -87	-41 / -98	-93 / -150		–	–	–	355	400
+155 / 0	+250 / 0	±13.5	±20	±31.5	+2 / -25	+8 / -32	+18 / -45	-16 / -43	-10 / -50	0 / -63	-27 / -67	-17 / -80	-55 / -95	-45 / -108	-103 / -166		–	–	–	400	450
+155 / 0	+250 / 0	±13.5	±20	±31.5	+2 / -25	+8 / -32	+18 / -45	-16 / -43	-10 / -50	0 / -63	-27 / -67	-17 / -80	-55 / -95	-45 / -108	-109 / -172		–	–	–	450	500

[표 6-3] 상용하는 끼워맞춤 축의 치수허용차(KS B 0401)

치수의 구분 (mm) 초과	이하	b 9	c 9	d 8	d 9	e 7	e 8	e 9	f 6	f 7	f 8	g 4	g 5	g 6	h 4	h 5	h 6	h 7	h 8
−	3	−140 −165	−60 −85	−20 −34	−20 −45	−14 −24	−14 −28	−14 −39	−6 −12	−6 −16	−6 −20	−2 −5	−2 −6	−2 −8	0 −3	0 −4	0 −6	0 −10	0 −14
3	6	−140 −170	−70 −100	−30 −48	−30 −60	−20 −32	−20 −38	−20 −50	−10 −18	−10 −22	−10 −28	−4 −8	−4 −9	−4 −12	0 −4	0 −5	0 −8	0 −12	0 −18
6	10	−150 −186	−80 −116	−40 −62	−40 −76	−25 −40	−25 −47	−25 −61	−13 −22	−13 −28	−13 −35	−5 −9	−5 −11	−5 −14	0 −4	0 −6	0 −9	0 −15	0 −22
10	14	−150 −193	−95 −138	−50 −77	−50 −93	−32 −50	−32 −59	−32 −75	−16 −27	16 −34	−16 −43	−6 −11	−6 −14	−6 −17	0 −5	0 −8	0 −11	0 −18	0 −27
14	18	−150 −193	−95 −138	−50 −77	−50 −93	−32 −50	−32 −59	−32 −75	−16 −27	16 −34	−16 −43	−6 −11	−6 −14	−6 −17	0 −5	0 −8	0 −11	0 −18	0 −27
18	24	−160 −212	−110 −162	−65 −98	−65 −117	−40 −61	−40 −73	−40 −92	−20 −33	−20 −41	−20 −53	−7 −13	−7 −16	−7 −20	0 −6	0 −9	0 −13	0 −21	0 −33
24	30	−160 −212	−110 −162	−65 −98	−65 −117	−40 −61	−40 −73	−40 −92	−20 −33	−20 −41	−20 −53	−7 −13	−7 −16	−7 −20	0 −6	0 −9	0 −13	0 −21	0 −33
30	40	−170 −232	−120 −182	−80 −119	−80 −142	−50 −75	−50 −89	−50 −112	−25 −41	−25 −50	−25 −64	−9 −16	−9 −20	−9 −25	0 −7	0 −11	0 −16	0 −25	0 −39
40	50	−180 −242	130 −192	−80 −119	−80 −142	−50 −75	−50 −89	−50 −112	−25 −41	−25 −50	−25 −64	−9 −16	−9 −20	−9 −25	0 −7	0 −11	0 −16	0 −25	0 −39
50	65	−190 −264	−140 −214	−100 −146	−100 −174	−60 −90	−60 −106	−60 −134	−30 −49	−30 −60	−30 −76	−10 −18	−10 −23	−10 −29	0 −8	0 −13	0 −19	0 −30	0 −46
65	80	−200 −274	−150 −224	−100 −146	−100 −174	−60 −90	−60 −106	−60 −134	−30 −49	−30 −60	−30 −76	−10 −18	−10 −23	−10 −29	0 −8	0 −13	0 −19	0 −30	0 −46
80	100	−220 −307	−170 −257	−120 −174	−120 −207	−72 −107	−72 −126	−72 −159		−36 −71	−36 −90	−12 −22	−12 −27	−12 −34	0 −10	0 −15	0 −22	0 −35	0 −54
100	120	−240 −327	−180 −267	−120 −174	−120 −207	−72 −107	−72 −126	−72 −159		−36 −71	−36 −90	−12 −22	−12 −27	−12 −34	0 −10	0 −15	0 −22	0 −35	0 −54
120	140	−260 −360	−200 −300	−145 −208	−145 −245	−85 −125	−85 −148	−85 −185	−43 −68	−43 −83	−43 −106	−14 −26	−14 −32	−14 −39	0 −12	0 −18	0 −25	0 −40	0 −63
140	160	−280 −380	−210 −310	−145 −208	−145 −245	−85 −125	−85 −148	−85 −185	−43 −68	−43 −83	−43 −106	−14 −26	−14 −32	−14 −39	0 −12	0 −18	0 −25	0 −40	0 −63
160	180	−310 −410	−230 −330	−145 −208	−145 −245	−85 −125	−85 −148	−85 −185	−43 −68	−43 −83	−43 −106	−14 −26	−14 −32	−14 −39	0 −12	0 −18	0 −25	0 −40	0 −63
180	200	−340 −455	−240 −355	−170 −242	−170 −285	−100 −146	−100 −172	−100 −215	−50 −79	−50 −96	−50 −122	−15 −29	−15 −35	−15 −44	0 −14	0 −20	0 −29	0 −46	0 −72
200	225	−380 −495	−260 −375	−170 −242	−170 −285	−100 −146	−100 −172	−100 −215	−50 −79	−50 −96	−50 −122	−15 −29	−15 −35	−15 −44	0 −14	0 −20	0 −29	0 −46	0 −72
225	250	−420 −535	−280 −395	−170 −242	−170 −285	−100 −146	−100 −172	−100 −215	−50 −79	−50 −96	−50 −122	−15 −29	−15 −35	−15 −44	0 −14	0 −20	0 −29	0 −46	0 −72
250	280	−480 −610	−300 −430	−190 −271	−190 −320	−110 −162	−110 −191	−110 −240	−56 −88	−56 −108	−56 −137	−17 −33	−17 −40	−17 −49	0 −16	0 −23	0 −32	0 −52	0 −81
280	315	−540 −670	−330 −460	−190 −271	−190 −320	−110 −162	−110 −191	−110 −240	−56 −88	−56 −108	−56 −137	−17 −33	−17 −40	−17 −49	0 −16	0 −23	0 −32	0 −52	0 −81
315	355	−600 −740	−360 −500	−210 −299	−210 −350	−125 −182	−125 −214	−125 −265	−62 −98	−62 −119	−62 −151	−18 −36	−18 −43	−18 −54	0 −18	0 −25	0 −36	0 −57	0 −89
355	400	−680 −820	−400 −540	−210 −299	−210 −350	−125 −182	−125 −214	−125 −265	−62 −98	−62 −119	−62 −151	−18 −36	−18 −43	−18 −54	0 −18	0 −25	0 −36	0 −57	0 −89
400	450	−760 −915	−440 −595	−230 −327	−230 −385	−135 −198	−135 −232	−135 −290	−68 −108	−68 −131	−68 −165	−20 −40	−20 −47	−20 −60	0 −20	0 −27	0 −40	0 −63	0 −97
450	500	−840 −995	−480 −635	−230 −327	−230 −385	−135 −198	−135 −232	−135 −290	−68 −108	−68 −131	−68 −165	−20 −40	−20 −47	−20 −60	0 −20	0 −27	0 −40	0 −63	0 −97

비고) 표 속의 각 단에서 위쪽의 수치는 위치수허용차, 아래쪽의 수치는 아래치수허용차

(단위 : μm = 0.001mm)

9	js				k			m			n	p	r	s	t	u	x	치수의 구분 (mm)	
9	4	5	6	7	4	5	6	4	5	6	6	6	6	6	6	6	6	초과	이하
0 −25	±1.5	±2	±3	±5	+3 0	+4 0	+6 +0	+5 +2	+6 +2	+8 +2	+10 +4	+12 +6	+16 +10	+20 +14	−	+24 +18	+26 +20	−	3
0 −30	±2	±2.5	±4	±6	+5 +1	+6 +1	+9 +1	+8 +4	+9 +4	+12 +4	+16 +8	+20 +12	+23 +15	+27 +19	−	+31 +23	+36 +28	3	6
0 −36	±2	±3	±4.5	±7.5	+5 +1	+7 +1	+10 +1	+10 +6	+12 +6	+15 +6	+19 +10	+24 +15	+28 +19	+32 +23	−	+37 +28	+43 +34	6	10
0 −43	±2.5	±4	±5.5	±9	+6 +1	+9 +1	+12 +1	+12 +7	+15 +7	+18 +7	+23 +12	+29 +18	+34 +23	+39 +28	−	+44 +33	+51 +40	10	14
0 −43	±2.5	±4	±5.5	±9	+6 +1	+9 +1	+12 +1	+12 +7	+15 +7	+18 +7	+23 +12	+29 +18	+34 +23	+39 +28	−	+44 +33	+56 +45	14	18
0 −52	±3	±4.5	±6.5	±10.5	+8 +2	+11 +2	+15 +2	+14 +8	+17 +8	+21 +8	+28 +15	+35 +22	+41 +28	+48 +35	−	+54 +41	+67 +54	18	24
0 −52	±3	±4.5	±6.5	±10.5	+8 +2	+11 +2	+15 +2	+14 +8	+17 +8	+21 +8	+28 +15	+35 +22	+41 +28	+48 +35	+54 +41	+61 +48	+77 +64	24	30
0 −62	±3.5	±5.5	±8	±12.5	+9 +2	+13 +2	+18 +2	+16 +9	+20 +9	+25 +9	+33 +17	+42 +26	+50 +34	+59 +43	+64 +48	+76 +60	−	30	40
0 −62	±3.5	±5.5	±8	±12.5	+9 +2	+13 +2	+18 +2	+16 +9	+20 +9	+25 +9	+33 +17	+42 +26	+50 +34	+59 +43	+70 +54	+86 +70	−	40	50
0 −74	±4	6.5	±9.5	±15	+10 +2	+15 +2	+21 +2	+19 +11	+24 +11	+30 +11	+39 +20	+51 +32	+60 +41	+72 +53	+85 +66	+106 +87	−	50	65
0 −74	±4	6.5	±9.5	±15	+10 +2	+15 +2	+21 +2	+19 +11	+24 +11	+30 +11	+39 +20	+51 +32	+62 +43	+78 +59	+94 +75	+121 +102	−	65	80
0 −87	±5	±7.5	±11	±17.5	+13 +3	+18 +3	+25 +3	+23 +13	+28 +13	+35 +13	+45 +23	+59 +37	+73 +51	+93 +71	+113 +91	+146 +124	−	80	100
0 −87	±5	±7.5	±11	±17.5	+13 +3	+18 +3	+25 +3	+23 +13	+28 +13	+35 +13	+45 +23	+59 +37	+76 +54	+101 +79	+126 +104	+166 +144	−	100	120
0 −100	±6	±9	±12.5	±20	+15 +3	+21 +3	+28 +3	+27 +15	+33 +15	+40 +15	+52 +27	+68 +43	+88 +63	+117 +92	+147 +122	−	−	120	140
0 −100	±6	±9	±12.5	±20	+15 +3	+21 +3	+28 +3	+27 +15	+33 +15	+40 +15	+52 +27	+68 +43	+90 +65	+125 +100	+159 +134	−	−	140	160
0 −100	±6	±9	±12.5	±20	+15 +3	+21 +3	+28 +3	+27 +15	+33 +15	+40 +15	+52 +27	+68 +43	+93 +68	+133 +108	+171 +146	−	−	160	180
0 −115	±7	±10	±14.5	±23	+18 +4	+24 +4	+33 +4	+31 +17	+37 +17	+46 +17	+60 +31	+79 +50	+106 +77	+151 +122	−	−	−	180	200
0 −115	±7	±10	±14.5	±23	+18 +4	+24 +4	+33 +4	+31 +17	+37 +17	+46 +17	+60 +31	+79 +50	+109 +80	+159 +130	−	−	−	200	225
0 −115	±7	±10	±14.5	±23	+18 +4	+24 +4	+33 +4	+31 +17	+37 +17	+46 +17	+60 +31	+79 +50	+113 +84	+169 +140	−	−	−	225	250
0 −130	±8	±11.5	±16	±26	+20 +4	+27 +4	+36 +4	+36 +20	+43 +20	+52 +20	+66 +34	+88 +56	+126 +94		−	−	−	250	280
0 −130	±8	±11.5	±16	±26	+20 +4	+27 +4	+36 +4	+36 +20	+43 +20	+52 +20	+66 +34	+88 +56	+130 +98		−	−	−	280	315
0 −140	±9	±12.5	±18	±28.5	+22 +4	+29 +4	+40 +4	+39 +21	+46 +21	+57 +21	+73 +37	+98 +62	+144 +108		−	−	−	315	355
0 −140	±9	±12.5	±18	±28.5	+22 +4	+29 +4	+40 +4	+39 +21	+46 +21	+57 +21	+73 +37	+98 +62	+150 +114		−	−	−	355	400
0 −155	±10	±13.5	±20	±31.5	+25 +5	+32 +5	+45 +5	+43 +23	+50 +23	+63 +23	+80 +40	+108 +68	+168 +126		−	−	−	400	450
0 −155	±10	±13.5	±20	±31.5	+25 +5	+32 +5	+45 +5	+43 +23	+50 +23	+63 +23	+80 +40	+108 +68	+172 +132		−	−	−	450	500

[표 6-4] 상용하는 끼워맞춤 구멍의 치수허용차 (KS B 0401)

치수의 구분 (mm) 초과	이하	B 10	C 9	C 10	D 8	D 9	D 10	E 7	E 8	E 9	F 6	F 7	F 8	G 6	G 7	H 5	H 6	H 7	H 8
–	3	+180 / +140	+85 / +60	+100 / +60	+34 / +20	+45 / +20	+60 / +20	+24 / +14	+28 / +14	+39 / +14	+12 / +6	+16 / +6	+20 / +6	+8 / +2	+12 / +2	+4 / 0	+6 / 0	+10 / 0	+14 / 0
3	6	+180 / +140	+100 / +70	+118 / +70	+48 / +30	+60 / +30	+78 / +30	+32 / +20	+38 / +20	+50 / +20	+18 / +10	+22 / +10	+28 / +10	+12 / +4	+16 / +4	+5 / 0	+8 / 0	+12 / 0	+18 / 0
6	10	+208 / +150	+116 / +80	+138 / +80	+62 / +40	+76 / +40	+98 / +40	+40 / +25	+47 / +25	+61 / +25	+22 / +13	+28 / +13	+35 / +13	+14 / +5	+20 / +5	+6 / 0	+9 / 0	+15 / 0	+22 / 0
10	14	+220 / +150	+138 / +95	+165 / +95	+77 / +50	+93 / +50	+120 / +50	+50 / +32	+59 / +32	+75 / +32	+27 / +16	+34 / +16	+43 / +16	+17 / +6	+24 / +6	+8 / 0	+11 / 0	+18 / 0	+27 / 0
14	18																		
18	24	+224 / +160	+162 / +110	+194 / +110	+98 / +65	+117 / +65	+149 / +65	+61 / +40	+72 / +40	+92 / +40	+33 / +20	+41 / +20	+53 / +20	+20 / +7	+28 / +7	+9 / 0	+13 / 0	+21 / 0	+33 / 0
24	30																		
30	40	+270 / +170	+182 / +120	+220 / +120	+119 / +80	+142 / +80	+180 / +80	+75 / +50	+89 / +50	+112 / +50	+41 / +25	+50 / +25	+64 / +25	+25 / +9	+34 / +9	+11 / 0	+16 / 0	+25 / 0	+39 / 0
40	50	+280 / +180	+192 / +130	+230 / +130															
50	65	+310 / +190	+214 / +140	+260 / +140	+146 / +100	+174 / +100	+220 / +100	+90 / +60	+106 / +60	+134 / +60	+49 / +30	+60 / +30	+76 / +30	+29 / +10	+40 / +10	+13 / 0	+19 / 0	+30 / 0	+46 / 0
65	80	+320 / +200	+224 / +150	+270 / +150															
80	100	+360 / +220	+257 / +170	+310 / +170	+174 / +120	+207 / +120	+260 / +120	+107 / +72	+126 / +72	+159 / +72	+58 / +36	+71 / +36	+90 / +36	+34 / +12	+47 / +12	+15 / 0	+22 / 0	+35 / 0	+54 / 0
100	120	+380 / +240	+267 / +180	+320 / +180															
120	140	+420 / +260	+300 / +200	+360 / +200	+208 / +145	+245 / +145	+305 / +145	+125 / +85	+148 / +85	+185 / +85	+68 / +43	+83 / +43	+106 / +43	+39 / +14	+54 / +14	+18 / 0	+25 / 0	+40 / 0	+63 / 0
140	160	+440 / +280	+310 / +210	+370 / +210															
160	180	+470 / +310	+330 / +230	+390 / +230															
180	200	+525 / +340	+355 / +240	+425 / +240	+242 / +170	+285 / +170	+355 / +170	+146 / +100	+172 / +100	+215 / +100	+79 / +50	+96 / +50	+122 / +50	+44 / +15	+61 / +15	+20 / 0	+29 / 0	+46 / 0	+72 / 0
200	225	+565 / +380	+375 / +260	+445 / +260															
225	250	+605 / +420	+395 / +280	+465 / +280															
250	280	+690 / +480	+430 / +300	+510 / +300	+271 / +190	+320 / +190	+400 / +190	+162 / +110	+191 / +110	+240 / +110	+88 / +56	+108 / +56	+137 / +56	+49 / +17	+69 / +17	+23 / 0	+32 / 0	+52 / 0	+81 / 0
280	315	+750 / +540	+460 / +330	+540 / +330															
315	355	+830 / +600	+500 / +360	+590 / +360	+299 / +210	+350 / +210	+440 / +210	+182 / +125	+214 / +125	+265 / +125	+98 / +62	+119 / +62	+151 / +62	+54 / +18	+75 / +18	+25 / 0	+36 / 0	+57 / 0	+89 / 0
355	400	+910 / +680	+540 / +400	+630 / +400															
400	450	+1010 / +760	+595 / +440	+690 / +440	+327 / +230	+385 / +230	+480 / +230	+198 / +135	+232 / +135	+290 / +135	+108 / +68	+131 / +68	+165 / +68	+60 / +20	+83 / +20	+27 / 0	+40 / 0	+63 / 0	+97 / 0
450	500	+1090 / +840	+635 / +480	+730 / +480															

비고) 표 속의 각 단에서 위쪽의 수치는 위치수허용차, 아래쪽의 수치는 아래치수허용차

05 중심거리의 허용차(KS B 0420)

(1) 적용범위

이 규격은 다음에 표시하는 중심거리의 허용차(이하 허용차라 한다.)에 대하여 규정한다.

① 기계부품에 뚫린 두 구멍의 중심거리
② 기계부품에 있어서 두 축의 중심거리
③ 기계부품에 가공된 두 홈의 중심거리
④ 기계부품에 있어서 구멍과 축, 구멍과 홈 또는 축과 홈의 중심거리
 • 비고 : 여기서 구멍, 축 및 홈은 그 중심선에 서로 평행하고 구멍과 축은 원형 단면이며 테이퍼가 없고, 홈은 양 측면이 평행한 조건이다.

(2) 용어의 뜻

중심거리 : 구멍, 축 또는 홈의 중심선에 직각인 단면 내에서 중심부터 중심까지의 거리

(3) 등급 : 허용차의 등급은 1~4급까지 4등급으로 한다. 또 0급을 참고로 표에 표시한다.

(4) 허용차 : 허용차 수치는 다음 표에 따른다.

[표 6-5] 중심거리의 허용차   단위 : ㎛

중심거리의 구분(mm)	등급	0급(참고)	1급	2급	3급	4급(mm)
초과	이하					
–	3	±2	±3	±7	±20	±0.05
3	6	±3	±4	±9	±24	±0.06
6	10	±3	±5	±11	±29	±0.08
10	18	±4	±6	±14	±35	±0.09
18	30	±5	±7	±17	±42	±0.11
30	50	±6	±8	±20	±50	±0.13
50	80	±7	±10	±23	±60	±0.15
80	120	±8	±11	±27	±70	±0.18
120	180	±9	±13	±32	±80	±0.20
180	250	±10	±15	±36	±93	±0.23
250	315	±12	±16	±41	±105	±0.26
315	400	±13	±18	±45	±115	±0.29
400	500	±14	±20	±49	±125	±0.32
500	630	–	±22	±55	±140	±0.35
630	800	–	±25	±63	±160	±0.40
800	1,000	–	±28	±70	±180	±0.45
1,000	1,250	–	±33	±83	±210	±0.53
1,250	1,600	–	±29	±98	±250	±0.63
1,600	2,000	–	±46	±120	±300	±0.75
2,000	2,500	–	±55	±140	±350	±0.88
2,500	3,150	–	±68	±170	±430	±1.05

07 | 기하공차(KS B 0243, 0425, 0608)

기하공차는 제작물의 크기, 형상, 자세, 위치 등을 규제하는 공차로서 설계자–제작자–조립자–검사자 간의 보다 명확하고 일률적인 작업이 가능하도록 설계도면 상에 표시하는 기호공차를 말하는데 **규제기호**(공차기호), **공차 값**, **데이텀**(기준) 등으로 표시한다.

[표 7-1] 기하공차 종류와 기호   KS A ISO 1101

데이텀	종류		기호	데이텀	종류		기호
적용되지 않음	모양공차	진직도	—	적용 해야 함	자세공차	평행도	//
		평면도	▱			직각도	⊥
		진원도	○			경사도	∠
		원통도	⌭		위치공차	동심(축)도	◎
적용할 수도 있음		선의 윤곽	⌒			대칭도	≡
		면의 윤곽	⌓			위치도	⊕
적용 해야 함	흔들림공차	흔들림(온)	⌰		흔들림공차	흔들림(원주)	↗

01 일반 치수공차와 기하공차의 비교(기하공차는 왜 필요한가?)

(1) 치수공차만 기입된 제품의 경우

[그림 7-1(a)]에서 구멍의 경우, 구멍 중심축이 정확하게 직각이라면, 기준 치수가 Ø10인[그림 7-1(b)] 축에서 축의 최대 허용치수(최대직경)가 Ø9.85이므로 구멍치수 Ø9.95~Ø10.05에 항상 결합할 수 있다.

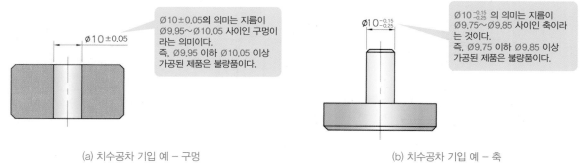

Ø10±0.05의 의미는 지름이 Ø9.95~Ø10.05 사이인 구멍이라는 의미이다.
즉, Ø9.95 이하 Ø10.05 이상 가공된 제품은 불량품이다.

Ø10$^{-0.15}_{-0.25}$ 의 의미는 지름이 Ø9.75~Ø9.85 사이인 축이라는 것이다.
즉, Ø9.75 이하 Ø9.85 이상 가공된 제품은 불량품이다.

(a) 치수공차 기입 예 – 구멍   (b) 치수공차 기입 예 – 축

[그림 7-1] 치수공차만 기입된 제품의 표시 예

(2) 구멍과 축이 기울어졌을 경우의 간섭 발생

[그림 7-2(a)]와 같이 구멍의 크기가 Ø9.95이고 구멍 중심이 0.05만큼 기울어져 있다면 기울어진 구멍에 들어갈 수 있는 축의 최대직경은 [그림 7-2(b)]와 같이 Ø9.9보다 커서는 조립이 안 된다.
또한, [그림 7-2(c)]와 같이 끼워지는 축의 외경이 바닥을 기준으로 정확하게 직각이 되지 못하고 구멍이 기울어진 방향과 반대방향으로 기울어진다면 **간섭**이 발생하여 조립이 되지 못할 것이다.

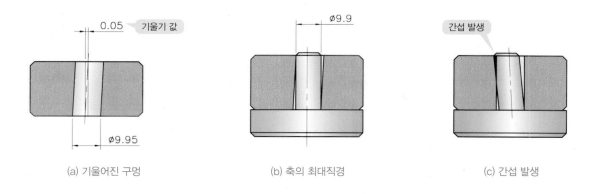

(a) 기울어진 구멍   (b) 축의 최대직경   (c) 간섭 발생

[그림 7-2] 조립 시 간섭이 발생한 경우

(3) 구멍이 기울어졌을 경우의 틈새 발생

[그림7-3(a)]와 같이 축의 최대직경이 Ø9.85이고, 축의 중심이 0.05만큼 기울어졌다면 기울어진 이 축에 결합될 수 있는 구멍의 최소 직경은 [그림 7-3(b)]와 같이 Ø9.9보다 작아서는 조립이 안 된다.

또한, [그림 7-3(c)]와 같이 구멍은 기울어져 있고 끼워지는 축은 정확히 직각이라면 구멍의 기울어진 방향을 따라 결합할 수는 있으나 밑면이 밀착되지 않는 불완전한 조립이 된다.

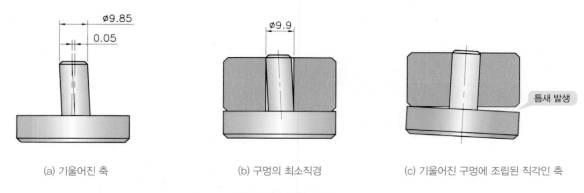

(a) 기울어진 축   (b) 구멍의 최소직경   (c) 기울어진 구멍에 조립된 직각인 축

[그림 7-3] 조립시 틈새가 발생한 경우

(4) 치수공차와 기하공차를 같이 기입할 경우

조립할 때의 문제점을 해결하고, 부품의 정밀도를 향상시키기 위해서 [그림 7-4]와 같이 치수공차와 기하공차 (직각도)를 기입하게 되면, 형상에 대한 정확한 이해와 조립이 가능하게 된다.

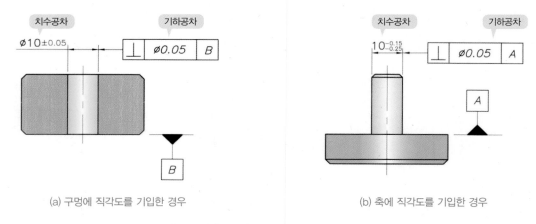

(a) 구멍에 직각도를 기입한 경우   (b) 축에 직각도를 기입한 경우

[그림 7-4] 치수공차와 기하공차를 기입한 경우

> **TIP**
>
> 이와 같이 구멍과 축에 정확한 기하공차를 기입하면 치수공차(Ø$10^{\pm0.05}$, Ø$10^{-0.15}_{-0.25}$)와 기하공차(Ø0.05) 범위 내에서는 항상 조립이 보장된다.

02 데이텀(기준)

데이텀이란 기하공차를 기입하려는 부품에 이론적으로 정확한 기하학적 기준을 잡는 것을 말한다.
데이텀으로 선정할 수 있는 부분은 점, 직선, 중심축, 평면, 중심평면 등이 있는데, 도면에서는 일반적으로
표면거칠기 "X"이상의 가공부를 기준으로 잡는다.

(1) 데이텀(Datum) 지시방법

데이텀은 도면에서 형체의 외형선이나 치수보조선 또는 치수선의 연장선 상에 검게 칠하거나, 칠하지 않은
삼각형의 한 변을 일치시켜 표시한다[그림 7-5].

① KS, JIS : 직각이등변삼각형

② ISO, ANSI, BS : 정삼각형

③ 데이텀 삼각기호에서 끌어낸 데이텀 지시선 끝에 가는 선 또는 중간선의 사각형 테두리를 붙이고 그 테두리
안에 데이텀을 지시하는 **알파벳 대문자**의 부호를 기입한다.

(a) KS, JIS 규격 표시법   (b) ISO, ANSI, BS 규격 표시법

[그림 7-5] 데이텀 표시 삼각형 및 문자와 사각형 테두리

④ 치수가 기입된 형체의 **축직선**(축심) 또는 **중심 평면**이 데이텀(기준)인 경우, 치수선의 연장선을 데이
텀의 지시선으로 사용한다. 이때, 치수선의 화살표를 치수보조선이나 외형선의 바깥쪽으로부터 기입
한 경우에는 화살표와 데이텀 삼각기호가 중복되므로 화살표를 생략하고 데이텀 삼각기호로 표시한다
[그림 7-6(a) ~ (e)].

⑤ 기하공차를 규제하고자 하는 형체와 관련이 없는 치수보조선 위에 데이텀을 지시할 때는 치수선 위치를 명확히 피해서 데이텀 삼각 기호를 붙인다[그림 7-6(f)].

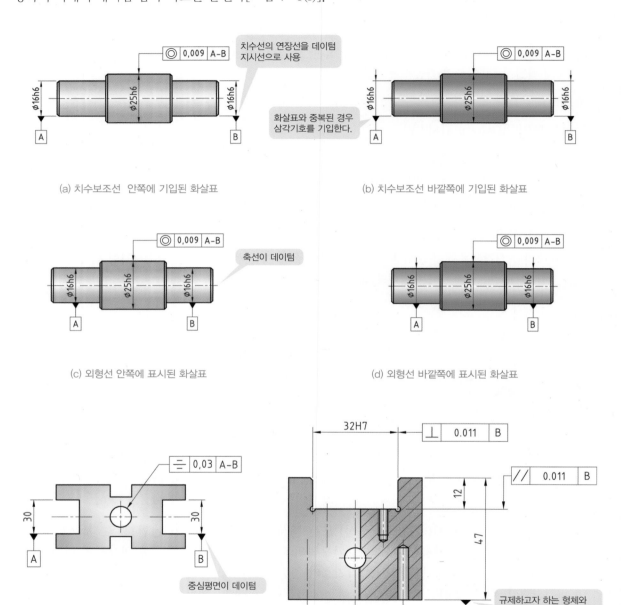

(a) 치수보조선 안쪽에 기입된 화살표

(b) 치수보조선 바깥쪽에 기입된 화살표

(c) 외형선 안쪽에 표시된 화살표

(d) 외형선 바깥쪽에 표시된 화살표

(e) 중심 평면이 데이텀인 경우

(f) 치수보조선에 데이텀 표시법

[그림 7-6] 외형선 및 치수보조선에 데이텀 표시법

⑥ 기하공차 규제 기입틀 내에 데이텀 문자부호를 표시할 때는, 공차 기입틀 3번째 구획 속에 기입하고[그림 7-7(a), (b)], 여러 개의 데이텀을 지정할 경우에는 데이텀의 우선순위별로 차례로 표시한다[그림 7-7(c)].

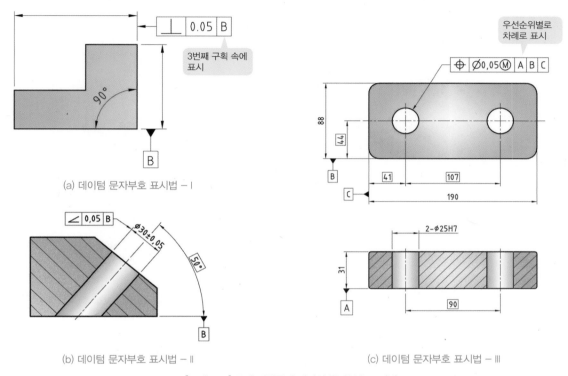

(a) 데이텀 문자부호 표시법 - Ⅰ

(b) 데이텀 문자부호 표시법 - Ⅱ

(c) 데이텀 문자부호 표시법 - Ⅲ

[그림 7-7] 공차 기입틀에 데이텀 문자부호 표시법

⑦ 하나의 형체를 두 개의 데이텀에 의해 규제할 경우에는 두 개의 데이텀을 나타내는 문자를 **하이픈**으로 연결하여 공차 기입틀 세 번째 구획에 표시한다[그림 7-8].

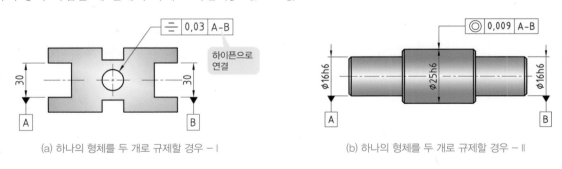

(a) 하나의 형체를 두 개로 규제할 경우 - Ⅰ

(b) 하나의 형체를 두 개로 규제할 경우 - Ⅱ

[그림 7-8] 하나의 형체를 두 개의 데이텀으로 규제할 경우

(2) 데이텀 선정방법

데이텀을 선정할 때에는 다음과 같은 원칙을 준수해야 한다.

① 베어링과 같은 기능적인 부품이 끼워맞춤되는 형체(원통, 축)를 데이텀으로 선정한다.

② 끼워맞춤되는 상대 부품의 기준이 되는 형체(원통, 축, 평면)를 데이텀으로 선정한다.

③ 가공, 검사 및 측정상 기준을 데이텀으로 선정한다.

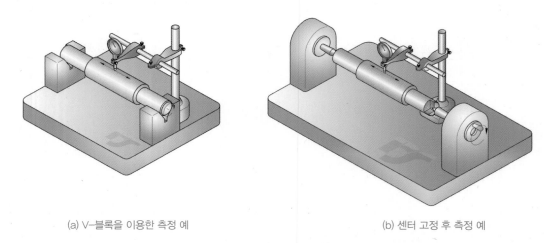

(a) V-블록을 이용한 측정 예   (b) 센터 고정 후 측정 예

[그림 7-9] 검사 및 측정상 기준을 데이텀으로 선정한 예

(3) 데이텀 규제방법

① **데이텀이 불필요한 기하공차** : 단독 형체인 진직도, 평면도, 진원도, 원통도

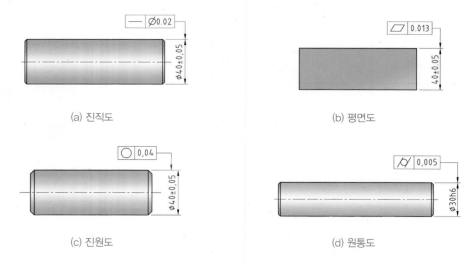

(a) 진직도   (b) 평면도

(c) 진원도   (d) 원통도

[그림 7-10] 데이텀이 불필요한 기하공차

② **데이텀 하나로 규제되는 기하공차** : 관련 형체 중 자세공차인 직각도, 평행도, 경사도

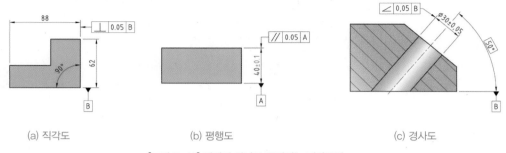

(a) 직각도   (b) 평행도   (c) 경사도

[그림 7-11] 데이텀 하나로 규제되는 기하공차

③ **데이텀 두 개 이상으로 규제되는 기하공차** : 관련 형체 중 흔들림 및 위치도 공차인 흔들림(원주/온), 동축도, 대칭도(하나로도 규제 가능), 위치도(하나 또는 두 개로도 규제 가능)

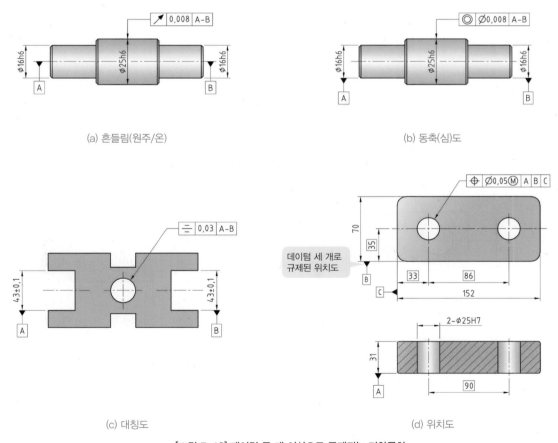

(a) 흔들림(원주/온)   (b) 동축(심)도

(c) 대칭도   (d) 위치도

[그림 7-12] 데이텀 두 개 이상으로 규제되는 기하공차

(4) 데이텀(기준) 순서에 따른 위치도 기하공차 해석의 차이 비교 예

① 측정 우선 순위가 A 가 먼저인 경우

기준을 [그림 7-13(a)]와 같이 A , B 순서로 기입하게 되면, A 면을 먼저 측정면에 접촉하고 B 면을 접촉하여 구멍의 위치를 찾는다.

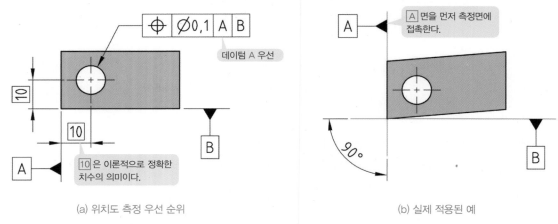

(a) 위치도 측정 우선 순위   (b) 실제 적용된 예

[그림 7-13] 측정 우선 순위가 A가 먼저인 경우

② 측정 우선 순위가 B 가 먼저인 경우

기준을 [그림 7-14(a)]와 같이 B , A 순서로 기입을 하게 되면, B 면을 먼저 측정면에 접촉하고 A 면을 접촉하여 구멍의 위치를 찾는다.

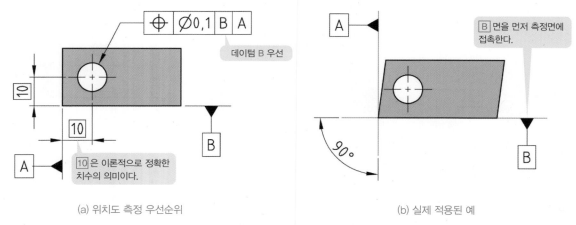

(a) 위치도 측정 우선순위   (b) 실제 적용된 예

[그림 7-14] 측정 우선 순위가 B가 먼저인 경우

TIP

구멍의 위치를 기하공차로 규제할 경우 기준을 측면 A 로 먼저 하느냐, 측면 B 로 먼저 하느냐에 따라서 구멍의 위치가 달라질 수 있다.

(5) 데이텀(기준) 위치에 따른 직각도 기하공차 해석의 차이 비교 예

① 기준위치에 따른 직각도 해석 – Ⅰ

기준을 [그림 7-15(a)]와 같이 A 를 기준으로 하게 되면, A 면을 측정면 또는 조립기준면으로 하고, 직각도 공차 범위를 규제한다.

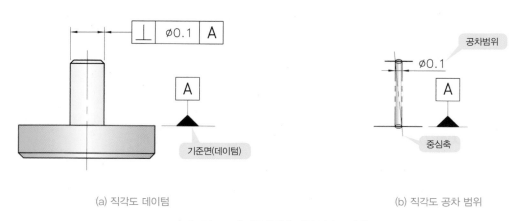

(a) 직각도 데이텀　　　　　　　　　(b) 직각도 공차 범위

[그림 7-15] 기준위치에 따른 직각도 해석 – Ⅰ

② 기준위치에 따른 직각도 해석 – Ⅱ

기준을 [그림 7-16(a)]와 같이 B 를 기준으로 하게 되면, B 면을 측정면 또는 조립기준면으로 하고 직각도 공차 범위를 규제한다.

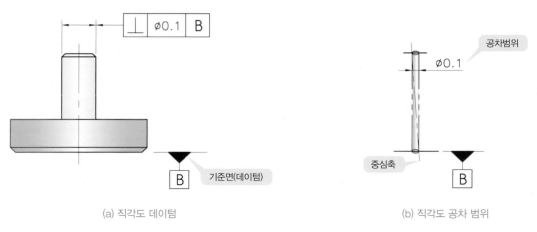

(a) 직각도 데이텀　　　　　　　　　(b) 직각도 공차 범위

[그림 7-16] 기준위치에 따른 직각도 해석 – Ⅱ

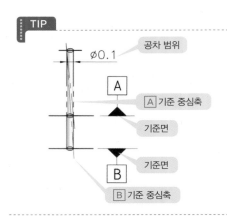

TIP

왼쪽의 그림과 같이 직각도의 공차 범위를 규제할 경우 데이텀(기준)을 측정면 A 로 하느냐, B 로 하느냐에 따라서 직각도의 경사 기울기가 달라진다.

(6) 기하공차에 지름(∅) 기호를 붙인 경우와 붙이지 않는 경우의 해석 예

기하공차 값에 **지름(∅)** 기호를 붙일 때와 붙이지 않을 때는 해석의 차이가 명확하게 다르다.

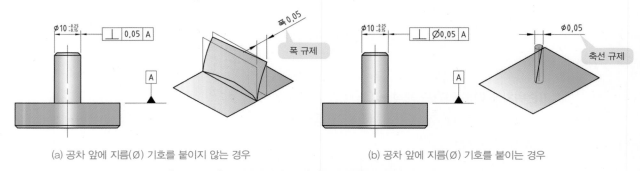

(a) 공차 앞에 지름(∅) 기호를 붙이지 않는 경우　　　　　(b) 공차 앞에 지름(∅) 기호를 붙이는 경우

[그림 7-17] 기하공차 앞에 지름(∅) 기호를 붙이는 경우의 해석

03 최대 실체치수와 최소 실체치수

최대 실체치수와 최소 실체치수는 끼워맞춤이 있는 상호 부품 간의 최대 실체상태 또는 최소 실체상태의 치수차를 기하공차로 활용하는 방법을 말한다.

규제형체나 데이텀의 축심이 극단적인 위치를 유지할 필요가 있는 경우 또는 부품 특성상 강도나 변형에 문제가 생길 경우에 일반적으로 적용한다.

(1) 최대 실체치수(MMS ; Maximum Material Size) : Ⓜ

치수공차를 갖는 형체의 허용한계범위 내에서 체적 또는 질량이 최대일 때의 치수를 **최대 실체치수**라 한다.

구멍과 축이 모두 최대 실체치수일 때 두 부품의 결합은 최악의 상태이다.

① **축** : 최대 허용치수 = 최대 실체치수(MMS)

② **구멍** : 최소 허용치수 = 최대 실체치수(MMS)

(2) 최소 실체치수(LMS ; Least Meterial Size) : Ⓛ

치수공차를 갖는 형체의 허용한계범위 내에서 체적 또는 질량이 최소일 때의 치수를 **최소 실체치수**라 한다.

최소 실체치수 규제기호는 ANSI에서만 규제하고 ISO, KS에는 규제기호가 없다.

① **축** : 최소 허용치수 = 최소 실체치수(LMS)

② **구멍** : 최대 허용치수 = 최소 실체치수(LMS)

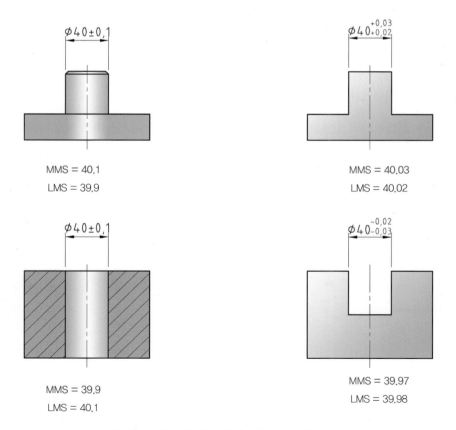

[그림 7-18] 구멍과 축의 최대 및 최소 실체치수 해석

(3) 실효치수(VS ; Virtual Size)

실효치수(VS)는 형체에 규제된 최대 실체상태 또는 최소 실체상태일 때 허용한계치수와 기하공차 간에 종합적으로 발생하는 실효상태의 경계를 말하는데 설계상에서는 결합부품 간의 치수공차와 기하공차 값을 결정하는 데 고려해야 할 유효치수이기도 하다.

또한, 축일 때 실효치수(VS) = **최대치수**, 구멍일 때 실효치수(VS) = **최소치수**이다.

① **축** : MMS + 기하공차, LMS + 기하공차

② **구멍** : MMS − 기하공차, LMS − 기하공차

(4) 최대 실체치수와 최소 실체치수의 적용방법 및 범위

① 부품 간에 서로 끼워맞춤이 있는 형체에 적용하며, 결합되는 부품이 아닌 형체는 적용하지 않는다.

② 중심(축선) 또는 중간 면이 있는 치수공차를 가진 형체에 적용하며, 평면이나 표면 상의 선에는 적용하지 않는다.

③ 최대 실체치수(Ⓜ)가 규제된 치수에서는 형체치수가 최대 실체치수를 벗어나면, 벗어난 크기만큼 추가 공차를 허용한다. 그래서 최대 실체치수 방식이 적용된 기하공차에서는 실효치수(VS)가 언제나 같다.

(5) 축에 규제된 최대 실체치수와 최소 실체치수 해석

최대 실체치수를 벗어나면 벗어난 크기만큼 기하공차 값을 추가로 허용해서 **실효치수(VS)**를 같게 한다([표 7-2], [표 7-3]).

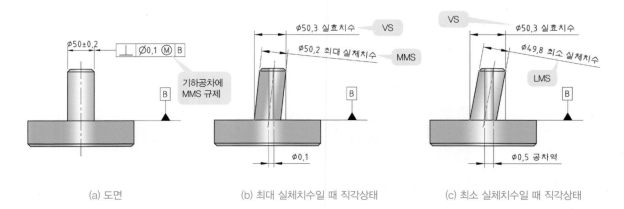

(a) 도면   (b) 최대 실체치수일 때 직각상태   (c) 최소 실체치수일 때 직각상태

[표 7-2] MMS를 규제하지 않을 때

축 치수	TIR	증가치
Ø50.2	Ø0.1	Ø50.3
Ø50.1	Ø0.1	Ø50.2
Ø50	Ø0.1	Ø50.1
Ø49.9	Ø0.1	Ø50
Ø49.8	Ø0.1	Ø49.9

[표 7-3] MMS를 규제할 때

축 치수	TIR	VS
Ⓜ Ø50.2	Ø0.1	Ø50.3
Ø50.1	Ø0.2	Ø50.3
Ø50	Ø0.3	Ø50.3
Ø49.9	Ø0.4	Ø50.3
Ⓛ Ø49.8	Ø0.5	Ø50.3

> **TIP**
>
> 공차역(TIR ; Total Indicator Reading) : 기하공차 값(다이얼 인디케이터의 움직임 전량)

(6) 구멍에 규제된 최대 실체치수와 최소 실체치수 해석

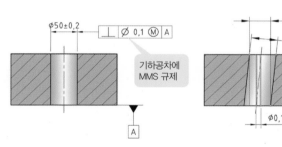

(a) 도면   (b) 최대 실체치수일 때 직각상태

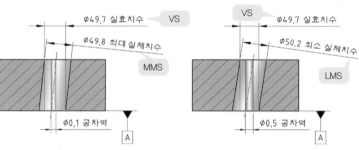

(c) 최소 실체치수일 때 직각상태

[표 7-4] MMS를 규제하지 않을 때

구멍치수	TIR	증가치
Ø49.8	Ø0.1	Ø49.7
Ø49.9	Ø0.1	Ø49.8
Ø50	Ø0.1	Ø49.9
Ø50.1	Ø0.1	Ø50
Ø50.2	Ø0.1	Ø50.1

[표 7-5] MMS를 규제할 때

구멍치수	TIR	VS
Ⓜ Ø49.8	Ø0.1	Ø49.7
Ø49.9	Ø0.2	Ø49.7
Ø50	Ø0.3	Ø49.7
Ø50.1	Ø0.4	Ø49.7
Ⓛ Ø50.2	Ø0.5	Ø49.7

> **TIP**
>
> • MMS를 적용할 수 있는 기하공차 : 진직도, 직각도, 평행도, 경사도, 위치도, 대칭도, 동축도
> • MMS를 적용할 수 없는 기하공차 : 평면도, 진원도, 원통도, 윤곽도(선, 면), 흔들림(온, 원주)

08 │ 기하공차 해석

기하공차는 **모양공차**(진직도, 평면도, 진원도, 원통도, 윤곽도)와 **자세공차**(평행도, 직각도, 경사도), **위치공차**(위치도, 동축도, 대칭도) 그리고 **흔들림공차**(원주 흔들림, 온흔들림) 등으로 구분된다. 그러나 이러한 기하공차의 뜻을 명확히 이해하지 못하고 도면에 무작위로 표기한다면 조립상에 많은 문제점을 낳을 수 있다. 이 단원에서는 종류에 따른 기하공차를 도면에 실제로 적용해보고 해석과 함께 최적의 조건을 찾아보도록 하겠다. 기하공차값은 실무현장 경험치 1/100~1/1000 범위와 KS B 0401의 **구멍 IT 6급-10급, 축 IT 5급-9급** 등을 병용해서 적용하도록 하겠다.

01 │ 모양공차 중 ⎯ 진직도(Straitness) [데이텀 불필요, MMS 적용 가능]

진직도는 축의 표면이나 축심이 직선의 허용범위로부터 벗어난 크기를 규제하는 단독공차이고, 축심을 규제하므로 **공차값에 Ø기호를 붙인다.** 공차역(TIR)은 길이방향이다.

(1) 진직도 측정법의 예

측정물을 양 센터로 지지하고 축 방향으로 두 개의 다이얼 인디케이터를 움직여 눈금 Ma − Mb/2를 반복해서 측정한다. 이때 측정된 최대차가 진직도 공차값이다.

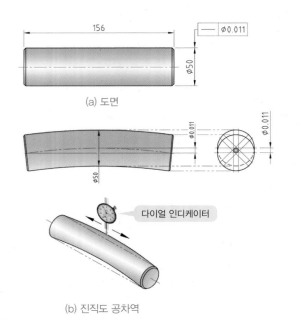

(a) 도면

(b) 진직도 공차역

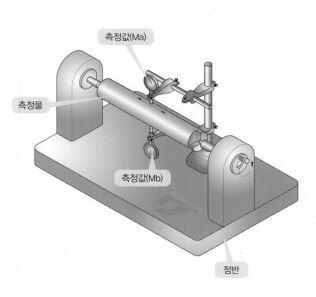

(c) 진직도 측정방법 예

(2) 실제 도면에 기입된 진직도공차

진직도는 끼워맞춤이 있고 단이 없는 축이나 구멍과 같은 부품에 규제하고, 공차값은 형체의 치수공차보다 작아야 한다. 실제로 도면에 적용해보고 그에 따른 치수공차, 기하공차, MMS(최대 실체치수), VS(실효치수)를 각각 구해보자.

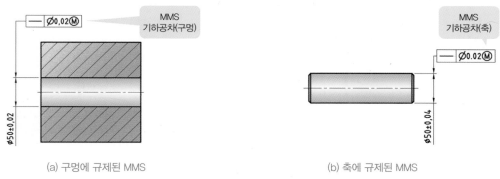

(a) 구멍에 규제된 MMS

(b) 축에 규제된 MMS

[그림 8-1] 진직도 공차와 MMS

(3) 실제 도면에 기입된 진직도공차 해석(구멍)

구멍의 최대 실체치수(MMS)가 Ø49.98일 때 진직도 공차는 Ø0.02이고, 실효치수(VS)는 Ø49.96이다. 즉, 핀의 최대 직경이 Ø49.96보다 커서는 안 된다.

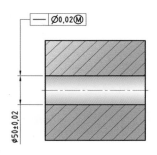

(a) 도면

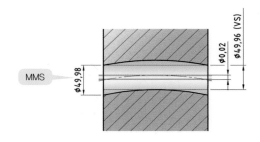

(b) 구멍의 MMS, VS 해석

[표 8-1] 구멍의 MMS 및 VS

구멍치수	진직도공차	VS
Ⓜ Ø49.98	Ø0.02	Ø49.96
Ø49.99	Ø0.03	Ø49.96
Ø50	Ø0.04	Ø49.96
Ø50.01	Ø0.05	Ø49.96
Ⓛ Ø50.02	Ø0.06	Ø49.96

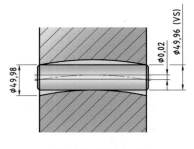

(c) 실제 끼워맞춤 해석

TIP

구멍일 때 MMS = 최소허용치수, VS = MMS − 기하공차

(4) 실제 도면에 기입된 진직도공차 해석(축)

축의 최대 실체치수(MMS)가 Ø50.04일 때 진직도 공차는 Ø0.02이고, 실효치수(VS)는 Ø50.06이다. 즉, 구멍의 최소 직경이 Ø50.06보다 작아서는 안 된다.

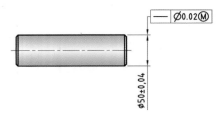

(a) 도면

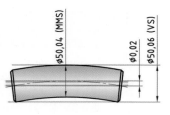

(b) 축의 MMS, VS 해석

[표 8-2] 축의 MMS 및 VS

구멍 치수	진직도공차	VS
Ⓜ Ø50.04	Ø0.02	Ø50.06
Ø50.02	Ø0.04	Ø50.06
Ø50	Ø0.06	Ø50.06
Ø49.98	Ø0.08	Ø50.06
Ⓛ Ø49.96	Ø0.1	Ø50.06

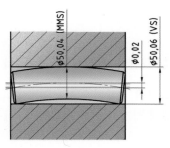

(c) 실제 끼워맞춤 해석

TIP

• 축일 때 MMS = 최대허용치수, VS = MMS + 기하공차

기능

• 기하공차와 데이텀은 끼워맞춤부와 부품 간 마찰부위에(표면거칠기 이상부위) 규제한다.

02 모양공차 중 ▱ 평면도(Flatness) [데이텀 불필요, MMS 불필요]

평면도는 평면이 허용범위로부터 벗어난 크기를 규제하는 단독공차이고, 평면을 규제하므로 **공차값에 Ø기호를** **붙이지 않는다.** 공차역(TIR)은 길이방향이다.

(1) 평면도 측정법의 예

측정물을 올려놓고 측정방향으로 옮기면서 변위량을 측정한다. 이때 측정된 최대차가 평면도 공차값이다.

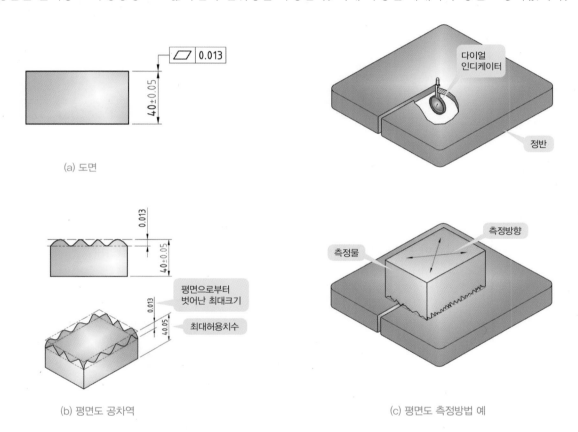

(a) 도면

(b) 평면도 공차역

(c) 평면도 측정방법 예

(2) 실제 도면에 기입된 평면도공차

평면도는 단독형상을 규제하는 모양공차로서 **데이텀과 MMS가 불필요**하다. 또한, 평면도공차는 형체의 치수공차보다 작아야 한다.

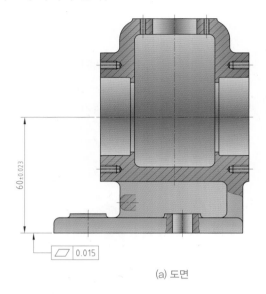

(a) 도면

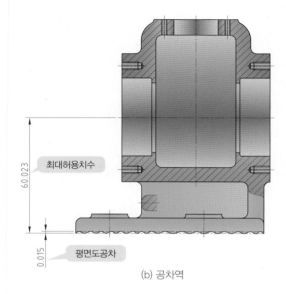

(b) 공차역

(3) 실제 도면에 기입된 평면도공차 해석

평면도는 부품과 부품이 조립된 부분이나 서로 마찰되는 평면에 단독으로 기입한다.

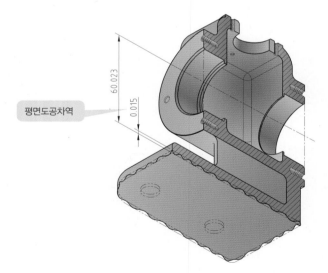

> **TIP**
>
> 평면도공차는 치수공차보다 작아야 한다. 0.046(치수공차) > 0.015(평면도공차)

03 모양공차 중 ◯ 진원도(Roundnss) [데이텀 불필요, MMS 불필요]

진원도는 축심에 수직한 표면의 진원상태를 규제하는 단독공차이고, 원통외경과 내경 표면을 규제하므로 **공차값에 Ø기호를 붙이지 않는다.** 공차역(TIR)은 축직각방향이다.

(1) 진원도 측정법의 예

측정물을 V-블록 또는 직각 정반에 밀착시켜 1회전 시키면서 각 표면을 다이얼 인디케이터로 측정한다. 이때, 바늘의 움직인 수치의 **1/2이 진원도공차값**이다.

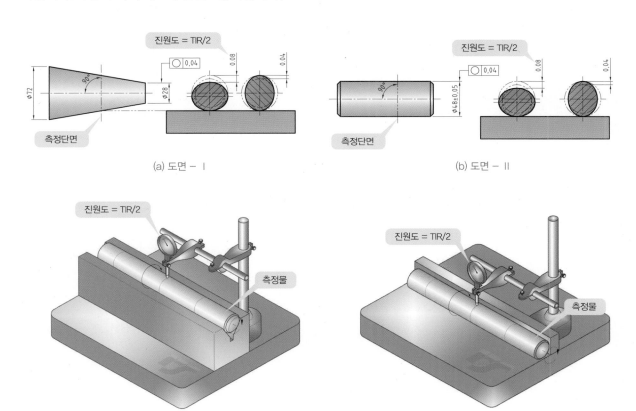

(a) 도면 - Ⅰ

(b) 도면 - Ⅱ

(c) V-블록을 이용한 진원도 측정방법 예

(d) 직각정반을 이용한 진원도 측정방법 예

TIP

공차역(TIR ; Total Indicator Reading) : 기하공차 값(다이얼 인디케이터의 움직임 전량)

(2) 실제 도면에 기입된 진원도 공차 및 해설

진원도는 끼워맞춤이 있고 단이 없는 축이나 구멍에 규제하고 공차값은 치수공차의 1/2보다 작아야한다. 아래 평행축 도면에서 진원도가 기입된 축의 치수 Ø48의 치수공차는 0.1이다. 그러므로 진원도공차 0.04는 치수공차 1/2인 0.05보다 작다는 것을 알 수 있다.

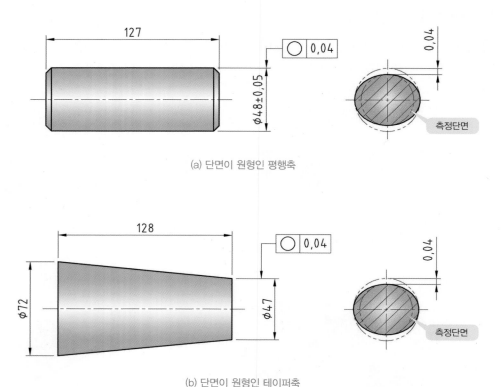

(a) 단면이 원형인 평행축

(b) 단면이 원형인 테이퍼축

TIP

공차역(Total indicator reading) TIR은 형체(부품)의 치수가 최대 허용치수일 때 적용한 값이다.

---

04 모양공차 중 ◢/ 원통도(Cylindricity) [데이텀 불필요, MMS 불필요]

원통도는 **진원도, 진직도, 평행도**를 포함한 **복합공차**로서 형체가 완전한 원통형상으로부터 벗어난 크기를 규제하는 단독공차이고, 원통외경과 내경 표면을 규제하므로 **공차값에 Ø기호**를 붙이지 않는다. 공차역(TIR)은 길이방향이다.

(1) 원통도 측정법의 예

측정물을 V─블록 또는 직각 정반에 밀착시켜 회전시키면서 축 방향으로 다이얼 인디케이터를 이동시키며 표면의 전체 변위량을 측정한다. 이때, 바늘의 움직인 수치의 **1/2이 원통도공차값**이다.

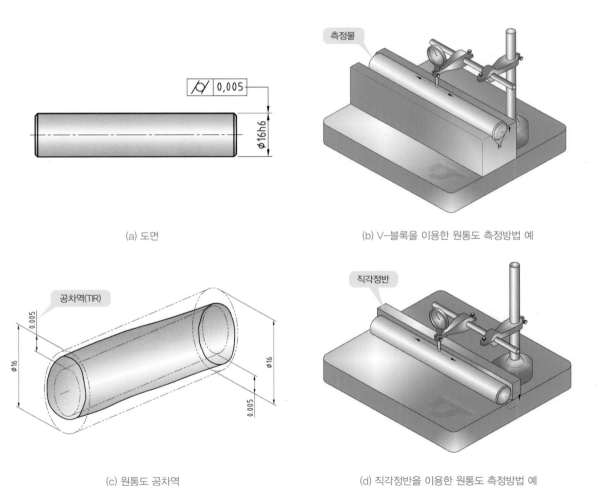

(a) 도면

(b) V─블록을 이용한 원통도 측정방법 예

(c) 원통도 공차역

(d) 직각정반을 이용한 원통도 측정방법 예

157

(2) 실제 도면에 기입된 원통도공차 및 해설

원통도는 끼워맞춤이 있는 축이나 구멍과 같은 부품에 규제하고 공차값은 형체 치수공차의 1/2보다 작아야 한다. 아래 도면에서 원통도가 기입된 축의 치수 Ø16h6의 치수공차는 0.011이다. 그러므로 원통도공차 0.005는 치수공차의 1/2인 0.0055보다 작다는 것을 알 수 있다.

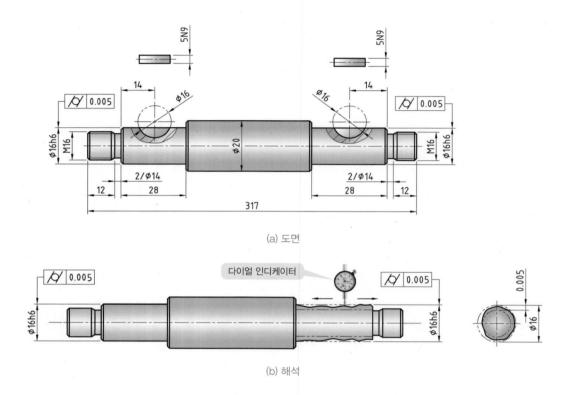

(a) 도면

(b) 해석

05 자세공차 중 // 평행도(Palallelism) [데이텀 필요, MMS 적용 가능]

평행도는 데이텀 평면 또는 축심에 대하여 형체의 표면이나 축심이 허용범위로부터 벗어난 크기를 규제하는 공차이고, 원통중심 및 축심을 규제할 때는 **공차값에 Ø기호를** 붙이고, 평면을 규제할 때는 **공차값에 Ø기호를** 붙이지 않는다. 공차역(TIR)은 길이방향이다.

또한, 규제 조건은 다음과 같다.

첫째, 데이텀 **평면**에 평행한 **평면**

둘째, 데이텀 **평면**에 평행한 **축심**(축, 구멍)

셋째, 데이텀 **축심**에 평행한 **축심**(축, 구멍)

(1) 평행도 측정법의 예

측정물을 정반에 올려놓고 다이얼 인디케이터로 측정면 변위량을 측정한다. 원통이나 축을 측정할 경우 원통 맨드릴이나 다이얼 인디케이터로 축방향으로 측정한다.

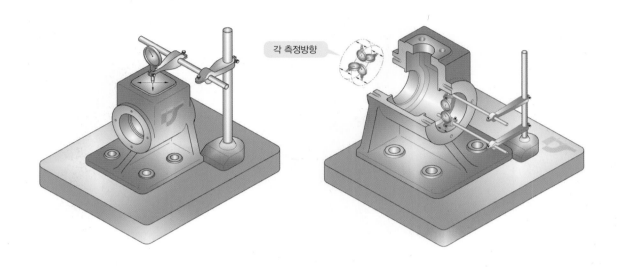

(a) 평행도 평면 측정방법 예   (b) 평행도 원통 측정방법 예

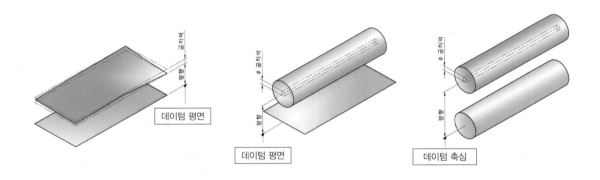

(c) 데이텀 평면과 평면   (d) 데이텀 평면과 축심   (e) 데이텀 축직선과 축심

(2) 하나의 데이텀 평면과 평면이 마주보고 있을 때의 평행도

두 평면에 평행도를 규제할 경우에 하나의 평면은 데이텀으로 규제해야 하며, 서로 다른 평면이라면 더 넓은 평면 쪽을 데이텀으로 지정한다.

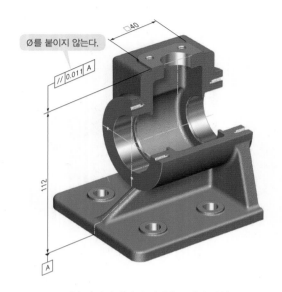

(a) 하나의 평면과 평면에 규제된 평행도

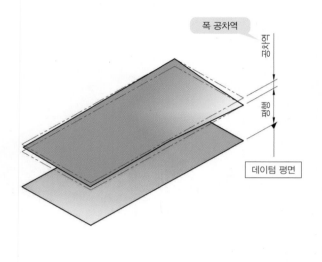

(b) 데이텀 평면과 평면

(3) 하나의 데이텀 평면과 축심이 마주보고 있을 때의 평행도

하나의 평면과 중심을 갖는 형체에 평행도를 규제할 경우에는 두 개의 형체 중 특성과 기능을 고려해 한쪽을 데이텀으로 결정한다.

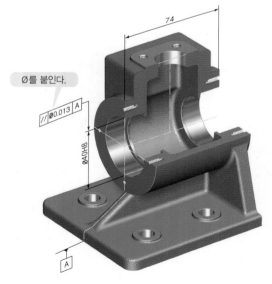

(a) 하나의 평면과 축심에 규제된 평행도

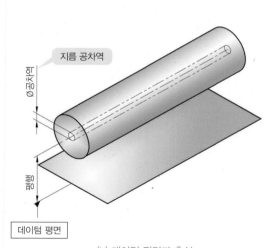

(b) 데이텀 평면과 축심

(4) 하나의 데이텀 축심과 축심이 마주보고 있을 때의 평행도

규제하는 형체와 데이텀이 모두 원통일 경우 공차역은 평행도 공차수치 앞에 Ø 기호가 있으면 **지름 공차역**이고 공차수치 앞에 Ø 기호가 없으면 **폭 공차역**이다.

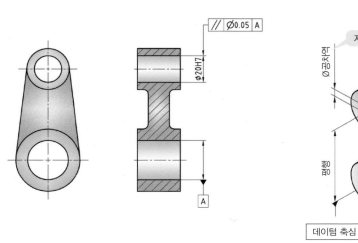

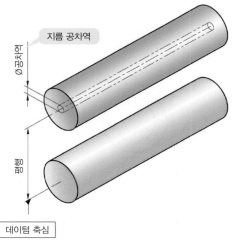

(a) 하나의 축심과 축심에 규제된 평행도

(b) 데이텀 축심과 축심

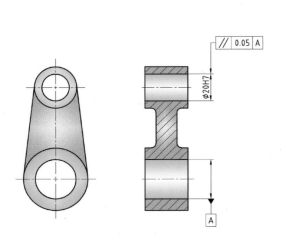

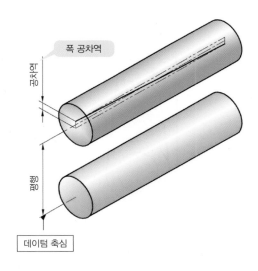

(a) 하나의 축심과 중간면에 규제된 평행도

(b) 데이텀 축심과 중간면

(5) 실제 도면에 기입된 평행도공차 해석

데이텀 A를 기준으로 위쪽 구멍 중심은 Ø0.02 범위 내에서 **평행해야** 한다. 또한 평행도공차 앞에 Ø **기호**를 붙였으므로 **축심을** 규제하는 것이다.

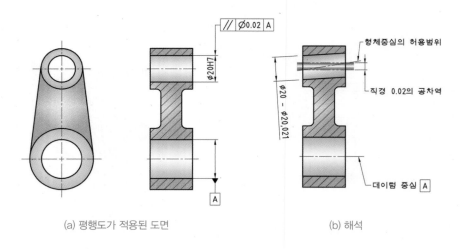

(a) 평행도가 적용된 도면   (b) 해석

(6) 실제 도면에 MMS가 적용된 평행도공차 해석

데이텀 A를 기준으로 구멍의 최대 실체치수(MMS)가 Ø20일 때 평행도공차는 Ø0.02이고, 실효치수(VS)는 Ø19.98이다([표 8-3], [표 8-4]).

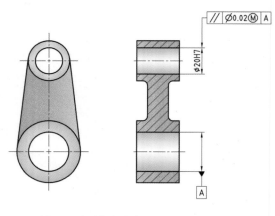

(a) MMS가 적용된 평행도 도면

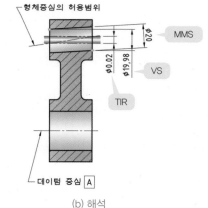

(b) 해석

[표 8-3] MMS를 규제할 때

구멍 치수	TIR	VS
Ⓜ Ø20	Ø0.02	Ø19.98
Ⓛ Ø20.021	Ø0.041	Ø19.98

[표 8-4] MMS를 규제하지 않을 때

구멍 치수	TIR	VS
Ø20	Ø0.02	Ø19.98
Ø20.021	Ø0.02	Ø20.001

(7) 데이텀과 평행도공차에 MMS가 모두 적용된 도면 해석

데이텀 $\boxed{A}$의 최대 실체치수(MMS) Ø35를 기준으로, 구멍의 최대 실체치수(MMS)가 Ø20일 때, 평행도공차 (TIR)는 Ø0.02이고 VS는 Ø19.98이다[표 8-5].

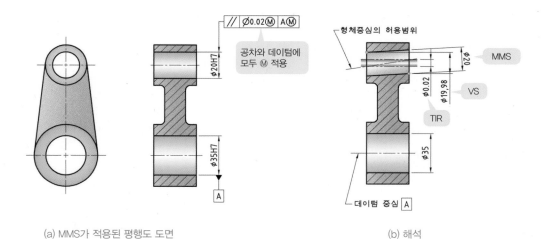

(a) MMS가 적용된 평행도 도면　　　　　　　　　　(b) 해석

[표 8-5] MMS가 모두 기입된 기하공차와 데이텀

데이텀 치수	구멍 치수	TIR	VS
Ⓜ Ø35	Ø20	Ø0.02	Ø19.98
Ⓛ Ø35.025	Ø20.021	Ø0.041	Ø19.98

[표 8-6] IT 공차와 일반공차

구멍 치수	TIR
Ø20H7	$Ø20^{+0.021}_{0}$
Ø35H7	$Ø35^{+0.025}_{0}$

TIP

구멍일 때 MMS = 최소 허용치수, VS = MMS − 기하공차(20 − 0.02=**19.98**)

06 자세공차 중 ⟂ 직각도(Squareness) [데이텀 필요, MMS 적용 가능]

직각도는 데이텀 평면 또는 축심에 대하여 형체의 표면이나 축심이 허용범위로부터 벗어난 크기를 규제하는 공차이고, 원통중심 및 축심을 규제할 때는 **공차값에 Ø기호**를 붙이고, 평면을 규제할 때는 **공차값에 Ø기호**를 붙이지 않는다. 공차역(TIR)은 길이방향이다.

또한, 규제 조건은 다음과 같다.

첫째, 데이텀 **평면**에 직각인 **평면**

둘째, 데이텀 **평면**에 직각인 **축심**(축, 구멍)

셋째, 데이텀 **축심**에 직각인 **축심**(축, 구멍)

(1) 직각도 측정법의 예

측정물을 회전테이블에 올려놓고 원통 부분의 최하부에서 축을 맞춘 다음 회전시키면서 수직방향으로 다이얼 인디케이터를 이동시키며 전체 변위량을 측정한다.

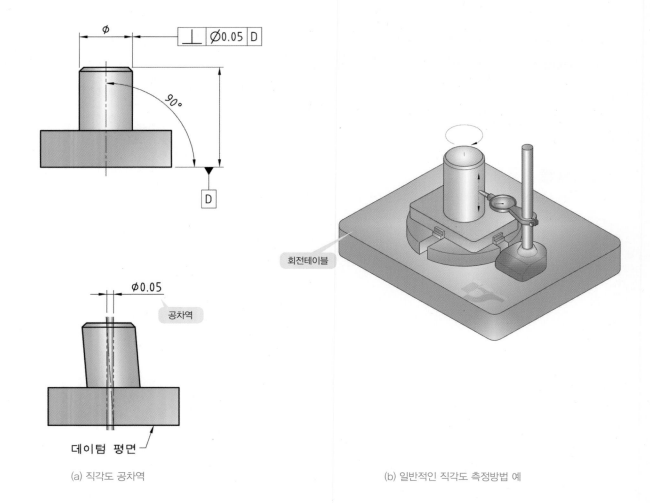

(a) 직각도 공차역   (b) 일반적인 직각도 측정방법 예

(2) 실제 도면에 기입된 직각도 공차

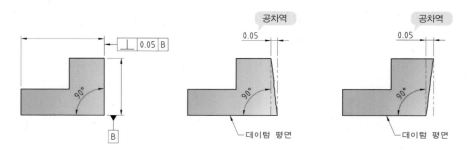

[그림 8-2] 데이텀 평면에 직각인 평면

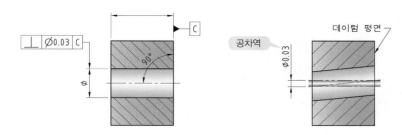

[그림 8-3] 데이텀 평면에 직각인 축심(구멍)

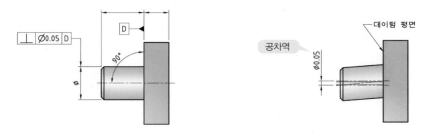

[그림 8-4] 데이텀 평면에 직각인 축심(축)

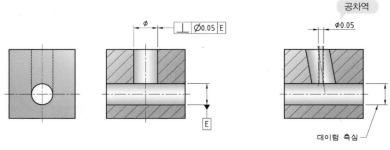

[그림 8-5] 데이텀 축심에 직각인 축심

(3) 데이텀과 직각도공차에 MMS가 모두 적용된 도면의 해석

데이텀 B 에 대하여 구멍의 최대 실체치수(MMS)가 Ø22일 때 직각도공차는 Ø0.013이고, 실효치수(VS)는 Ø21.987이다.

또한, 최소 실체치수(LMS)가 Ø22.021일 때 커진 양만큼 직각도 공차는 추가되어 Ø0.034가 된다.

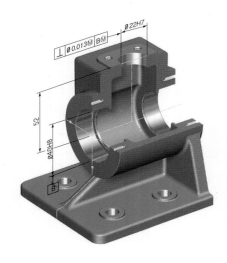

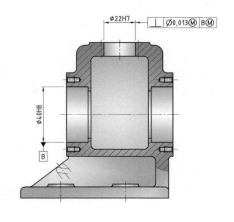

(a) MMS가 모두 기입된 공차와 데이텀

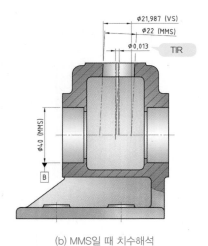

(b) MMS일 때 치수해석

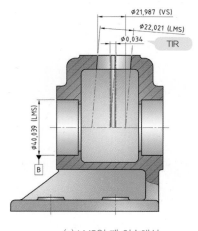

(c) LMS일 때 치수해석

[표 8-7] MMS가 모두 기입된 기하공차와 데이텀

데이텀 치수	구멍 치수	TIR	VS
Ⓜ Ø40	Ø22	Ø0.013	Ø21.987
Ⓛ Ø40.039	Ø22.021	Ø0.034	Ø21.987

TIP

구멍일 때 최대 실체치수(MMS) = 최소 허용치수,
실효치수(VS) = 22 − 0.013 = **Ø21.987**

07 자세공차 중 ∠ 경사도(Angularity) [데이텀 필요, MMS 적용 가능]

경사도는 **90°를 제외한 임의의 각도를 갖는 평면**이나 형체의 중심이 데이텀을 기준으로 허용범위로부터 벗어난 크기를 규제하는 공차이고 평면, 폭, 중간면을 규제하므로 **공차값에 Ø기호를 붙이지 않는다.**

(1) 경사도 측정방법

측정물을 지정된 각도의 정반 위에 올려놓고 공차가 주어진 면을 다이얼 인디케이터를 옮기면서 전체 변위량을 측정한다.

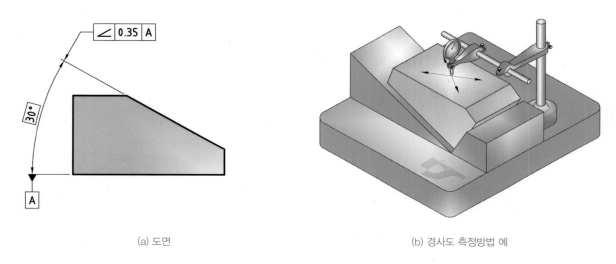

(a) 도면

(b) 경사도 측정방법 예

(2) 일반 각도공차와 경사도공차 비교

경사도 공차역은 각도의 공차가 아니라 규정된 각도의 기울기를 갖는 두 평면 사이의 간격이고 규제된 공차는 규제 형체의 **표면, 축심 또는 중간면**이 공차범위 내에 있어야 한다[그림 8-7].

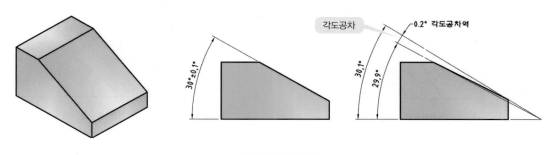

[그림 8-6] 각도공차

167

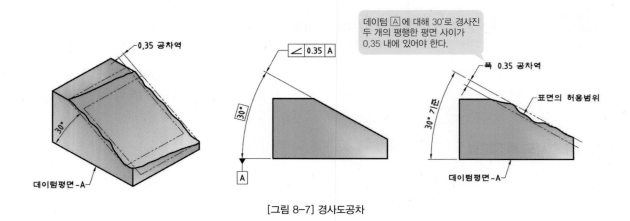

[그림 8-7] 경사도공차

(3) 실제 도면에 기입된 경사도공차

구멍의 중심은 데이텀 A에 대해 50°로 경사진 구멍 중심으로부터 0.05의 평행한 폭 사이에 구멍 중심이 있어야 한다.

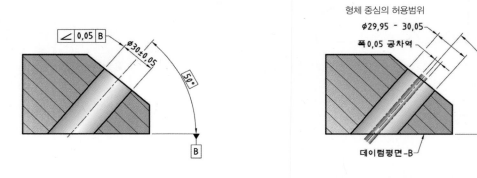

(a) 경사도공차의 예

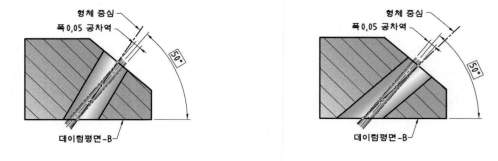

(b) 경사도공차의 해석

(4) 데이텀과 경사도공차에 MMS가 모두 적용된 도면 해석

끼워맞춤이 있는 부품의 경우 경사도공차의 MMS 조건으로 규제하고, 홈의 위치가 일정한 각도상에 있다면 위치도공차로 규제하는 것이 더 바람직한 규제방법이다.

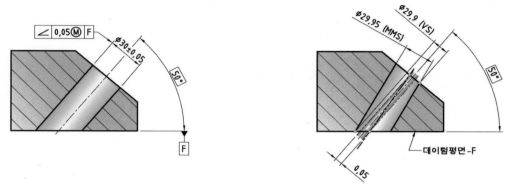

(a) MMS로 규제한 경사도 공차

[표 8-8] MMS가 기입된 경사도공차

구멍 치수	TIR	VS
Ⓜ 29.95	0.05	29.9
Ⓛ 30.05	0.15	29. 9

08 흔들림공차 중 ∕ 원주 흔들림(Circular Runout) [데이텀 필요, MMS 불필요]

원주 흔들림은 **진원도**, **직각도**를 포함한 **복합공차**로서 형체가 완전한 원통형상으로부터 벗어난 크기를 규제하는 공차이고, 원통의 외경과 내경 표면을 규제하므로 **공차값에 Ø기호**를 붙이지 않는다. 공차역(TIR)은 축직각 방향이다.

(1) 원주 흔들림 측정방법의 예

측정물을 양 센터로 지지하고 **1회전** 시키면서 데이텀 축심에 수직한 표면을 다이얼 인디케이터로 측정한다. 이때 측정된 최대차가 원주 흔들림공차값이다.

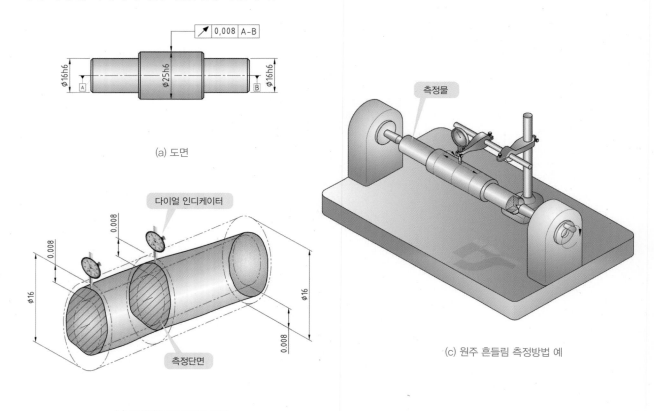

(a) 도면

(b) 원주 흔들림공차역 표현

(c) 원주 흔들림 측정방법 예

(2) 실제 도면에 기입된 원주 흔들림공차(측정단면)

원주 흔들림은 끼워맞춤이 있는 축이나 측면에 기입한다. 아래 도면의 원주 흔들림공차역은 데이텀(축심) $\boxed{A}$ 를 기준으로 **1회전**시켰을 때 데이텀 $\boxed{A}$ 에 수직한 임의의 측정원통면 위에서 반지름 방향으로 **0.008mm** 떨어 진 동심원 사이에 있어야 한다.

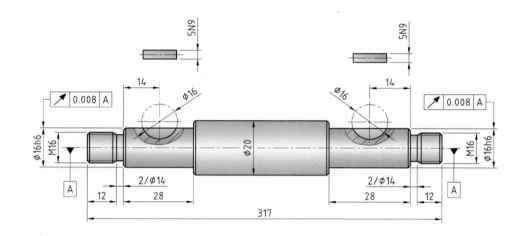

(a) 원주 흔들림이 적용된 축

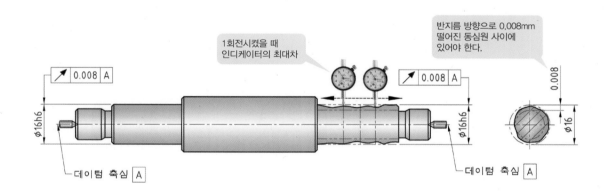

(b) 원주 흔들림 해석

(3) 실제 도면에 기입된 원주 흔들림공차(원통 표면)

아래 도면의 원주 흔들림공차역은 데이텀 B를 기준으로 1회전시켰을 때 데이텀 B에 수직한 임의의 원통 표면 위에서 기준 치수(55mm) 방향으로 0.013mm 떨어진 두 개의 원 사이에 있어야 한다.

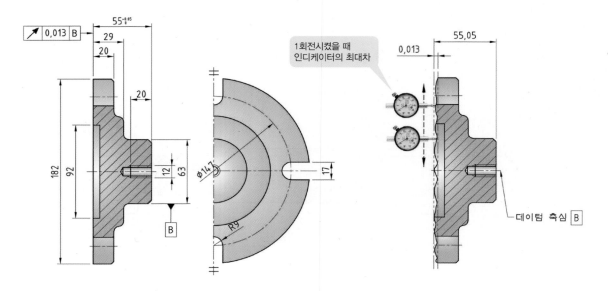

(a) 원주 흔들림이 적용된 플랜지

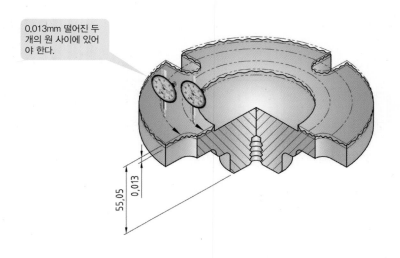

(b) 원주 흔들림 해석

172

09 흔들림공차 중 🖊 온 흔들림(Total Runout) [데이텀 필요, MMS 불필요]

온 흔들림은 **진직도, 원통도**를 포함한 **복합공차**로서 형체가 완전한 원통형상으로부터 벗어난 크기를 규제하는 공차이고, 원통의 전체 외경과 내경 전체 표면을 규제하므로 **공차값에 Ø기호**를 붙이지 않는다. 공차역(TIR)은 길이방향이다.

(1) 온 흔들림 측정방법의 예

측정물을 양 센터로 지지하고 축방향으로 다이얼 인디케이터를 이동시키면서 측정물을 이동시키며 표면의 전체 변위량을 측정한다. 이때 측정된 최대차가 원주흔들림 공차값이다.

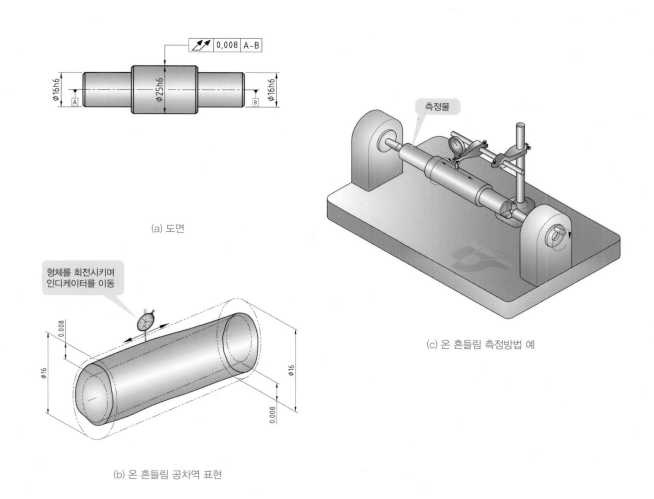

(a) 도면

(b) 온 흔들림 공차역 표현

(c) 온 흔들림 측정방법 예

형체를 회전시키며
인디케이터를 이동

측정물

(2) 실제 도면에 기입된 온 흔들림공차(측정 단면)

온 흔들림은 끼워맞춤이 있는 축이나 측면에 기입한다. 아래 도면의 온 흔들림공차역은 데이텀 A 와 직각방향에서 회전시켰을 때의 공차역과 원통 표면에서 축방향으로 이동시키면서 측정한 값이 0.008mm를 벗어나지 않아야 한다.

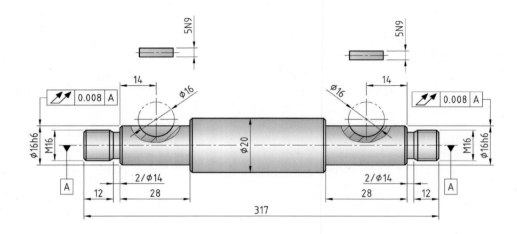

(a) 온 흔들림이 적용된 축

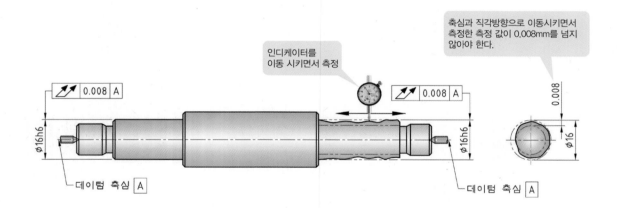

(b) 온 흔들림 해석

(3) 실제 도면에 기입된 온 흔들림공차(원통 표면)

아래 도면의 온 흔들림공차역은 데이텀 $\boxed{B}$를 기준으로 회전시키면서 다이얼 인디케이터를 반지름방향으로 이동시켰을 때 측정한 값이 기준 치수(55mm)에 대하여 **0.013mm** 떨어진 두 개의 평행한 평면사이에 있어야 한다.

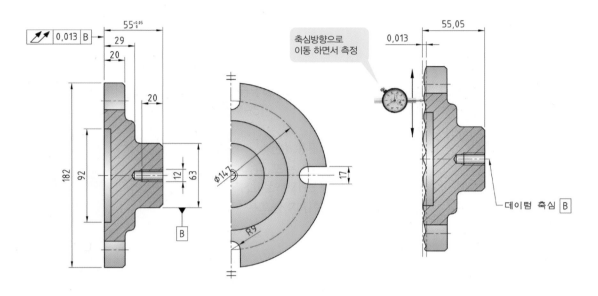

(a) 온 흔들림이 적용된 플랜지

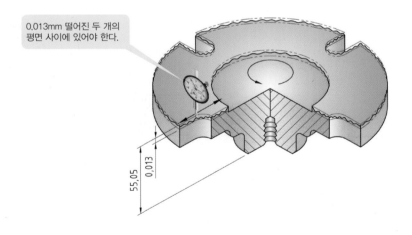

(b) 온 흔들림 해석

10 위치공차 중 ◎ 동축도(Concentricity) [데이텀 필요, MMS 적용 가능]

동축도는 데이텀 축심 또는 원통 중심에 대하여 동축(同軸)에 있어야 할 형체 축심과 원통중심이 허용범위로부터 벗어난 크기를 규제하는 공차이고, 축심과 원통중심을 규제하므로 **공차값에 Ø기호를** 붙인다. 공차역(TIR)은 길이방향이다.

(1) 동축도 측정방법의 예

측정물 데이텀 표면을 V−블록에 올려놓고 회전시키면서 축 방향으로 다이얼 인디케이터를 이동시키며 표면의 전체 편심량을 측정한다.

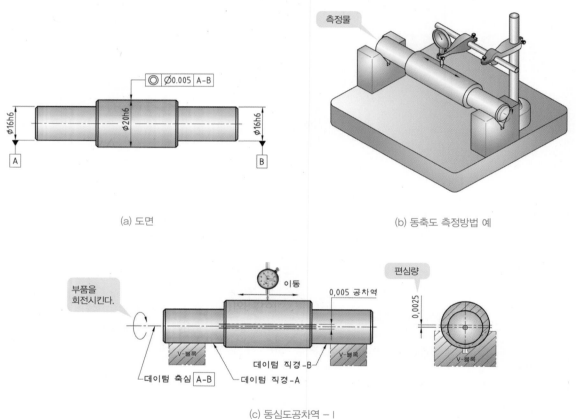

(a) 도면

(b) 동축도 측정방법 예

(c) 동심도공차역 − I

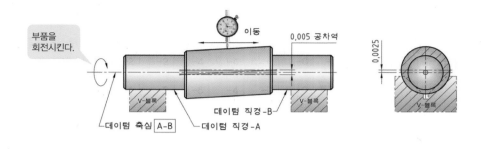

(d) 동심도공차역 − Ⅱ

(2) 실제 도면에 기입된 동축도공차

동축도는 끼워맞춤이 있는 축이나 구멍과 같은 부품에 규제한다.

아래 도면에서 데이텀 A 와 B 의 공통 축심을 기준으로 중앙에 동축도로 규제된 형체의 축심은 동축도공차 Ø0.005를 벗어나지 않아야 한다.

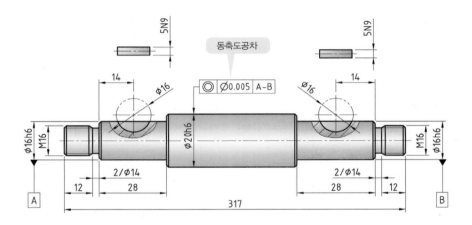

11 위치공차 중 ⩵ 대칭도(Symmetry) [데이텀 필요, MMS 적용 가능]

대칭도는 데이텀 축심면 또는 중간면에 대하여 대칭에 있어야 할 형체의 축심면과 중간면이 허용범위로부터 벗어난 크기를 규제하는 공차이고, 축심면과 중간면을 규제하므로 **공차값에 Ø기호**를 붙이지 않는다. 공차역(TIR)은 길이방향이다.

(1) 대칭도 측정방법의 예

측정물을 정반 위에 올려놓고 다이얼 인디케이터로 측정면의 변위량을 측정하고, 같은 방법으로 반전시켜 측정한다.

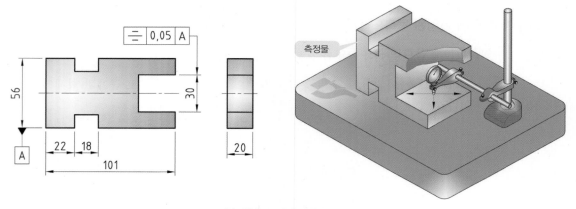

(a) 대칭도공차 측정방법 예

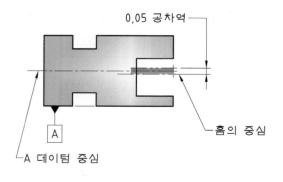

(b) 대칭도공차역 - Ⅰ

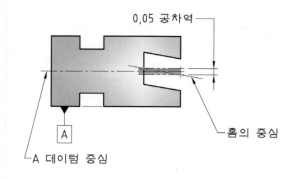

(c) 대칭도공차역 - Ⅱ

(2) 실제 도면에 기입된 대칭도공차

아래 도면에서 데이텀 B 의 중심선을 기준으로 중앙에 대칭도로 규제된 형체의 중심면은 대칭도공차 0.009 를 벗어나지 않아야 한다. 또한 데이텀 기준 치수 20H7의 치수공차는 0.021이다.

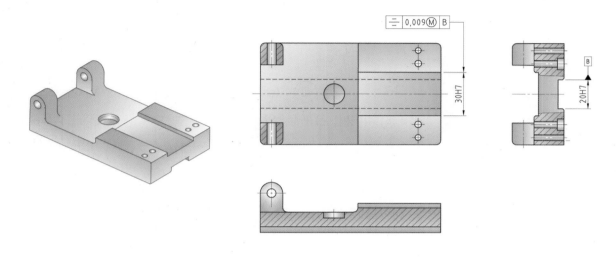

(a) 실제 도면에 적용된 대칭도공차

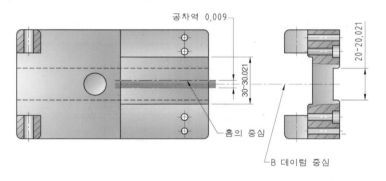

(b) 대칭도 해석

(3) 실제 도면에 MMS가 적용된 대칭도공차 해석

규제 홈의 최대 실체치수(MMS)가 30일 때 대칭도공차는 0.009이고, 실효치수(VS)는 29.991이다. 또한, 최소 실체치수(LMS)가 30.021일 때 커진 양만큼 대칭도공차는 추가되어 0.03이 된다.

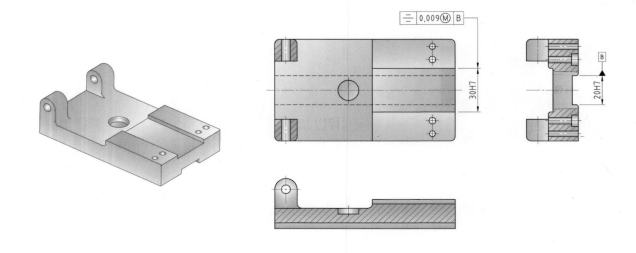

(a) MMS가 적용된 대칭도공차

[표 8-9] MMS가 기입된 기하공차

홈의 치수	TIR	VS
Ⓜ 30	0.009	29.991
Ⓛ 30.021	0.03	29.991

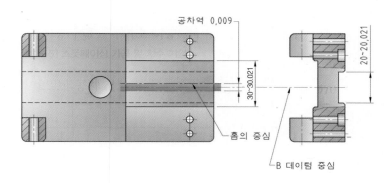

(b) 대칭도 해석

> **TIP**
>
> 구멍(홈)일 때 최대 실체치수(MMS) = 최소 허용치수, 실효치수(VS) = 30 – 0.009 = **29.991**

12 위치공차 중 ⊕ 위치도(Position) [데이텀 필요 또는 불필요, MMS 적용 가능]

위치도는 **진직도, 진원도, 평행도, 직각도, 동축도**를 포함한 **복합공차**로서 형체의 축심 또는 중간면이 이론적으로 정확한 위치에서 벗어난 크기를 규제하는 공차이고, 원통중심과 축심을 규제할 때는 **공차값에 Ø 기호**를 붙이고, 중간면을 규제할 때는 **공차값에 Ø기호**를 붙이지 않는다.

또한, 규제 조건은 다음과 같다.

첫째, 위치를 갖는 원형인 축이나 구멍 위치

둘째, 위치를 갖는 비원형인 축이나 홈 위치

셋째, 기타 데이텀을 기준으로 규제되는 형체의 위치

(1) 위치도 측정방법의 예

측정물을 정반 위에 올려놓고 3면을 기준으로 하여 이론적으로 정확한 구멍위치에 기능게이지 역할을 하는 핀을 설치한 후 측정한다.

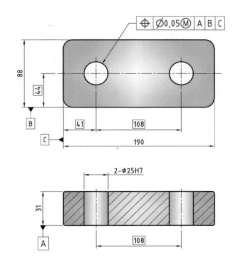

(a) 도면

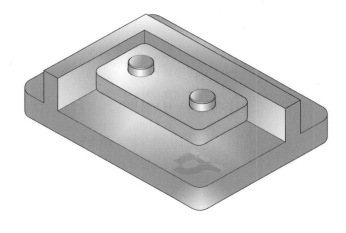

(b) 위치도공차의 측정방법 예

(2) 실제 도면에 기입된 위치도공차

아래 도면은 구멍의 위치도공차역 ∅0.05 범위 내에서 변동 가능한 구멍의 위치를 해석해 놓은 것이다. 또한 이론적으로 정확한 치수 45 를 기준으로 규제된 구멍의 위치도공차 ∅0.05 범위 내에서 구멍 중심이 제작되면 공차 누적은 발생하지 않는다.

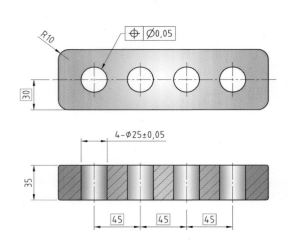

(a) 구멍의 위치도공차

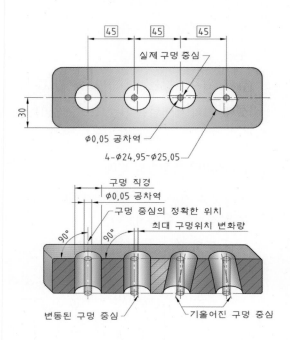

(b) 공차역 범위 내에서 변동 가능한 구멍의 위치

(3) 실제 도면에 MMS가 적용된 위치도공차의 해석(구멍)

아래 도면은 구멍과 구멍 사이의 위치가 ⏢90⏢인 구멍 두 개의 위치도공차를 Ø0.02로 규제한 것이다. 구멍의 최대 실체치수(MMS)가 Ø24.95일 때 핀의 최대 직경은 Ø24.93보다 커서는 안 된다. 또한 두 개의 핀 직경이 Ø24.93일 때 핀과 핀 사이는 정확히 90 위치에 있어야 한다.(즉, 위치도공차가 0이어야 한다.)

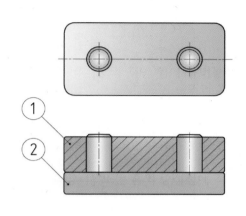

(a) 구멍과 핀의 조립도

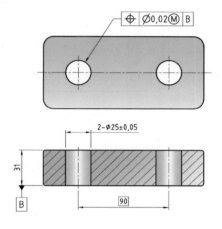

(b) 위치도공차로 규제된 구멍

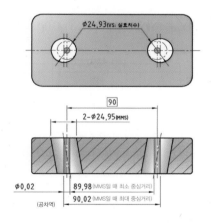

(c) MMS(Ø24.95)일 때 두 구멍의 중심위치

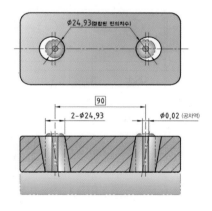

(d) 구멍에 결합된 핀의 치수(최악의 결합상태)

[표 8-10] 규제조건에 따른 구멍치수 및 중심거리

위치도공차		구멍 지름	위치도공차	VS	중심거리	최소 중심거리	최대 중심거리
Ø25±0.05	⏢ Ø0.02 B	Ø24.95	Ø0.02		90	89.98	90.02
		Ø25.05	Ø0.02				
	⏢ Ø0.02Ⓜ B	Ø24.95(MMS)	Ø0.02	Ø24.93	90	89.98	90.02
		Ø25.05(LMS)	Ø0.12	Ø24.93	90	89.88	90.12

(4) 실제 도면에 MMS가 적용된 위치도공차의 해석(핀)

아래 도면은 핀과 핀 사이의 위치가 90 인 핀 두 개의 위치도공차를 Ø0.02로 규제한 것이다.
핀의 최대 실체치수(MMS)가 Ø25일 때 구멍의 최소직경은 Ø25.02보다 작아서는 안 된다. 또한 두 개의 구멍
직경이 Ø25.02일 때 구멍과 구멍 사이는 정확히 90 위치에 있어야 한다.(즉, 위치도공차가 0이어야 한다.)

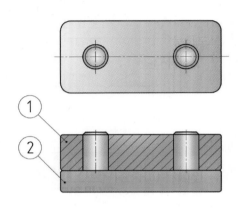

(a) 핀과 구멍의 조립도

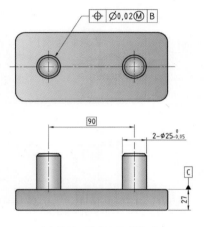

(b) 위치도공차로 규제된 핀

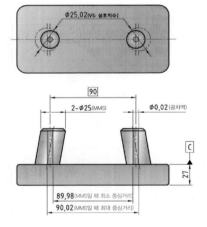

(c) MMS(Ø25)일 때 두 핀의 중심위치

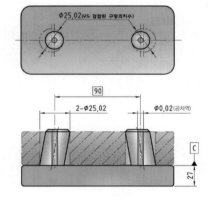

(d) 핀에 결합된 구멍의 치수(최악의 결합상태)

[표 8-11] 규제조건에 따른 핀 치수 및 중심거리

위치도공차		구멍 지름	위치도공차	VS	중심거리	최소 중심거리	최대 중심거리
Ø25 $^{0}_{-0.05}$	⊕ Ø0.02 B	Ø25	Ø0.02		90	89.98	90.02
		Ø24.95	Ø0.02				
	⊕ Ø0.02Ⓜ B	Ø25(MMS)	Ø0.02	Ø25.02	90	89.98	90.02
		Ø24.95(LMS)	Ø0.07	Ø25.02	90	89.93	90.07

09 | 과제도면에 기하공차 적용해 보기

실제로 과제도면을 통해서 기하공차를 직접 적용하고 해석해 보면서 기하공차 기입법에 관한 전체적인 흐름을 이해하고 습득해 보자.

■ 기하공차 값과 기준길이

기하공차 값은 앞 단원에서 설명했듯이 가공 및 규제조건에 따라 규제범위(기준길이)를 결정하고 1/100~ 1/1000의 **현장 경험치와 IT등급을 병용해서 기입할 수 있는데, 구멍은 IT 6~10급, 축은 IT 5~9급**을 가공 환경에 따라 선택적으로 기입할 수 있다.

이 단원에서는 규제범위(기준길이)에 따라 평균적으로 KS B 0401 IT 5급을 과제도면 편심구동장치에 일괄적 으로 적용해 보도록 하자.(과제도면 전체에 적용됨)

[표 9-1] IT 등급   `KS B 0401`

500mm 이하의 치수 구분에 대한 IT 기본공차																(단위 1μm=0.001mm)
등급	IT	IT	IT	IT	IT	IT	IT	IT	IT	IT	IT	IT	IT	IT	IT	IT
치수 구분 초과 / 이하	1급	2급	3급	4급	5급	6급	7급	8급	9급	10급	11급	12급	13급	14급	15급	16급
− 3	0.8	1.2	2	3	4	6	10	14	25	40	60	100	140	250	400	600
3 6	1	1.5	2.5	4	5	8	12	18	30	48	75	120	180	300	480	750
6 10	1	1.5	2.5	4	6	9	15	22	36	58	90	150	220	360	580	900
10 18	1.2	2	3	5	8	11	18	27	43	70	110	180	270	430	700	110
18 30	1.5	2.5	4	6	9	13	21	33	52	84	130	210	330	520	840	1300
30 50	1.5	2.5	4	7	11	16	25	39	62	100	160	250	390	620	1000	1600
50 80	2	3	5	8	13	19	30	46	74	120	190	300	460	740	1200	1900
80 120	2.5	4	6	10	15	22	35	54	87	140	220	350	540	870	1400	2200
120 180	3.5	5	8	12	18	25	40	63	100	160	250	400	630	1000	1600	2500
180 250	4.5	7	10	14	20	29	46	72	115	185	290	460	720	1150	1850	2900
250 315	6	8	12	16	23	32	52	81	130	210	320	520	810	1300	2100	3200
315 400	7	9	13	18	25	36	57	89	140	230	360	570	890	1400	2300	3600
400 500	8	10	15	20	27	40	63	97	155	250	400	630	970	1550	2500	4000

> **TIP**
>
> 실무에서 기하공차값은 기계가공조건을 고려하여 기입하는 것이 바람직하며 실제로 1/100을 넘지 않은 경우가 많다.
> 또한, 주요 KS B 규격 중 별도로 규정되어 있는 규격치수도 있다.

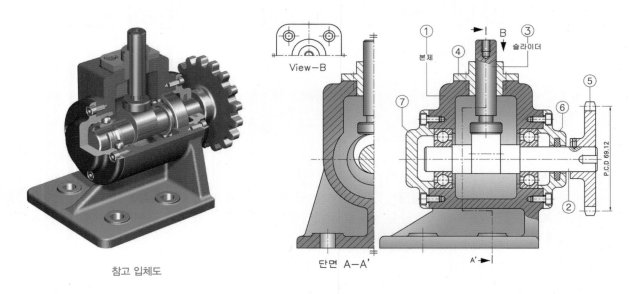

참고 입체도

View-B

단면 A-A'

[그림 9-1] 편심구동장치 조립도

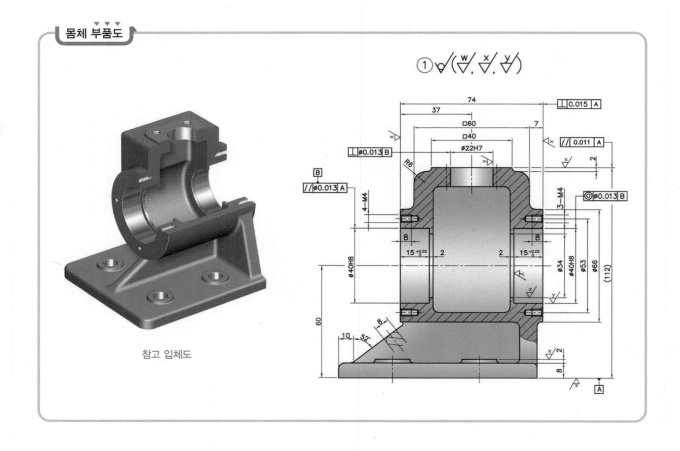

몸체 부품도

참고 입체도

01 본체에 적용된 기하공차 분석하기

(1) 기준(데이텀) 잡기

본체에서의 기준은 바닥과 축이 지나가는 구멍의 축선이다. 왜냐하면 이 본체의 바닥면은 조립과 가공의 기준이 되고, 수평구멍의 축선은 주요 운동 부분이기 때문이다(주의 : 본체의 종류에 따라서 기준은 달라질 수 있다).

(2) 평행도공차 기입하기

평행도는 데이텀 평면 또는 축심에 대하여 형체의 표면이나 축심이 허용범위로부터 벗어난 크기를 규제하는 공차인데, 규제 조건은 다음과 같다.

첫째, 데이텀 **평면**에 평행한 **평면**

둘째, 데이텀 **평면**에 평행한 **축심**(축, 구멍)

셋째, 데이텀 **축심**에 평행한 **축심**(축, 구멍)

■ 평행도공차 기입 − Ⅰ

바닥면 A 와 ④번 부품인 가이드부시가 조립되는 평면이 서로 평행하므로, 평행도 기입 조건 중 **"두 개의 평면이 평행할 때"**를 적용한다.

공차값은 IT 5급을 적용하는데, 기준길이는 기입하고자 하는 평면에서 가장 긴 치수를 선정한다. 즉, 가이드부시가 닿는 부분의 크기가 40이므로 IT 5급 30∼50을 선택하면 공차값은 0.011이 적용된다.

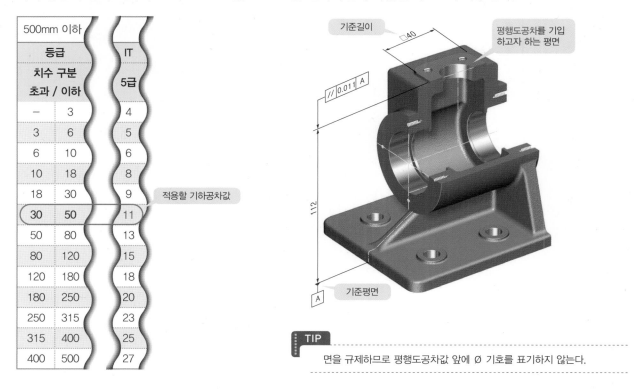

500mm 이하		
등급		IT
치수 구분		**5급**
초과	이하	
−	3	4
3	6	5
6	10	6
10	18	8
18	30	9
30	50	11
50	80	13
80	120	15
120	180	18
180	250	20
250	315	23
315	400	25
400	500	27

적용할 기하공차값

기준길이 □40

평행도공차를 기입하고자 하는 평면

// 0.011 A

112

A 기준평면

TIP

면을 규제하므로 평행도공차값 앞에 Ø 기호를 표기하지 않는다.

■ 평행도공차 기입 – Ⅱ

바닥면 A 와 Ø40H8 구멍의 축심이 서로 평행하므로, 평행도 기입조건 중 "평면과 축심이 평행할 때"를 적용하고, 기준길이는 기입하고자 하는 축심의 길이로 선정한다.

즉, Ø40H8의 구멍의 길이는 왼쪽과 오른쪽에 두 개가 있고, 그 사이의 거리가 74이므로 기준 길이는 74가 된다. 따라서 IT 5급 50~80을 선택하면 공차값은 0.013이 적용된다.

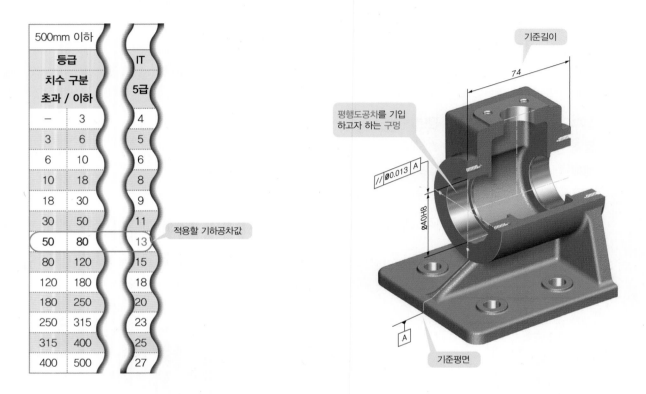

500mm 이하		
등급		IT
치수 구분 초과 / 이하		5급
–	3	4
3	6	5
6	10	6
10	18	8
18	30	9
30	50	11
50	80	13
80	120	15
120	180	18
180	250	20
250	315	23
315	400	25
400	500	27

적용할 기하공차값

기준길이

74

평행도공차를 기입
하고자 하는 구멍

// Ø0.013 A

Ø40H8

A

기준평면

> **TIP**
>
> 구멍의 축심을 규제하므로 평행도공차값 앞에 Ø 기호를 표기한다.

(3) 직각도공차 기입하기

직각도는 데이텀 평면 또는 축심에 대하여 형체의 표면이나 축심이 직각(90°)으로부터 벗어난 크기를 규제하는 공차인데, 규제 조건은 다음과 같다.

첫째, 데이텀 **평면**에 직각인 **평면**

둘째, 데이텀 **평면**에 직각인 **축심**(축, 구멍)

셋째, 데이텀 **축심**에 직각인 **축심**(축, 구멍)

■ 직각도공차 기입 － ㅣ

바닥면 Ａ 와 ⑥, ⑦번 커버가 닿는 면이 직각이므로, 직각도 기입조건 중 **"평면과 직각인 평면"**을 적용한다.

공차값은 IT 5급을 적용하는데, 기준길이는 공차를 기입하고자 하는 부분의 최대 높이로 선정한다. 즉, 바닥면 Ａ 에서 측면의 가장 높은 곳의 치수가 60+33=93이므로 기준길이는 93이 된다. 따라서 IT 5급 80～120을 선택하면 공차값은 0.015가 적용된다.

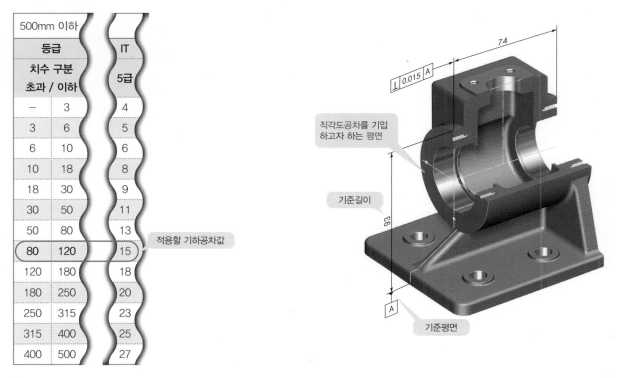

500mm 이하		IT
등급		
치수 구분		5급
초과 / 이하		
－	3	4
3	6	5
6	10	6
10	18	8
18	30	9
30	50	11
50	80	13
80	120	15
120	180	18
180	250	20
250	315	23
315	400	25
400	500	27

적용할 기하공차값

직각도공차를 기입하고자 하는 평면

기준길이

기준평면

TIP

면을 규제하므로 직각도공차값 앞에 Ø 기호를 표기하지 않는다.

■ 직각도공차 기입 – Ⅱ

Ø40H8 구멍과 Ø22H7 구멍이 서로 직각이므로 직각도 기입조건 중 **"축심과 직각인 축심"**을 적용하고, 기준 길이는 공차를 기입하고자 하는 부분의 최대 높이로 선정한다.

즉, 기준축 B 에서 Ø22H7 구멍까지의 최대 높이는 115-60=52이므로 기준길이는 52가 된다. 따라서 IT 5급 50~80을 선택하면 공차값은 0.013이 적용된다.

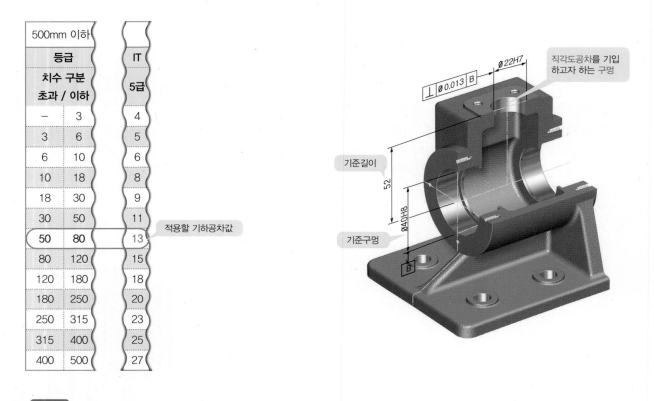

500mm 이하		IT
등급		
치수 구분		**5급**
초과	**이하**	
–	3	4
3	6	5
6	10	6
10	18	8
18	30	9
30	50	11
50	80	13
80	120	15
120	180	18
180	250	20
250	315	23
315	400	25
400	500	27

적용할 기하공차값

TIP

구멍의 축심을 규제하므로 직각도공차값 앞에 Ø 기호를 표기한다.

(4) 동축도(동심도)공차 기입하기

동축도는 데이텀 축심 또는 원통 중심에 대하여 동축(同軸)에 있어야 할 형체의 축심과 원통 중심이 허용범위로부터 벗어난 크기를 규제하는 공차이다.

■ 동축도공차 기입

입체도에서 왼쪽의 Ø40H8 구멍과 오른쪽의 Ø40H8 구멍이 같은 축심에 위치해야 하므로, **동축도공차**를 적용한다.

공차값은 IT 5급을 적용하는데, 기준길이는 공차를 기입하고자 하는 부분의 최대 길이로 선정한다.

즉, 왼쪽의 기준구멍 Ø40H8에서부터 오른쪽의 Ø40H8 구멍까지의 거리가 74이므로 기준길이는 74가 된다. 따라서 IT 5급 50~80을 선택하면 0.013이 적용된다.

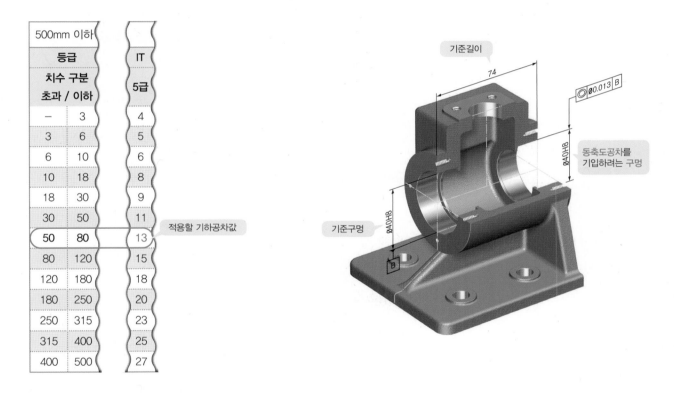

500mm 이하		IT
등급		
치수 구분		**5급**
초과 / 이하		
–	3	4
3	6	5
6	10	6
10	18	8
18	30	9
30	50	11
50	80	13
80	120	15
120	180	18
180	250	20
250	315	23
315	400	25
400	500	27

적용할 기하공차값

기준길이

74

⌖ Ø0.013 B

Ø40H8

동축도공차를 기입하려는 구멍

기준구멍

Ø40H8

B

TIP

구멍의 축심을 규제하므로 동축도공차값 앞에 Ø 기호를 표기한다.

02 피스톤(슬라이더)에 적용된 기하공차

피스톤(또는 슬라이더)에 필요한 기하공차의 종류에는 **원통도공차, 온 흔들림공차**가 필요하고, 적용되는 IT 공차의 등급은 5급을 적용해보도록 하겠다.

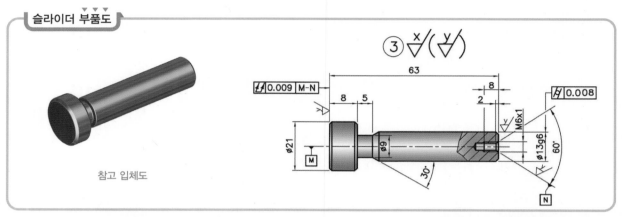

슬라이더 부품도

참고 입체도

* 원통도 부분은 온 흔들림 적용도 가능하다.

03 피스톤에 적용된 기하공차 분석하기

(1) 기준(데이텀) 잡기

피스톤(슬라이더)에서의 기준은 피스톤의 축심이다.

 센터 또는 암나사를 작업한 경우는 센터 구멍의 경사면이 기준이 된다.

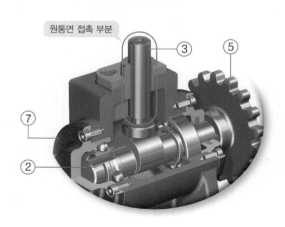

원통면 접촉 부분

참고 입체도

기준축심

(2) 온 흔들림공차 기입하기

온 흔들림은 진직도, 원통도를 포함한 복합공차로서 형체가 완전한 원통형상으로부터 벗어난 크기를 규제하는 공차인데, 부품 전체가 접촉되는 원통측면, 끼워맞춤이 발생한 원통 외경 및 내경에 규제한다.

원통면 접촉 부위

■ 온 흔들림공차 기입

피스톤(슬라이더)에서는 Ø21 부분이 ②번 편심축과 면이 접촉되는 부분이므로 **온 흔들림공차**를 적용한다. 공차값은 IT 5급을 적용하는데, 기준길이는 공차를 기입하고자 하는 부분의 축지름으로 선정한다. 즉, 지름이 Ø21이므로 IT 5급 18~30을 선택하면 0.009가 된다.

500mm 이하		IT
등급		
치수구분		**5급**
초과 / 이하		
–	3	4
3	6	5
6	10	6
10	18	8
18	30	9
30	50	11
50	80	13
80	120	15
120	180	18
180	250	20
250	315	23
315	400	25
400	500	27

적용할 기하공차값

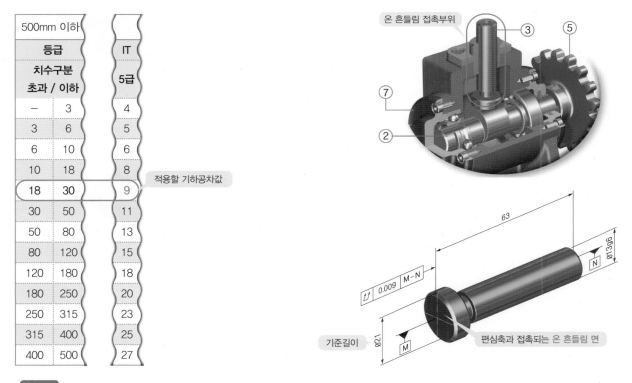

온 흔들림 접촉부위

63

Ø13g6

$\cancel{\ell}$ 0.009 M-N

기준길이

편심축과 접촉되는 온 흔들림 면

TIP

면을 규제하므로 흔들림공차 값 앞에 Ø 기호를 표기하지 않는다.

(3) 원통도공차 기입하기

원통도는 진원도, 진직도, 평행도를 포함한 복합공차로서 형체가 완전한 원통형상으로부터 벗어난 크기를 규제하는 단독공차인데, 끼워맞춤이 발생한 원통 외경 및 내경에 규제한다.

■ 원통도공차 기입

∅13g6 부분이 ④번 가이드부시 원통 내경에 조립되는 부분이므로 **원통도공차**를 적용한다.

공차값은 IT 5급을 적용하는데, 기준길이는 공차를 기입하고자 하는 부분의 축지름으로 선정한다.

즉, 지름이 ∅13g6이므로 IT 5급 10~18을 선택하면 0.008이 된다.

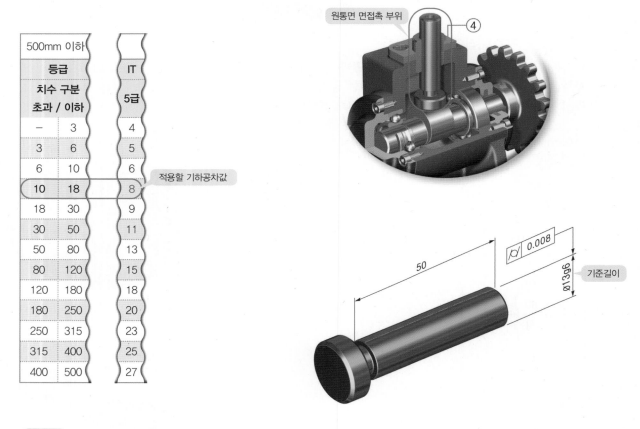

500mm 이하		IT
등급		**5급**
치수 구분		
초과	**이하**	
–	3	4
3	6	5
6	10	6
10	18	8
18	30	9
30	50	11
50	80	13
80	120	15
120	180	18
180	250	20
250	315	23
315	400	25
400	500	27

적용할 기하공차값

원통면 면접촉 부위 ④

50   ⌀ 0.008   ∅13g6   기준길이

> **TIP**
> 원통도는 단독형체일 때 기입하는 기하공차로서 데이텀을 표기하지 않고, 원통면을 규제하므로 ∅ 기호를 표기하지 않는다.

04 축에 적용된 기하공차

[그림 9-2]와 같은 편심구동장치의 축에서 필요한 기하공차의 종류에는 **원주 흔들림공차, 원통도, 평행도**가 있다.

축에 적용되는 IT 공차 등급은 역시 **IT 5~9급**을 선택적으로 사용할 수 있는데, 일반적으로 IT 5급을 적용하는 것이 가장 이상적이다.

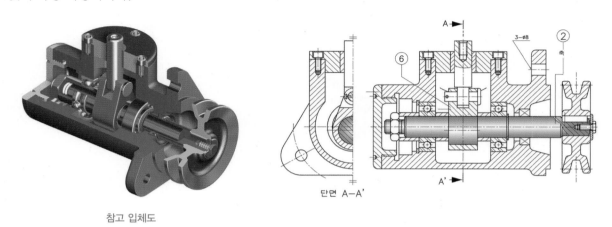

참고 입체도

[그림 9-2] 편심구동장치 조립도

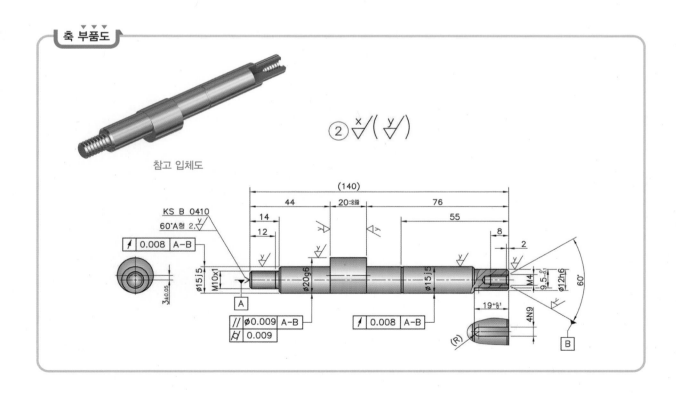

참고 입체도

05 축에 적용된 기하공차 분석하기

(1) 기준 잡기

축에서는 연결된 양끝의 축심이 기준이 된다.

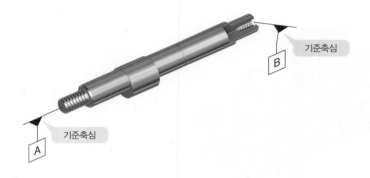

(2) 원주 흔들림공차 기입하기

원주 흔들림은 진원도, 직각도를 포함한 복합공차로서 형체가 완전한 원통형상으로부터 벗어난 크기를 규제하는 공차인데, 부품 전체가 접촉되는 원통 측면, 끼워맞춤이 발생한 원통 외경 및 내경에 규제한다.

■ 원주 흔들림공차 기입

축에서 왼쪽 Ø15j5 부분과 오른쪽 Ø15j5 부분이 모두 베어링이 조립되는 부분이므로 **원주 흔들림공차**를 적용한다. 기준길이는 공차를 기입하고자 하는 부분의 축지름으로 선정한다.

즉, 지름이 Ø15j5이므로 IT 5급 10~18을 선택하면 **0.008**이 된다.

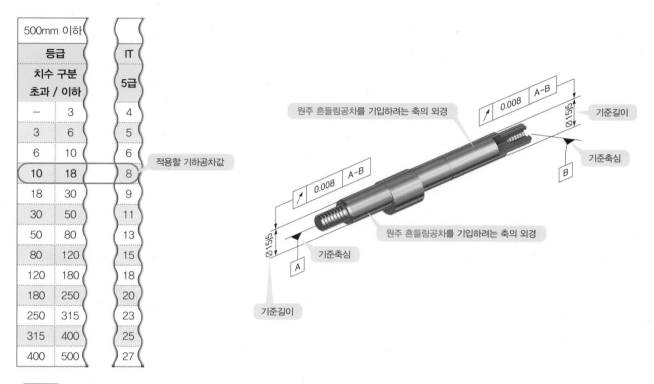

500mm 이하		IT
등급		
치수 구분		**5급**
초과 / 이하		
−	3	4
3	6	5
6	10	6
10	18	8
18	30	9
30	50	11
50	80	13
80	120	15
120	180	18
180	250	20
250	315	23
315	400	25
400	500	27

적용할 기하공차값

원주 흔들림공차를 기입하려는 축의 외경
기준길이
기준축심
원주 흔들림공차를 기입하려는 축의 외경
기준축심
기준길이

TIP

• 흔들림공차는 원통면을 규제하므로 공차값 앞에 Ø 기호를 표기하지 않는다.

• 하나의 기준 치수에 베어링, 오일실 등과 같은 서로 다른 끼워맞춤 공차를 갖는 축계 기계요소가 적용된 축에서는 원주 흔들림이 규제되는 것이 바람직하다.

(3) 원통도공차 기입하기

원통도는 진원도, 진직도, 평행도를 포함한 복합공차로서 형체가 완전한 원통형상으로부터 벗어난 크기를 규제하는 단독공차인데, 끼워맞춤이 발생한 원통 외경 및 내경을 규제한다.

■ 원통도공차 기입

Ø20g6 부분이 ⑥번 링크와 같은 원통형의 물체가 조립되는 부분이므로 **원통도공차**를 적용한다.

기준길이는 공차를 기입하고자 하는 부분의 축지름으로 선정한다. 즉, 지름이 Ø20g6이므로 IT 5급 18~30을 선택하면 0.009가 된다.

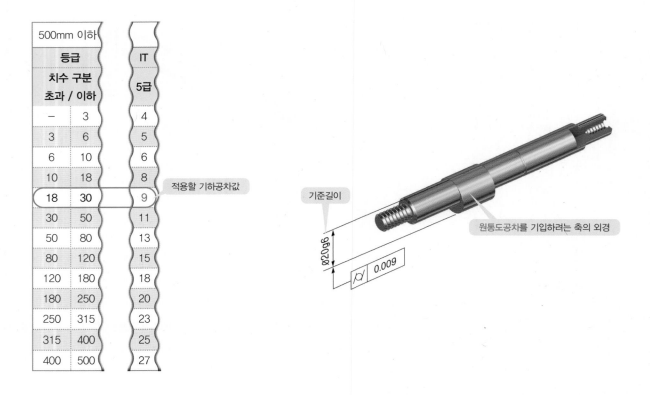

TIP

원통도는 원통면을 규제하므로 공차값 앞에 Ø 기호를 표기하지 않는다.

198

(4) 평행도공차 기입하기

평행도는 데이텀 축심 또는 평면에 대하여 규제하는 형체의 표면이나 축심이 허용범위로부터 벗어난 크기를 규제하는 공차이다.

■ 평행도공차 기입

Ø20g6 부분이 3mm만큼 편심되어 있으므로 **평행도**를 적용한다.

기준길이는 공차를 기입고자 하는 부분의 축지름의 길이로 선정한다. 즉, 지름 Ø20g6의 길이가 20이므로, IT 5급 18~30을 선택하면 0.009가 된다.

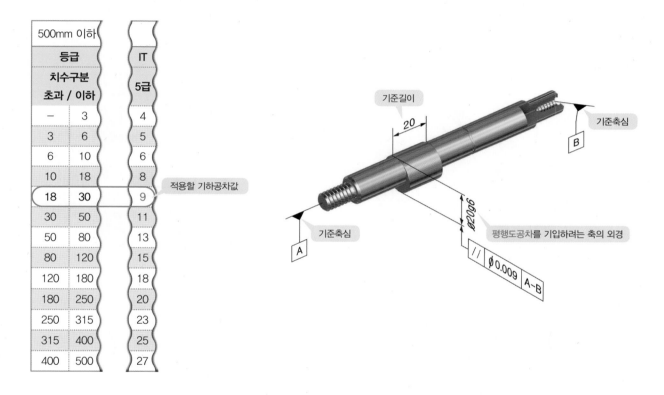

TIP

축심을 규제하므로 Ø 기호를 표기한다.

06 V-벨트풀리에 적용된 기하공차

[그림 9-3]과 같은 V-벨트전동장치의 V-벨트풀리에서 필요한 기하공차의 종류에는 **원주 흔들림공차, 온 흔들림공차**가 있다.

V-벨트풀리에는 IT 공차 등급으로 IT **5급**을 적용할 수 있는데, 특히 V-벨트풀리의 바깥둘레 흔들림공차와 림(Rim) 측면 흔들림공차는 KS 규격에 정의되어 있는 허용차 값을 적용해도 된다.

[표 9-2] 주철재 V-벨트풀리의 바깥 둘레 및 림 측면의 흔들림 허용차와 바깥 지름의 허용차(단위 : mm)　`KS B 1400`

호칭 지름	바깥 둘레의 흔들림 허용차	림 측면의 흔들림 허용차	바깥 지름의 허용차
75 이하 118 이하	0.3	0.3	±0.6
125 이상 300 이하	0.4	0.4	±0.8
315 이상 630 이하	0.6	0.6	±1.2
710 이상 900 이하	0.8	0.8	±1.6

참고 입체도

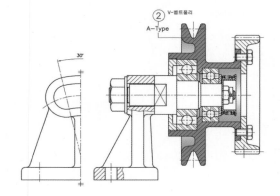

[그림 9-3] V-벨트전동장치 조립도

V-벨트풀리 부품도

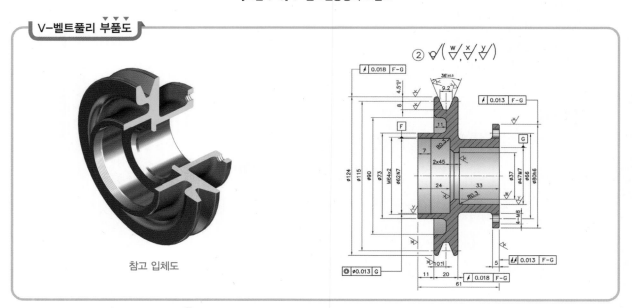

참고 입체도

07 V-벨트풀리에 적용된 기하공차 분석하기

(1) 기준(데이텀) 잡기

V-벨트풀리에서의 기준은 축 또는 베어링이 끼워지는 구멍이 된다.

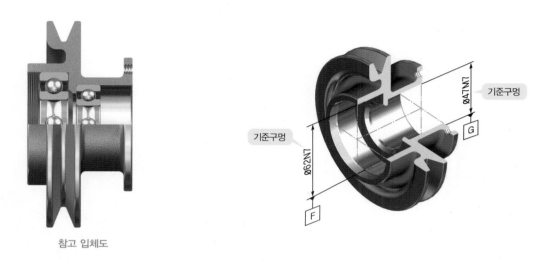

참고 입체도

(2) 원주 및 온 흔들림공차 기입하기

흔들림은 진직도, 원통도 진원도, 직각도를 포함한 복합공차로서 형체가 완전한 원통형상으로부터 벗어난 크기를 규제하는 공차인데, 부품 전체가 접촉되는 원통 측면, 끼워맞춤이 발생한 원통 외경 및 내경을 규제한다.

■ 원주 흔들림공차 기입

V-벨트풀리의 바깥둘레와 림 측면에 **원주 흔들림공차**를 적용한다.

흔들림공차 값은 IT 5급을 적용하는데, 기준길이는 공차를 기입하고자 하는 부분의 외경으로 선정한다. 즉, 지름이 Ø124이므로 IT 5급 120~180을 선택하면 0.018이 된다.

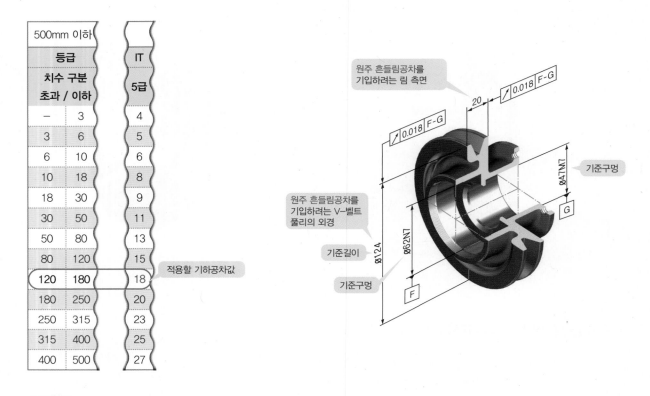

500mm 이하		IT
등급		**5급**
치수 구분		
초과	**이하**	
–	3	4
3	6	5
6	10	6
10	18	8
18	30	9
30	50	11
50	80	13
80	120	15
120	180	18
180	250	20
250	315	23
315	400	25
400	500	27

적용할 기하공차값

원주 흔들림공차를 기입하려는 림 측면

20   0.018 F-G

0.018 F-G

Ø47N7

기준구멍

Ø62N7

원주 흔들림공차를 기입하려는 V-벨트 풀리의 외경

G

기준길이

Ø124

기준구멍

F

TIP

원통면이나 측면을 규제하므로 공차값 앞에 Ø 기호를 표기하지 않는다.

■ 온 흔들림공차 기입

V-벨트풀리가 ④번 스퍼기어와 면 접촉을 하고 있으므로 온 흔들림공차를 적용한다. 따라서 V-벨트풀리의 오른쪽 Ø80h6 부분의 외경과 측면에 **온 흔들림공차**를 적용한다.

공차값은 IT 5급을 적용하는데, 기준길이는 공차를 기입하고자 하는 부분의 외경으로 선정한다. 즉, 지름이 Ø80h6이므로 IT 5급 50~80을 선택하면 0.013이 된다.

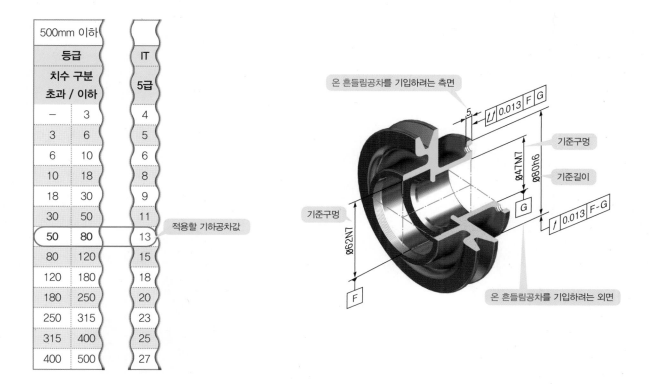

500mm 이하		IT
등급		
치수 구분 초과 / 이하		5급
–	3	4
3	6	5
6	10	6
10	18	8
18	30	9
30	50	11
50	80	13
80	120	15
120	180	18
180	250	20
250	315	23
315	400	25
400	500	27

적용할 기하공차값

온 흔들림공차를 기입하려는 측면

기준구멍

기준길이

기준구멍

온 흔들림공차를 기입하려는 외면

TIP

원통면이나 측면을 규제하므로 공차값 앞에 Ø 기호를 표기하지 않는다.
주철제 V-벨트풀리의 흔들림 허용차는 KS B 1400에 별도로 정의되어 있다.

(3) 동축도 공차 기입하기

동축도는 데이텀 축심 또는 원통 중심에 대하여 동축(同軸)에 있어야 할 형체의 축심과 원통중심이 허용범위로부터 크기를 규제하는 공차이다.

■ 동축도공차 기입

V-벨트풀리에서 왼쪽 Ø62N7 구멍과 오른쪽 Ø47M7 구멍이 같은 축심에 위치해야 하므로 **동축도공차**를 적용한다.

공차값은 IT 5급을 적용하는데, 기준길이는 공차를 기입하고자 하는 부분의 최대 길이로 선정한다. 즉, 왼쪽 기준구멍 Ø62N7에서부터 오른쪽의 Ø47M7 구멍까지의 거리가 61이므로 동축도공차의 기준길이를 61로 선택한다. 따라서 IT 5급 50~80을 선택하면 0.013이 된다.

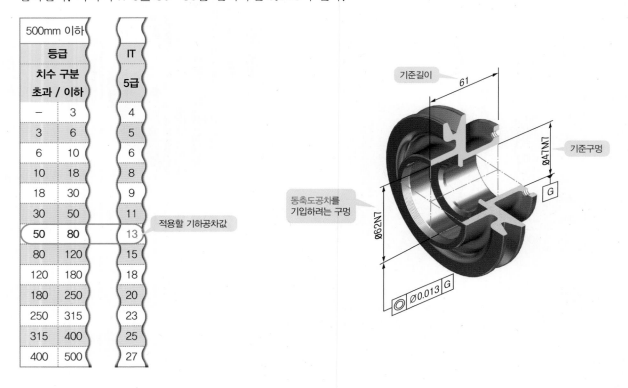

TIP

축심을 규제하므로 공차값 앞에 Ø 기호를 표기한다.

08 기어에 적용된 기하공차

[그림 9-3]과 같은 동력전달장치의 기어에서 필요한 기하공차의 종류에는 **원주 흔들림공차**가 있고, IT 공차 등급은 IT 5급을 적용한다.

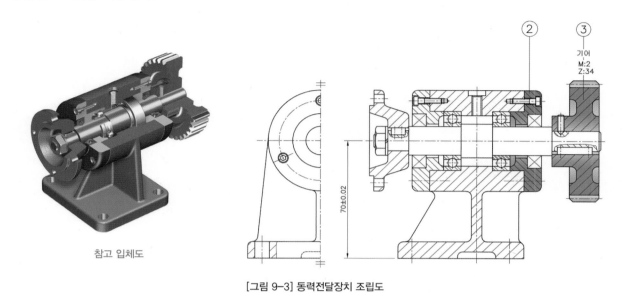

참고 입체도

[그림 9-3] 동력전달장치 조립도

기어 부품도

참고 입체도

[그림 9-4] 동력전달장치 조립도

09 기어에 적용된 기하공차 분석하기

(1) 기준(데이텀) 잡기

기어에서의 기준은 축이 끼워지는 구멍이 된다.

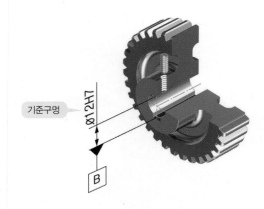

참고 입체도

(2) 원주 흔들림공차 기입하기

기어 외경에는 **원주 흔들림공차**를 적용한다. 공차값은 IT 5급을 적용하는데, 기준길이는 공차를 기입하고자 하는 부분의 외경으로 선정한다. 즉, 지름이 Ø72이므로 IT 5급 50~80을 선택하면 0.013이 된다.

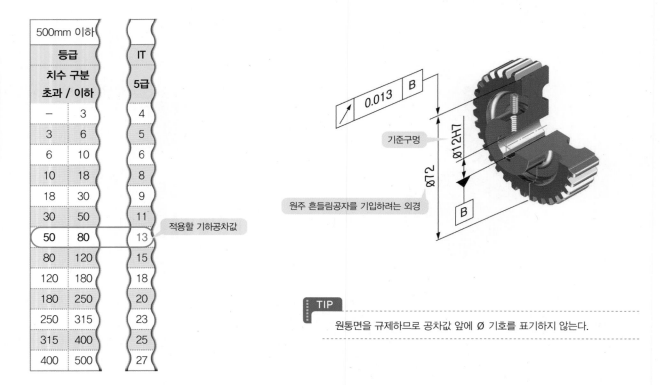

500mm 이하		IT
등급		
치수 구분		5급
초과	이하	
–	3	4
3	6	5
6	10	6
10	18	8
18	30	9
30	50	11
50	80	13
80	120	15
120	180	18
180	250	20
250	315	23
315	400	25
400	500	27

적용할 기하공차값

TIP

원통면을 규제하므로 공차값 앞에 Ø 기호를 표기하지 않는다.

10 커버에 적용된 기하공차

커버에 필요한 기하공차의 종류에는 **원주 흔들림공차, 동축도**가 있고, IT 공차 등급은 IT 5급을 적용한다.

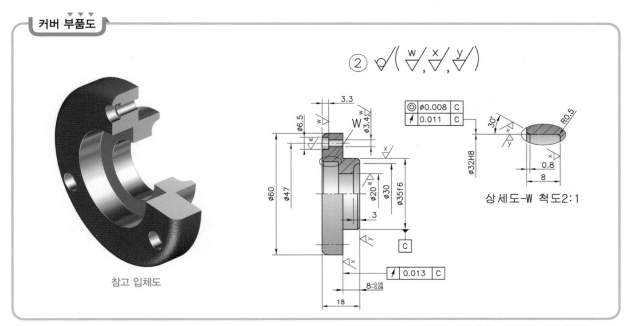

참고 입체도

*오일실 구멍에서는 흔들림공차를 생략해도 된다.

11 커버에 적용된 기하공차 분석하기

(1) 기준(데이텀) 잡기

커버에서의 기준은 몸체에 끼워지는 외경이 된다.

참고 입체도

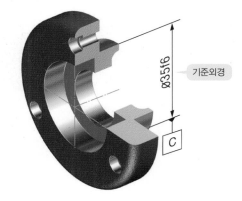

기준외경

■ 원주 흔들림공차 기입

커버에서 오일실이 들어가는 구멍과 몸체와 커버가 끼워맞추어지는 측면에 **원주 흔들림공차**를 적용한다.

공차값은 IT 5급을 적용하는데, 오일실 조립부의 원주 흔들림공차값의 기준길이는 공차를 기입하고자 하는 부분의 구멍의 지름으로 선정한다. 즉, 지름이 Ø32H8이므로 IT 5급 30~50을 선택하면 0.011이 된다.

또한, 커버와 몸체가 끼워맞추어지는 측면의 원주 흔들림공차값의 기준길이는 접촉면적이 가장 큰 지름으로 선정한다. 지름이 Ø60이므로 IT 5급 50~80을 선택하면 0.013이 된다.

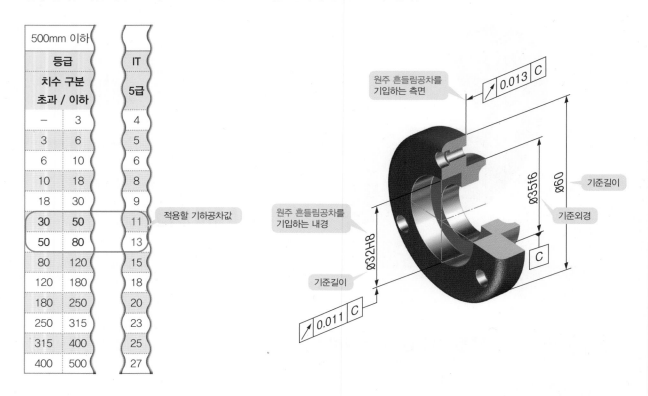

500mm 이하		IT
등급		
치수 구분		**5급**
초과	**이하**	
–	3	4
3	6	5
6	10	6
10	18	8
18	30	9
30	50	11
50	80	13
80	120	15
120	180	18
180	250	20
250	315	23
315	400	25
400	500	27

적용할 기하공차값

원주 흔들림공차를 기입하는 측면

원주 흔들림공차를 기입하는 내경

기준길이

기준외경

기준길이

Ø35f6
Ø60
Ø32H8

0.013 C
0.011 C
C

> **TIP**
> • 원통면이나 측면을 규제하므로 Ø 기호를 표기하지 않는다.
> • 동축도가 규제되는 곳은 원주 흔들림공차를 생략해도 좋다.

■ 동축도공차 기입

커버에서 왼쪽의 Ø32H8 구멍과 오른쪽의 Ø35f6 외경이 같은 축선에 위치해야 하므로 동축도를 적용한다.

공차값은 IT 5급을 적용하는데, 기준길이는 공차를 기입하고자 하는 부분의 최대 길이로 선정한다. 즉, 왼쪽의 구멍 Ø32H8에서부터 오른쪽의 Ø35f6 구멍까지의 거리가 18이므로 동축도 공차의 기준길이는 IT 5급 10~18을 선택하면 0.008이 된다.

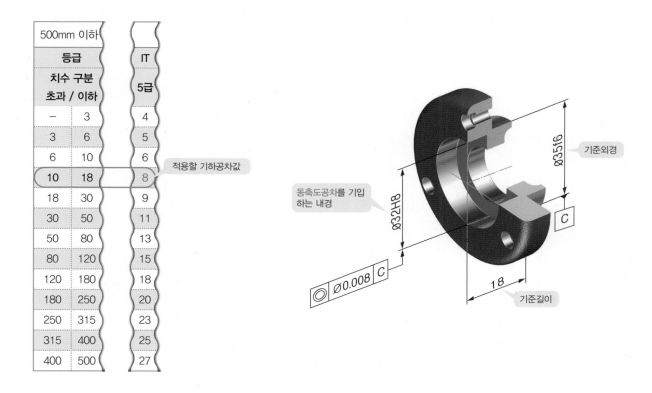

500mm 이하		IT
등급		
치수 구분		**5급**
초과 / 이하		
–	3	4
3	6	5
6	10	6
10	18	8
18	30	9
30	50	11
50	80	13
80	120	15
120	180	18
180	250	20
250	315	23
315	400	25
400	500	27

적용할 기하공차값

동축도공차를 기입하는 내경

기준외경

◎ Ø0.008 C

18

기준길이

TIP

축선(축직선)을 규제하므로 공차값 앞에 Ø 기호를 표기한다.

전 산 응 용 기 계 제 도 실 기 · 실 무

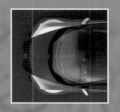

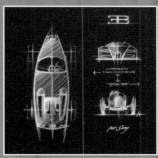

KS 규격 찾는 방법 및 실제 적용법

··· BRIEF SUMMARY

이 장은 설계자라면 꼭 알아야 할 KS 규격집 찾는 방법과 실제 도면 작도 시 적용방법을 기술하였고, 전산응용(CAD) 기계제도기능 사/기계기사 · 산업기사시험 그리고 실무적으로 꼭 필요한 사항을 예제로 수록하였다.

01 | 널링(KS B 0901)

• **용도** : 공구나 게이지류의 손잡이 부분을 미끄러지지 않도록 톱니모양으로 흠집을 내는 것을 널링이라고 한다 [그림 1-1].

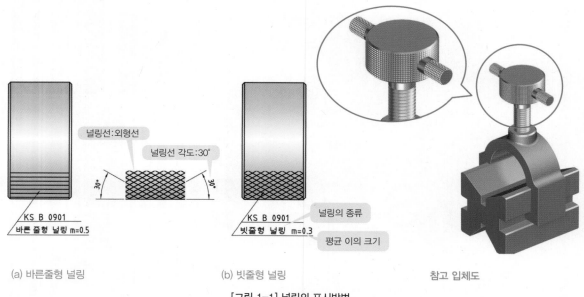

(a) 바른줄형 널링 (b) 빗줄형 널링 참고 입체도

[그림 1-1] 널링의 표시방법

적용예

[그림 1-2]는 축의 손잡이 부분을 빗줄형 널링으로 가공했을 때 실제로 치수를 기입한 경우이다. 이때 널링부의 치수로는 **널링의 종류, 평균 이의 크기** 등을 기입할 수 있다.

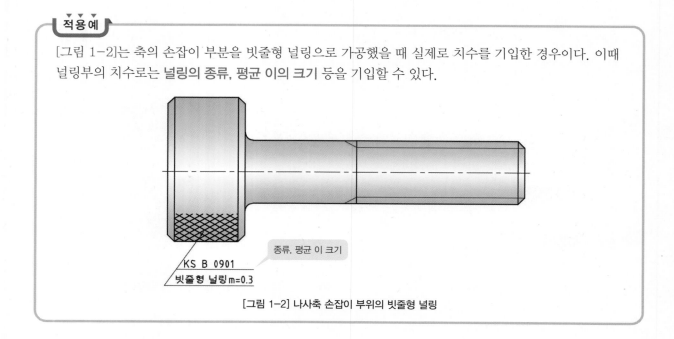

[그림 1-2] 나사축 손잡이 부위의 빗줄형 널링

02 | 키(Key, KS B 1311)

- **용도** : 축에 기어나 풀리 등의 회전체를 고정시켜 회전력을 전달시키고
자 할 때 회전체를 미끄러지지 않게 하기 위하여 축과 보스에 홈을 파고
쐐기역할을 할 수 있게 체결하는 축계기계요소이다[그림 2-1].

- **종류** : 평행키(활동형, 보통형, 조립형), 반달키, 경사키, 핀키, 스플라
인, 세레이션 등이 있다.

(a) 축 (b) V-벨트풀리 (c) 기어

[그림 2-1] 키의 역할

01 KS 규격 찾는 방법

키의 치수를 찾는 것이 아니라 키가 들어갈 수 있는 키홈의 치수를 찾는 것이 중요하다. 기준이 되는 치수는
키홈이 파져 있는 **축지름 d**가 된다[그림 2-2(a)].

찾아 적용할 수 있는 치수에는 축에 파져 있는 **키홈의 깊이(t_1)**, 구멍에 파져 있는 **키홈의 깊이(t_2)**, 그리고 **축과
구멍 폭(b_1), (b_2)**이 있고 **길이**는 규격범위만 벗어나지 않으면 적용이 가능하다.

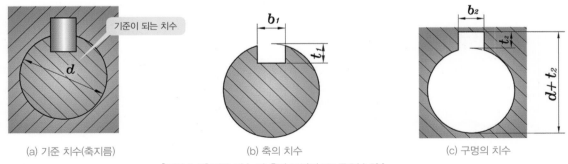

(a) 기준 치수(축지름) (b) 축의 치수 (c) 구멍의 치수

[그림 2-2] 기준 치수 및 축과 구멍의 KS 주요부 치수

> **TIP**
>
> KS 데이터를 찾을 때에는 가장 먼저 호칭(기준)이 되는 치수를 찾는 것이 중요하다.

02 평행키(활동형 · 보통형 · 조립형, KS B 1311)

평행키 홈에 관한 치수를 축과 구멍에 적용해 보도록 하자. 평행키에서 기준 치수는 앞에서 설명한 바와 같이 키홈이 파져 있는 축지름(축경) "d"가 기준이 된다. "d"를 기준으로 t_1, t_2, b_1, b_2에 관한 KS 규격치수 및 허용차를 도면에 기입할 수 있다.

KS B 1311

평행키

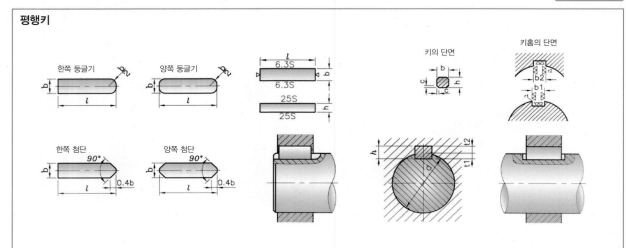

끝부분의 모양은 각형으로 하나, 경우에 따라서는 위 그림과 같이 해도 좋다.

참고			키홈 치수							
적용하는 축지름 d (초과 ~ 이하)	키의 호칭 치수 b×h	b_1, b_2 기준 치수	활동형		보통형		조립형	t_1 (축) 기준 치수	t_2 (구멍) 기준 치수	t_1, t_2 허용차
			b_1(축)	b_2(구멍)	b_1(축)	b_2(구멍)	b_1, b_2			
			허용차 (H9)	허용차 (D10)	허용차 (N9)	허용차 (Js9)	허용차 (P9)			
6~8	2×2	2	+0.025 0	+0.060 +0.020	−0.004 −0.029	±0.0125	−0.006 −0.031	1.2	1.0	
8~10	3×3	3						1.8	1.4	
10~12	4×4	4	+0.030 0	+0.078 +0.030	0 −0.030	±0.0150	−0.012 −0.042	2.5	1.8	+0.1 0
12~17	5×5	5						3.0	2.3	
17~22	6×6	6						3.5	2.8	
20~25	(7×7)	7	+0.036	+0.098 +0.040	0 −0.036	±0.0180	−0.015 −0.051	4.0	3.3	+0.2 0
22~30	8×7	8						4.0	3.3	
30~38	10×8	10						5.0	3.3	

(1) 기어 전동장치에 적용된 키(Key) 치수 찾아 넣기

기어 전동장치 축과 회전체(기어, V-벨트풀리)에 적용된 **평행키**에 관한 KS 규격 주요 치수들을 찾아서 적용해 보도록 하겠다.

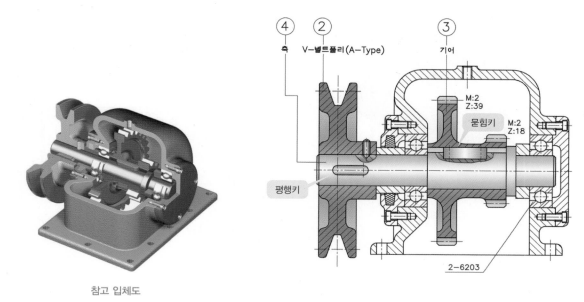

참고 입체도

[그림 2-3] 기어 전동장치에 적용된 묻힘키

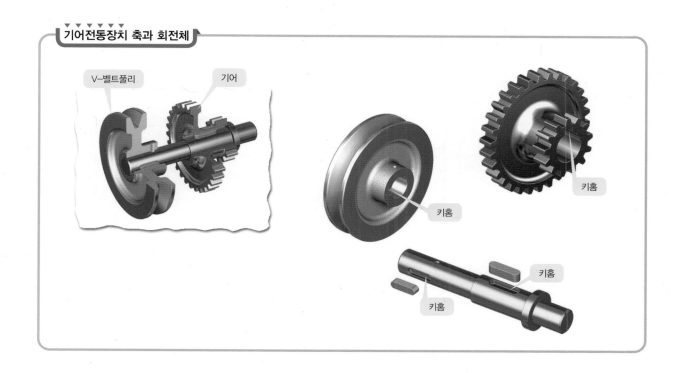

(2) 축과 구멍의 치수 중 축에 파져 있는 키홈의 치수

축에 관한 치수는 **축지름 d**를 기준으로 KS B 1311에 의거 t_1, b_1을 찾아 적용할 수 있다[그림 2-4].

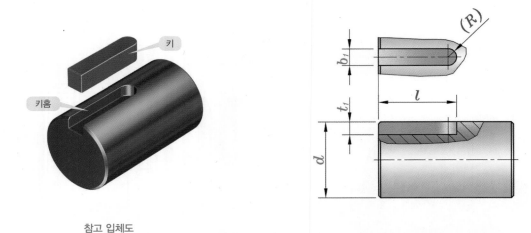

참고 입체도

[그림 2-4] 키홈 치수 중 축에 관한 KS 주요 치수들

축에 관한 키홈 치수

축 A부와 B부분에 각각 키홈이 파져 있다고 할 때 이 치수들을 설계자 임의대로 정해서 기입해서는 안 된다.
[표 2-1]의 KS B 1311 데이터에 의거하여 키홈이 파져 있는 A와 B의 **축지름(d)이 기준**이 되어 키홈의 치수 중 **깊이(t_1), 폭(b_1), 길이(l)**가 각각 정의되어 있음을 알 수 있다.

기준 축지름 A=Ø17mm, B=Ø20mm

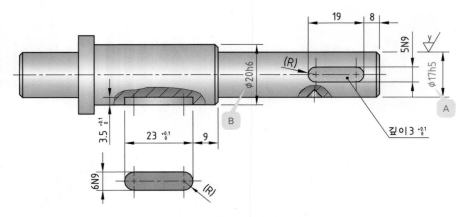

[그림 2-5] 나사축 손잡이 부위의 빗줄형 널링

★ 투상도와 치수는 키(Key)와 관련된 사항들만 표시하였다.

[표 2–1] 평행키 KS 데이터

KS B 1311

참고			키홈 치수							
			활동형		보통형		조립형			
적용하는 축지름 d (초과~이하)	키의 호칭 치수 b×h	b₁, b₂ 기준 치수	b₁(축)	b₂(구멍)	b₁(축)	b₂(구멍)	b₁, b₂	t₁ (축) 기준 치수	t₂ (구멍) 기준 치수	t₁, t₂ 허용차
			허용차 (H9)	허용차 (D10)	허용차 (N9)	허용차 (Js9)	허용차 (P9)			
6~8	2×2	2	+0.0250 0	+0.060 +0.020	−0.004 −0.029	±0.0125	−0.006 −0.031	1.2	1.0	
8~10	3×3	3						1.8	1.4	
10~12	4×4	4	+0.0300 0	+0.078 +0.030	0 −0.030	±0.0150	−0.012 −0.042	2.5	1.8	+0.1 0
12~17	5×5	5						3.0	2.3	
17~22	6×6	6						3.5	2.8	
20~25	(7×7)	7	+0.0360 0	+0.098 +0.040	0 −0.036	±0.0180	−0.015 −0.051	4.0	3.3	+0.2 0
22~30	8×7	8						4.0	3.3	
30~38	10×8	10						5.0	3.3	

> **TIP**
>
> 키홈 길이 "*l* "의 치수는 규격범위 내에서 설계자가 결정한다. 왜냐하면 키(Key)는 긴 소재를 판매하기 때문에 현장에서 필요에 맞게 절단해서 사용한다. 또한, 규격 단품을 사용할 경우 키홈 길이(*l*) 공차는 t₁ 공차를 적용한다.

(3) 축과 구멍의 치수 중 구멍에 파져 있는 키홈의 치수

구멍 쪽의 키홈 치수는 d+t₂로 기입하고, t₂ 공차를 적용해준다[그림 2–6].

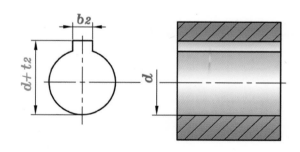
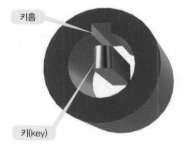

참고 입체도

[그림 2–6] 키홈의 치수 중 구멍에 관한 KS 주요 치수들

구멍에 관한 키홈 치수

축지름 d가 기준이 되어 [표 2-1]의 KS B1 311에서 찾은 구멍 치수 중 각부의 KS 주요 치수들이다.

기준 치수는 변함없이 A와 B의 축지름 A=Ø17mm, B=Ø20mm

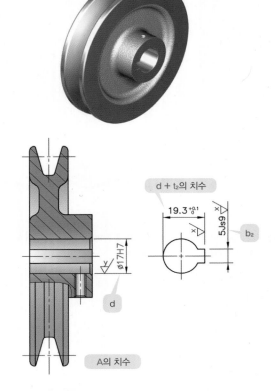

A의 치수

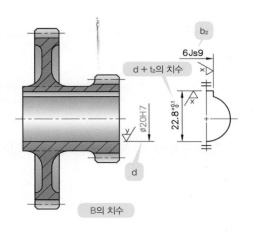

B의 치수

* 키홈에 관한 치수만 기입하였다.

---

03 반달키(KS B 1311)

찾는 방법은 평행키와 동일하나 반달키는 t_1의 깊이가 깊게 파임으로 써 축을 약화시킬 우려가 높아 큰 회전력을 전달하는 데는 적합하지 않다[그림 2-7].

축지름 d를 기준으로 d_1의 치수가 작은 것과 t_1의 깊이가 작은 치수 를 찾아 적용하는데, **축지름 d**를 기준으로 d_1, t_1, t_2, b_1, b_2를 찾을 수 있다.

키홈이 반달형으로 깊이 파져 있다.

[그림 2-7] 반달키 홈과 반달키

반달키와 홈

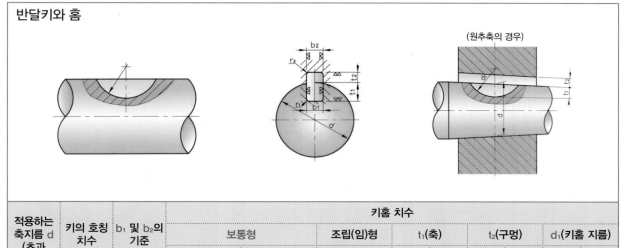

(원추축의 경우)

적용하는 축지름 d (초과 ~이하)	키의 호칭 치수 b×d₀	b₁ 및 b₂의 기준 치수	키홈 치수									
			보통형		조립(임)형	t₁(축)		t₂(구멍)		d₁(키홈 지름)	
			b₁(축) 허용차(N9)	b₂(구멍) 허용차(Js9)	b₁ 및 b₂ 허용차(P9)	기준 치수	허용차	기준 치수	허용차	기준 치수	허용차
7~12	2.5×10	2.5	−0.004 −0.029	±0.012	−0.006 −0.031	2.7	+0.1 0	1.2	+0.1 0	10	+0.2 0
8~14	3×10	3				2.5				10	
9~16	3×13					3.8	+0.2 0	1.4		13	
11~18	3×16					5.3				16	
11~18	(4×13)					3.5	+0.1 0	1.7		13	

＊"Ø13"은 축의 적용범위(t₁, d₁)를 고려하여 적용하는 것이 바람직하다.

적용 예

기준 축지름이 Ø13mm인 경우의 적용 예

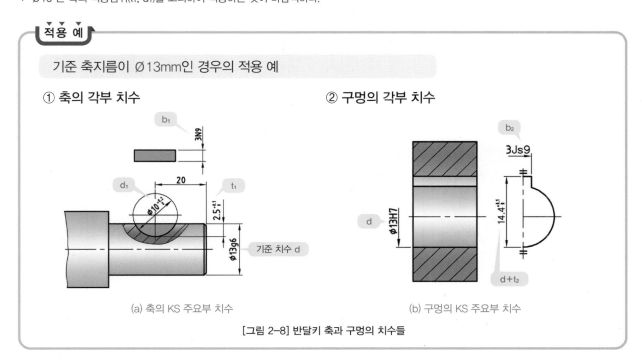

① 축의 각부 치수

② 구멍의 각부 치수

(a) 축의 KS 주요부 치수

(b) 구멍의 KS 주요부 치수

[그림 2-8] 반달키 축과 구멍의 치수들

03 | 스냅링, 멈춤링(B 1336~KS B 1338)

• **용도** : 베어링과 같은 축계 기계요소들의 좌우 요동을 방지하기 위해 축 또는 구멍에 홈을 파고 체결하는 고리 모양의 스프링이며, **축용**과 **구멍용**이 있다.

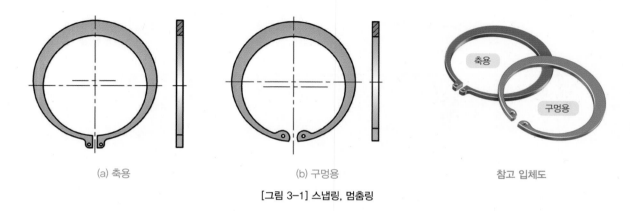

(a) 축용　　　　　　　(b) 구멍용　　　　　　　참고 입체도

[그림 3-1] 스냅링, 멈춤링

01 KS 규격 찾는 방법

스냅링의 치수를 찾는 것이 아니라 스냅링이 들어갈 수 있는 홈의 치수를 찾는 것이 중요하다. 기준이 되는 치수는 스냅링이 들어가야 할 축과 구멍의 호칭치수라 할 수 있는 d_1이 된다[그림 3-2].

d_1을 기준으로 스냅링이 체결되는 d_2, 홈의 폭 m, 그리고 각 부위의 허용차들을 찾아 적용할 수 있다.

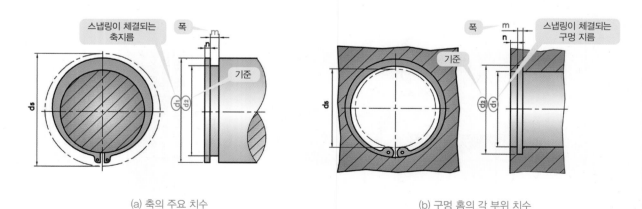

(a) 축의 주요 치수　　　　　　　　　　(b) 구멍 홈의 각 부위 치수

[그림 3-2] 스냅링이 적용되는 축과 구멍의 KS 주요 치수들

구멍용과 축용 스냅링이 **품번** ①과 ②에 각각 적용되어 베어링 유동
및 탈선을 방지하고 있는 것을 알 수 있다.

① 몸체

구멍용 스냅링

축용 스냅링

② 축

(a) 구멍용 스냅링　　　　　　　(b) 축용 스냅링

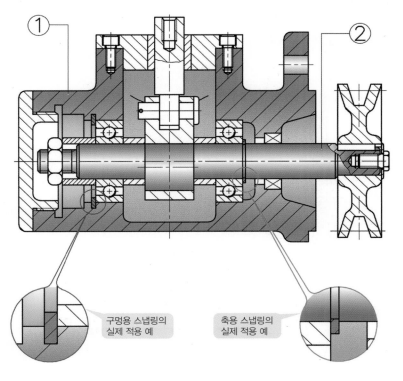

구멍용 스냅링의
실제 적용 예

축용 스냅링의
실제 적용 예

[그림 3-3] 편심구동장치에 적용된 스냅링

(1) 축에 관한 치수를 찾아 적용하는 방법

[표 3-1] KS B 1336 데이터에서 스냅링의 치수가 아닌, 적용하는 축의 치수 중 축지름 d_1을 기준으로 d_2, m 의 치수를 찾을 수 있다.

[표 3-1] C형 축용 스냅링의 KS 데이터

`KS B 1336`

멈춤링 호칭	호칭 축지름 d_1	d_2 기준 치수	d_2 허용차	m 기준 치수	m 허용차	n 최소	멈춤링 호칭	호칭 축지름 d_1	d_2 기준 치수	d_2 허용차	m 기준 치수	m 허용차	n 최소
1란	10	9.6	$^{0}_{-0.09}$	1.15	$^{+0.14}_{0}$	1.5	1란	40	38	$^{0}_{-0.25}$	1.95	$^{+0.14}_{0}$	2
2란	11	10.5	$^{0}_{-0.11}$				2란	42	39.5				
1란	12	11.5					1란	45	42.5				
3란	13	12.4					2란	48	45.5				
	14	13.4					1란	50	47		2.2		
	15	14.3					3란	52	49				
1란	16	15.2					1란	55	52	$^{0}_{-0.3}$			
	17	16.2					2란	56	53				
	18	17		1.35			3란	58	55				
2란	19	18					1란	60	57				
1란	20	19					3란	62	59				

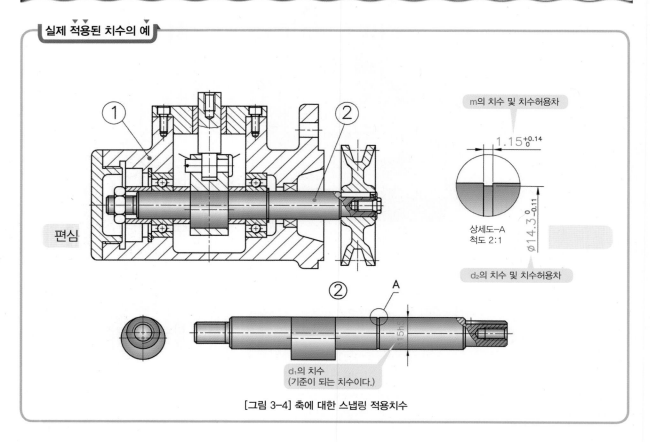

실제 적용된 치수의 예

① ②

편심

m의 치수 및 치수허용차

$1.15^{+0.14}_{0}$

상세도-A
척도 2:1

$\emptyset 14.3^{0}_{-0.11}$

d_2의 치수 및 치수허용차

② A

d_1의 치수
(기준이 되는 치수이다.)

[그림 3-4] 축에 대한 스냅링 적용치수

(2) 구멍에 관한 치수를 찾아 적용하는 방법

구멍의 치수 역시 축과 마찬가지로 적용하는 구멍 쪽에서 d_1을 기준으로 d_2, m의 치수를 찾을 수 있다.

[표 3-2] C형 구멍용 스냅링 KS 데이터

KS B 1336

<table>
<tr><td colspan="14">C형 멈춤링 구멍용 치수</td></tr>
<tr><td rowspan="3">멈춤링
호칭</td><td rowspan="3">호칭
구멍
지름 d_1</td><td colspan="2">적용하는 구멍(참고)</td><td colspan="2"></td><td>n</td><td rowspan="3">멈춤링
호칭</td><td rowspan="3">호칭
구멍
지름 d_1</td><td colspan="2">적용하는 구멍(참고)</td><td colspan="2"></td><td>n</td></tr>
<tr><td colspan="2">d_2</td><td colspan="2">m</td><td></td><td colspan="2">d_2</td><td colspan="2">m</td><td></td></tr>
<tr><td>기준
치수</td><td>허용차</td><td>기준
치수</td><td>허용차</td><td>최소</td><td>기준
치수</td><td>허용차</td><td>기준
치수</td><td>허용차</td><td>최소</td></tr>
<tr><td rowspan="3">1란</td><td>10</td><td>10.4</td><td rowspan="3">+0.11
0</td><td>1.15</td><td rowspan="3">+0.14
0</td><td>1.5</td><td rowspan="3">1란</td><td>40</td><td>42.5</td><td rowspan="3">+0.25
0</td><td>1.95</td><td rowspan="3">+0.14
0</td><td>2</td></tr>
<tr><td>11</td><td>11.4</td><td></td><td>42</td><td>44.5</td><td></td></tr>
<tr><td>12</td><td>12.5</td><td></td><td>45</td><td>47.5</td><td></td></tr>
<tr><td>2란</td><td>13</td><td>13.6</td><td></td><td></td><td></td><td>47</td><td>49.5</td><td></td><td>1.9</td><td></td></tr>
<tr><td>1란</td><td>14</td><td>14.6</td><td></td><td>2란</td><td>48</td><td>50.5</td><td>+0.3
0</td><td>1.9</td><td></td></tr>
<tr><td>3란</td><td>15</td><td>15.7</td><td></td><td>1란</td><td>50</td><td>53</td><td></td><td>2.2</td><td></td></tr>
<tr><td colspan="14"> </td></tr>
<tr><td rowspan="3">1란</td><td>28</td><td>29.4</td><td rowspan="3">+0.25
0</td><td></td><td rowspan="3">+0.14
0</td><td></td><td>1란</td><td>72</td><td>75</td><td></td><td></td><td></td></tr>
<tr><td>30</td><td>31.4</td><td></td><td>75</td><td>78</td><td rowspan="3">+0.35
0</td><td></td></tr>
<tr><td>32</td><td>33.7</td><td>3란</td><td>78</td><td>81</td><td></td></tr>
<tr><td>3란</td><td>34</td><td>35.7</td><td>1.75</td><td>2</td><td>1란</td><td>80</td><td>83.5</td><td></td><td></td></tr>
<tr><td>1란</td><td>35</td><td>37</td><td>3란</td><td>82</td><td>85.5</td><td></td></tr>
<tr><td>2란</td><td>36</td><td>38</td><td>1란</td><td>85</td><td>88.5</td><td></td><td>3.2</td><td>+0.18
0</td><td>3</td></tr>
<tr><td>1란</td><td>37</td><td>39</td><td>3란</td><td>88</td><td>91.5</td><td></td></tr>
<tr><td>2란</td><td>38</td><td>40</td><td>1란</td><td>90</td><td>93.5</td><td></td></tr>
</table>

실제 적용된 치수의 예

편심구동장치에서 품번 ① 기준구멍의 지름이 Ø35mm인 경우의 적용 예

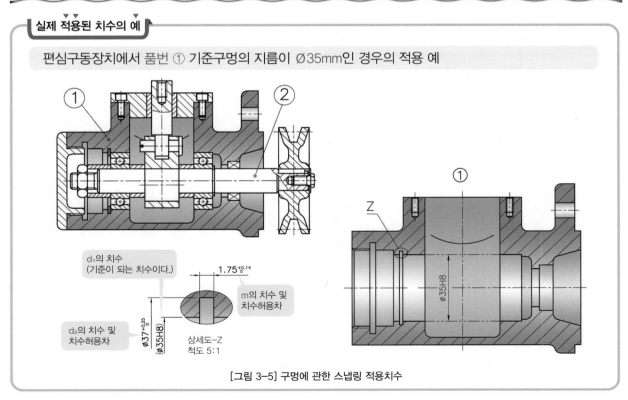

d_1의 치수
(기준이 되는 치수이다.)

1.75$^{+0.14}_{0}$

m의 치수 및
치수허용차

d_2의 치수 및
치수허용차

Ø37$^{+0.25}_{0}$
(Ø35H8)

상세도-Z
척도 5:1

[그림 3-5] 구멍에 관한 스냅링 적용치수

Ø35H8

Z

①

04 | 베어링

- **용도 :** 축계 기계요소로서 축과 보스 사이에서 회전운동을 원활하게 하기 위해 사용되며 동작 특성에 따라 크게 미끄럼 베어링과 구름 베어링으로 나뉘고, 힘의 방향에 따라 레이디얼형과 스러스트형으로 구분할 수 있다.

(a) 깊은 홈 볼베이링   (b) 스러스트 볼베어링   (c) 자동조심형 볼베어링

[그림 4-1] 베어링의 종류

01 KS 규격 찾는 방법

베어링은 호칭번호에 의해 **안지름(d), 바깥지름(D), 폭(B)**이 정의되어 있다[표 4-1]. 호칭번호 중 끝번호 두 자리는 안지름 번호이므로 그에 따른 계산방법을 알아두면 데이터를 찾아보지 않더라도 안지름 치수만큼은 알 수 있으므로 암기해 두면 유용하게 쓸 수 있다. 또한 2번째 기호(지름 번호)는 KS B 2051에 의한 베어링 끼워맞춤 공차와 관련 있다.

6 2 06

- **형식(첫 번째 숫자)**
  1, 2, 3 : 복렬 자동조심형
  6, 7 : 단열
  N : 원통롤러

- **지름번호(두 번째 숫자)**
  0, 1 : 특별경하중
  2 : 경하중
  3 : 보통하중
  4 : 큰 하중

- **안지름번호(세, 네 번째 숫자)**
  00 : 10mm
  01 : 12mm
  02 : 15mm
  03 : 17mm
  04×5 = 20mm

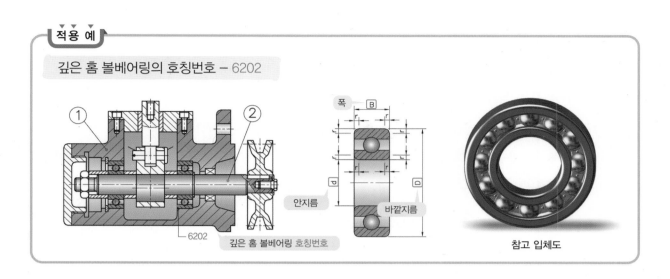

적용 예

깊은 홈 볼베어링의 호칭번호 – 6202

① ②

6202

깊은 홈 볼베어링 호칭번호

폭 B

안지름

바깥지름

참고 입체도

[표 4-1] 깊은 홈 볼베어링 KS 데이터

KS B 2023

호칭 번호	베어링 계열 60 치수				호칭 번호	베어링 계열 60 치수			
	d (안지름)	D (바깥지름)	B (폭)	r_{smin}		d (안지름)	D (바깥지름)	B (폭)	r_{smin}
601.5	1.5	6	2.5	0.15	623	3	10	4	0.15
602	2	7	2.8	0.15	624	4	13	5	0.2
60/2.5	2.5	8	2.8	0.15	625	5	16	5	0.3
603	3	9	3	0.15	626	6	19	6	0.3
608	8	22	7	0.3	6201	12	32	10	0.6
609	9	24	7	0.3	6202	15	35	11	0.6
6000	10	26	8	0.3	6203	17	40	12	0.6
6001	12	28	8	0.3	6204	20	47	14	1

(1) 축과 구멍의 치수

베어링 호칭번호 6202를 기준으로 베어링이 체결되는 축에 관한 치수 d와 구멍(보스) 쪽의 D, B의 치수들이 결정된다.

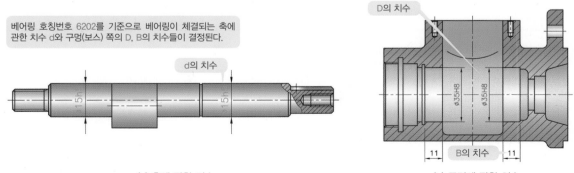

D의 치수

d의 치수

ø35H8 ø35H8

11 B의 치수 11

(a) 축에 관한 치수 (b) 구멍에 관한 치수

[그림 4-2] 볼베어링 6202에 관한 축과 구멍의 적용치수

TIP

기타 다른 베어링도 호칭 번호에 의해 각부 치수가 정의된다. 베어링 끼워맞춤공차 KS B 2051에 따른다.

02 구름베어링의 끼워맞춤

(1) 끼워맞춤의 적용순서

① 베어링의 종류를 결정하고 하중을 계산하여 적절한 베어링을 선택한다.

② 회전축인 경우는 내륜회전란을 찾고 고정축, 즉 하우징이 회전하는 경우는 외륜회전란을 선택한다.

③ 하중기호(베어링기호 두 번째)를 보고, 하중에 따른 구분란을 선택한다.

(2) 레이디얼 베어링과 하우징 구멍의 끼워맞춤

단위 : mm

조건			하우징 구멍 공차	적용 보기
하우징	하중의 종류 등	외륜의 축방향의 이동[1]		
일체 또는 분할 하우징	내륜 회전 하중	모든 종류의 하중	쉽게 이동할 수 있다.	H7	대형 베어링 또는 외륜과 하우징의 온도차가 큰 경우 G7을 사용해도 된다.
		경하중 또는 보통하중 (0, 1, 2, 3)	쉽게 이동할 수 있다.	H8	–
		축과 내륜이 고온으로 된다.	쉽게 이동할 수 있다.	G7	대형 베어링 또는 외륜과 하우징의 온도차가 큰 경우 F7을 사용해도 된다.
		경하중 또는 보통하중에서 정밀 회전을 요한다.	원칙적으로 이동할 수 없다.	K6	주로 롤러 베어링에 적용한다.
			이동할 수 있다.	JS6	주로 볼 베어링에 적용한다.
		조용한 운전을 요한다.	쉽게 이동할 수 있다.	H6	–
일체 하우징	외륜 회전 하중	경하중 또는 변동하중 (0, 1, 2)	이동할 수 없다.	M7	–
		보통하중 또는 중하중(3, 4)	이동할 수 없다.	N7	주로 볼 베어링에 적용한다.
		얇은 하우징에서 중하중 또는 큰 충격하중	이동할 수 없다.	P7	주로 볼 베어링에 적용한다.
	방향 부정 하중	경하중 또는 보통하중	통상, 이동할 수 있다.	JS7	정밀을 요하는 경우 JS7, K7 대신에 JS6, K6을 사용한다.
		보통하중 또는 중하중(3, 4)	원칙적으로 이동할 수 없다.	K7	
		큰 충격하중	이동할 수 없다.	M7	–

비고1) 이 표는 주철제 하우징 또는 강제 하우징에 적용한다.

　　2) 베어링에 중심 축 하중만 걸리는 경우 외륜에 레이디얼 방향의 틈새를 주는 공차범위 등급을 선정한다.

　주[1] 분리되지 않는 베어링에 대하여 외륜이 축방향으로 이동할 수 있는지 없는지의 구별을 나타낸다.

(3) 레이디얼 베어링과 축의 끼워맞춤

단위 : mm

조건		축지름(mm)						축 공차	적용 보기
		볼 베어링		원통롤러베어링 원뿔롤러베어링		자동 조심롤러 베어링			
		초과	이하	초과	이하	초과	이하		
내륜 회전 하중	경하중[1] 또는 변동 하중(0, 1, 2)	–	18	–	–	–	–	h5	정밀도를 필요로 하는 경우 js6, k6, m6 대신에 js5, k5, m5를 사용한다.
		18	100	–	40	–	–	js6(j6)	
		100	200	40	140	–	–	k6	
		–	–	140	200	–	–	m6	
	보통 하중[1](3)	–	18	–	–	–	–	js5(j5)	단열 앵귤러 볼베어링 및 원뿔롤러베어링인 경우 끼워맞춤으로 인한 내부 틈새의 변화를 생각할 필요가 없으므로 k5, m5 대신에 k6, m6을 사용할 수 있다.
		18	100	–	40	–	40	k5	
		100	140	40	100	40	65	m5	
		140	200	100	140	65	100	m6	
		200	280	140	200	100	140	n6	
		–	–	200	400	140	280	p6	
		–	–	–	–	280	500	r6	
	중하중[1] 또는 충격 하중(4)	–	–	50	140	50	100	n6	보통 틈새의 베어링보다 큰 내부 틈새의 베어링이 필요하다.
		–	–	140	200	100	140	p6	
		–	–	200	–	140	200	r6	
외륜 회전 하중	내륜이 축 위를 쉽게 움직일 필요가 있다.	전체 축지름				–	–	g6	정밀도를 필요로 하는 경우 g5를 사용한다. 큰 베어링에서는 쉽게 움직일 수 있도록 f6을 사용해도 된다.
	내륜이 축 위를 쉽게 움직일 필요가 없다.	전체 축지름				–	–	h6	정밀도를 필요로 하는 경우 h5를 사용한다.
중심축 하중		전체 축지름				–	–	js6(j6)	–

주[1] 경하중, 보통하중 및 중하중은 레이디얼 하중을 사용하는 베어링의 기본 레이디얼 정격하중의 각각 6% 이하, 6% 초과, 12% 이하 및 12%를 초과하는 하중을 말한다.

(4) 스러스트 베어링과 베어링 하우징 구멍의 끼워맞춤

조건		하우징 구멍 공차	적용 범위
중심축 하중 (스러스트 베어링 전반)		–	외륜에 레이디얼 방향의 틈새를 주도록 적절한 공차범위 등급을 선정한다.
		H8	스러스트 볼베어링에서 정밀을 요하는 경우
합성 하중 (스러스트 자동 조심롤러베어링)	외륜정지 하중	H7	–
	외륜회전 하중 또는 방향 부정하중	K7	보통 사용 조건인 경우
		M7	비교적 레이디얼 하중이 큰 경우

* 이 표는 주철제 하우징 또는 강제 하우징에 적용한다.

(5) 스러스트 베어링과 축의 끼워맞춤

단위 : mm

조건		축지름(mm)		축 공차	적용 범위
		초과	이하		
중심 축 하중 (스러스트 베어링 전반)		전체 축지름		js6	h6도 사용할 수 있다.
합성 하중 (스러스트 자동 조심롤러베어링)	내륜정지 하중	전체 축지름		js6	–
	내륜회전 하중 또는 방향 부정하중	–	200	k6	k6, m6, n6 대신에 각각 js6, k6, m6도 사용할 수 있다.
		200	400	m6	
		400	–	n6	

(6) 니들 롤러 베어링 축/ 하우징 공차

단위 : mm

구분	조건	공차
하우징(D)	RAN 계열(내륜 없음)	G6
	NA 계열(내륜 있음)	K5
축(d)	Ø50 이하	js5
	Ø50 초과	h5
	고온에서 사용할 경우	f6

05 │ 베어링용 너트와 와셔(KS B 2004)

- **용도 :** 베어링용 너트는 주로 베어링 탈선 방지용으로 사용되고, 와셔는 너트 풀림 방지용으로 사용된다. 베어링용 너트와 와셔는 각각 실과 바늘에 해당된다고 할 수 있다.
[그림 5-1]은 전동장치 중 베어링용 너트와 와셔가 축 부위에 체결되어 있는 모습이다.

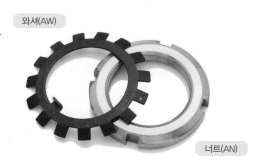

베어링용 너트와 와셔

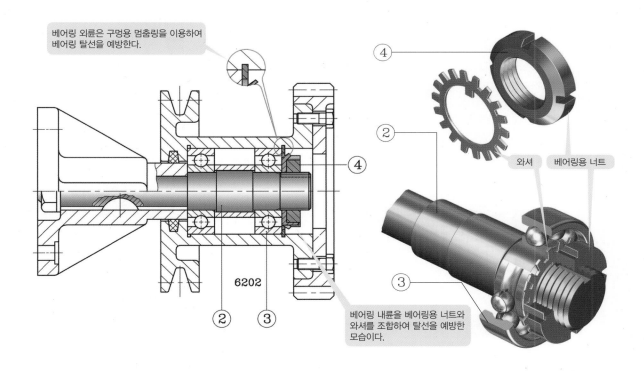

베어링 외륜은 구멍용 멈춤링을 이용하여 베어링 탈선을 예방한다.

베어링 내륜을 베어링용 너트와 와셔를 조합하여 탈선을 예방한 모습이다.

6202

[그림 5-1] 전동장치에 적용된 베어링용 너트와 와셔

01 KS 규격 찾는 방법

와셔 계열 AW는 같은 번호의 AN 너트용과 같고, 기준 치수는 [표 5-1]의 KS B 2004 데이터에서 너트 쪽 나사의 호칭인 G(d)가 되며, 와셔에서 축에 적용되는 치수는 [표 5-2]의 KS B 2004 데이터에서 d_3을 기준으로 M부 치수와 f_1부의 치수가 각각 축에 적용된다[그림 5-2 실제 적용 예 참조].

[표 5-1] 베어링용 너트 KS 데이터　　　　　　　　　　　　　　　　　　　　　　　　　　　`KS B 2004`

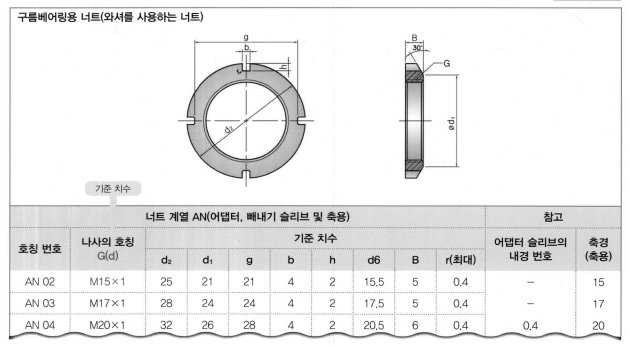

구름베어링용 너트(와셔를 사용하는 너트)

기준 치수

호칭 번호	나사의 호칭 G(d)	너트 계열 AN(어댑터, 빼내기 슬리브 및 축용)								참고	
		기준 치수								어댑터 슬리브의 내경 번호	축경 (축용)
		d_2	d_1	g	b	h	d6	B	r(최대)		
AN 02	M15×1	25	21	21	4	2	15.5	5	0.4	–	15
AN 03	M17×1	28	24	24	4	2	17.5	5	0.4	–	17
AN 04	M20×1	32	26	28	4	2	20.5	6	0.4	0.4	20

＊ AN 00, AN 01 치수는 규격집 참조

적용 예

전동장치에서 품번 ② 기준축지름 d가 M15mm일 때의 적용 예

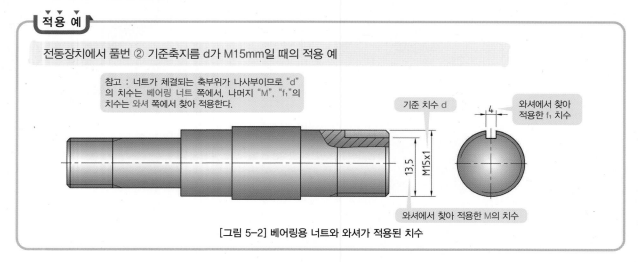

참고 : 너트가 체결되는 축부위가 나사부이므로 "d"의 치수는 베어링 너트 쪽에서, 나머지 "M", "f_1"의 치수는 와셔 쪽에서 찾아 적용한다.

기준 치수 d

와셔에서 찾아 적용한 f_1 치수

13.5　M15x1

와셔에서 찾아 적용한 M의 치수

[그림 5-2] 베어링용 너트와 와셔가 적용된 치수

[표 5-2] 구름베어링 너트용 와셔 KS 데이터

구름베어링 너트용 와셔

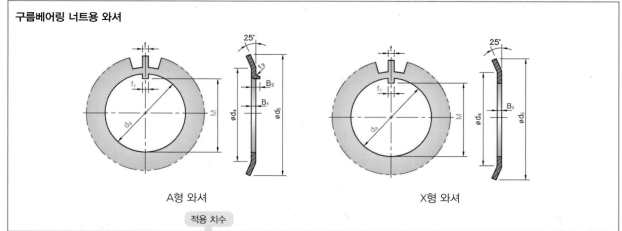

A형 와셔   X형 와셔

적용 치수

호칭번호		기준 치수							허를 구부린 형식		잇수	참고	
허를 구부린 형식	허를 구부리지 않은 형식	d_3	M	f_1	B_1	f	d_4	d_5	r_2	B_2		어댑터 슬리브의 안지름 번호	축경 (축용)
와셔 계열 AW	AW02A	AW02X	15	13.5	4	1	4	21	28	1	2.5	11	–	15
(같은 번호의	AW03A	AW03X	17	15.5	4	1	4	24	32	1	2.5	11	–	17
AN너트용)	AW04A	AW04X	20	18.5	4	1	4	26	36	1	2.5	11	04	20

＊ AW00X, AW01X 치수는 규격집 참조

> **TIP**
>
> 베어링용 너트와 와셔는 공구상가에서 쉽게 구입해서 사용할 수 있다.
> 여기서 우리가 찾고자 하는 치수는 베어링용 너트와 와셔를 깎기 위한 치수가 아닌 실제로 현장에서 가공되는 베어링용 너트와 와셔가
> 끼워지는 축 부위의 치수임을 일러두고 싶다. 그래서 필요한 치수만을 찾아 적용하는 것이다.

06 | 오일실(KS B 2804)

- **용도** : 립(Lip)을 이용하여 레이디얼 방향으로 죄어 붙여 주로 전동장치에서 회전운동을 하는 부위에서의 오일(Oil) 누유 및 기타 외부로부터의 이물질을 차단하여 밀봉작용을 하는 **실(Seal)**을 말한다[그림 6-1].
- [그림 6-1]의 (a)와 (b)는 표현방법은 다르지만 둘 다 오일실이 적용되는 경우이다.

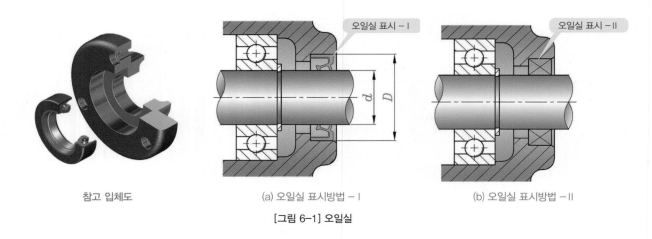

참고 입체도 (a) 오일실 표시방법 - Ⅰ (b) 오일실 표시방법 - Ⅱ

[그림 6-1] 오일실

01 KS 규격 찾는 방법

[표 6-1]의 KS B 2804 **축지름(d)**를 기준으로 **외경(D), 폭(B)**을 찾을 수 있으며, 오일실(Oil Seal)에서 가장 중요한 치수는 오일실 삽입부의 **모떼기(Chamfer) 치수**라 할 수 있다[그림 6-2].

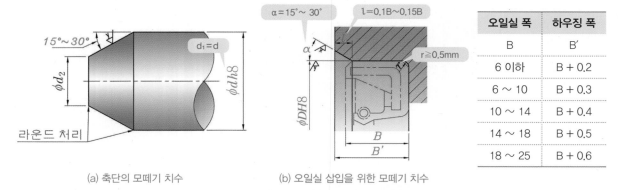

오일실 폭	하우징 폭
B	B′
6 이하	B + 0.2
6 ~ 10	B + 0.3
10 ~ 14	B + 0.4
14 ~ 18	B + 0.5
18 ~ 25	B + 0.6

(a) 축단의 모떼기 치수 (b) 오일실 삽입을 위한 모떼기 치수

[그림 6-2] 오일실 삽입을 위한 모떼기치수

적용 예

기준 축지름이 Ø17mm일 때 적용되는 예

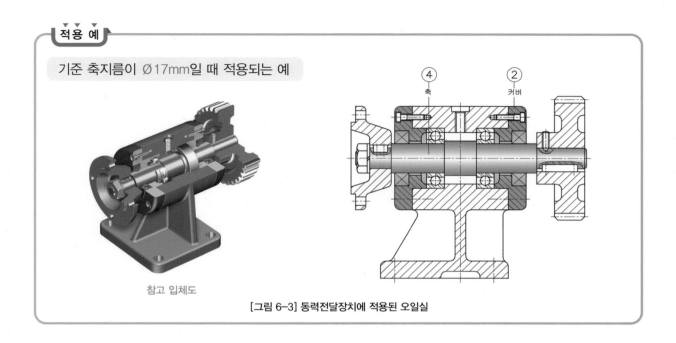

참고 입체도

[그림 6-3] 동력전달장치에 적용된 오일실

[표 6-1] 오일실 KS 데이터

`KS B 2804`

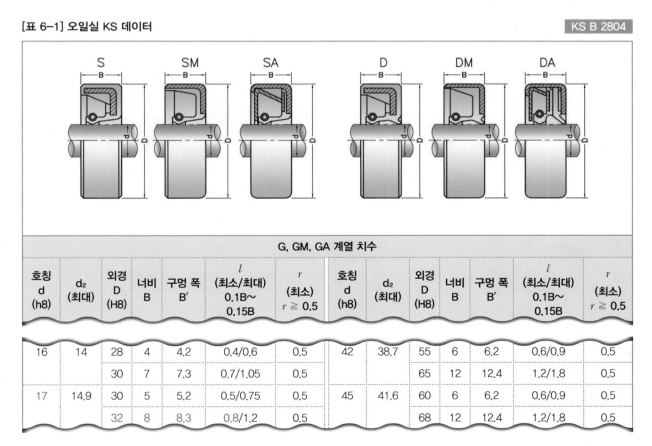

G, GM, GA 계열 치수

호칭 d (h8)	d₂ (최대)	외경 D (H8)	너비 B	구멍 폭 B′	l (최소/최대) 0.1B~0.15B	r (최소) $r \geqq 0.5$	호칭 d (h8)	d₂ (최대)	외경 D (H8)	너비 B	구멍 폭 B′	l (최소/최대) 0.1B~0.15B	r (최소) $r \geqq 0.5$
16	14	28	4	4.2	0.4/0.6	0.5	42	38.7	55	6	6.2	0.6/0.9	0.5
		30	7	7.3	0.7/1.05	0.5			65	12	12.4	1.2/1.8	0.5
17	14.9	30	5	5.2	0.5/0.75	0.5	45	41.6	60	6	6.2	0.6/0.9	0.5
		32	8	8.3	0.8/1.2	0.5			68	12	12.4	1.2/1.8	0.5

적용 예

구멍의 치수 축지름(호칭) d = 17, 바깥 지름 D = 32, 너비 B = 8

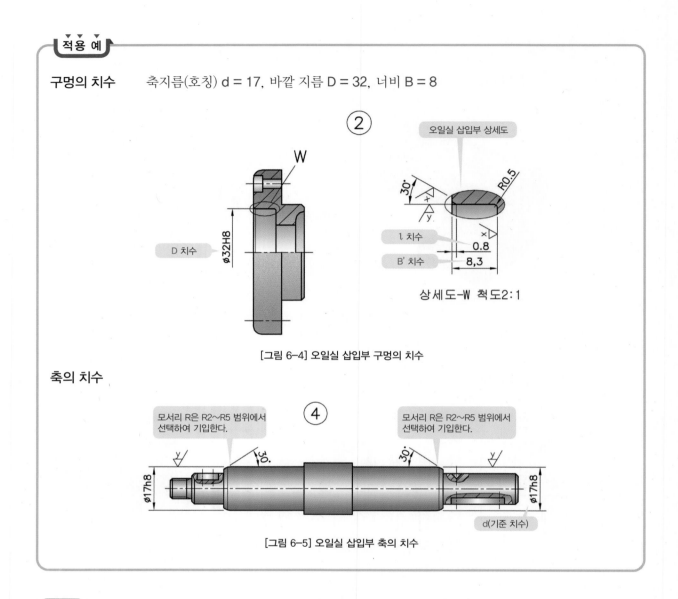

[그림 6-4] 오일실 삽입부 구멍의 치수

축의 치수

[그림 6-5] 오일실 삽입부 축의 치수

TIP

기사/산업기사/기능사 자격검정 실기에서는 오일실이 적용된 축지름(d)과 구멍(D) 치수 그리고 폭(B)을 기준으로 제도자(수험생)가 형별을 결정한다.

07 | 플러머블록 (KS B 2052 : 폐지)
(대체표준 : KS B ISO 113)

- **용도** : 일반적으로 분할베어링 케이스에 실(Seal)이 들어갈 수 있는 블록을 말한다. 회전운동을 주로 하는 전동장치의 커버 부분에 이물질의 침입경로를 차단하기 위해 많이 적용된다.

01 KS 규격 찾는 방법

[그림 7-1]에서 d_2와 가장 인접한 d_1의 치수가 기준이 되고 d_1의 치수는 축일 수도 있고, 다른 것일 수도 있다. 적용되는 주요 치수는 d_1을 기준으로 d_2, d_3, f_1, f_2, **각도**($°$)가 된다[표 7-1].

참고 입체도

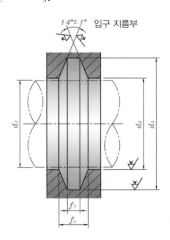

(a) 플러머블록 주요부 치수

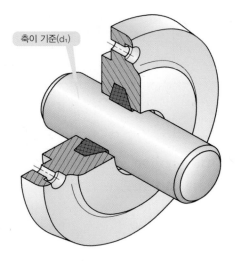

(b) 축이 기준이 되는 경우

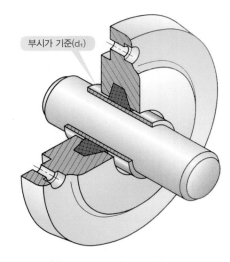

(c) 부시가 기준이 되는 경우

[그림 7-1] 플러머블록이 적용된 커버

적용 예

전동장치에서 부시의 외경 d_1이 Ø30mm일 때의 적용 예

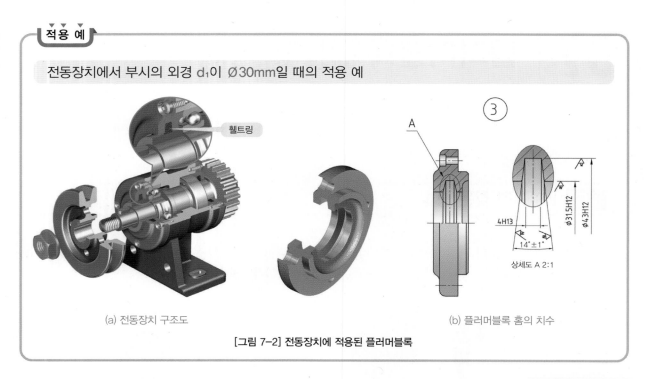

(a) 전동장치 구조도

(b) 플러머블록 홈의 치수

[그림 7-2] 전동장치에 적용된 플러머블록

[표 7-1] 플러머블록 KS 데이터　　　　　　　　　　　　　　　　　　　KS B 2052 : 폐지

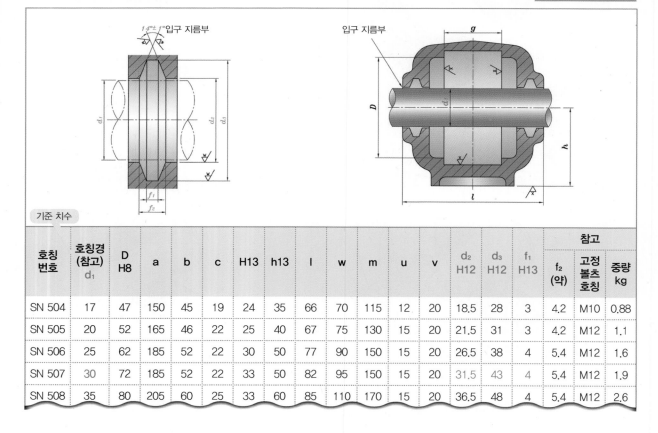

기준 치수

호칭 번호	호칭경 (참고) d_1	D H8	a	b	c	H13	h13	l	w	m	u	v	d_2 H12	d_3 H12	f_1 H13	참고		
																f_2 (약)	고정 볼츠 호칭	중량 kg
SN 504	17	47	150	45	19	24	35	66	70	115	12	20	18.5	28	3	4.2	M10	0.88
SN 505	20	52	165	46	22	25	40	67	75	130	15	20	21.5	31	3	4.2	M12	1.1
SN 506	25	62	185	52	22	30	50	77	90	150	15	20	26.5	38	4	5.4	M12	1.6
SN 507	30	72	185	52	22	33	50	82	95	150	15	20	31.5	43	4	5.4	M12	1.9
SN 508	35	80	205	60	25	33	60	85	110	170	15	20	36.5	48	4	5.4	M12	2.6

08 │ 나사(KS B ISO 6410)

- **용도** : 기계부품을 체결, 고정 또는 거리 조정 등에 사용하는 것 이외에 동력전달에도 널리 사용된다.
- 나사는 KS B ISO 6410에 의거하여 약도법으로 제도하는 것을 원칙으로 한다.

01 나사 제도

(1) 관통된 나사의 조립도

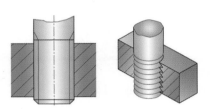

(2) 탭나사의 조립도

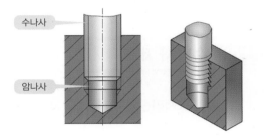

02 암나사 제도

(1) 관통된 암나사 제도

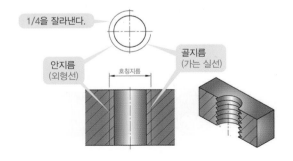

(2) 탭나사 제도

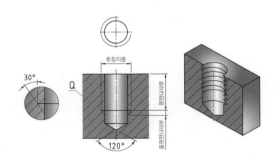

(3) 관통된 암나사 치수기입법

① 치수선과 치수보조선에
   의한 치수기입법

② 지시선에 의한 치수
   기입법

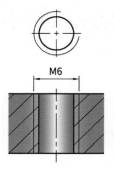

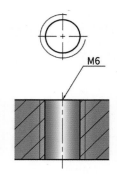

(4) 탭나사 치수기입법

① 치수선과 치수보조선에
   의한 치수기입법

② 지시선에 의한 치수
   기입법

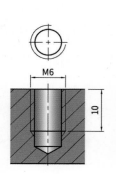

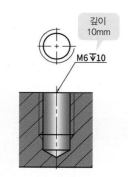

03 수나사 제도

(1) 끝이 모서리진 수나사 제도

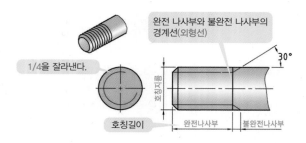

(2) 끝이 둥근 수나사 제도

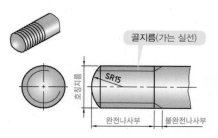

(3) 끝이 모서리진 수나사 치수기입법

① 치수선과 치수보조선에 의한 치수기입법

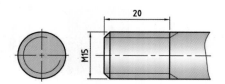

② 지시선에 의한 치수기입법

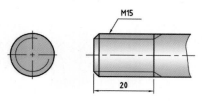

(4) 끝이 둥근 수나사 치수기입법

① 치수선과 치수보조선에 의한 치수기입법

② 지시선에 의한 치수기입법

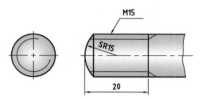

04 나사기호 및 호칭기호 표시방법

[표 8-1] 나사기호 표시방법　　　　`KS B 0200`

구분		나사의 종류		기호	나사의 호칭기호 표시방법	관련 규격
일반용	I S O 표 준 에 있 는 것	미터 보통나사		M	M8	KS B 0201
		미터 가는나사		M	M8X1	KS B 0204
		미니추어 나사		S	S0.5	KS B 0228
		유니파이 보통나사		UNC	3/8 − 16 UNC	KS B 0203
		유니파이 가는나사		UNF	No.8 − 36 UNF	KS B 0206
		미터 사다리꼴나사		Tr	Tr10X2	KS B 0229의 본문
		관용 테이퍼나사	테이퍼 수나사	R	R3/4	KS B 0222의 본문
			테이퍼 암나사	Rc	Rc3/4	
			평행 암나사	Rp	Rp3/4	

05 KS 규격 찾는 방법

설계자가 선정한 나사의 호칭이 [표 8-2]에서와 같은 KS 데이터에 있는지 없는지를 먼저 알아볼 수 있어야 한다. 보통나사(예 : M3×0.5)에 피치와 호칭치수를 같이 기입하지 않아도 되나 기입해도 틀린 것은 아니다 (예 : 나사제도법 참조).

[표 8-2] KS 미터보통나사 데이터   KS B 0201

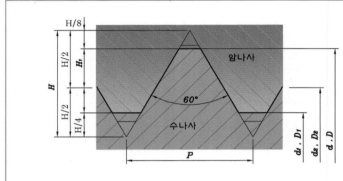

$H = 0.866025P$
$H_1 = 0.541266P$
$d_2 = d - 0.649519P$
$d_1 = d - 1.082532P$
$D = d \quad D_2 = d_2 \quad D_1 = d_1$

미터보통나사

					암나사		
나사의 호칭			피치 P	접촉높이 H$_1$	골지름 D	유효지름 D$_2$	안지름 D$_1$
					수나사		
1	2	3			바깥지름 d	유효지름 d$_2$	골지름 d$_1$
M1 M1.2	M1.1		0.25 0.25 0.25	0.135 0.135 0.135	1.000 1.100 1.200	0.838 0.938 1.038	0.729 0.829 0.929
M1.6	M1.4 M1.8		0.3 0.35 0.35	0.162 0.189 0.189	1.400 1.600 1.800	1.205 1.373 1.578	1.075 1.221 1.421
M2 M2.5	M2.2		0.4 0.45 0.45	0.217 0.244 0.244	2.000 2.200 2.500	1.740 1.908 2.208	1.567 1.713 2.013
M3 M4	M3.5		0.5 0.6 0.7	0.271 0.325 0.379	3.000 3.500 4.000	2.675 3.110 3.545	2.459 2.850 3.242

09 | 자리파기(ISO : 4762)

• **용도** : 볼트, 너트 혹은 작은 나사의 머리가 공작물에 가지런히 묻힐 수 있도록 가공하는 작업이다.
그러나 자리파기 가공을 하게 되면 가공 공수(工數)가 많아지고 체결부의 강도 및 강성이 저하되는 단점도
있으므로 적용할 때 이와 같은 사항도 고려해야 할 것이다.

01 KS 규격 찾는 방법

미터나사의 호칭(예 : M6)을 기준으로 **드릴구멍(D), 자리파기의 모양(⎣⎦, ∨), 깊이(▼)**를 찾아 적용
할 수 있다.

적용 예

육각구멍붙이볼트 M6, 카운터보링에 관한 치수기입을 해보면 [그림 9-1]과 같이 지시선에 의해 기입하는
방법(a)과 치수선과 치수보조선에 의한 기입법(b)이 있다.

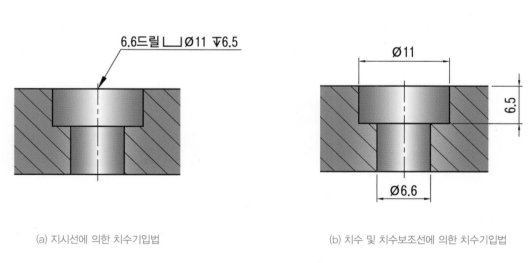

(a) 지시선에 의한 치수기입법   (b) 치수 및 치수보조선에 의한 치수기입법

[그림 9-1] 자리파기 치수기입법

[표 9-1] 볼트구멍 KS B1007, 자리파기 ISO 4762

호칭		DS		DCB		DCS		
BOLT TAP	볼트구멍	D	DP	D	DP	DP	ANGLE	
M3	3.4	9	0.2	6.5	3.3	1.75		
M4	4.5	11	0.3	8	4.4	2.3		
M5	5.5	13	0.3	9.5	5.4	2.8	90°	
M6	6.6	15	0.5	11	6.5	3.4		
M8	9	20	0.5	14	8.6	4.4		
M10	11	24	0.8	17.5	10.8	5.5		
M12	14	28	0.8	20	13	6.5		
(M14)	16	32	0.8	23	15.2	7	90°	
M16	18	35	1.2	26	17.5	7.5		
M18	20	39	1.2	29	19.5	8		
M20	22	43	1.2	32	21.5	8.5		
M22	24	46	1.2	35	23.5	13.2		
M24	26	50	1.6	39	25.5	14		
M27	30	55	1.6	43	29	–	60°	
M30	33	62	1.6	48	32	16.6		
M33	36	66	2	54	35	–		

기준이 되는 나사치수

6.6드릴 ⌴Ø15 ▼0.5

6.6드릴 ⌴Ø11 ▼6.5

6.6드릴 ∨90° ▼3.4

* 볼트구멍 지름은 KS B 1007 2급과 해당 표준에 따르고, 자리파기 치수는 ISO 4762 표준에 따르나 약간씩 치수차가 있다.

적용 예

전동장치 몸체에 M4 나사가 파져 있을 때 품번 ⑤에 카운터보링(DCB) 치수를 적용한 경우이다.

자리파기 가공으로 인해 6각구멍붙이 볼트머리가 묻혀 있다.

① 본체   ⑤ 커버

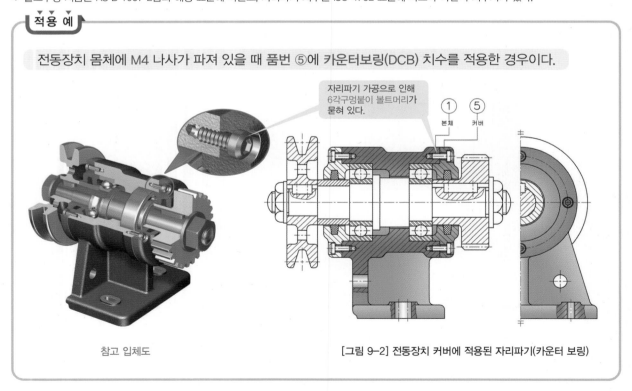

참고 입체도

[그림 9-2] 전동장치 커버에 적용된 자리파기(카운터 보링)

적용 예

[표 9-1]의 KS 데이터에 의거한 전동장치 부품도 치수

(a) 지시선에 의한 치수기입법　　　(b) 치수 및 치수보조선에 의한 치수기입법

TIP

- **스폿페이싱(Spot Facing)** : 육각볼트, 너트의 머리가 조금 묻힐 수 있도록 자리파기를 하는 가공
- **카운터보링(Counter Boring)** : 육각구멍붙이 머리가 완전히 묻힐 수 있도록 자리파기를 하는 가공
- **카운터싱킹(Counter Sinking)** : 접시머리나사의 머리부가 완전히 묻힐 수 있도록 자리파기를 하는 가공

※ 스폿페이싱 가공은 표피만 깎아내는 정도의 미미한 가공이므로 실무에서는 거의 사용하지 않는다.

10 | V-벨트풀리(KS B 1400)

• **용도** : 간접 접촉으로 동력을 전달하는 회전체이다. V-벨트풀리 전동효율은 95~99% 정도이며 크기는 형별에 따라 **M, A, B, C, D, E형**으로 정의하고 폭이 가장 작은 것은 **M형**, 가장 큰 것은 **E형**이다.

01 KS 규격 찾는 방법

[표 10-1]의 KS 데이터에서, 호칭치수는 **형별**(예 : M형)과 **dp**(호칭경)가 된다. 그리고 dp를 기준으로 α°, lo, k, ko, e, f, de, r 치수 등과 그에 따른 허용차 값들을 적용할 수 있다.

[표 10-1] V-벨트풀리 KS 데이터　　　　　`KS B 1400`

V-벨트풀리 홈 치수

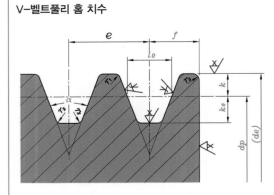

* M형은 원칙적으로 한 줄만 걸친다.(e)

홈부의 치수허용차

V벨트의 형별	α의 허용차(°)	k의 허용차	e의 허용차	f의 허용차
M			−	
A		+0.2 0	±0.4	±1
B	±0.5			
C		+0.3 0		
D		+0.4 0	±0.5	+2 −1
E		+0.5 0		+3 −1

* k의 허용치는 외경 de를 기준으로 하며 홈 폭의 lo가 되는 dp 위치의 허용차를 표시한다.

형별	호칭경(dp)	α°	lo	k	ko	e	f	r₁	r₂	r₃	(참고) V벨트의 두께
M	50 이상 71 이하 71 초과 90 이하 90 초과	34 36 38	8.0	2.7	6.3	−	9.5	0.2~0.5	0.5~1.0	1~2	5.5
A	71 이상 100 이하 100 초과 125 이하 125 초과	34 36 38	9.2	4.5	8.0	15.0	10.0	0.2~0.5	0.5~1.0	1~2	9
B	125 이상 160 이하 160 초과 200 이하 200 초과	34 36 38	12.5	5.5	9.5	19.0	12.5	0.2~0.5	0.5~1.0	1~2	11
C	200 이상 250 이하 250 초과 315 이하 315 초과	34 36 38	16.9	7.0	12.0	25.5	17.0	0.2~0.5	1.0~1.6	2~3	14
D	355 이상 450 이하 450 초과	36 38	24.6	9.5	15.5	37.0	24.0	0.2~0.5	1.6~2.0	3~4	19
E	500 이상 630 이하 630 초과	36 38	28.7	12.7	19.3	44.5	29.0	0.2~0.5	1.6~2.0	4~5	25.5

[표 10-2] 주철재 V-벨트풀리의 바깥 둘레 및 측면의 흔들림 허용차와 바깥지름의 허용차　`KS B 1400`

호칭지름	바깥둘레 흔들림의 허용차	림 측면 흔들림의 허용차	바깥지름 de의 허용차
75 이상 118 이하	0.3	0.3	±0.6
125 이상 300 이하	0.4	0.4	±0.8
125 이상 300 이하	0.6	0.6	±1.2
125 이상 300 이하	0.8	0.8	±1.6

적용 예

(1) 전동장치 조립

전동장치에서 품번 ④ A형, dp=101mm일 때의 적용 예

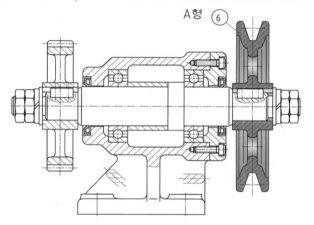

[그림 10-1] 전동장치에 적용된 V-벨트풀리

(2) 품번 ④ V-벨트풀리 부품도

KS B 1400에 의거하여 치수 기입

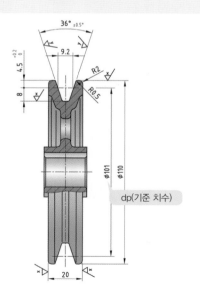

* 도면은 V-벨트풀리에 관한 주요 치수만 표시하였다.

[그림 10-2] KS 데이터에 의한 V-벨트풀리 주요부 치수

11 | 롤러 체인스프로킷(KS B 1408)

•용도 : 간접 접촉에 의한 동력 전달에 이용되는 치차라 생각하면 쉽다. 체인전동은 전동효율이 확실하고 (95% 이상) 또 속도비가 정확한 장점은 있으나 고속회전용으로는 부적당하고 진동 및 소음 등이 심하다는 단점도 있다.

01 KS 규격 찾는 방법

체인 호칭번호와 잇수에 의해 각 치수들이 정의된다.

호칭, 원주피치, 롤러 외경, 잇수, 치형, 피치원지름 등의 치수는 요목표를 따로 만들어 정확히 기입하는 것이 바람직하다.

예를 들어 **호칭번호 40, N(Z) : 17**이란 값이 정의되어 있다고 하면, 이것은 **호칭번호가 40**이고, **잇수가 17개**란 뜻이다. **호칭번호**에 의해 원주피치 p, 롤러외경 Dr, 치형 하나를 가공하기 위한 각부 치수들이 정의되고 잇수에 의해 피치원직경 Dp, 표준직경 Do, 최대보스직경 DH 등이 KS 규격에 정의되며, 적용되는 치수와 스프로킷 제도법은 [그림 11-1]과 같다.

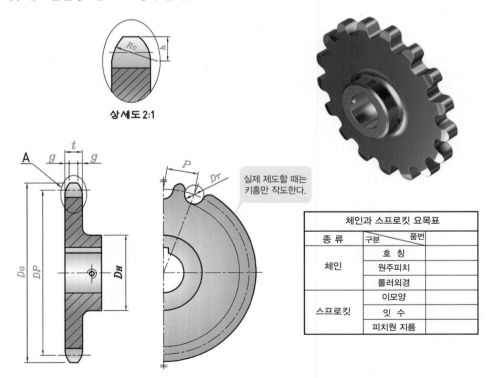

체인과 스프로킷 요목표		
종 류	구분＼품번	
체인	호 칭	
	원주피치	
	롤러외경	
스프로킷	이모양	
	잇 수	
	피치원 지름	

[그림 11-1] 롤러 체인스프로킷 제도와 주요부 치수 기입방법

[표 11-1] 롤러 체인스프로킷 KS 데이터 – Ⅰ　　　KS B 1408

가로 치형

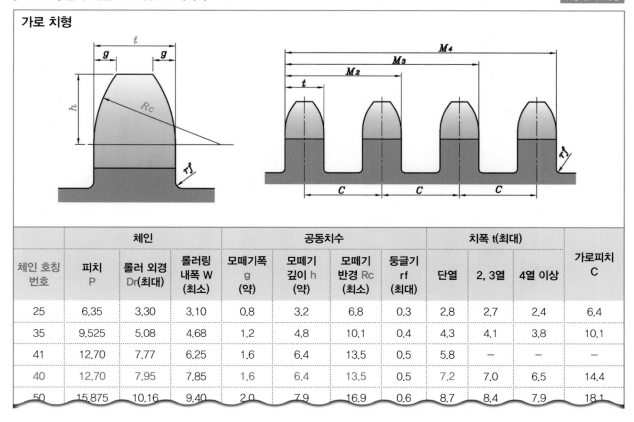

체인 호칭 번호	체인			공동치수				치폭 t(최대)			가로피치 C
	피치 P	롤러 외경 Dr(최대)	롤러링 내폭 W (최소)	모떼기폭 g (약)	모떼기 깊이 h (약)	모떼기 반경 Rc (최소)	둥글기 rf (최대)	단열	2, 3열	4열 이상	
25	6.35	3.30	3.10	0.8	3.2	6.8	0.3	2.8	2.7	2.4	6.4
35	9.525	5.08	4.68	1.2	4.8	10.1	0.4	4.3	4.1	3.8	10.1
41	12.70	7.77	6.25	1.6	6.4	13.5	0.5	5.8	–	–	–
40	12.70	7.95	7.85	1.6	6.4	13.5	0.5	7.2	7.0	6.5	14.4
50	15.875	10.16	9.40	2.0	7.9	16.9	0.6	8.7	8.4	7.9	18.1

[표 11-2] 롤러 체인스프로킷 KS 데이터 – Ⅱ　　　KS B 1408

체인 호칭번호 40용 스프로킷의 기준 치수											
잇수 N	피치원 직경 Dp	표준 외경 Do	치저원 직경 DB	치저 거리 Dc	최대보수 직경 DH	잇수 N	피치원 직경 Dp	표준 외경 Do	치저원 직경 DB	치저 거리 Dc	최대보스 직경 DH
11	45.08	51	37.13	36.67	30	66	266.91	274	258.96	258.96	253
12	49.07	55	41.13	41.12	34	67	370.95	278	263.00	262.92	257
13	53.07	59	45.12	44.73	38	68	274.99	282	267.04	267.04	261
14	57.07	63	49.12	49.12	42	69	279.03	286	271.08	271.01	265
15	61.08	67	53.13	52.80	46	70	283.07	290	275.12	275.12	269
16	65.10	71	57.15	57.15	50	71	287.11	294	279.16	279.09	273
17	69.12	76	61.17	60.87	54	72	291.16	299	283.21	283.21	277
18	73.14	80	65.19	65.19	59	73	295.20	303	287.25	287.18	281
19	77.16	84	69.21	68.95	63	74	299.24	307	291.29	291.29	286
20	81.18	88	73.23	73.23	67	75	303.28	311	295.33	295.26	290

적용 예

(1) 편심장치 조립도

편심장치에서 품번 ⑤, 호칭번호 40, N(Z) : 17일 때의 적용 예

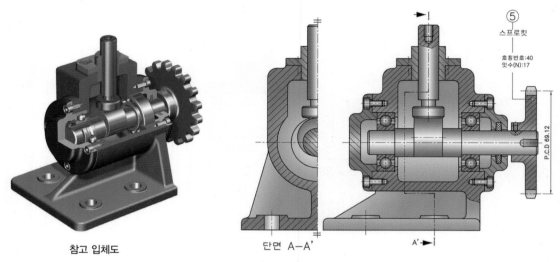

참고 입체도   단면 A–A'

[그림 11-2] 편심장치에 적용된 롤러 체인스프로킷

(2) 편심장치 부품도

[표 11-1]과 [표 11-2]에 의거하여 치수 입력

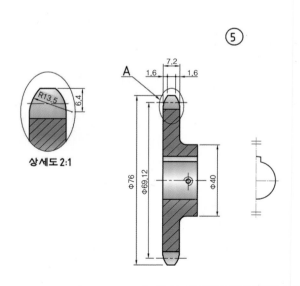

상세도 2:1

체인과 스프로킷 요목표		
종 류	구분 품번	5
체인	호 칭	40
	원주피치	12.70
	롤러외경	7.95
스프로킷	이모양	U
	잇 수	17
	피치원 지름	69.12

[그림 11-3] 적용된 롤러 체인스프로킷의 주요부 치수와 요목표

248

12 | O링(KS B 2799)

- **용도 :** 니트릴 고무 재질로 만든 단면이 원형인 **실(Seal)용 링**으로서 축이나 하우징에서 오일 누유(가스) 및 이물질 차단의 목적으로 이용된다.
  (참고 : P계열은 운동용과 고정용, G계열은 고정용으로만 사용한다.)

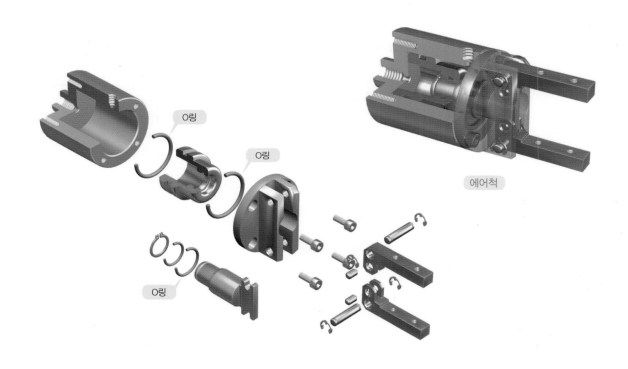

O링

O링

O링

에어척

[그림 12-1] 에어척에 적용된 O링

> **TIP**
>
> 에어척은 반도체 조립공장과 자동차 생산공장 기타 자동화 생산라인에서 부품 조립 시 가장 중요한 역할을 한다. 로봇 손가락의 기초라고 할 수 있으며 Air(공기)를 이용하기 때문에 O링의 역할이 매우 크다.

01 KS 규격 찾는 방법 - Ⅰ

호칭치수 d와 D를 기준으로 홈의 폭인 G와 홈의 구석 라운드 R 그리고 그에 따른 **공차값**을 적용할 수 있다.
(1) 적용 예 : 호칭치수 D = 40H9, d = 20h9

[표 12-1] O링 부착부의 치수　　　　　　　　　　　　　　　　　　　　　　　　　　　KS B 2799

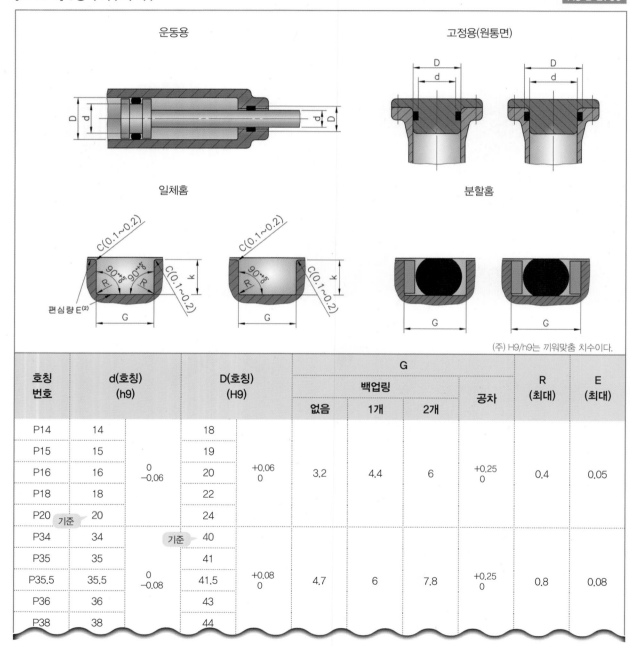

(주) H9/h9는 끼워맞춤 치수이다.

호칭 번호	d(호칭) (h9)	D(호칭) (H9)	G				R (최대)	E (최대)
			백업링			공차		
			없음	1개	2개			
P14	14	18						
P15	15	19						
P16	16	20	3.2	4.4	6	+0.25 0	0.4	0.05
P18	18	0 −0.06	22	+0.06 0				
P20 기준	20	24						
P34	34	40 기준						
P35	35	41						
P35.5	35.5	41.5	4.7	6	7.8	+0.25 0	0.8	0.08
P36	36	0 −0.08	43	+0.08 0				
P38	38	44						

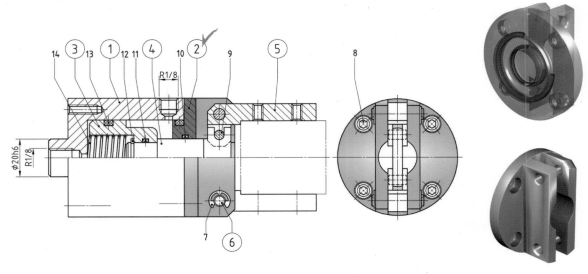

[그림 12-2] 실린더헤드에 적용된 O링

· **에어척 부품 ②번에 적용된 O링** : 호칭치수 D(호칭) = 40H9, d(호칭) = 20h9을 기준으로 도면에 적용된 규격치수

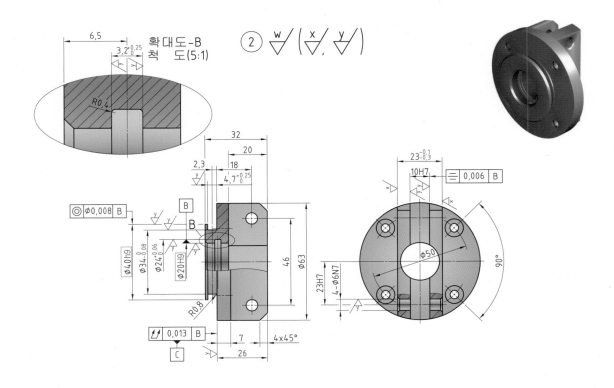

02 KS 규격 찾는 방법 - II

호칭치수 d와 D를 기준으로 홈의 폭인 G와 홈의 구석 라운드 R 그리고 그에 따른 **공차값**을 적용할 수 있다.
(2) 적용 예 : 호칭치수 D(호칭) = 40H9, d(호칭) = 16h9

[표 12-2] O링 부착부의 치수　　　　　　　　　　　　　　　　　　　　　　　　　　　　`KS B 2799`

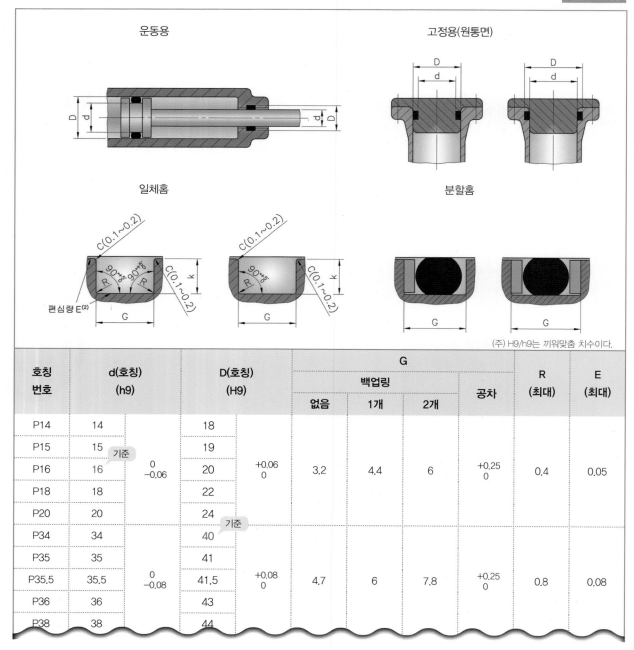

(주) H9/h9는 끼워맞춤 치수이다.

호칭 번호	d(호칭) (h9)	D(호칭) (H9)	G				R (최대)	E (최대)
				백업링		공차		
			없음	1개	2개			
P14	14	18						
P15	15	19						
P16	16	20	3.2	4.4	6	+0.25 0	0.4	0.05
P18	18	22						
P20	20	24						
P34	34	40						
P35	35	41						
P35.5	35.5	41.5	4.7	6	7.8	+0.25 0	0.8	0.08
P36	36	43						
P38	38	44						

d(호칭) (h9) 공차: 0 / −0.06 (P14~P20), 0 / −0.08 (P34~P38)
D(호칭) (H9) 공차: +0.06 / 0 (P14~P20), +0.08 / 0 (P34~P38)

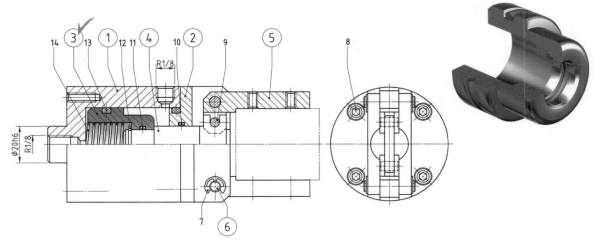

[그림 12–3] 피스톤에 적용된 O링

• **에어척 부품 ③번에 적용된 O링 :** 호칭치수 D(호칭) = 40H9, d(호칭) = 16h9을 기준으로 도면에 적용된
규격치수

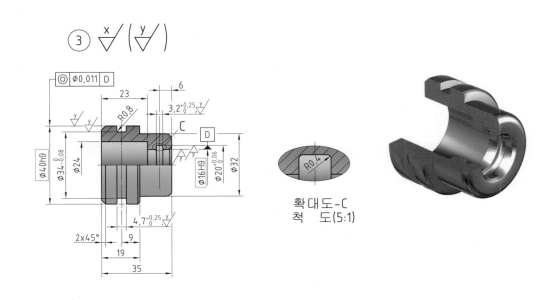

확대도-C
척   도(5:1)

13 | 센터 구멍 도시 및 표시방법 (KS A ISO 6411-1)

센터는 선반가공에서 공작물을 지지하는 부속장치로서 주로 축가공 시 사용된다.
센터 구멍의 치수는 KS B 0410을 따르고, 도시 및 표시방법은 KS A ISO 6411-1에 따른다.

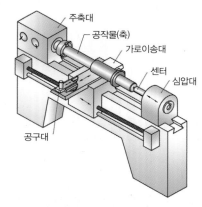

[그림 13-1] 선반의 센터로 지지한 축 가공

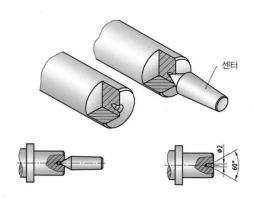

[그림 13-2] 센터 구멍

(1) 센터 구멍의 종류[KS B 0410] * 제2종(75° 센터 구멍)은 되도록 사용하지 않는다.

종류	센터 각도	형식	비고
제1종	60°	A형, B형, C형, R형	A형 : 모떼기부가 없다.
제2종	75°	A형, B형, C형	B형, C형 : 모떼기부가 있다.
제3종	90°	A형, B형, C형	R형 : 곡선 부분에 곡률 반지름 r 이 표시된다.

(2) 센터 구멍의 표시방법[KS B 0618]

센터 구멍	반드시 남겨둔다.	남아 있어도 좋다.	남아 있어서는 안 된다.	기호 크기
도시 기호	<	없음	K	60°, 5, 약 4mm, 중간선(약 0.35mm)
도시 방법	규격번호, 호칭방법	규격번호, 호칭방법	규격번호, 호칭방법	

적용 예

(1) 센터 구멍을 남겨놔야 할 때 치수기입법

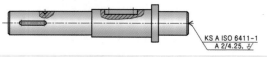

KS A ISO 6411-1
A 2/4.25,

(2) 센터 구멍을 남겨놓지 말아야 할 때 치수기입법

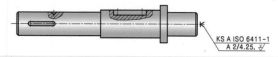

KS A ISO 6411-1
A 2/4.25,

KS A ISO 6411= 규격번호, A= 센터 구멍 종류(R 또는 B), 2/4.25= 호칭 지름(d)/카운터싱크 지름(D)

254

14 | 센터 구멍 규격 (KS B 0410)

단위 : mm

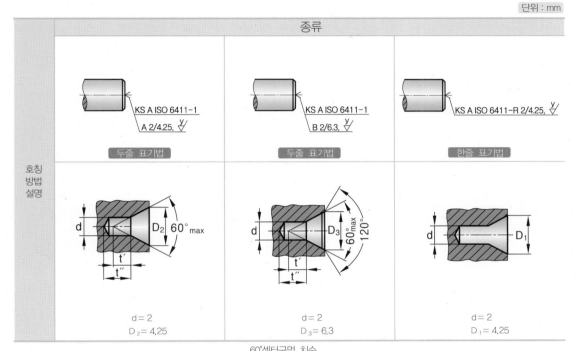

종류		
KS A ISO 6411-1 A 2/4.25, ∀ 두줄 표기법	KS A ISO 6411-1 B 2/6.3, ∀ 두줄 표기법	KS A ISO 6411-R 2/4.25, ∀ 한줄 표기법
d=2 D₂=4.25	d=2 D₃=6.3	d=2 D₁=4.25

호칭 방법 설명

60°센터구멍 치수

d 호칭 지름	A형 KS B ISO 866에 따름		B형 KS B ISO 2540에 따름		R형 KS B ISO 2541에 따름
	D_2	t'	D_3	t'	D_1
(0.5)	1.06	0.5	–	–	–
(0.63)	1.32	0.6	–	–	–
(0.8)	1.70	0.7	–	–	–
1.0	2.12	0.9	3.15	0.9	2.12
(1.25)	2.65	1.1	4	1.1	2.65
1.6	3.35	1.4	5	1.4	3.35
2.0	4.25	1.8	6.3	1.8	4.25
2.5	5.30	2.2	8	2.2	5.30
3.15	6.70	2.8	10	2.8	6.70
4.0	8.50	3.5	12.5	3.5	8.50
(5.0)	10.60	4.4	16	4.4	10.60
6.3	13.20	5.5	18	5.5	13.20
(8.0)	17.00	7.0	22.4	7.0	17.00
10.0	21.20	8.7	28	8.7	21.20

비고
1. t'' 는 t' 보다 작은 값이 되면 안 된다.
2. ( )를 붙인 호칭의 것은 되도록 사용하지 않는다.

전 산 응 용 기 계 제 도 실 기 · 실 무

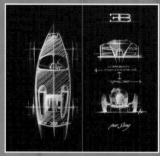

주석(주서)문의
보기와 해석

💬 **BRIEF SUMMARY**

주석(주서)문은 도면에 표현하지 못한 내용이나 혹은 특별한 가공이 있는 부분 등 기타 지시사항들을 문서로써 간단명료하게 지시하는 것이다.

01 | 주석(주서)문의 보기

도면을 읽기 전에 가장 먼저 확인해야 할 것은 주석문과 표제란, 부품란이다.
주석문에는 미처 도면에 그림으로 표현하지 못한 부분이나 기타 도면에 자주 중복이 되는 치수들, 공작자에게
지시할 기타 사항들을 문서로써 간단 명료하게 기입하는 것이다.
주석문에는 특별한 규정이나 순서는 없다. 그러나 문장 형식으로 너무 길게 쓴다든가, 보는 사람으로 하여금
혼동을 줄 수 있는 용어는 되도록 생략하는 것이 좋다.

주 서

1. 일반공차　가) 가공부 : KS B ISO 2768-m
　　　　　　　나) 주조부 : KS B 0250 CT-11
　　　　　　　다) 주강부 : KS B 0418 보통급

2. 도시되고 지시 없는 모따기는 C1, 필렛 및 라운드 R3

3. 일반 모따기 C = 0.2~0.5

4. ▽ 부 외면 명청색, 명적색 도장 후 가공(품번 ①, ②)

5. 표면 열처리 HRC43~52(품번 ③, ④)

6. 표면 거칠기 기호 비교표

　▽ = ▽ , - , -

　$\overset{w}{\bigtriangledown}$ = $\overset{12.5}{\bigtriangledown}$, Ry50, Rz50, N10

　$\overset{x}{\bigtriangledown}$ = $\overset{3.2}{\bigtriangledown}$, Ry12.5, Rz12.5, N8

　$\overset{y}{\bigtriangledown}$ = $\overset{0.8}{\bigtriangledown}$, Ry3.2, Rz3.2, N6

　$\overset{z}{\bigtriangledown}$ = $\overset{0.2}{\bigtriangledown}$, Ry0.8, Rz0.8, N4

02 | 주석(주서)문의 해석

1. 일반공차

   가) 가공부 : KS B ISO 2768-m
   나) 주조부 : KS B 0250 CT-11
   다) 주강부 : KS B 0418 보통급

■ 해석

도면에 작도된 부품도 중 **일반기계 가공부는 KS B ISO 2768-m(중간급)**, 주조품은 KS B 0250 CT-11(11등급), 주강품은 KS B 0418에 규정된 일반공차값에 따른다는 내용이다.

① 일반기계 가공부 치수 허용차

[표 2-1] 일반기계 가공부 허용편차[KS B ISO 2768]   단위 : mm

공차등급		보통 치수에 대한 허용차							
호칭	설명	0.5초과 3 이하	3 초과 6 이하	6 초과 30 이하	30 초과 400 이하	120 초과 400 이하	400 초과 1000 이하	1000 초과 2000 이하	2000 초과 4000 이하
f	정밀	±0.05	±0.05	±0.1	±0.15	±0.2	±0.3	±0.5	-
m	중간	±0.1	±0.1	±0.2	±0.3	±0.5	±0.8	±1.2	±2
c	거침	±0.2	±0.3	±0.5	±0.8	±1.2	±2	±3	±4
v	매우 거침	-	±0.5	±1	±1.5	±2.5	±4	±6	±8

* 표시법 : KS B ISO 2768-m

[표 2-2] 일반기계 가공부 각도의 허용차[KS B ISO 2768]   단위 : mm

공차등급		각을 이루는 치수에 대한 허용차				
호칭	설명	10 이하	10 초과 50 이하	50 초과 120 이하	120 초과 400 이하	400 초과
f	정밀	±1°	±0°30′	±0°20′	±0°10′	±0°5′
m	중간					
c	거침	±1°30′	±1°	±0°30′	±0°15′	±0°10′
v	매우 거침	±3°	±2°	±1°	±0°30′	±0°20′

② 주조부 치수 허용차

[표 2-3] 주조한 그대로의 주조품의 치수공차[KS B 0250]   단위 : mm

주조품의 기준 치수		전체 주조공차															
		주조 공차 등급 CT															
초과	이하	1	2	3	4	5	6	7	8	9	10	11	12	13	14	15	16
–	10	0.09	0.13	0.18	0.26	0.36	0.52	0.74	1	1.5	2	2.8	4.2	–	–	–	–
10	16	0.1	0.14	0.2	0.28	0.38	0.54	0.78	1.1	1.6	2.2	3	4.4	–	–	–	–
16	25	0.11	0.15	0.22	0.3	0.42	0.58	0.82	1.2	1.7	2.4	3.2	4.6	6	8	10	12
25	40	0.12	0.17	0.24	0.32	0.46	0.64	0.9	1.3	1.8	2.6	3.6	5	7	9	11	14
40	63	0.13	0.18	0.26	0.36	0.5	0.7	1	1.4	2	2.8	4	5.6	8	10	12	16
63	100	0.14	0.2	0.28	0.4	0.56	0.78	1.1	1.6	2.2	3.2	4.4	6	9	11	14	18
100	160	0.15	0.22	0.3	0.44	0.62	0.88	1.2	1.8	2.5	3.6	5	7	10	12	16	20
160	250	–	0.24	0.34	0.5	07	1	1.4	2	2.8	4	5.6	8	11	14	18	22
250	400	–	–	0.4	0.56	0.78	1.1	1.6	2.2	3.2	4.4	6.2	9	12	16	20	25
400	630	–	–	–	0.64	0.9	1.2	1.8	2.6	3.6	4	7	10	14	18	22	28
630	1,000	–	–	–	–	1	1.4	2	2.8	4	6	8	11	16	20	25	32
1,000	1,600	–	–	–	–	–	1.6	2.2	3.2	4.6	7	9	13	18	23	29	37
1,600	2,500	–	–	–	–	–	–	2.6	3.8	5.4	8	10	15	21	26	33	42
2,500	4,000	–	–	–	–	–	–	–	4.4	6.2	9	12	17	24	30	38	49
4,000	6,300	–	–	–	–	–	–	–	–	7	10	14	20	28	35	44	56
6,300	10,000	–	–	–	–	–	–	–	–	–	11	16	23	32	40	50	64

* 표시법 : KS B ISO 2050 CT-12, KS B ISO 8062 CT-12

③ 주강부 치수 허용차

주강부 등급은 A급(정밀급), B급(중급), C급(보통급)의 3등급으로 규정한다(KS B 0418 규격 참조).

2. 도시되고 지시 없는 모따기는 C1, 필렛 및 라운드 R3

■ 해석

모따기나 라운딩 치수 중 같은 값이 여러 곳에 중복되면 [그림 2-1]과 같이 도면이 조잡스럽고 복잡해 보인다. 여기에서 지시된 내용을 해석해 보자면, C1과 R3에 해당되는 치수들은 굳이 도면에 기입하지 않아도 된다. 그러나 그 이상의 값이나 이하의 값은 기입해야 한다.

> **TIP**
>
> 가장 많이 쓰이는 평균값을 일괄적으로 주투상도 곁에나 주석에 간결하고 알기 쉽도록 표기한 것이다.

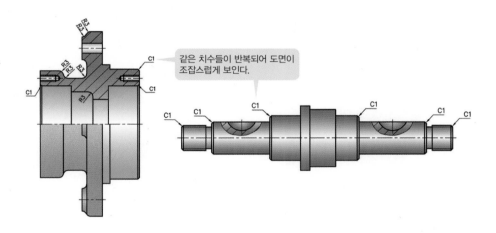

[그림 2-1] 모따기, 라운딩 치수에 관한 주석문 표기

3. 일반 모따기 C = 0.2~0.5

■ 해석

[그림 2-2]와 같이 C나 R의 치수값이 특별히 도면에 기입되어 있지 않아도 주석문에 지시된 '일반 모따기 C = 0.2~0.5'라는 정의에 따라 그림에서 B와 같은 날카로운 부분의 모따기, 치수값의 범위를 정의한 내용이다.

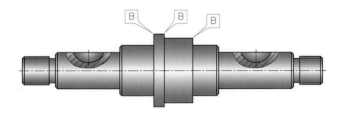

[그림 2-2] 일반 모따기 주석문 표기

4. ✓ 부 외면 명청색, 명적색 도장 후 가공(품번 ①, ②)

■ 해석

[그림 2-3]에서와 같은 주조품인 부품도에서 기계가공 부위와 주물면의 구분으로 주물면에 밝은 청색 도장 또는 적색 도장을 하라는 내용이다.

> **TIP**
>
> 회주철품은 주물면과 기계가공부 모두 회색에 가깝다. 이를 쉽게 구분할 수 있도록 주물면에 청색이나 적색 도장을 하는 경우가 있다.

참고 입체도

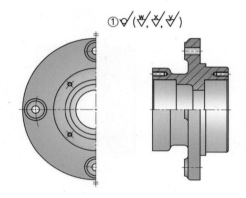

(a) 주조부 외면의 명청색 도장

참고 입체도

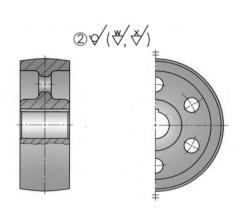

(b) 주조부 외면의 명적색 도장

[그림 2-3] 기계가공부와 주조부를 구분하기 위한 주석문 표기

5. 표면 열처리 HRC 43~52(품번 ③, ④)

■ 해석

[그림 2-5, 2-6]과 같이 굵은 일점쇄선(─·─)으로 표시한 부분에 표면열처리를 하라는 내용이고 그 열처리
부의 로크웰 경도값이 43~52라는 뜻이다[표 2-4], [표 2-5].

> 주로 마찰운동을 하는 부위는 마찰열로 인한 변형이 생기기 쉬우므로 특수한 가공이나 표면열처리를 부여하는 경우가 있다.

HRC = 경도시험 중 로크웰 경도 C스케일을 뜻한다.
시험원리는 선단각 120° 원뿔 다이아몬드를 이용해, 측정 대상의 표면에 눌러대고 압입깊이(h)로서 경도를
측정하게 된다.

> 로크웰 경도시험에서 압입강구를 이용한 B스케일은 연한 재료의 경도시험을, C스케일은 단단한 재료의 경도시험에 이용된다.

표면열처리를
부여해야 될 표면

참고 입체도

> TIP
> 주석문 작성 시 반드시 위 형식과 동일하게 할 필요는 없다. 위에서 보여준 형식은 하나의 예일 뿐 그 순서와 내용은 어떠한 형식이건
> 자유롭다. 다만, 보는 사람으로 하여금 이해하기 쉽고 도면에 꼭 필요한 사항만을 간단 명료하게 표기하는 것이 바람직하다.

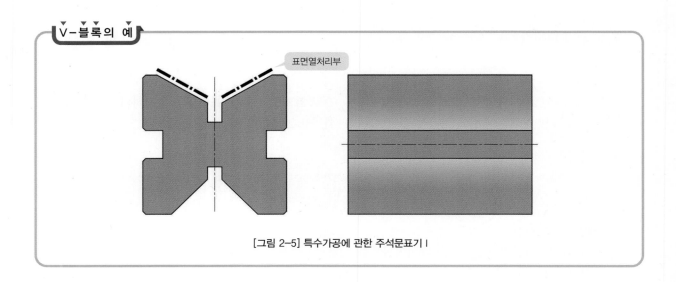

V-블록의 예

표면열처리부

[그림 2-5] 특수가공에 관한 주석문표기 I

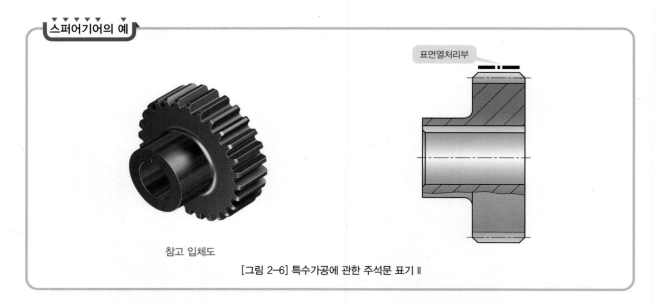

스퍼어기어의 예

표면열처리부

참고 입체도

[그림 2-6] 특수가공에 관한 주석문 표기 II

[표 2-4] 강의 열처리 경도

강의 종류	구 분	탄소 함유량	담금질	용 도	경 도
기계 구조용 탄소강	SM20CK	0.18~0.23	화염고주파	강도와 경도가 크게 요구되지 않는 기계부품	H_RC40
	SM35C	0.32~0.38	화염고주파	크랭크축, 스플라인축, 커넥팅로드	H_RC30
	SM45C	0.42~0.48	화염고주파	톱, 스프링, 레버, 로드	H_RC40
	SM55C	0.52~0.58	화염고주파	강도와 경도가 크게 요구되지 않는 기계부품	H_RC50
	SM9CK	0.13~0.18	침탄	강도와 경도가 크게 요구되지 않는 기계부품	H_RC30
	SM15CK	0.13~0.18	침탄	강도와 경도가 크게 요구되지 않는 기계부품	H_RC35
특수강	SCr430	0.28~0.33	화염고주파	롤러, 줄, 볼트, 캠축, 액슬축, 스터드	H_RC36
	SCr440	0.38~0.43	화염고주파	강력볼트, 너트, 암, 축류, 키, Lock pin	H_RC50
	SCr420	0.18~0.23	침탄	강력볼트, 너트, 암, 축류, 키, Lock pin	H_RC45
크롬, 몰리브덴강	SCM430	0.28~0.33	화염고주파	롤러, 줄, 볼트, 너트	H_RC50
	SCM440	0.38~0.43	화염고주파	암, 축류, 기어, 볼트, 너트	H_RC55
니켈크롬강	SNC236	0.32~0.4	화염고주파	강력볼트, 너트, 크랭크축, 축류, 기어, 스플라인축, 건설기계부품	H_RC55
	SNC631	0.27~0.35	화염고주파	강력볼트, 너트, 크랭크축, 축류, 기어, 스플라인축, 건설기계부품	H_RC50
	SNC836	0.32~0.4	화염고주파	강력볼트, 너트, 크랭크축, 축류, 기어, 스플라인축, 건설기계부품	H_RC55
	SNC415	0.12~0.18	침탄	기어, 피스톤, 핀, 캠축	H_RC55
니켈, 크롬, 몰리브덴강	SNCM240	0.38~0.43	화염고주파	크랭크축, 축류, 연결봉, 기어, 강력볼트, 너트	H_RC56
	SNCM439	0.36~0.43	화염고주파	크랭크축, 축류, 연결봉, 기어, 강력볼트, 너트	H_RC55
	SNCM220	0.17~0.23	침탄	기어, 축류, 롤러, 캠축	H_RC45
탄소공구강	STC3	1.0~1.1	화염고주파	드릴, 끌, 해머, 펀치, 칼, 탭, 블랭킹다이	H_RC62
합금공구강	STS 3	0.9	화염고주파	냉간성형, 다이스, 브로우치, 블랭킹다이	H_RC65

[표 2-5] 실용적인 고주파 담금질 기준사항

| 재질 | 담금질 경도 | | | | | | 담금질 깊이(mm) | | 깊이 (mm) | 최고 전처리 |
| | A(水) | | | B(油) | | | A(水) | B(油) | | |
	H_RC	Hv	Hs	HrC	Hv	Hs	A(水)	B(油)		
SM35C	40-50	390-510	54-67	35-45	350-450	48-60	1.0~2.0	1.0~2.0	4.0	조질
SM40C	45-55	451-600	60-74	40-50	390-510	54-67	1.0~2.0	1.0~2.0	4.0	조질불림
SM45C	50-60	510-700	67-81	43-53	420-560	57-71	0.8~1.5	1.0~2.0	4.0	조질불림
SM50C	55-62	600-750	74-85	45-55	450-600	60-74	0.8~1.5	1.0~2.0	5.0	조질불림
SM55C	58-63	650-770	78-87	50-60	510-700	67-81	0.8~1.5	1.0~2.0	5.0	조질불림
SNC236	45-55	450-600	60-74	40-50	390-510	54-67	1.0~1.8	1.0~1.8	6.0	조질
SNC631	42-52	380-540	56-69	37-47	360-470	50-63	1.0~1.8	1.0~1.8	6.0	조질
SNC836	50-60	510-700	67-81	45-55	450-600	60-74	1.0~1.8	1.0~1.8	6.0	조질
SNCM439	50-58	510-650	67-78	45-53	450-560	60-71	1.0~1.8	1.0~1.8	8.0	조질
SNCM447	55-63	600-770	74-87	50-58	510-650	67-78	1.0~1.8	1.0~1.8	8.0	조질
SCr430	50-60	510-770	67-81	45-55	450-600	60-74	1.0~1.8	1.0~1.8	6.0	조질
SCr435	50-60	510-770	67-81	45-55	450-600	60-74	1.0~1.8	1.0~1.8	6.0	조질
SCr440	55-63	600-700	74-87	50-58	510-650	67-78	1.0~1.8	1.0~1.8	6.0	조질
SCr423	55-63	600-700	74-87	50-58	510-650	67-78	1.0~1.8	1.0~1.8	6.0	조질
SCM425	50-60	510-700	67-81	45-55	450-600	60-74	1.0~1.8	1.0~1.8	8.0	조질
SCM430	50-60	510-700	67-81	45-55	450-600	60-74	1.0~1.8	1.0~1.8	8.0	조질
SCM435	52-62	543-750	68-85	47-57	470-630	63-76	1.0~1.8	1.0~1.8	8.0	조질
SCM440	55-65	600-830	74-85	50-60	510-700	67-81	1.0~1.8	1.0~1.8	8.0	조질
SKH3	50-60	510-700	67-91	45-55	450-600	60-74	1.0~2.0	1.0~2.0	–	조질
SK2	58-63	650-770	78-87	53-58	560-650	71-78	1.0~1.8	1.0~1.8	5.0	조질
SK5	58-63	650-770	78-87	53-58	560-650	71-78	1.0~1.8	1.0~1.8	5.0	조질
SK7	58-63	650-770	78-87	58-58	560-650	71-78	1.0~1.8	1.0~1.8	5.0	조질

* 최고 담금질 깊이 데이터는 수냉(水冷)의 경우임

6. 표면 거칠기 기호 비교표

$\bigvee = \bigvee$, $-$, $-$

$\overset{w}{\bigvee} = \overset{12.5}{\bigvee}$, Ry50, Rz50, N10

$\overset{x}{\bigvee} = \overset{3.2}{\bigvee}$, Ry12.5, Rz12.5, N8

$\overset{y}{\bigvee} = \overset{0.8}{\bigvee}$, Ry3.2, Rz3.2, N6

$\overset{z}{\bigvee} = \overset{0.2}{\bigvee}$, Ry0.8, Rz0.8, N4

■ 해석

도면 내에 기입한 산술(중심선) 평균거칠기(Ra), 최대높이(Ry), 10점평균거칠기(Rz) 값 등을 정의한 내용이다. 주의할 점은 반드시 도면에 기입된 거칠기 값만을 정의해야 한다[표 2-6], [표 2-7].

[표 2-6] 산술 평균거칠기(Ra)의 구분치에 따른 표면 거칠기 비교표준 범위[KS B 0507]   단위 : μm

거칠기 구분치		Ra0.025	Ra0.05	Ra0.1	Ra0.2	Ra0.4	Ra0.8	Ra1.6	Ra3.2	Ra6.3	Ra12.5	Ra25	Ra50
Ra 거칠기 범위	최소치	0.02	0.04	0.08	0.17	0.33	0.66	1.3	2.7	5.2	10	21	42
	최대치	0.03	0.06	0.11	0.22	0.45	0.90	1.8	3.6	7.1	14	28	56
비교표준 게이지 번호		N1	N2	N3	N4	N5	N6	N7	N8	N9	N10	N11	N12

[표 2-7] 최대높이(Ry)와 10점 평균거칠기(Rz)의 구분치에 따른 표면 거칠기 비교표준 범위[KS B 0507]   단위 : μm

거칠기 구분치		Ry0.1 Rz0.1	Ry0.2 Rz0.2	Ry0.4 Rz0.4	Ry0.8 Rz0.8	Ry1.6 Rz1.6	Ry3.2 Rz3.2	Ry6.3 Rz6.3	Ry12.5 Rz12.5	Ry25 Rz25	Ry50 Rz50	Ry100 Rz100	Ry200 Rz200
Ry 및 Rz 거칠기 범위	최소치	0.08	0.17	0.33	0.66	1.3	2.7	5.2	10	21	42	83	166
	최대치	0.11	0.22	0.45	0.90	1.8	3.6	7.1	14	28	56	112	224
비교표준 게이지 번호		N1	N2	N3	N4	N5	N6	N7	N8	N9	N10	N11	N12

전 산 응 용 기 계 제 도 실 기 · 실 무

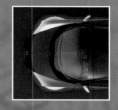

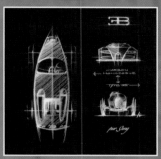

기계요소제도 및 요목표

BRIEF SUMMARY

이 장에는 여러 가지 기계요소제도 및 요목표 작성법을 정리해 두었다.

01 | 스퍼기어 제도 · 요목표(KS B 0002)

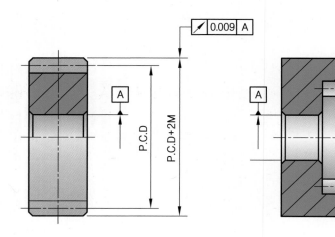

스퍼기어 요목표			
구분	품번	◯	◯
기어치형		표준	
공구	치형	보통 이	
	모듈	▭	
	압력각	20°	
잇수		▭	▭
피치원 지름		▭	▭
전체 이 높이		▭	
다듬질방법		호브 절삭	
정밀도		KS B ISO 1328−1, 4급	

10

8

20 20

80

스퍼기어 도시법

1. 피치원 : 가는 1점 쇄선(빨강/흰색)으로 작도한다.
2. 이뿌리원 : 가는 실선(빨강/흰색)으로 작도하고, 단면투상 시 외형선(초록색)으로 작도한다.
3. 이끝원 : 외형선(초록색)으로 작도한다.

요목표

1. 요목표 테두리선(바깥선)은 외형선(초록색)으로 작도한다.
2. 요목표 안쪽 선은 가는 실선(빨강/흰색)으로 작도한다.

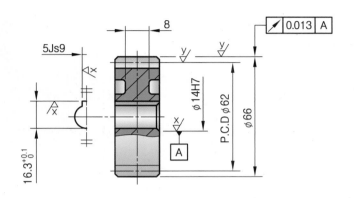

단위 : mm

스퍼기어		
기어치형		표준
공구	치형	보통 이
	모듈	2
	압력각	20°
잇수		31
피치원 지름		62
전체 이 높이		4.5
다듬질 방법		호브 절삭
정밀도		KS B ISO 1328-1, 4급

단위 : mm

적용 예	스퍼기어 계산식
1. 모듈(M)이 2이고 잇수(Z)가 31인 경우	1. 피치원(PCD) = M×Z
2. PCD=2×31=62	2. 이끝원 지름(D)
3. 이끝원 지름=62+(2×2)=66	(외접기어) D = PCD + (2M)
	(내접기어) D = PCD − (2M)
4. 재질 : SCM415, 대형 기어 : SC450	3. 전체 이 높이(h) = 2.25×M
	4. M : 모듈, Z : 잇수

271

02 | 헬리컬기어 제도 · 요목표(KS B 0002)

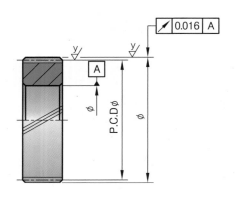

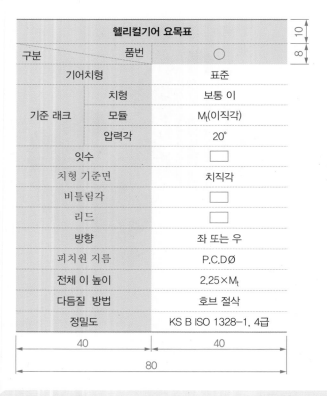

헬리컬기어 요목표			
구분		품번	○
기어치형			표준
기준 래크	치형		보통 이
	모듈		M_t(이직각)
	압력각		20°
잇수			□
치형 기준면			치직각
비틀림각			□
리드			□
방향			좌 또는 우
피치원 지름			P.C.DØ
전체 이 높이			2.25×M_t
다듬질 방법			호브 절삭
정밀도			KS B ISO 1328-1, 4급

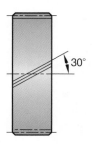

(a) 비틀림 방향이 왼쪽인 경우

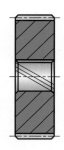

(b) 비틀림 방향이 오른쪽인 경우

헬리컬기어 도시법

1. 피치원(가는 1점 쇄선), 이뿌리원(가는 실선, 단면투상 시 외형선), 이끝원(외형선)
2. 잇줄의 방향은 단면을 하지 않는 경우 3개의 가는 실선으로 표현하며 단면을 한 경우는 3개의 가는 2점 쇄선으로 표현한다. 이때 비틀림각과 상관없이 잇줄은 중심선에 대하여 30°로 그린다.

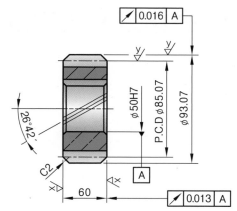

단위 : mm

스퍼기어		
기어치형		표준
기준 래크	치형	보통 이
	모듈	2
	압력각	20°
잇수		19
치형 기준면		치직각
비틀림각		26.7°
리드		531.39
방향		좌
피치원 지름		85.07
전체 이 높이		9.40
다듬질 방법		호브 절삭
정밀도		KS B ISO 1328-1, 4급

헬리컬기어 계산식	
1. 모듈(M) : 치직각 모듈(M_t), 축직각 모듈(M_s) $M_t = M_s \times \cos \beta$, $M_s = \dfrac{M_t}{\cos \beta}$ 2. 잇수(Z) $Z = \dfrac{PCD}{M_s} = \dfrac{PCD \times \cos \beta}{M_t}$ 3. 피치원 지름(PCD) $= Z \times M_s = \dfrac{Z \times M_t}{\cos \beta}$	4. 비틀림각(β) $= \tan^{-1} \dfrac{3.14 \times PCD}{L}$ 5. 리드(L) $= \dfrac{3.14 \times PCD}{\tan \beta}$ 6. 전체 이 높이 $= 2.25 M_t = 2.25 M_s \times \cos \beta$

적용 예

1. 이 직각 모듈(M_t)이 4이고 잇수가 19인 경우
2. 재질 : SCM435, SNCM415, 대형 기어 : SC450
3. 치부 침탄퀜칭 HRC55~61, 깊이 0.8~1.2

03 | 웜과 웜휠 제도 · 요목표(KS B 0002)

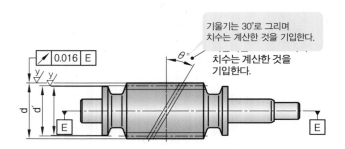

기울기는 30°로 그리며
치수는 계산한 것을 기입한다.

치수는 계산한 것을
기입한다.

0.016 E

θ°

d
d'
y y

E

E

P.C.D∅

R

CH7

이 각도는 도면마다
다르므로 재서 그린다.

각도

R²

0.022 F

웜과 웜휠 요목표		
구분 　　　 품번	○웜	○웜휠
치형기준단면	축직각	
원주피치	–	□
리드	□	–
줄 수와 방향	줄, 좌 또는 우	
모듈	□	
압력각	□	20°
잇수	–	□
피치원 지름	□	□
진행각		□
다듬질 방법	호브 절삭	호브

30　　　　50

80

10

8

웜과 웜휠 계산식

1. 원주 피치 $P = \pi M = 3.14 \times M$

2. 리드(L) : 1줄인 경우 $L = P$,
　　　　　 2줄인 경우 $L = 2P$, 3줄인 경우 $L = 3P$

3. 피치원 지름(PCD)

　 웜축(d') $= \dfrac{L}{\pi \tan \theta}$

　 바깥 지름(d) $= d' + 2M$

　 웜휠(D') $= M \times Z$ 모듈×잇수

　 $D = D' + 2M$

4. 진행각 $\theta = \dfrac{L}{\pi d'}$

5. 중심거리 $C = \dfrac{D' + d'}{2}$

6. 웜휠의 최대 지름(B)

　 $B = D + (d' - 2M)(1 - \cos \dfrac{\lambda}{2})$

주

1. 이때 θ값이 주어지지 않았을 때는 d'값을 도면에서 측정하여 진행각(θ)을 결정한다.
2. 웜휠의 페이스각 λ는 보통 60~80°이며 도면에서 측정한다.

단위 : mm

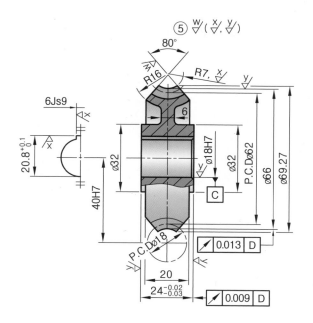

웜과 웜휠과 요목표		
구분 \ 품번	4	5
치형기준단면	축직각	
원주 피치	–	6.29
리드	12.56	–
줄 수와 방향	2줄, 우	
모듈	2	
압력각	20°	
잇수	–	31
피치원 지름	Ø18	62
진행각	12° 31′	
다듬질 방법	호브 절삭	연삭

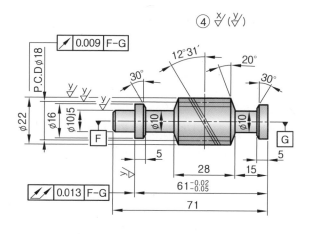

1. 모듈(M)=2 : 줄 수(N)=2이며 웜휠의 잇수(Z)=31
2. 재질 : 웜축(SCM435, SM48C), 웜휠(PBC2B)
3. 웜축 표면경도 : HRC50~55

04 | 베벨기어 제도 · 요목표(KS B 0002)

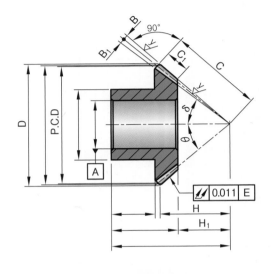

베벨기어 요목표	
치형	그리슨식
축각	90°
모듈	☐
압력각	20°
피치원추각	☐
잇수	☐
피치원 지름	☐
다듬질 방법	절삭
정밀도	KS B 1412, 5급

베벨기어 계산식

1. 이뿌리 높이 $A = M \times 1.25$(M : 모듈)

2. 피치원 지름(PCD)

   $PCD = M \times Z$ (잇수)

3. 바깥끝 원뿔거리(C)

   ① $C = \sqrt{(PCD_1{}^2 + PCD_2{}^2)/2}$

   (PCD$_1$: 큰 기어, PCD$_2$: 작은 기어)

   ② $C = \dfrac{PCD}{2\sin\theta}$

   (기어가 1개인 경우 θ는 피치 원추각)

4. 이의 너비(C$_1$)

   $C_1 \leq \dfrac{C}{3}$

5. 이끝각(B)

   $B = \tan^{-1}\dfrac{M}{C}$

6. 이뿌리각(B$_1$)

   $B_1 = \tan^{-1}\dfrac{A}{C}$

7. 피치원추각(θ)

   ① $\theta = \sin^{-1}\left(\dfrac{PCD}{2C}\right)$ (기어가 1개인 경우)

   ② $\theta_1 = \tan^{-1}\left(\dfrac{Z_1}{Z_2}\right)$

   $\theta_2 = 90° - \theta_1$(기어가 2개인 경우 Z$_1$: 작은 기어 잇수,

   Z$_2$: 큰 기어 잇수, θ$_1$: 작은 기어, θ$_2$: 큰 기어)

8. 바깥 지름(D)

   $D = PCD + (2M\cos\theta)$

9. 이끝원추각(δ)

   δ=θ+B=피치원추각＋이끝각

10. 대단치 끝높이(H)

    $H = (C \times \cos\delta)$

    소단치 골높이(H$_1$)

    $H_1 = (C - C_1) \times \cos\delta$

베벨기어 도시법

피치원(가는 1점 쇄선), 이뿌리원(단면투상 및 외형선), 이끝원(외형선)

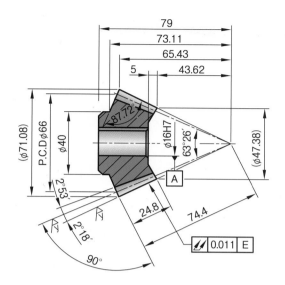

단위 : mm

베벨기어 요목표	
치형	그리슨식
압력각	20°
모듈	3
잇수	22
피치원 지름	∅
피치 원추각	63°26'
축각	90°
다듬질 방법	절삭
정밀도	KS B 1412, 4급

마이터 베벨기어

스파이럴 베벨기어

앵귤러 마이터 베벨기어

직선 베벨기어

적용 예

1. 재료 : SCM415, SM45C
2. 열처리 : 치부열처리 HRC60±3

05 | 래크 및 피니언 제도 · 요목표(KS B 0002)

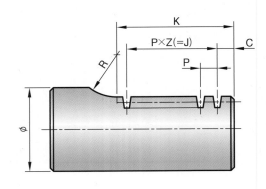

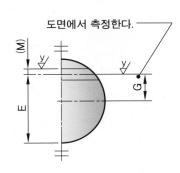

단위 : mm

레크, 피니언 요목표		
구분 ＼ 품번	○ 래크	○ 피니언
기어치형	표준	
기준 래크 · 치형	보통 이	
기준 래크 · 모듈	☐	
기준 래크 · 압력각	20°	
잇수	☐	☐
피치원 지름	–	☐
전체 이 높이	☐	
다듬질방법	호브 절삭	
정밀도	KS B ISO 1328–1, 4급	

30 · 20 · 20 · 70

래크, 피니언

1. 원주 피치(P) = M×π

2. 치형시작치수(C) = $\dfrac{P}{2}$

3. 래크 길이(J) = P×Z

4. 기어중심거리(G) : 도면에서 측정하여 기입

5. E = (∅÷2) + G ∅ : 축지름

6. K : 도면에서 측정하여 기입

7. R : 도면에서 측정하여 기입

8. 피니언 피치원 지름(PCD) = M×Z

9. 피니언 바깥 지름(D) = PCD + 2M

10. 전체 이 높이(h) = 2.25×M

래크 및 피니언 도시법

1. 피치원 : 가는 1점 쇄선(빨강/흰색)으로 작도한다.
2. 이뿌리원 : 가는 실선(빨강/흰색)으로 작도하고, 단면투상 시 외형선(초록색)으로 작도한다.
3. 이끝원 : 외형선(초록색)으로 작도한다.

단위 : mm

래크, 피니언 요목표			
구분	품번	3	4
기어치형		표준	
기준 래크	치형	보통 이	
	모듈	1.5	
	압력각	20°	
잇수		7	12
피치원 지름		–	Ø18
전체 이 높이		3.38	
다듬질 방법		호브 절삭	
정밀도		KS B 1328-1, 4급	

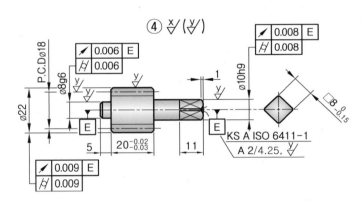

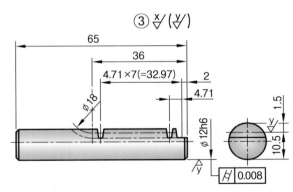

적용 예

1. 모듈(M) = 1.5, 잇수(Z) : 피니언(12개), 래크(7개)
2. 재질 : 피니언, 래크 모두 SCM415, SCM435
3. 전체 경화처리 : HRC55∼61

06 | 기어등급 설정(용도에 따른 분류)

사용기어＼등급	0급	1급	2급	3급	4급	5급	6급	7급	8급
검사용 모기어	●								
계측기용 기어	●	●	●	●					
고속감속기용 기어		●	●						
증속기용 기어		●	●						
항공기용 기어		●	●						
영화기계용 기어		●	●	●	●				
인쇄기계용 기어		●	●	●	●	●			
철도차량용 기어			●	●	●	●			
공작기계용 기어		●	●	●	●	●	●		
사진기용 기어			●	●					
자동차용 기어			●	●	●				
기어식 펌프용 기어				●	●	●			
변속기용 기어				●	●	●			
압연기용 기어				●	●	●			
범용 감속기용 기어				●	●	●	●		
권상기용 기어				●	●	●			
기중기용 기어				●	●	●			
제지기계용 기어				●	●	●			
분쇄기용 대형 기어					●	●	●		
농기구용 기어					●	●			
섬유기계용 기어						●	●	●	
회전 및 선회용 대형 기어						●	●	●	
캠왈츠용 기어					●	●	●		
수동용 기어						●	●	●	●
내기어(대형 제외)				●	●	●			
대형 내기어								●	

07 래칫 휠 · 제도 요목표

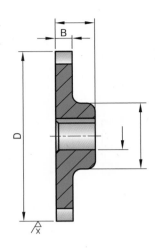

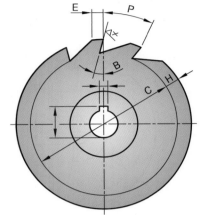

단위 : mm

래칫 휠		
구분 　　　　　 품번		
잇수		
원주 피치		
이 높이		

(10, 8 치수 표기 / 30, 30)

래칫 휠 계산식

1. 모듈(M) = $\dfrac{D}{Z}$ (D : 바깥지름, Z : 잇수)

   ※ 도면에 잇수와 모듈이 주어지지 않았을 경우 도면에 있는 외경(D)을 측정하고 피치각(P)을 측정하여 잇수(Z)를 구한 후 모듈(M)을 계산한다.

2. 잇수(Z) = $\dfrac{360}{\text{피치각(P)}}$

3. 이 높이(H) : 도면에서 측정, 측정할 수 없을 때는 H = 0.35P

4. 이 뿌리 지름(C) = D−2H

5. 이 나비(E) : 도면에서 측정, 측정할 수 없을 때는 E = 0.5P(주철), E = 0.3∼0.5P(주강)

6. 톱니각(B) : 15∼20°

래칫 휠 도시법

이뿌리원 : 가는 실선(빨강/흰색)으로 작도하고, 단면투상 시 외형선(초록색)으로 작도한다.

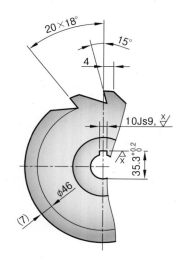

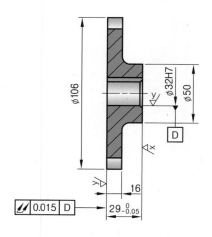

단위 : mm

래칫 휠 요목표	
구분　　　　　　　품번	
잇수	20
원주 피치	16.65
이 높이	7

적용 예

1. 재질 : SCM415
2. 표면경화 : HRC50±2
3. 모듈(M) = $\dfrac{외경}{잇수}$ = $\dfrac{106}{20}$ = 5.3

08 | 등속 판캠 제도

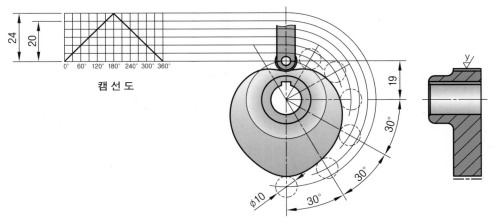

캠 선 도

회전각	종동절
0~180°	등속운동 상승 24mm
180~360°	등속운동 하강 24mm

적용 예

① 재질 : SM15CK
② 표면처리부 침탄 HRC50±2, 깊이 0.6~1

작동순서

① 회전축을 중심으로 30° 각도로 원주를 등분한다.
② 롤러의 중심 위치를 30° 각도로 표시한다.
③ 캠선도를 그리기 위한 보조 등분선을 12등분(30°)한다.
④ 각 각도에 맞는 롤러의 중심을 연결하여 보조등분선까지 연장한다.
⑤ 해당하는 각도와 교점을 체크하여 각 점을 연결하면 캠선도가 완성된다.

09 | 단현운동 판캠 제도

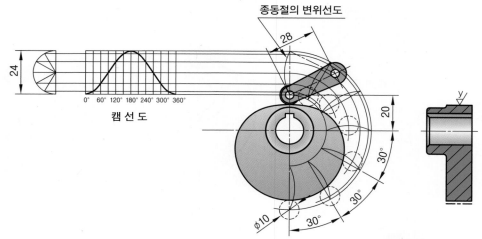

종동절의 변위선도

0° 60° 120° 180° 240° 300° 360°

캠 선 도

캠	종동절
기초원의 반지름 20	종동절의 길이 L=28, 롤러 지름 Ø10
180° 회전	단현운동각 180° 변위 24mm까지 상승
180° 회전	단현운동각 180° 변위 24mm까지 하강

적용 예

① 재질 : SM15CK
② 표면처리부 침탄 HRC50±2, 깊이 0.6~1

작동순서

① 회전축을 중심으로 30° 각도로 원주를 등분한다.
② 롤러의 중심 위치를 30° 각도로 표시한다.
③ 캠선도를 그리기 위한 보조 등분선을 12등분(30°)한다.
④ 각 각도에 맞는 롤러의 중심을 연결하여 보조등분선까지 연장한다.
⑤ 해당하는 각도와 교점을 체크하여 각 점을 연결하면 캠선도가 완성된다.

10 | 등가속 판캠 제도

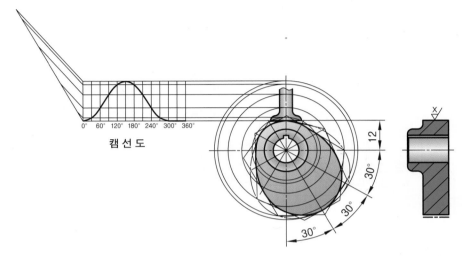

캠 선 도

캠	종동절
기초원의 반지름 12	캠축 0의 축상에서 선단평형
150° 회전	등가속으로 변위 24mm까지 상승
150° 회전	등가속으로 변위 24mm까지 하강
60°	정지

적용 예

① 재질 : SM15CK
② 표면처리부 침탄 HRC50±2, 깊이 0.6~1

285

11 | 원통캠 제도

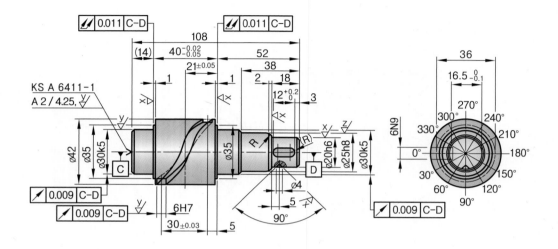

캠 선 도

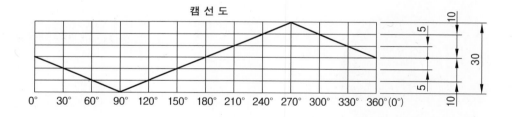

0°   30°   60°   90°   120°   150°   180°   210°   240°   270°   300°   330°   360°(0°)

적용 예

① 재질 : SM15CK
② 표면처리부 침탄 HRC50±2, 깊이 0.6~1

12 | 문자, 눈금 각인 요목표

단위 : mm

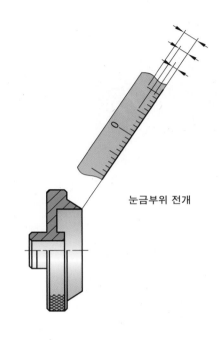

눈금부위 전개

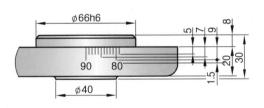

문자, 눈금 각인 요목표		
품번		
구분 \ 종류	눈금	숫자
숫자높이	–	
각인	음각	
선폭	0.2	
선깊이	0.2	
글체	–	고딕
도장	흑색, 0은 적색	

30   40 (20)

＊ 요목표의 크기는 도면의 배치에 맞게 설정하여도 된다.

눈금, 각인 요목표		
품번	①, ⑥	
구분 \ 종류	눈금	숫자
숫자높이	–	3.5
각인	음각	
선폭	0.2	
선깊이	0.2	
체	–	고딕
도장	흑색, 0은 적색	

※ 문자는 1°마다 각인하고 숫자는 10°마다 각인한다.(상하)

적용 예

눈금은 원주를 100등분하여 각인하고 10등분마다 숫자를 각인한다.
① 각인이란?
   눈금이나 글자를 새기는 것을 말하며 음각은 오목(凹)하게 파는 것이고 양각은 볼록(凸)하게 만드는 것을 의미한다.
② 도장이란?
   일종의 페인트칠을 하는 것으로 문자나 눈금에 색을 입히는 것을 말한다.

13 | 압축코일 스프링 제도 · 요목표(KS B 0005)

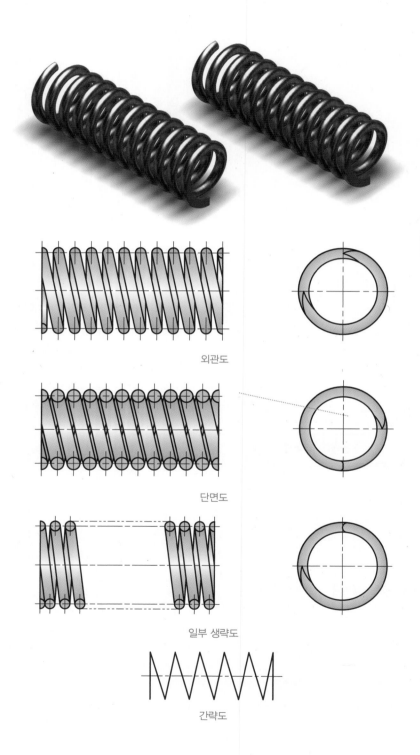

외관도

단면도

일부 생략도

간략도

단위 : mm

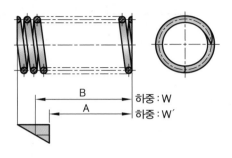

스프링 요목표	
구분　　　　　품번	
재료 지름	d
코일 평균 지름	D
총 감김 수	
유효 감김 수	
감긴 방향	오른쪽 또는 왼쪽
자유 높이	L
표면처리	쇼트피닝
방청처리	방청유 도포

30　　　　40

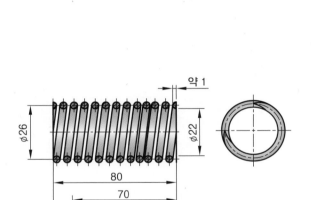

스프링 요목표	
구분　　　　　품번	
재료 지름	Ø4
코일 평균 지름	Ø26
총 감김 수	11.5
유효 감김 수	9.5
감긴 방향	오른쪽
자유높이	80
표면처리	쇼트피닝
방청처리	방청유 도포

적용 예

1. 재료 : SPS8(스프링 강재)
2. 감긴 방향 : 오른쪽
3. 스프링 상수 = $\dfrac{39}{80-55}$ = 1.56

계산식

하중을 받고 있는 상태의 길이 A 또는 B를 측정한 뒤 스프링 상수(K)를 구한다.

① 스프링 상수(K) = $\dfrac{하중(W)}{변위량(\delta)}$ = $\dfrac{스프링에 가해지는 하중(W\ or\ W')}{스프링 자유길이(L)-하중 시의 길이(A\ or\ B)}$

② 하중(W) = 변위량(δ)×스프링 상수(K)(스프링 상수가 주어질 경우)

③ 총 감김 수 : 코일에서 끝까지 감김 수

④ 유효 감김 수 : 스프링의 기능을 발휘하는 감김 수

　※ 하중을 받지 않을 경우에는 A 또는 B값을 생략한다.

14 | 각 스프링 제도 · 요목표(KS B 0005)

단위 : mm

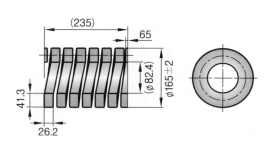

스프링 요목표	
재료	SPS9
재료의 치수	41.3×26.2
코일 평균 지름	123.8
코일 바깥 지름	165±2
총 감김 수	7.25±0.25
자리 감김 수	각 0.75
유효 감김 수	5.75
감김 방향	오른쪽
자유 길이	(235)
스프링상수	1,570
지정	하중(N)[1]	49,000
	하중 시의 길이	203±3
	응력(N/mm²)	596
최대 압축	하중(N)	73,500
	하중 시의 길이	188
	응력(N/mm²)	894
경도(HBW)	388~461
코일 끝부분의 모양	맞댐끝(테이퍼 후 연삭)
표면 처리	재료의 표면가공	연삭
	성형 후의 표면가공	쇼트피닝
	방청 처리	흑색 에나멜 도장

주

[1] 수치보기는 하중을 기준으로 하였다.

비고

1. 기타 항목 : 세팅한다.
2. 용도 또는 사용조건 : 상온, 반복하중
3. 1N/mm² = 1MPa

15 | 이중코일 스프링 제도 · 요목표(KS B 0005)

단위 : mm

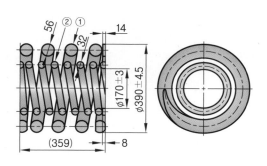

스프링 요목표		
조합 No.	①	②
재료	SPS11A	SPS9A
재료의 지름	56	32
코일 평균 지름(mm)	334	202
코일 안 지름(mm)	278	170±3
코일 바깥 지름(mm)	390±4.5	234
총 감김 수	4.75	7.75
자리 감김 수	각 1	각 1
유효 감김 수	2.75	5.75
감김 방향	오른쪽	왼쪽
자유 길이(mm)	(359)	(359)
스프링상수(N/mm)	1,086	
	71,760	16,500

지정	하중(N)[1]	88,260	
		71,760	16,500
	하중 시의 길이(mm)	277.5±4.5	
		277.5	277.5
	응력(N/mm²)	435	321

최대 압축	하중(N)	73,500	
		106,800	24,560
	하중 시의 길이(mm)	238	
		238	238
	응력(N/mm²)	648	478

밀착 길이(mm)	(238)	(232)
코일 바깥쪽 면의 경사(mm)	6.3	6.3
경도(HBW)	388~461	
코일 끝부분의 모양	맞댐끝(테이퍼 후 연삭)	

표면 처리	재료의 표면가공	연삭	
	성형 후의 표면가공	쇼트피닝	
	방청 처리	흑색 에나멜 도장	

주

[1] 수치보기는 하중을 기준으로 하였다.

비고

1. 기타 항목 : 세팅한다.
2. 용도 또는 사용조건 : 상온, 반복하중
3. 1N/mm² = 1MPa

16 | 인장 코일 스프링 제도 · 요목표(KS B 0005)

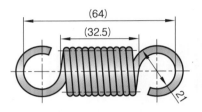

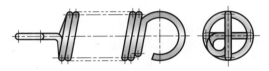

일부 생략도

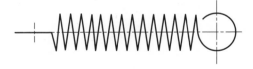

간략도

단위 : mm

스프링 요목표		
재료		HSW-3
재료의 치수		2.6
코일 평균 지름		18.4
코일 바깥 지름		21±0.3
총 감김 수		11.5
감김 방향		오른쪽
자유 길이		(64)
스프링상수(N/mm)		6.28
초장력(N)		(26.8)
지정	하중(N)	–
	하중 시의 길이	–
	길이 시의 하중(N)	165±10%
	응력(N/mm²)	532
최대 허용 인장 길이		92
고리의 모양		둥근 고리
표면 처리	성형 후의 표면가공	–
	방청 처리	방청유 도포

비고

1. 기타 항목 : 세팅한다.
2. 용도 또는 사용조건 : 상온, 반복하중
3. 1N/mm² = 1MPa

17 | 비틀림 코일 스프링 제도 · 요목표(KS B 0005)

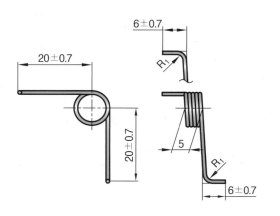

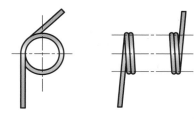

일부 생략도

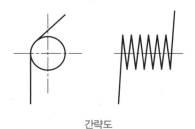

간략도

단위 : mm

스프링 요목표	
재료	STS 304−WPB
재료의 지름	1
코일 평균 지름	9
코일 안 지름	8±0.3
총 감김 수	4.25
감김 방향	오른쪽
자유 각도(°)[1]	90±15
지정 나선각(°)	−
지정 나선각 시의 토크(N · mm)	−
안내봉의 지름	6.8
사용 최대 토크 시의 응력(N/mm²)	−
표면처리	−

주

[1] 수치보기는 하중을 기준으로 하였다.

비고

1. 기타 항목 : 세팅한다.
2. 용도 또는 사용조건 : 상온, 반복하중
3. 1N/mm² = 1MPa

18 | 지지, 받침 스프링 제도 · 요목표(KS B 0005)

스프링이 수평인 경우

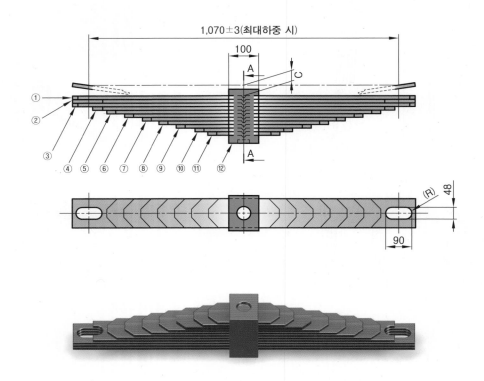

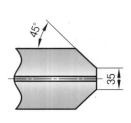

스프링 판 ⑤～⑪ 끝모양

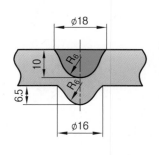

스프링 판 중앙부 니브 모양

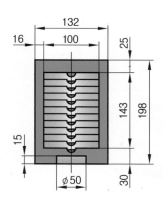

단면 A–A

단위 : mm

스프링 요목표					
스프링 판					
재료	SPS 3				
치수·모양	번호	길이	판 두께	판 너비	단면 모양
	1	1,190	13	100	KS D 3701의 A종
	2	1,190			
	3	1,190			
	4	1,050			
	5	950			
	6	830			
	7	710			
	8	590			
	9	470			
	10	350			
	11	250			
부속품					
번호	명칭		재료		개수
12	허리찜 띠		SM10C		1
하중 특성					
	하중(N)	뒤말림(mm)	스팬(mm)		응력(N/mm²)
무하중 시	0	38	–		0
표준하중 시	45,990	5	–		343
최대하중 시	52,560	0±3	1,070±3		392
시험하중 시	91,990	–	–		686

비고

1. 기타 항목
   - 스프링 판의 경도 : 331~401HBW
   - 첫 번째 스프링 판의 텐션면 및 허리찜 띠에 방청 도장한다.
   - 완성 도장 : 흑색 도장
   - 스프링 판 사이에 도포한다.
2. 1N/mm² = 1MPa

19 | 테이터 판 스프링 제도 · 요목표(KS B 0005)

스프링이 수평인 경우

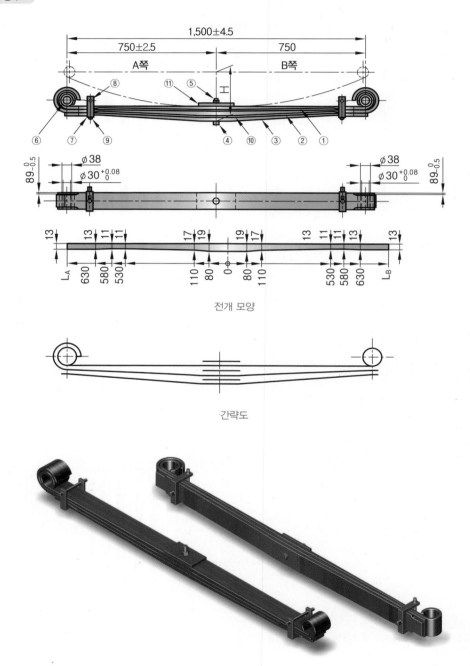

전개 모양

간략도

단위 : mm

스프링 요목표

스프링 판

번호	전개 길이			판 너비	재료
	L_A(A쪽)	L_B(B쪽)	계		
1	916	916	1,832		
2	950	465	1,415	90	SPS11A
3	765	765	1,530		

번호	명칭	수량
4	센터 볼트	1
5	너트, 센터 볼트	1
6	부시	2
7	클립	2
8	클립 볼트	2
9	리벳	2
10	인터리프	3
11	스페이서	1

스프링 상수(N/mm)		250		
하중(N)		높이(mm)	스팬(mm)	응력(N/mm²)
무하중 시	0	180	–	0
지정하중 시	22,000	92±6	1,498	535
시험하중 시	37,010	35	–	900

비고

1. 경도 : 388~461HBW
2. 쇼트피닝 : No. 1~3 리프
3. 완성 도장 : 흑색 도장
4. 1N/mm² = 1MPa

20 | 겹판 스프링 제도 · 요목표(KS B 0005)

스프링이 수평인 경우

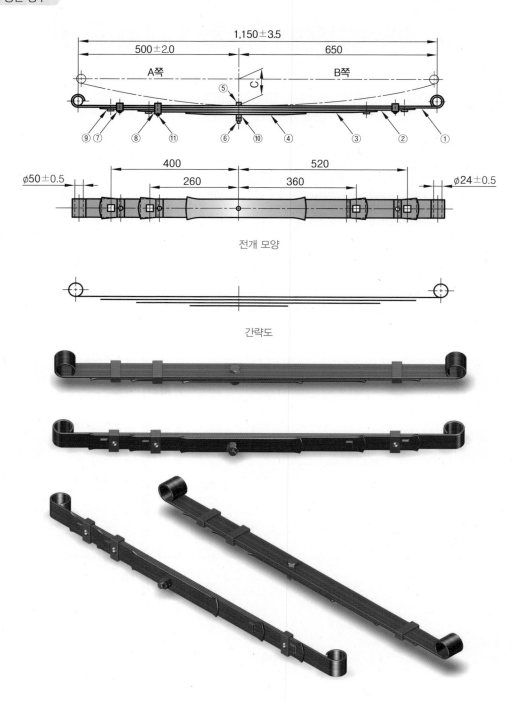

전개 모양

간략도

단위 : mm

스프링 요목표

스프링 판(KS D 3701의 B종)

번호	전개 길이			판 너비	재료
	A쪽	B쪽	계		
1	676	748	1,424	90	SPS6
2	430	550	980		
3	310	390	700		
4	160	205	365		

번호	명칭	수량
5	센터 볼트	1
6	너트, 센터 볼트	1
7	클립	2
8	클립	1
9	라이너	4
10	디스턴스 피스	1
11	리벳	3

스프링 상수(N/mm)		250		
하중(N)		뒤말림(mm)	스팬(mm)	응력(N/mm²)
무하중 시	0	112	–	0
지정하중 시	2,300	6±5	1,152	451
시험하중 시	5,100	–	–	1,000

비고

1. 경도 : 388~461HBW
2. 쇼트피닝 : No. 1~3 리프
3. 완성 도장 : 흑색 도장
4. 1N/mm² = 1MPa

21 | 이중 스프링 제도(KS B 0005)

스프링이 수평인 경우

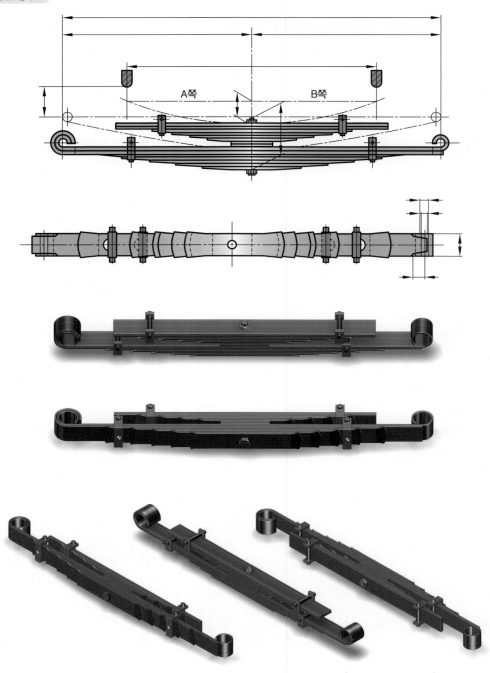

22 | 토션바 제도 · 요목표(KS B 0005)

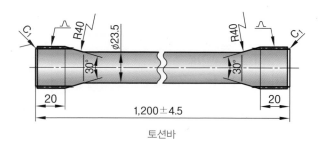

토션바

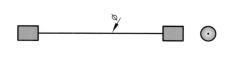

간략도

단위 : mm

토션바 요목표		
재료		SPS12
바의 지름		23.5
바의 길이		1,200±4.5
손잡이 부분의 길이		20
손잡이 부분의 모양 및 치수	모양	인벌류트 세레이션
	모듈	0.75
	압력각(°)	45
	잇수	40
	큰 지름	30.75
스프링 상수(N · m/°)		35.8±1.1
표준 토크(N · m)		1,270
응력(N/mm²)		500
최대 토크(N · m)		2,190
응력(N/mm²)		855
경도(HBW)		415~495
표면 처리	재료의 표면가공	연삭
	성형 후의 표면가공	쇼트피닝
	방청 처리	흑색 에나멜 도장

비고

1. 기타 항목 : 세팅한다.(세팅 방향을 지정하는 경우에는 방향을 명기한다.)
2. 1N/mm²=1MPa

23 | 벌류트 스프링 제도 · 요목표(KS B 0005)

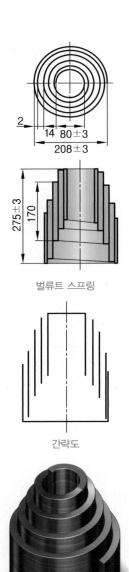

벌류트 스프링

간략도

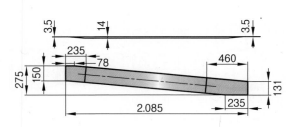

벌류트 스프링 재료 전개 모양

단위 : mm

벌류트 스프링 요목표	
재료	SPS 9 또는 SPS 9A
재료 사이즈(판 너비×판 두께)	170×14
안 지름	80±3
바깥 지름	208±3
총 감김 수	4.5
자리 감김 수	각 0.75
유효 감김 수	3
감김 방향	오른쪽
자유 길이	275±3
스프링 상수(처음 접착까지)(N/mm)	1,290

지정	길이	245
	길이 시의 하중(N)	39,230±15%
	응력(N/mm²)	390
최대 압축	길이	194
	길이 시의 하중(N)	111,800
	응력(N/mm²)	980
처음 접합 하중(N)		85,710
경도(HBW)		341~444
표면 처리	성형 후의 표면가공	쇼트피닝
	방청 처리	흑색 에나멜 도장

비고

1. 기타 항목 : 세팅한다.
2. 용도 또는 사용조건 : 상온, 반복하중
3. 1N/mm² = 1MPa

24 | 스파이럴 스프링 제도 · 요목표(KS B 0005)

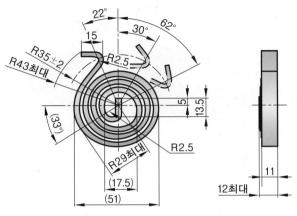

스파이럴 스프링

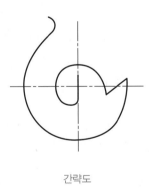

간략도

단위 : mm

스파이럴 스프링 요목표	
재료	HSWR 62A
판 두께	3.4
판 너비	11
감김 수	약 3.3
전체 길이	410
축지름	Ø14
사용범위(°)	30~62
지정 토크(N · m)	7.9±4.0
지정 응력(N/mm²)	764
경도(HRC)	35~43
표면 처리	인산염 피막

비고

1N/mm² = 1MPa

25 | S자형 스파이럴 스프링 제도 · 요목표 (KS B 0005)

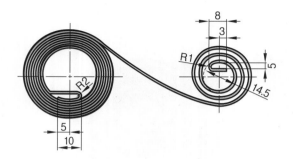

S자형 스파이럴 스프링

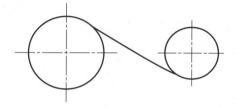

간략도

단위 : mm

S자형 스파이럴 스프링 요목표	
재료	STS301 − CSP
판 두께	0.2
판 너비	7.0
전체 길이	4,000
경도(HV)	490 이상
10회전 시 되감기 토크(N · mm)	69.6
10회전 시 응력(N/mm²)	1,486
감김 축지름	14
스프링 상자의 안지름	50
표면 처리	–

비고

1N/mm² = 1MPa

26 | 접시 스프링 제도 · 요목표(KS B 0005)

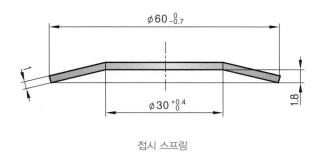

접시 스프링

간략도

단위 : mm

접시 스프링 요목표		
재료		STC5−CSP
안지름		$30^{+0.4}_{0}$
바깥지름		$60^{0}_{-0.7}$
판 두께		1
길이		1.8
지정	휨	1.0
	하중(N)	766
	응력(N/mm²)	1,100
최대 압축	휨	1.4
	하중(N)	752
	응력(N/mm²)	1,410
경도(HV)		400~480
표면 처리	성형 후의 표면 가공	쇼트피닝
	방청 처리	방청유 도포

비고

1N/mm² = 1MPa

27 | 동력전달장치의 부품별 재료표

품명	재료 기호	재료명	비고
본체(하우징) 또는 몸체, 커버류	GC200	회 주철품	일반적인 동력전달 장치 및 편심구동장치 외면 명적색 또는 명회색 도장
	GC250		
	SC450	탄소강 주강품	펌프 등의 본체에 사용, 강도를 요하는 곳
축류	SCM435	크롬 몰리브덴강	강도 경도를 요하는 축 재질
	SCM415		
	SM35C	기계구조용 탄소강	일반적인 축 재질 SM28C 이상 재질에서 열처리(퀜칭, 템퍼링) 가능
	SM40C		
	SM45C		
	SM15CK	침탄용 기계구조용 강	강도 경도를 요하는 축 재질(침탄 열처리용)
스퍼기어 및 헬리컬 기어, 스프로킷	SCM435	크롬 몰리브덴강	기어 치면 퀜칭, 템퍼링 HB 241~302
	SNCM415	니켈 크롬 몰리브덴강	기어 치면 퀜칭 HRC 55~61, 경화층 깊이 : 0.8~1.2
	SC480	탄소강 주강품	암이 있는 대형 기어 재질 주조 후 치면 열처리
베벨, 스파이럴, 하이포이드 기어 웜축	SCM420H	크롬 몰리브덴강	기어 치면 침탄 퀜칭, 템퍼링 HRC 60±3, 경화층 깊이: 0.9~1.4
웜축	SM48C	기계 구조용 탄소강	기어 치면 고주파 퀜칭 HRC 50~55
웜휠	CAC 402	청동주물	밸브, 기어, 펌프 등
	CAC 502A	인청동주물	웜기어, 베어링 부시
래크	SNC415	니켈 크롬강	-
피니언	SNC415		
래칫	SM15CK	침탄용 기계구조용 강	침탄 열처리용
제네바 기어, 링크	SCM415	크롬 몰리브덴강	표면경화 HRC50±2
V벨트 풀리 및 로프 풀리	GC250	회 주철품	-
	SC415	탄소강 주강품	-
	SC450		-
커버	GC200	회 주철품	본체와 같은 재질 사용 외면 명회색 도장
	GC250		
	SC450	탄소강 주강품	
클러치	SC480	탄소강 주강품	-
베어링용 부시	CAC 502A	인청동주물	웜기어, 베어링부시
	WM3	화이트 메탈	고속 중하중용
칼라	SM45C	기계구조용강	간격유지용
스프링	SPS3	실리콘 망간강재	겹판, 코일, 비틀림막대 스프링
	SPS6	크롬 바나듐강재	코일, 비틀림막대 스프링
	SPS8	실리콘 크롬강재	코일 스프링
	PW1	피아노선	스프링용

28 | 지그·유공압기구 부품별 재료표

지그 부품별 재료표			
부품명	재료 기호	재료명	비고
베이스	SCM415	크롬 몰리브덴강	기계가공용
	STC105	탄소공구강재	
	SM45C	기계구조용 강	
하우징, 몸체	SC46	주강	주물용
가이드 부시(공구 안내용)	STC105	탄소공구강재	드릴, 엔드밀 등의 안내용
	SK3	탄소공구강	–
플레이트	SM45C	기계구조용 강	–
스프링	SPS3	실리콘 망간강재	겹판, 코일, 비틀림막대 스프링
	SPS6	크롬 바나듐강재	코일 비틀림막대 스프링
	SPS8	실리콘 크롬강재	코일 스프링
	PW1	피아노선	스프링용
서포트	STC105	탄소공구강재	–
가이드 블록	SCM430	크롬 몰리브덴강	–
베어링 부시	CAC502A	인청동주물	–
	WM3	화이트 메탈	–
V블록 조	STC105	탄소공구강	지그 고정구용
로케이터	SCM430	크롬 몰리브덴강	–
측정핀			–
슬라이더			–
고정대			–

유공압기구 부품별 재료표			
부품명	재료 기호	재료명	비고
하우징	ALDC 7	알루미늄합금 다이캐스팅	–
	AC4C	알루미늄합금 주물	–
	AC5C		–
레버형 핑거	SCM430	크롬 몰리브덴강	–
프레스 축	SCM430		–
커버	ADLC6	알루미늄합금 다이캐스팅	–
실린더	ADLC6		–
피스톤	CAC502A	인청동주물	–
코일 스프링	PW1	피아노선	–
롤러	SM45C	기계구조용 강	–

CHAPTER

07

전 산 응 용 기 계 제 도 실 기 · 실 무

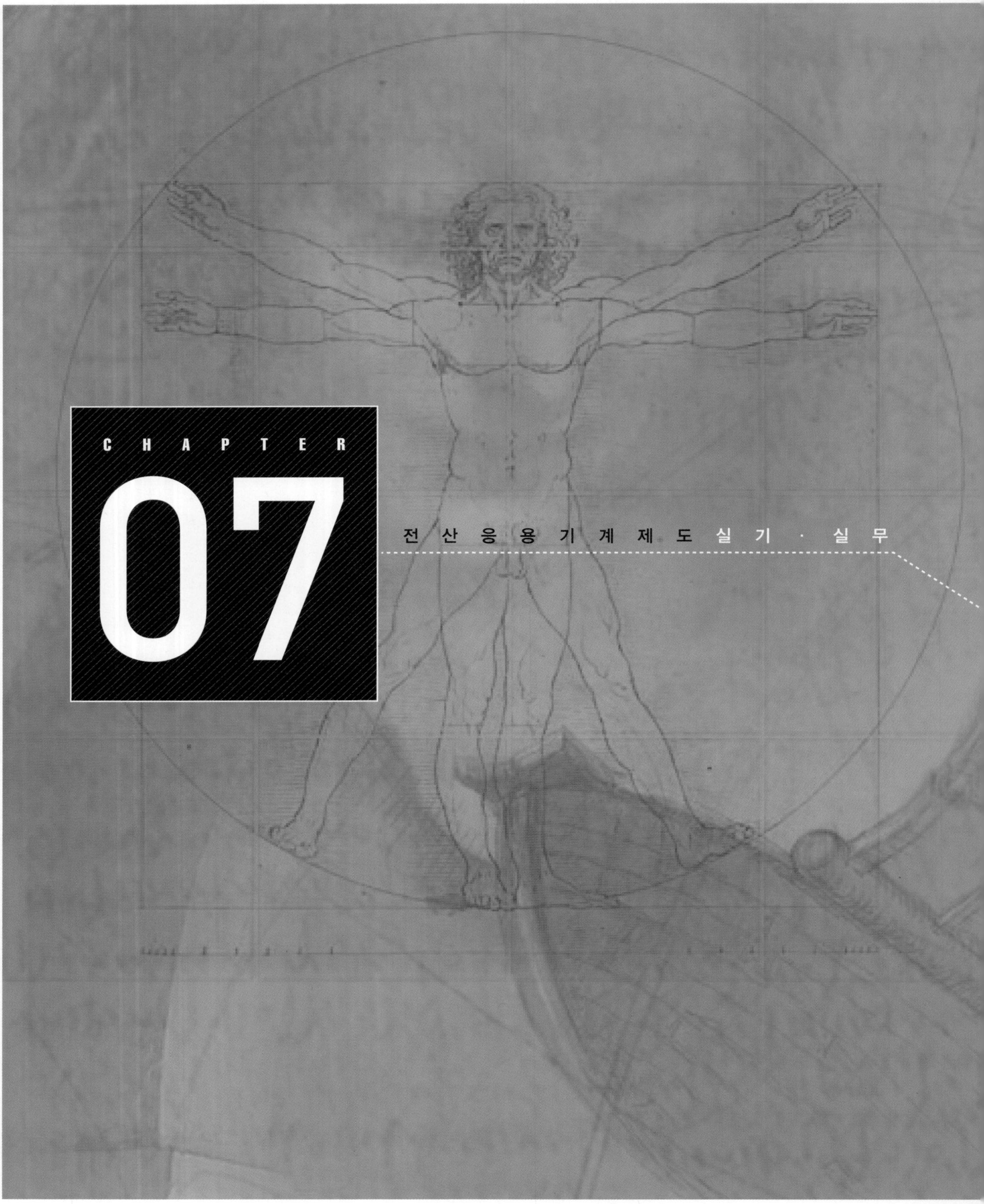

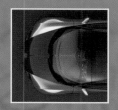

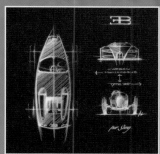

여러 가지 기계요소 형상

💬 BRIEF SUMMARY

이 장에서는 여러 가지 기계요소들을 입체도로 볼 수 있어 기계요소 부품들을 이해하는 데 많은 도움이 될 것이다.

스퍼 기어

스퍼 기어

내접 기어

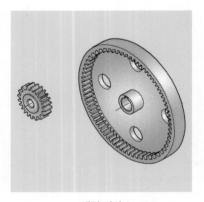

내접 기어

헬리컬 기어

헬리컬 기어

더블 헬리컬 기어

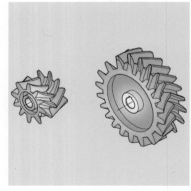

더블 헬리컬 기어

웜휠 · 기어

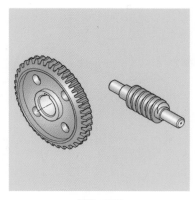

웜휠 · 기어

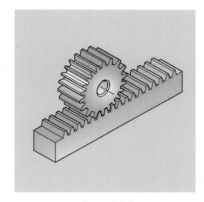

래크 · 피니언

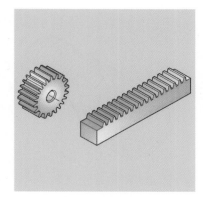

래크 · 피니언

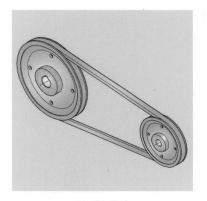

V-벨트풀리

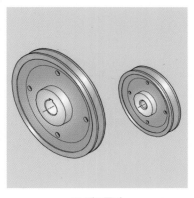

V-벨트풀리

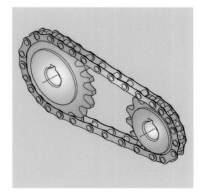

체인 · 스프로킷

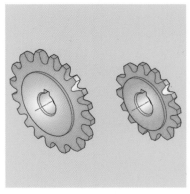

스프로킷

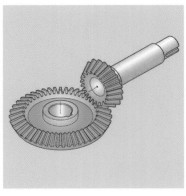

베벨 기어

베벨 기어

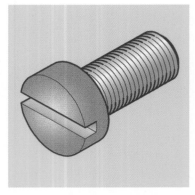

홈붙이 납작머리 작은 나사

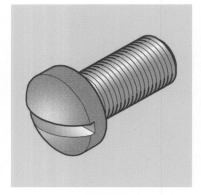

홈붙이 둥근 납작머리 작은 나사

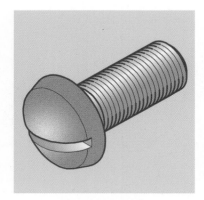

냄비머리 작은 나사

바인딩헤드 작은 나사

십자홈 접시머리 작은 나사

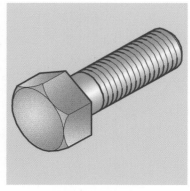

육각 볼트

육각 홈붙이 볼트

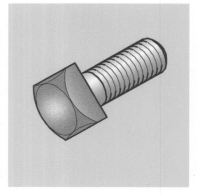

사각 볼트

태핑 나사

육각홈 멈춤나사

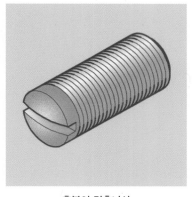

홈붙이 멈춤나사

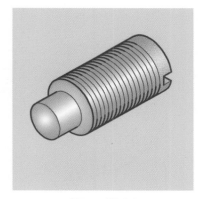

원통끝 멈춤나사

뾰족끝 멈춤나사

오목끝 멈춤나사

나비 볼트

아이 볼트

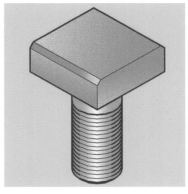

T홈 볼트

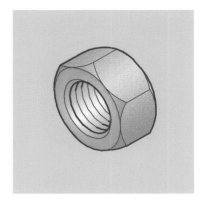

육각 너트

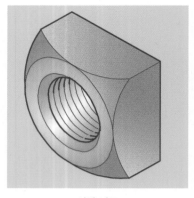

사각 너트

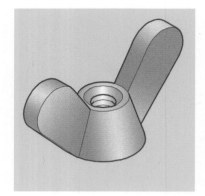

나비 너트

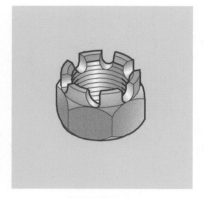

홈붙이 육각 너트

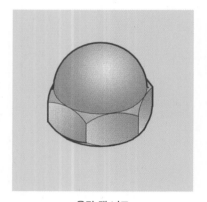

육각 캡 너트

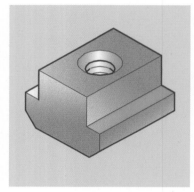

T홈 너트

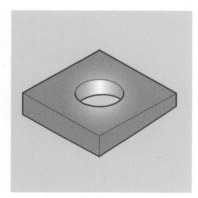

경사 너트

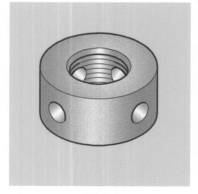

구멍붙이 너트

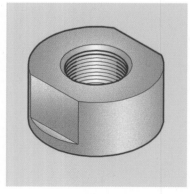

양면각 너트

구름베어링 너트

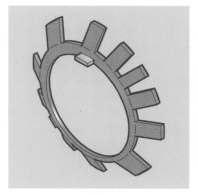

구름베어링 너트용 와셔

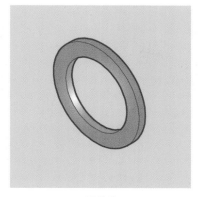

평와셔

스프링 와셔

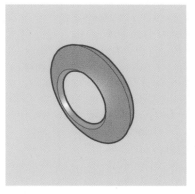

접시 스프링 와셔

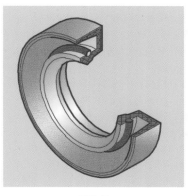

오일 실

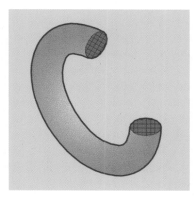

O링

C형 축용 멈춤링

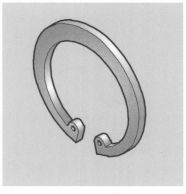

C형 구멍용 멈춤링

E형 멈춤링

C형 축용 동심 멈춤링

C형 구멍용 동심 멈춤링

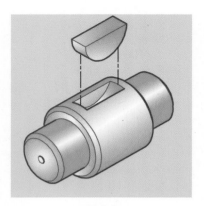

반달키

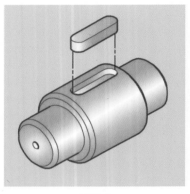

평행키

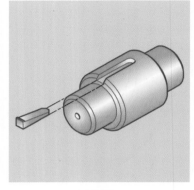

경사키

평행핀

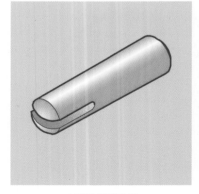

스플릿 테이퍼 핀

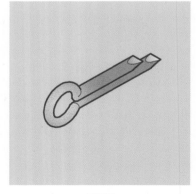

분할핀

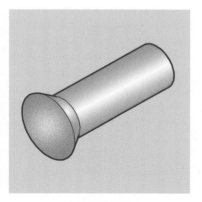

접시머리 리벳

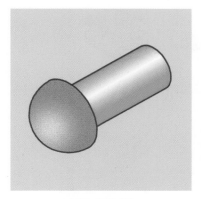

둥근 머리 리벳

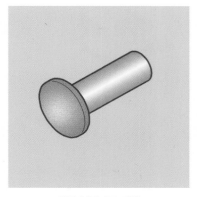

얇은 납작머리 리벳

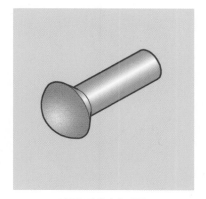

둥근 접시머리 리벳

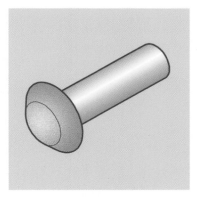

냄비머리 리벳

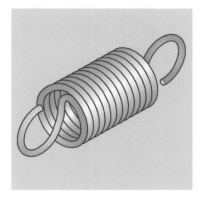

코일 스프링

토션 코일 스프링

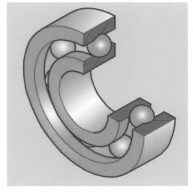

깊은 홈 볼 베어링

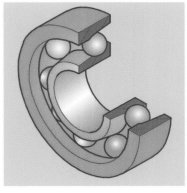

앵귤러 볼 베어링

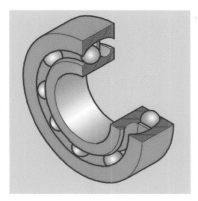

자동조심 볼 베어링

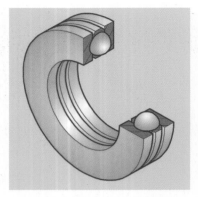

평면자리 스러스트 볼 베어링

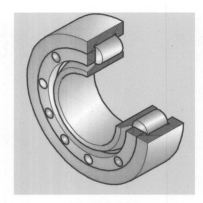

원통 롤러 베어링

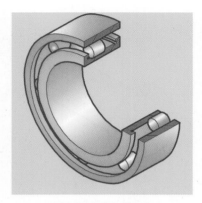

원통 롤러 베어링(복식)

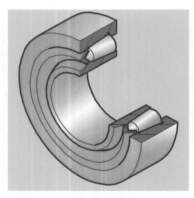

테이퍼 롤러 베어링

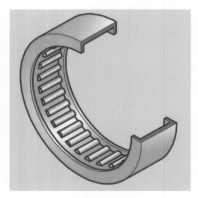

니들 롤러 베어링

MEMO

CHAPTER

08

전 산 응 용 기 계 제 도 실 기 · 실 무

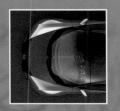
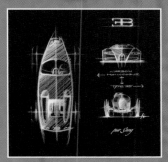

모델링에 의한
과제도면 해석

BRIEF SUMMARY

이 장에서는 일반기계기사/기계설계산업기사/전산응용기계제도기능사 실기시험에서 출제빈도가 높은 과제도면들을 부품 모델링, 각 부품에서 중요한 치수들을 체계적으로 구성해 놓았다.

참고 : 과제도면에 따른 해답도면은 다솔유캠퍼스에서 작도한 참고 모범답안이며 해석하는 사람에 따라 다를 수 있다.

- 기본 투상도법은 3각법을 준수했고, 여러 가지 단면기법을 적용했다.
- 베어링 끼워맞춤공차는 적용 (KS B 2051 : 규격폐지)
- 기타 KS 규격치수를 준수했다.
- 기하공차는 IT5급을 적용했다.
- 표면거칠기 : 산술(중심선), 평균거칠기(Ra), 최대높이(Ry), 10점평균거칠기(Rz) 적용
- 중심거리 허용차 KS B 0420 2급을 적용했다.

01 과제명 해설

과제명	해설
동력전달장치	원동기에서 발생한 동력을 운전하려는 기계의 축에 전달하는 장치
편심왕복장치	원동기에서 발생한 회전운동을 수직왕복 운동으로 바꿔주는 기계장치
펀칭머신(Punching machine)	판금에 펀치로 구멍을 내거나 일정한 모양의 조각을 따내는 기계
치공구(治工具)	어떤 물건을 고정할 때 사용하는 공구를 통틀어 이르는 말
지그(Jig)	기계의 부품을 가공할 때에 그 부품을 일정한 자리에 고정하여 공구가 닿을 위치를 쉽고 정확하게 정하는 데에 쓰는 보조용 기구
클램프(Clamp)	① 공작물을 공작기계의 테이블 위에 고정하는 장치 ② 손으로 다듬을 때에 작은 물건을 고정하는 데 쓰는 바이스
잭(Jack)	기어, 나사, 유압 등을 이용해서 무거운 것을 수직으로 들어올리는 기구
바이스(Vice)	공작물을 절단하거나 구멍을 뚫을 때 공작물을 끼워 고정하는 공구

02 표면처리

표면처리법	해설
알루마이트 처리	알루미늄합금(ALDC)의 표면처리법
파커라이징 처리	강의 표면에 인산염의 피막을 형성시켜 부식을 방지하는 표면처리법

03 도면에 사용된 부품명 해설

부품명(품명)	해설
가이드(안내, Guide)	절삭공구 또는 기타 장치의 위치를 올바르게 안내하는 부속품
가이드부시(Guide bush)	본체와 축 사이에 끼워져 안내 역할을 하는 부시, 드릴지그에서 삽입부시를 안내하는 부시
가이드블록(Guide block)	안내 역할을 하는 사각형 블록
가이드볼트(Guide bolt)	안내 역할을 하는 볼트

부품명(품명)	해설
가이드축(Guide shaft)	안내 역할을 하는 축
가이드핀(Guide pin)	안내 역할을 하는 핀
기어축(Gear shaft)	기어가 가공된 축
고정축(Fixed shaft)	부품 또는 제품을 고정하는 축
고정부시(Fixed bush)	드릴지그에서 본체에 압입하여 드릴을 안내하는 부시
고정라이너(Fixed liner)	드릴지그에서 본체와 삽입부시 사이에 끼워놓은 얇은 끼움쇠
고정대	제품 또는 부품을 고정하는 부분 또는 부품
고정조(오)(Fixed jaw)	바이스 또는 슬라이더에서 제품을 고정하기 위해 움직이지 않고 고정되어 있는 조
게이지축(Gauge shaft)	부품의 위치와 모양을 정확하게 결정하기 위해 설치하는 축
게이지판(Gauge sheet)	부품의 모양이나 치수 측정용으로 사용하기 위해 설치한 정밀한 강판
게이지핀(Gauge pin)	부품의 위치를 정확하게 결정하기 위해 설치하는 핀
드릴부시(Drill bush)	드릴, 리머 등을 공작물에 정확히 안내하기 위해 이용되는 부시
레버(Lever)	지지점을 중심으로 회전하는 힘의 모멘트를 이용하여 부품을 움직이는 데 사용되는 막대
라이너(끼움쇠, Liner)	두 개의 부품 관계를 일정하게 유지하기 위해 끼워놓은 얇은 끼움쇠 베어링 커버와 본체 사이에 끼우는 베어링라이너, 실린더 본체와 피스톤 사이에 끼우는 실린더 라이너 등이 있다.
리드스크류(Lead screw)	나사 붙임축
링크(Link)	운동(회전, 직선)하는 두 개의 구조품을 연결하는 기계부품
롤러(Roller)	원형단면의 전동체로 물체를 지지하거나 운반하는 데 사용한다.
본체(몸체)	구조물의 몸이 되는 부분(부품)
베어링커버(Cover)	내부 부품을 보호하는 덮개
베어링하우징(Bearing housing)	기계부품 및 베어링을 둘러싸고 있는 상자형 프레임
베어링부시(Bearing bush)	원통형의 간단한 베어링 메탈
베이스(Base)	치공구에서 부품을 조립하기 위해 기반이 되는 기본 틀
부시(Bush)	회전운동을 하는 축과 본체 또는 축과 베어링 사이에 끼워넣는 얇은 원통
부시홀더(Bush holder)	드릴지그에서 부시를 지지하는 부품
브래킷(브라켓, Bracket)	벽이나 기둥 등에 돌출하여 축 등을 받칠 목적으로 쓰이는 부품
V-블록(V-block)	금긋기에서 둥근 재료를 지지하여 그 중심을 구할 때 사용하는 V자형 블록
서포터(Support)	지지대, 버팀대
서포터부시(Support bush)	지지 목적으로 사용되는 부시
삽입부시(Spigot bush)	드릴지그에 부착되어 있는 가이드부시(고정라이너)에 삽입하여 드릴을 지지하는 데 사용하는 부시
실린더(Cylinder)	유체를 밀폐한 속이 빈 원통 모양의 용기. 증기기관, 내연기관, 공기 압축기관, 펌프 등 왕복 기관의 주요부품

부품명(품명)	해설
실린더 헤드(Cylinder head)	실린더의 윗부분에 씌우는 덮개. 압축가스가 새는 것을 막기 위하여 실린더 블록과의 사이에 개스킷(gasket) 또는 오링(O-ring)을 끼워 볼트로 고정한다.
슬라이드, 슬라이더(Slide, Slider)	홈, 평면, 원통, 봉 등의 구조품 표면을 따라 끊임없이 접촉 운동하는 부품
슬리브(Sleeve)	축 등의 외부에 끼워 사용하는 길쭉한 원통 부품. 축이음 목적으로 사용되기도 한다.
새들(Saddle)	① 선반에서 테이블, 절삭 공구대, 이송 장치, 베드 등의 사이에 위치하면서 안내면을 따라서 이동하는 역할을 하는 부분 또는 부품 ② 치공구에서 가공품이 안내면을 따라 이동하는 역할을 하는 부분 또는 부품
섹터기어(Sector gear)	톱니바퀴 원주의 일부를 사용한 부채꼴 모양의 기어. 간헐 기구(間敬機構) 등에 이용된다.
센터(Center)	주로 선반에서 공작물 지지용으로 상용되는 끝이 원뿔형인 강편
이음쇠	부품을 서로 연결하거나 접속할 때 이용되는 부속품
이동조(오)	바이스 또는 슬라이더에서 제품을 고정하기 위해 움직이는 조
어댑터(Adapter)	어떤 장치나 부품을 다른 것에 연결시키기 위해 사용되는 중계 부품
조(오)(Jaw)	물건(제품) 등을 끼워서 집는 부분
조정축	기계장치나 치공구에서 사용되는 조정용 축
조정너트	기계장치나 치공구에서 사용되는 조정용 너트
조임너트	기계장치나 치공구에서 사용되는 조임과 풀림을 반복하는 너트
중공축	속이 빈 봉이나 관으로 만들어진 축. 안에 다른 축을 설치할 수 있다.
커버(Cover)	덮개, 씌우개
칼라(Collar)	간격 유지 목적으로 주로 축이나 관 등에 끼워지는 원통모양의 고리
콜릿(Collet)	드릴이나 엔드밀을 끼워넣고 고정시키는 공구
크랭크판(Crank board)	회전운동을 왕복운동으로 바꾸는 기능을 하는 판
캠(Cam)	회전운동을 다른 형태의 왕복운동이나 요동운동으로 변환하기 위해 평면 또는 입체적으로 모양을 내거나 홈을 파낸 기계부품
편심축(Eccentric shaft)	회전운동을 수직운동으로 변환하는 기능을 가지는 축
피니언(Pinion)	① 맞물리는 크고 작은 두 개의 기어 중에서 작은 쪽 기어 ② 래크(rack)와 맞물리는 기어
피스톤(Piston)	실린더 내에서 기밀을 유지하면서 왕복운동을 하는 원통
피스톤로드(Piston rod)	피스톤에 고정되어 피스톤의 운동을 실린더 밖으로 전달하는 작용을 하는 축 또는 봉
핑거(Finger)	에어척에서 부품을 직접 쥐는 손가락 모양의 부품
펀치(Punch)	판금에 구멍을 뚫기 위해 공구강으로 만든 막대모양의 공구
펀칭다이(Punching die)	펀치로 구멍을 뚫을 때 사용되는 안내 틀
플랜지(Flange)	축 이음이나 관 이음 목적으로 사용되는 부품
하우징(Housing)	기계부품을 둘러싸고 있는 상자형 프레임
홀더(지지대, Holder)	절삭공구류, 게이지류, 기타 부속품 등을 지지하는 부분 또는 부품

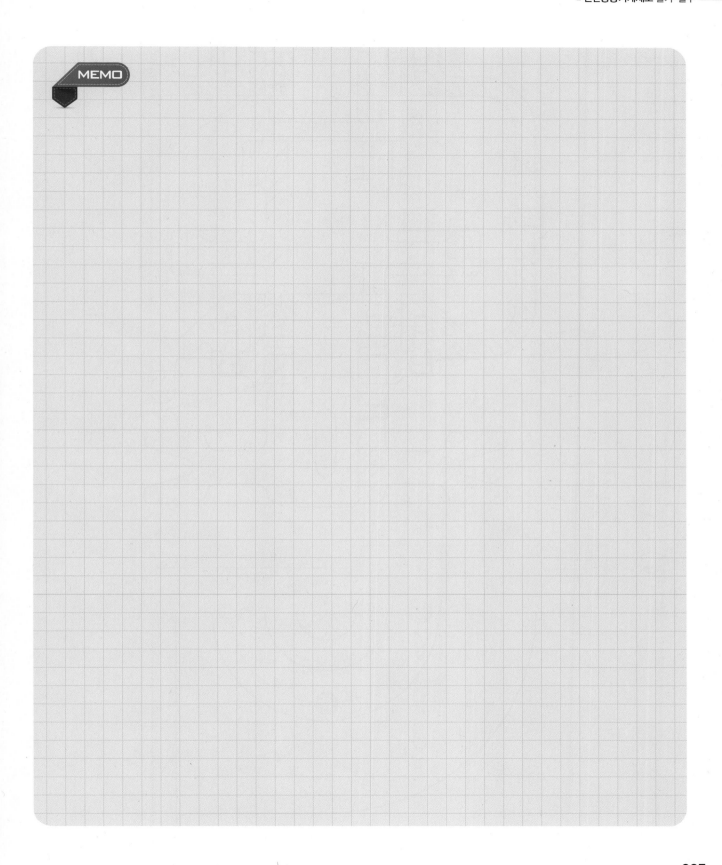

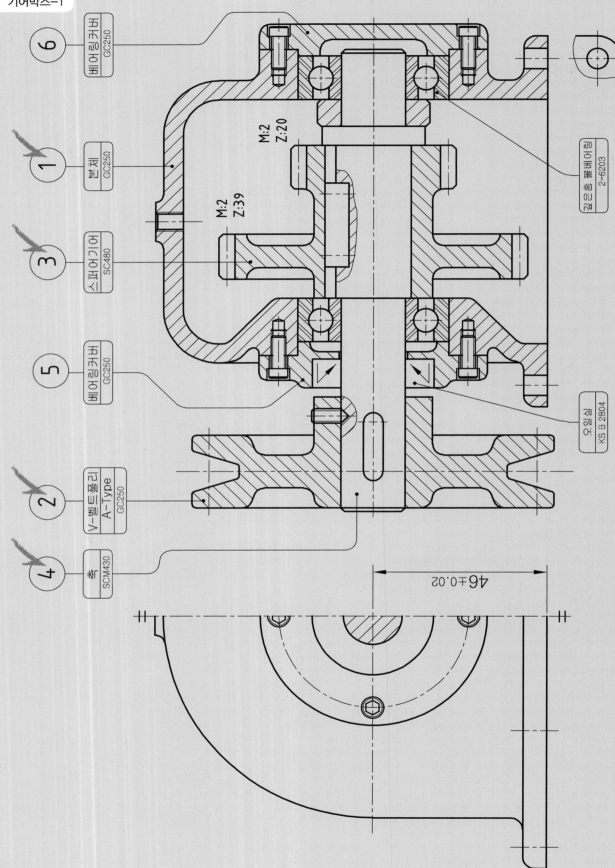

⑥ 베어링커버 GC250

① 본체 GC250

③ 스퍼어기어 SC480

M:2 Z:20

M:2 Z:39

⑤ 베어링커버 GC250

② V-벨트풀리 A-Type GC250

④ 축 SCM430

깊은홈 볼베어링 2-6203

오일실 KS B 2804

46±0.02

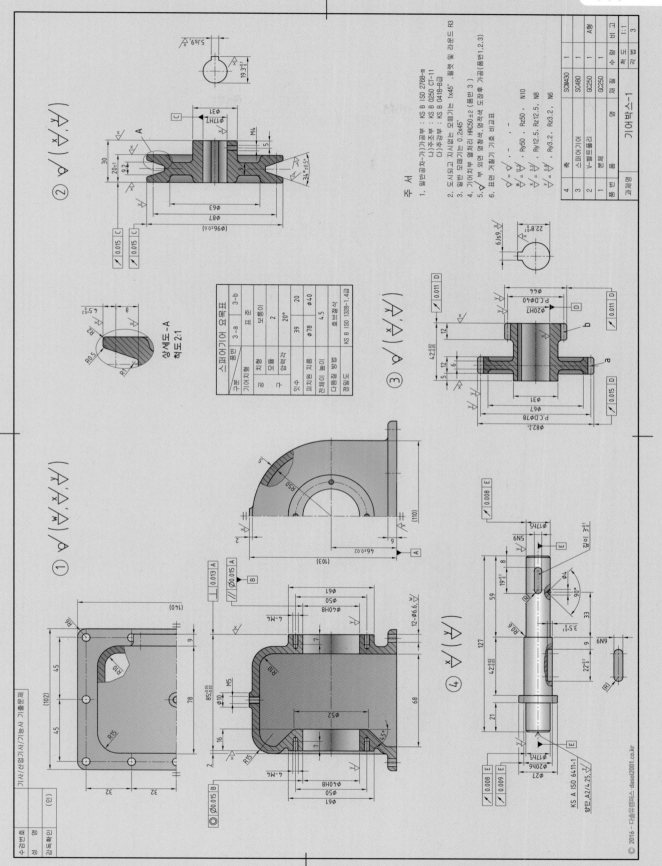

327

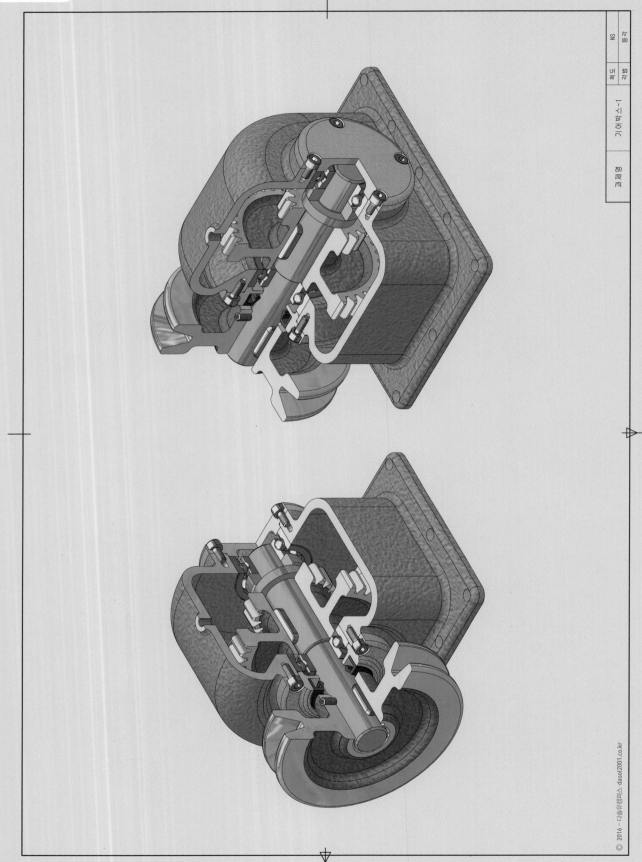

과제명	기어박스-1	척도	NS
		각법	3각법

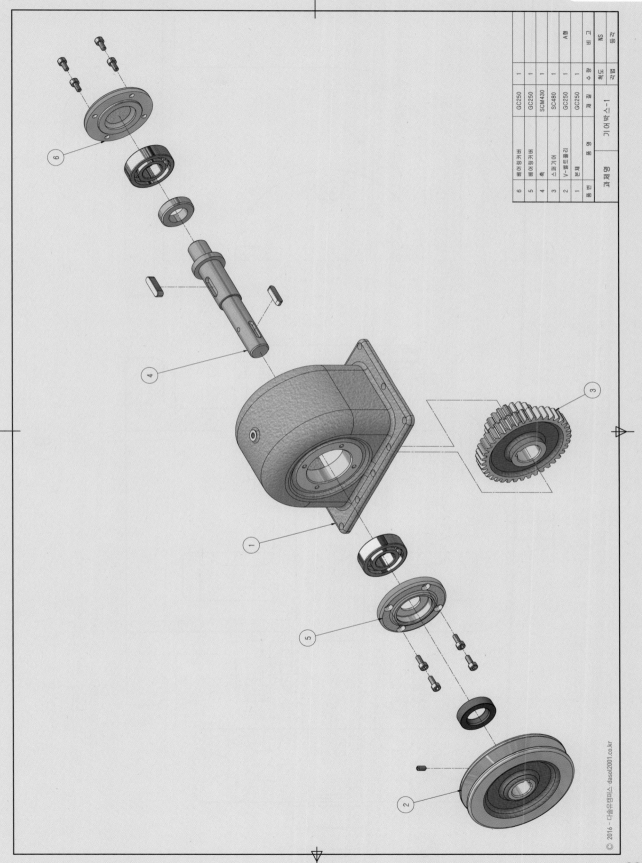

6	베어링커버	GC250	1		
5	베어링커버	GC250	1		
4	축	SCM430	1		
3	스퍼기어	SC480	1		
2	V-벨트풀리	GC250	1	A형	
1	본체	GC250	1		
품번	품명	재질	수량	비고	

과제명 기어박스-1　척도 NS　각법 3각법

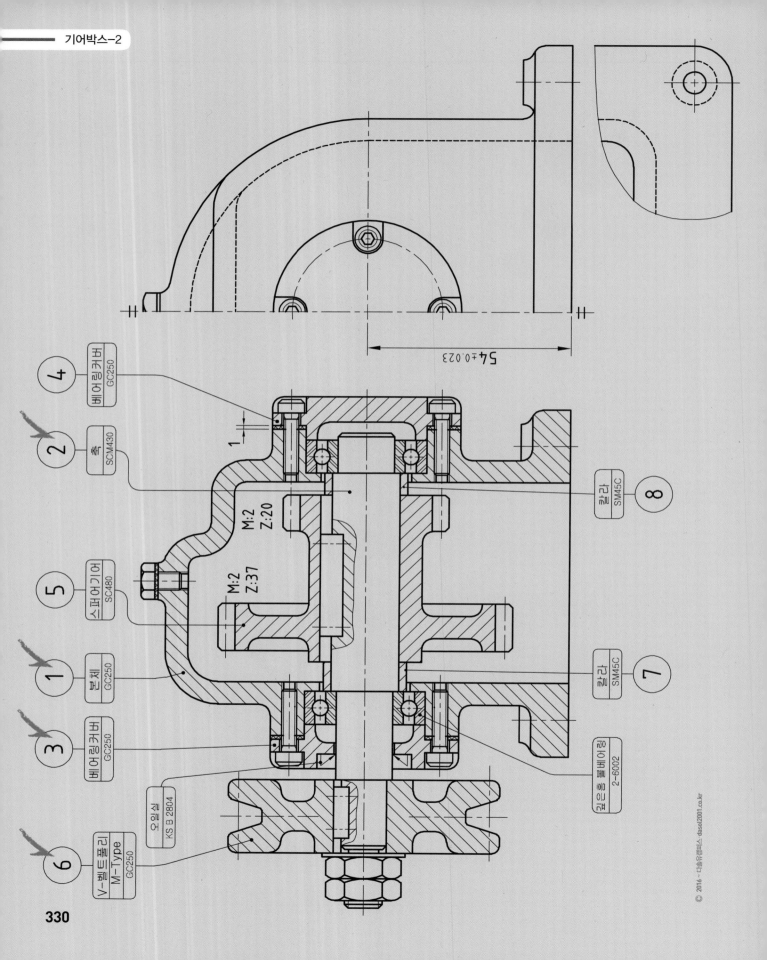

④ 베어링커버 GC250

② 축 SCM430

⑤ 스퍼어기어 SC480

① 본체 GC250

③ 베어링커버 GC250

⑥ V-벨트풀리 M-Type GC250

오일실 KS B 2804

⑧ 키 SM45C

⑦ 키 SM45C

깊은홈볼베어링 2-6002

M:2 Z:20

M:2 Z:37

54±0.023

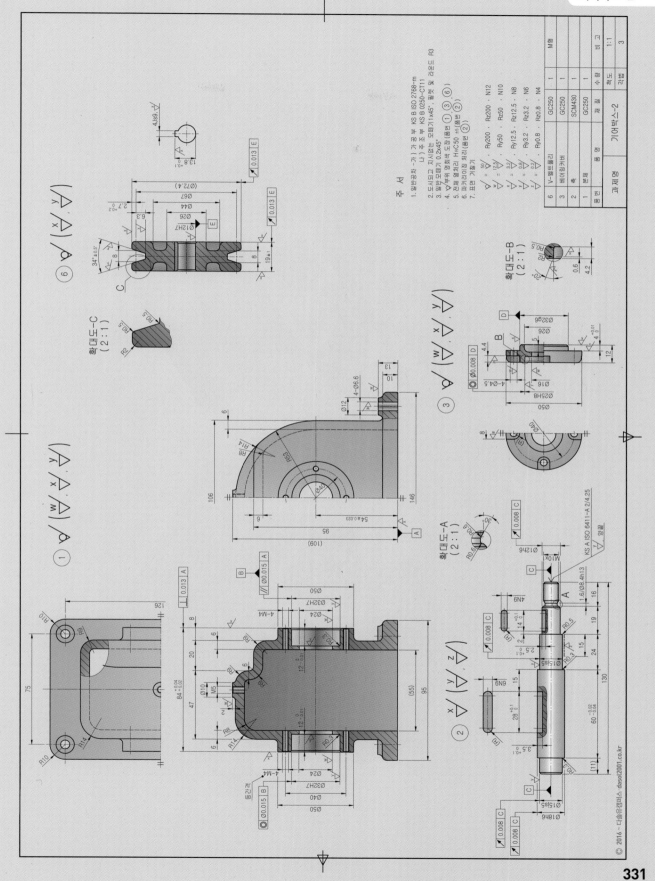

주 서

1. 일반공차 -가) 가공부 KS B ISO 2768-m
　　　　　 나) 주조부 KS B 0250-CT11
2. 도시되고 지시없는 모떼기기x45°, 필릿 및 라운드 R3
3. 일반모떼기 0.2x45°
4. ▽부위 영화색 도장 (품번 ① ③ ⑥)
5. 전체 열처리 HRC50 ±2(품번 ②)
6. 파커라이징 처리 (품번 ②)
7. 표면 거칠기

표준도-C
(2 : 1)

표준도-B (2 : 1)

표준도-A
(2 : 1)

품번	품 명	재 질	수 량	비 고
6	V-벨트풀리	GC250	1	
3	베어링커버	GC250	1	
2	축	SCM430	1	
1	본체	GC250	1	

기어박스-2	
척도	1:1
각법	3

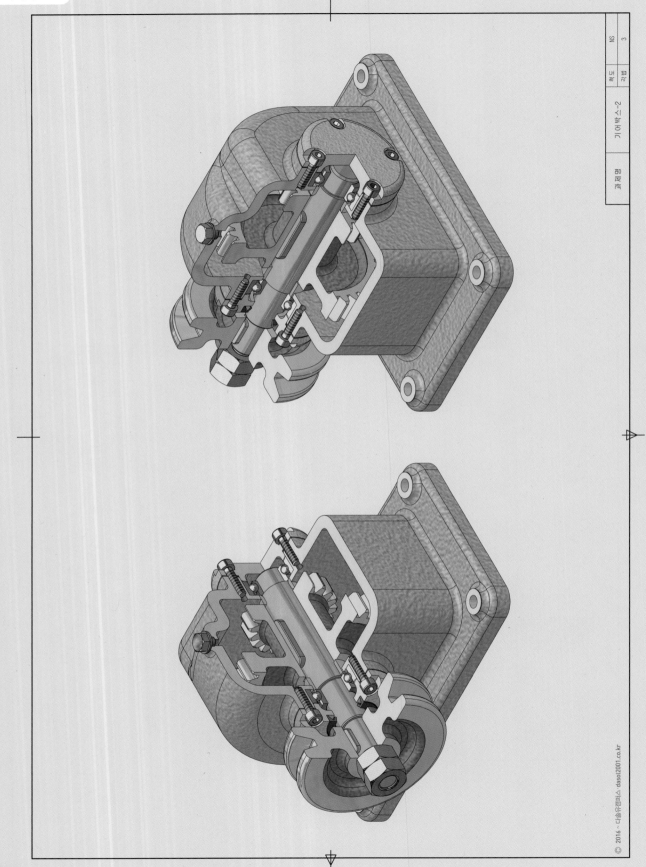

과제명   기어박스-2   척도   NS

2각법   3

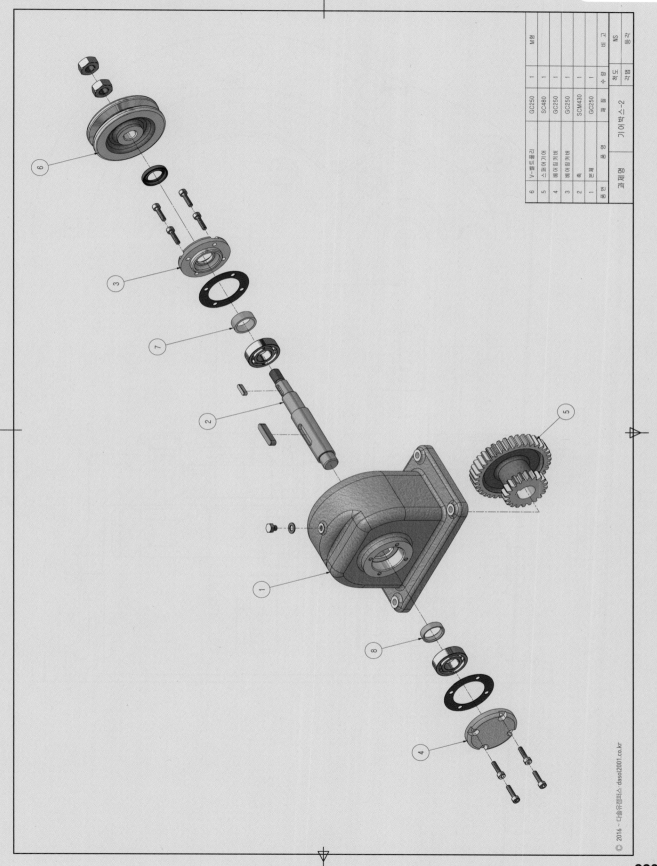

6	5	4	3	2	1	품번	품명	기어박스-2
V-벨트풀리	스퍼어기어	베어링커버	베어링커버	축	본체	품명		
GC250	SC480	GC250	GC250	SCM430	GC250	재질	척도	
1	1	1	1	1	1	수량		
						비고	SN	
M형							각법	

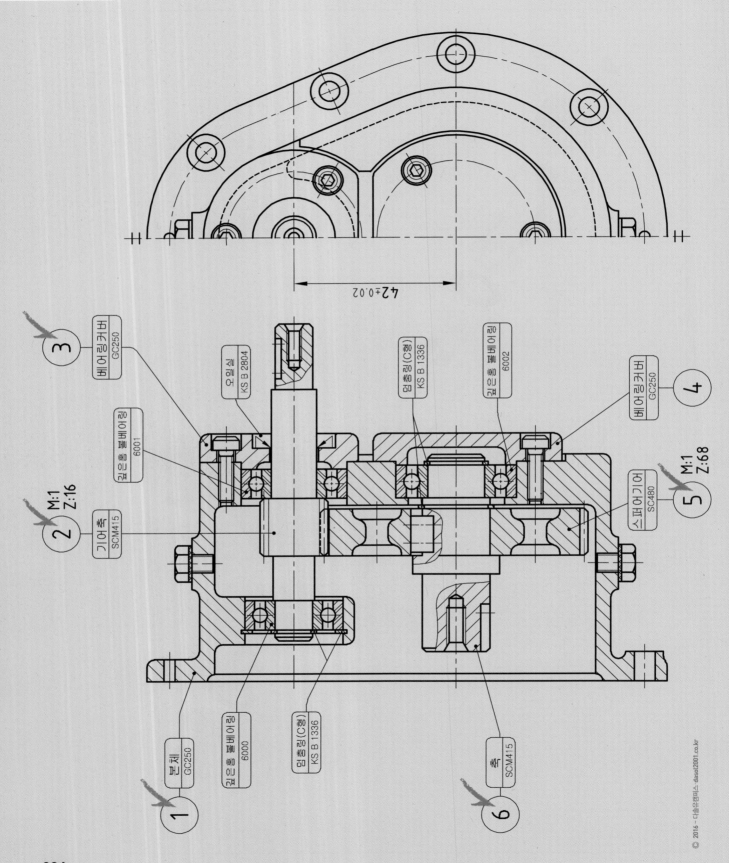

42±0.02

③ 베어링커버 GC250

① 오일실 KS B 2804

깊은홈볼베어링 6001

② M:1 Z:16 기어축 SCM415

멈춤링(C형) KS B 1336

깊은홈볼베어링 6002

④ 베어링커버 GC250

⑤ M:1 Z:68 스퍼어기어 SC480

① 본체 GC250

깊은홈볼베어링 6000

멈춤링(C형) KS B 1336

⑥ 축 SCM415

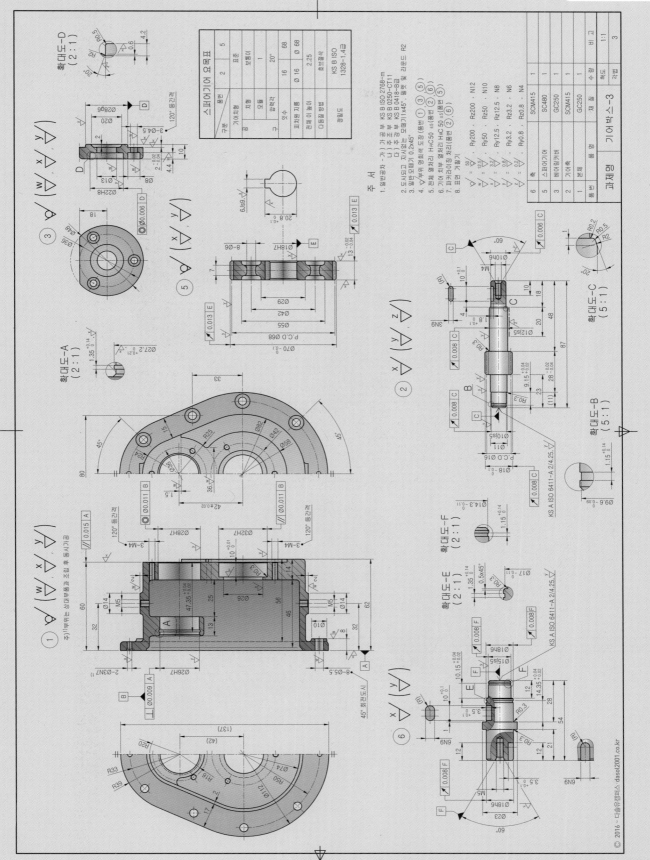

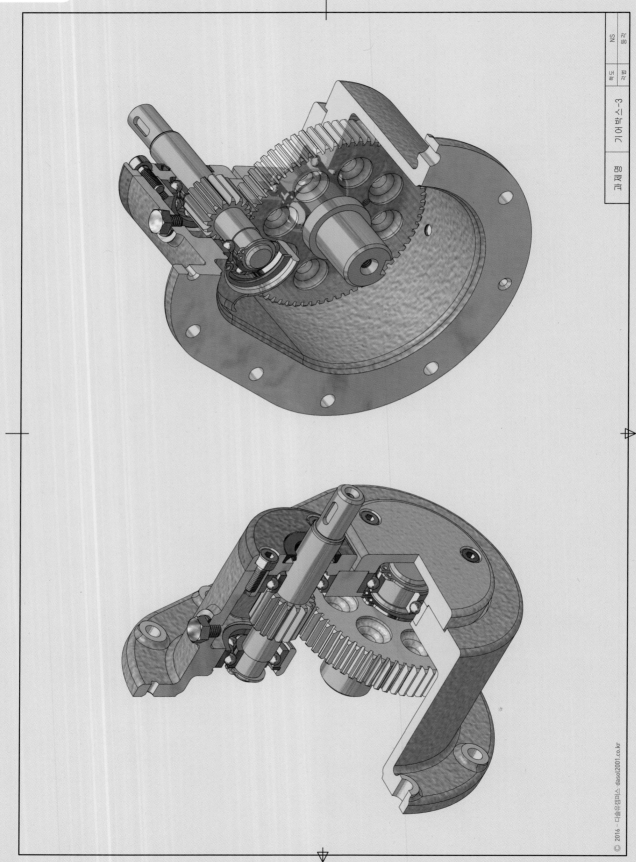

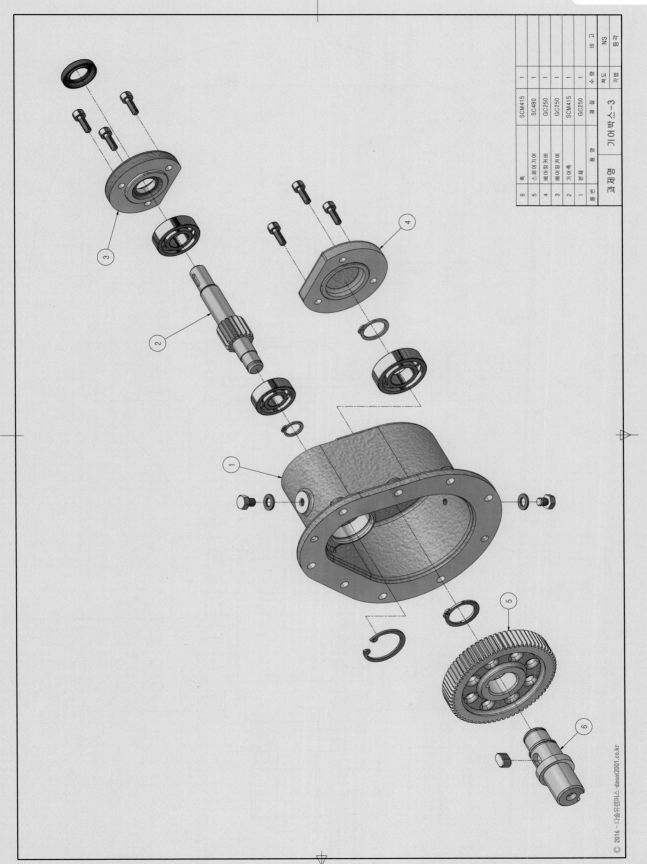

품번	품명	재질	수량	비고
6	축	SCM415	1	
5	스퍼어기어	SC480	1	
4	베어링커버	GC250	1	
3	베어링커버	GC250	1	
2	기어축	SCM415	1	
1	본체	GC250	1	
품번	품명	재질	수량	비고

기어박스-3

등각투상 NS 규격

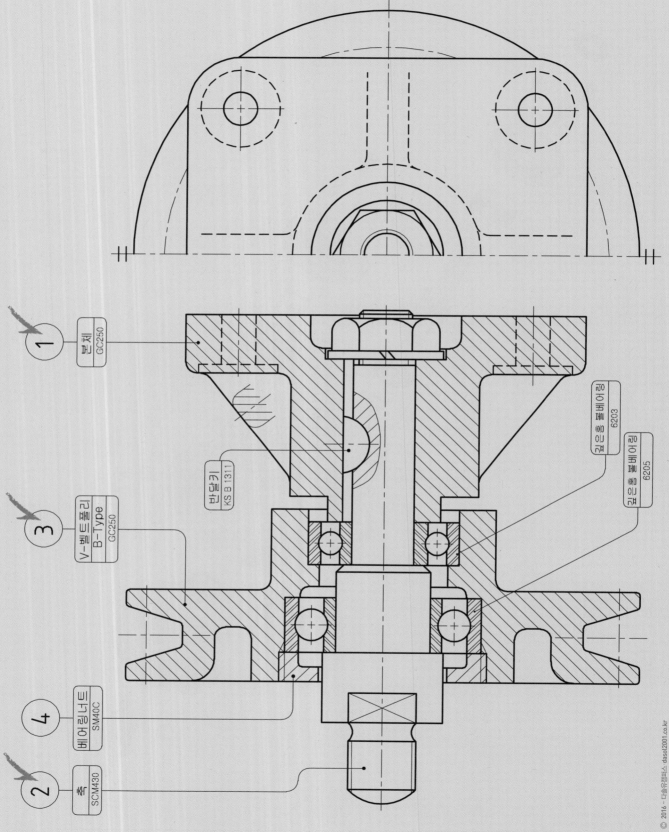

① 본체 GC250

③ V-벨트풀리 B-Type GC250

④ 베어링너트 SM40C

② 축 SCM430

6203 깊은홈볼베어링

6205 깊은홈볼베어링

멈춤링 KS B 1311

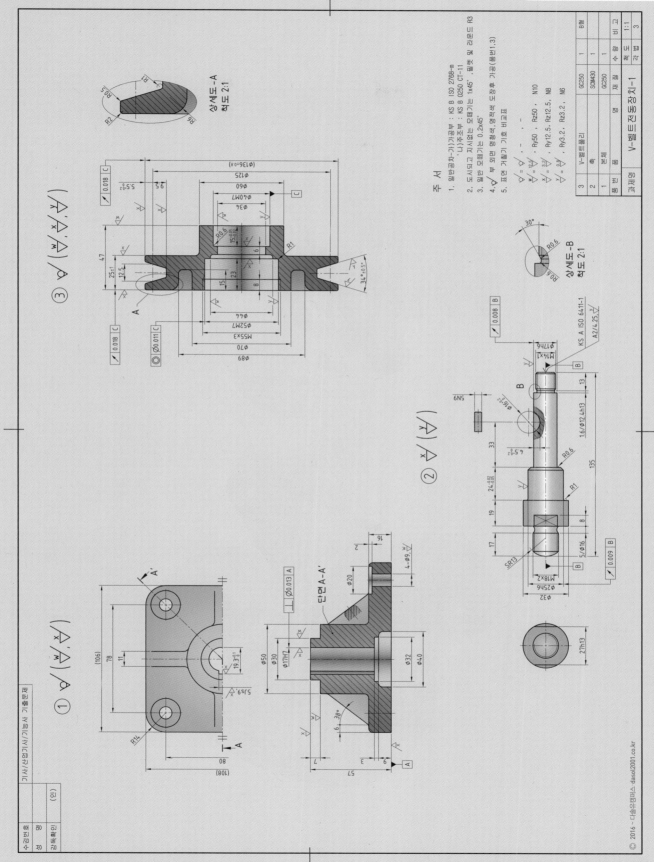

상세도-A
척도 2:1

③ ⟨√⟩ (√, √, √)

상세도-B
척도 2:1

KS A ISO 6411-1
A2/4.25 √

② ⟨√⟩ (√)

주

1. 일반공차-가) 절삭가공부 : KS B ISO 2768-m
   '나)주조부 : KS B 0250 CT-11
2. 도시되고 지시없는 모떼기는 1x45°, 필렛 및 라운드 R3
3. 일반 모떼기는 0.2x45°
4. √ 부 외면 명청색, 명적색 도장후 가공(품번1,3)
5. 표면 거칠기 기호 비교표

√	= √	
√	12.5/	Ry50 , Rz50 , N10
√	3.2/	Ry12.5, Rz12.5, N8
√	0.8/	Ry3.2, Rz3.2, N6

3		V-벨트풀리	1	GC250	
2		축	1	SCM430	
1		본체	1	GC250	
품번		품명	수량	재질	비고
과제명		V-벨트전동장치-1		척도	1:1
				각법	3
					B형

단면 A-A'

① ⟨√⟩ (√, √, √)

수검번호		기사/산업기사/기능사 기출문제
성 명		
감독확인	(인)	

© 2016 - 다솔유앤씨 dasol2001.co.kr

339

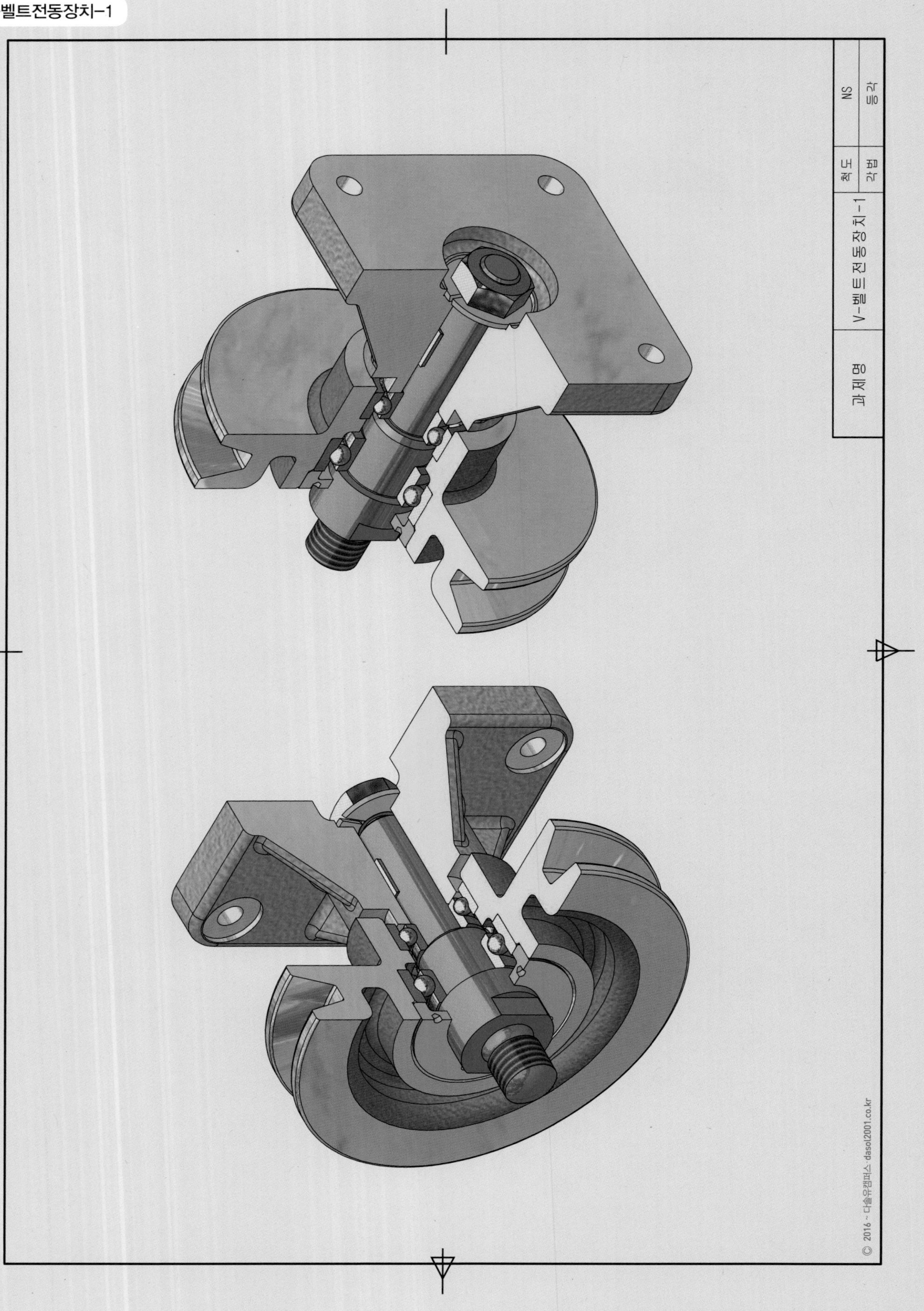
과제명
V-벨트전동장치-1
척도
NS
각법
등각

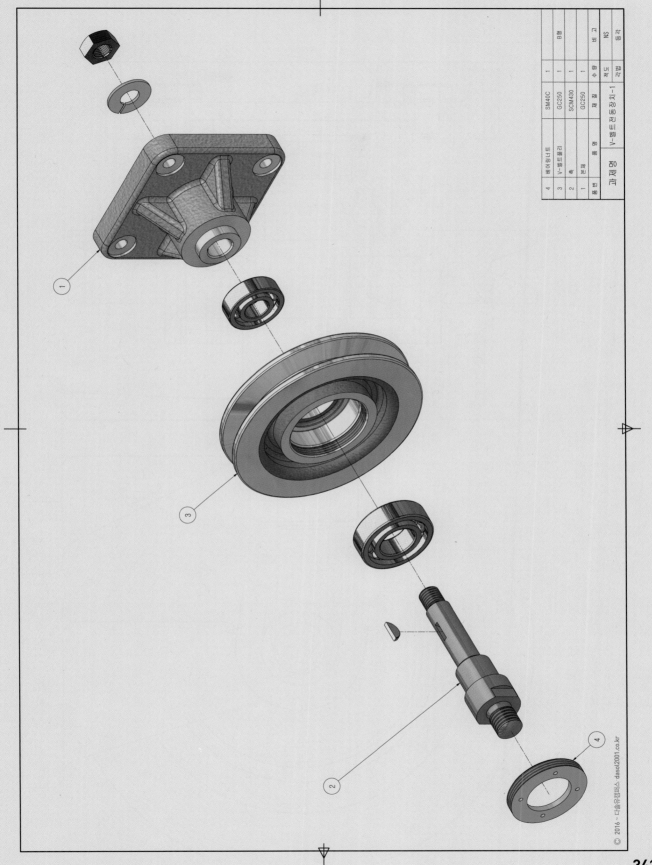

4	베어링너트	SM40C	1	B
3	V-벨트풀리	GC250	1	
2	축	SCM430	1	
1	본체	GC250	1	
품번	품명	재질	수량	비고
척도	NS		각법	3각법
과제명	V-벨트전동장치-1			

⑤ 스프링지지판 SM45C

④ 스퍼어기어 SC480

M:2
Z:50

깊은홈볼베어링 6204

② V—벨트풀리 A—Type GC250

깊은홈볼베어링 6305

⑥ 베어링너트 SM45C

③ 축 SCM430

① 본체 GC250

26°

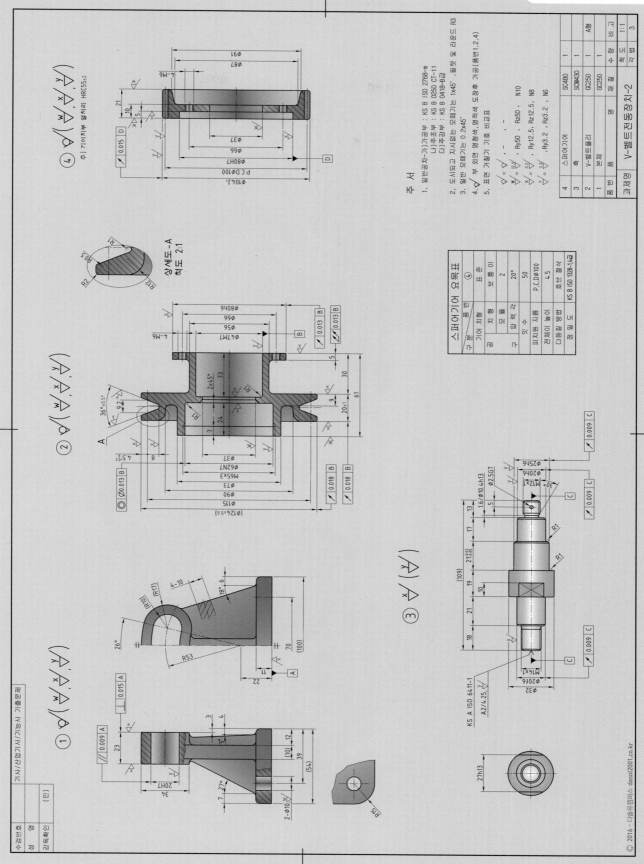

343

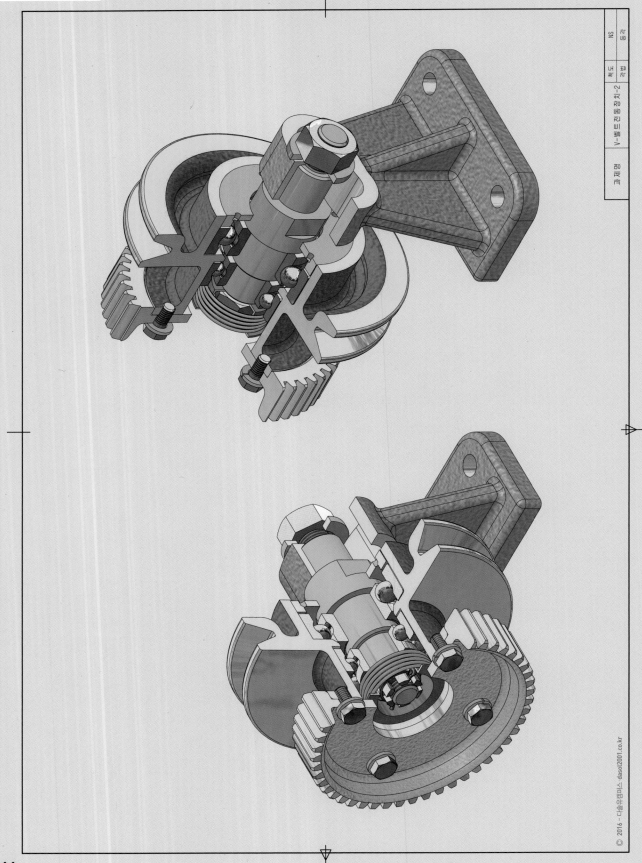

과제명 V-벨트전동장치-2 척도 NS 각법 3각법

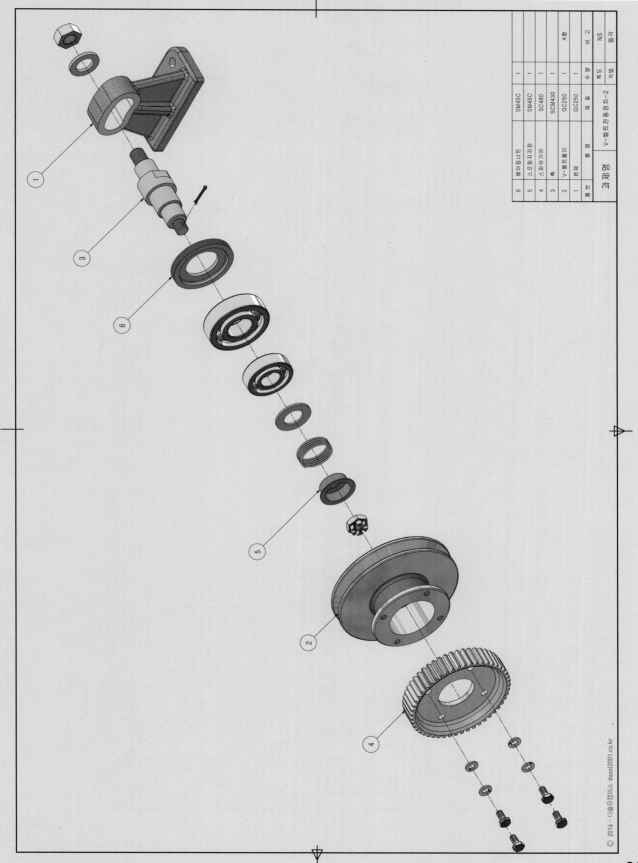

6	베어링너트		SM45C	1		
5	스프링지지판		SM45C	1		
4	스퍼어기어		SC480	1		
3	축		SCM430	1		
2	V-벨트풀리		GC250	1	A형	
1	본체		GC250	1	그림	
품번	품명		재질	수량	비고	
과제명		V-벨트전동장치-2		척도	NS	
				투상	3각법	

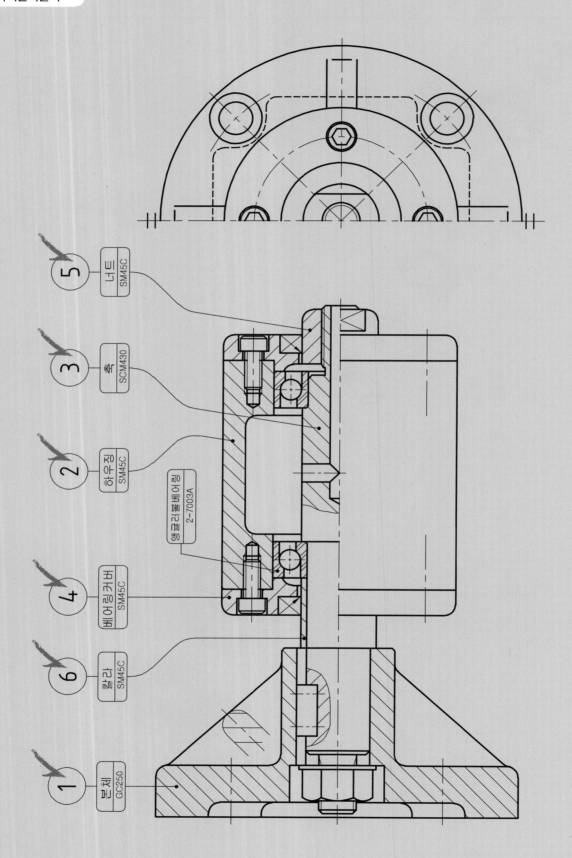

5 너트 SM45C

3 축 SCM430

2 하우징 SM45C

앵귤러볼베어링 2-7003A

4 베어링커버 SM45C

6 칼라 SM45C

1 본체 GC250

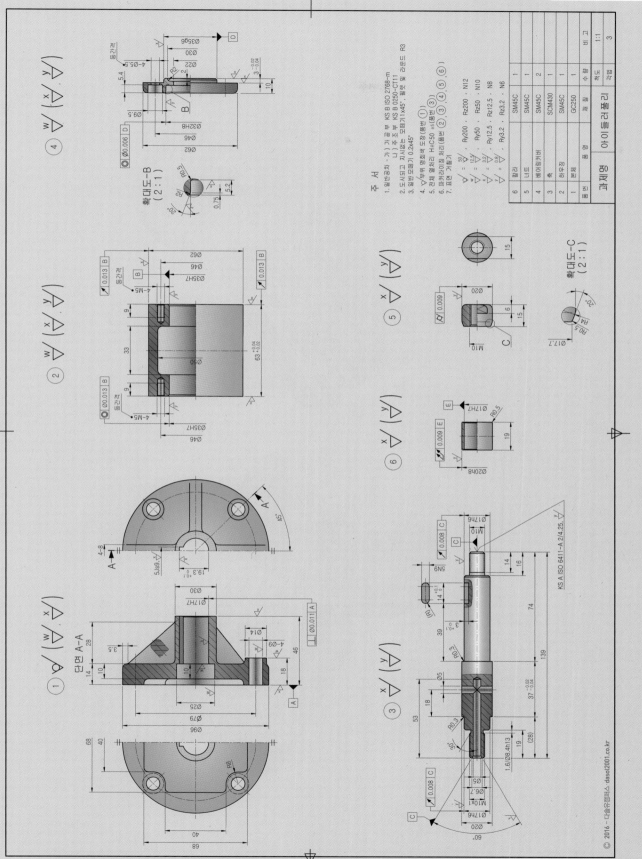

주 서

1. 일반공차 - 가) 가공 부 KS B ISO 2768-m
   나) 주조 부 KS B 0250-CT11
2. 도시되고 지시없는 모떼기 1x45°, 필렛 및 라운드 R3
3. 일반모떼기 0.2x45°
4. ▽부위 영향색 도장(흑면 ①)
5. 전체 열처리 HRC50 ±1(흑면 ③)
6. 파커라이징 처리(흑면 ②),③,④,⑤,⑥)
7. 표면 거칠기

과제명 | 아이들러풀리

6	풀리	SM45C	1
5	너트	SM45C	1
4	베어링커버	SM45C	2
3	축	SCM430	1
2	하우징	SM45C	1
1	본체	GC250	1
품번	품명	재질	수량

| 척도 | 1:1 |
| 각법 | 3 |

KS A ISO 6411-A 2/4.25.

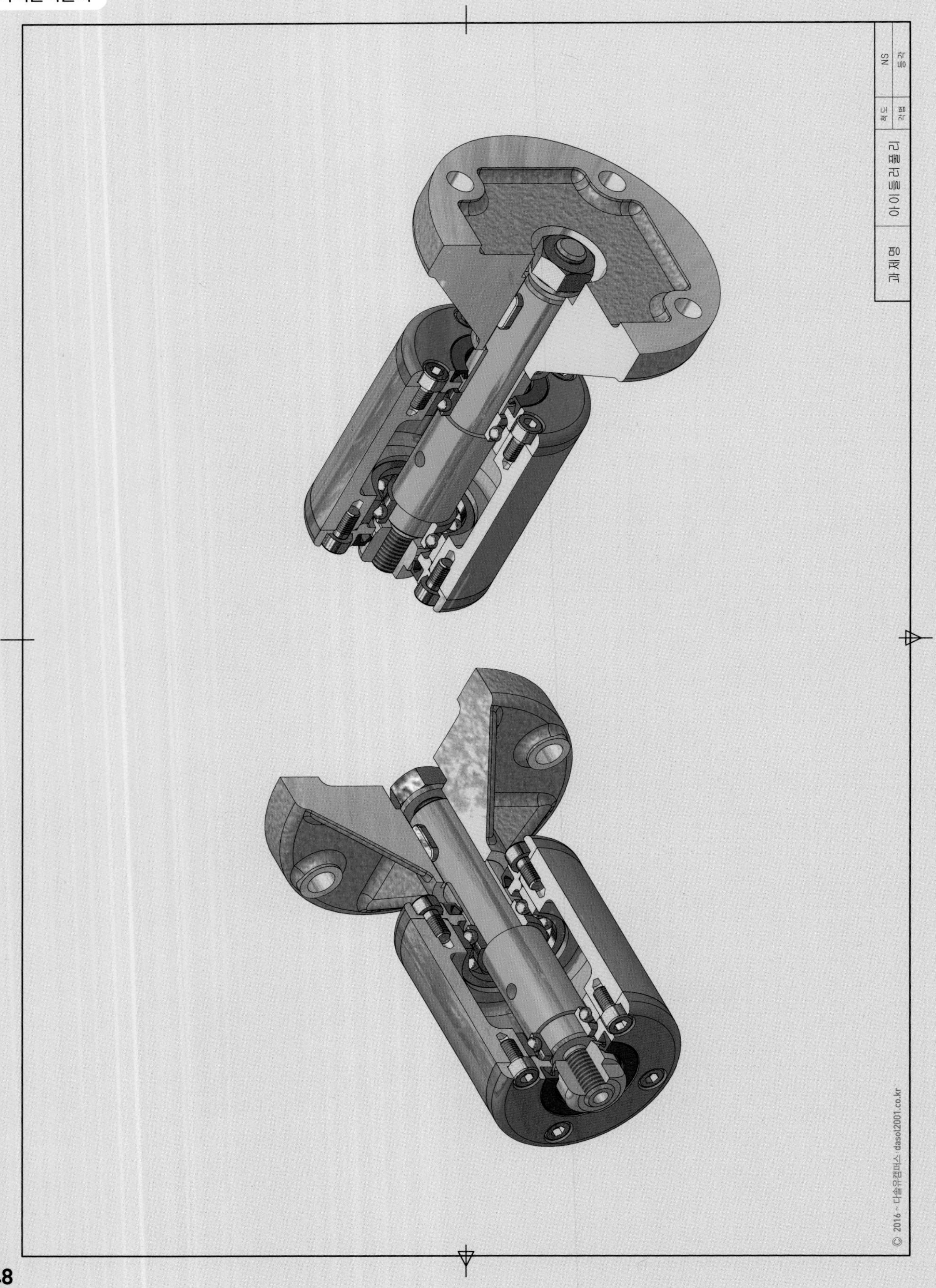
과제명
아이들러풀리
척도
NS
각법
등각
© 2016 ~ 다솔유캠퍼스 · dasol2001.co.kr

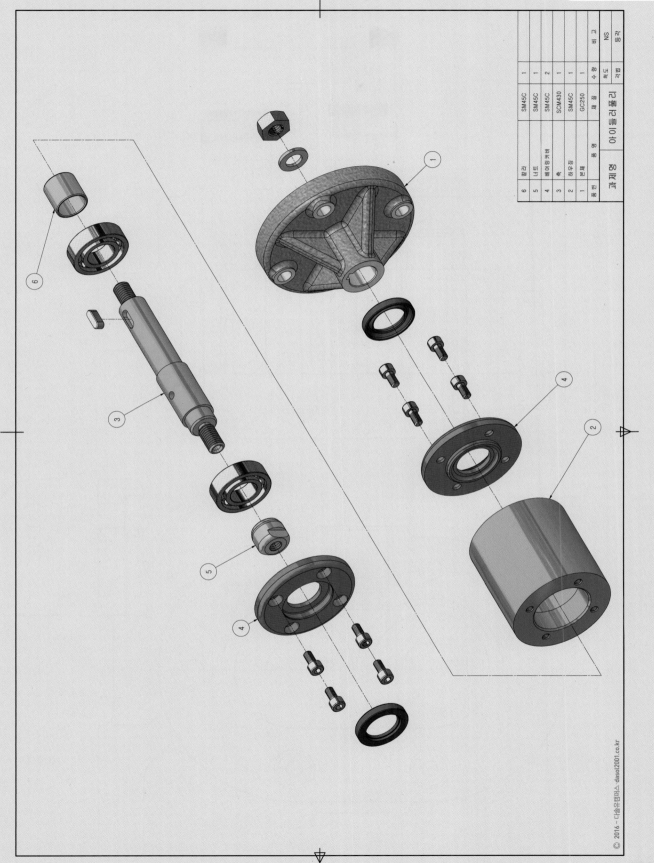

품번	품명	재질	수량	비고
6	칼라	SM45C	1	
5	너트	SM45C	1	
4	베어링커버	SM45C	2	
3	축	SCM430	1	
2	감속차	SM45C	1	
1	본체	GC250	1	

아이들러풀리

1 본체 SC480

6 미끄럼베어링부시 CAC403

5 축 SCM430

오일실 KS B 2804

$\phi 32h6$

4 축 SCM430

0,5

2 커버 SC480

3 스퍼기어 SCM435
M:2
Z:18

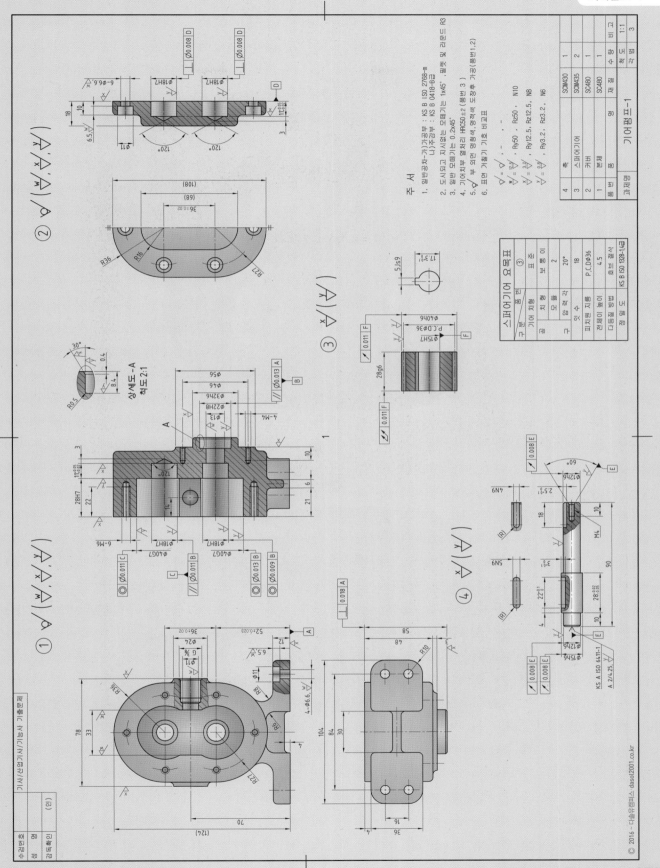

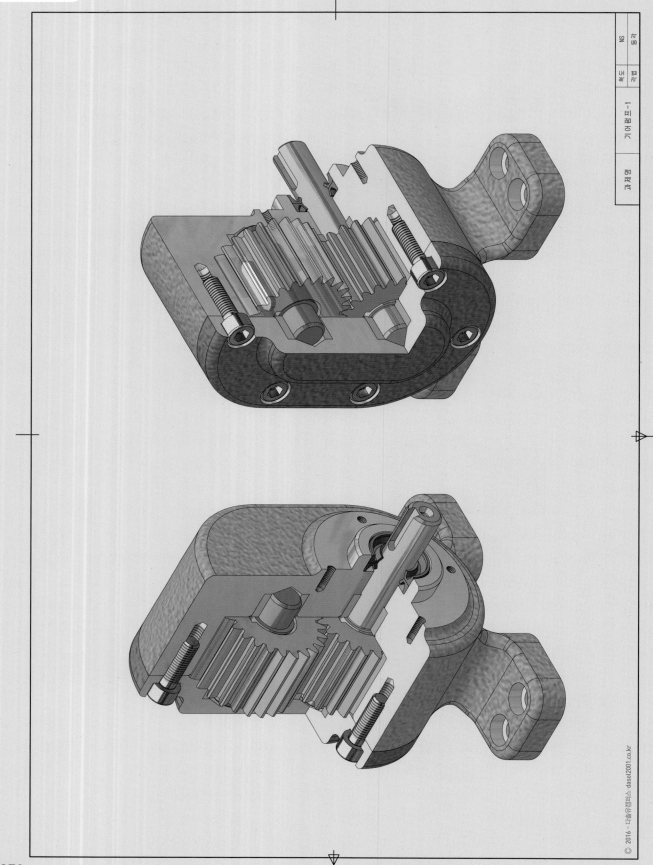

NS 윤곽

도체 스케일

기어펌프-1

척도 85

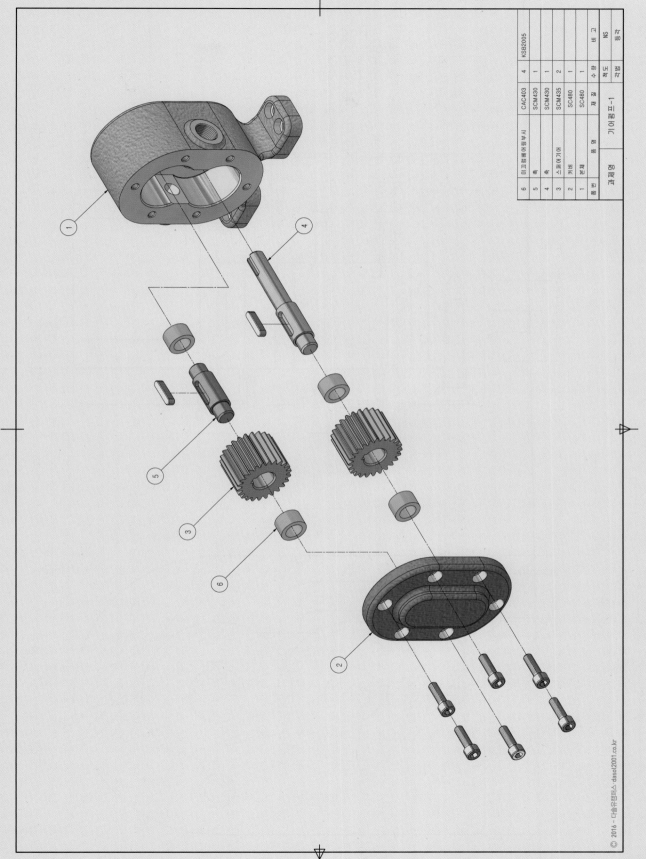

품 번	품 명	재 질	수 량	비 고
6	미끄럼베어링부시	CAC403	4	KSB2005
5	축	SCM430	1	
4	축	SCM430	1	
3	스퍼기어	SCM435	2	
2	커버	SC480	1	
1	본체	SC480	1	
품 번	품 명	재 질	수 량	비 고

과제명	기어펌프-1	척도 NS
		각법 등각

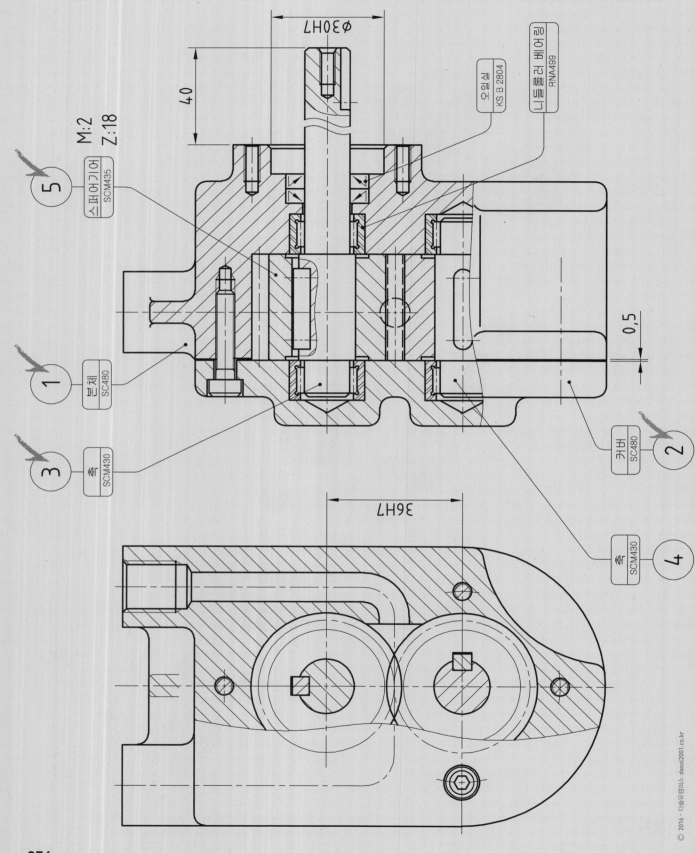

Z:18
M:2

⌀30H7

40

오일실
KS B 2804

니들롤러 베어링
RNA499

스퍼어기어
SCM435

⑤

본체
SC480

①

축
SCM430

③

0,5

커버
SC480

②

36H7

축
SCM430

④

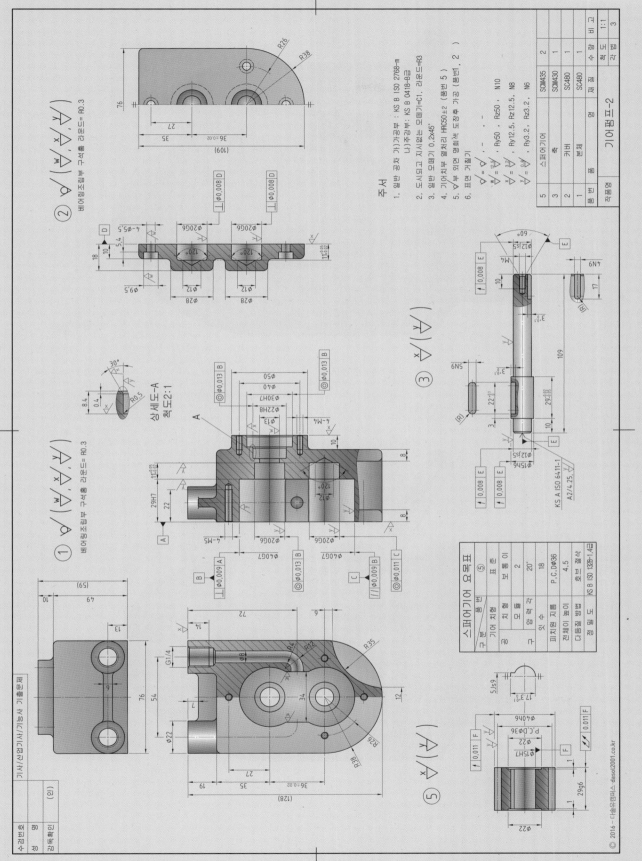

주서

1. 일반 공차 가)가공부 : KS B ISO 2768-m
   나)주장부 : KS B 0418-8급
2. 도시되고 지시없는 모떼기는 C1, 라운드는 R3
3. 일반 모떼기 0.2x45°
4. 기어치부 열처리 HRC50±2 (품번 5)
5. ∇부 외면 명회색 도장후 가공 (품번1, 2)
6. 표면 거칠기

$$\frac{\forall}{\forall} \ , \ \frac{x}{\forall} \ , \ \frac{y}{\forall} \ , \ \frac{z}{\forall} \ , \ \frac{w}{\forall}$$

$$\overset{\forall}{\sim} \ , \ \overset{x}{\nabla} \frac{12.5}{} \ , \ \overset{y}{\nabla} \frac{3.2}{} \ , \ \overset{z}{\nabla} \frac{0.8}{} \ , \ \overset{w}{\nabla} \frac{0.2}{}$$

$$\overset{\forall}{\sim} \ , \ \overset{x}{\nabla} \ Ry50 \ , \ Rz50 \ , \ N10$$
$$\overset{y}{\nabla} = \ Ry12.5 \ , \ Rz12.5 \ , \ N8$$
$$\overset{z}{\nabla} = \ Ry3.2 \ , \ Rz3.2 \ , \ N6$$

기어펌프-2

품번	품명	재질	수량	비고
5	스퍼어기어	SCM435	2	
3	커버	SCM430	1	
2		SC480	1	
1	본체	SC480	1	

작품명   척도 1:1   각법 3

스퍼어기어 요목표

구분	품번	⑤
기어	기어 치형	표준
	치형	보통이
공구	모듈	2
	압력각	20°
	잇수	18
	피치원 지름	P.C.DØ36
	전체이 높이	4.5
	다듬질 방법	홉브 절삭
	정밀도	KS B ISO 1328-1 4급

삼세도-A
척도2:1

베어링조립부 구석홈 라운드= R0.3

기사/산업기사/기능사 기출문제

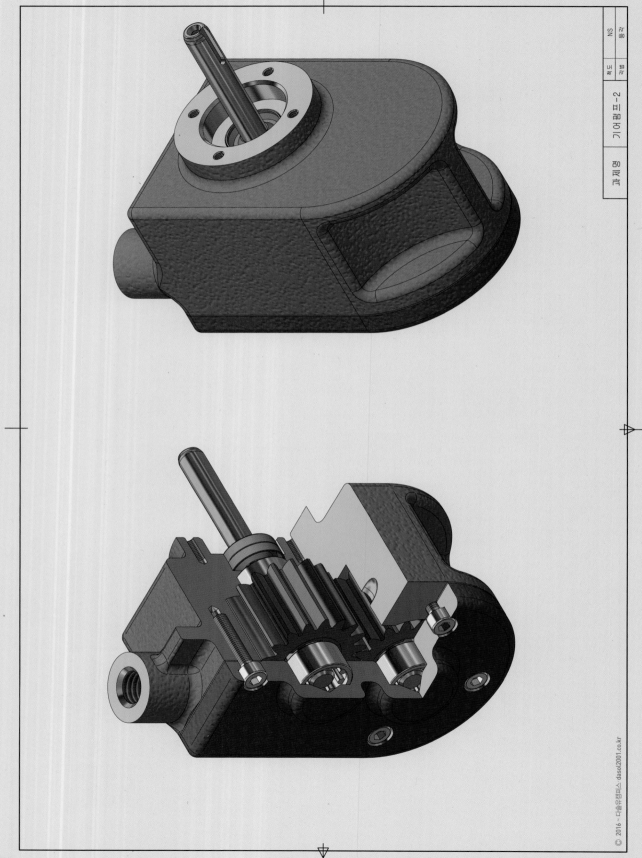

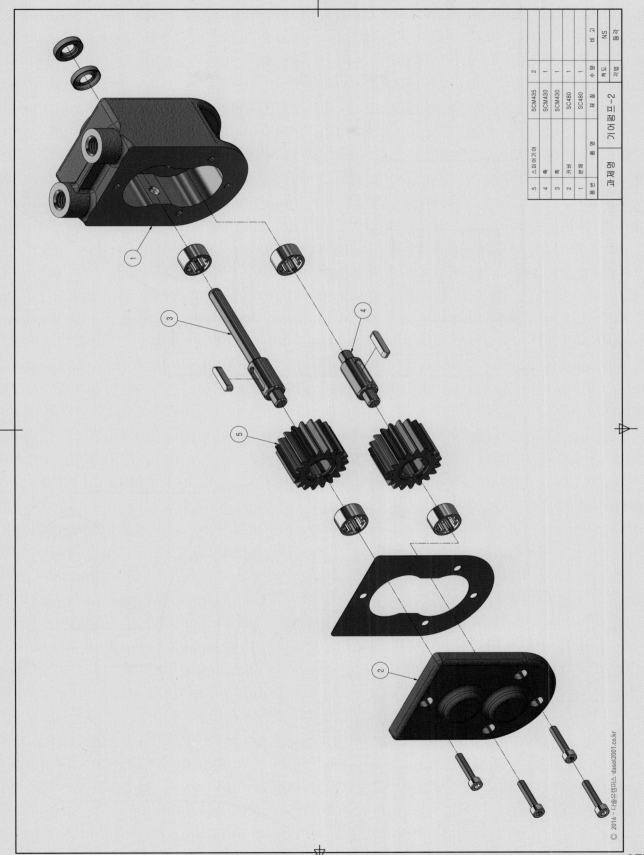

품번	품 명	재 질	수량	비 고
5	스퍼어기어	SCM435	2	
4	축	SCM430	1	
3	축	SCM430	1	
2	커버	SC480	1	
1	본체	SC480	1	NS

기어펌프-2

과제명

357

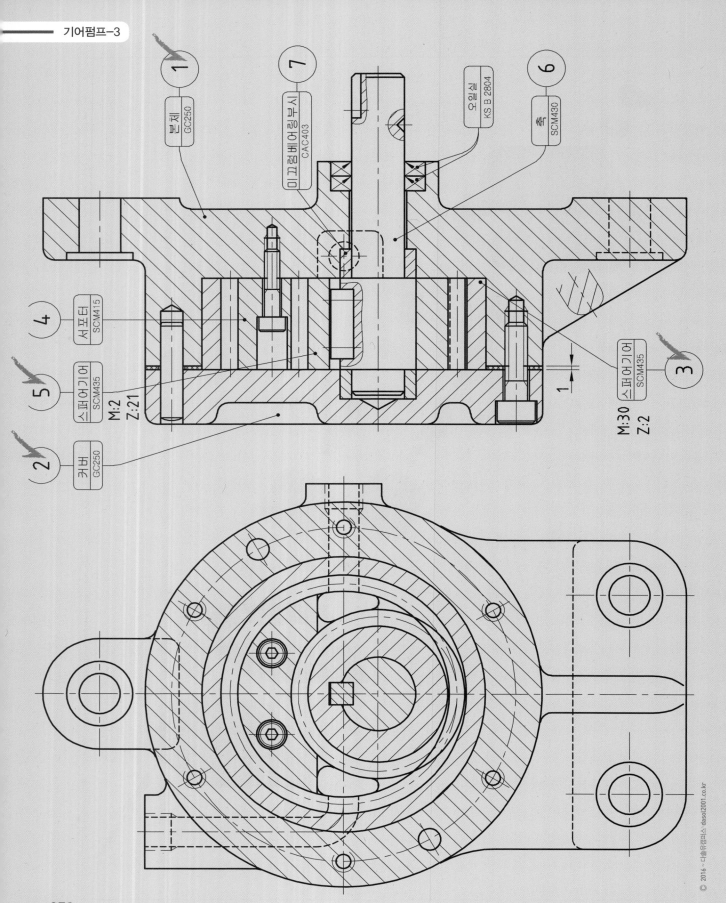

1 본체 GC250

7 미끄럼베어링 CAC403

6 축 SCM430

오일실 KS B 2804

4 서포터 SCM415

5 스퍼어기어 SCM435
M:2
Z:21

2 커버 GC250

3 스퍼어기어 SCM435
M:30
Z:2

1

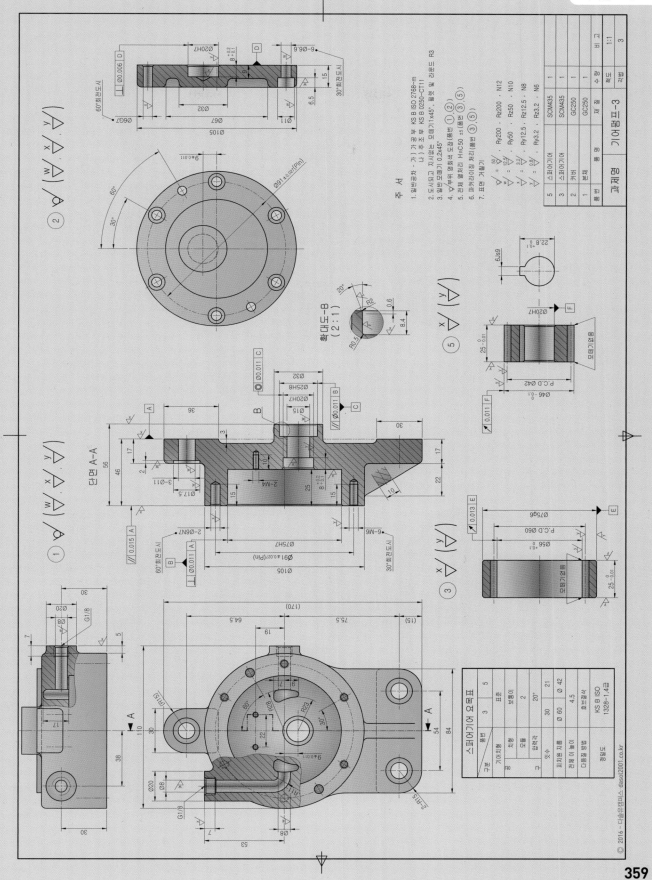

주 서

1. 일반공차 - 가) 가 공부 KS B ISO 2768-m
　　　　　　 나) 주 조 부 KS B 0250-CT11
2. 도시되고 지시없는 모떼기1x45°, 필렛 및 라운드 R3
3. 일반 모떼기 0.2x45°
4. ✓부위 열화화 도장(통번 ① ②)
5. 전체 열처리 HRC50 ±5 (통번 ③ ⑤)
6. 파커라이징 처리(통번 ③ ⑤)
7. 표면 거칠기

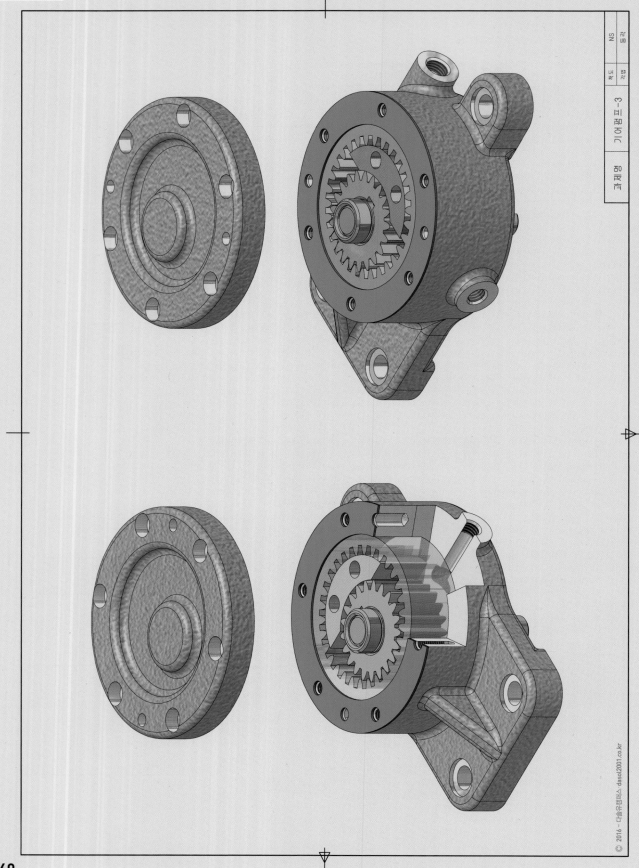

과제명 기어펌프-3

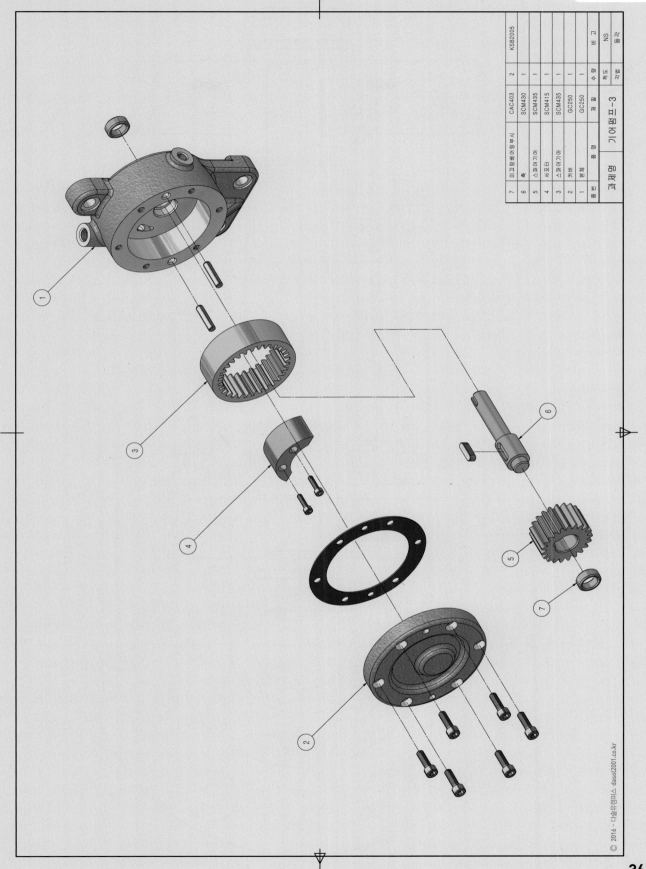

품 번	품 명	재 질	수 량	비 고
7	미끄럼베어링부시	CAC403	2	KSB2005
6	축	SCM430	1	
5	스파이기어	SCM435	1	
4	서포터	SCM415	1	
3	스파이기어	SCM435	1	
2	커버	GC250	1	
1	본체	GC250	1	
품 번	품 명	재 질	수 량	비 고

기어펌프-3

과제명

척도 NS

각법 동량

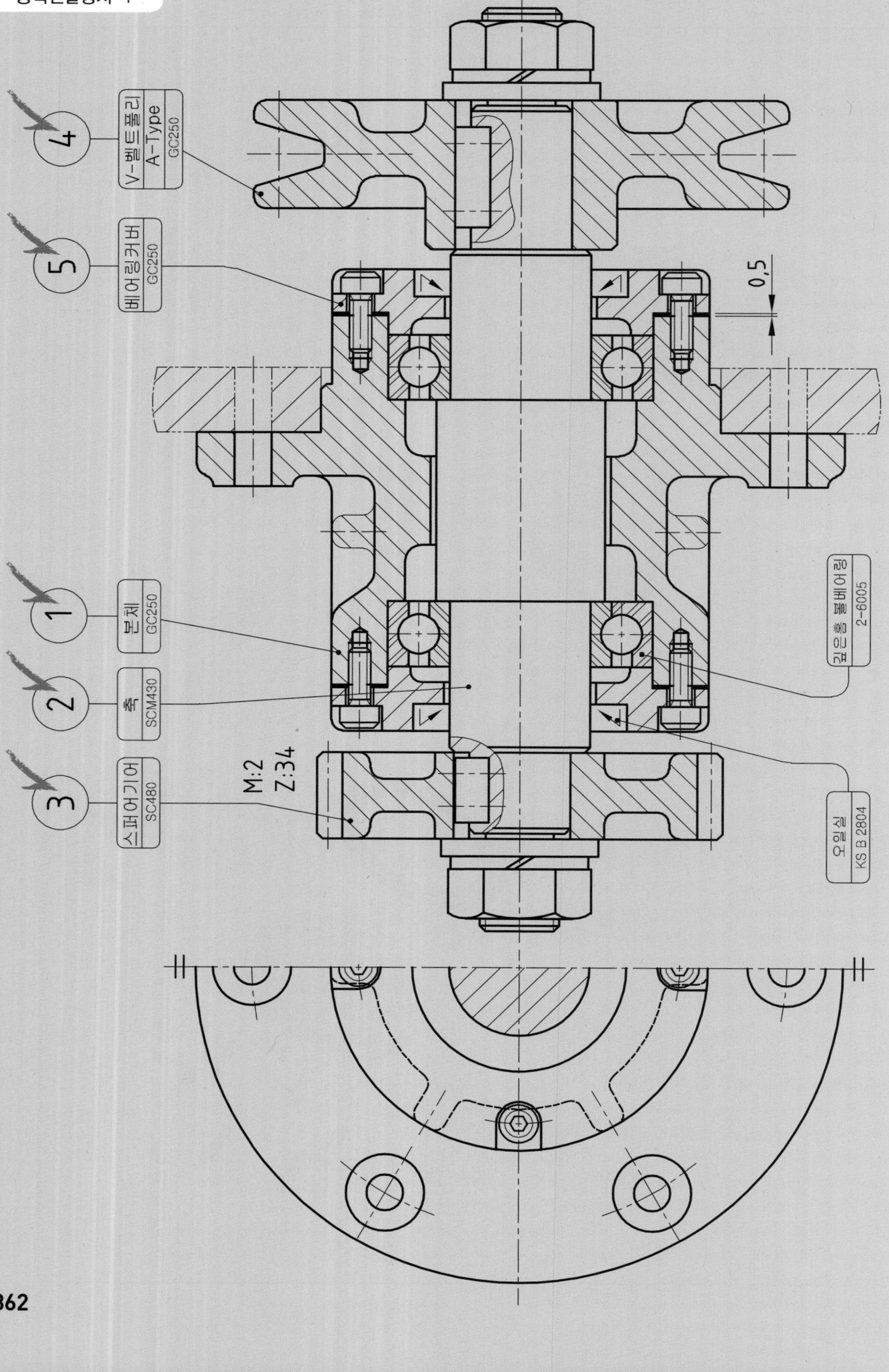
4
V-벨트풀리
A-Type
GC250
5
베어링커버
GC250
1
본체
GC250
2
축
SCM430
3
스퍼어기어
SC480
M:2
Z:34
0.5
깊은홈 볼베어링
2-6005
오일실
KS B 2804

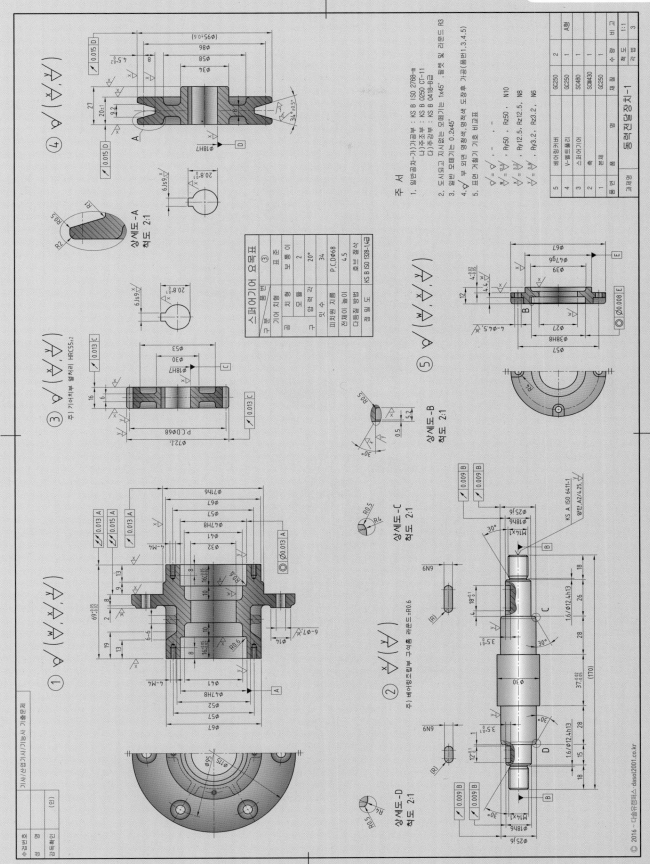

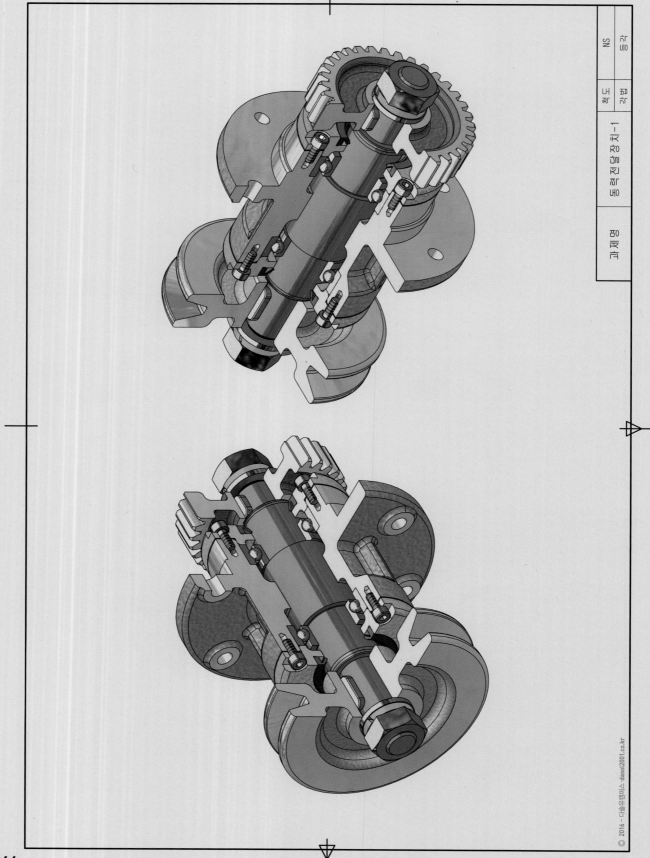

© 2016 - 다솔유캠퍼스 dasol2001.co.kr

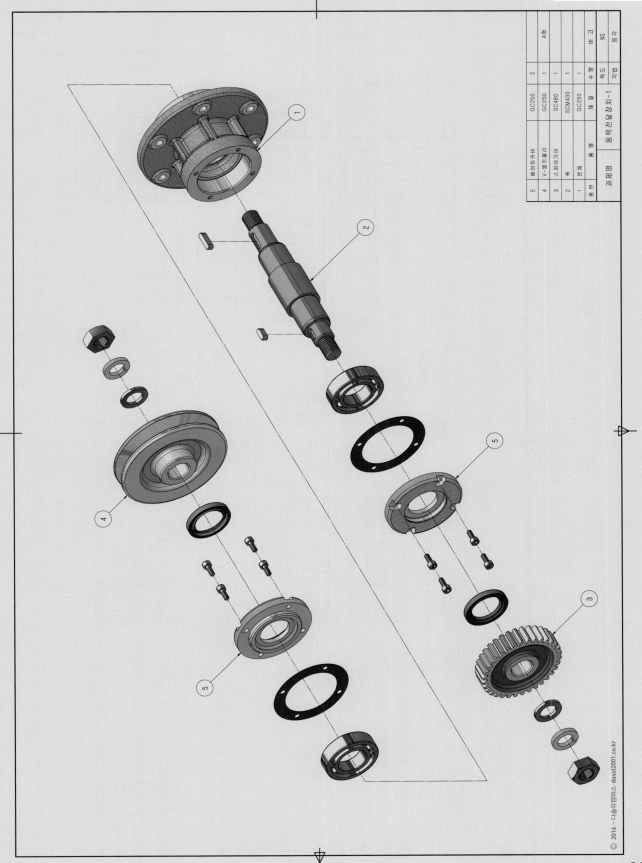

품 번	품 명	재 질	수 량	비 고
5	베어링커버	GC250	2	A형
4	V-벨트풀리	GC250	1	
3	스퍼어기어	SC480	1	
2	축	SCM430	1	
1	본체	GC250	1	NS
품 번	품 명	재 질	수 량	비 고

과제명 동력전달장치-1

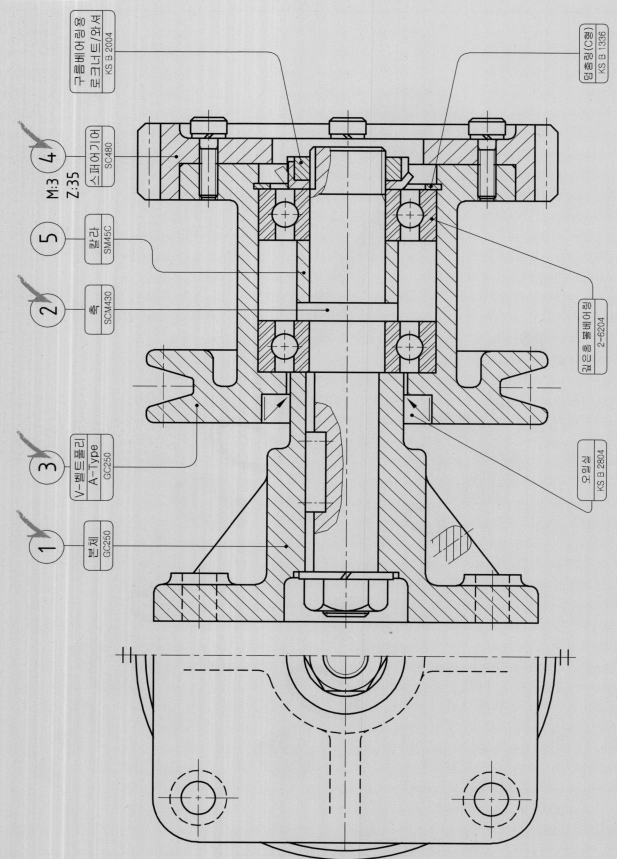

구름베어링용
로크너트/와셔
KS B 2004

멈춤링(C형)
KS B 1336

4 스퍼어기어 SC480

M:3
Z:35

5 칼라 SM45C

2 축 SCM430

깊은홈볼베어링
2-6204

3 V-벨트풀리
A-Type
GC250

오일실
KS B 2804

1 본체 GC250

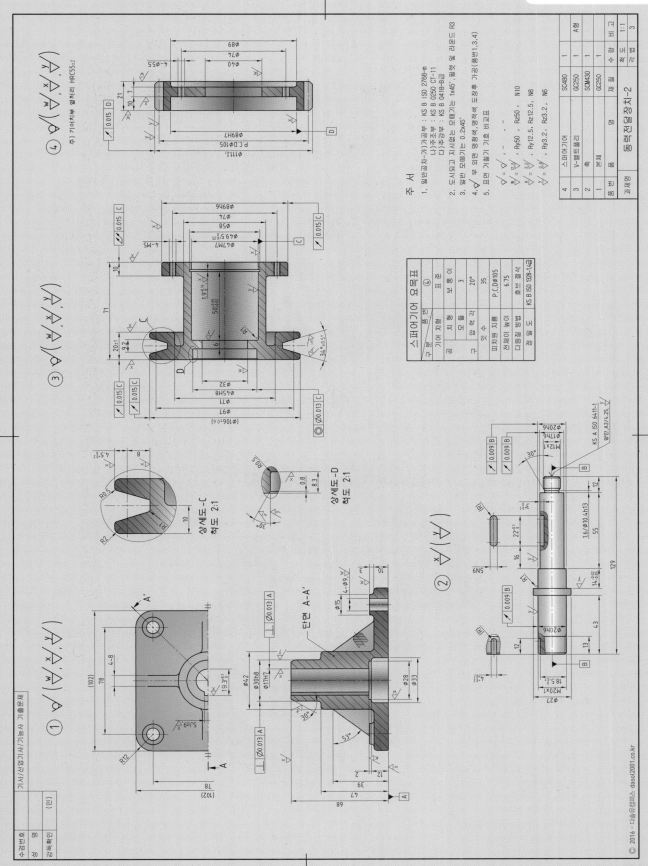

주 서

1. 일반공차-가)가공부 : KS B ISO 2768-m
   　　　　　나)주조부 : KS B 0250 CT-11
   　　　　　다)주강부 : KS B 0418-B급
2. 도시되고 지시없는 모깎기는 1×45°, 물렛 및 라운드 R3
3. 일반 모떼기는 0.2×45°
4. ◁부 외면 명청색,명적색 도장후 가공(품번1,3,4)
5. 표면 거칠기 기호 비교표

스퍼기어 요목표

품번	구분		④
기어 치형	종류	표준	
	모듈	3	
공구	치형	모듈	
	압력각	20°	
잇수		35	
피치원 지름		P.C.D.Φ105	
전체이 높이		6.75	
다듬질 방법		호브 절삭	
정밀도		KS B ISO 1328-1,4급	

④ 주 기어이부 열처리 HRC55±2

상세도-C 척도 2:1

상세도-D 척도 2:1

단면 A-A'

① 기사/산업기사/기능사 기출문제

수험번호
성 명
감독확인(인)

품번	품명	재질	수량	비고
4	스퍼기어	SC480	1	
3	V-벨트풀리	GC250	1	A형
2	축	SCM430	1	
1	본체	GC250	1	

과제명	동력전달장치-2	척도	1:1
		각법	3

367

동력전달장치-2

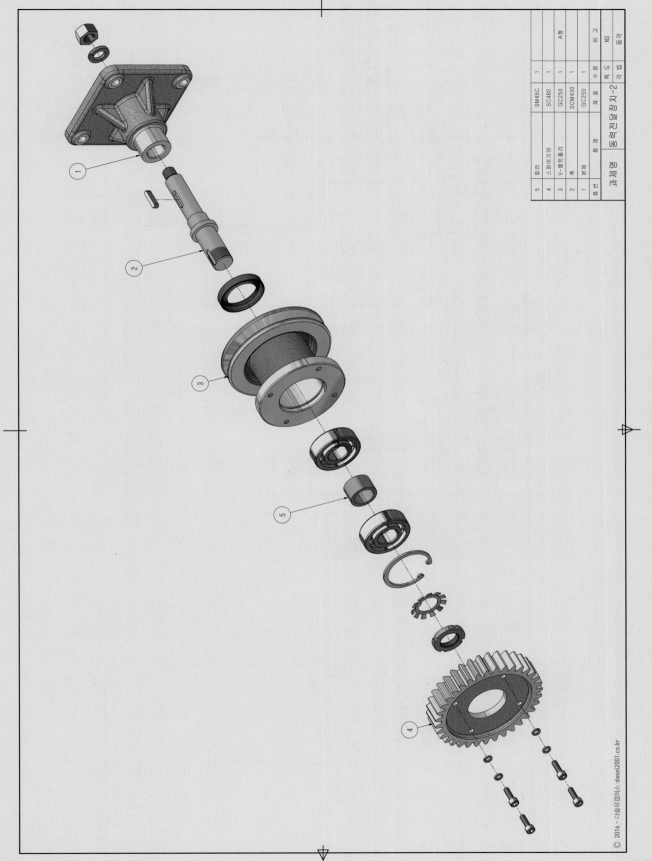

품번	품명	재질	수량	비고
5	칼라	SM45C	1	
4	스퍼어기어	SC480	1	
3	V-벨트풀리	GC250	1	A형
2	축	SCM430	1	
1	본체	GC250	1	
품번	품명	재질	수량	비고

척 도	NS
각 법	3각

동력전달장치-2

과제명

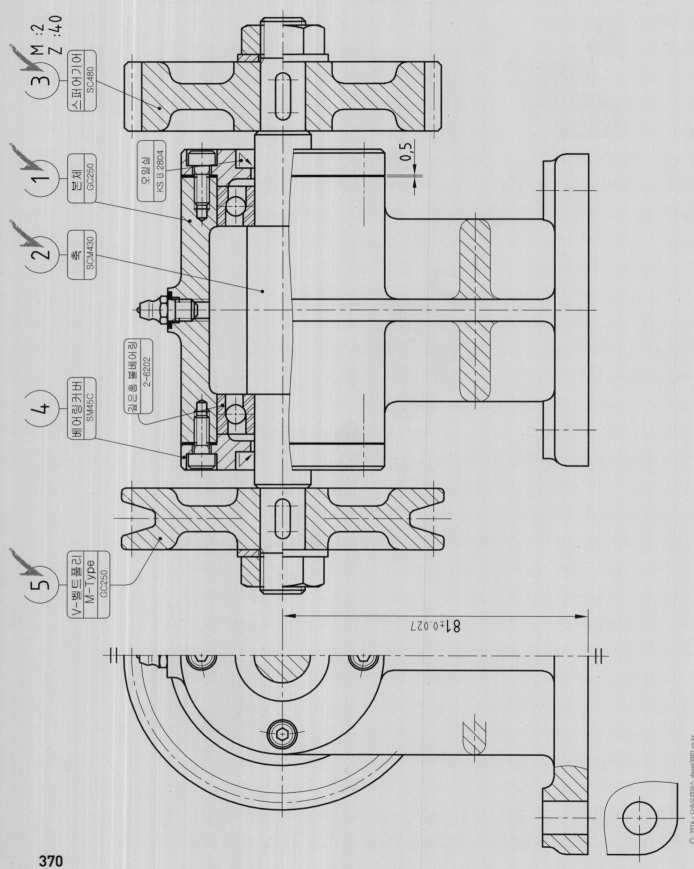

③ M :2
Z :40
③ 스퍼어기어 SC480

① 본체 GC250

오일실 KS B 2804

② 축 SCM430

0,5

④ 베어링커버 SM45C

깊은홈볼베어링 2-6202

⑤ V-벨트풀리 M-Type GC250

81±0.027

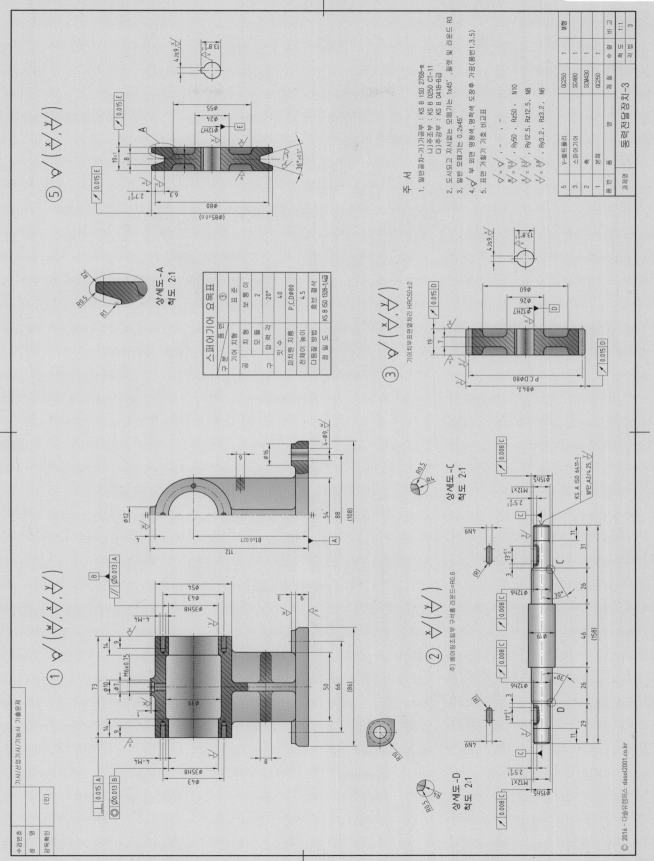

주 서

1. 일반공차-가) 가공부 : KS B ISO 2768-m
   나) 주조부 : KS B 0250 CT-11
   다) 주강부 : KS B 0418-B급
2. 도시되고 지시없는 모떼기는 1x45°, 필렛 및 라운드 R3
3. 일반 모떼기는 0.2x45°
4. 일반부 외면 명청색, 영적색 도장후 가공(품번1,3,5)
5. 표면 거칠기 기호 비교표

기어 요목표

스퍼기어		
기어 치형	표준	
	치형	보통
공구	모듈	2
	압력각	20°
잇수		40
피치원 지름		P.C.D80
전체 이 높이		4.5
다듬질 방법		호브 절삭
정밀도		KS B ISO 1328-1,4급

기어 치부 표면열처리 HRC50±2

상세도-A 척도 2:1

상세도-C 척도 2:1

상세도-D 척도 2:1

M형	
5	V-벨트풀리	GC250	1
3	스퍼기어	SC480	1
2	축	SCM430	1
1	본체	GC250	1
품번	품명	재질	수량

| 과제명 | 동력전달장치-3 | 척도 | 1:1 |
| | | 각법 | 3 |

수험번호			
성 명			
감독확인		(인)	
기사/산업기사/기능사 기출문제			

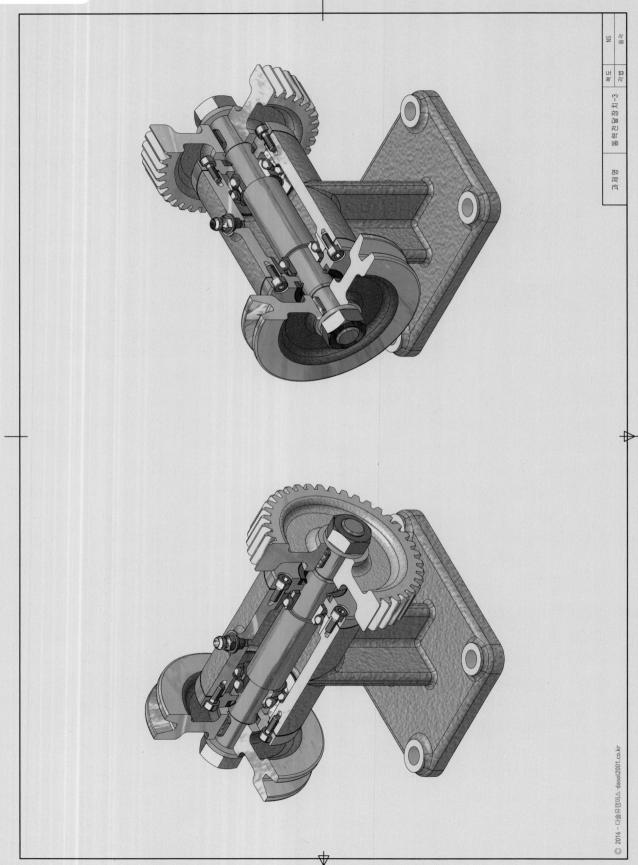

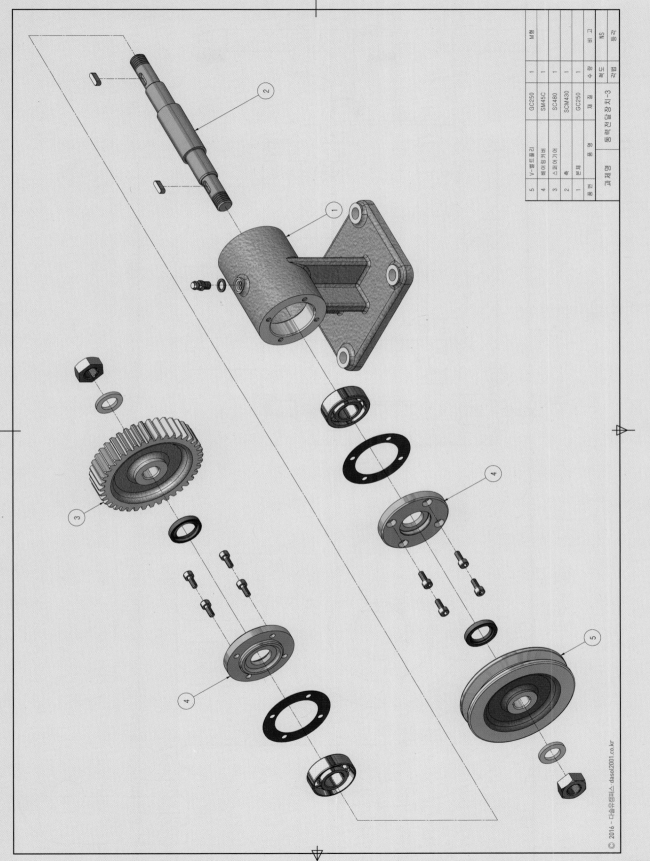

5	V-벨트풀리	GC250	1		M형
4	베어링커버	SM45C	1		
3	스퍼기어	SC480	1		
2	축	SCM430	1		
1	본체	GC250	1		NS
품번	품명	재질	수량	비고	등각
과제명	동력전달장치-3		척도		
			각법		

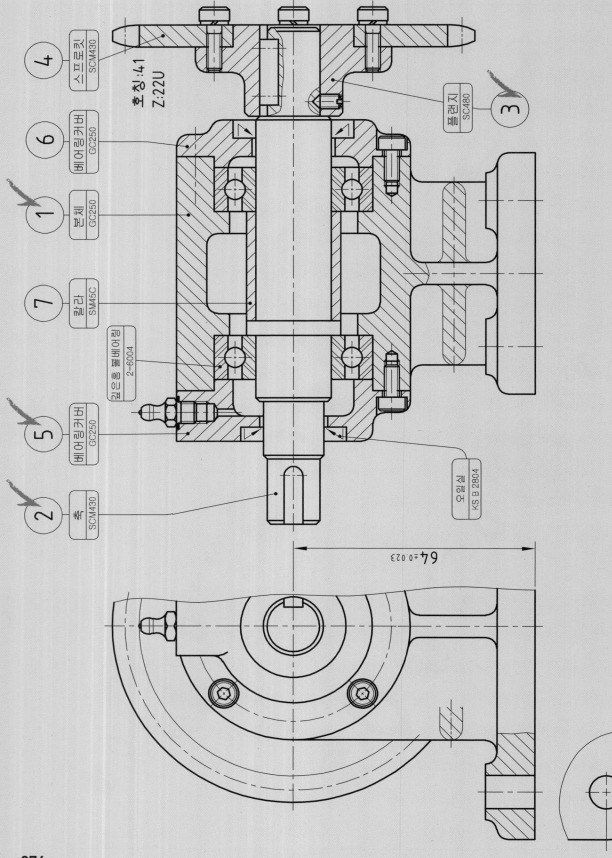

④ 스프로킷 SCM430

호칭:41
Z:22U

⑥ 베어링커버 GC250

① 본체 GC250

⑦ 칼라 SM45C

③ 플랜지 SC480

깊은홈볼베어링 2-6004

⑤ 베어링커버 GC250

② 축 SCM430

오일실 KS B 2804

64 ±0.023

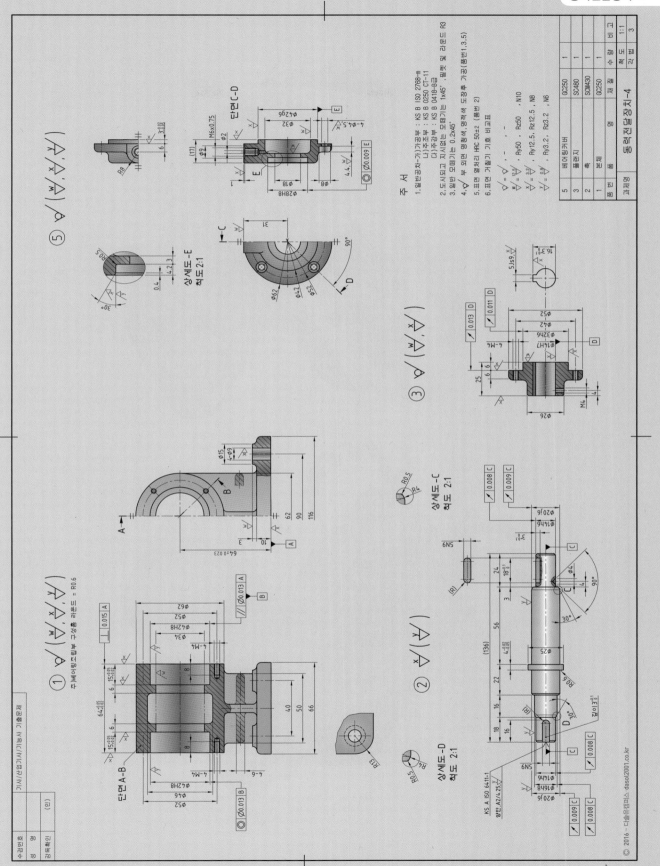

주 서

1. 일반공차-가)가공부 : KS B ISO 2768-m
   나)주조부 : KS B 0250 CT-11
   다)주강부 : KS B 0418-B급
2. 도시되고 지시없는 모떼기는 1x45˚, 필렛 및 라운드는 R3
3. 일반 모떼기는 0.2x45˚
4. √ 부 외면 명청색, 영적색 도장후 가공(품번1,3,5)
5. 표면 열처리 HRC 50±2 (품번 2)
6. 표면 거칠기 기호 비교표

품번	품명	재질	수량	비고
5	베어링커버	GC250	1	
3	플랜지	SC480	1	
2	축	SCM430	1	
1	본체	GC250	1	

과제명	동력전달장치-4	척도	1:1
		각법	3

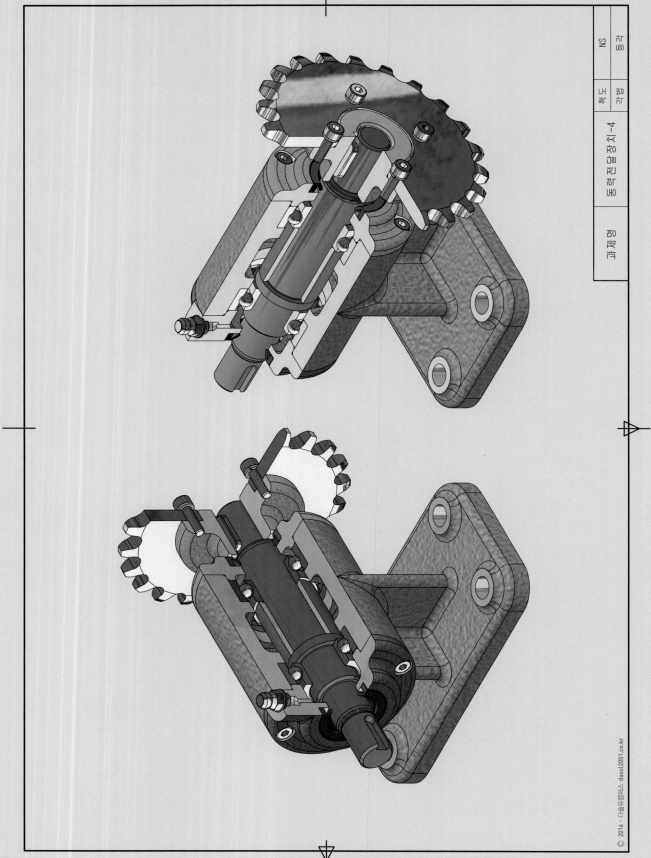

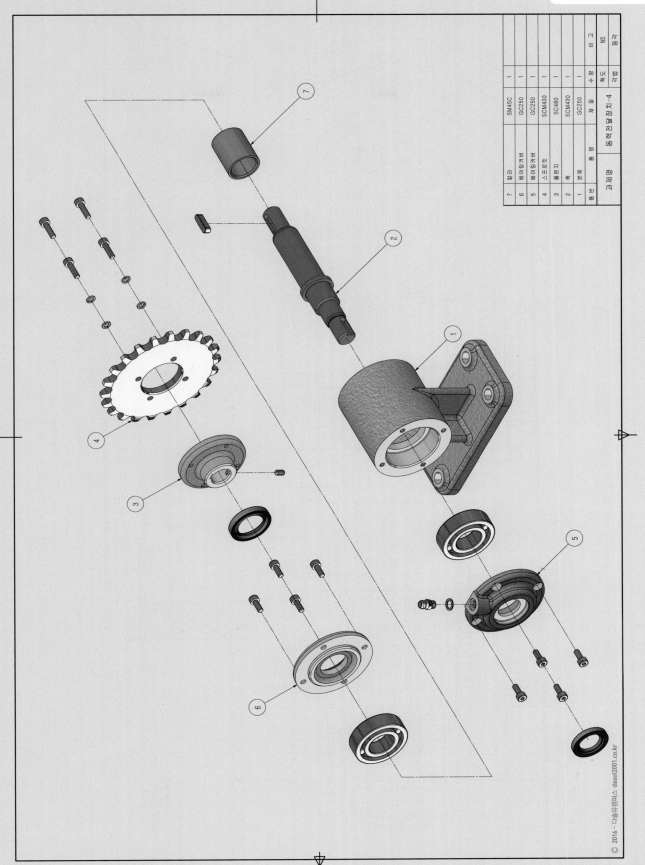

품번	품명	재질	수량	척도	비고
7	칼라	SM45C	1		
6	베어링커버	GC250	1		
5	베어링커버	GC250	1		
4	스프로킷	SCM430	1		NS
3	플랜지	SC480	1	척도	동가
2	축	SCM430	1		
1	본체	GC250	1	각법	
품번	품명	재질	수량	척도	비고

과제명 | 동력전달장치-4

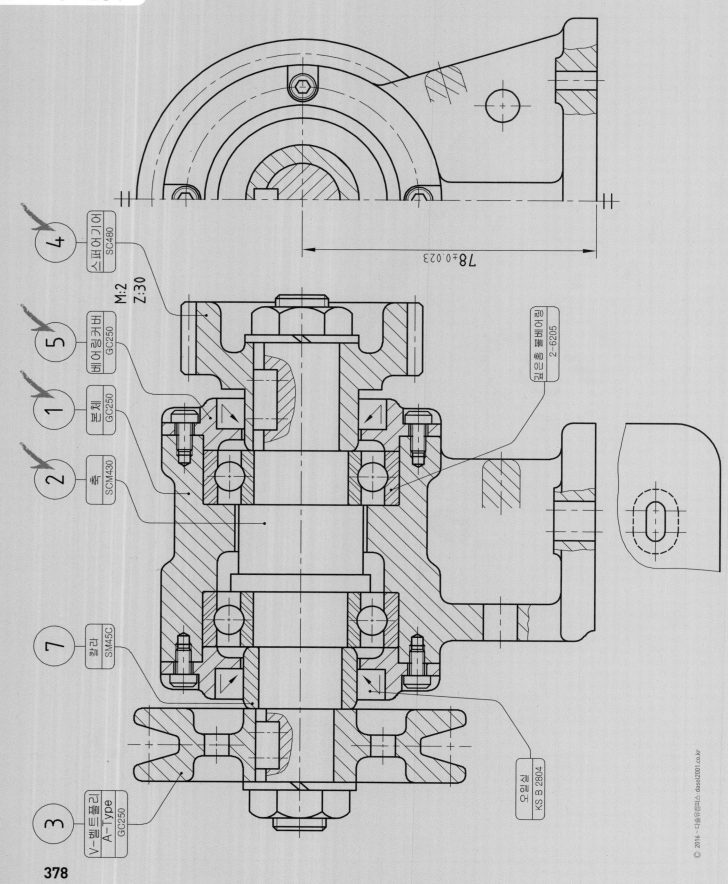

④ 스퍼어기어 SC480

M:2
Z:30

⑤ 베어링커버 GC250

① 본체 GC250

② 축 SCM430

⑦ 칼라 SM45C

③ V-벨트풀리 A-Type GC250

깊은홈볼베어링 2-6205

78±0.023

오일실 KS B 2804

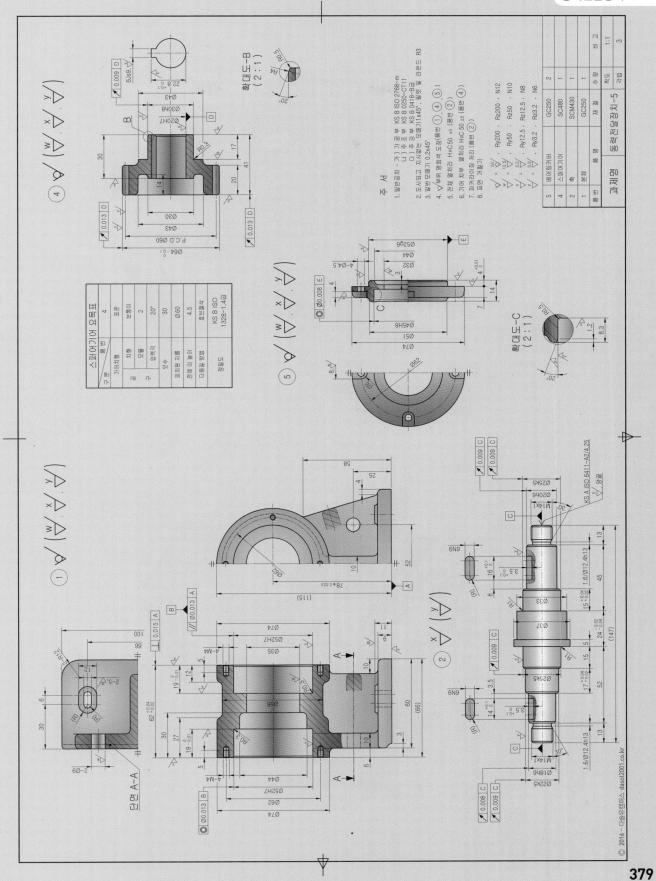

주 서

1. 일반공차 - 가) 가공부 KS B ISO 2768-m
   나) 주조부 KS B 0250-CT11
   다) 주강부 둥근 모떼기1x45°, 라운드 R3
2. 도시되고 지시없는 모떼기 0.2x45°
3. 일반 모떼기 0.2x45°
4. ∇부위 열영향 도장처리(동변) ① ④ ⑤
5. 전체 열처리 HrC50 ±5 (동변) ②
6. 기어 치부 열처리 HrC50 ±5 (동변) ④
7. 파커라이징 처리(동변) ②
8. 표면 거칠기

스퍼어기어 요목표

구분	기어치형	
	치형	표준
공구	모듈	2
	압력각	20°
잇수		30
피치원 지름		Ø60
전체 이 높이		4.5
다듬질 방법		홉브절삭
정밀도		KS B ISO 1328-1.4급

5	베어링커버	GC250	2	
4	스퍼어기어	SC480	1	
2	축	SCM430	1	
1	본체	GC250	1	
품번	품명	재질	수량	비고

| 과제명 | 동력전달장치-5 | 각법 | 3 |
| | | 척도 | 1:1 |

© 2016 - 다솔유앤미스 dasol2001.co.kr

379

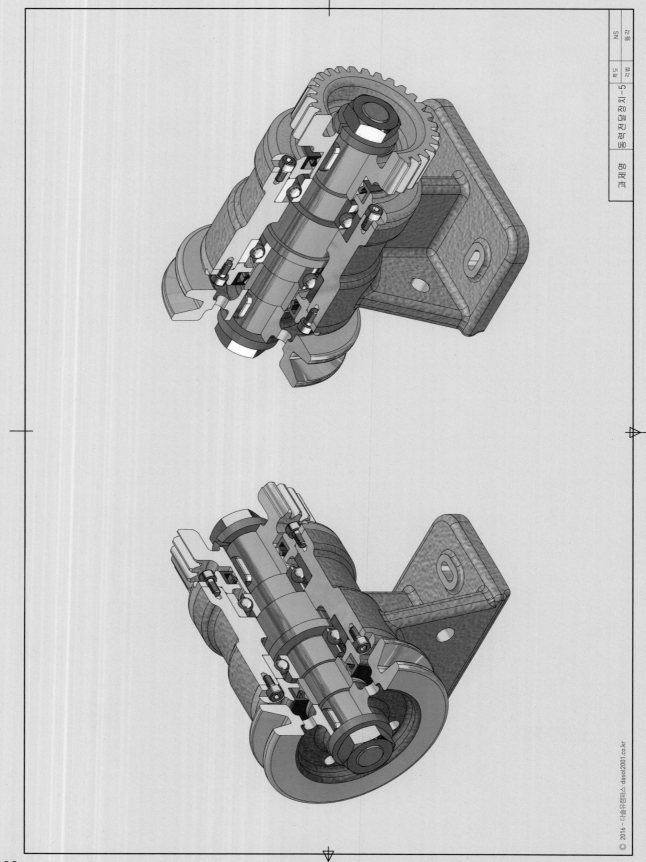

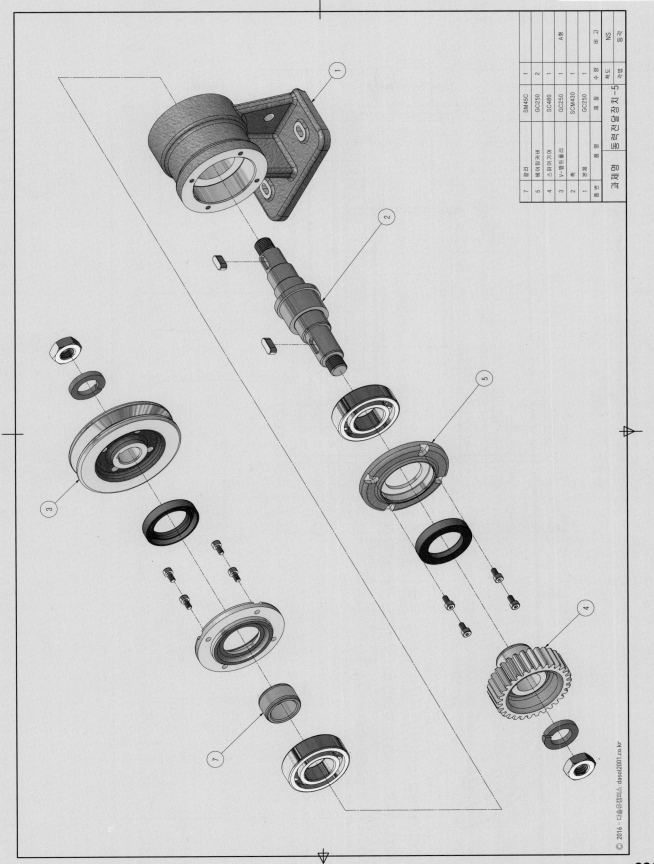

품번	품명	재질	수량	척도	비고
7	칼라	SM45C	1		
5	베어링커버	GC250	2		
4	스퍼기어	SC480	1	A형	
3	V-벨트풀리	GC250	1		NS
2	축	SCM430	1		
1	본체	GC250	1		
품번	품명	재질	수량	척도	비고

동력전달장치-5

과제명

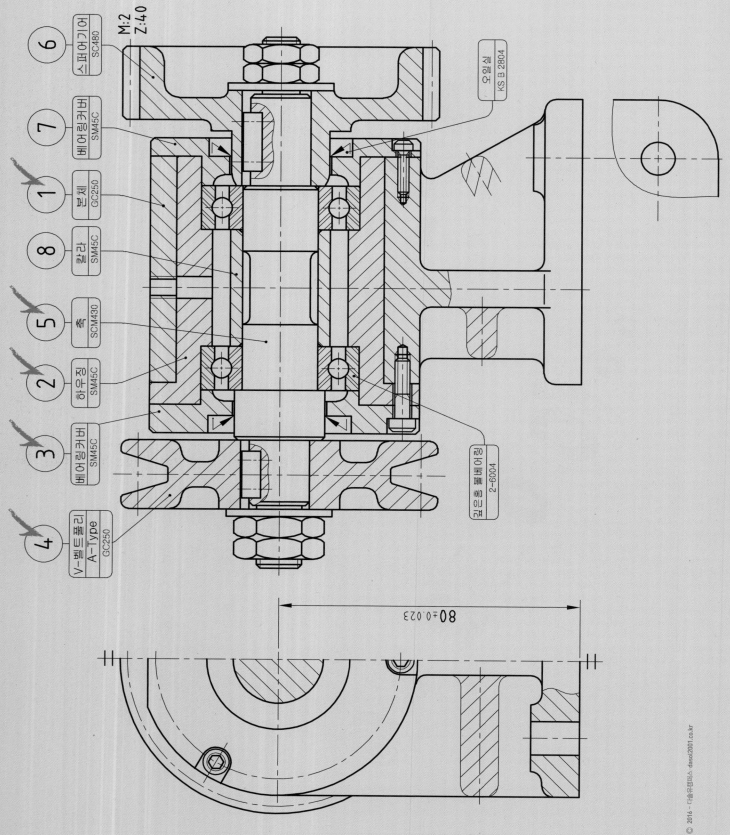

⑥ 스퍼어기어 SC480

M:2
Z:40

오일실
KS B 2804

⑦ 베어링커버 SM45C

① 본체 GC250

⑧ 칼라 SM45C

⑤ 축 SCM430

② 하우징 SM45C

③ 베어링커버 SM45C

볼베어링
2-6004

④ V-벨트풀리 A-Type GC250

80±0.023

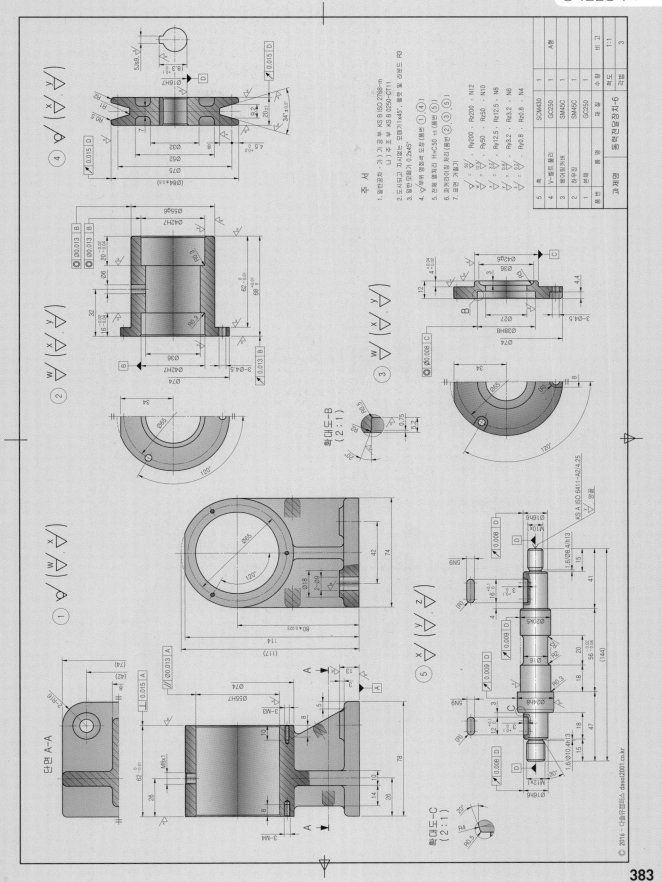

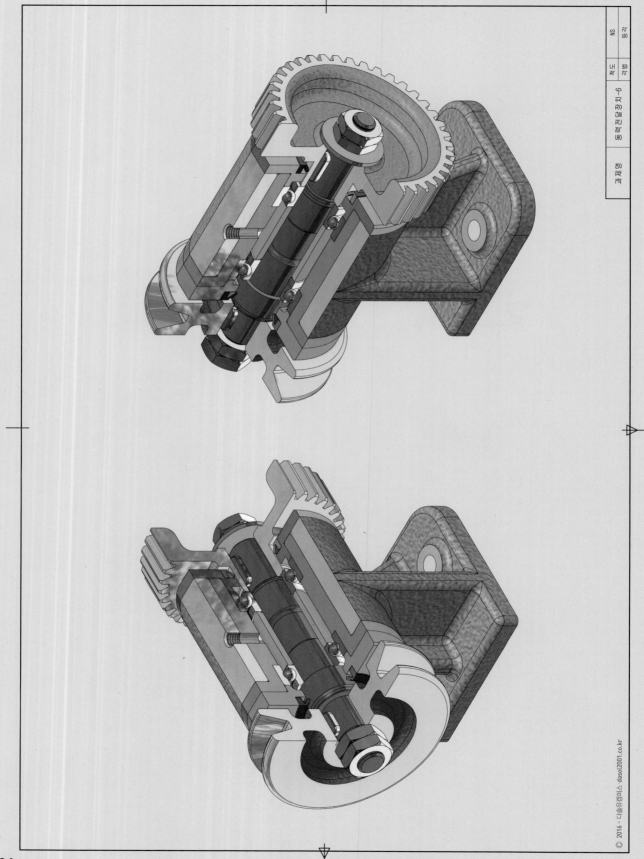

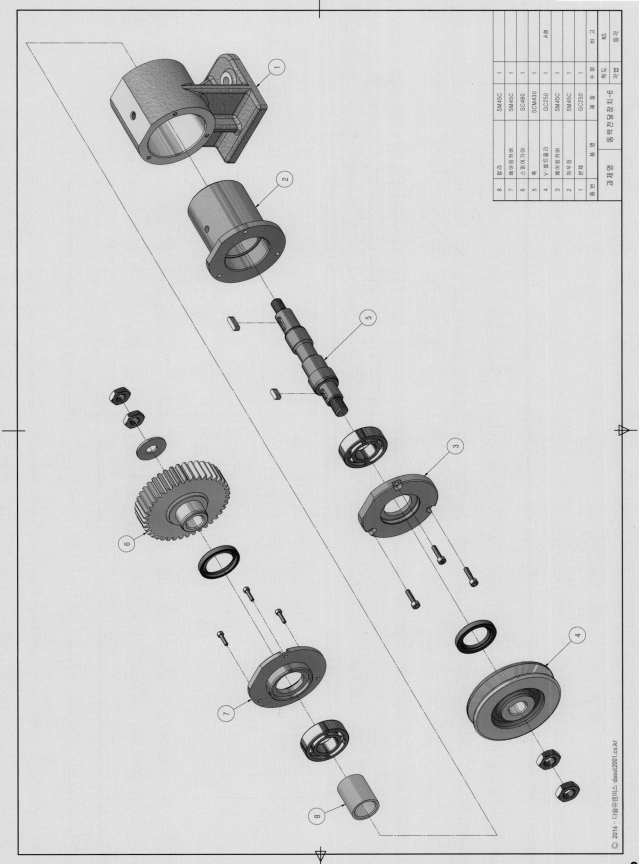

품번	품 명	재 질	수량	비 고
8	칼라	SM45C	1	
7	베어링커버	SM45C	1	
6	스퍼어기어	SC480	1	
5	축	SCM430	1	
4	V-벨트풀리	GC250	1	
3	베어링커버	SM45C	1	A형
2	좌우정	GC250	1	
1	본체	GC250	1	
품번	품 명	재 질	수량	비 고
동력전달장치-6				

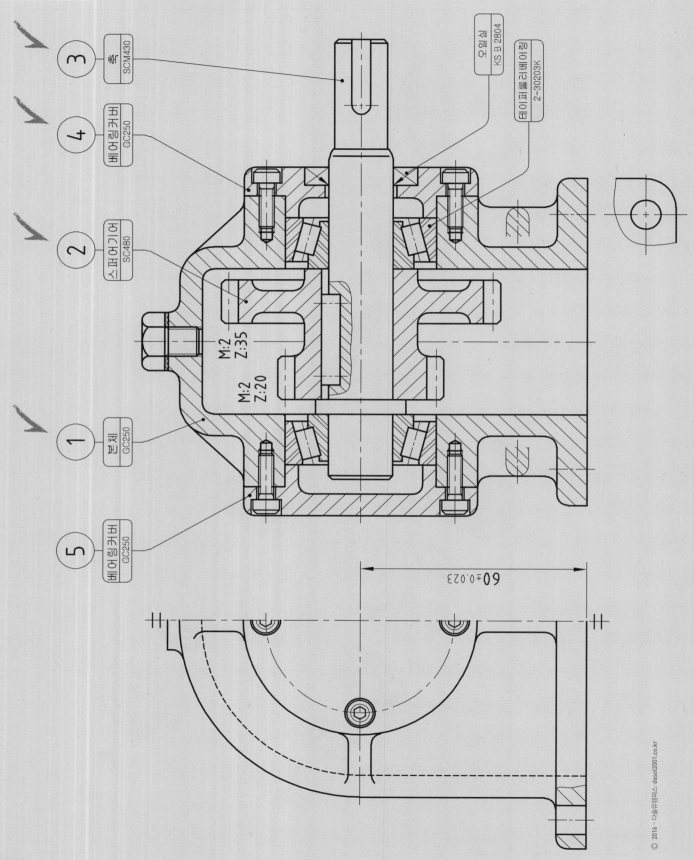

③ 축 SCM430

④ 베어링커버 GC250

② 스퍼어기어 SC480

① 본체 GC250

⑤ 베어링커버 GC250

오일실 KS B 2804

테이퍼롤러베어링 2-30203K

M:2 Z:35

M:2 Z:20

60±0.023

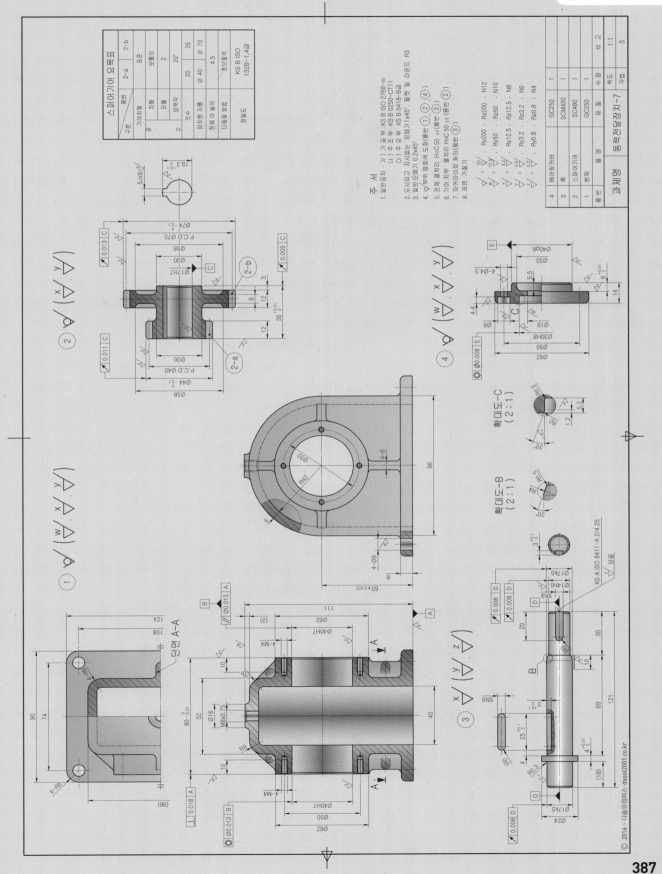

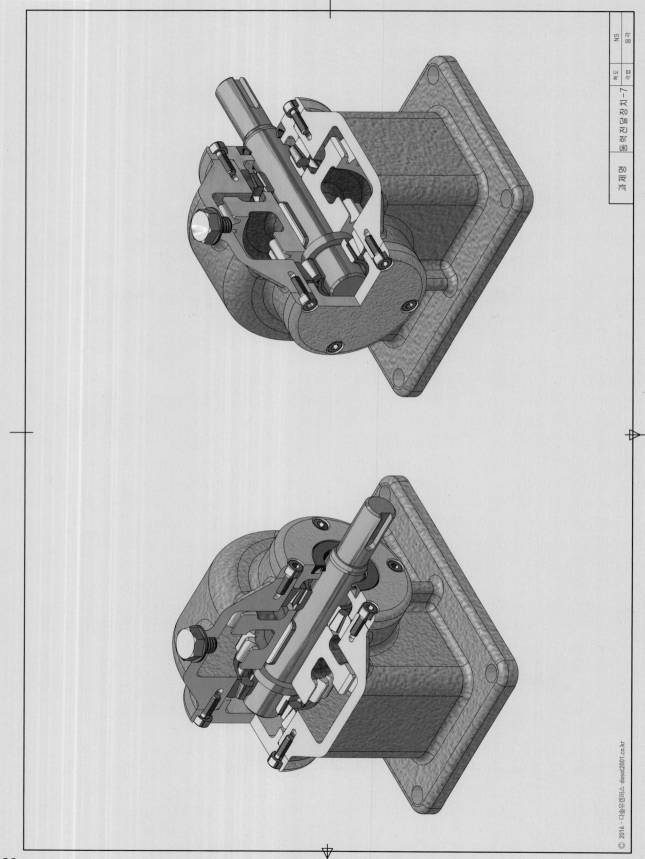

동력전달장치-7

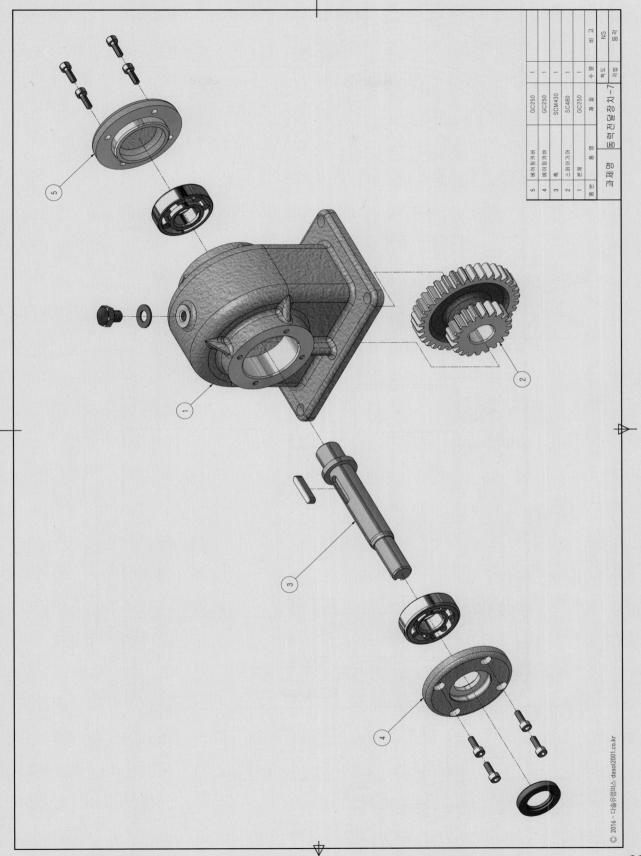

품번	품명	재질	수량	척도	비고
5	베어링커버	GC250	1		
4	베어링커버	GC250	1		
3	축	SCM430	1		
2	스퍼기어	SC480	1		
1	본체	GC250	1		

과제명	동력전달장치-7	척도	NS
		각법	3각법

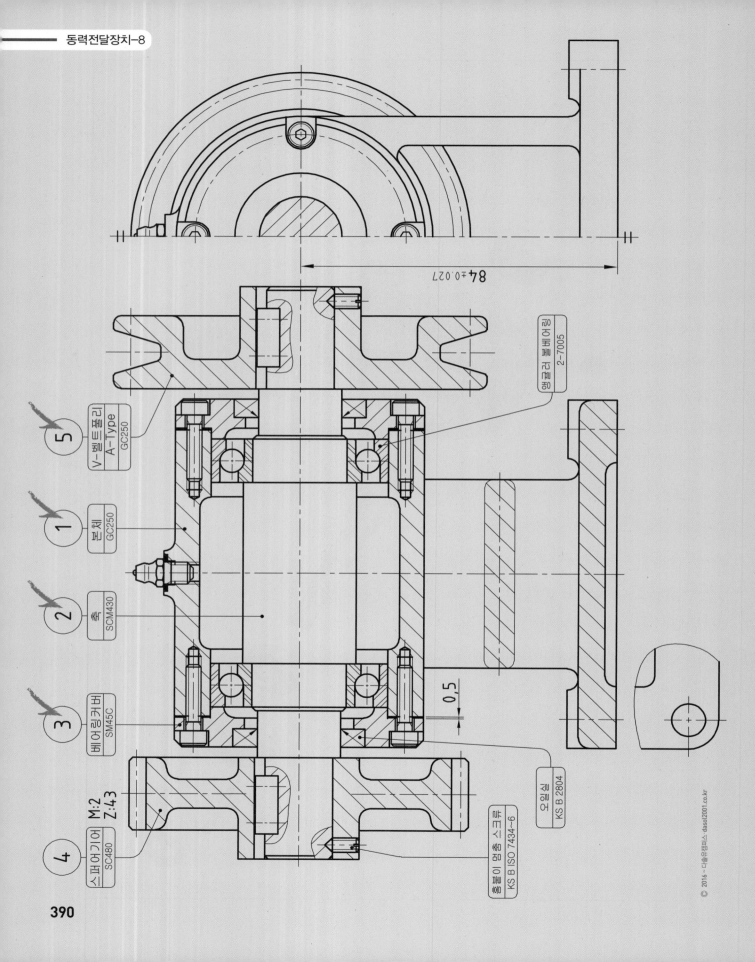

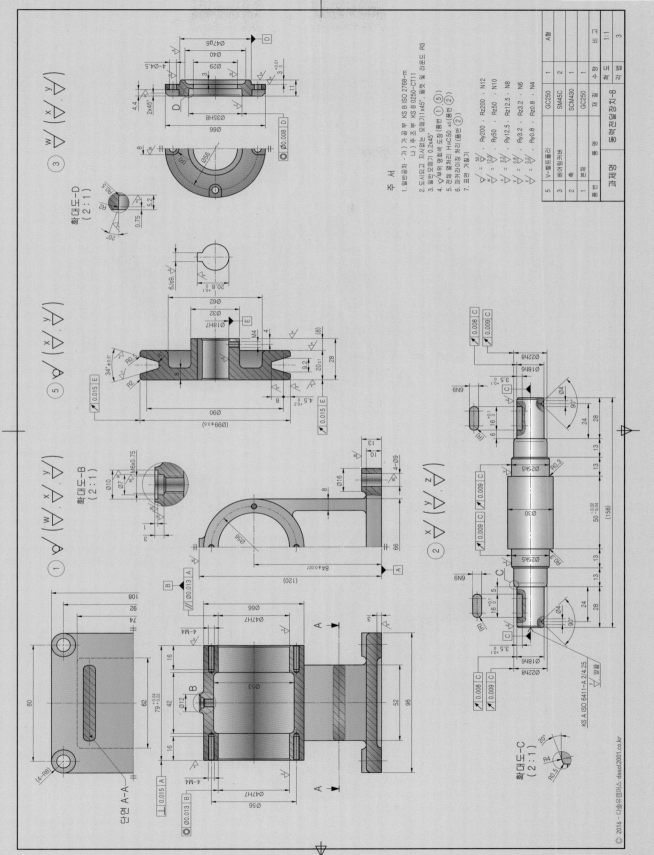

주 서

1. 일반공차 - 가) 가공부 KS B ISO 2768-m
　　　　　　 나) 주조부 KS B 0250-CT11
2. 도시되고 지시없는 모떼기1x45°, 필렛 및 라운드 R3
3. 일반모떼기 0.2x45°
4. ▽부위 열화색 도장(불번 ① ⑤)
5. 전체 열처리 HℓC50 ±5(불번 ②)
6. 파카라이징 처리(불번 ②)
7. 표면 거칠기

품번	품 명	재 질	수량	비 고
5	V-벨트풀리	GC250	1	A형
3	베어링커버	SM45C	2	
2	축	SCM430	1	
1	본체	GC250	1	

과제명	동력전달장치-8	척 도	1:1
		각 법	3

단면도 A-A

확대도-B
(2 : 1)

확대도-D
(2 : 1)

확대도-C
(2 : 1)

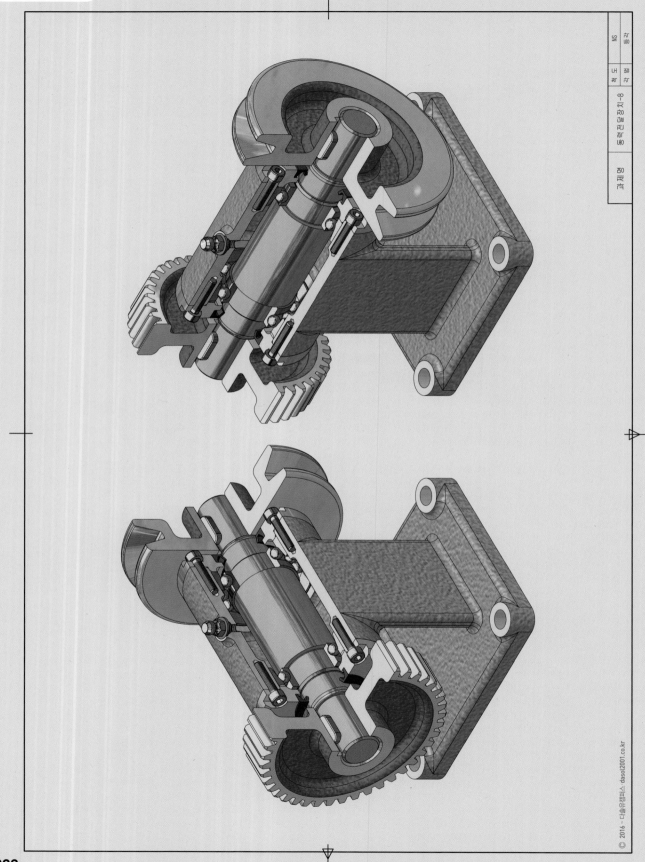

© 2016 - 다솔유캠퍼스 - dasol2001.co.kr

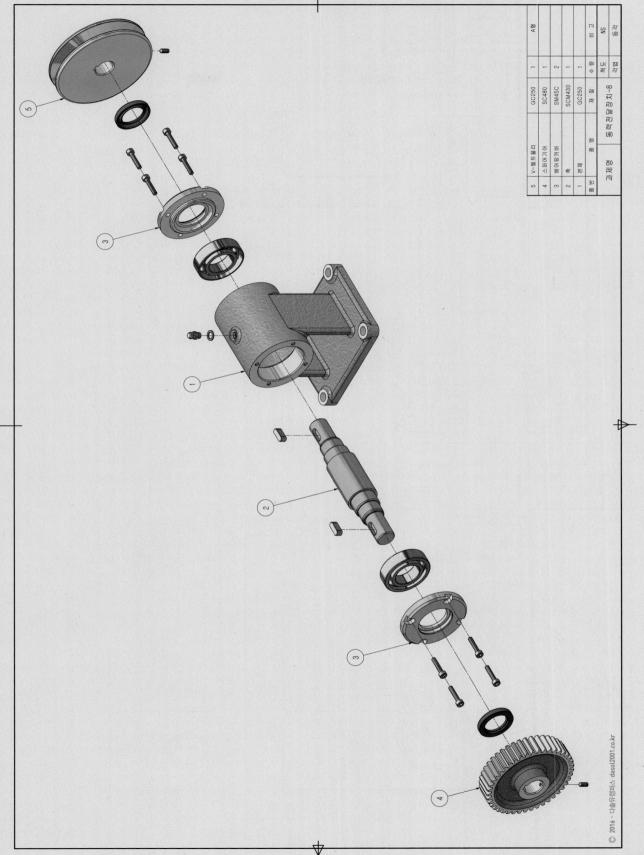

품번	품명	재질	수량	비고
5	V-벨트풀리	GC250	1	A형
4	스퍼어기어	SC480	1	
3	베어링커버	SM45C	2	
2	축	SCM430	1	
1	본체	GC250	1	

동력전달장치-8	척도	NS	각법	3각법

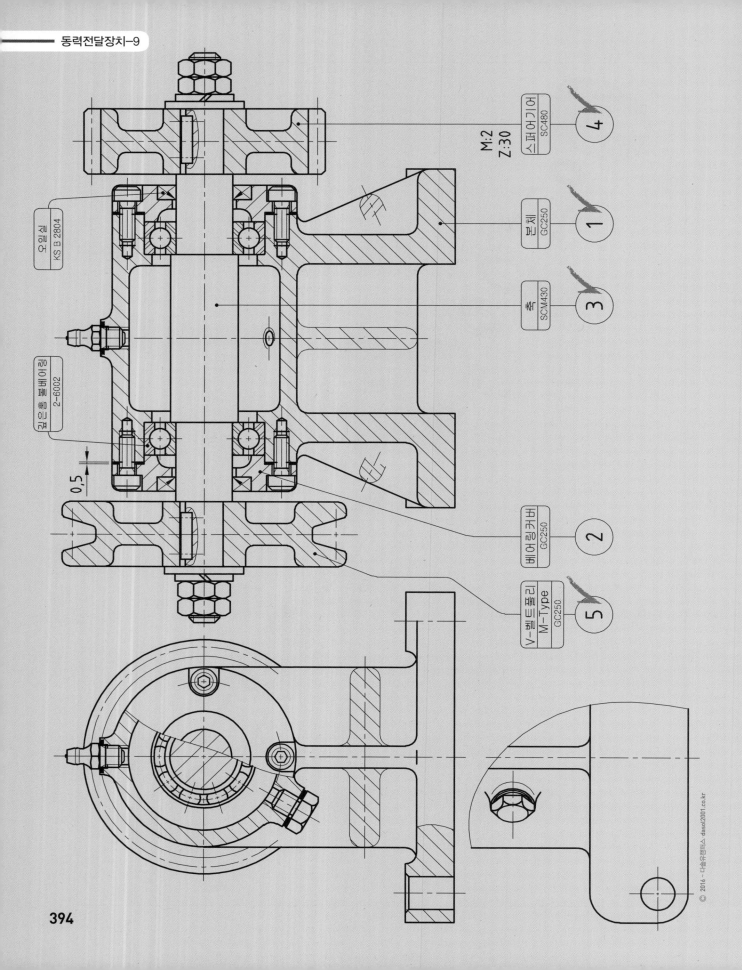

오일실
KS B 2804

구리즘붙배관링
2-6002

0.5

M:2
Z:30

스퍼어기어
SC480
4

본체
GC250
1

축
SCM430
3

베어링커버
GC250
2

V-벨트풀리
M-Type
GC250
5

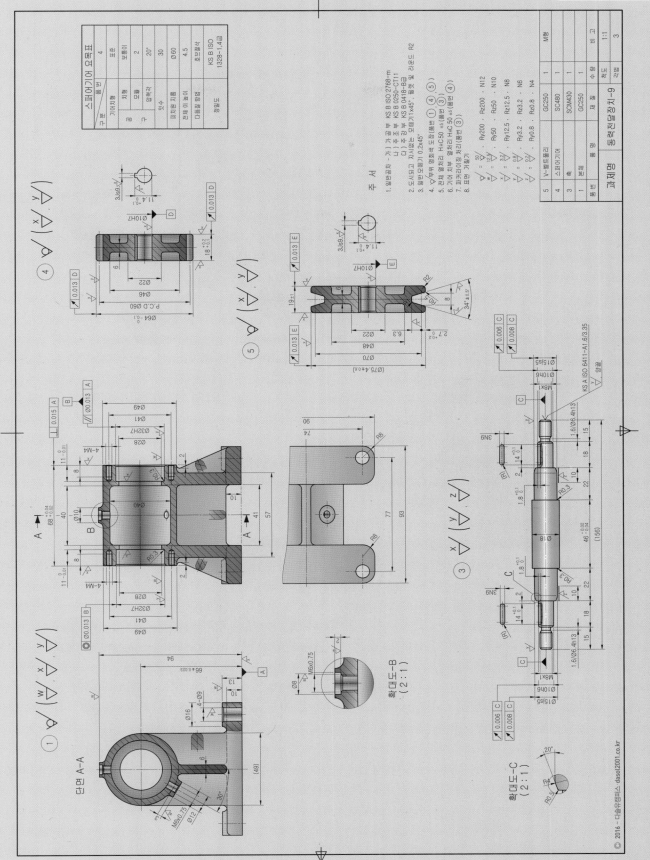

주 서

1. 일반공차 - 가) 가공부 KS B ISO 2768-m
　　　　　　　나) 주조부 KS B 0250-CT11
　　　　　　　다) 주강부 KS B 0418-B급
2. 도시되고 지시없는 모떼기는 1x45°, 필렛 및 라운드 R2
3. 일반 모떼기 0.2x45°
4. ▽부위 명청색 도장(품번 ① ④ ⑤)
5. 전체 열처리 H₂C50 ±5(품번 ③)
6. 전체 열처리 H₂C50 ±5(품번 ④)
7. 기어 이 부 열처리 H₂C50 ±5(품번 ③)
8. 표면 경화입기

스퍼기어 요목표

구분	품번	4
기어치형	표준	
공구	치형	보통이
	모듈	2
	압력각	20°
잇수		30
피치원 지름		Ø60
전체 이 높이		4.5
다듬질 방법		호브절삭
정밀도		KS B ISO 1328-1,4급

과제명 동력전달장치-9

5	V-벨트풀리	1	GC250	M형	
4	스퍼기어	1	SC480		
3	축	1	SCM430		
1	본체	1	GC250		
품번	품명	수량	재질		비고

척도 1:1

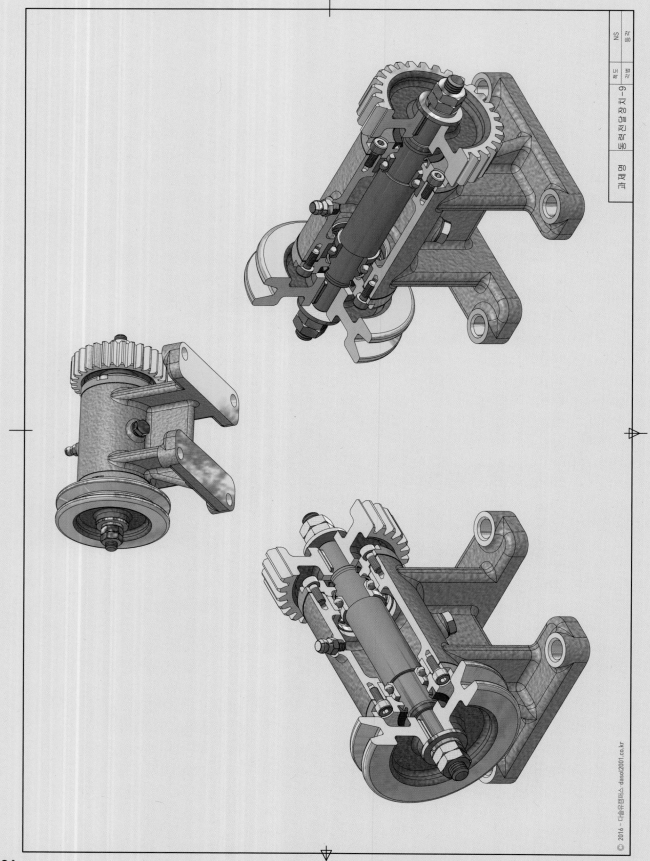

동력전달장치-9

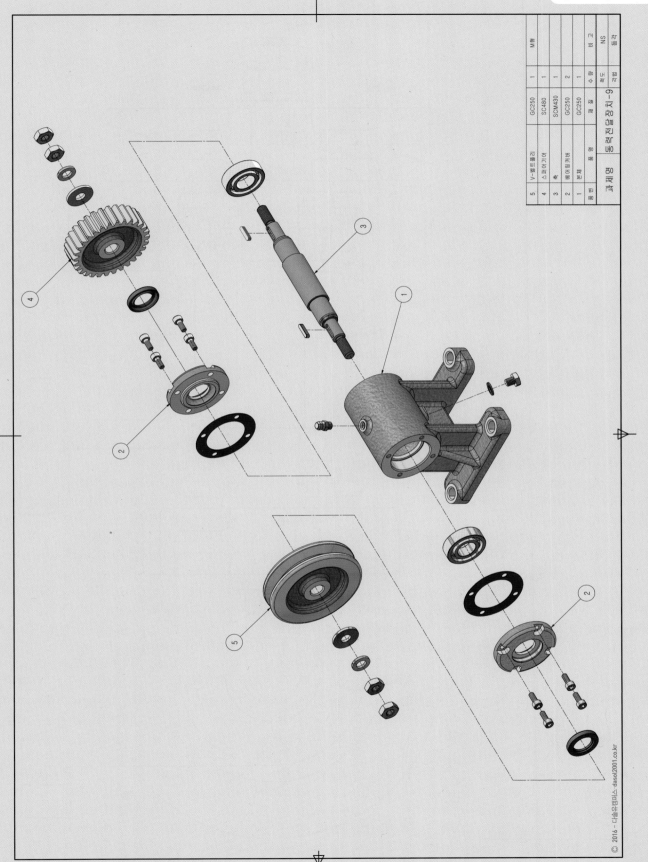

5	V-벨트풀리	GC250	1		M형
4	스퍼어기어	SC480	1		
3	축	SCM430	1		
2	베어링커버	GC250	2		
1	본체	GC250	1		NS
품번	품명	재질	수량		비고

동력전달장치-9

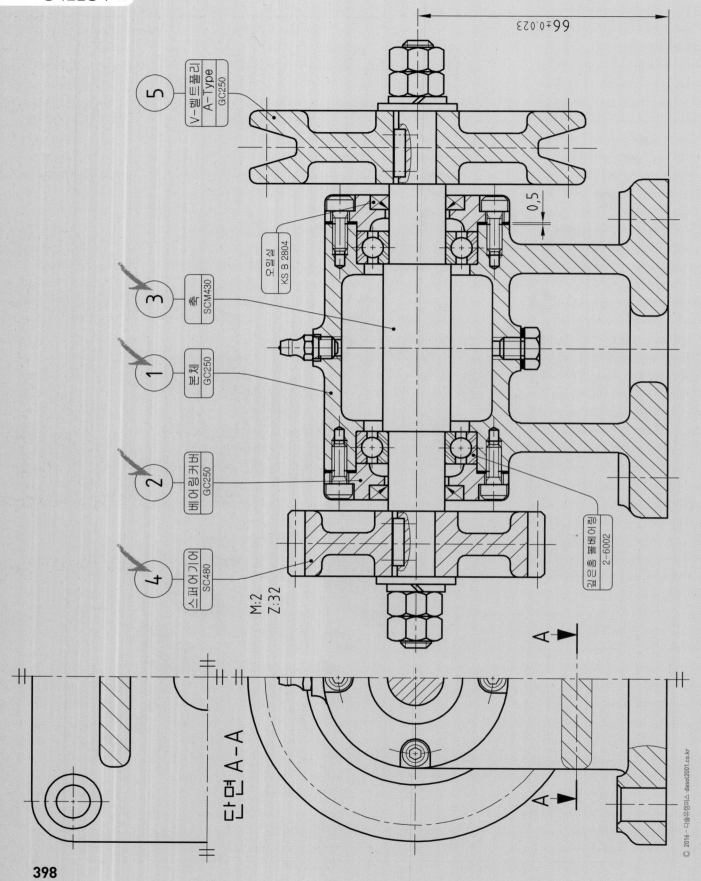

66±0.023

⑤ V-벨트풀리 A-Type GC250

오일실 KS B 2804

0.5

③ 축 SCM430

① 본체 GC250

② 베어링커버 GC250

④ 스퍼어기어 SC480

볼베어링 2-6002

M:2
Z:32

단면 A-A

A

A

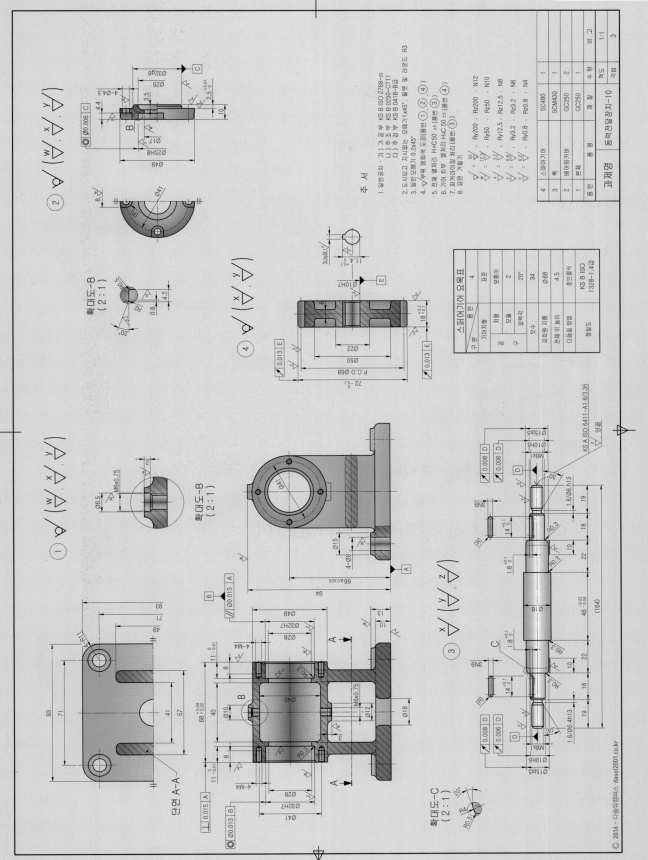

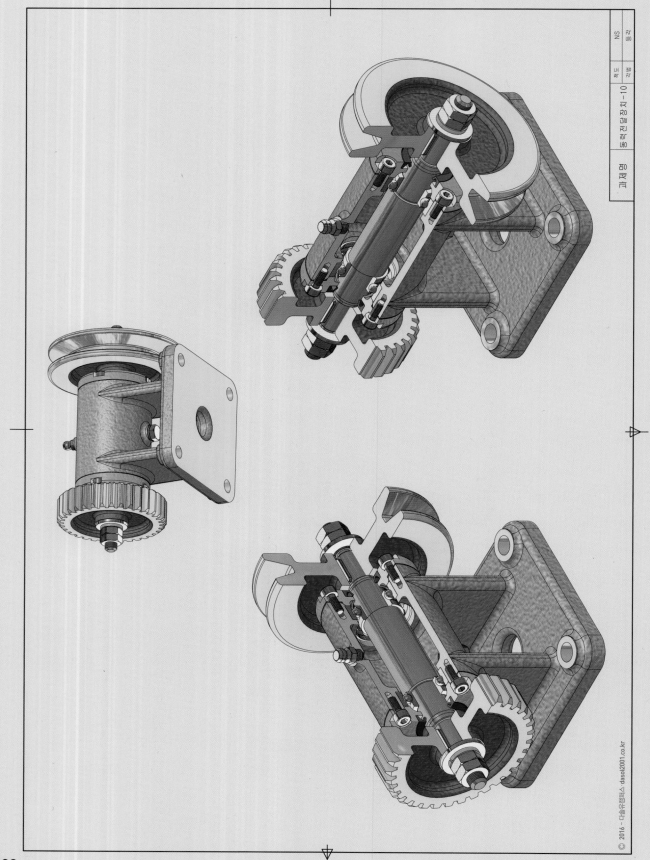

© 2016 - 다솔유캠퍼스 dasol2001.co.kr

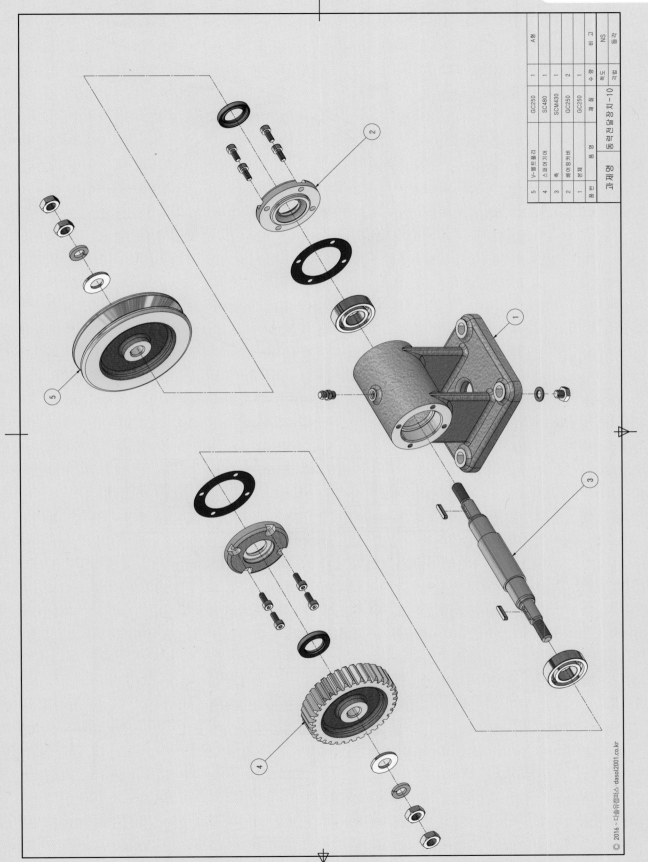

품번	품명	재질	수량	비고
5	V-벨트풀리	GC250	1	A형
4	스퍼어기어	SC480	1	
3	축	SCM430	1	
2	베어링커버	GC250	2	
1	본체	GC250	1	
품번	품명	재질	수량	비고

동력전달장치-10

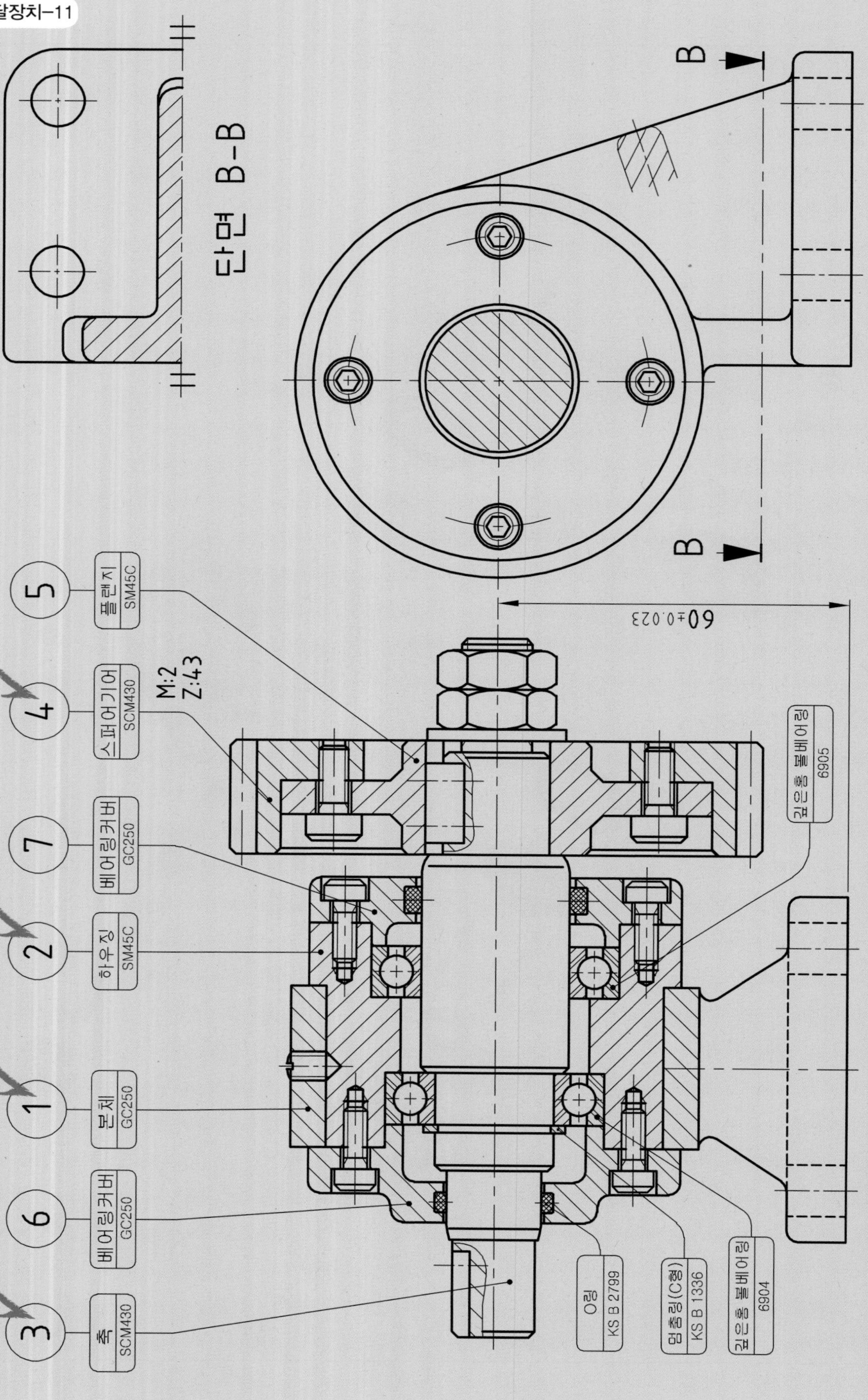

단면 B-B

B

B

60 ± 0.023

5	플랜지 SM45C
4	스퍼어기어 SCM430 M:2 Z:43
7	베어링커버 GC250
2	하우징 SM45C
1	본체 GC250
6	베어링커버 GC250
3	축 SCM430

볼베어링 6905

볼베어링 6904

멈춤링(C형) KS B 1336

O링 KS B 2799

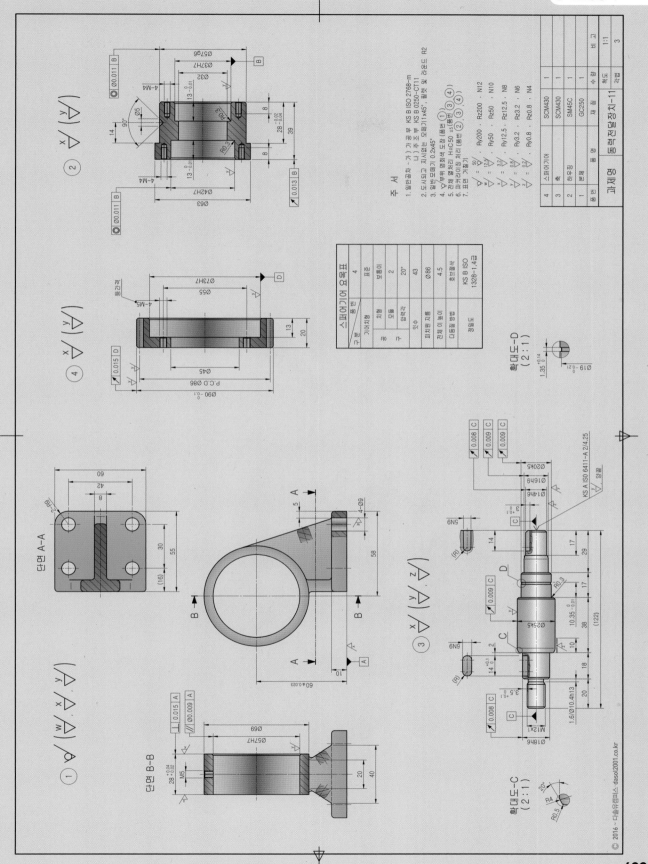

주 서

1. 일반공차 - 가) 가 공 부 KS B ISO 2768-m
             나) 주 조 부 KS B 0250-CT11
2. 도 시되고 지시없는 모떼기는 1x45°, 필렛 및 라운드 R2
3. 필릿모떼기 0.2x45°
4. ✓부위 영화색 도장 (톱번 ①)
5. 전체 열처리 H₅C50 ±5 (톱번 ②, ③, ④)
6. 파커라이징 처리 (톱번 ②, ③, ④)
7. 표면 거칠기

스퍼어기어 요목표		
구분	품번	4
기어치형		표준
공구	치형	보통이
	모듈	2
	압력각	20°
잇수		43
피치원 지름		Ø86
전체 이높이		4.5
다듬질방법		호브절삭
정밀도		KS B ISO 1328-1,4급

						예비	고	1:1
4	스퍼어기어		SCM430	1			척도	3
3	축		SCM430	1			수량	2개
2	하우징		SM45C	1				
1	본체		GC250	1		동력전달장치-11		
품번	품명		재질	수량		과제명		

확대도-D (2:1)

확대도-C (2:1)

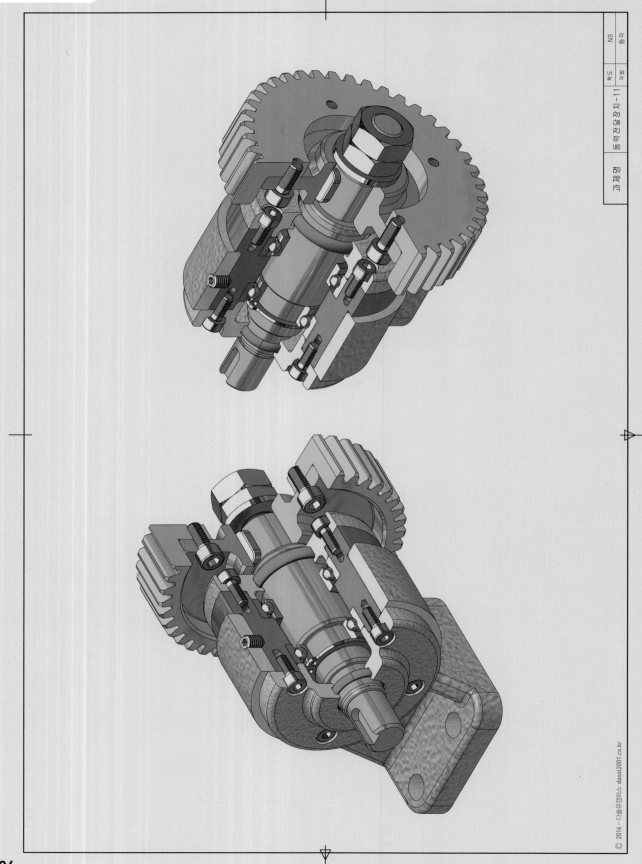

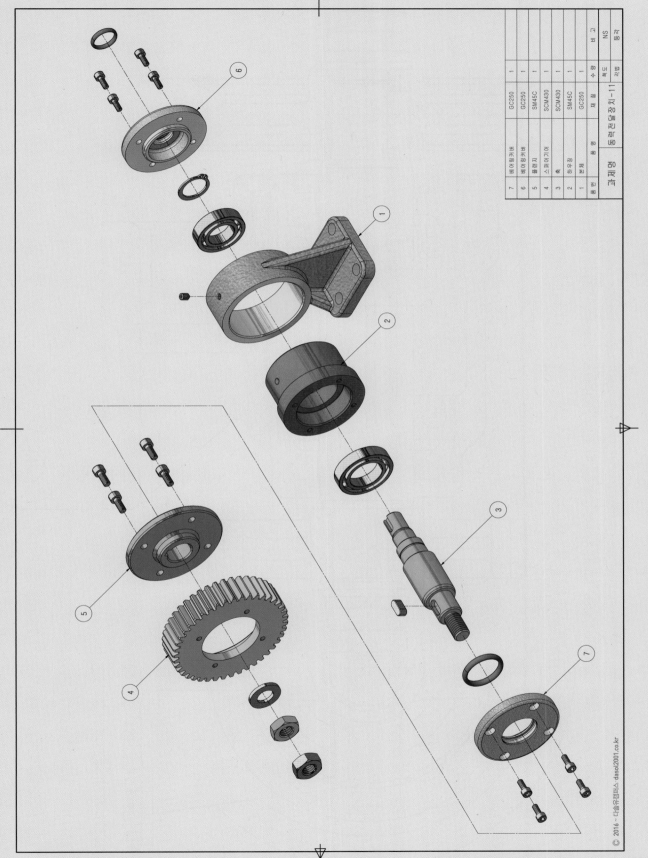

품번	품명	재질	수량	비고
7	베어링커버	GC250	1	
6	베어링커버	GC250	1	
5	플랜지	SM45C	1	
4	스퍼어기어	SCM430	1	
3	축	SCM430	1	
2	하우징	SM45C	1	
1	본체	GC250	1	

동력전달장치-11

6	V-벨트풀리 A-Type	GC250
2	베어링커버	GC250
1	본체	GC250
4	칼라	SM45C
3	축	SCM430
5	스퍼기어	SC480

M:2
Z:40

깊은홈볼베어링
2-6005

오일실
KS B 2804

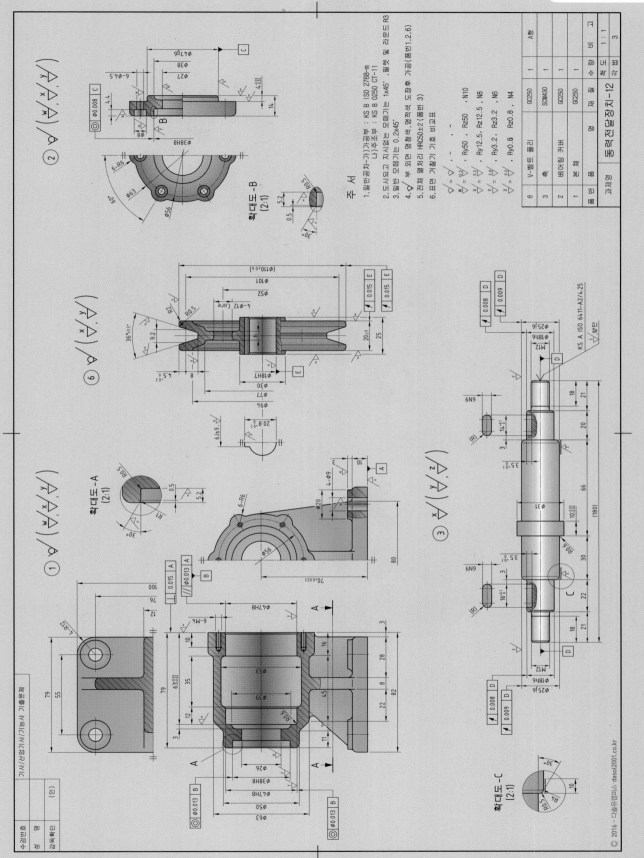

주 서

1. 일반공차-가 가공부 : KS B ISO 2768-m
   　　　　　나 주조부 : KS B 0250 CT-11
2. 도시되고 지시없는 모떼기는 1x45°, 필렛 및 라운드 R3
3. 일반 모떼기는 0.2x45°
4. 부 외면 명청색, 명적색 도장후 가공(품번1,2,6)
5. 전체 열처리 HRC50±2(품번 3)
6. 표면 거칠기 기호 비교표

품번	품명	재질	수량	비고
6	V-벨트 풀리	GC250	1	A형
3	축	SCM430	1	
2	베어링 커버	GC250	1	
1	본체	GC250	1	

과제명 | 동력전달장치-12
척도 1:1 | 각도 3

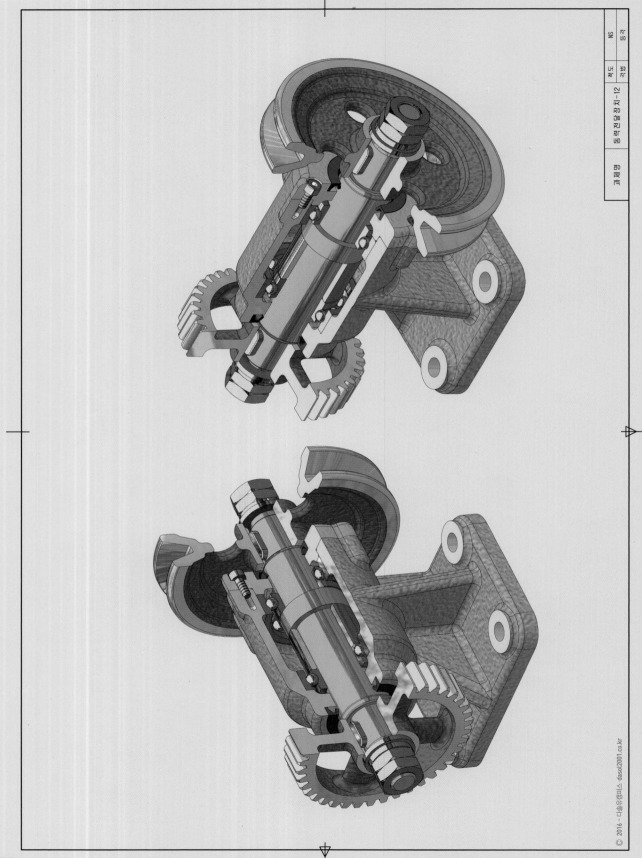

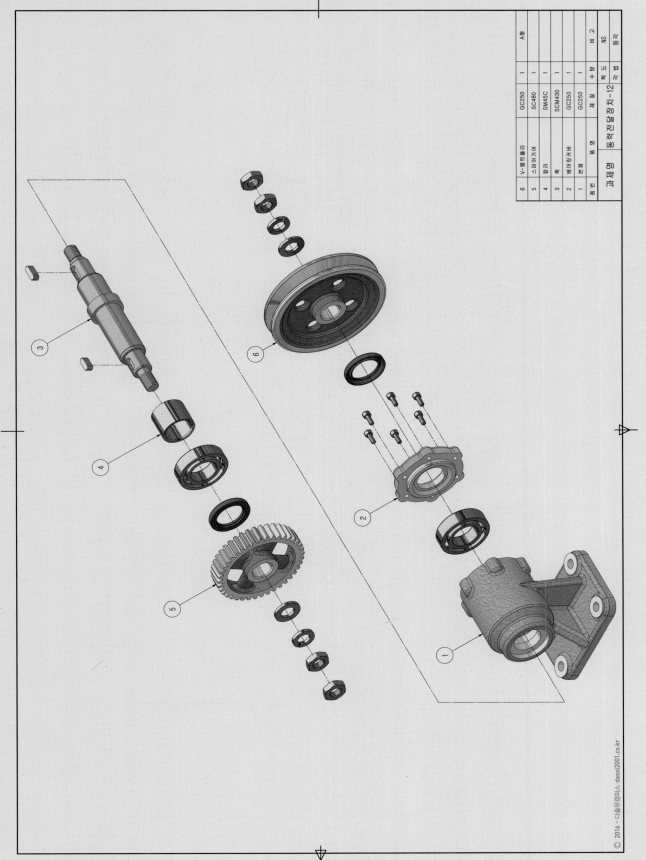

6	V-벨트풀리	GC250	1	A형
5	스퍼어기어	SC480	1	
4	칼라	SM45C	1	
3	축	SCM430	1	
2	베어링커버	GC250	1	
1	본체	GC250	1	NS
품번	품 명	재 질	수 량	비 고

동력전달장치-12

과제명

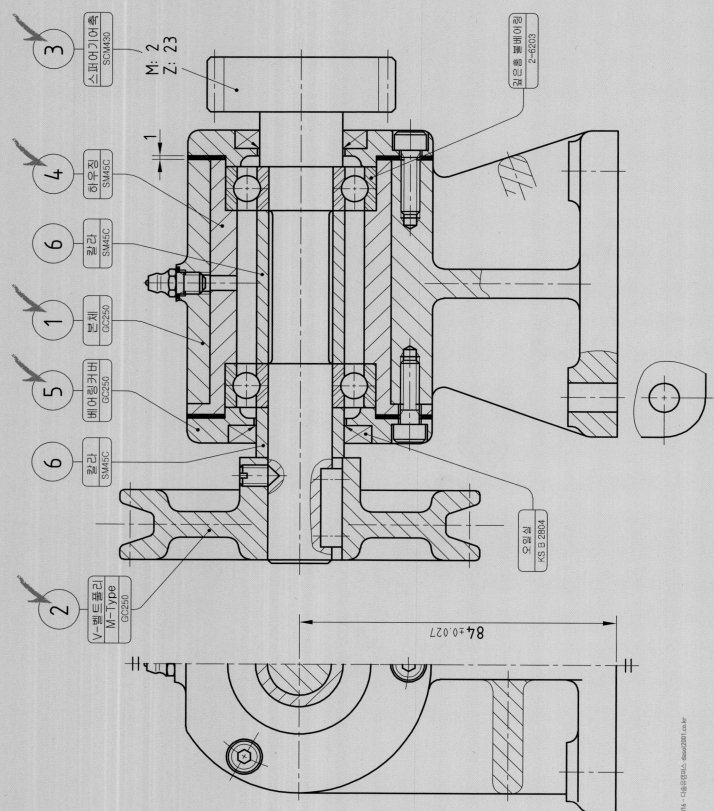

③ 스퍼어기어축 SCM430
M: 2
Z: 23

볼베어링 홈형 2-6203

④ 하우징 SM45C

⑥ 칼라 SM45C

① 본체 GC250

⑤ 베어링커버 GC250

⑥ 칼라 SM45C

② V-벨트풀리 M-Type GC250

오일실 KS B 2804

1

84±0.027

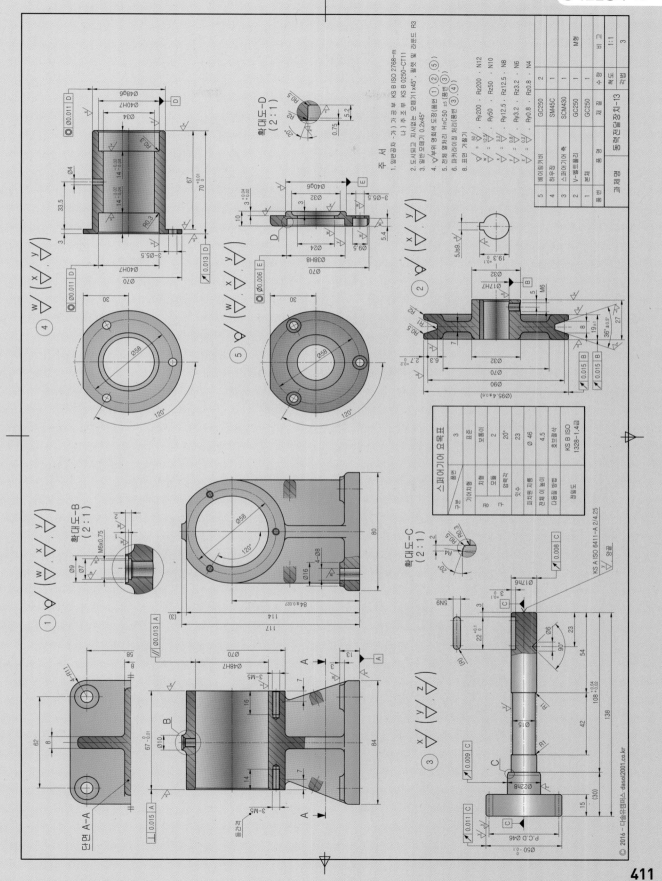

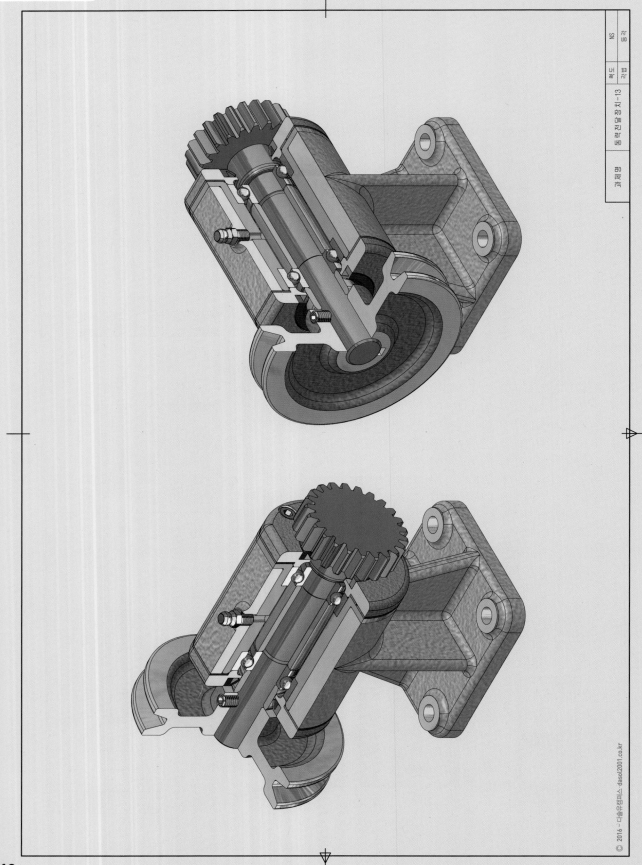

과제명   동력전달장치-13   척도   각법   NS   동력

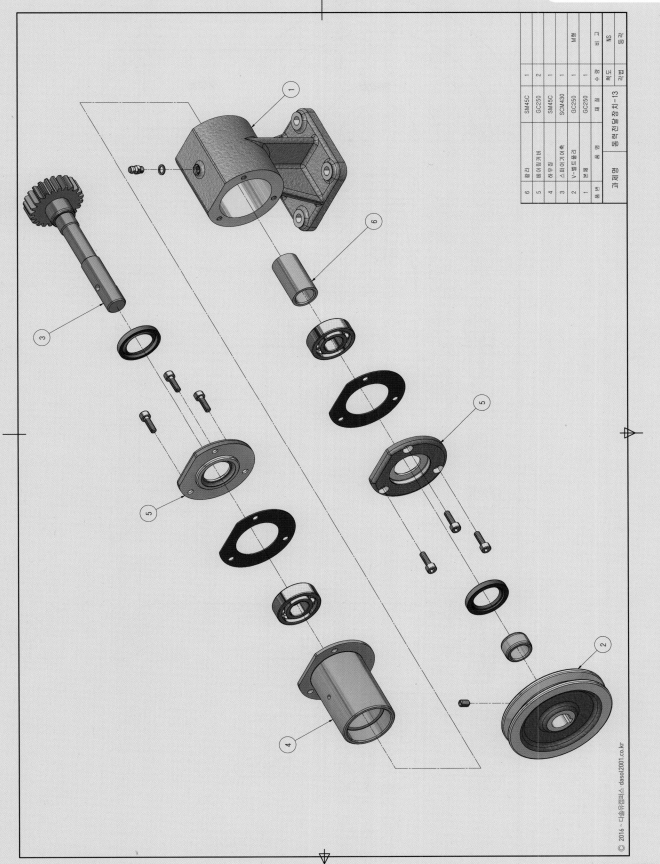

품번	품 명	재 질	수량	비 고
6	칼라	SM45C	1	
5	베어링커버	GC250	2	
4	하우징	SM45C	1	
3	스파이거어축	SCM430	1	
2	V-벨트풀리	GC250	1	M형
1	본체	GC250	1	
품번	품 명	재 질	수량	비 고

과제명 동력전달장치-13

척도 NS

각법 3각법

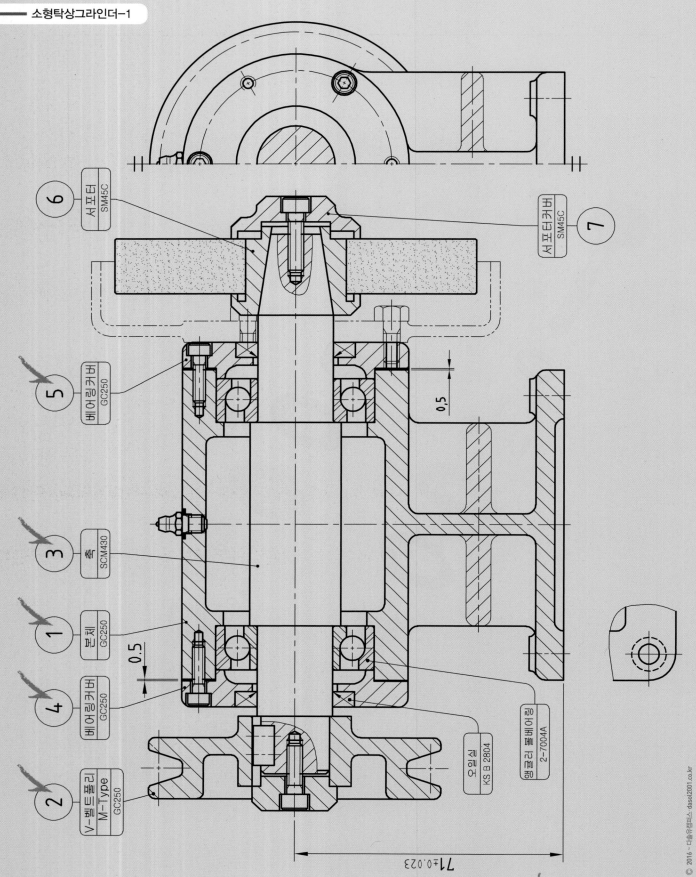

6	서포터	SM45C
7	서포터커버	SM45C
5	베어링커버	GC250
3	축	SCM430
1	본체	GC250
4	베어링커버	GC250
2	V-벨트풀리 M-Type	GC250

오일실
KS B 2804

깊은홈볼베어링
2-7004A

0.5

0.5

71±0.023

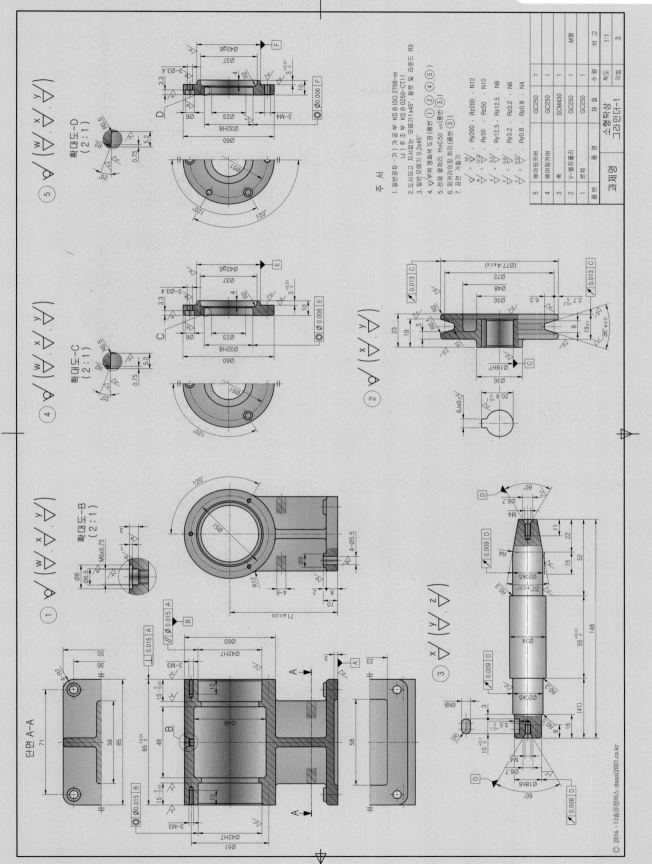

415

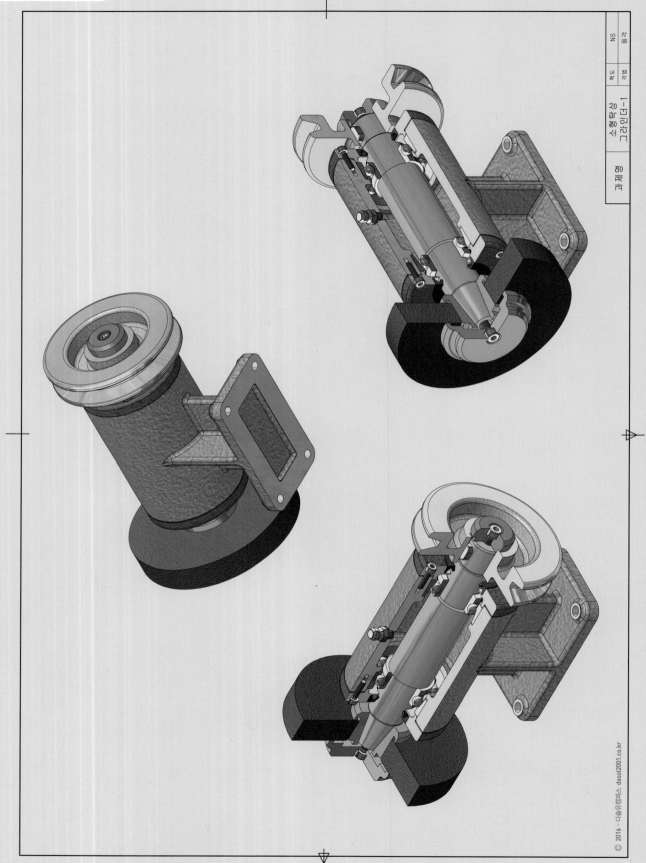

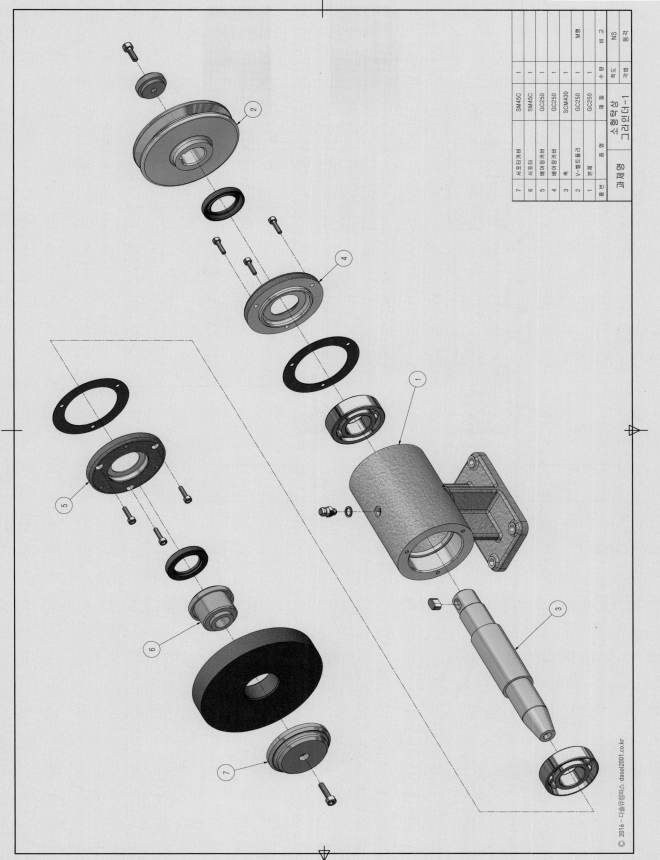

품번	품 명	재 질	수 량	척 도	비 고
7	서포트커버	SM45C	1	각법	
6	서포트	SM45C	1		
5	베어링커버	GC250	1		
4	베어링커버	GC250	1		
3	축	SCM430	1		
2	V-벨트풀리	GC250	1		M형
1	본체	GC250	1		

소형탁상
그라인더-1

NS

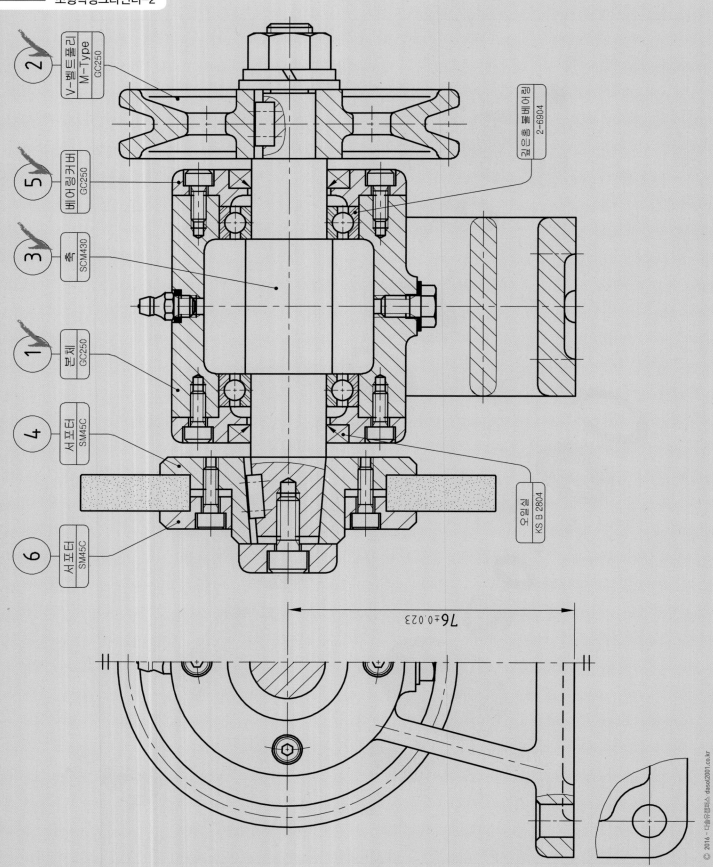

② V-벨트풀리 M-Type GC250

⑤ 베어링커버 GC250

③ 축 SCM430

① 본체 GC250

④ 서포터 SM45C

⑥ 서포터 SM45C

깊은홈볼베어링 2-6904

오일실 KS B 2804

76±0.023

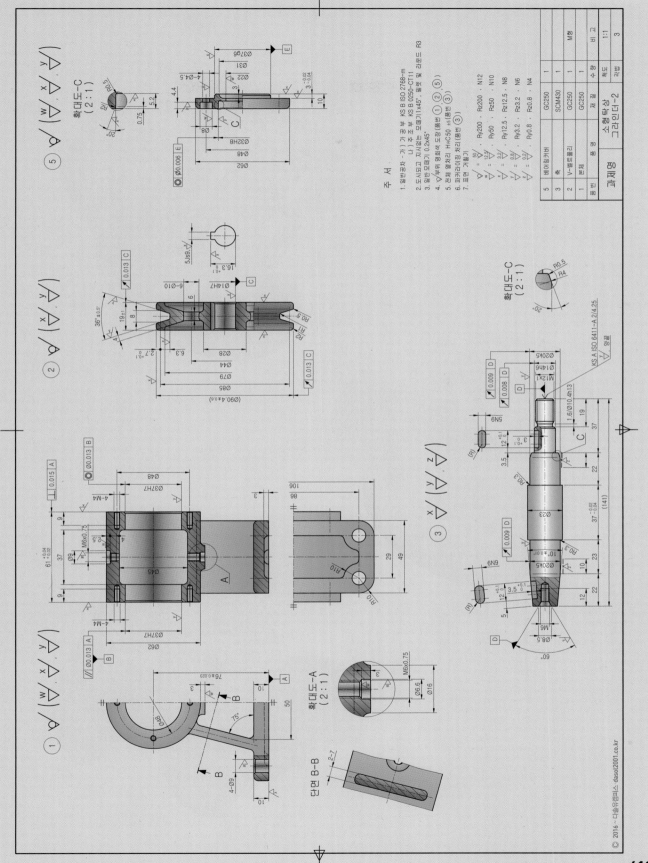

5	베어링커버		GC250	1			M형
3	축		SCM430	1			
2	V-벨트풀리		GC250	1			1:1
1	본체		GC250	1			3
품번	품 명		재 질	수량	비 고		
과제명		소형탁상 그라인더-2					

주 서
1. 일반공차 - 가) 가공부 KS B ISO 2768-m
　　　　　　 나) 주조부 KS B 0250-CT11
2. 도시되고 지시없는 모떼기1×45°, 필렛 및 라운드 R3
3. 일반 모떼기 0.2×45°
4. ▽부위 열영향선 도장(품번① ② ⑤)
5. 전체 열처리 HrC50 ±5(품번③)
6. 파커라이징 처리(품번③)
7. 표면 거칠기

확대도-C
(2:1)

⑤

②

확대도-A
(2:1)

단면 B-B

확대도-C
(2:1)

①

③

소형탁상
그라인더-2

과제명

척도 2:1

NS

용지 A3

투상 3각법

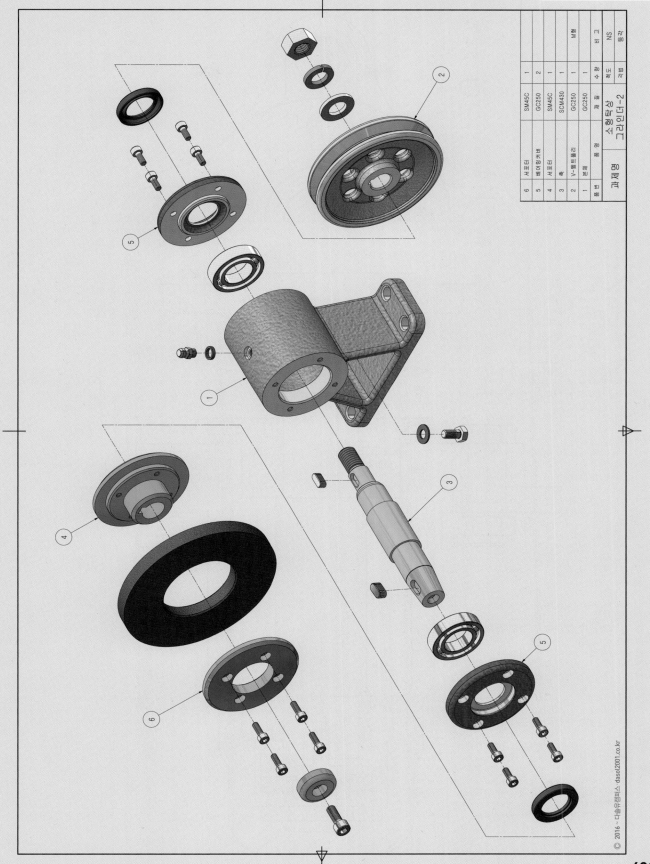

품번	품명	재질	수량	비고
6	서포터	SM45C	1	
5	베어링커버	GC250	2	
4	서포터	SM45C	1	
3	축	SCM430	1	
2	V-벨트풀리	GC250	1	M형
1	본체	GC250	1	
품번	품명	재질	수량	비고

과제명	소형탁상그라인더-2	척도	NS
		각법	3각법

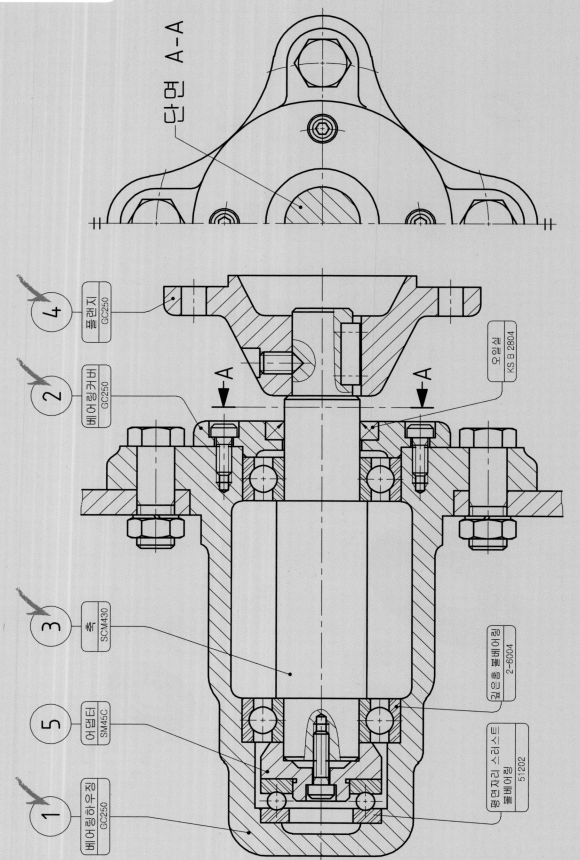

단면 A-A

④ 플랜지 GC250

② 베어링커버 GC250

오일실 KS B 2804

③ 축 SCM430

⑤ 어댑터 SM45C

① 베어링하우징 GC250

깊은홈볼베어링 2-6004

평면자리 스러스트 볼베어링 51202

A

A

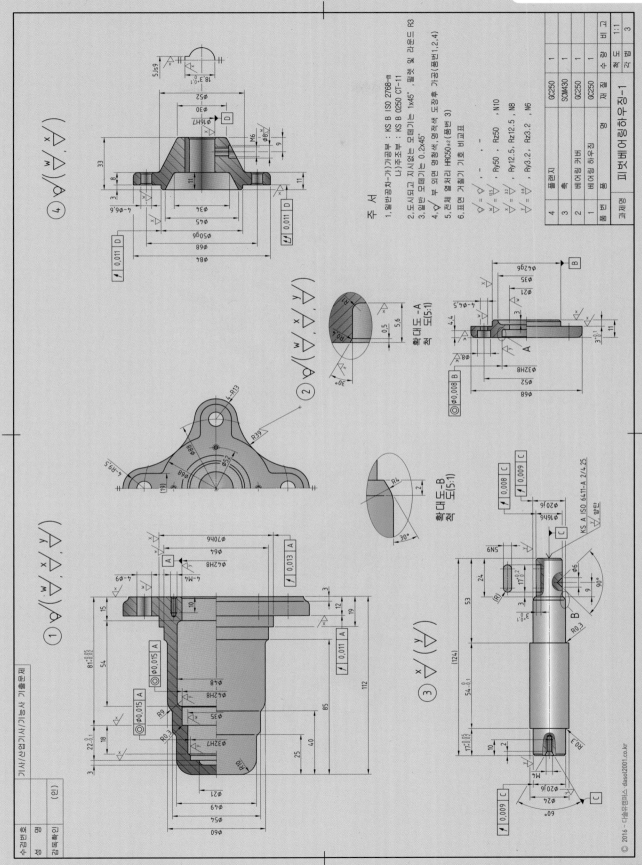

주 서

1. 일반공차-가)가공부 : KS B ISO 2768-m
　　나)주조부 : KS B 0250 CT-11
2. 도시되고 지시없는 모떼기는 1x45°, 필렛 및 라운드 R3
3. 일반 모떼기는 0.2x45°
4. ◇부 외면 명청색,영적색 도장후 가공(품번1,2,4)
5. 전체 열처리 HRC50±2(품번 3)
6. 표면거칠기 기호 비교표

4	플랜지	GC250	1
3	축	SCM430	1
2	베어링 커버	GC250	1
1	베어링 하우징	GC250	1
품번	품 명	재 질	수량

피벗베어링하우징-1

확대도-A 축(5:1)

확대도-B 축(5:1)

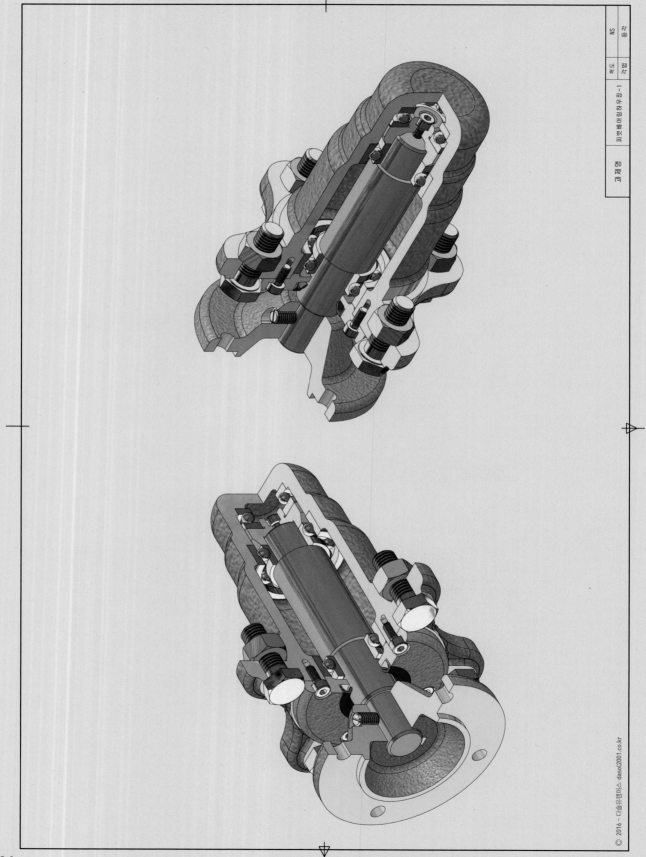

© 2016 · 다솔유캠퍼스 dasol2001.co.kr

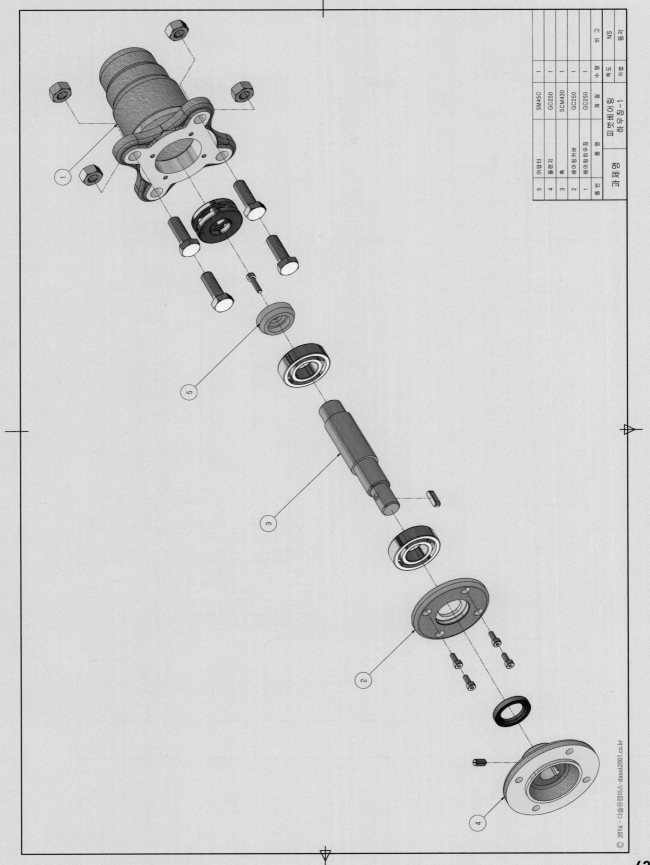

5	너트	SM45C	1	재질	NS	등각
4	플랜지	GC250	1	척도		
3	축	SCM430	1			
2	베어링커버	GC250	1			
1	베어링하우징	GC250	1			
품번	품명	재질	수량	피벗베어링		
				하우징-1		
				과제명		

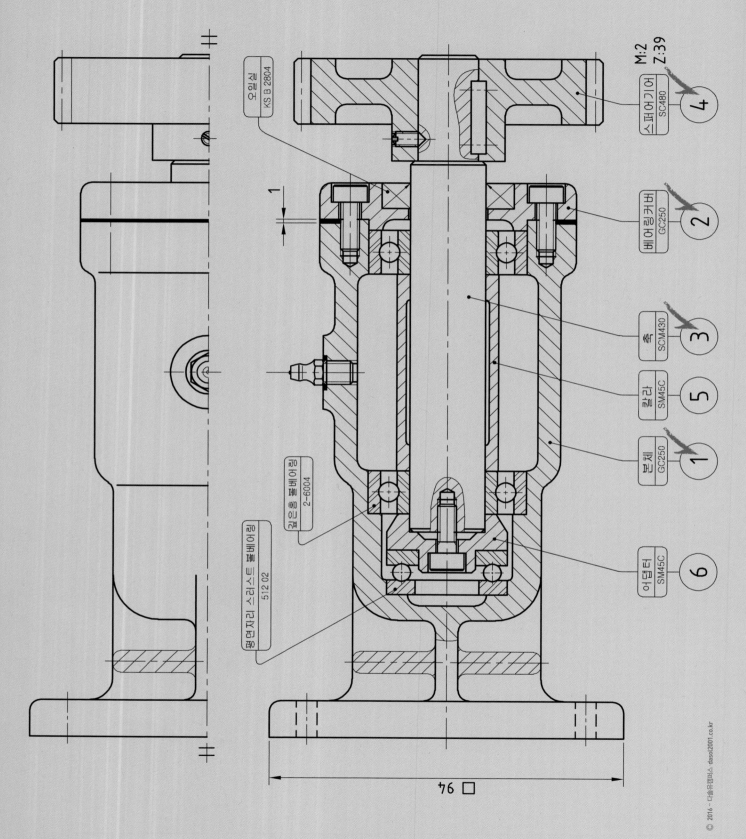

오일실
KS B 2804

스퍼어기어
SC480

M:2
Z:39

베어링커버
GC250

축
SCM430

칼라
SM45C

본체
GC250

어댑터
SM45C

평면자리 스러스트 볼베어링
512 02

깊은홈 볼베어링
2-6004

94 □

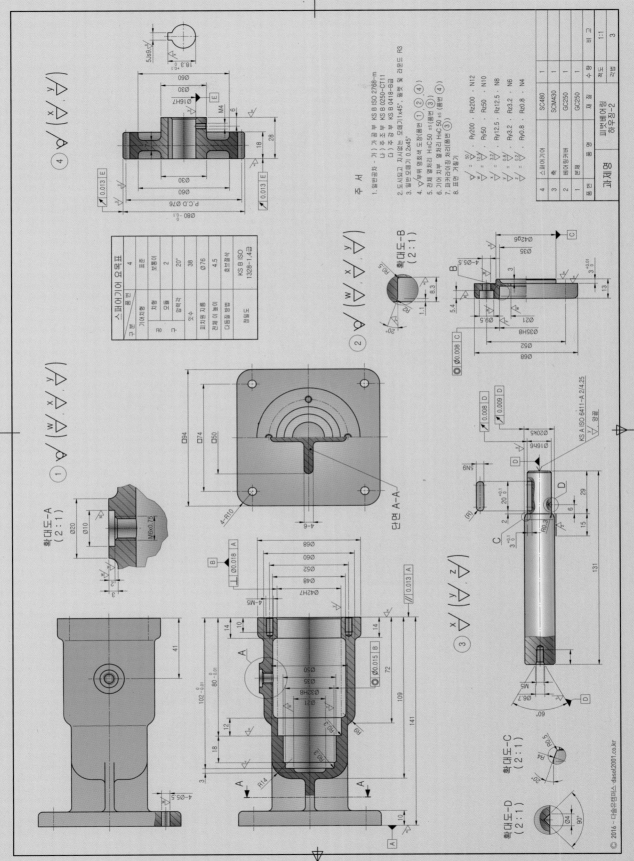

주 서

1. 일반공차 - 가) 가공부 KS B ISO 2768-m
　　　　　　나) 주조부 KS B 0250-CT11
　　　　　　다) 주조부 KS B 0418-B급
2. 도시되고 지시없는 모떼기가 0.2×45°
3. 일반 모떼기 0.2×45°
4. ▽부위 열처리 도장(품번 ① ② ④)
5. 전체 열처리 HᵣC50 ±5(품번 ③)
6. 기어 치부 열처리 HᵣC50 ±5(품번 ④)
7. 파커라이징 처리(품번 ③)
8. 표면 거칠기

구분		품번	4
기어치형		표준	
	치형	모듈	2
	압력각		20°
	잇수		38
	피치원 지름		Ø76
	전체 이 높이		4.5
	다듬질방법		호브절삭
	정밀도		KS B ISO 1328-1,4급

스퍼기어 요목표

4	SC480	1	
3	SCM430	1	
2	GC250	1	
1	GC250	1	
품번	재 질	수량	비 고

| 과제명 | 피벗베어링
하우징-2 | | 1:1 | | 3 |

1	스퍼기어			
2	베어링커버			
3	축			
품번	품 명			

확대도-A
(2:1)

확대도-B
(2:1)

단면 A-A

확대도-C
(2:1)

확대도-D
(2:1)

© 2016 - 다솔유캠퍼스. dasol2001.co.kr

427

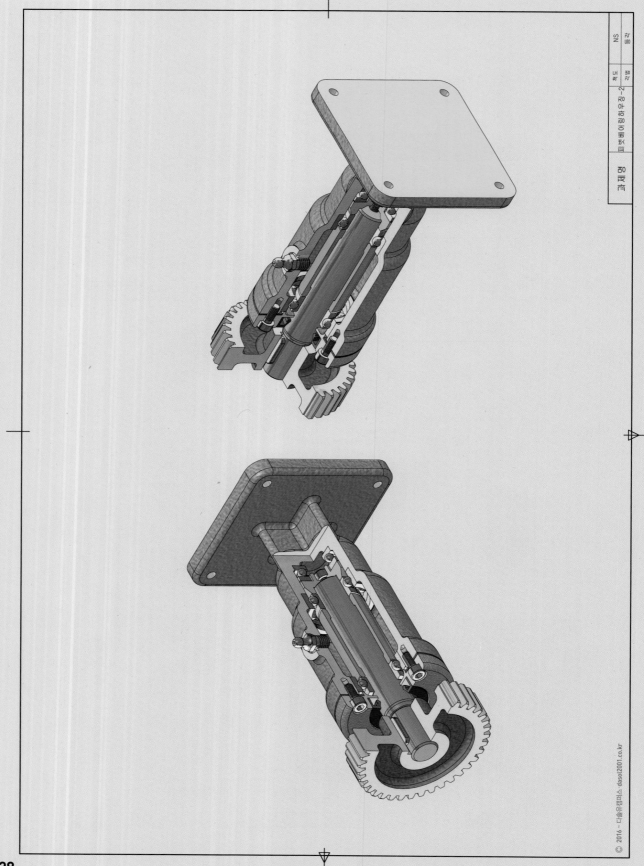

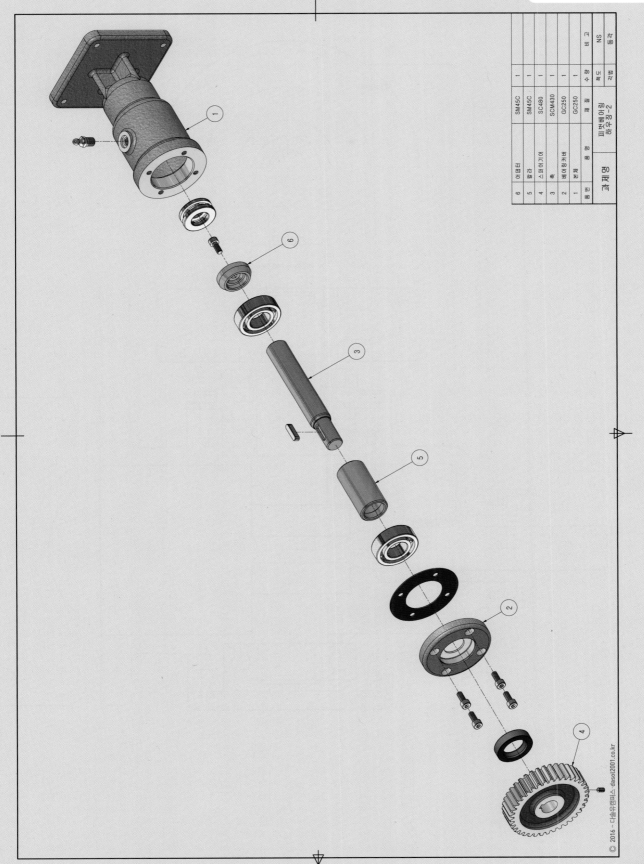

품번	품 명	재 질	수 량	비 고
6	어댑터	SM45C	1	
5	칼라	SM45C	1	
4	스퍼어기어	SC480	1	
3	축	SCM430	1	
2	베어링커버	GC250	1	
1	본체	GC250	1	

품 명	피벗베어링 하우징-2	척도	NS
		각법	3각법

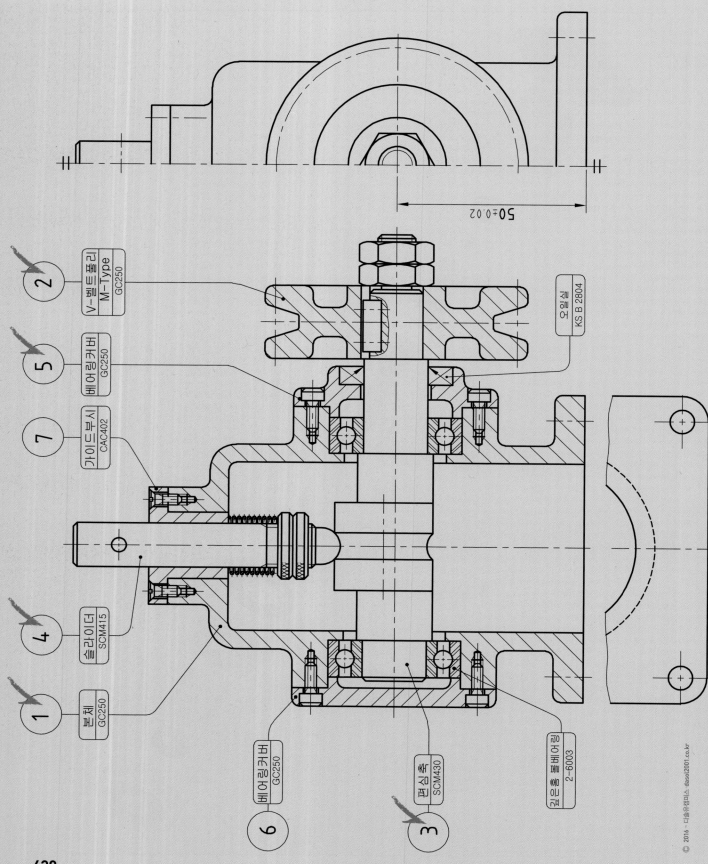

50±0.02

② V-벨트풀리 M-Type GC250

⑤ 베어링커버 GC250

오일실 KS B 2804

⑦ 가이드부시 CAC402

④ 슬라이더 SCM415

① 본체 GC250

⑥ 베어링커버 GC250

③ 편심축 SCM430

깊은홈볼베어링 2-6003

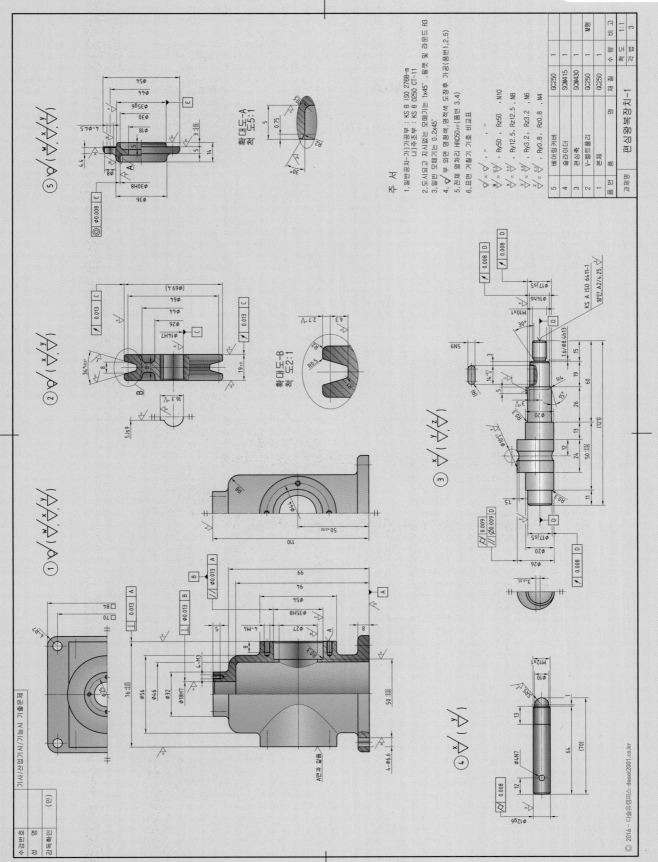

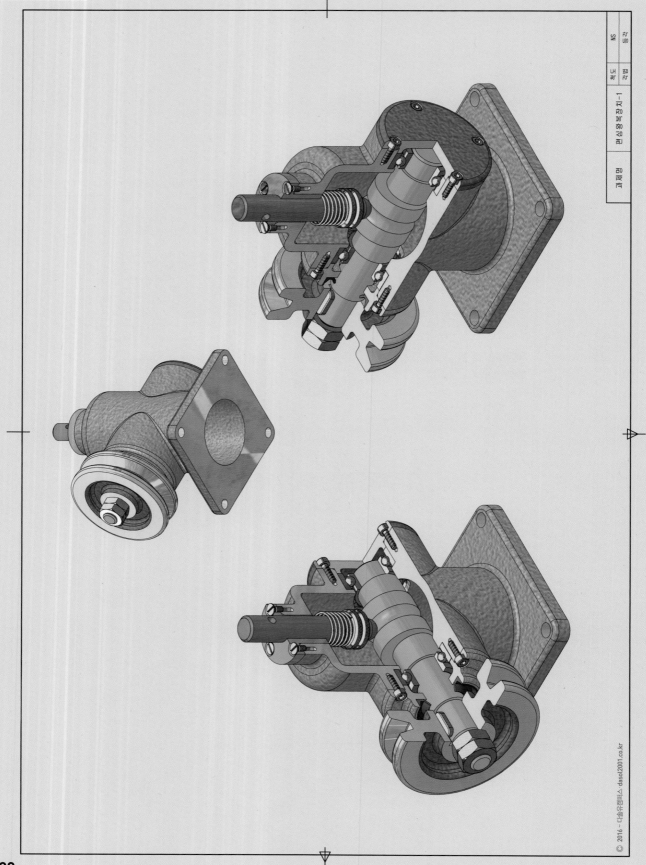

NS
도번
편심왕복장치-1
과제명

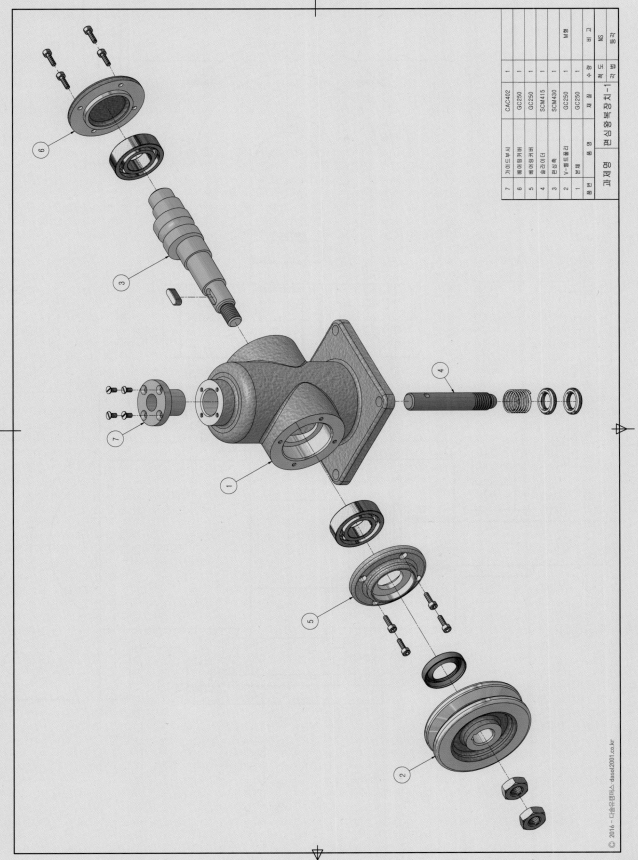

품번	품명	재질	수량	비고
7	가이드부시	CAC402	1	
6	베어링커버	GC250	1	
5	베어링커버	GC250	1	
4	슬라이더	SCM415	1	
3	편심축	SCM430	1	
2	V-벨트풀리	GC250	1	M형
1	본체	GC250	1	

과제명 편심왕복장치-1

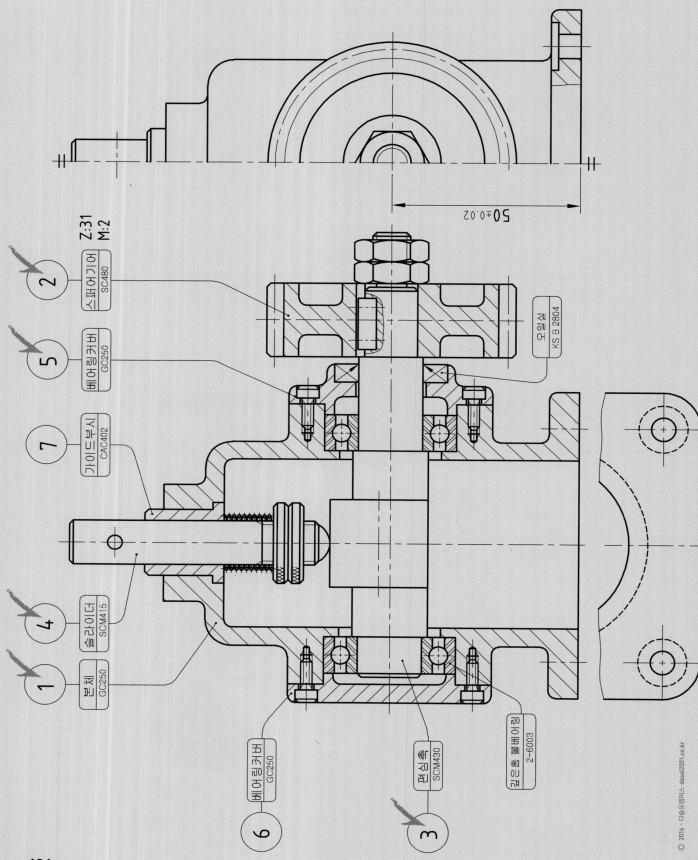

Z:31
M:2

② 스퍼어기어 SC480

⑤ 베어링커버 GC250

⑦ 가이드부시 CAC402

④ 슬라이더 SCM415

① 본체 GC250

오일실 KS B 2804

50±0.02

⑥ 베어링커버 GC250

③ 편심축 SCM430

깊은홈볼베어링 2-6003

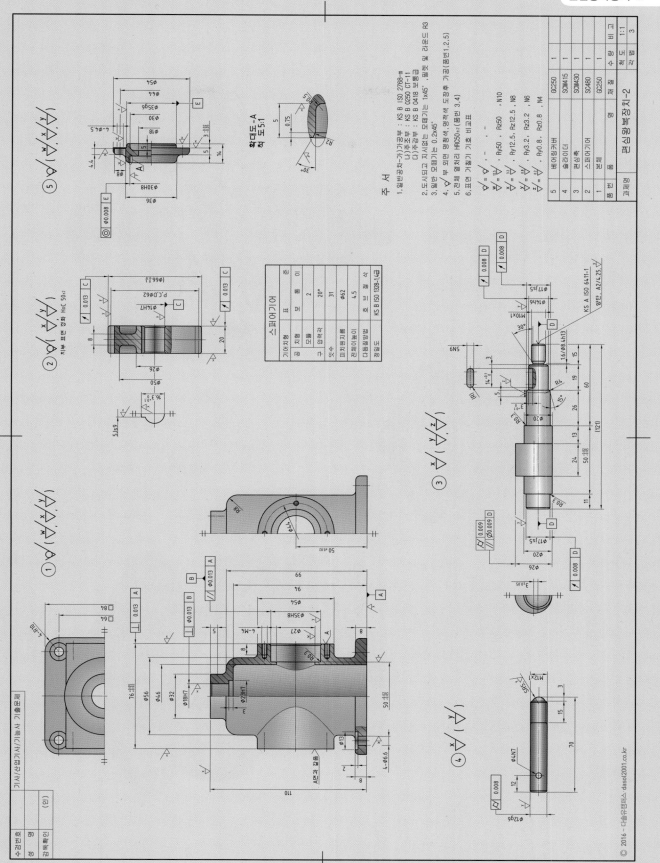

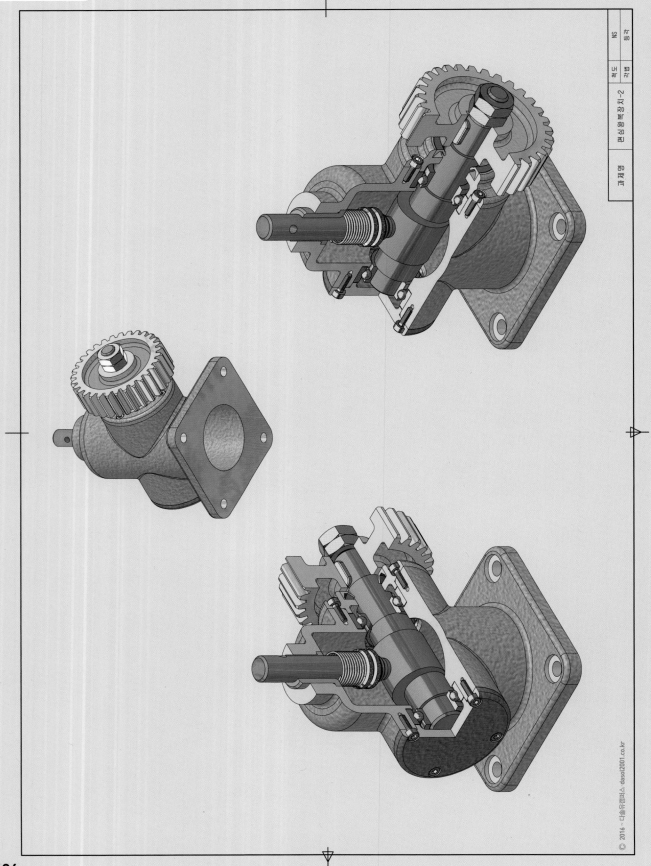

등록	NS	각 도	척 도	과 제 명	편심왕복장치-2

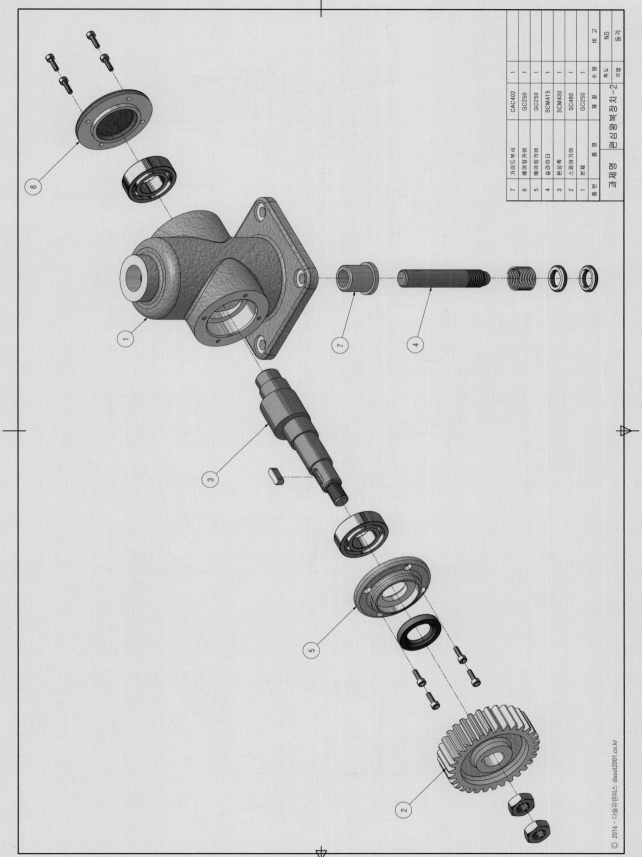

품 번	품 명	재 질	수 량	비 고
7	카이드부시	CAC402	1	
6	베어링커버	GC250	1	
5	베어링커버	GC250	1	
4	슬라이더	SCM415	1	
3	편심축	SCM430	1	
2	스퍼기어	SC480	1	
1	본체	GC250	1	

과제명 편심왕복장치-2 척도 NS 각법 3각법

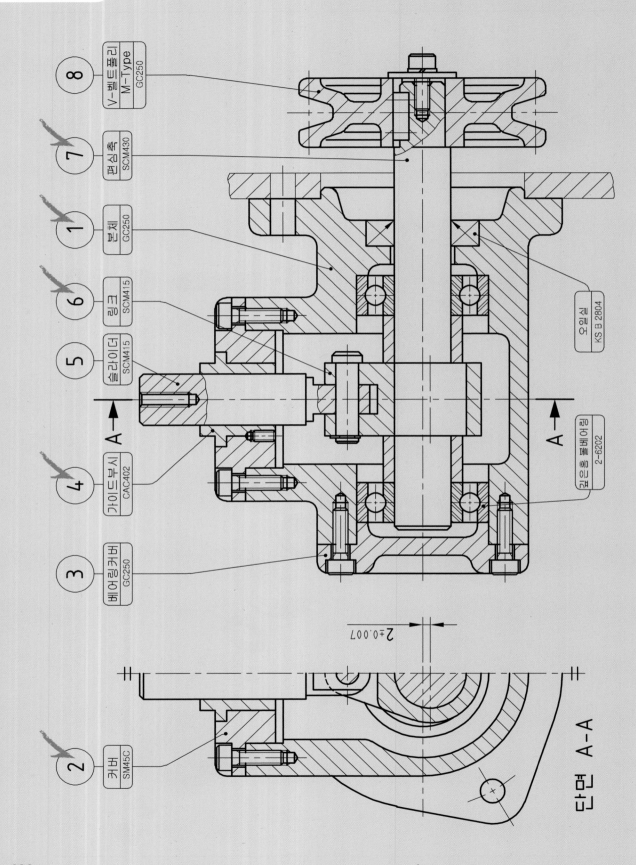

① V-벨트풀리 M-Type GC250

⑦ 편심축 SCM430

① 본체 GC250

⑥ 링크 SCM415

⑤ 슬라이더 SCM415

④ 가이드부시 CAC402

③ 베어링커버 GC250

② 커버 SM45C

오일실 KS B 2804

깊은홈볼베어링 2-6202

2±0.007

단면 A-A

A ←

A ←

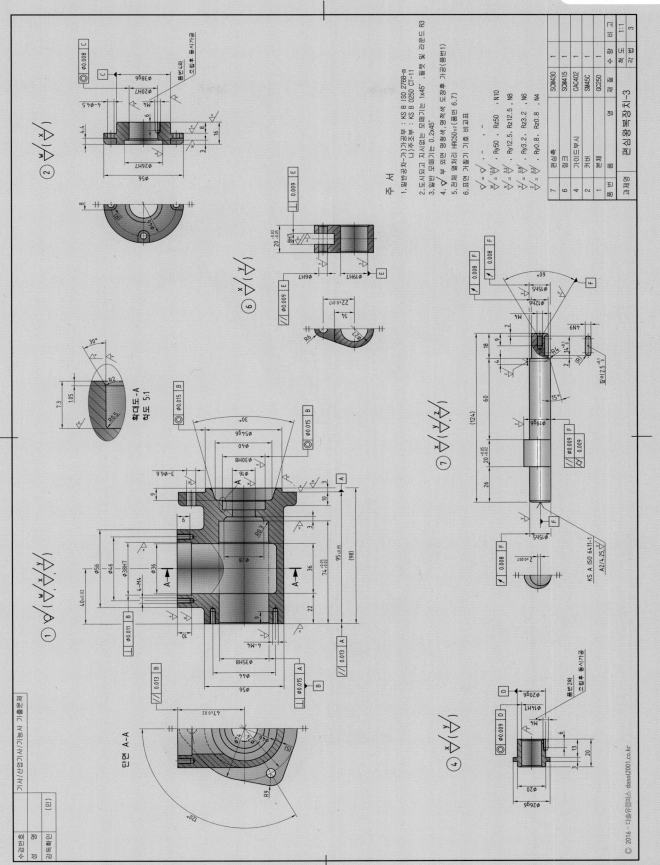

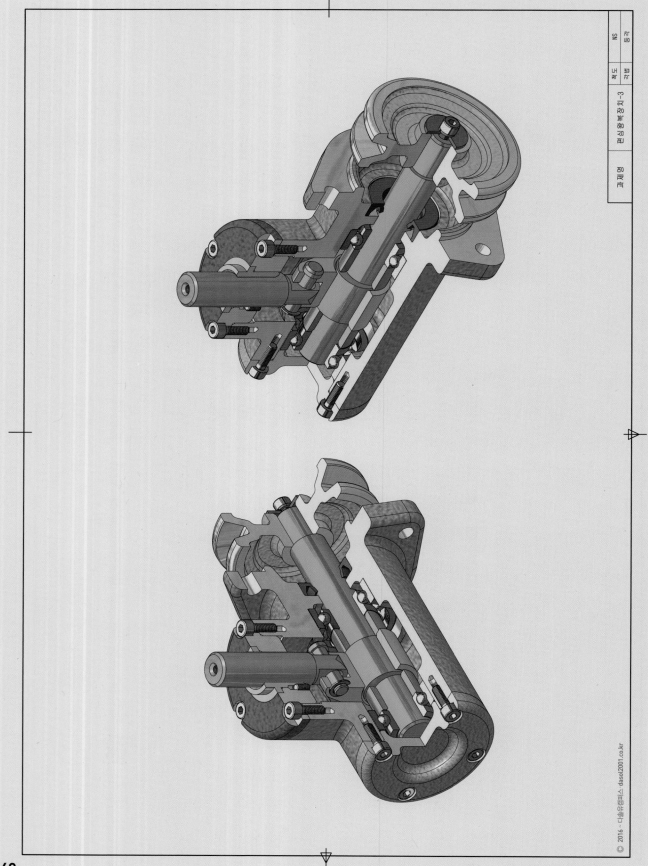

과제명 편심왕복장치-3 척도 NS 각법 3

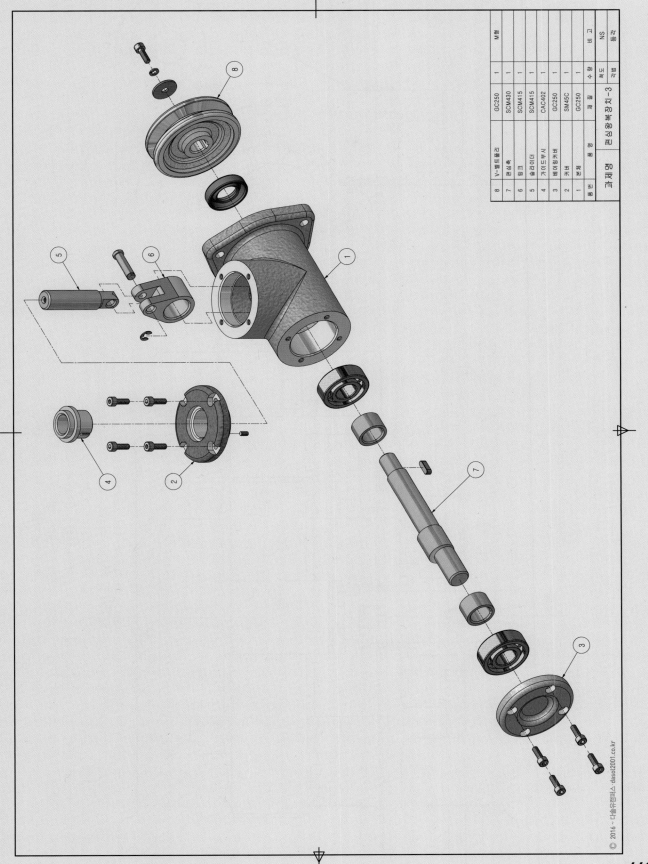

품번	품명	재질	수량	비고
8	V-벨트풀리	GC250	1	M형
7	편심축	SCM430	1	
6	링크	SCM415	1	
5	슬라이더	SCM415	1	
4	가이드부시	CAC402	1	
3	베어링커버	GC250	1	
2	커버	SM45C	1	
1	본체	GC250	1	
품번	품명	재질	수량	비고

과제명	편심왕복장치-3	척도	NS

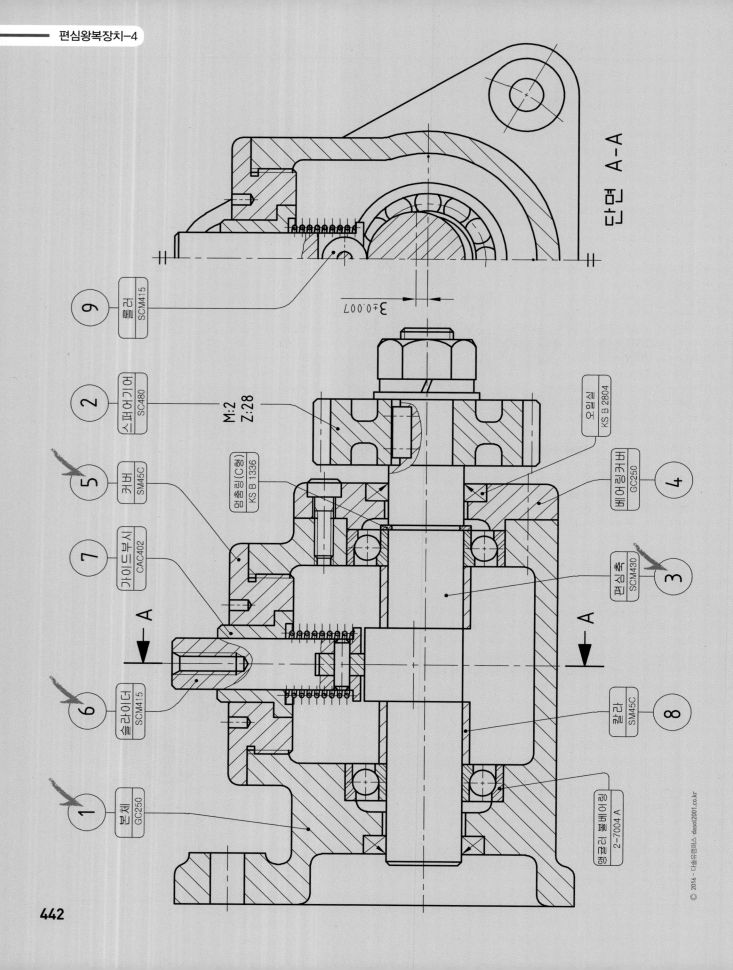

단면 A-A

⑨ 롤러 SCM415

3 ± 0.007

② 스퍼어기어 SC480

M:2
Z:28

⑤ 커버 SM45C

멈춤링(C형) KS B 1336

오일실 KS B 2804

④ 베어링커버 GC250

⑦ 가이드부시 CAC402

③ 편심축 SCM430

A

A

⑥ 실린더 SCM415

⑧ 칼라 SM45C

① 본체 GC250

앵귤러볼베어링 2-7004 A

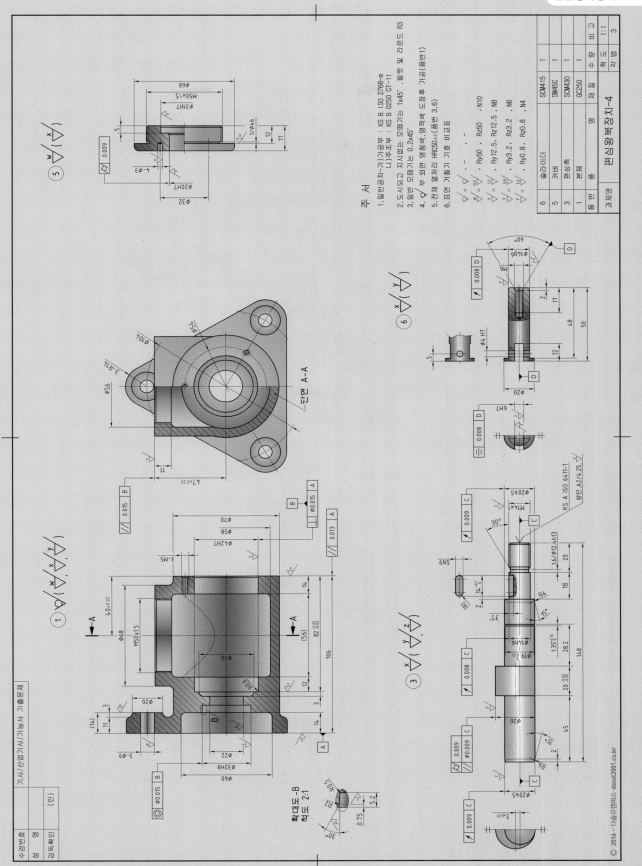

주 서

1. 일반공차-가) 가공부 : KS B ISO 2768-m
   나) 주조부 : KS B 0250 CT-11
2. 도시되고 지시없는 모떼기는 1x45°, 필렛 및 라운드 R3
3. 일반 모떼기는 0.2x45°
4. ♢부 외면 명청색, 영적색 도장후 가공(품번1)
5. 전체 열처리 HRC50±2(품번 3,6)
6. 표면 거칠기 기호 비교표

품 번	품 명	재 질	수 량	비 고
6	슬라이더	SCM415	1	
5	커버	SM45C	1	
3	편심축	SCM430	1	
1	본체	GC250	1	

과제명 편심왕복장치-4

척도 1:1

각법 3

수검번호		감독확인 (인)
성 명		

학대도-B 척도 2:1

단면 A-A

© 2016 - 다솔유캠퍼스 dasol2001.co.kr

KS A ISO 6411-1
형판 A2/4.25

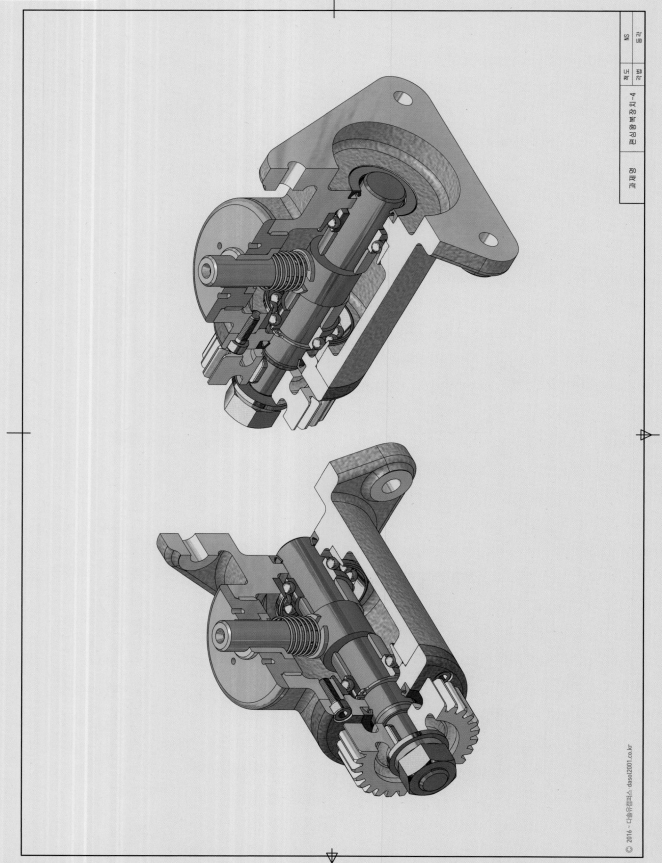

편심왕복장치-4

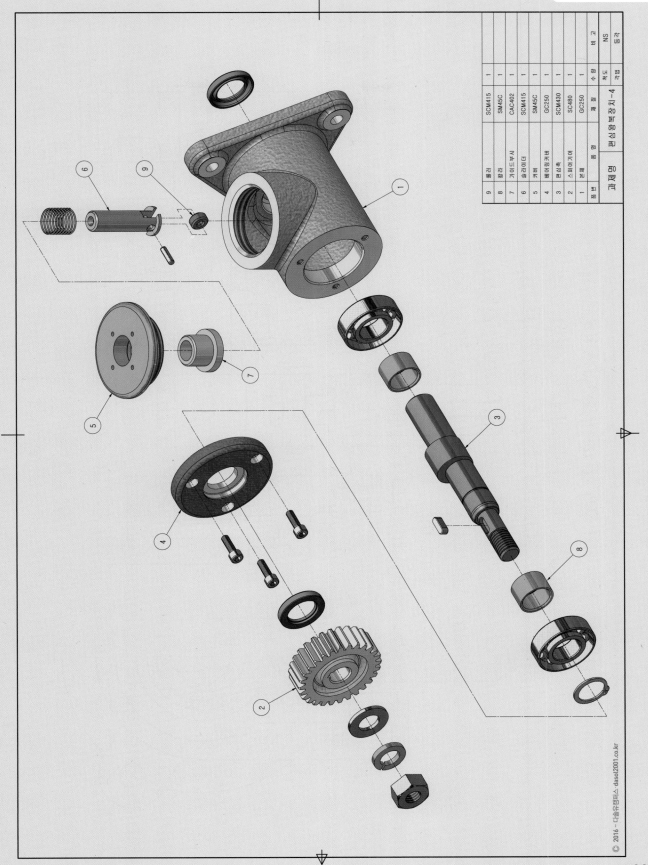

품번	품명	재질	수량	비고
9	다 볼	SCM415	1	
8	칼라	SM45C	1	
7	가이드부시	CAC402	1	
6	슬라이더	SCM415	1	
5	커버	SM45C	1	
4	베어링커버	GC250	1	
3	편심축	SCM430	1	
2	스퍼기어	SC480	1	
1	본체	GC250	1	
품번	품명	재질	수량	비고

편심왕복장치-4

NS

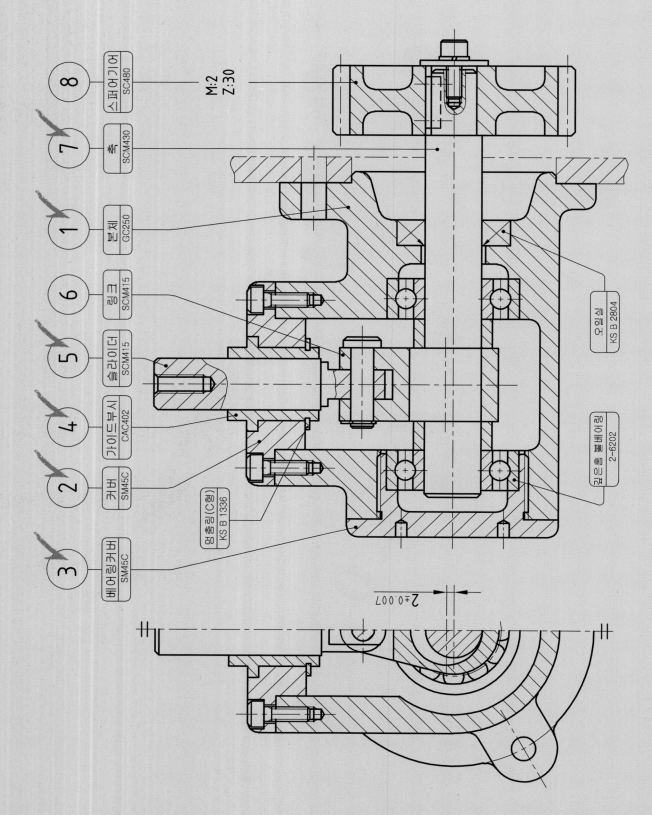

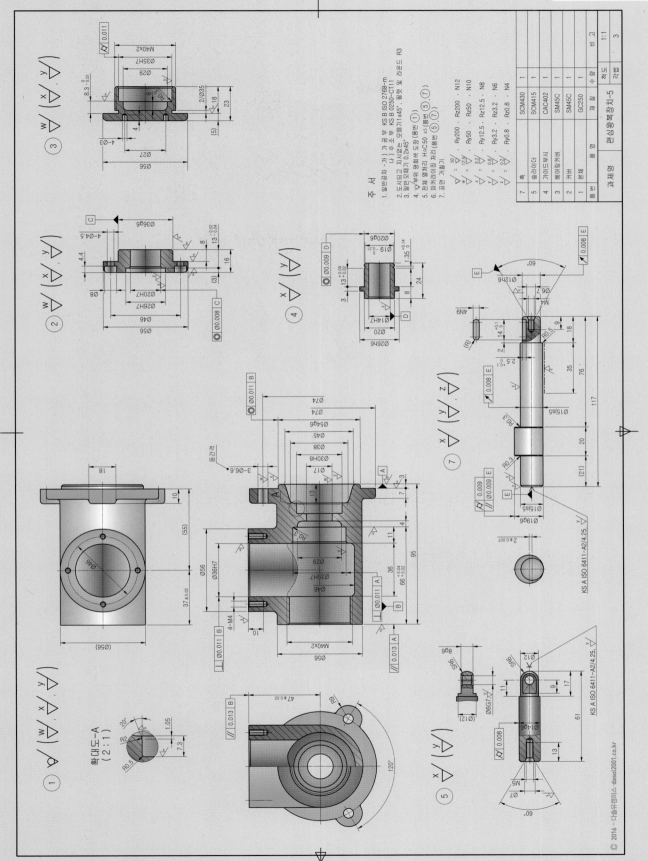

주 서

1. 일반공차 - 가) 가공부 KS B ISO 2768-m
   나) 주조부 KS B 0250-CT11
2. 도시되고 지시없는 모떼기 1x45°, 필렛 및 라운드 R3
3. 일반모떼기 0.2x45°
4. √부위 열처리 도장 (품번 ①)
5. 전체 열처리 HrC50 ±5 (품번 ⑤, ⑦)
6. 파커라이징 처리 (품번 ⑤, ⑦)
7. 표면 거칠기

품 번	품 명	재 질	수 량	비 고
7	축	SCM430	1	
5	슬라이더	SCM415	1	
4	가이드부시	CAC402	1	
3	베어링커버	SM45C	1	
2	커버	SM45C	1	
1	본체	GC250	1	
품 번	품 명	재 질	수 량	비 고
과제명	편심왕복장치-5		척도	1:1
			각법	3

447

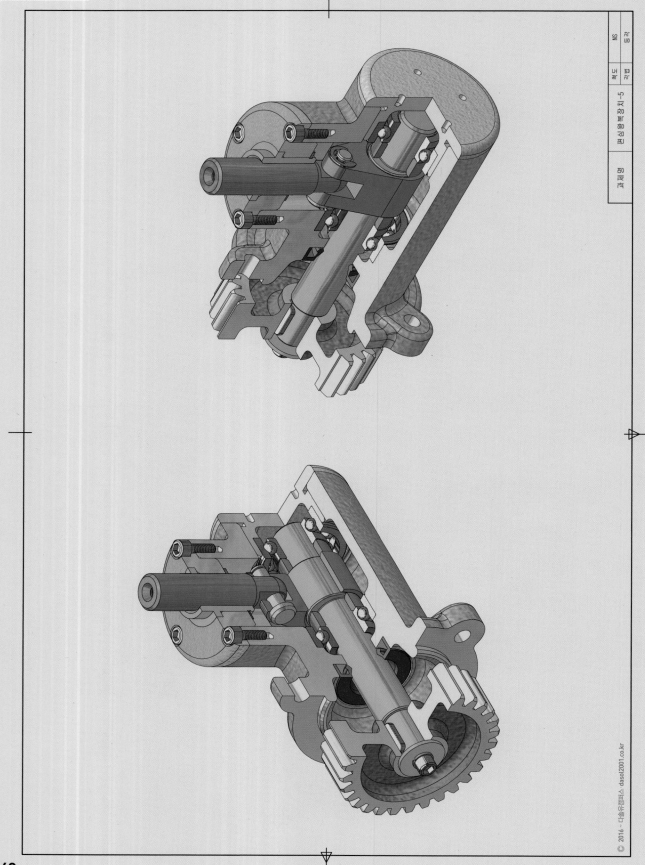

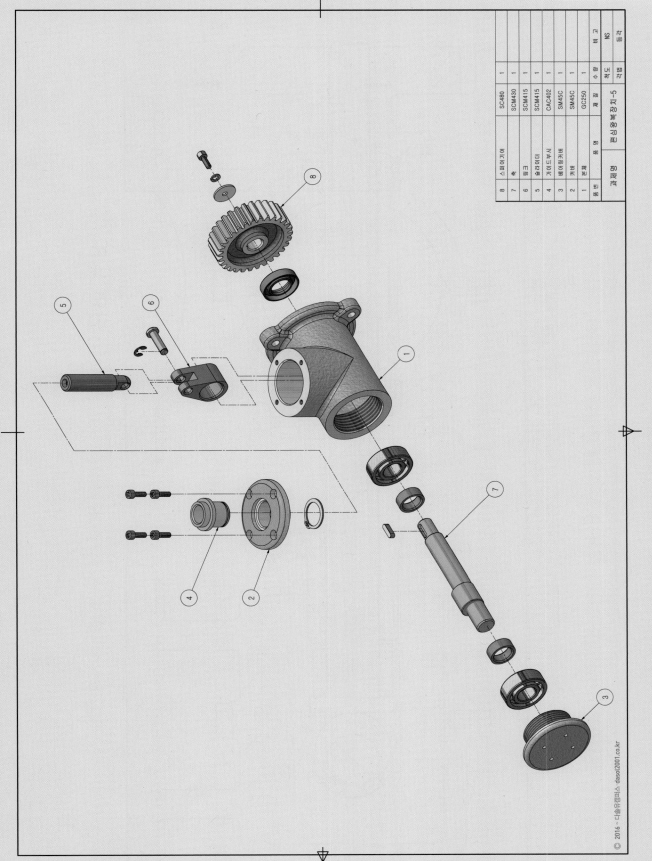

품번	품명	재질	수량	비고
8	스퍼어기어	SC480	1	
7	축	SCM430	1	
6	드럼	SCM415	1	
5	슬라이더	SCM415	1	
4	가이드부시	CAC402	1	
3	베어링커버	SM45C	1	
2	커버	SM45C	1	
1	본체	GC250	1	

과제명 편심왕복장치-5

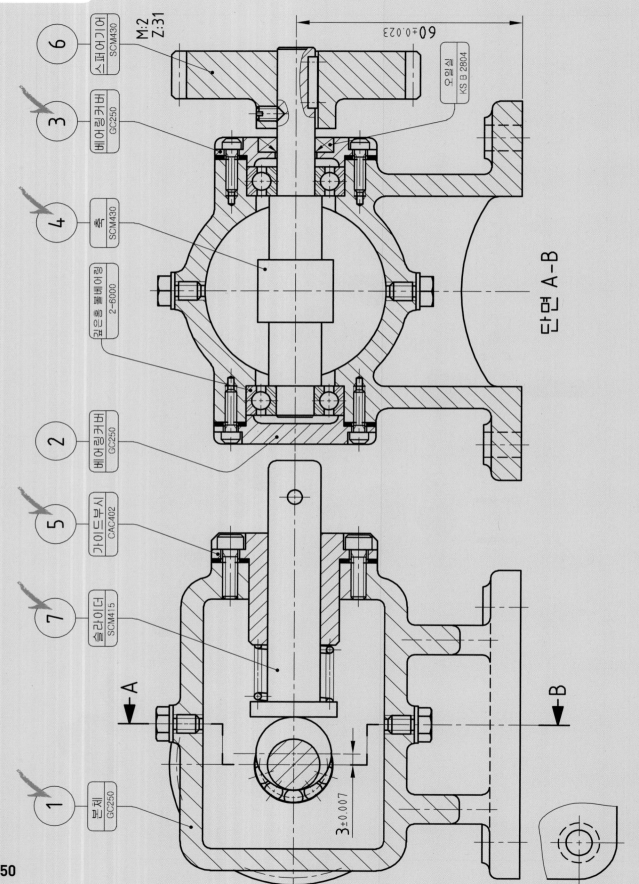

M:2
Z:31

⑥ 스퍼어기어 SCM430

③ 베어링커버 GC250

④ 축 SCM430

깊은홈볼베어링 2-6000

② 베어링커버 GC250

⑤ 가이드부시 CAC402

⑦ 슬라이더 SCM415

① 본체 GC250

60±0.023

오일실 KS B 2804

단면 A-B

3±0.007

A

B

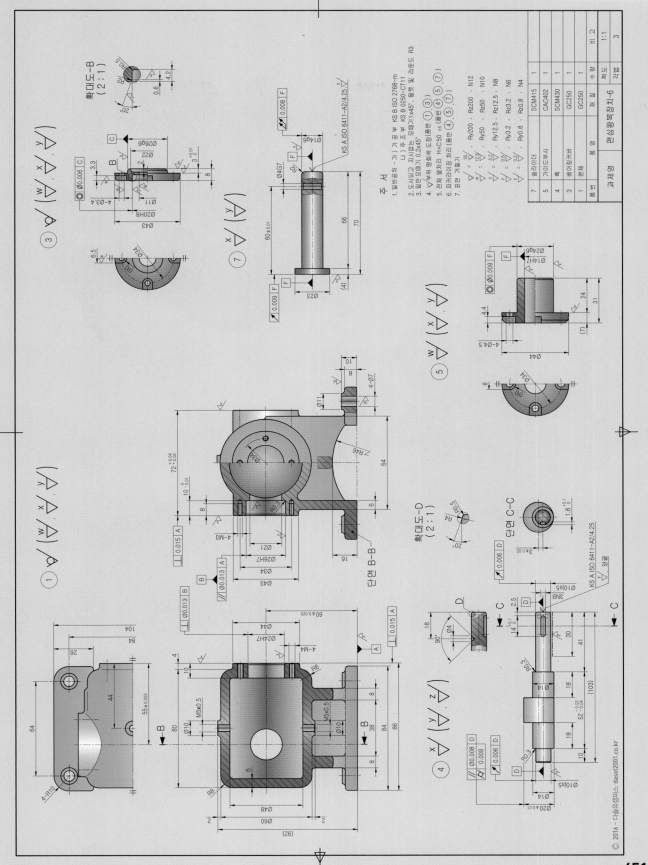

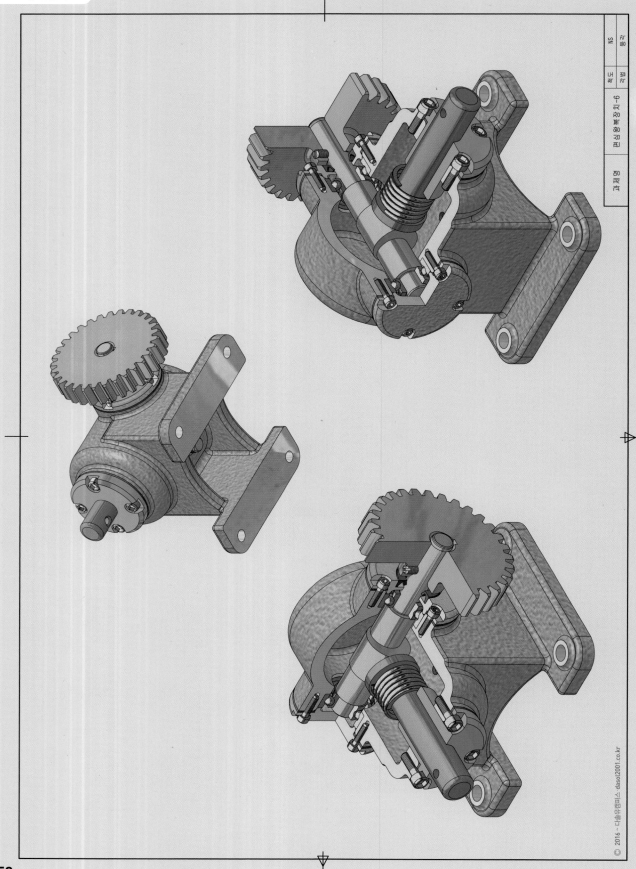

편심왕복장치-6

정재현

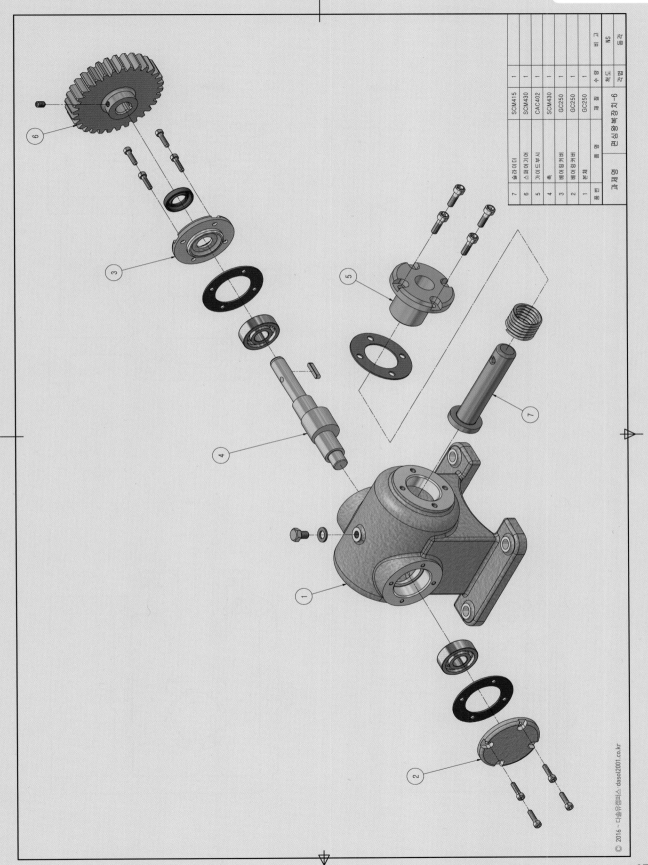

품번	품 명	재 질	수량	비고
7	슬라이더	SCM415	1	
6	스퍼기어	SCM430	1	
5	커넥드시브	CAC402	1	
4	축	SCM430	1	
3	베어링커버	GC250	1	
2	베어링커버	GC250	1	
1	본체	GC250	1	
품번	품 명	재 질	수량	비고

편심왕복장치-6

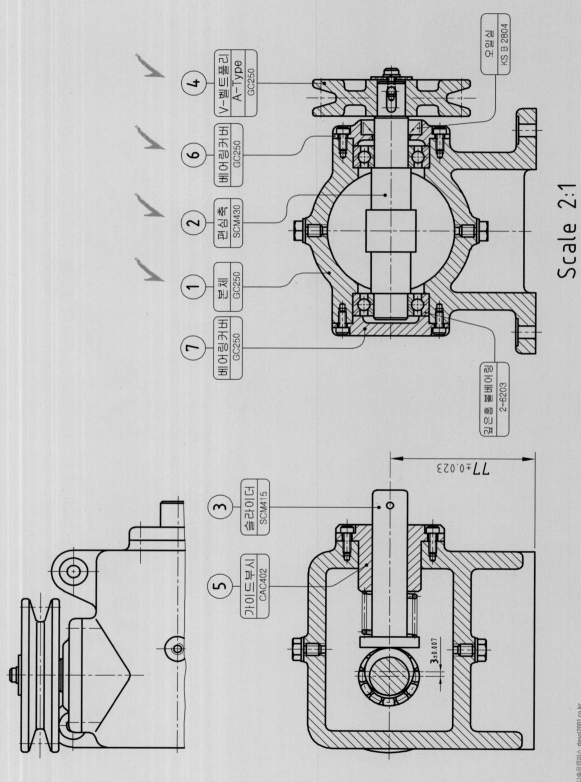

Scale 2:1

④ V-벨트풀리 A-Type GC250

⑥ 베어링커버 GC250

② 편심축 SCM430

① 본체 GC250

⑦ 베어링커버 GC250

오일실 KS B 2804

깊은홈볼베어링 2-6203

③ 슬라이더 SCM415

⑤ 가이드부시 CAC402

77±0.023

3-0.007

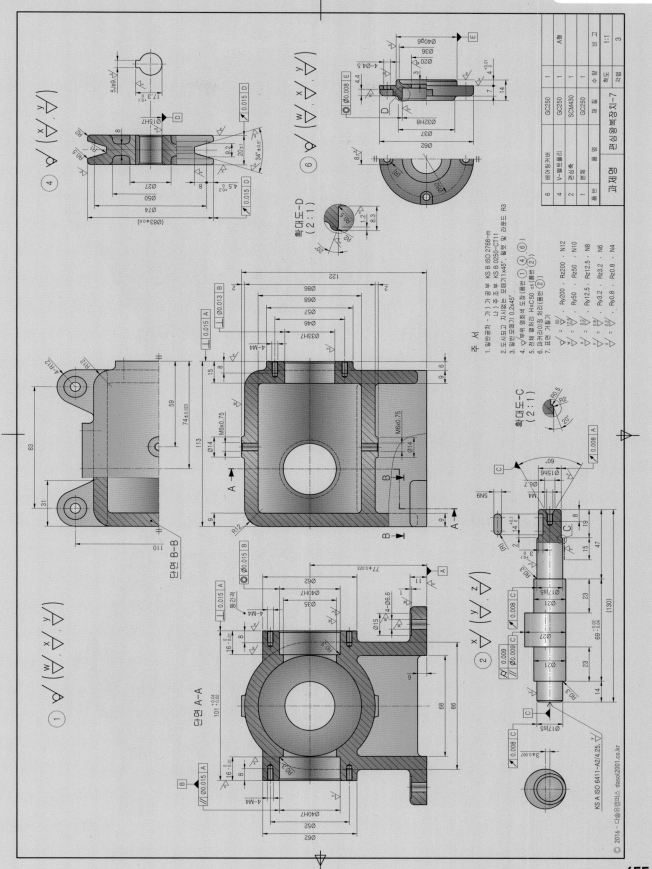

주 서

1. 일반공차 - 가) 가 공 부 KS B ISO 2768-m
　　　　　　나) 주 조 부 KS B 0250-CT11
2. 도.사되고 지시없는 모떼기는 0.2x45°
3. 일반모떼기 0.2x45°
4. ✓부위 열처리 도장(품번 ① ④ ⑥)
5. 전체 열처리 처리(품번 ②)
6. 파라디이징 처리(품번 ②)
7. 표면 거칠기

$\sqrt[w]{} = \dfrac{50}{} \cdot$ Ry200 · Rz200 · N12

$\sqrt[x]{} = \dfrac{25}{} \cdot$ Ry50 · Rz50 · N10

$\sqrt[y]{} = \dfrac{6.3}{} \cdot$ Ry12.5 · Rz12.5 · N8

$\sqrt[z]{} = \dfrac{1.6}{} \cdot$ Ry3.2 · Rz3.2 · N6

$\sqrt{} = \dfrac{0.2}{} \cdot$ Ry0.8 · Rz0.8 · N4

	품 명	재 질	수 량	척 도	1:1
6	베어링커버	GC250	1	A형	
4	V-벨트풀리	GC250	1		
2	편심축	SCM430	1		
1	본체	GC250	1	비 고	
품번	과제명 편심왕복장치-7			각법	3

확대도-D
(2 : 1)

확대도-C
(2 : 1)

단면 A-A

단면 B-B

KS A ISO 6411-A2/4.25.

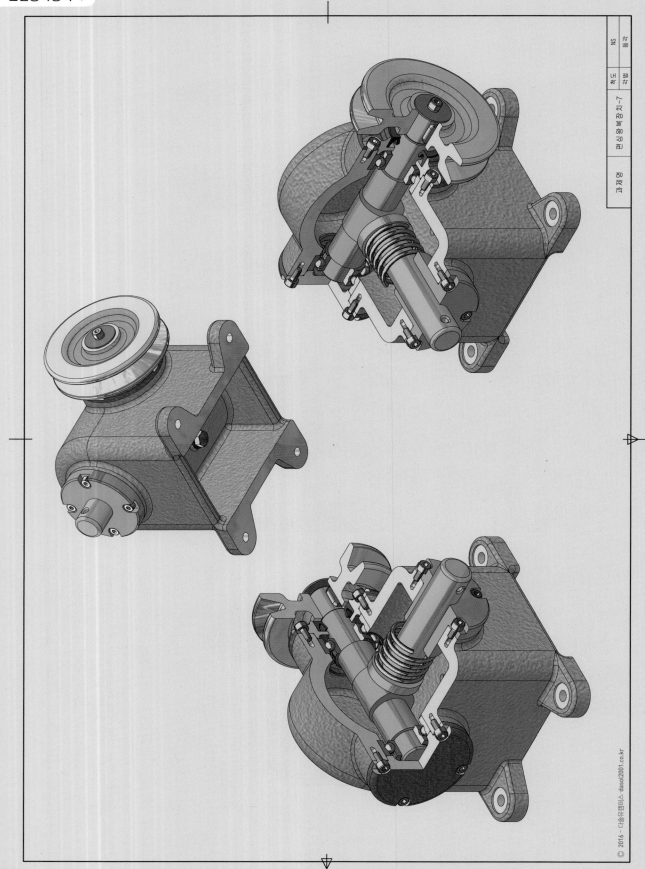

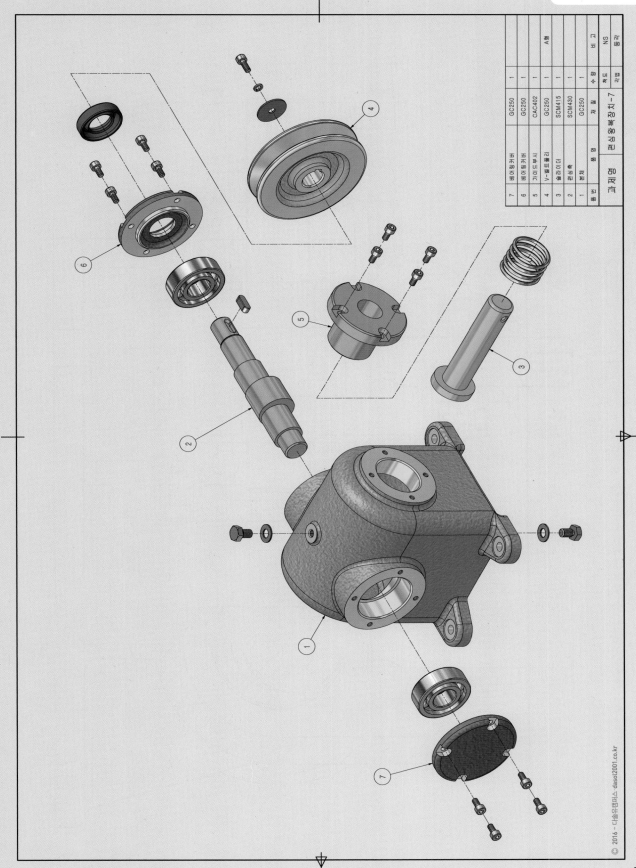

품번	품명	재질	수량	비고
7	베어링 커버	GC250	1	
6	베어링 커버	GC250	1	
5	가이드 부시	CAC402	1	
4	V-벨트 풀리	GC250	1	
3	슬라이더	SCM415	1	A형
2	편심축	SCM430	1	
1	본체	GC250	1	
품번	품명	재질	수량	비고

편심왕복장치-7

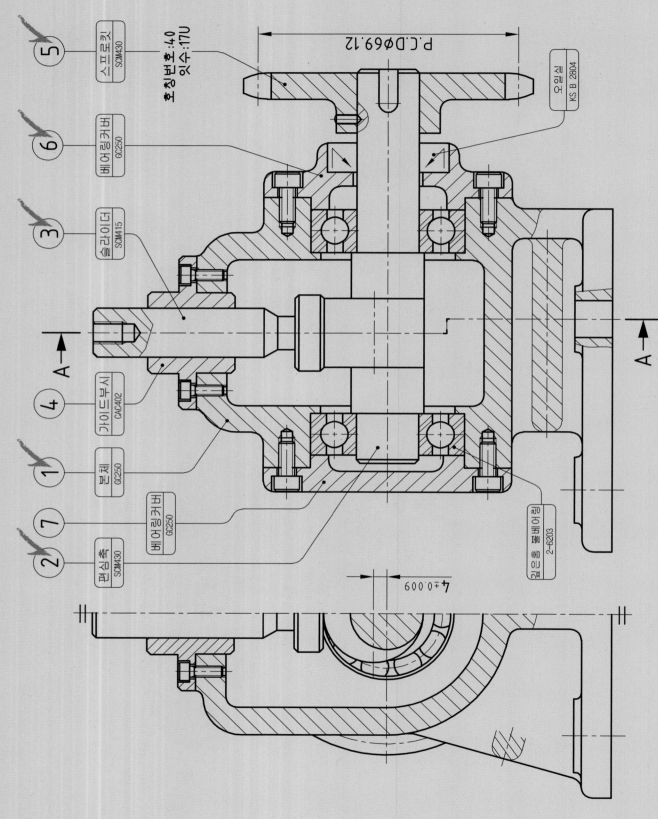

⑤ 스프로킷 SCM430

⑥ 베어링커버 GC250

③ 슬라이더 SCM415

④ 가이드부시 CAC402

① 본체 GC250

⑦ 베어링커버 GC250

② 편심축 SCM430

호칭번호 :40
잇수 :17U

P.C.DØ69.12

오일실
KS B 2804

앵귤러볼베어링
2-6203

4 ± 0.009

A →

A →

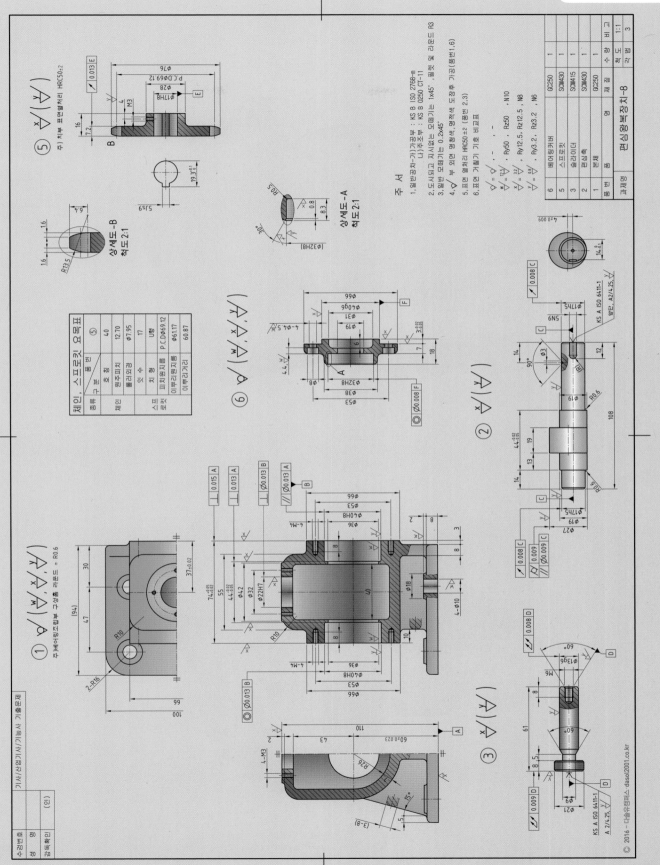

주 서

1. 일반공차-가) 가공부 : KS B ISO 2768-m
   나) 주조부 : KS B 0250 CT-11
2. 도시되고 지시없는 모떼기는 1x45°, 필렛 및 라운드 R3
3. 일반 모떼기는 0.2x45°
4. ✓부 외면 명청색, 명적색 도장후 가공(품번1,6)
5. 표면 열처리 HRC50±2 (품번 2,3)
6. 표면 거칠기 기호 비교표

✓	=	$\frac{}{}$
w	=	$\frac{}{}$, Ry50, Rz50, N10
x	=	$\frac{}{}$, Ry12.5, Rz12.5, N8
y	=	$\frac{}{}$, Ry3.2, Rz3.2, N6

체인, 스프로킷 요목표

종류	구분	품번	⑤
체인	호칭		40
	원주피치		12.70
	롤러외경		Φ7.95
스프로킷	잇수		17
	치형		U형
	피치원지름		P.C.D Φ69.12
	이뿌리원지름		Φ61.17
	이뿌리거리		60.87

품번	품명	재질	수량	비고
6	베어링커버	GC250	1	
5	스프로킷	SCM430	1	
3	슬라이더	SCM415	1	
2	편심축	SCM430	1	
1	본체	GC250	1	
과제명	편심왕복장치-8	척도	1:1	
		각법	3	

상세도-A
척도 2:1

상세도-B
척도 2:1

(주) 처부 표면열처리 HRC50±2

① ✓ (w, x, y)
주 베어링조립부 구성품 라운드 = R0.6

② (x, y)

③ (x, y)

⑤ (x, y)

⑥ (w, x, y)

KS A ISO 6411-1
A 2/4.25

KS A ISO 6411-1
A 2/4.25

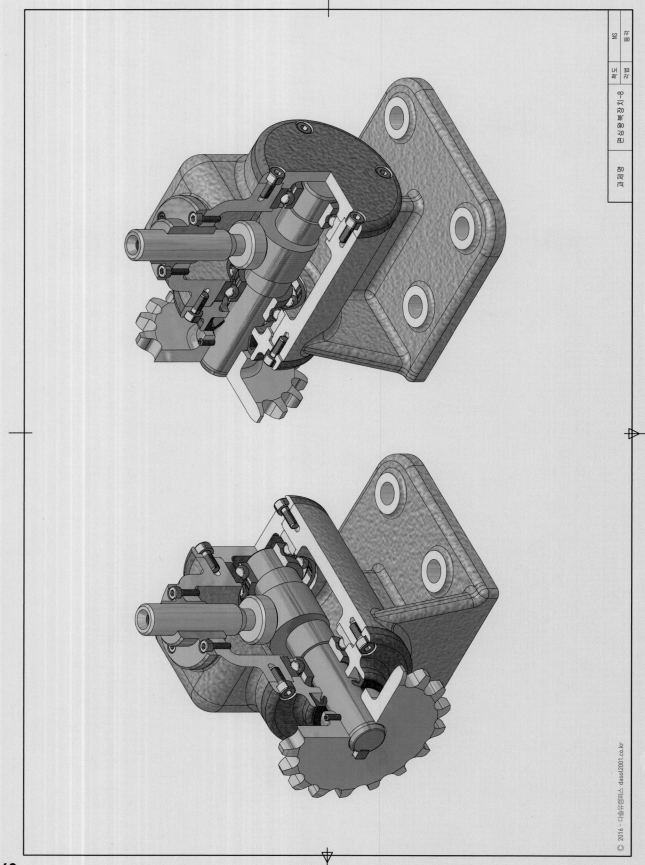

편심왕복장치-8

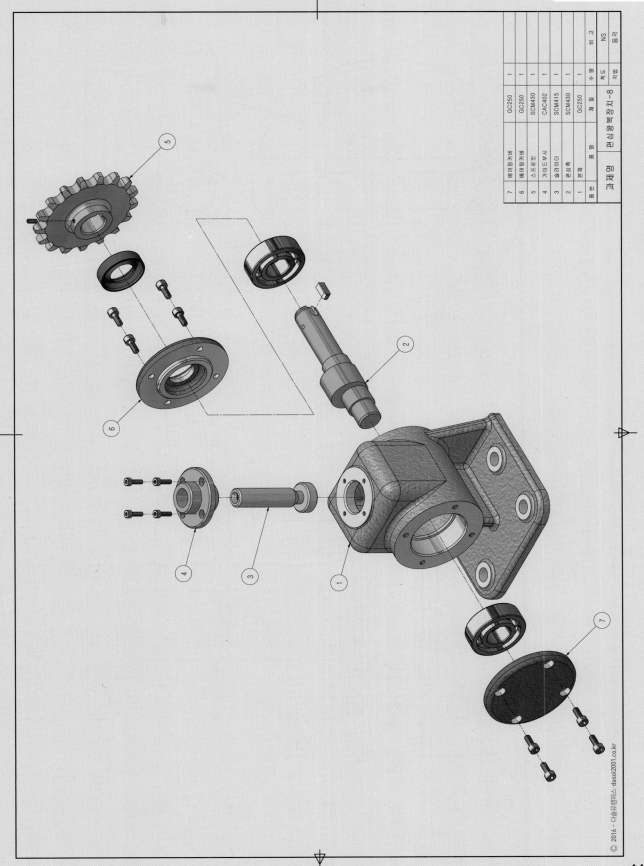

품번	품명	재질	수량	비고
7	베어링커버	GC250	1	
6	베어링커버	GC250	1	
5	스프로킷	SCM430	1	
4	가이드부시	CAC402	1	
3	슬라이더	SCM415	1	
2	편심축	SCM430	1	
1	본체	GC250	1	
품번	편심왕복장치-8	척도	NS	각법

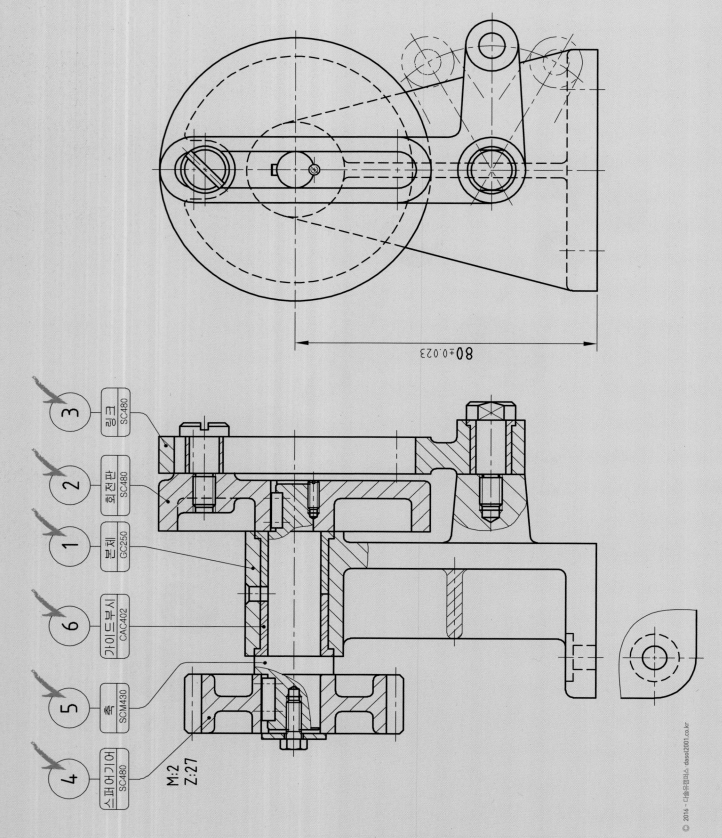

80±0.023

③ 링크 SC480
② 회전판 SC480
① 본체 GC250
⑥ 가이드부시 CAC402
⑤ 축 SCM430
④ 스퍼어기어 SC480

M:2
Z:27

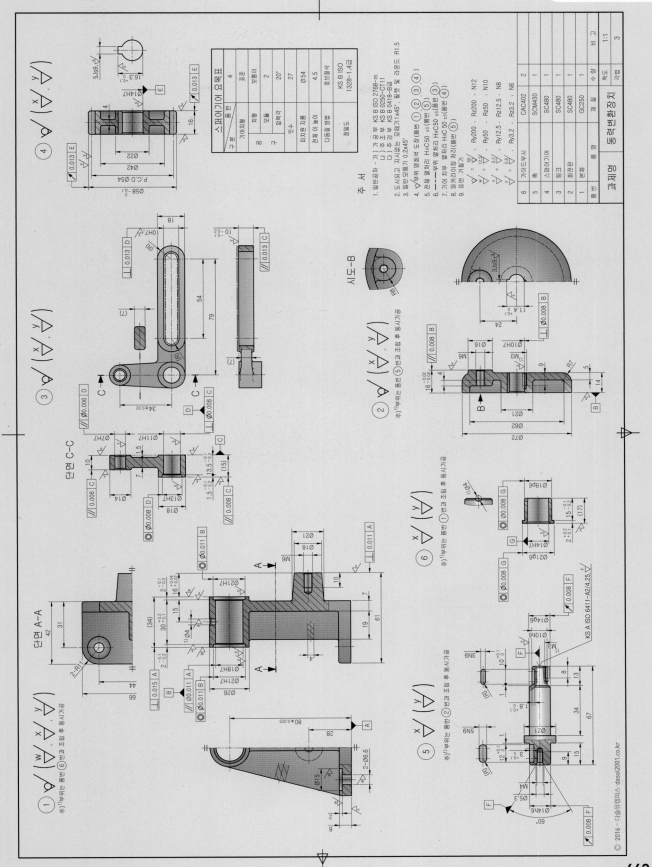

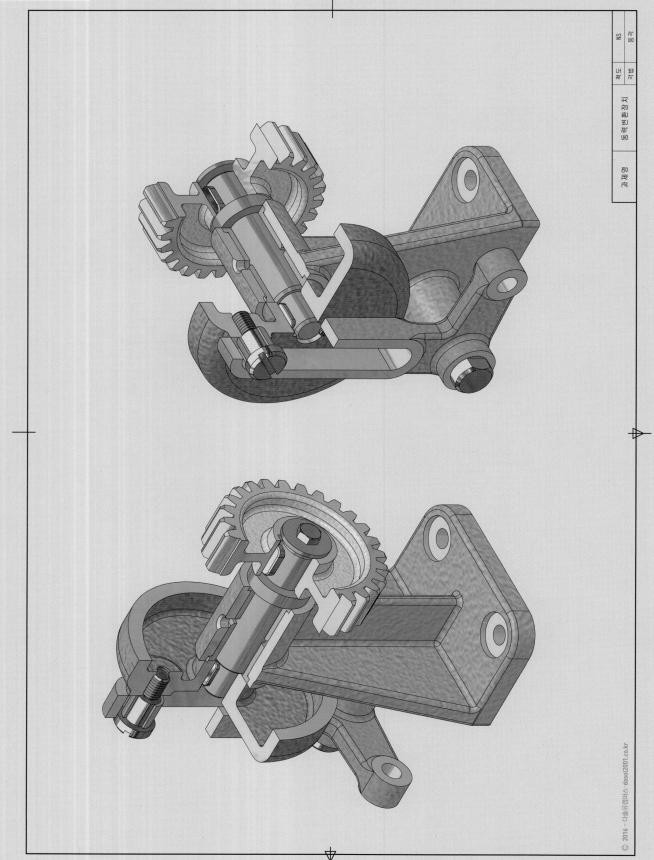

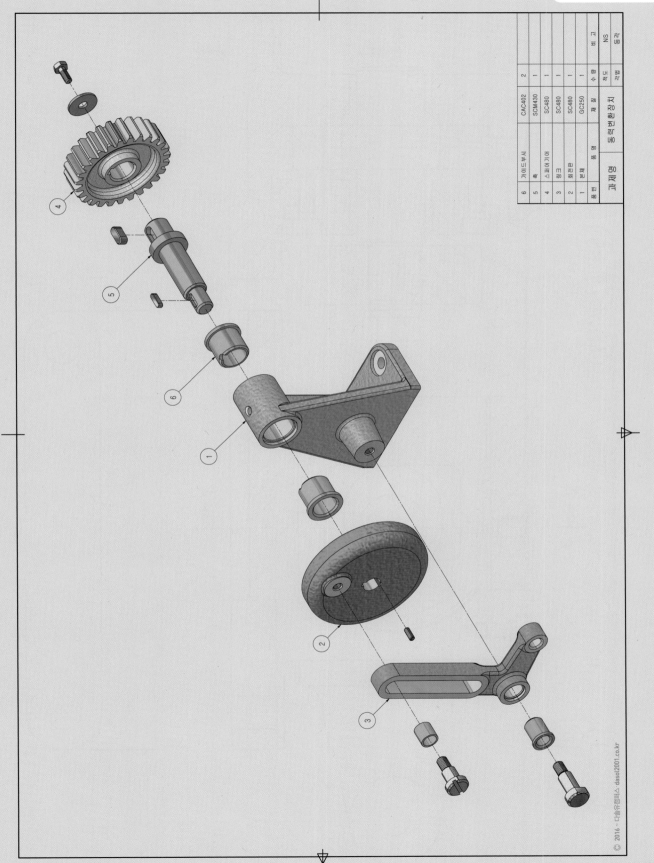

품번	품명	재질	수량	비고
6	거늠볼트	CAC402	2	
5	축	SCM430	1	
4	스퍼어기어	SC480	1	
3	링크	SC480	1	
2	회전판	SC480	1	
1	본체	GC250	1	
품번	품명	재질	수량	비고

동력변환장치

각법 | 3각법

척도 | NS

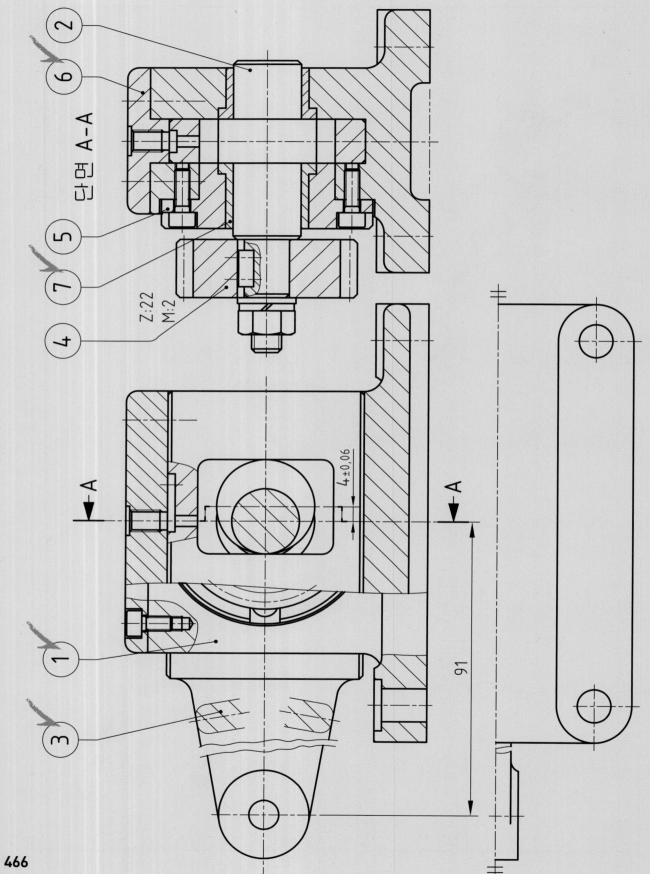

단면 A-A

Z:22
M:2

4±0,06

91

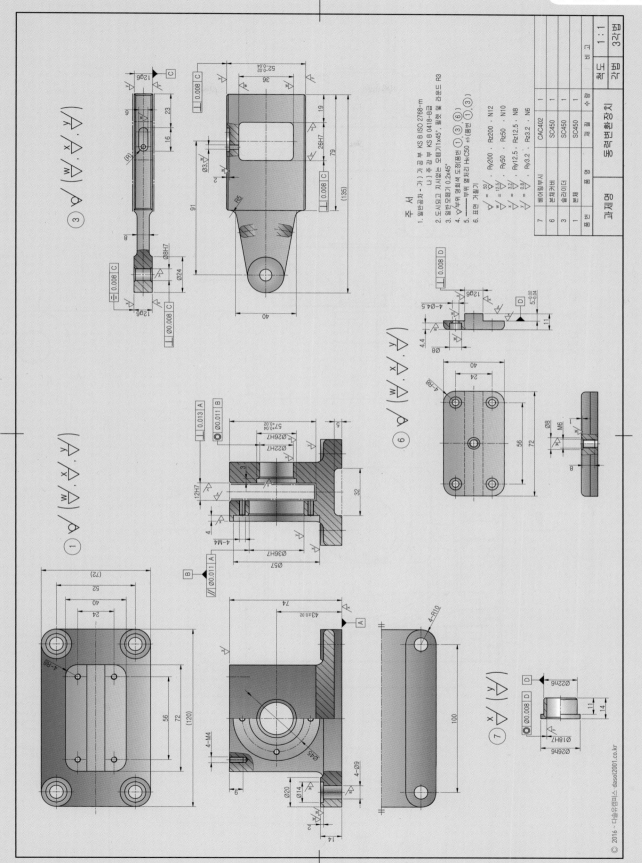

주 서
1. 일반공차 - 가) 가공부 KS B ISO 2768-m
   나) 주강부 KS B 0418-B급
2. 도시되고 지시없는 모떼기 1x45°, 필렛 및 라운드 R3
3. 일반모떼기 0.2x45°
4. ▽부위 명칭색 도장(품번 ①,③,⑥)
5. ─ 부위 열처리 HRC50 ±1(품번 ①,③)
6. 표면 거칠기

척도 1:1
각법 3각법

품번	품명	재질	수량	비고
7	베어링부시	CAC402	1	
6	본체커버	SC450	1	
3	슬라이더	SC450	1	
1	본체	SC450	1	

동력변환장치

과제명

467

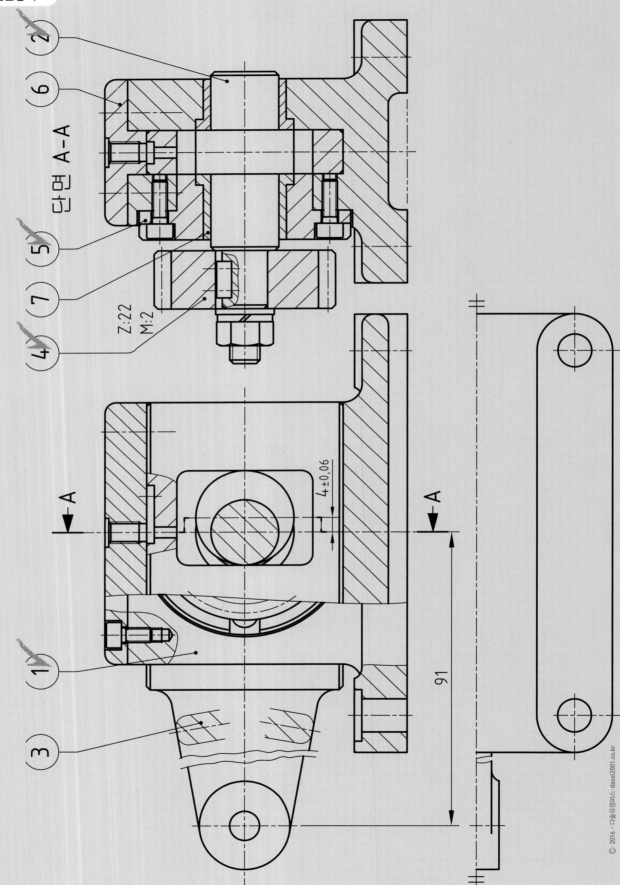

단면 A-A

Z:22
M:2

4±0,06

91

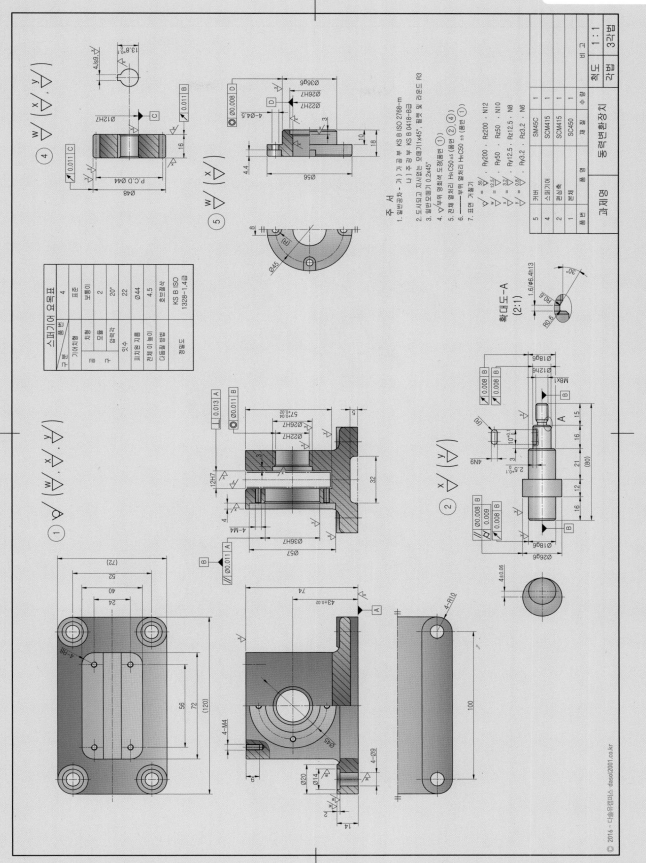

주 서
1. 일반공차 - 가) 가공부 KS B ISO 2768-m
   나) 주유부 KS B 0418-B급
2. 도시되고 지시없는 모떼기기x45°, 필렛 및 라운드 R3
3. 일반 모떼기 0.2x45°
4. ∨부위 열화화 도장(흑면 ①)
5. 전체 열처리 HₐC50 ±5 (흑번 ②, ④)
6. ─ 부위 열처리 HₐC50 ±5 (흑번 ①)
7. 표면 거칠기

구분	기어치형		표준
		치형	보통이
기어	모듈	2
	압력각	20°
잇수		22
피치원 지름		Ø44
전체 이 높이		4.5
다듬질방법		호브절삭
정밀도		KS B ISO 1328-1,4급

스퍼기어 요목표

확대도-A
(2:1)

품번	품 명	재 질	수량	비고
5	커버	SM45C	1	
4	스퍼기어	SCM415	1	
2	편심축	SCM415	1	
1	본체	SC450	1	

동력변환장치

척도	1:1
각법	3각법

과제명

√	=	50 Ry200 . Rz200 . N12
	=	12.5 Ry50 . Rz50 . N10
	=	3.2 Ry12.5 . Rz12.5 . N8
	=	0.8 Ry3.2 . Rz3.2 . N6

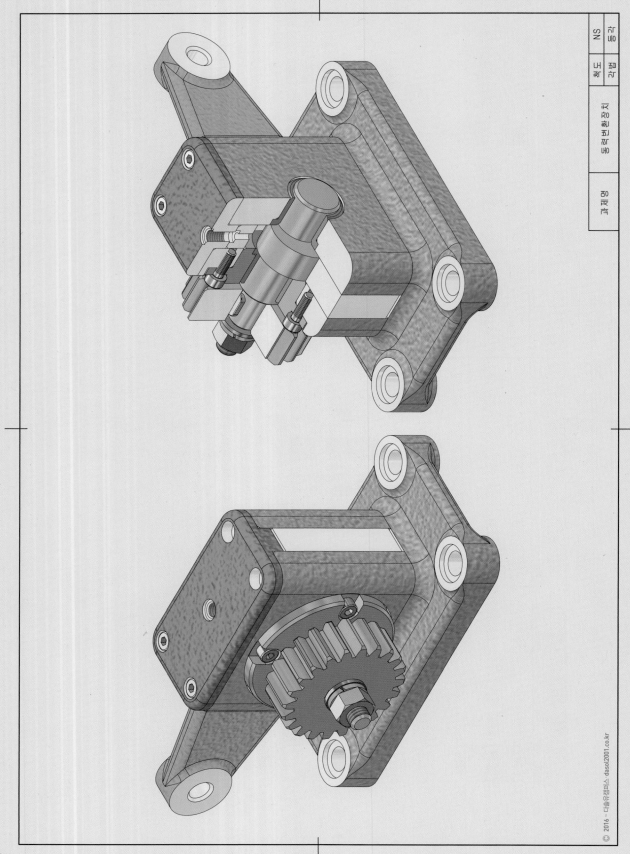

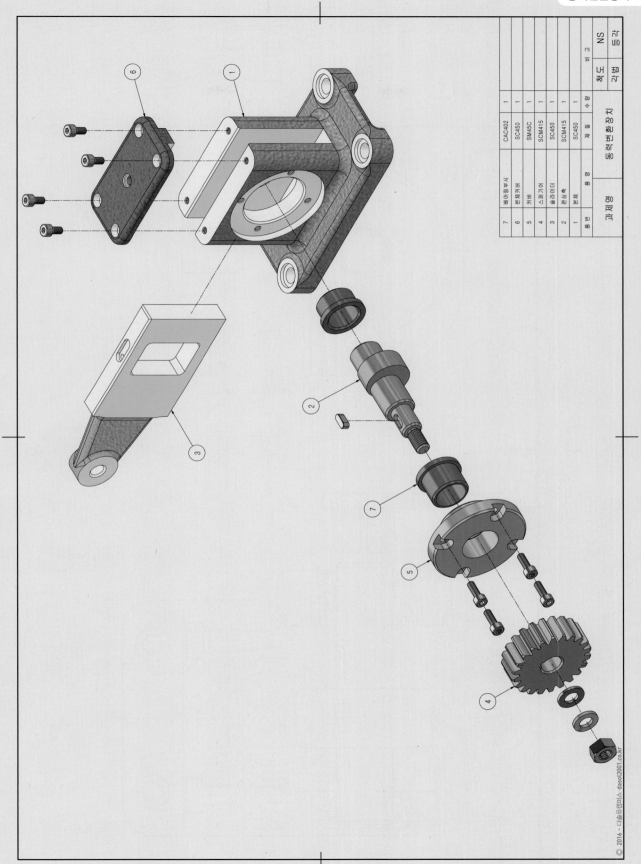

품번	품명	재질	수량	비고
7	멈춤링부시	CAC402	1	
6	평커버	SC450	1	
5	커버	SM45C	1	
4	스퍼기어	SCM415	1	
3	슬라이더	SC450	1	
2	회전축	SCM415	1	
1	몸체	SC450	1	NS

과제명	동력변환장치	척도	NS
		각법	3각

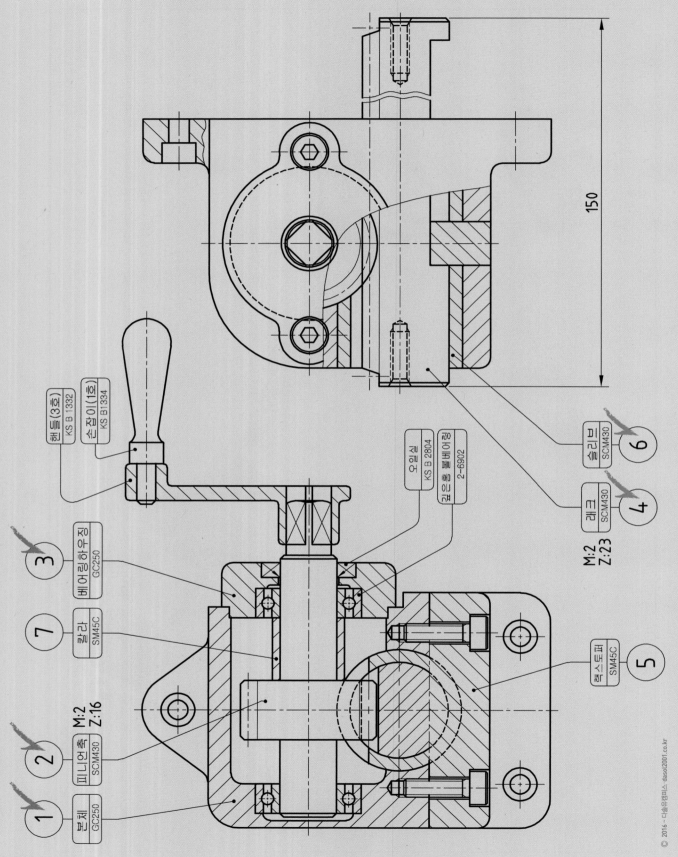

150

핸들(3호)
KS B 1332

손잡이(1호)
KS B1334

오일실
KS B 2804

구름베어링
2-6902

슬리브
SCM430
6

래크
SCM430
4

M:2
Z:23

베어링하우징
GC250
3

칼라
SM45C
7

랙스토퍼
SM45C
5

피니언축
SCM430
2

M:2
Z:16

본체
GC250
1

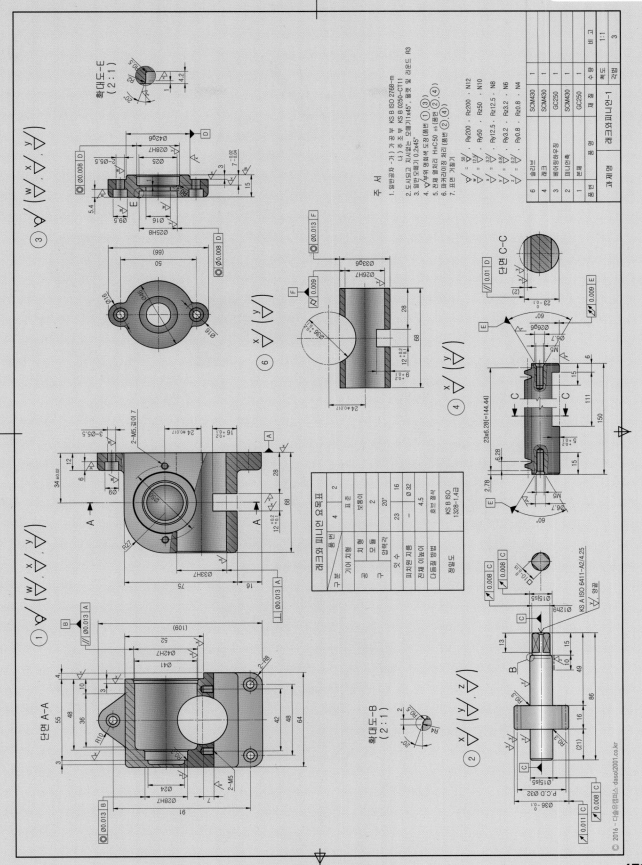

주 서

1. 일반공차 - 가) 가공부 KS B ISO 2768-m
   나) 주조부 KS B 0250-CT11
2. 도시되고 지시없는 모떼기1×45°, 필렛 및 라운드 R3
3. 일반모떼기 0.2×45°
4. ∨부위 열처리(완제) H=C50 ±5 (동판)
5. 전체 열처리 처리(완제 ±5 (동판)
6. 파커라이징 처리(동판)
7. 표면 거칠기

래크와 피니언 요목표

구분	기어 치형		표준
공구	치형	보통이	
	모듈	2	
	압력각	20°	
잇수	23		16
피치원 지름	-		Ø 32
전체 이높이	4.5		
다듬질 방법	호브 절삭		
정밀도	KS B ISO 1328-1,4급		

6	슬리브		SCM430	1		비 고
4	래크		SCM430	1		1:1
3	베어링하우징		GC250	1		3
2	피니언축		SCM430	1		
1	본체		GC250	1		
품번	품명		재질	수량	척도	
과제명	래크와피니언-1					

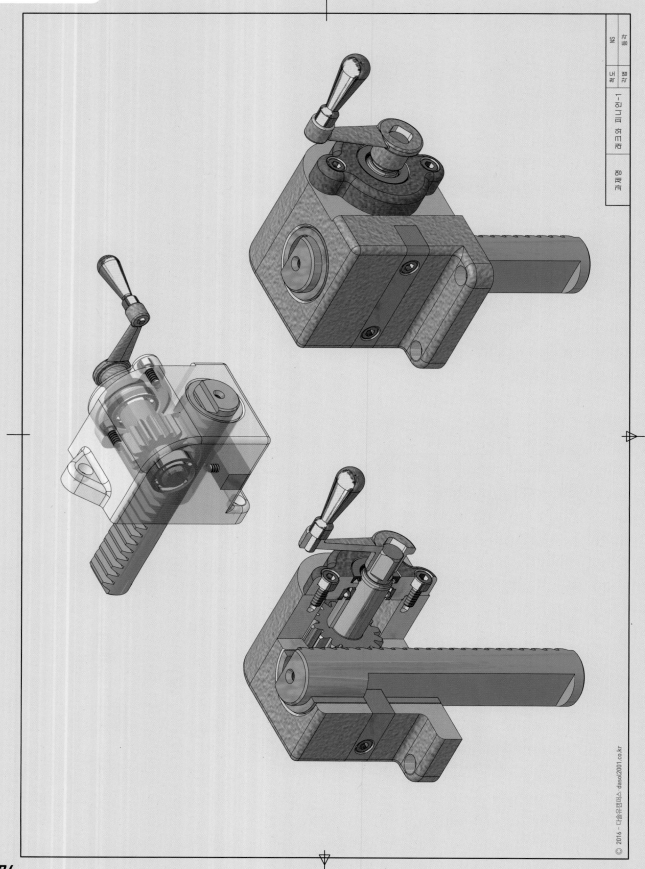

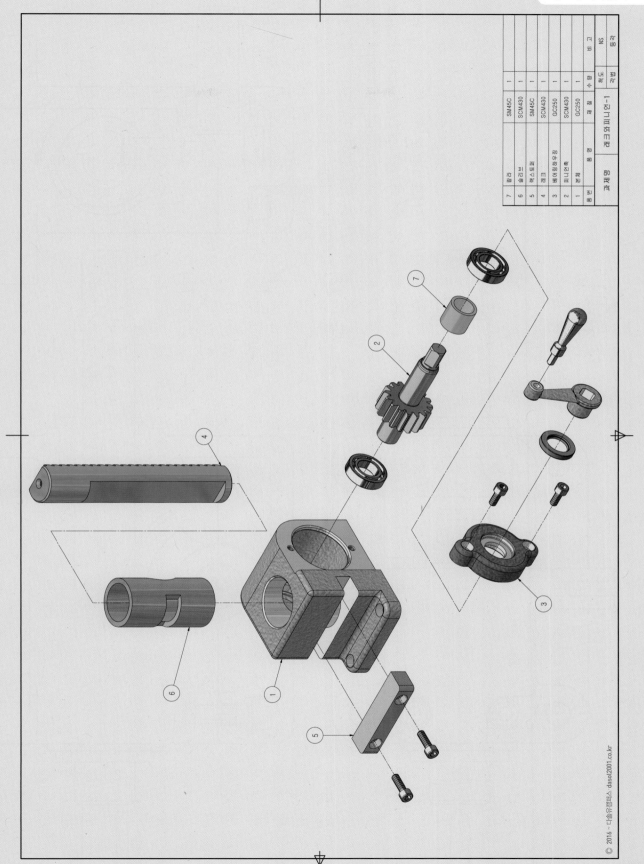

품번	품명	재질	수량	비 고
7	칼라	SM45C	1	
6	슬리브	SCM430	1	
5	핸스토퍼	SM45C	1	
4	래크	SCM430	1	
3	베어링하우징	GC250	1	
2	피니언축	SCM430	1	
1	본체	GC250	1	

래크와 피니언−1

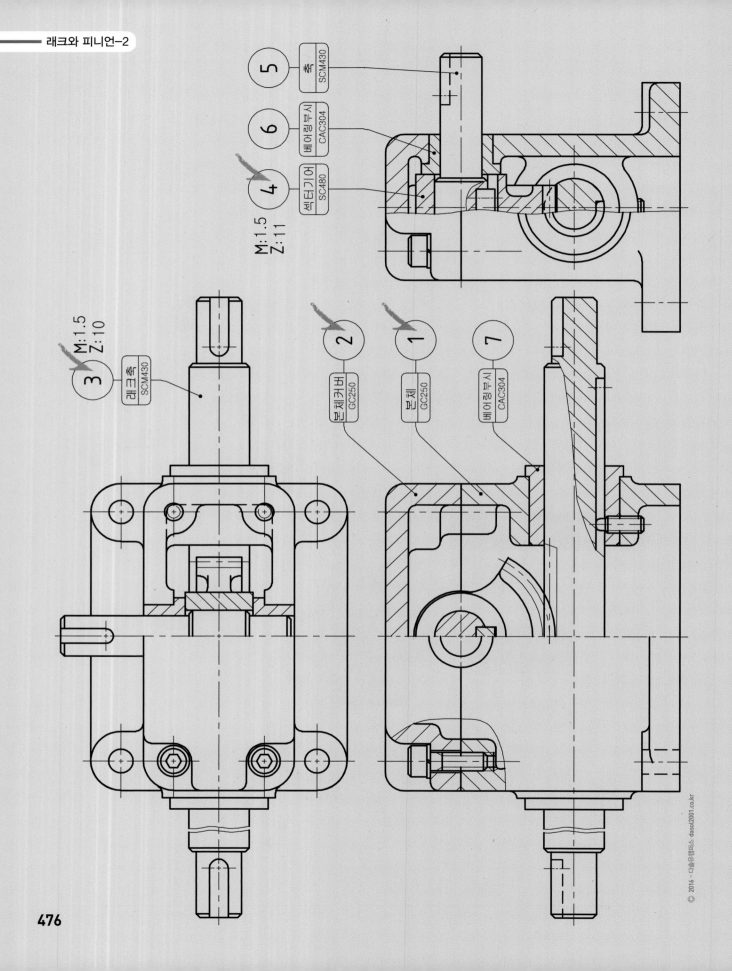

⑤ 축 SCM430

⑥ 베어링부시 CAC304

④ 섹터기어 SC480
M:1.5
Z:11

③ 래크축 SCM430
M:1.5
Z:10

② 본체커버 GC250

① 본체 GC250

⑦ 베어링부시 CAC304

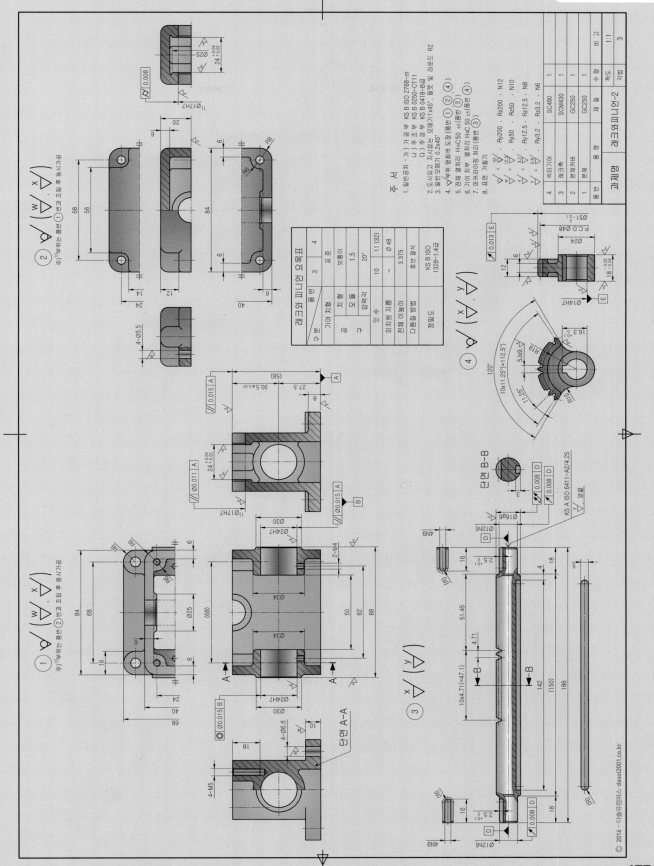

주 서

1. 일반공차 - 가) 가공부 KS B ISO 2768-m
　　　　　　나) 주조부 KS B 0250-CT11
　　　　　　다) 주강부 KS B 0418-B급
2. 도시되고 지시없는 모떼기가45°, 필렛 및 라운드 R2
3. 일반모떼기 0.2x45°
4. ▽부위 열처리 도장(품번① ②,④)
5. 전체 열처리 HₐC50 ±5(품번 ③)
6. 기어 열처리 HₐC 50 ±5(품번 ④)
7. 파커라이징 처리(품번 ③)
8. 표면 거칠기

래크와 피니언 요목표			
품번 기어치형		3	4
구분	치형	표준	
모듈		1.5	
공구	압력각	20°	
잇수		10	11 (32)
피치원 지름		-	Ø 48
전체 이높이		3.375	
다듬질방법		호브 절삭	
정밀도		KS B ISO 1328-1,4급	

4	섹터기어	SC480	1	
3	래크축	SCM430	1	
2	본체커버	GC250	1	
1	본체	GC250	1	
품번	품명	재질	수량	비고

| 과제명 | 래크와피니언-2 | 척도 | 1:1 |
| | | 각법 | 3 |

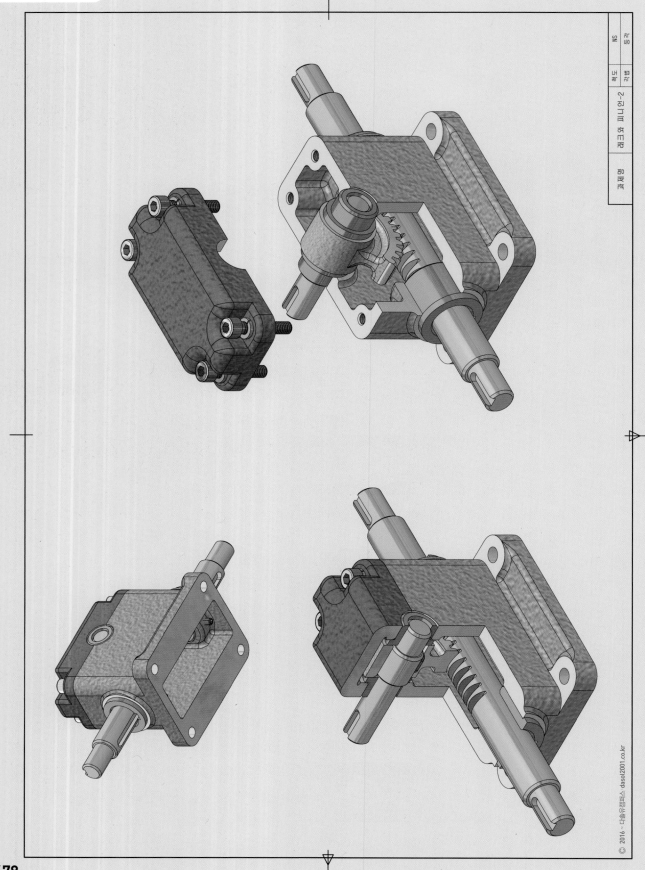

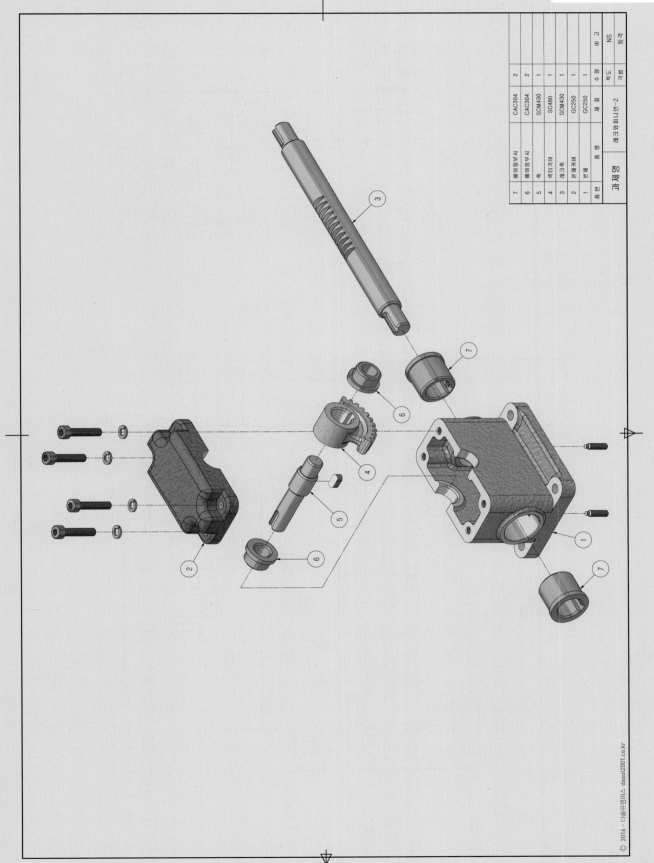

7	베어링부시	CAC304	2	
6	베어링부시	CAC304	2	
5	축	SCM430	1	
4	섹터기어	SC480	1	
3	래크	SCM430	1	
2	본체커버	GC250	1	
1	본체	GC250	1	
품번	품명	재질	수량	비고
도명	래크와피니언-2		척도	NS

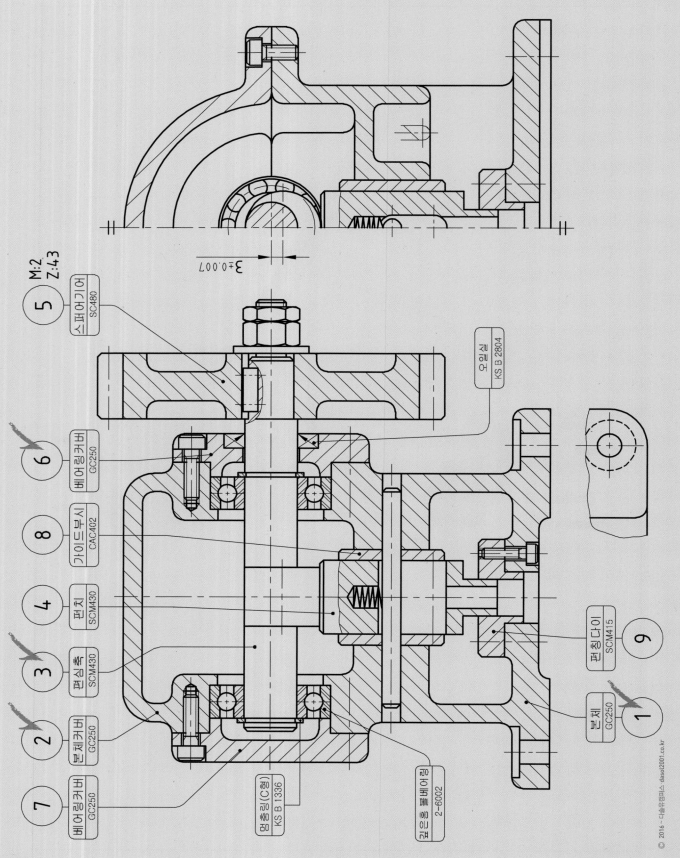

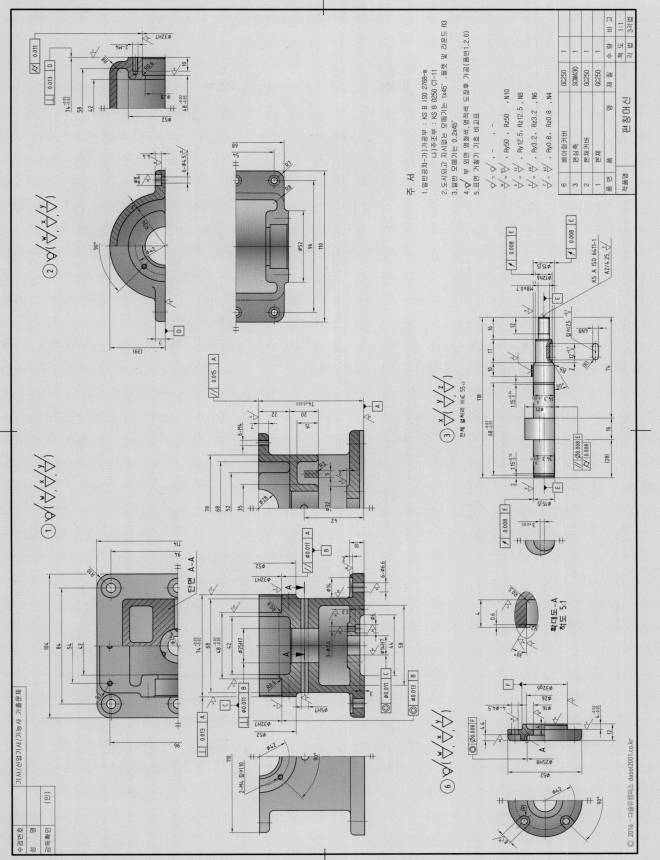

주 서

1. 일반공차-가)가공부 : KS B ISO 2768-m
   나)주조부 : KS B 0250 CT-11
2. 도시되고 지시없는 모떼기는 1x45°, 필렛 및 라운드는 R3
3. 일반 모떼기는 0.2x45°
4. ⎷부 외면 명청색 명적색 도장후 가공(품번1,2,6)
5. 표면 거칠기 기호 비교표

편칭머신

481

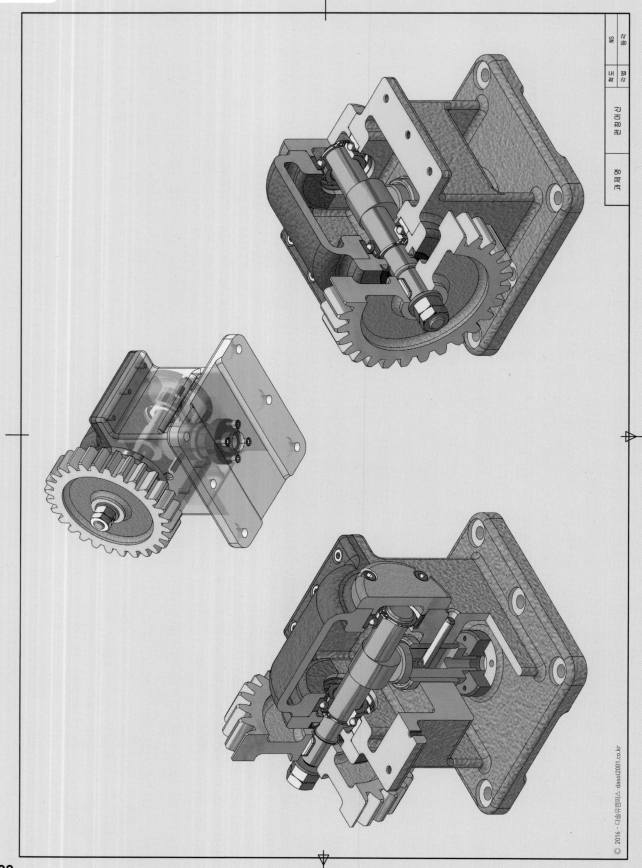

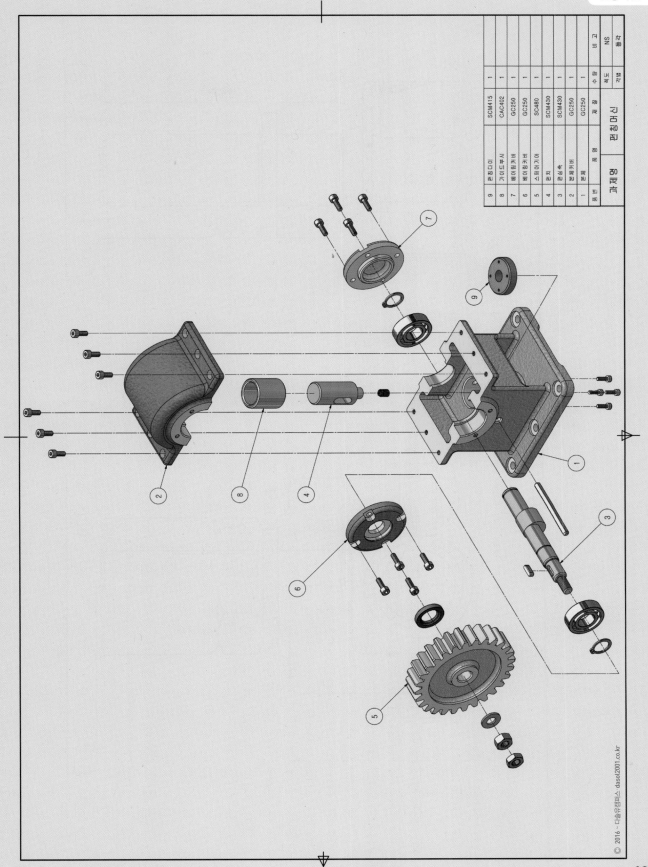

9	8	7	6	5	4	3	2	1	품번		
펀칭다이	가이드부시	베어링커버	베어링커버	스퍼기어	축	축받침커버	본체	본체	품명	편칭머신	정척
SCM415	CAC402	GC250	GC250	SC480	SCM430	SCM430	GC250	GC250	재질		
1	1	1	1	1	1	1	1	1	수량		

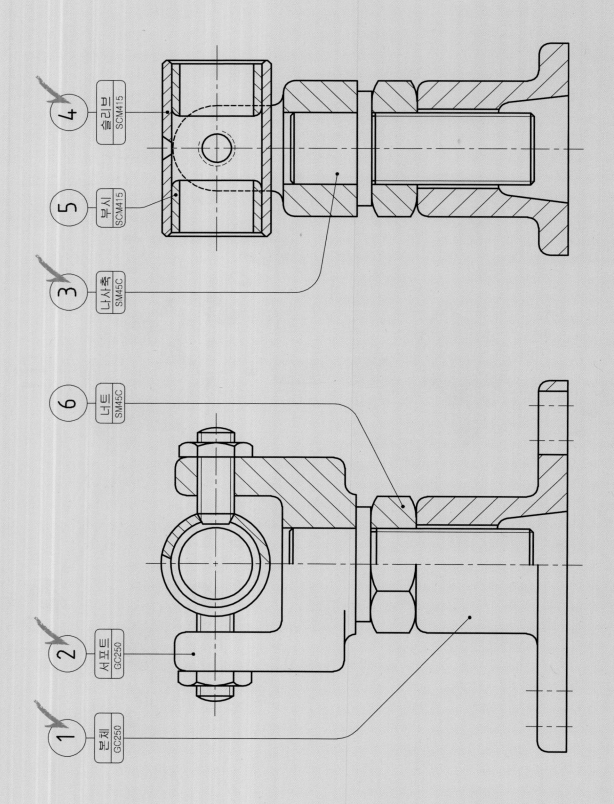

4 슬리브 SCM415

5 부시 SCM415

3 나사축 SM45C

6 너트 SM45C

2 서포트 GC250

1 본체 GC250

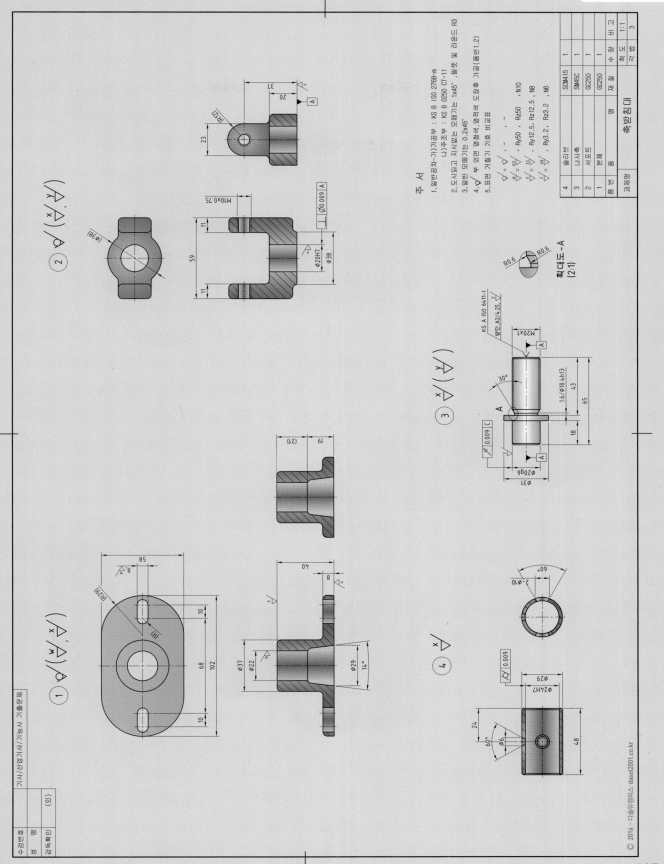

주 서

1. 일반공차-가) 가공부 : KS B ISO 2768-m
   나) 주조부 : KS B 0250 CT-11
2. 도시되고 지시없는 모떼기는 1x45˚, 필렛 및 라운드 R3
3. 일반 모떼기는 0.2x45˚
4. ◯부 외면 명청색, 명적색 도장후 가공(품번1,2)
5. 표면 거칠기 기호 비교표

확대도-A
(2:1)

4	슬리브	SCM415	1		척 도	1:1
3	나사축	SM45C	1		각 법	3
2	서포트	GC250	1			
1	본체	GC250	1			
품번	품명	재질	수량	비고		

축받침대

과제명

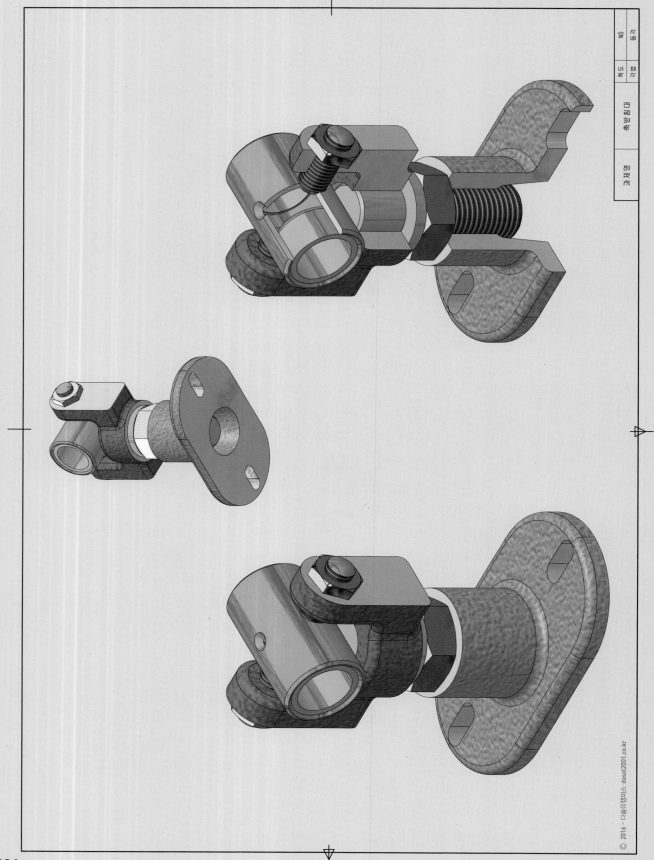

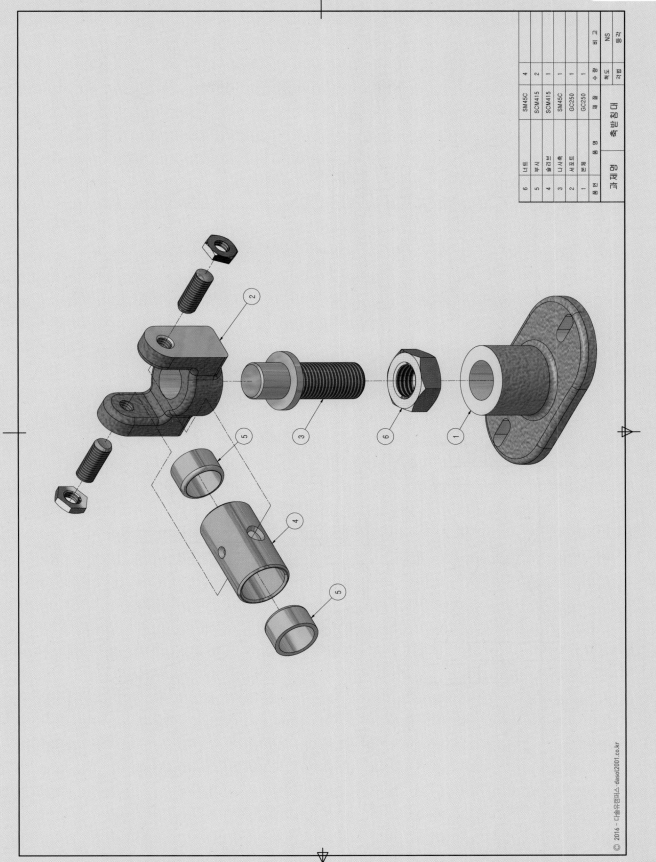

품번	품 명	재 질	수 량	비 고
6	너트	SM45C	4	
5	부시	SCM415	2	
4	슬리브	SCM415	1	
3	나사축	SM45C	1	
2	서포트	GC250	1	
1	본체	GC250	1	

과제명	축받침대	척도	NS
		각법	3각법

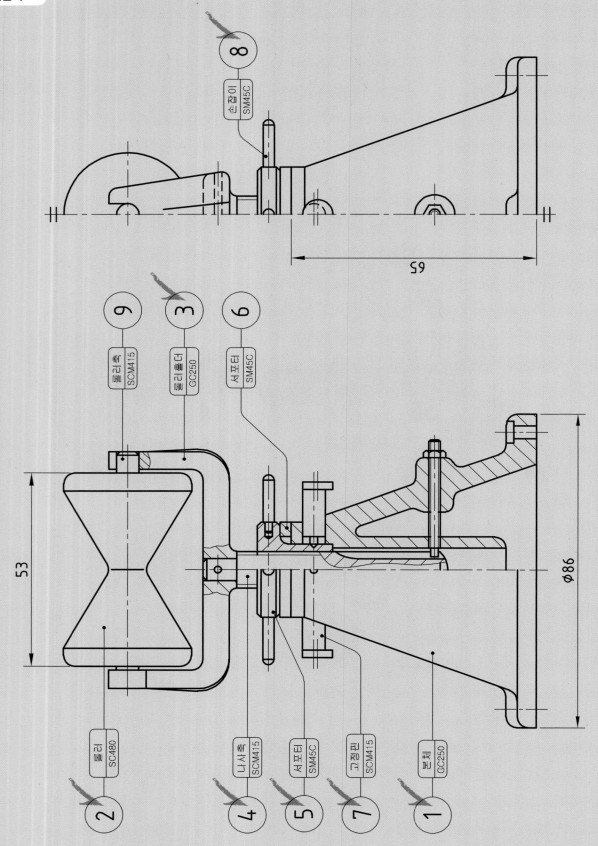

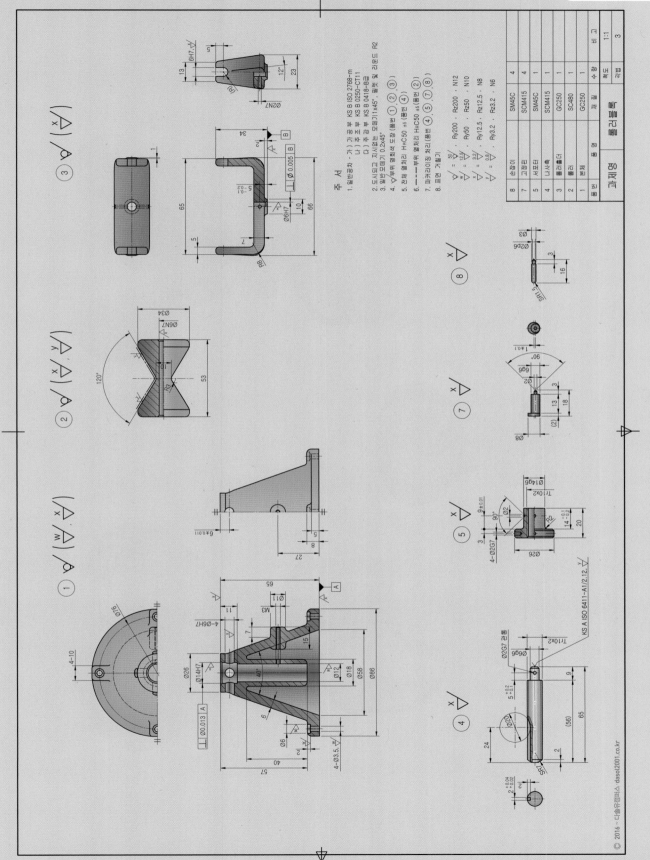

주 서

1. 일반공차 - 가) 가공부 KS B ISO 2768-m
　　　　　　 나) 주조부 KS B 0250-CT11
　　　　　　 다) 주강부 KS B 0418-B급
2. 도시되고 지시없는 모떼기 0.2x45°, 필렛 및 라운드 R2
3. 일반모떼기 0.2x45°
4. ▽부위 열처리 도장 (품번 ④)
5. 전체 열처리 HrC50 ±5 (품번 ④)
6. ------부위 열처리 HrC50 ±5 (품번 ②)
7. 파카라이징 처리 (품번 ④ , ⑤ , ⑦ , ⑧)
8. 표면 거칠기

489

© 2016 - 다솔유캠퍼스 dasol2001.co.kr

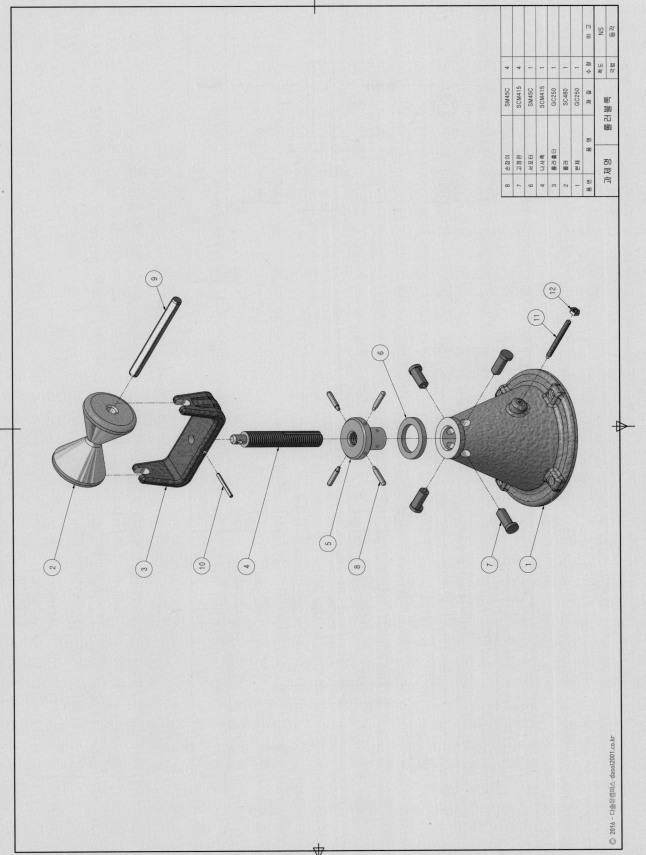

품번	품명	재질	수량	비고
8	손잡이	SM45C	4	
7	고정핀	SCM415	4	
6	서포터	SM45C	1	
4	나사축	SCM415	1	
3	롤러캡더	GC250	1	
2	롤러블	SC480	1	
1	본체	GC250	1	NS
품번	품명	재질	수량	비고

롤러블록

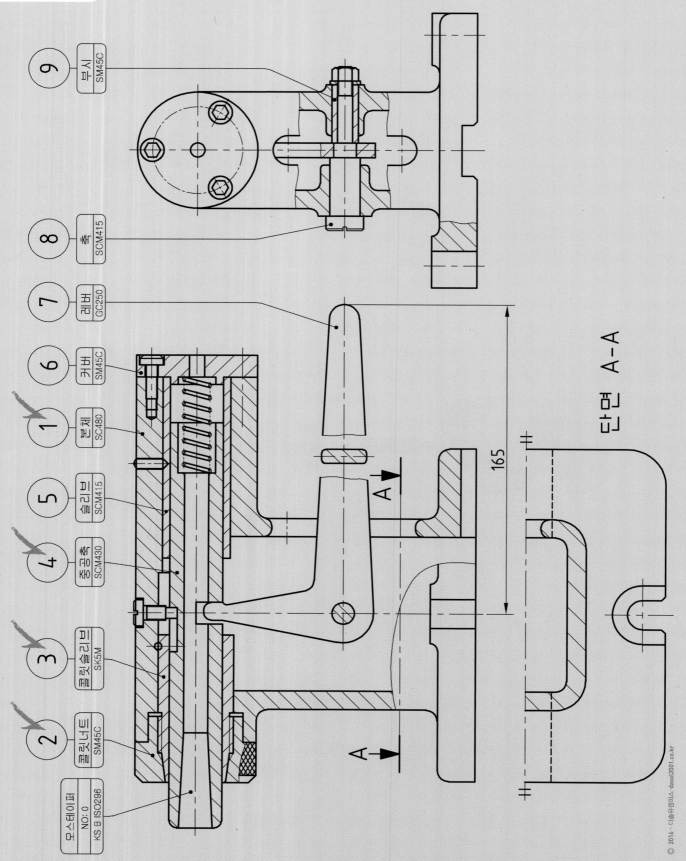

단면 A-A

9	부시 SM45C
8	축 SCM415
7	레버 GC250
6	커버 SM45C
1	본체 SC480
5	슬리브 SCM415
4	중공축 SCM430
3	콜릿슬리브 SK5M
2	콜릿너트 SM45C
	모스테이퍼 NO: 0 KS B ISO296

165

A

A

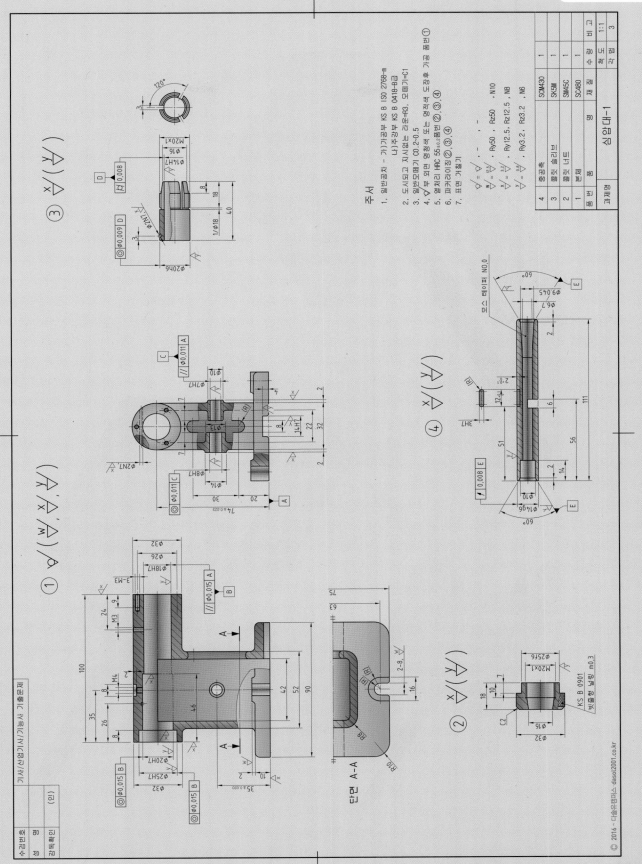

주서

1. 일반공차 - 가기가공부 KS B ISO 2768-m
   나)주강부 KS B 0418-B급
2. 도시되고 지시없는 라운드-R3, 모떼기-C1
3. 일반모떼기 C0.2-0.5
4. ▽부 외면 영청색 또는 영적색 후 장홈도 기공 ①
5. 열처리 HRC 55±0.2품번 ②, ③, ④
6. 파커라이징 ②, ③, ④
7. 표면 거칠기

$\forall = \bigvee$, $\cdot$, $-\cdot-$, $\cdot \cdots$

$\overset{W}{\nabla} = \frac{12.5}{\nabla}$, Ry50, Rz50, N10

$\overset{X}{\nabla} = \frac{3.2}{\nabla}$, Ry12.5, Rz12.5, N8

$\overset{Y}{\nabla} = \frac{0.8}{\nabla}$, Ry3.2, Rz3.2, N6

4	프론트 슬리브	SCM430	1	
3	클램핑 슬리브	SK5M	1	
2	클램프 너트	SM45C	1	
1	본체	SC480	1	
품번	품명	재질	수량	비고
과제명	심압대-1			척도 1:1
				각법 3

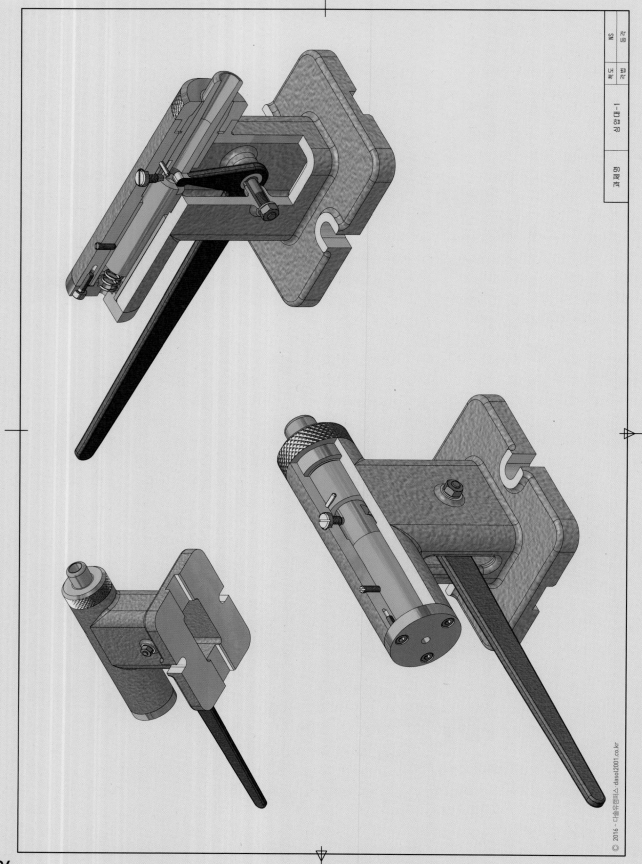

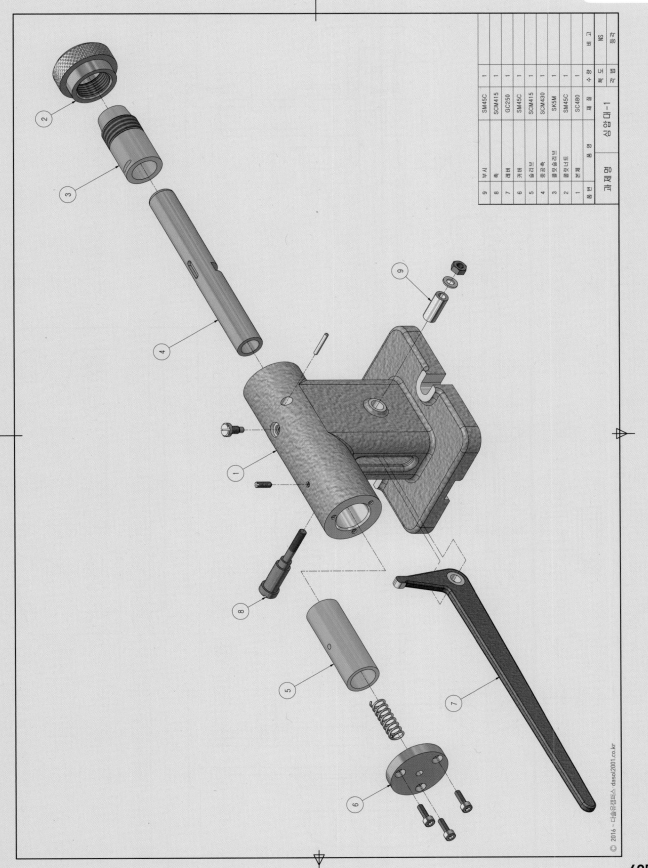

품번	품 명	재 질	수량	비고
9	너트	SM45C	1	
8	축	SCM415	1	
7	레버	GC250	1	
6	스러스트	SM45C	1	
5	중공축	SCM415	1	
4	핸들축커버	SCM430	1	
3	핸들너트	SK5M	1	
2	롤러	SM45C	1	
1	본체	SC480	1	
품번	품 명	재 질	수량	비고

심압대-1

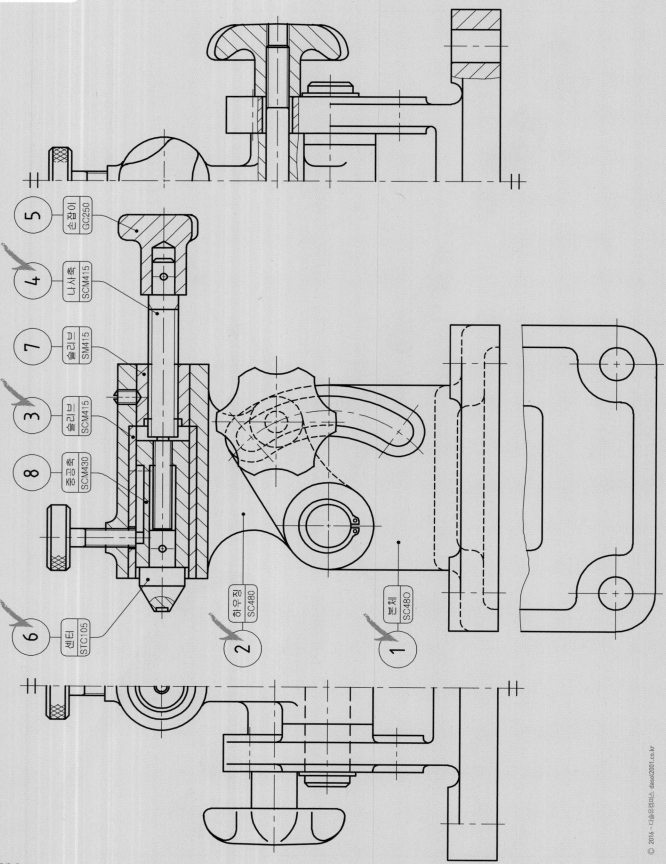

⑤ 손잡이 GC250

④ 나사축 SCM415

⑦ 슬리브 SM415

③ 슬리브 SCM415

⑧ 중공축 SCM430

⑥ 센터 STC105

② 하우징 SC480

① 본체 SC480

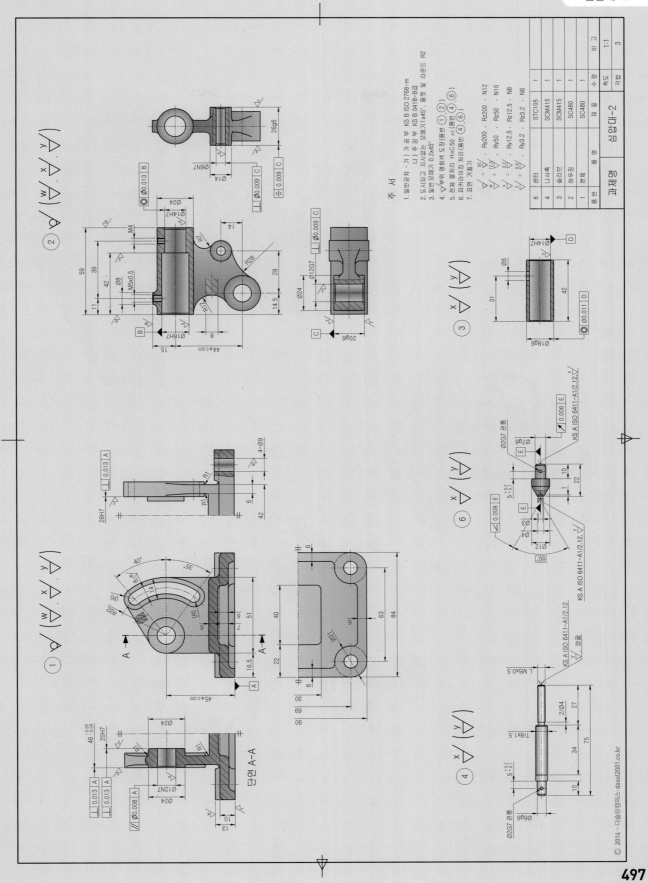

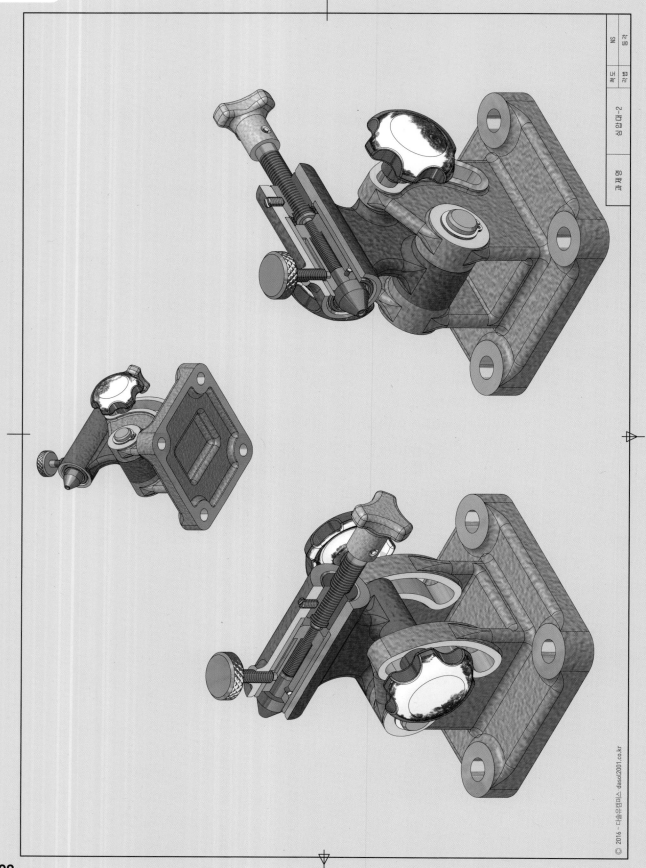

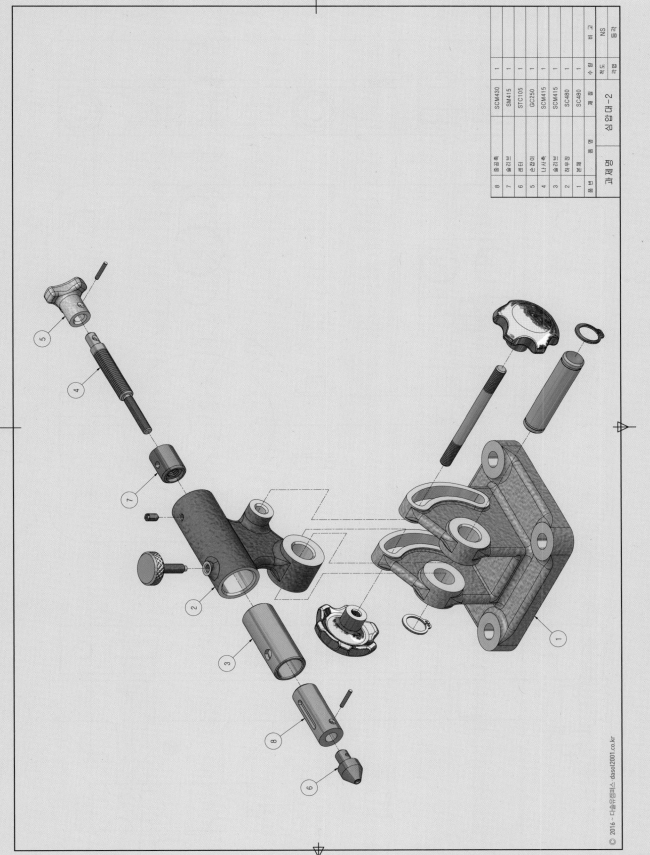

품번	품 명	재 질	수량	비고
8	멈춤핀	SCM430	1	
7	슬리브	SM415	1	
6	센터	STC105	1	
5	손잡이	GC250	1	
4	나사축	SCM415	1	
3	미끔쇠	SCM415	1	
2	아이젯	SC480	1	
1	본체	SC480	1	

과제명	심압대-2		각법	NS
			척도	

9 고정대 SM45C

8 고정축 SCM430

7 이음쇠 SC480

1 몸체 SC480

4 이음대 SC480

3 이음대 SC480

2 편심축 SCM430

6 슬리브 SCM415

5 스파이거이 SC480

M:2
Z:23

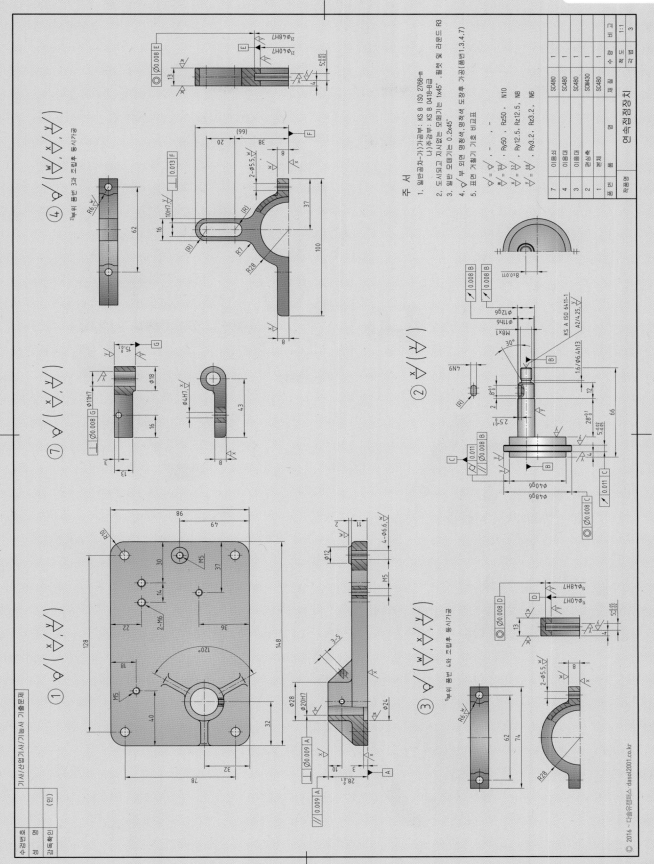

주 서
1. 일반공차-가공치 : KS B ISO 2768-m
   나-주강부 : KS B 0418-B급
2. 도시되고 지시없는 모떼기는 1x45°, 필렛 및 라운드 드 R3
3. 일반 모떼기는 0.2x45°
4. ♢부 외면 명청색, 명적색 도장후 가공(품번1,3,4,7)
5. 표면 거칠기 기호 비교표

품번	품명	재질	수량	비고
7	이음쇠	SC480	1	
4	이음대	SC480	1	
3	이음대	SC480	1	
2	관심축	SCM430	1	
1	본체	SC480	1	

연속접점장치

작품명

1:1
척 도

501

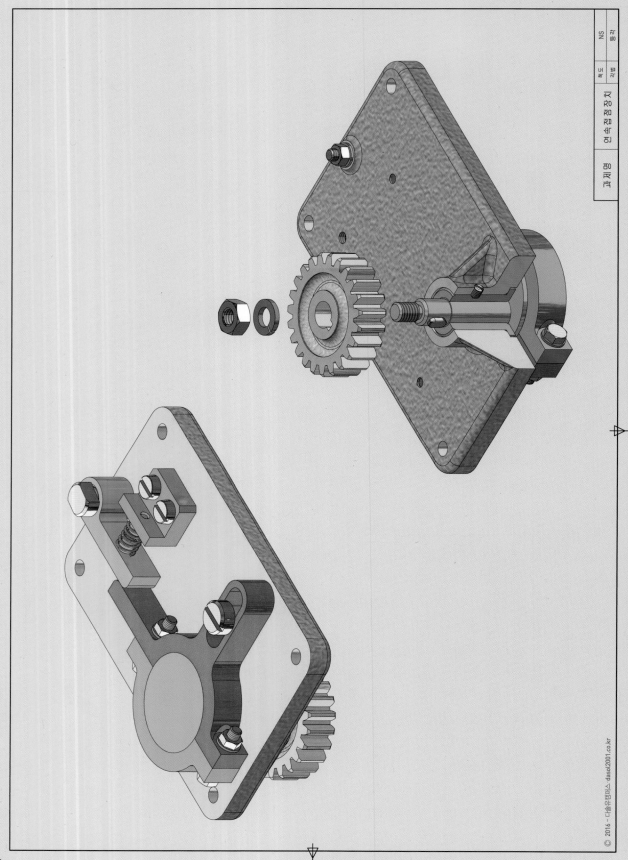

연속접점장치

과제명

척도 | NS
각법 | 동각

© 2016 - 다솔유캠퍼스 dasol2001.co.kr

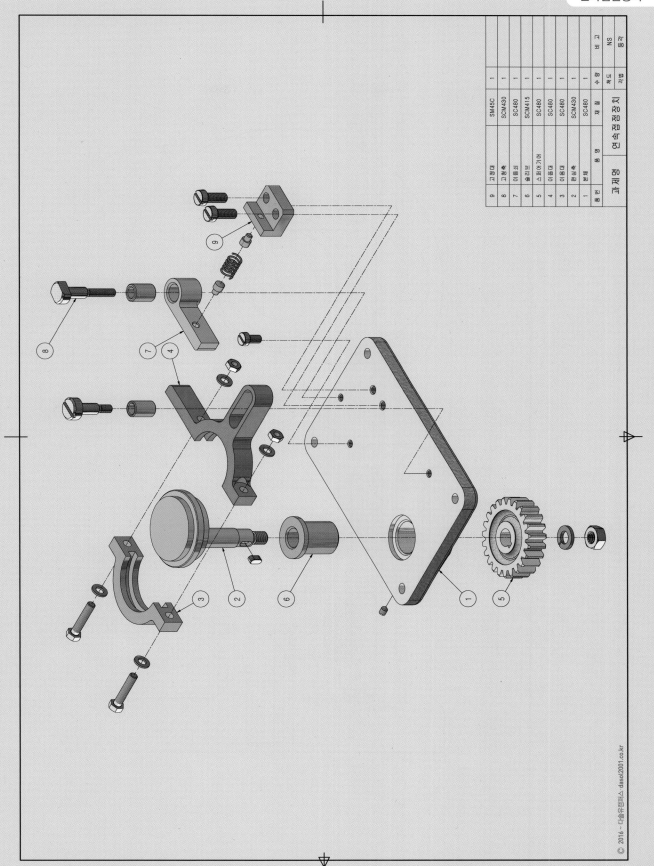

품번	품명	재질	수량	비고
9	고정대	SM45C	1	
8	고정축	SCM430	1	
7	지지이음	SC480	1	
6	슬리브	SCM415	1	
5	스퍼기어	SC480	1	
4	이음대	SC480	1	
3	이음대	SC480	1	
2	편심축	SCM430	1	
1	본체	SC480	1	

과제명 연속접점장치

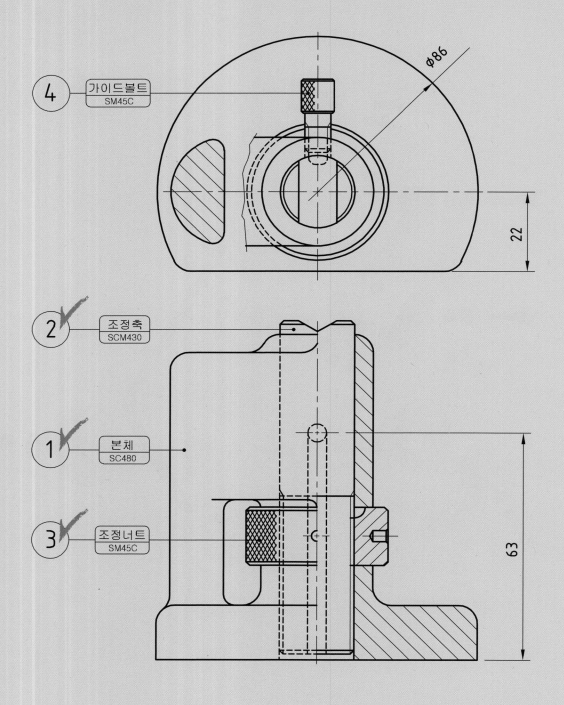

④ 가이드볼트
SM45C

Ø86

22

② 조정축
SCM430

① 본체
SC480

③ 조정너트
SM45C

63

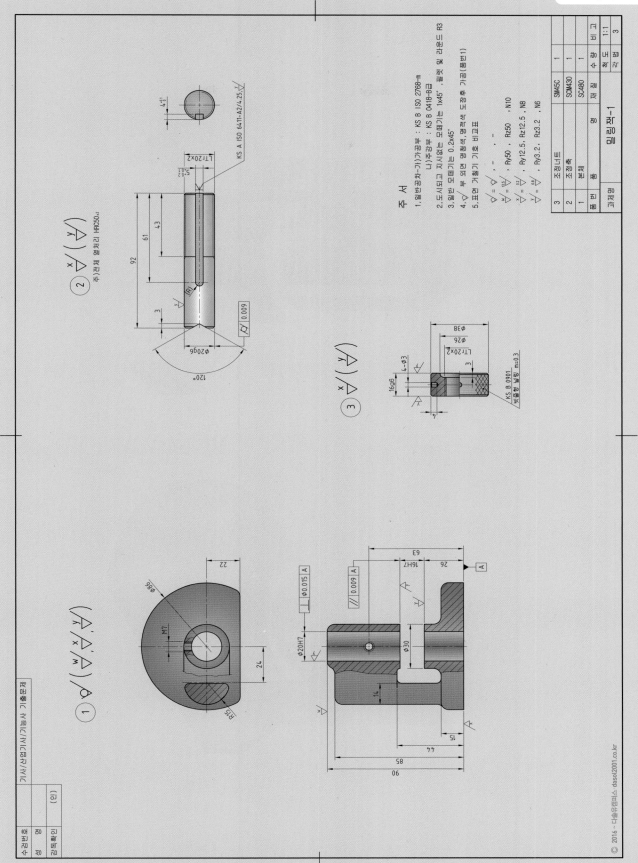

주 서

1. 일반공차(가)가공부 : KS B ISO 2768-m
   (나)주강부 : KS B 0418-B급
2. 도시되고 지시없는 모떼기는 1x45°, 필렛 및 라운드 R3
3. 일반 모떼기는 0.2x45°
4. ⎷ 부 외면 명청색, 영적색 도장후 가공(품번1)
5. 표면 거칠기 기호 비교표

$\sqrt{} = \sqrt{}$, $-$, $-$

$\sqrt[w]{} = \sqrt{}$, Ry50 , Rz50 , N10

$\sqrt[x]{} = \sqrt{}$, Ry12.5 , Rz12.5 , N8

$\sqrt[y]{} = \sqrt{}$, Ry3.2 , Rz3.2 , N6

3	조정너트	SM45C	1	
2	조정축	SCM430	1	
1	본체	SC480	1	
품번	품명	재질	수량	비고
과제명	밀링잭-1		척도	1:1
			각법	3

KS A ISO 6411-A2/4.25

주진체 열처리 HRC50±2

$\binom{2}{}$ $\left(\sqrt[x]{} \right) \sqrt[y]{}$

LTr20x2

$5^{-0.02}_{-0.1}$

43

61

92

3

120°

Ø20g6

⏊ 0.009

$\binom{3}{}$ $\left(\sqrt[x]{} \right) \sqrt[y]{}$

Ø38
Ø26

LTr20x2
3

16g6
4-Ø3

KS B 0901
맞춤형 널링 m=0.3

$\binom{1}{}$ $\left(\sqrt[w]{} , \sqrt[x]{} , \sqrt[y]{} \right) \sqrt[z]{}$

Ø86

M7

22

24

R15

Ø20H7

16H7
16H7

⫽ 0.009 A

⟂ Ø0.015 A

// 0.009 A

A

Ø30

14

15

44

85

90

63

26

기사/산업기사/기능사 기출문제

수검번호
성 명
감독확인 (인)

NS
밀링잭

도
면

밀링잭-1

과제명

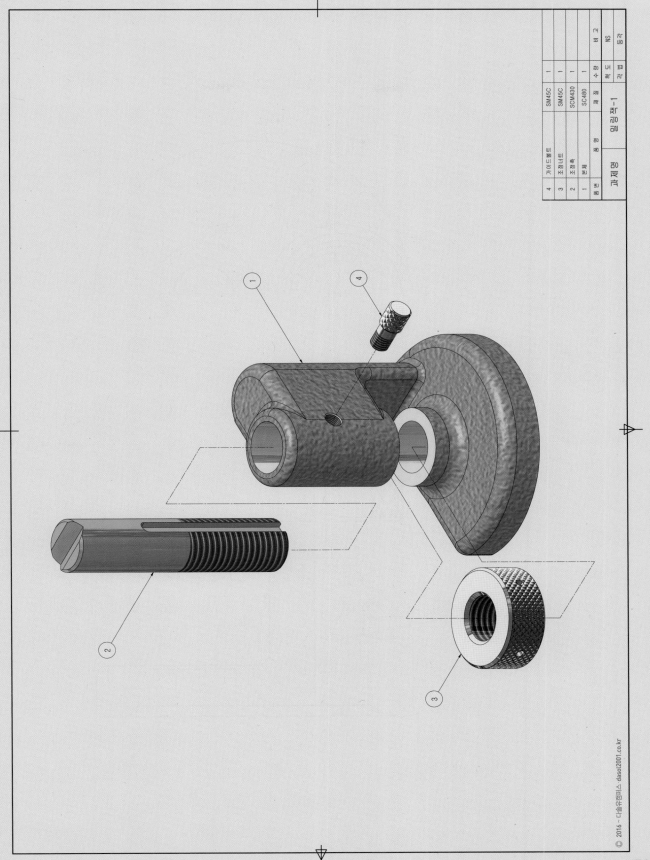

4	가이드볼트	SM45C	1	비 고	NS
3	조정너트	SM45C	1	척 도	등각
2	조정축	SCM430	1	수 량	2
1	본체	SC480	1		
품 번	품 명	재 질	수 량	과제 명	밀링잭-1

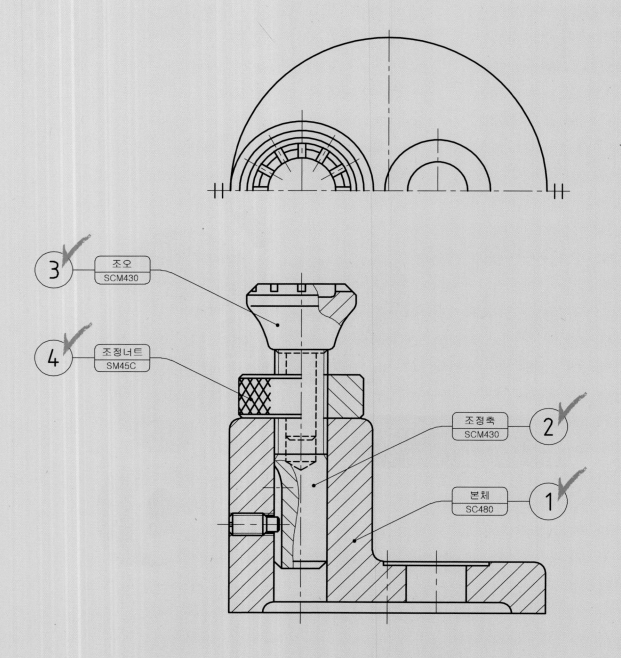

3 조오
SCM430

4 조정너트
SM45C

조정축
SCM430
2

본체
SC480
1

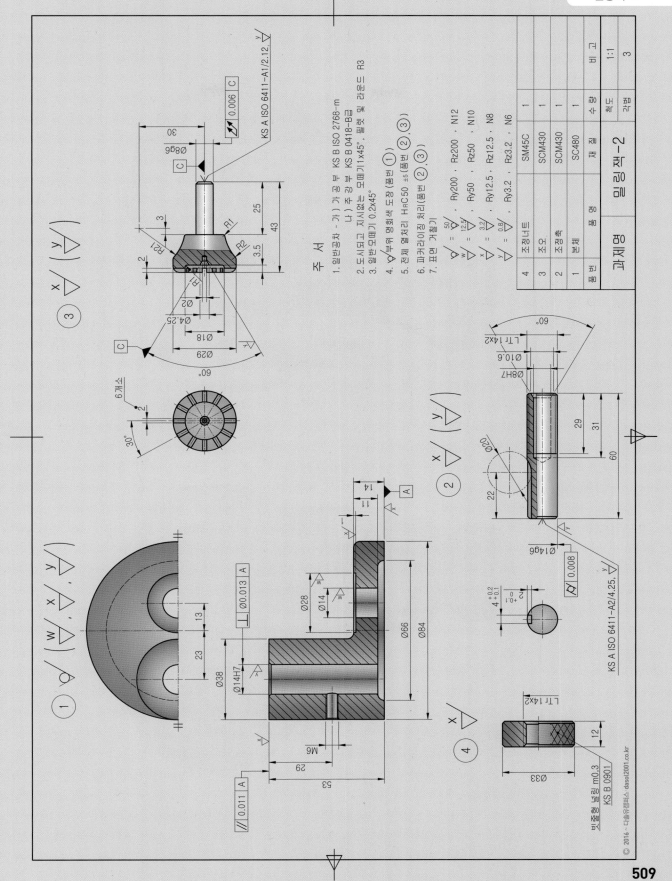

주 서

1. 일반공차 - 가) 가공부 KS B ISO 2768-m
   　　　　　나) 주강부 KS B 0418-B급
2. 도시되고 지시없는 모떼기1x45°, 필렛 및 라운드 R3
3. 일반모떼기 0.2x45°
4. ▽부위 영회색 도장 (품번 ①)
5. 전체 열처리 HRC50 ±5 (품번 ② , ③)
6. 파커라이징 처리 (품번 ② , ③)
7. 표면 거칠기

$\frac{y}{\nabla}$ = $\frac{50}{12.5}$	Ry200 , Rz200 , N12
$\frac{w}{\nabla}$ = $\frac{12.5}{3.2}$	Ry50 , Rz50 , N10
$\frac{x}{\nabla}$ = $\frac{3.2}{0.8}$	Ry12.5 , Rz12.5 , N8
$\frac{y}{\nabla}$ = 0.8	Ry3.2 , Rz3.2 , N6

KS A ISO 6411-A1/2.12.

4	조정너트	SM45C	1
3	조오	SCM430	1
2	조정축	SCM430	1
1	본체	SC480	1
품번	품명	재질	수량	비 고

과제명 밀링잭-2

| 척도 | 1:1 |
| 각법 | 3 |

KS A ISO 6411-A2/4.25.

빗줄형 널링 m0.3
KS B 0901

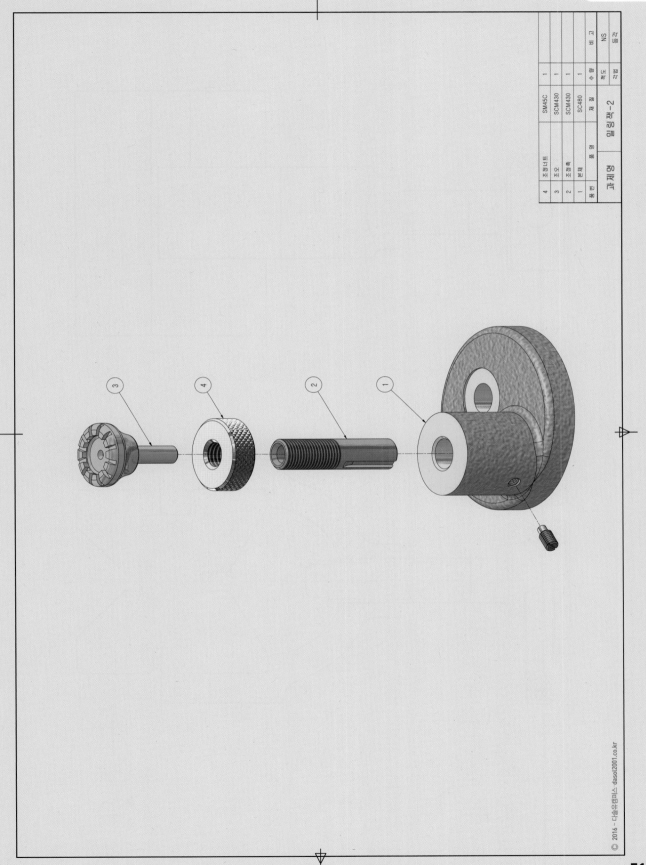

품번	품명	재질	수량	비고
4	조정너트	SM45C	1	
3	조오	SCM430	1	
2	조정축	SCM430	1	
1	본체	SC480	1	

각 법	NS
척 도	

밀링잭-2

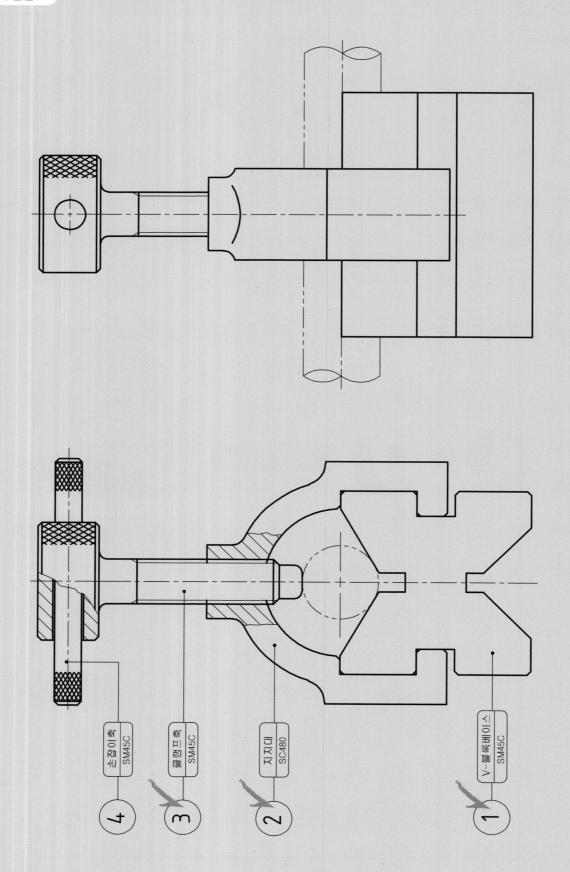

손잡이축
SM45C

④

클램프축
SM45C

③

지지대
SC480

②

V−블록베이스
SM45C

①

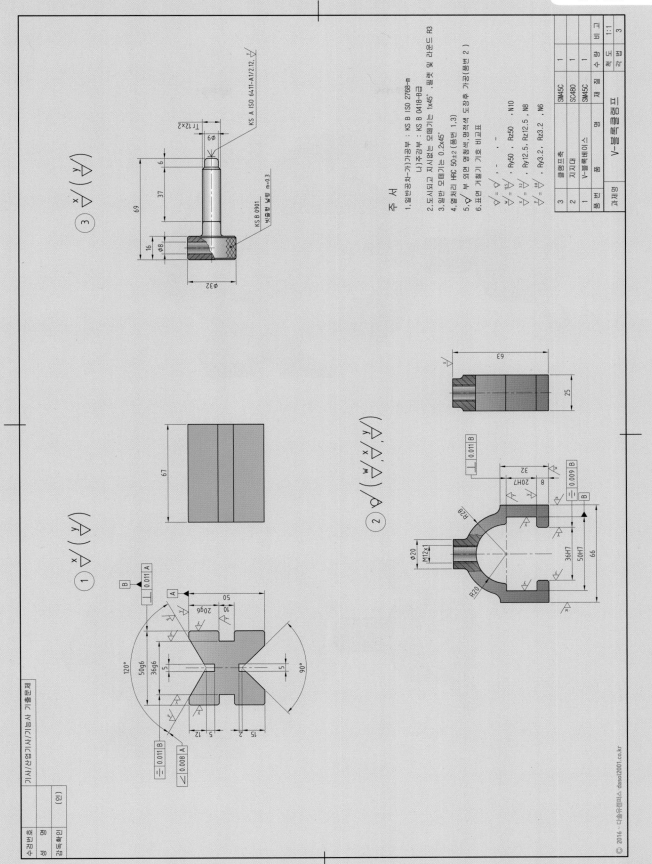

주 서

1. 일반공차-가)가공부 : KS B ISO 2768-m
   　　　　　나)주강부 : KS B 0418-B급
2. 도시되고 지시없는 모떼기는 1x45° , 필렛 및 라운드 R3
3. 일반 모떼기는 0.2x45°
4. 열처리 HRC 50±2 (품번 1,3)
5. ✓부 외면 명청색, 영적색 도장후 가공(품번 2)
6. 표면 거칠기 기호 비교표

✓	=	✓	,	✓	,	Ry50	,	Rz50	,	N10
✓	=	✓	,	✓	,	Ry12.5	,	Rz12.5	,	N8
✓	=	✓	,	✓	,	Ry3.2	,	Rz3.2	,	N6

품번	품명	재질	수량	비고
3	클램프죠	SM45C	1	
2	지지대	SC480	1	
1	V-블록바이스	SM45C	1	

과제명	V-블록클램프	척도	1:1
		각법	3

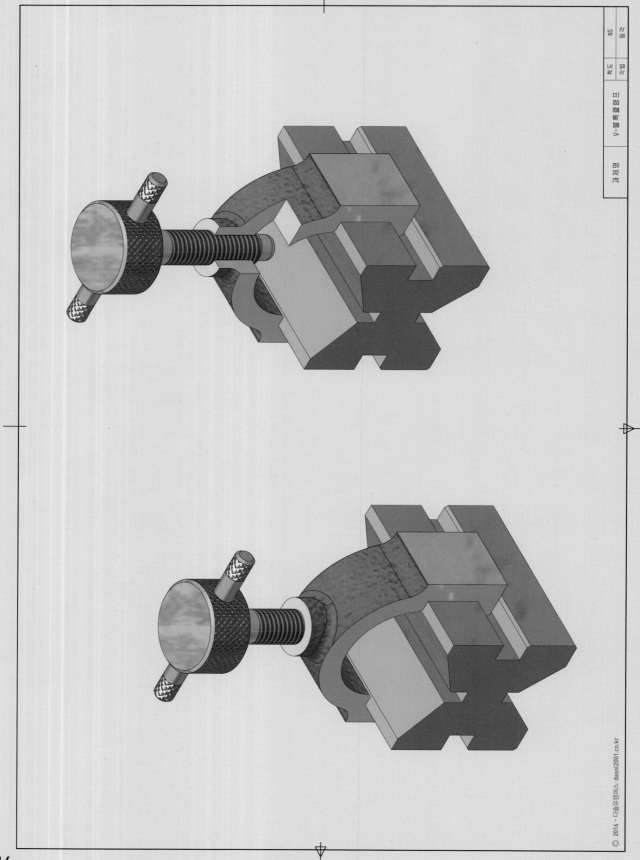

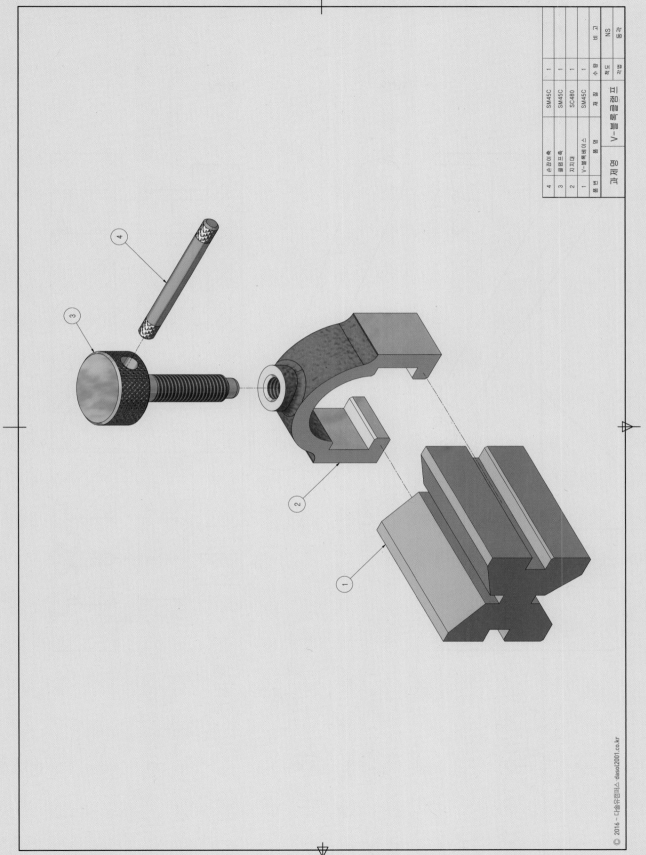

품번	품명	재질	수량	비고
4	손잡이축	SM45C	1	
3	클램프축	SM45C	1	
2	지지대	SC480	1	
1	V–블록베이스	SM45C	1	

V–블록 클램프

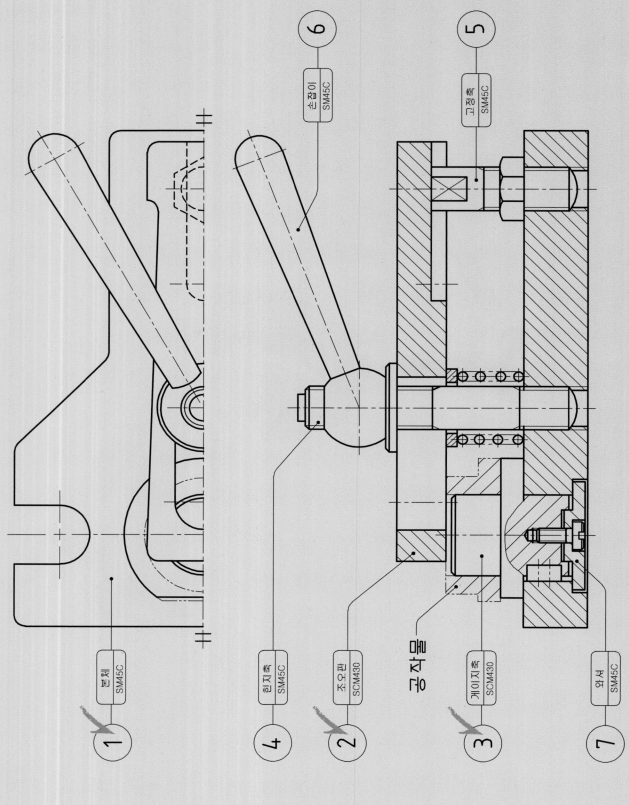

6 손잡이 SM45C

5 고정축 SM45C

1 본체 SM45C

4 힌지축 SM45C

2 조오판 SCM430

고정물

3 케이지축 SCM430

7 와셔 SM45C

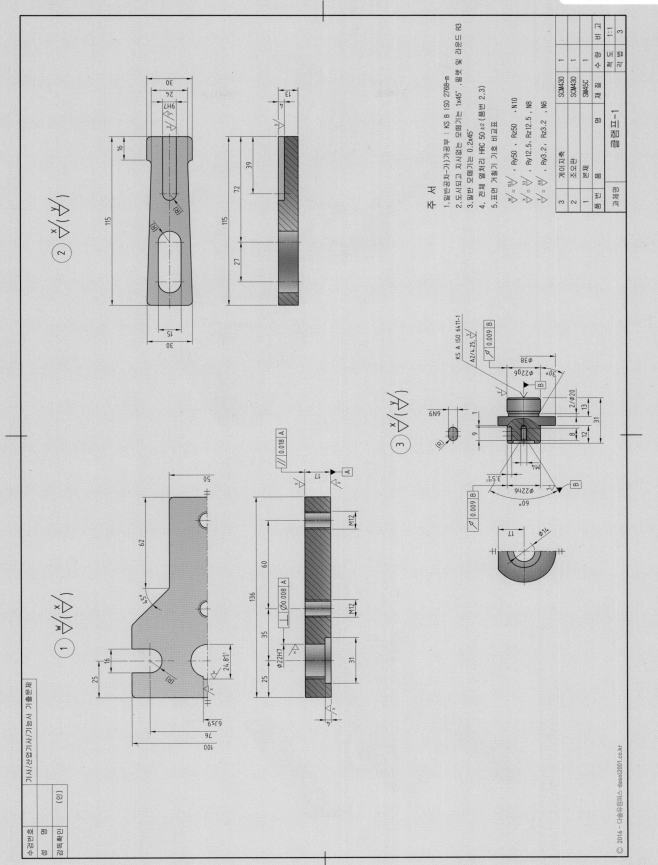

주 서

1. 일반공차-가) 가공부 : KS B ISO 2768-m
2. 도시되고 지시없는 모떼기는 1×45°, 필렛 및 라운드는 R3
3. 일반 모떼기는 0.2×45°
4. 전체 열처리 HRC 50±2 (품번 2,3)
5. 표면 거칠기 기호 비교표

$\frac{w}{\sqrt{}} = \frac{12.5}{}$, Ry50 , Rz50 , N10

$\frac{x}{\sqrt{}} = \frac{3.2}{}$, Ry12.5 , Rz12.5 , N8

$\frac{y}{\sqrt{}} = \frac{0.8}{}$, Ry3.2 , Rz3.2 , N6

3		게이지축	SCM430	1	
2		조오판	SCM430	1	
1		본체	SM45C	1	
품번		품 명	재 질	수량	비 고

클램프-1

척 도	1:1
각 법	3

과제명

수검번호				
성	명			
감독확인		(인)		

기사/산업기사/기능사 기출문제

KS A ISO 6411-1

A2/4.25

6N9

⌀ 0.009 B

⌀ 0.009 B

⌀ 0.008 A

⌀ 0.018

∥ A

⌀22H7

M12

M12

© 2016 ~ 다솔유캠퍼스 dasol2001.co.kr

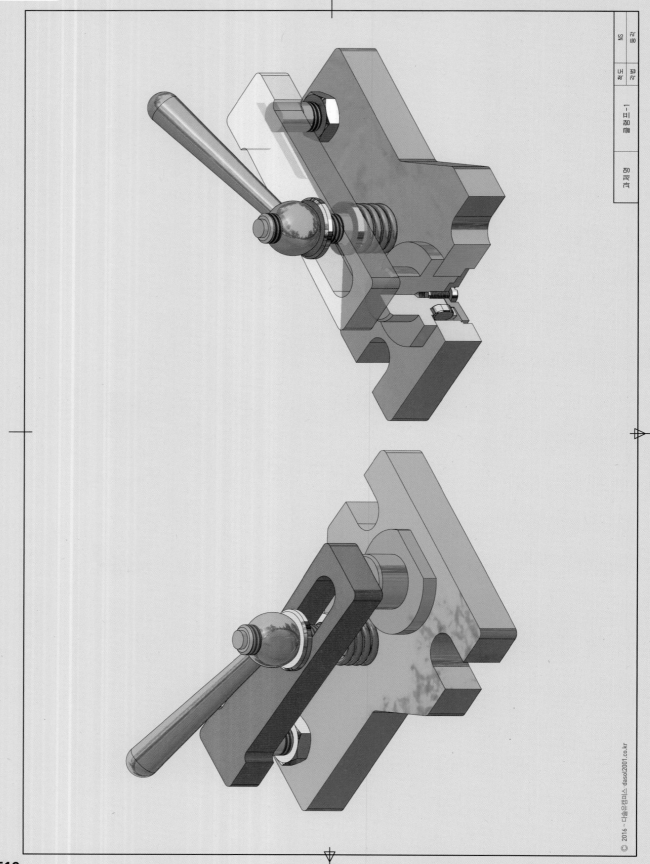

NS 규격

척도 척도

클램프-1

명칭 명칭

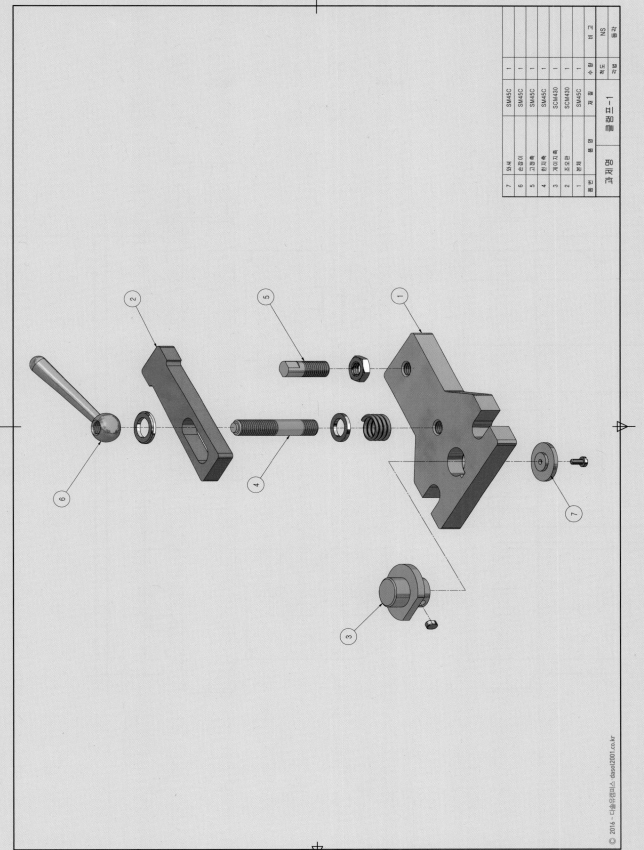

7	와셔	SM45C	1		
6	손잡이	SM45C	1		
5	고정축	SM45C	1		
4	힌지축	SM45C	1		
3	게이지축	SCM430	1		
2	조우편	SCM430	1		
1	본체	SM45C	1		
품번	품명	재질	수량	비고	NS
과제명	클램프-1		척도		각법

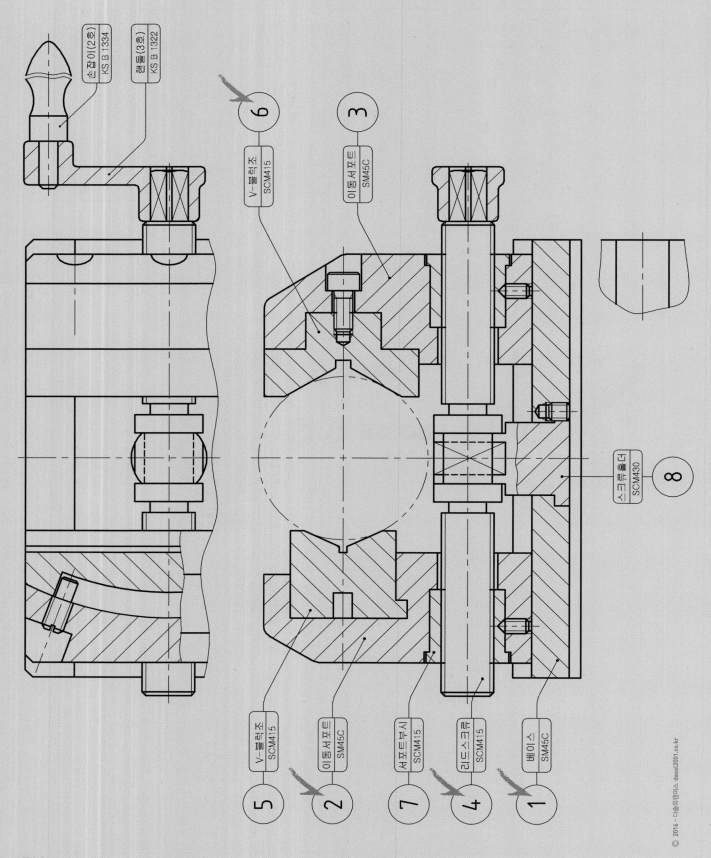

손잡이(2호) KS B 1334

핸들(3호) KS B 1322

⑥ V-블럭죠 SCM415

③ 이동서포트 SM45C

⑧ 스크류홀더 SCM430

⑤ V-블럭죠 SCM415

② 이동서포트 SM45C

⑦ 서포트부시 SCM415

④ 리드스크류 SCM415

① 베이스 SM45C

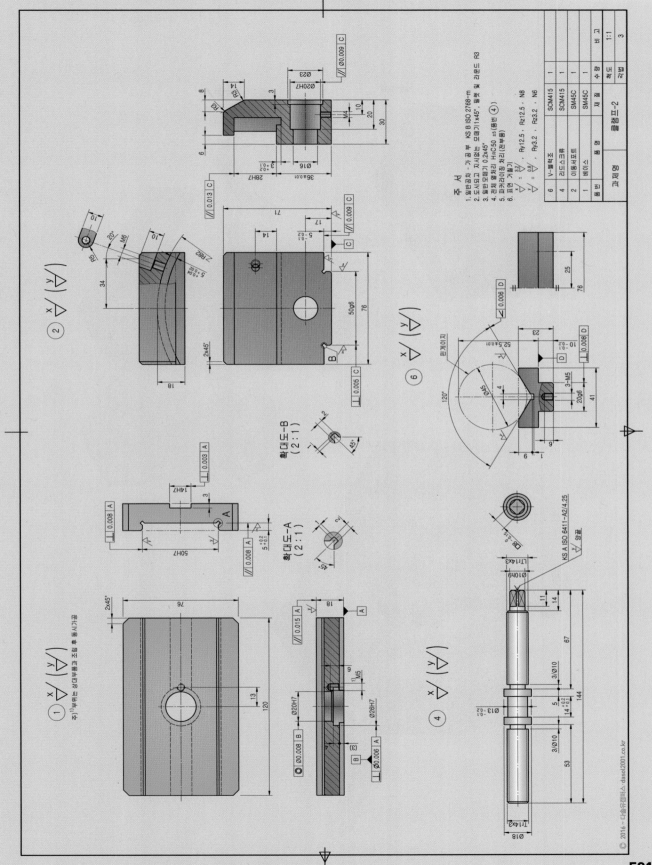

주 서
1. 일반공차 - 가공 부 KS B ISO 2768-m
2. 도시되고 지시없는 모떼기1x45°, 필렛 및 라운드 R3
3. 일반모떼기 0.2x45°
4. 경화 열처리 HRC50 ±5(품번 ④)
5. 파커라이징 처리 (전부품)
6. 표면 거칠기

주) ¹⁾부위는 상대품과 조립 후 동시가공

확대도-B
(2:1)

확대도-A
(2:1)

품번	품 명	수 량	재 질	비 고
6	V-블럭조	1	SCM415	
4	라이스크류	1	SCM415	
2	이동서포트	1	SM45C	
1	베이스	1	SM45C	

클램프-2

각도	1:1
척도	3

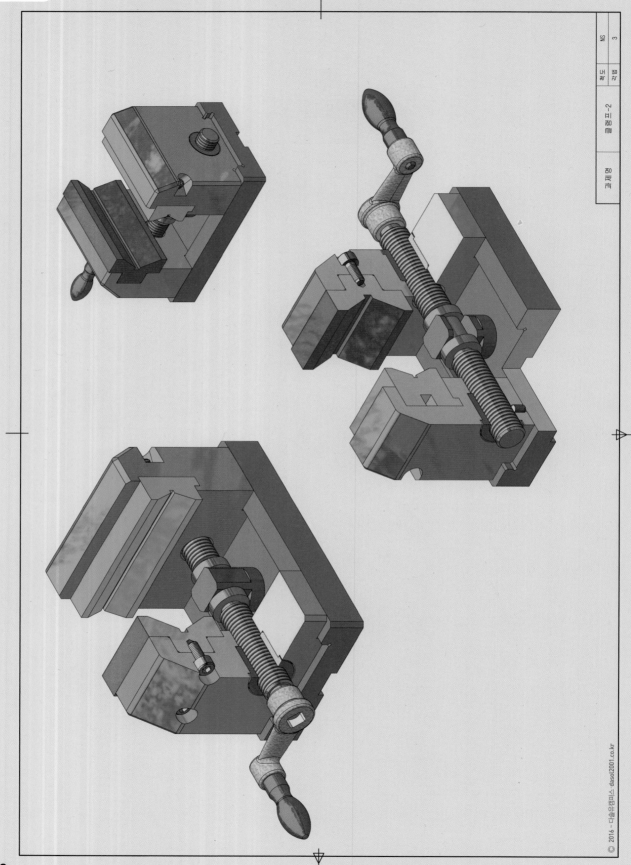

NS
3
척 판
2판

클램프-2

고체 명

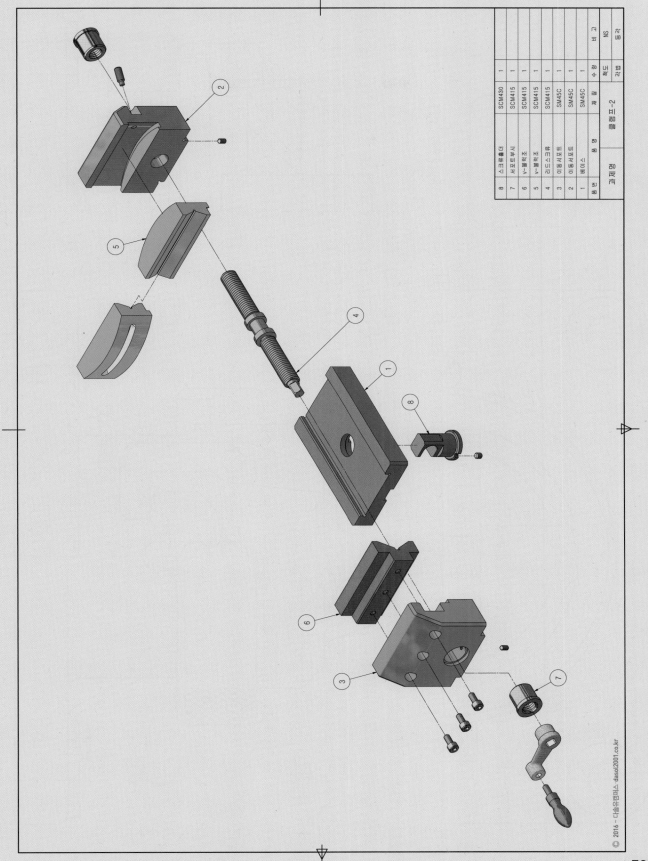

품번	품 명	재 질	수량	비고
8	스크류홀더	SCM430	1	
7	서포트부시	SCM415	1	
6	V-블럭하조	SCM415	1	
5	V-블럭상조	SCM415	1	
4	리드스크류	SCM415	1	
3	이동서포트	SM45C	1	
2	이동서포트	SM45C	1	
1	베이스	SM45C	1	

과제명	클램프-2	척도	NS
		각법	3

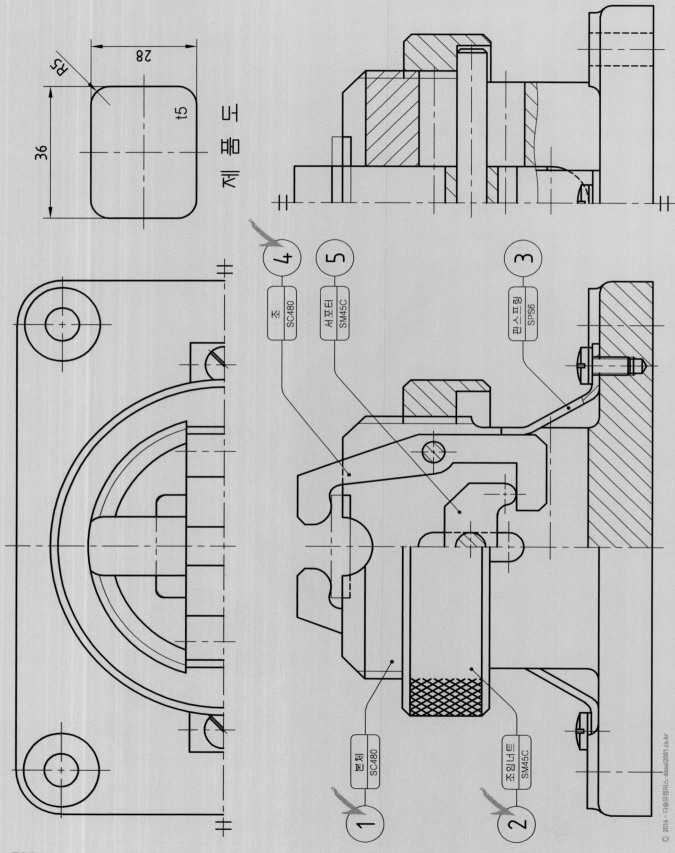

제 품 도

28

36

R5

t5

조
SC480

④

서포터
SM45C

⑤

판스프링
SPS6

③

본체
SC480

①

조임너트
SM45C

②

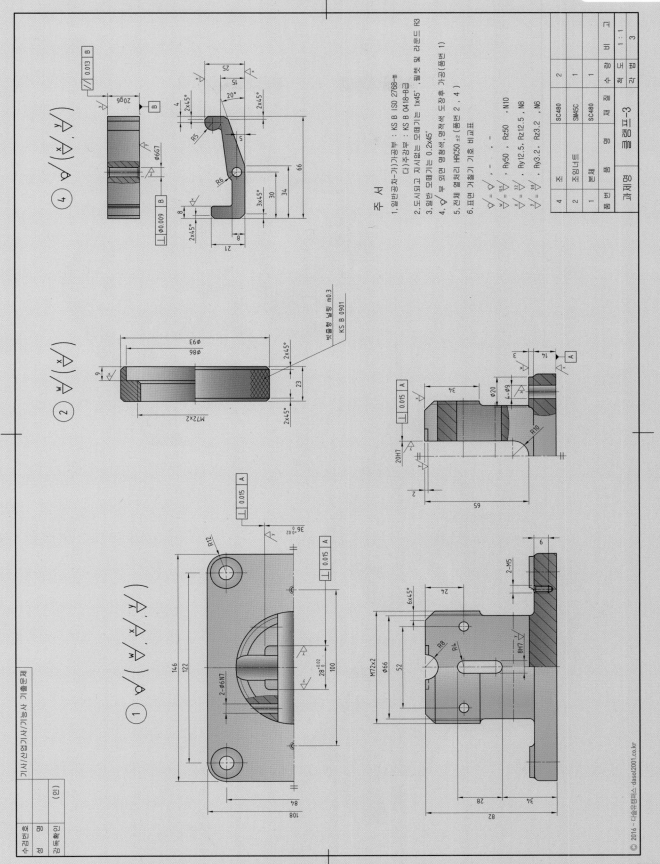

주 서

1. 일반공차-가>가공부 : KS B ISO 2768-m
   다>주강부 : KS B 0418-B급
2. 도시되고 지시없는 모떼기는 1x45° , 필렛 및 라운드 R3
3. 일반 모떼기는 0.2x45°
4. ✓부 외면 열청색, 명적색 도장후 가공(품번 1)
5. 전체 열처리 HRC50 ±2 (품번 2 , 4)
6. 표면 거칠기 기호 비교표

품번	품명	재질	수량	비 고
4	조	SC480	2	
2	조임너트	SM45C	1	
1	본체	SC480	1	
품번	품명	재질	수량	비 고

클램프-3

척 도 1 : 1
각 법 3

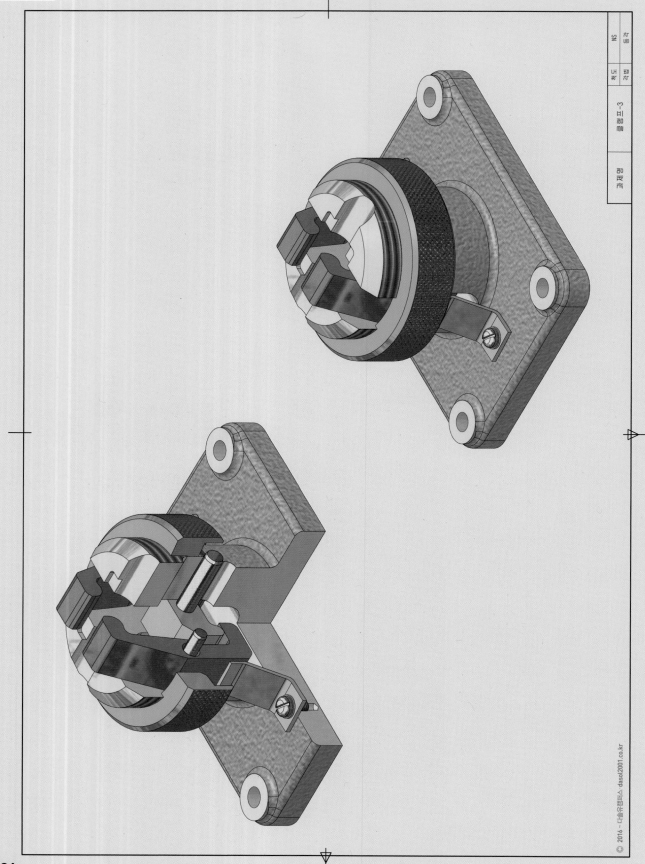

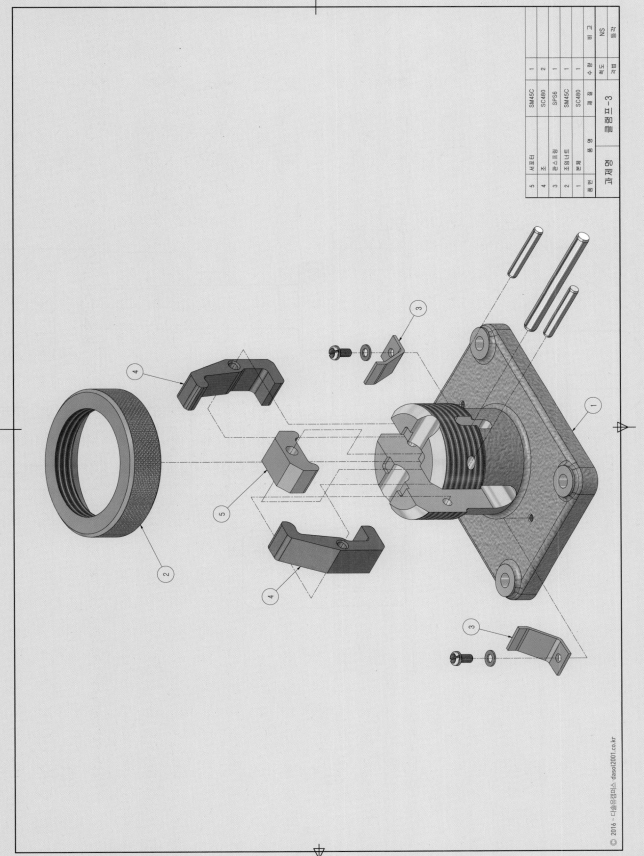

5	서포터	SM45C	1	
4	조	SC480	2	
3	판스프링	SPS6	1	
2	조임너트	SM45C	1	
1	본체	SC480	1	
품번	품 명	재 질	수량	비 고

과제명 클램프-3 척도 NS 각법 3각

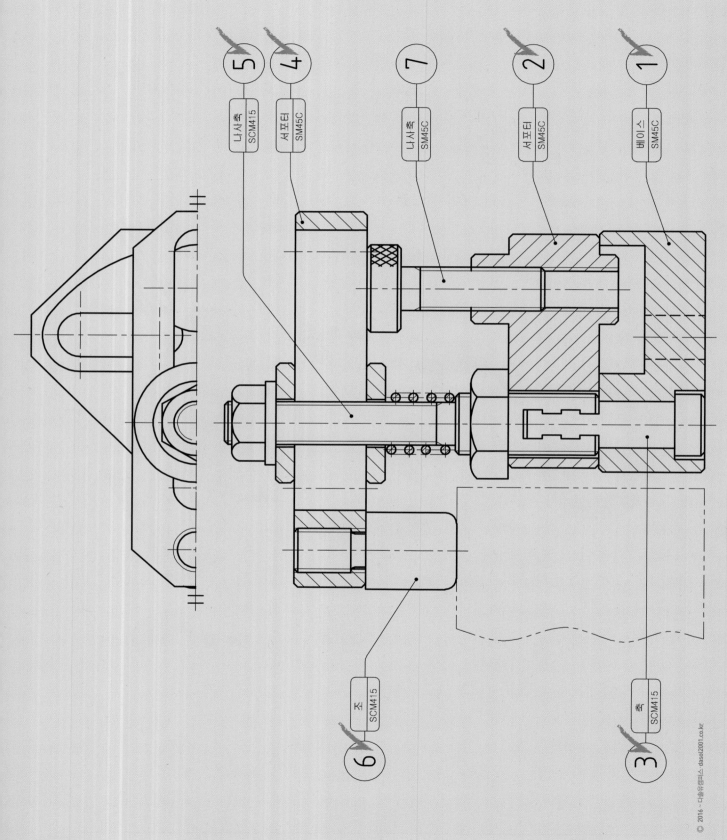

5 나사축 SCM415

4 서포터 SM45C

7 나사축 SM45C

2 서포터 SM45C

1 베이스 SM45C

6 조 SCM415

3 축 SCM415

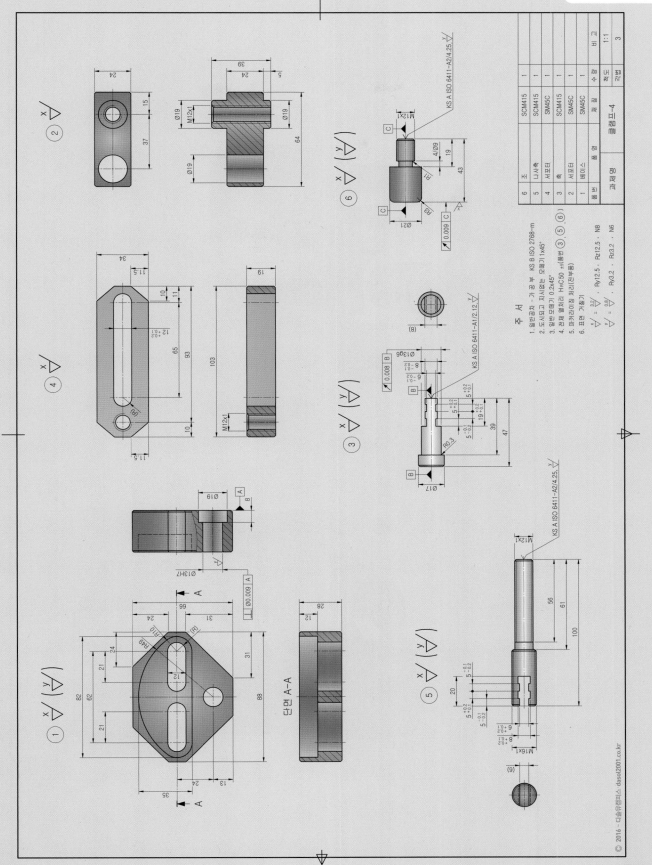

	6	조	SCM415	1	
	5	나사축	SCM415	1	
	4	서포터	SM45C	1	
	3	축	SCM415	1	
	2	서포터	SM45C	1	
	1	베이스	SM45C	1	
	품번	품 명	재 질	수량	비고

과제명 클램프-4

도명 척도 1:1

각법 3

주 서

1. 일반공차 - 가공부 KS B ISO 2768-m
2. 도시되고 지시없는 모떼기 1x45°
3. 일반 모떼기 0.2x45°
4. 전체 열처리 HrC50 ±2(품번 ③ ⑤ ⑥)
5. 파커라이징 처리(전부품)
6. 표면 거칠기

$\frac{x}{}$ = $\sqrt[3.2]{}$, Ry12.5 , Rz12.5 , N8

$\frac{y}{}$ = $\sqrt[0.8]{}$, Ry3.2 , Rz3.2 , N6

단면 A-A

© 2016 - 다솔유캠퍼스 dasol2001.co.kr

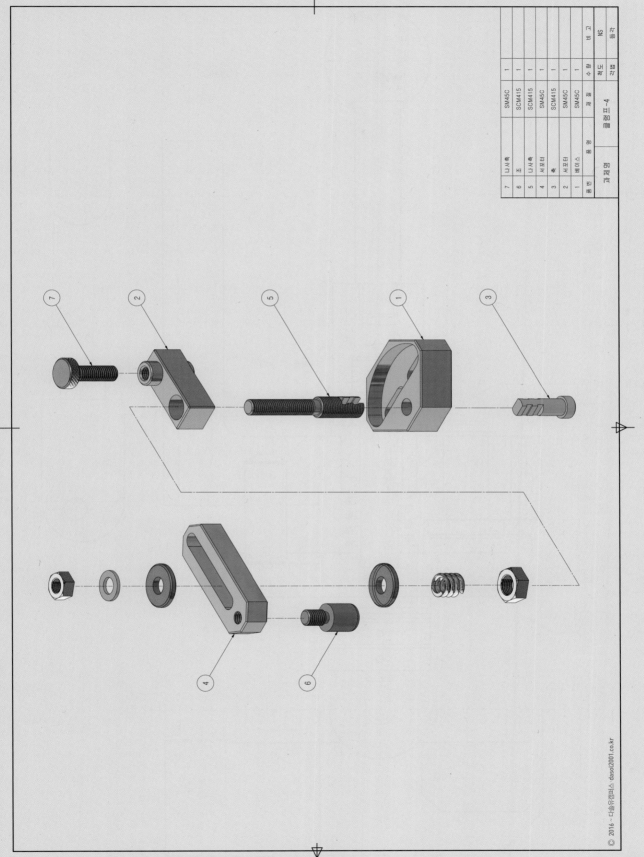

품 번	품 명	재 질	수 량	척 도	비 고
7	너시축	SM45C	1		
6	조	SCM415	1		
5	너시축	SCM415	1		
4	서포터	SM45C	1		
3	축	SCM415	1		
2	서포터	SM45C	1		
1	베이스	SM45C	1		
품 번	품 명	재 질	수 량	척 도	비 고

과제명 | 클램프-4 | 각법 | NS | 척도 | 1:1

9	손잡이	SM45C
8	축	SM45C
7	링크	SM45C
6	축	SCM415
5	서포터	SCM415
1	베이스	SM45C
3	게이지판	SCM415
4	게이지축	SCM415
2	조	SCM415

A

View-A

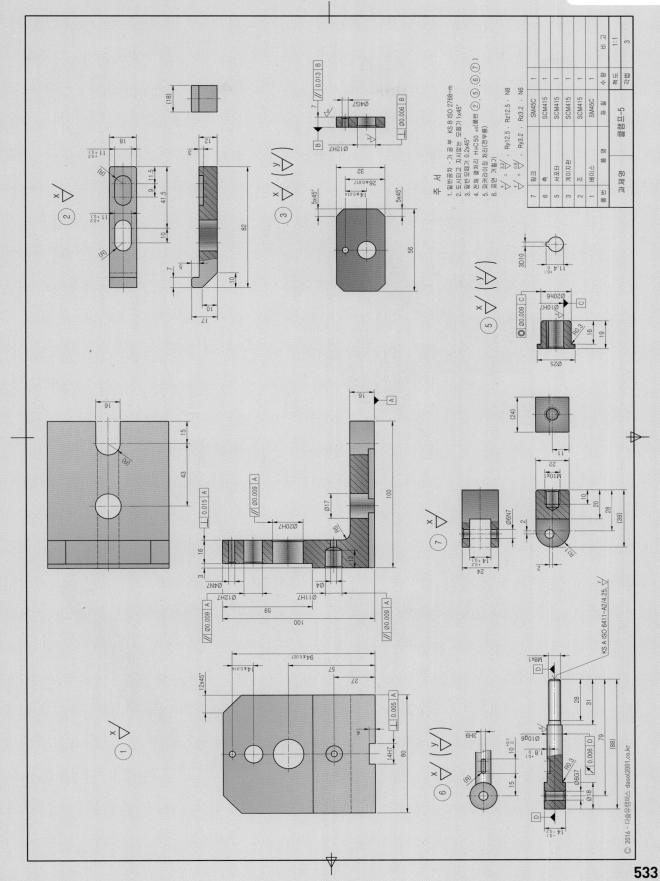

주 서

1. 일반공차 - 가공부 KS B ISO 2768-m
2. 도시되고 지시없는 모떼기 1x45°
3. 일반 모떼기 0.2x45°
4. 전체 열처리 HrC50 ±5 (품번 ② , ⑤ , ⑥ , ⑦)
5. 파커라이징 처리(전부품)
6. 표면 거칠기

품 번	품 명	재 질	수 량	비 고
7	링크	SM45C	1	
6	축	SCM415	1	
5	서포터	SCM415	1	
3	게이지핀	SCM415	1	
1	베이스	SM45C	1	
과제명	클램프-5		척도	1:1
			각법	3

KS A ISO 6411~A2/4.25,

533

© 2016 - 다솔유캠퍼스 dasol2001.co.kr

과제명   클램프 -5   척도 / 각법   NS / 동일

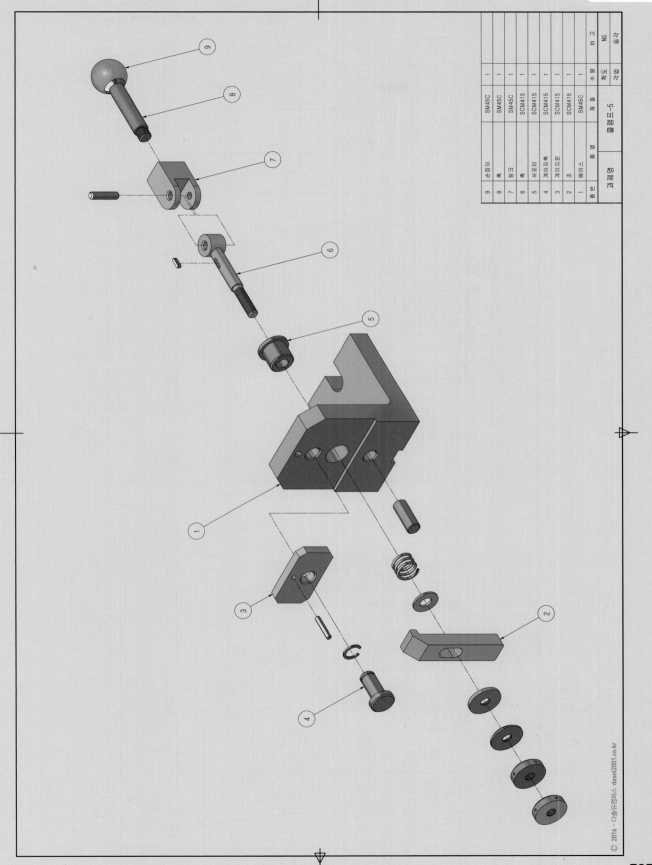

품 번	품 명	재 질	수 량	비 고
9	손잡이	SM45C	1	
8	축	SM45C	1	
7	링크	SM45C	1	
6	서포터	SCM415	1	
5	케이지축	SCM415	1	
4	케이지핀	SCM415	1	
3	조	SCM415	1	
2	베이스	SM45C	1	

클램프-5

과제명

NS

5	서포트부시	SM45C
1	본체	SC480
3	고정조	SC480
2	물림조	SC480
4	축	SCM430

가공재제품

$84_{+0.027}$

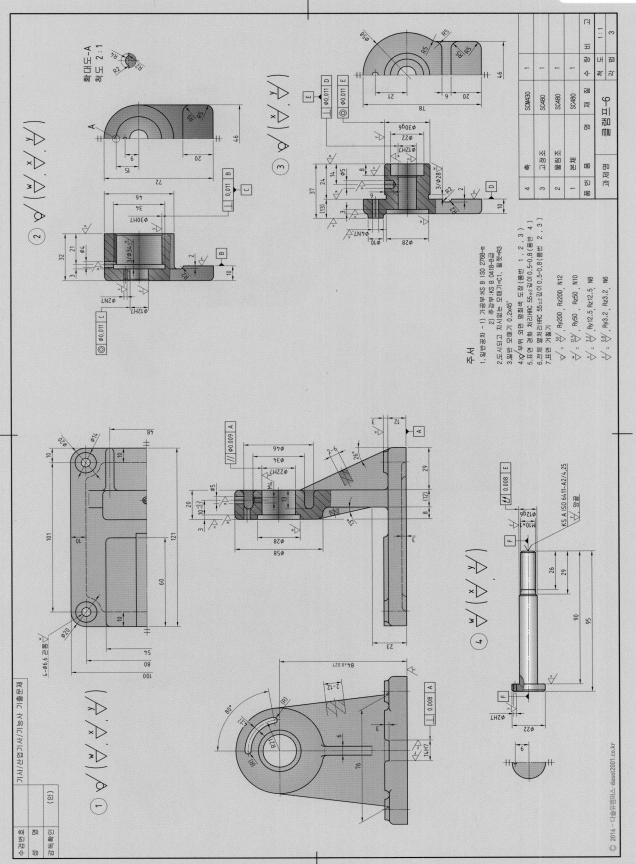

주서
1. 일반공차 - 1) 가공부:KS B ISO 2768-m
            2) 주강부:KS B 0418-8급
2. 도시되고 지시없는 모떼기는-C1, 필렛-R3
3. 일반 모떼기 0.2x45°
4. ▽부위 외면 열처리써 도장 (품번 1 , 2 , 3)
5. 표면 경화 처리HRC 55±2 깊이0.5~0.8 (품번 4)
6. 진체 열처리HRC 55±2 깊이0.5~0.8 (품번 2 , 3)
7. 표면 거칠기

품번	품명	재질	수량	비고
4	축	SM43C	1
3	고정조	SC480	1
2	흔들림조	SC480	1
1	본체	SC480	1

클램프-6

척도	1:1
도번	3

© 2016 - 다솔유캠퍼스 dasol2001.co.kr

537

과제명	클램프-6	척도	각법	응답
		투도	명칭	NS

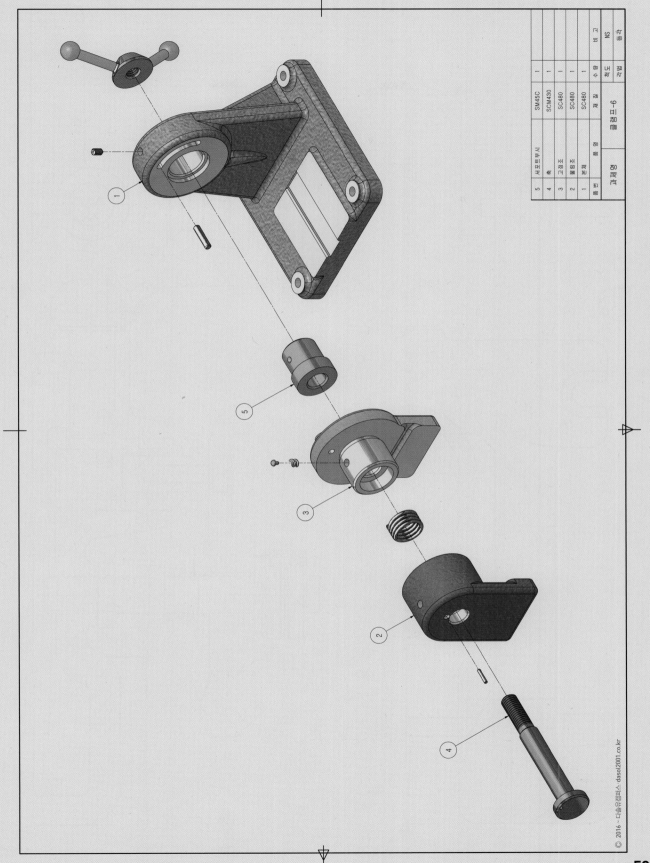

5	서포트부시	SM45C	1	
4	축	SCM430	1	
3	고정조	SC480	1	
2	물림조	SC480	1	
1	본체	SC480	1	
품번	품 명	재 질	수 량	비 고

클램프-6

과제명

도법 NS

척도 각법

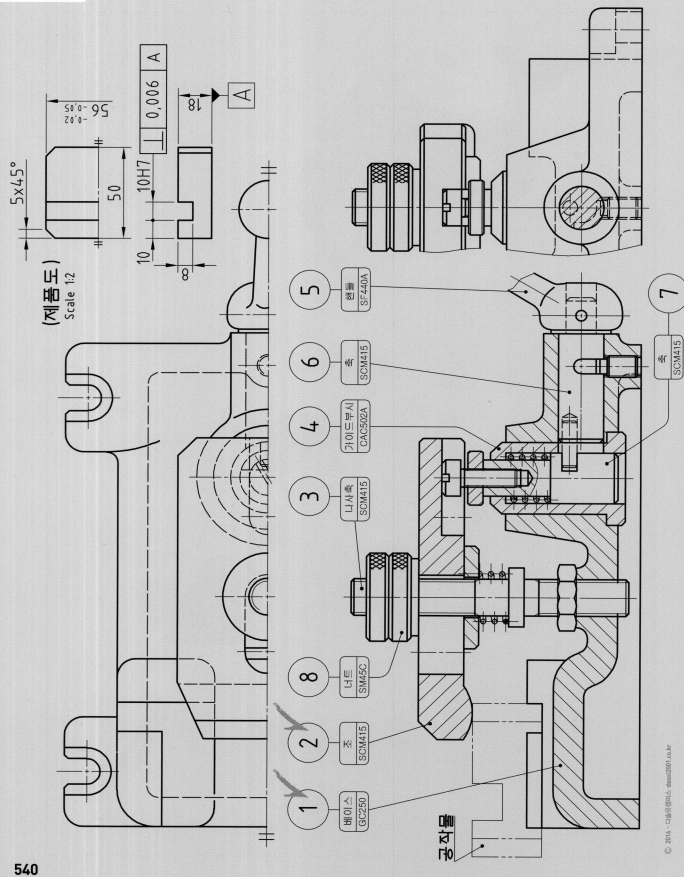

(제품도)
Scale 1:2

5×45°

56 -0.02/-0.05

50

⊥ 0,006 A

10H7

18

10

8

A

5 핸들 SF440A

6 축 SCM415

4 가이드부시 CAC502A

3 나사축 SCM415

8 너트 SM45C

2 조 SCM415

1 베이스 GC250

7 축 SCM415

공작물

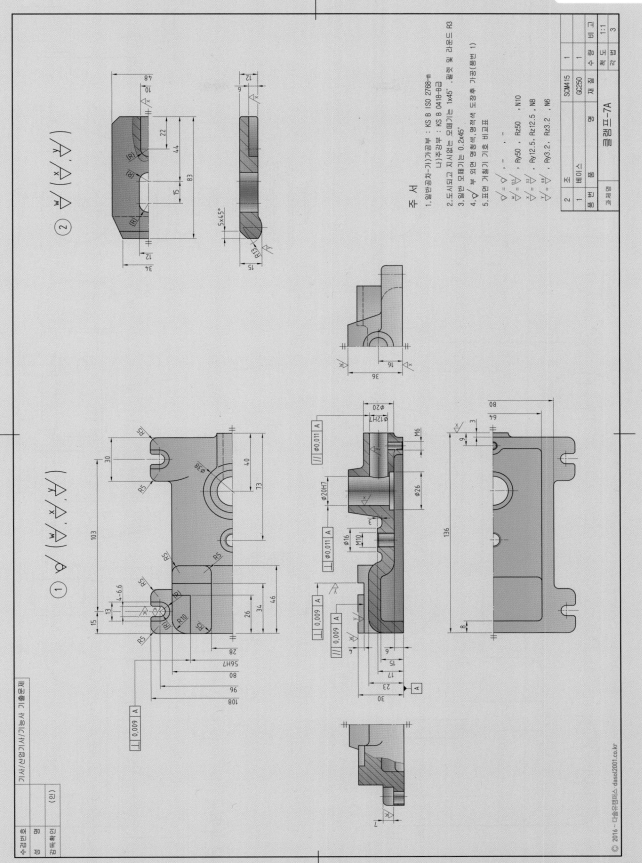

주 서

1. 일반공차-가)가공부 : KS B ISO 2768-m
   　　　　　나)주강부 : KS B 0418-B급
2. 도시되고 지시없는 모떼기는 1x45°, 필렛 및 라운드 R3
3. 일반 모떼기는 0.2x45°
4. ▽부 외면 명청색,영적색 도장후 가공(품번 1)
5. 표면 거칠기 기호 비교표

80
64
136
8

30
23
17
15
6
4

Ø20
Ø12H7
Ø20H7
Ø26
Ø16
M6
M10

46
34
26
73
40
103
30

R5
R5
R5
R5
R10
R5

15
13
4-6.6
56H7
80
96
108

28

5x45°
R3

10
22
44
83
15
34
12
12
6

48

16
36

2	조	베이스	SCM415	1			비 고	1:1
1	성	품	GC250	1		척 도		3
품 번	품	명	재 질	수 량		각 법		
과제명		클램프-7A						

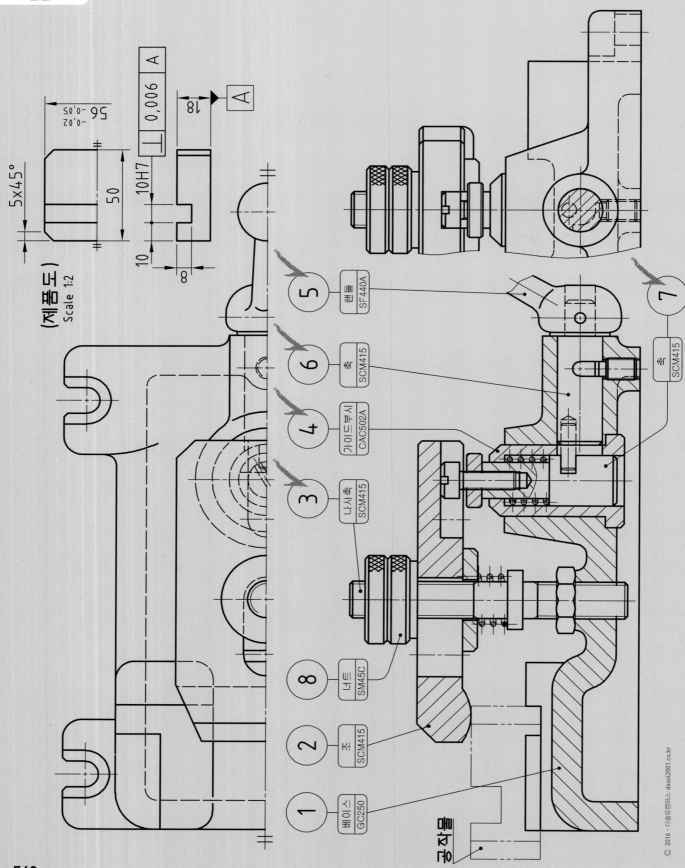

(제품도)
Scale 1:2

5×45°

56 -0.05

50

-0.02

10H7

10

8

⊥ 0.006 A

18

A

A

① 베이스 GC250

② 조 SCM415

⑧ 너트 SM45C

③ 나사축 SCM415

④ 가이드부시 CAC502A

⑥ 축 SCM415

⑤ 핸들 SF440A

⑦ 축 SCM415

공작물

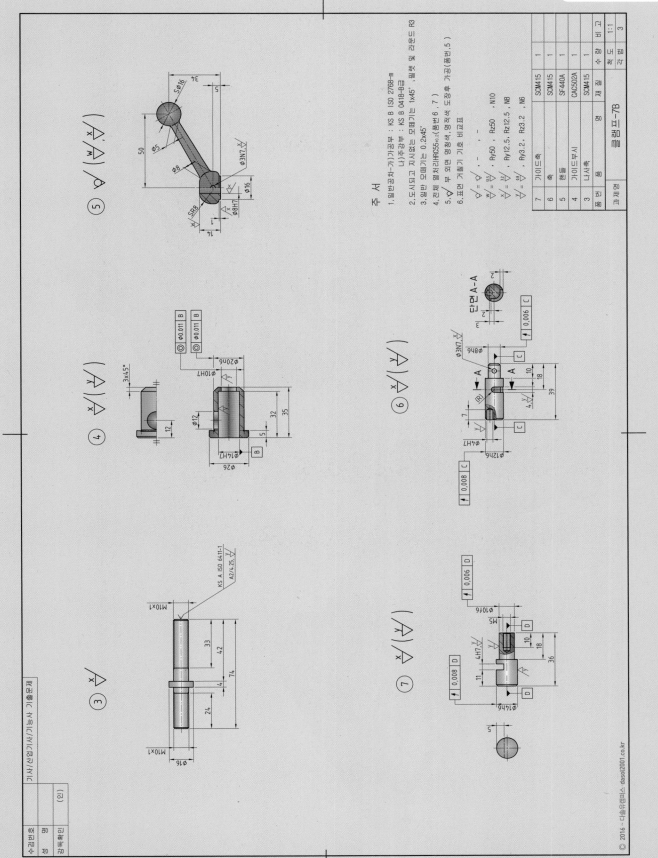

주 서

1. 일반공차(가기) : KS B ISO 2768-m
   주강주물(나) : KS B 0418-B등급
2. 도시되고 지시없는 모떼기는 1x45°, 필렛 및 라운드 R3
3. 일반 모떼기는 0.2x45°
4. 전체 열처리HRC55₊₀.₂(품번 6 . 7)
5. ✓ 부 외면 명청색(명적색 도장후 가공(품번 5)
6. 표면 거칠기 기호 비교표

7	가이드축	SCM415	1
6	축	SCM415	1
5	헨들	SF440A	1
4	가이드부시	CAC502A	1
3	나사축	SCM415	1
품 번	품 명	재 질	수량

과제명: 클램프-7B

척 도 1:1
도 번 3

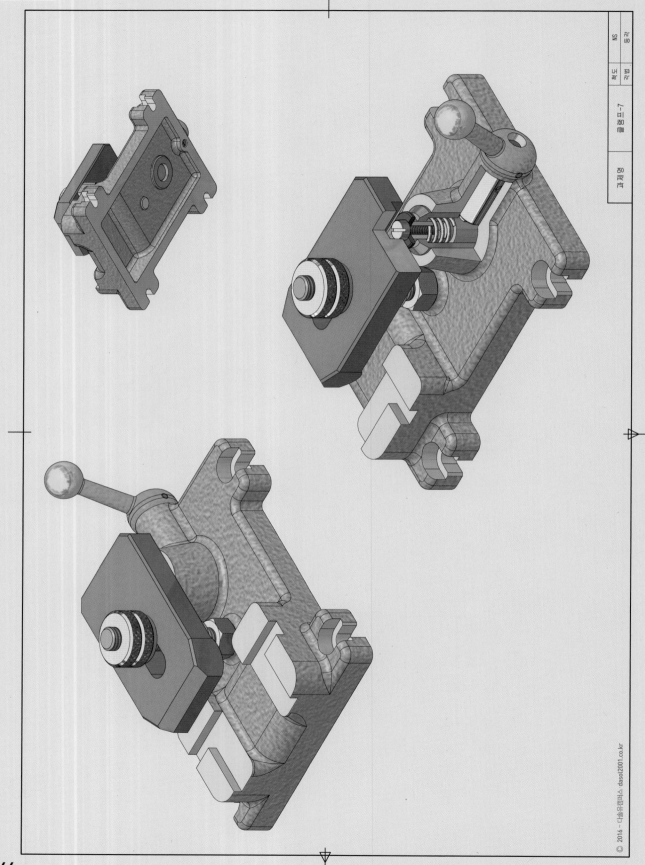

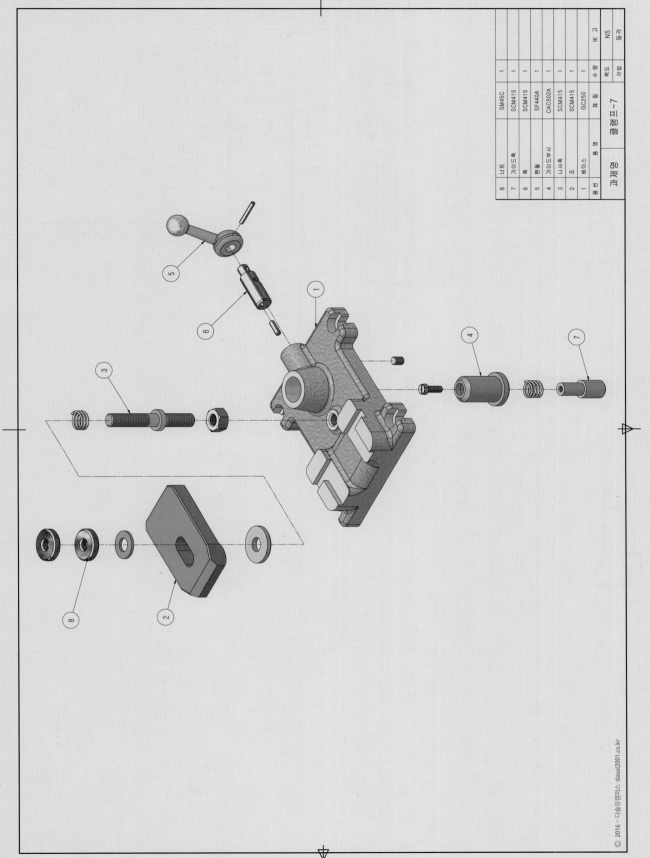

품번	품 명	재 질	수량	비 고
8	너트	SM45C	1	
7	가이드축	SCM415	1	
6	축	SCM415	1	
5	핸들	SF440A	1	
4	가이드부시	CAC502A	1	
3	나사축	SCM415	1	
2	조	SCM415	1	
1	베이스	GC250	1	

과제명	클램프-7	척 도	NS
		각 법	3각법

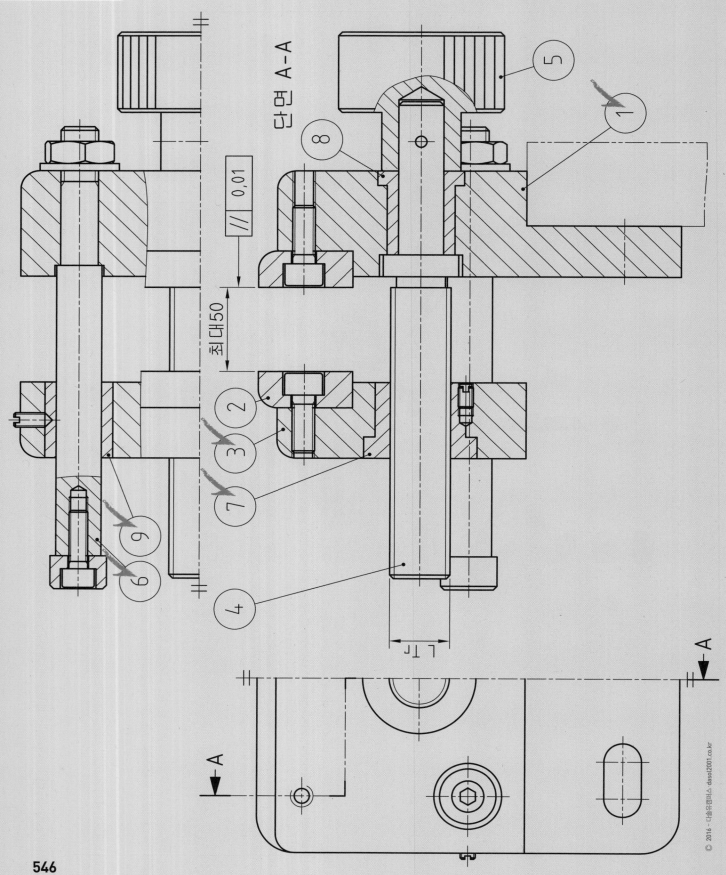

단면 A-A

최대50

// 0,01

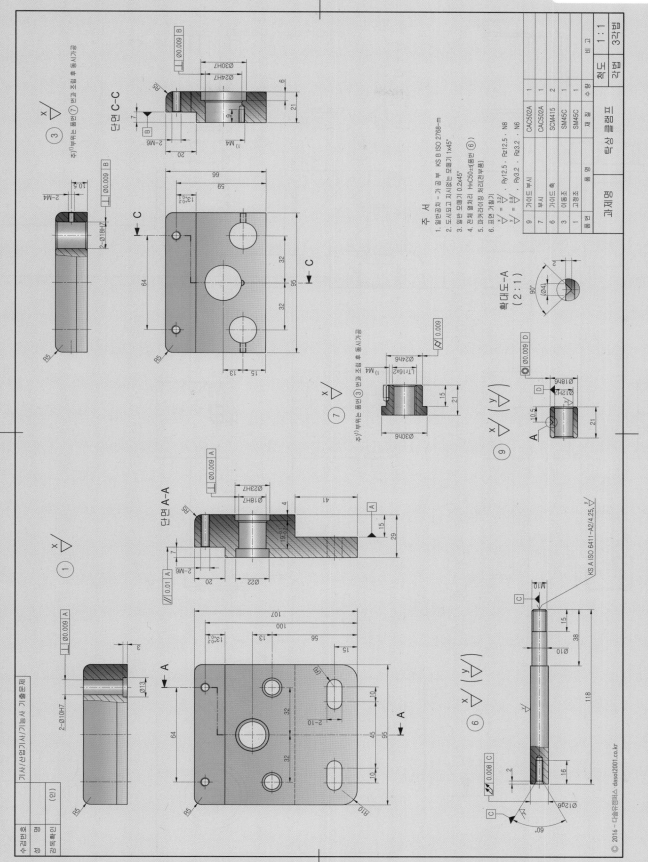

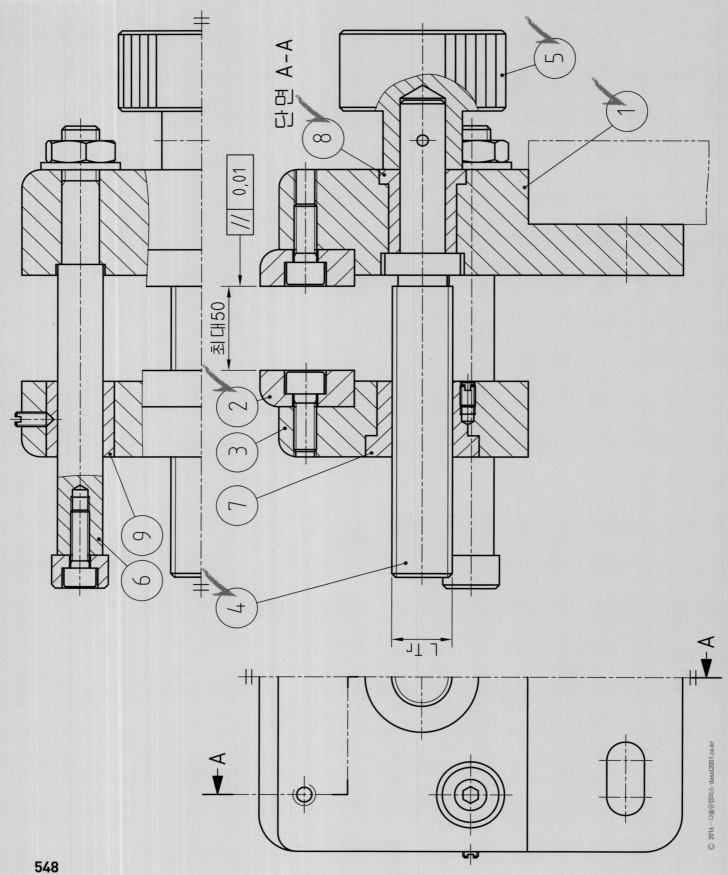

단면 A-A

⑧

⑤

①

// 0,01

최대50

⑦

③

②

⑨ ⑥

④

A

A

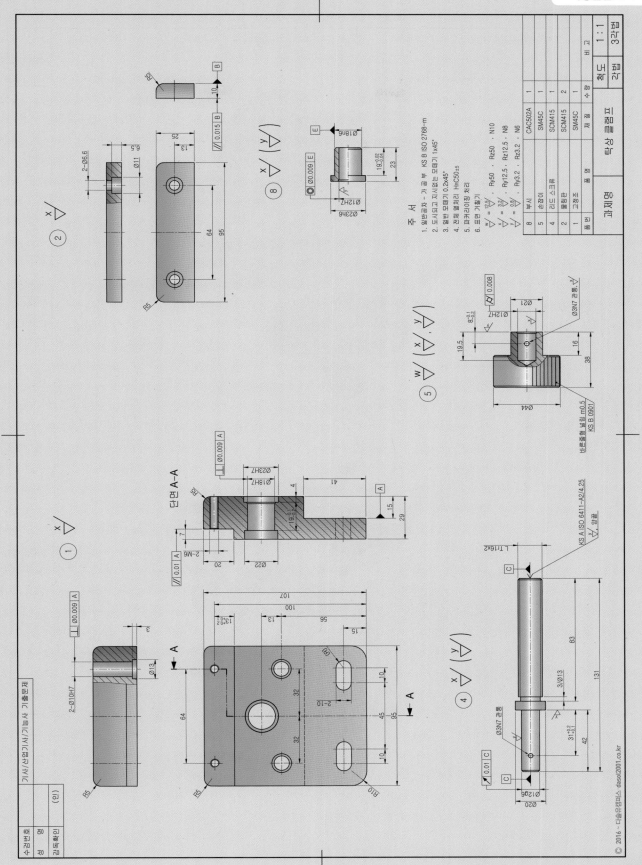

주 서
1. 일반공차 - 가 공 부   KS B ISO 2768-m
2. 도시되고 지시없는 모떼기 1x45°
3. 일반 모떼기 0.2x45°
4. 전체 열처리 HrC50±5
5. 파커라이징 처리
6. 표면 기름기

$w = \frac{12.5}{}$, Ry50 . Rz50 . N10
$\frac{x}{} = \frac{3.2}{}$, Ry12.5 . Rz12.5 . N8
$\frac{y}{} = \frac{1.8}{}$, Ry3.2 . Rz3.2 . N6

품번	품 명	재 질	수 량
8	부시	CAC502A	1
5	손잡이	SM45C	1
4	라드 스크류	SCM415	1
2	몸체판	SCM415	2
1	고정조	SM45C	1

과제명	탁상 클램프

척도	1 : 1
각법	3각법

비 고	

단면 A-A

KS A ISO 6411-A2/4.25

KS B 09017

© 2016 - 다솔유캠퍼스 dasol2001.co.kr

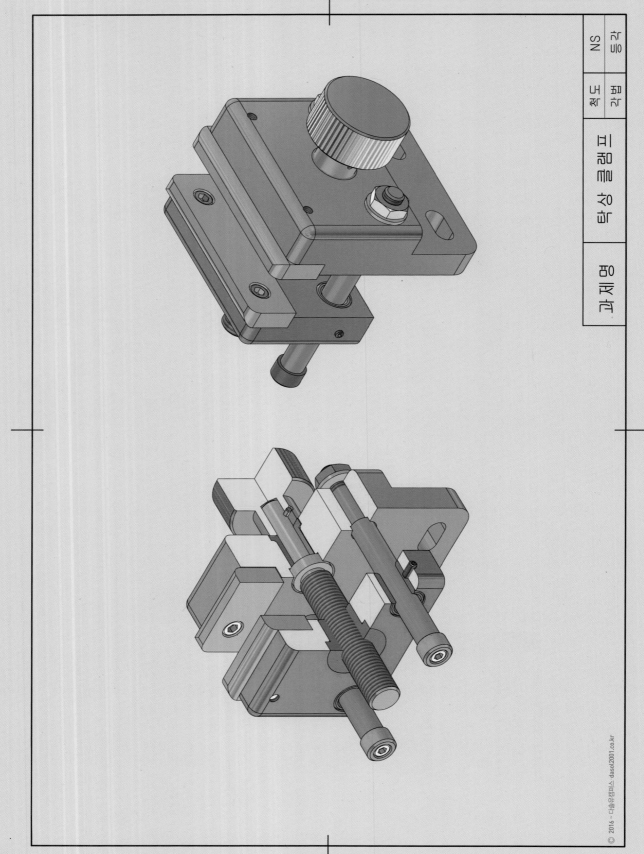

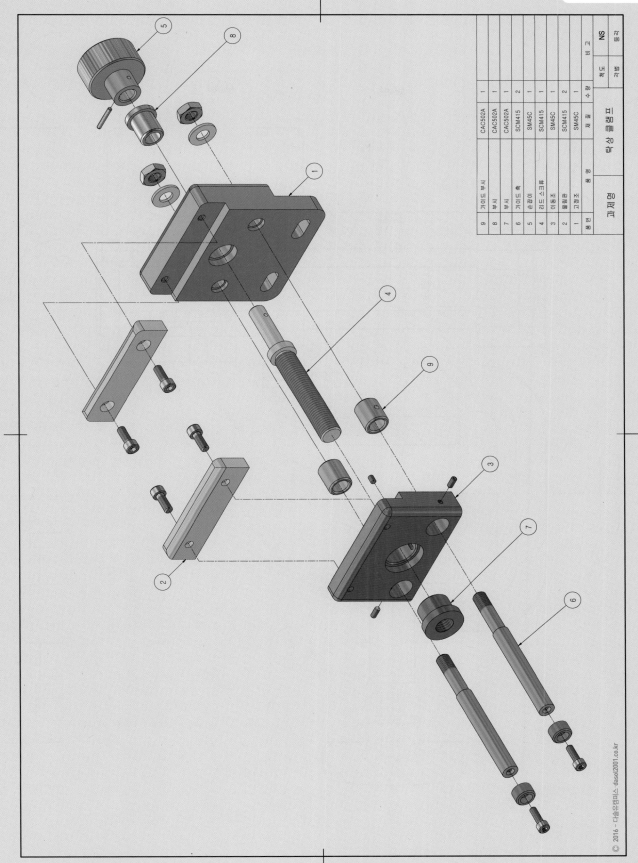

품번	품 명	재 질	수 량	비 고
9	가이드 부시	CAC502A	1	
8	부시	CAC502A	1	
7	부시	CAC502A	1	
6	가이드 축	SCM415	2	
5	손잡이	SM45C	1	
4	리드 스크류	SCM415	1	
3	이동조	SM45C	1	
2	물림판	SCM415	2	
1	고정조	SM45C	1	

과제명	탁상클램프	척도	NS
		각법	3각법

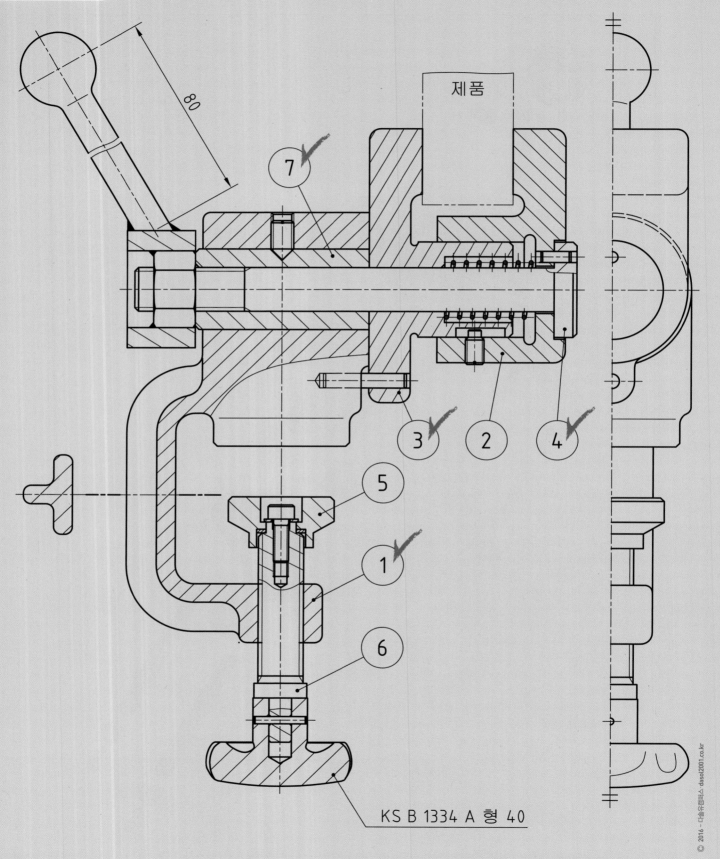

제품

80

7

3

2

4

5

1

6

KS B 1334 A 형 40

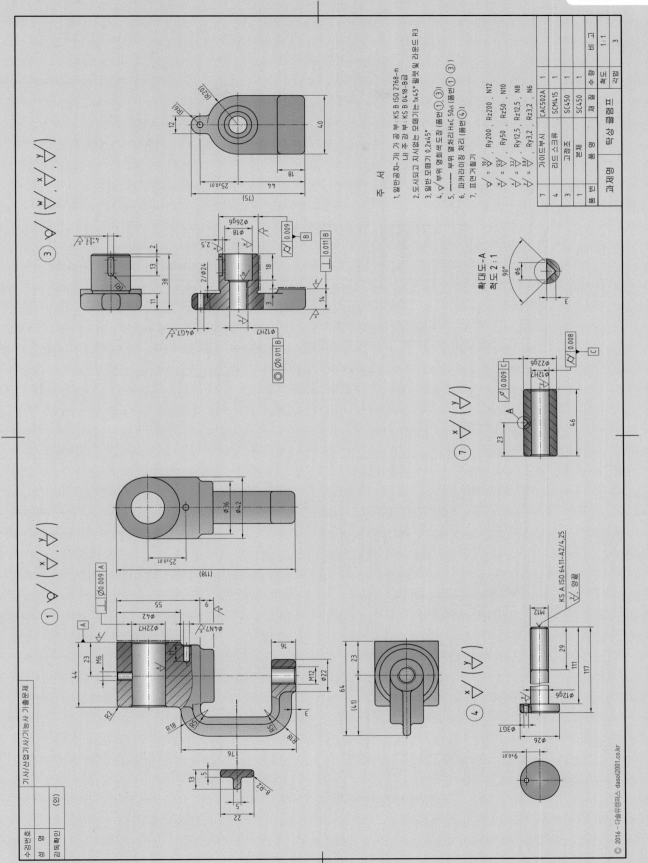

주 서

1. 일반공차-가 가공부 : KS B ISO 2768-m
　　 나주 강부 : KS B 0.18-B급
2. 도시되고 지시없는 모떼기는 1x45° 필렛및 라운드 R3
3. 일반 모떼기 0.2x45°
4. ▽부위 열처리 도장 (품번① ③)
5. ──── 부위 열처리 처리 HRC 50s (품번① ③)
6. 파커라이징 처리 (품번④)
7. 표면거칠기

▽ = 50/	Ry200 , Rz200 , N12
▽ = 25/	Ry50 , Rz50 , N10
▽ = 6.3/	Ry12.5 , Rz12.5 , N8
▽ = 1.5/	Ry3.2 , Rz3.2 , N6

품번	품명	재질	수량	비고
7	가이드부시	CAC502A	1	
4	리드스크류	SCM415	1	
3	고정조	SC450	1	
1	본체	SC450	1	
품번	품명	재 질	수 량	비 고

과제명	탁상클램프	척도	1:1
		도번	3
		각법	3

확대도-A
척도 2:1

KS A ISO 6411-A2/4.25

수검번호			기사/산업기사/기능사 기출문제
성 명		(인)	
감독확인			

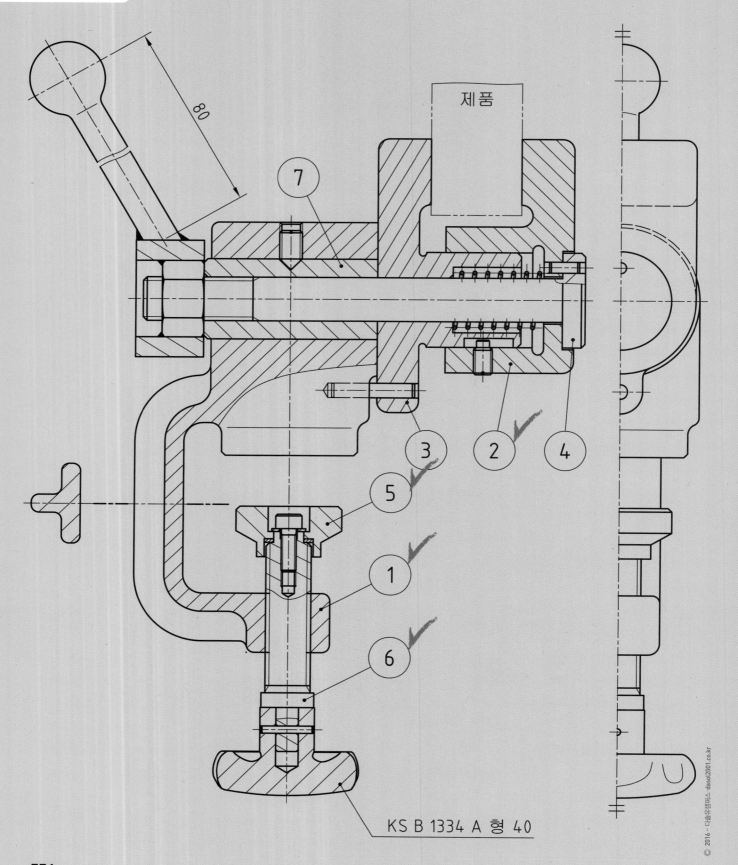

제품

80

7

3

2

4

5

1

6

KS B 1334 A 형 40

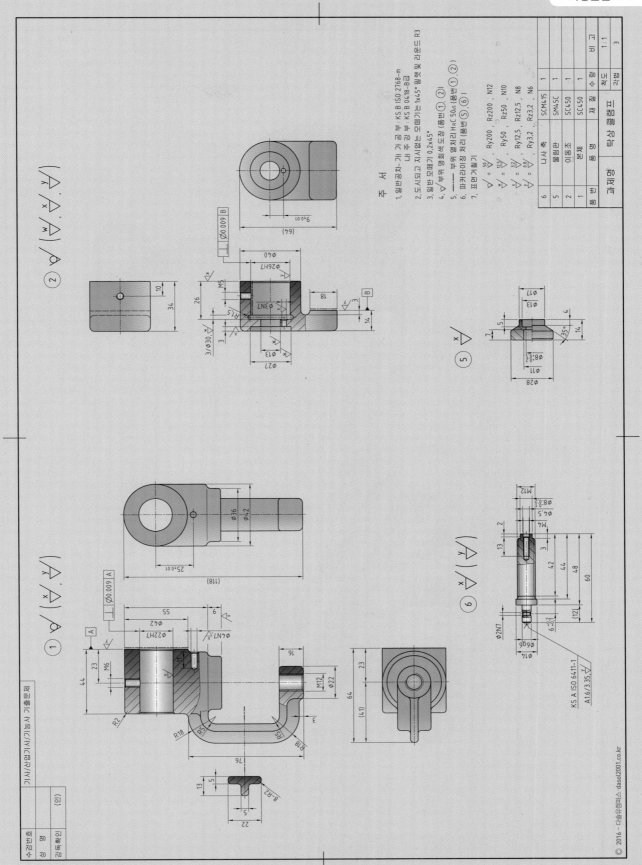

주 서

1. 일반공차-가 가 공 부 : KS B ISO 2768-m
　　　　 나 주 강 부 : KS B 0418-B급
2. 도시되고 지시없는 모떼기는 1x45° 필렛및 라운드 R3
3. 일반 모떼기 0.2x45°
4. ▽부의 명회색도장 (품번① , ②)
5. ──── 부위 열처리 HRC 50±5 (품번① , ②)
6. 파커라이징 처리 (품번⑤ , ⑥)
7. 표면처리긁기

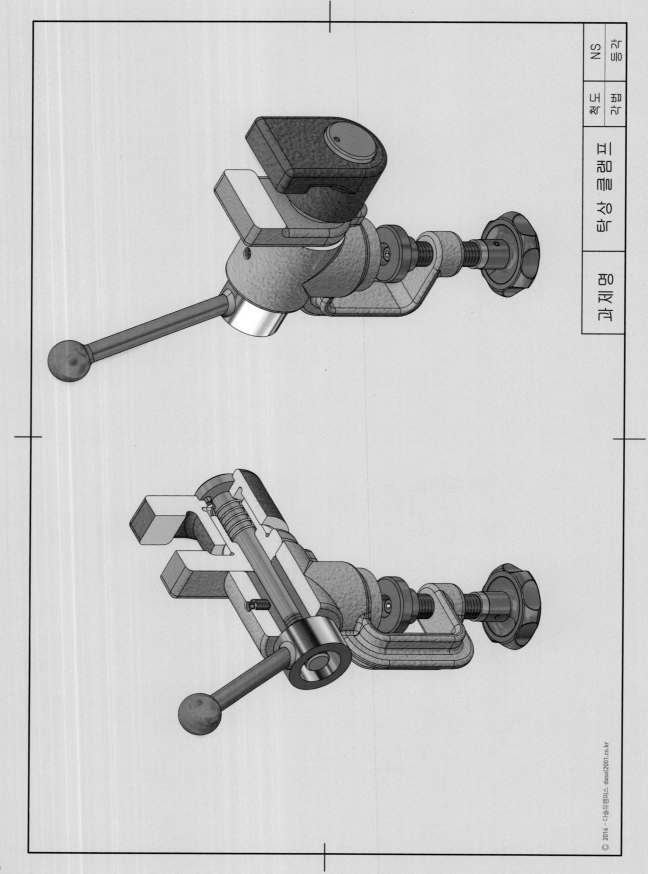

© 2016 - 다솔유캠퍼스 dasol2001.co.kr

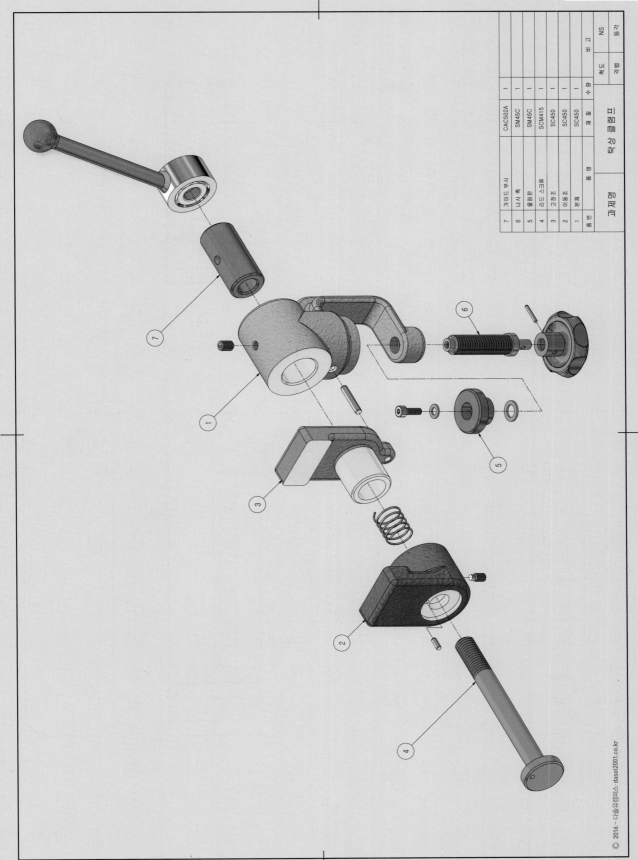

품번	품명	재질	수량	비고
7	가이드 부시	CAC502A	1	
6	나사 축	SM45C	1	
5	물림 판	SM45C	1	
4	리드 스크류	SCM415	1	
3	고정조	SC450	1	
2	이동조	SC450	1	
1	본체	SC450	1	

과제명	탁상 클램프	척도	각법
		NS	고비

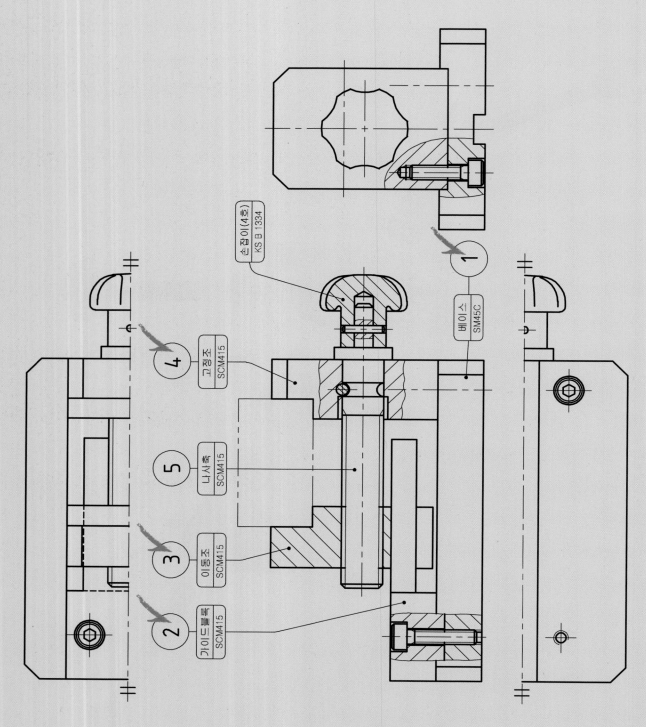

손잡이(4호)
KS B 1334

① 베이스
SM45C

④ 고정조
SCM415

⑤ 나사축
SCM415

③ 이동조
SCM415

② 가이드블록
SCM415

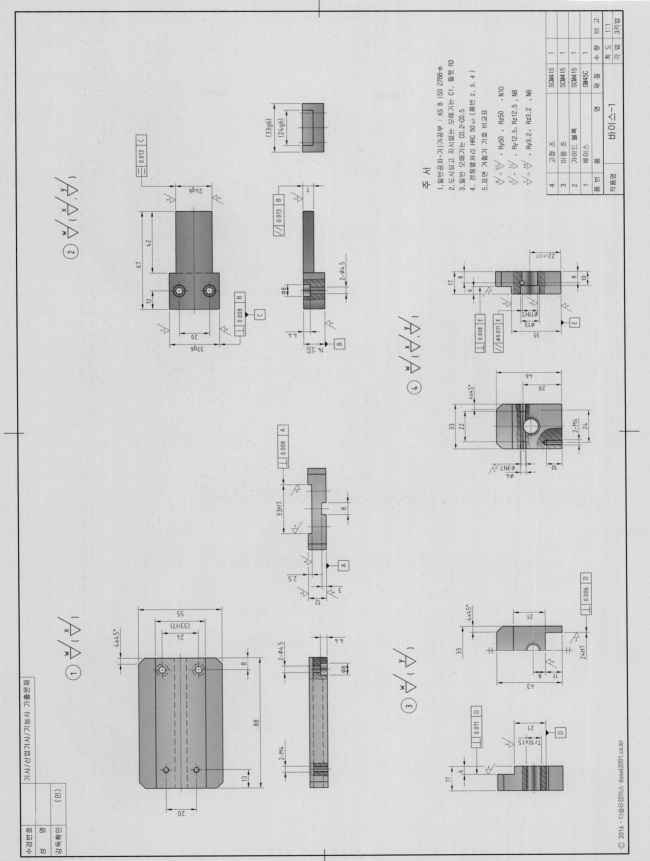

주 서

1. 일반공차-가기공부 : KS B ISO 2768-m
2. 도시되고 지시없는 모떼기는 C1, 필렛 R3
3. 일반 모떼기는 C0.2~C0.5
4. 전체열처리 HRC 50±2 (품번 2, 3, 4)
5. 표면 거칠기 기호 비교표

$\frac{w}{}$ = , Ry50 , Rz50 , N10

$\frac{x}{}$ = , Ry12.5 , Rz12.5 , N8

$\frac{y}{}$ = , Ry3.2 , Rz3.2 , N6

4	고정 조	SCM415	1
3	이동 조	SCM415	1
2	가이드 블록	SCM415	1
1	베이스	SM45C	1
품 번	품 명	재 질	수 량

작품명 | 바이스-1

바이스-1

과제명

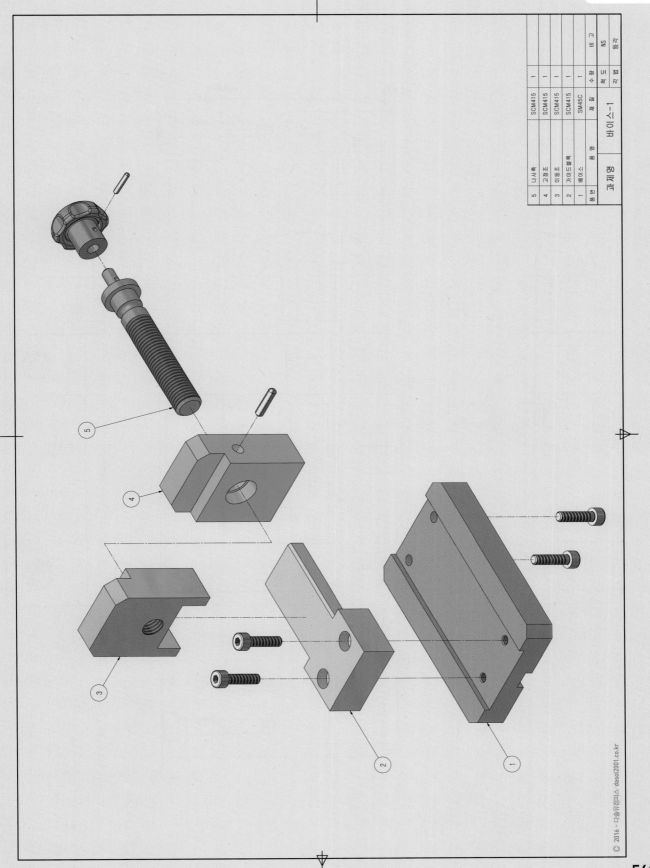

품번	품명	재질	수량	비고
5	나사축	SCM415	1	
4	고정조	SCM415	1	
3	이동조	SCM415	1	
2	가이드블록	SCM415	1	
1	베이스	SM45C	1	

바이스-1

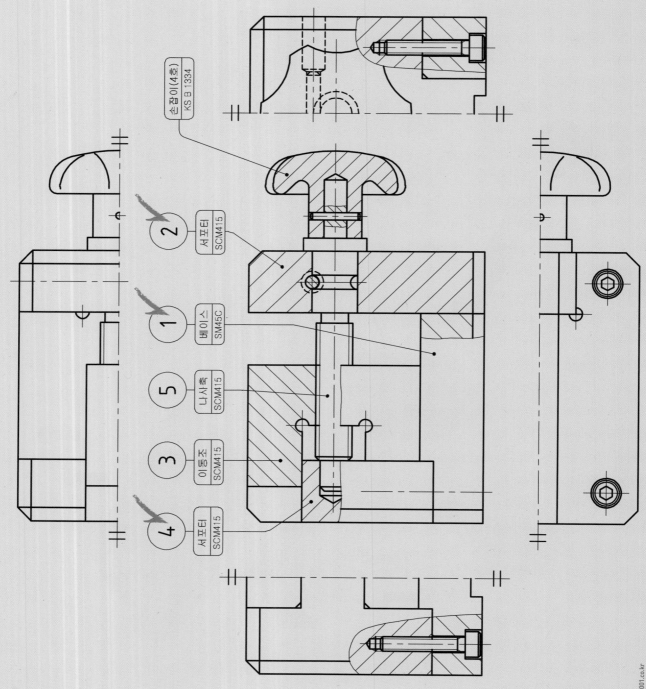

손잡이(4호) KS B 1334

2 서포터 SCM415

1 베이스 SM45C

5 나사축 SCM415

3 이동조 SCM415

4 서포터 SCM415

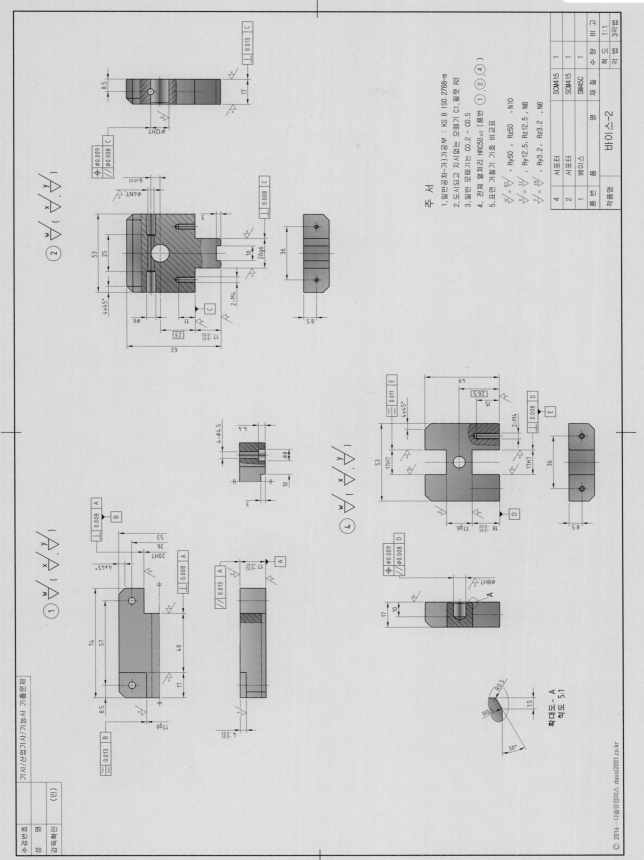

© 2016 - 다솔유캠퍼스 dasol2001.co.kr

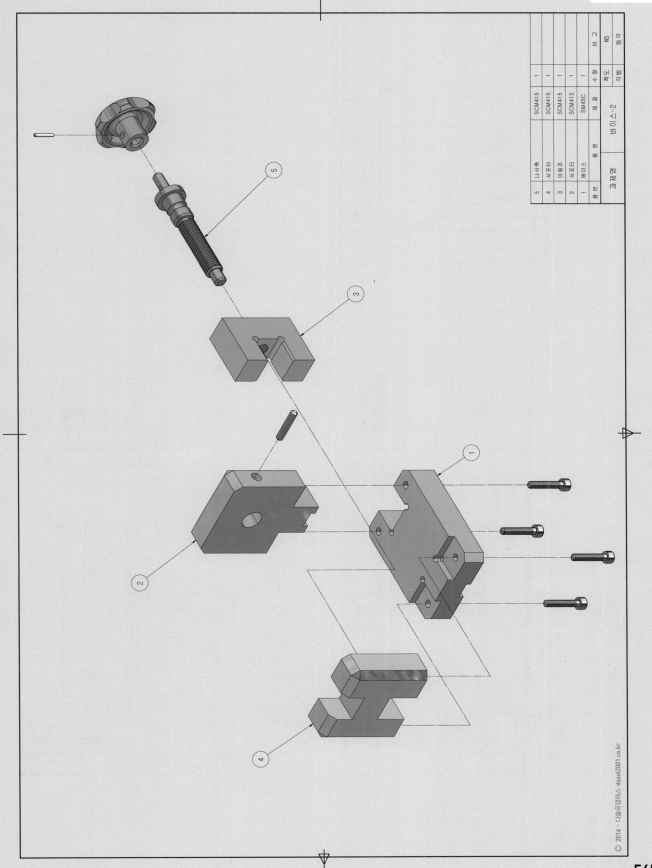

품번	품명	재질	수량	척도	비고
5	너서축	SCM415	1		
4	서포터	SCM415	1		
3	이동조	SCM415	1		
2	서포터	SCM415	1	각법	NS
1	베이스	SM45C	1	투상	

고재명 | 바이스-2

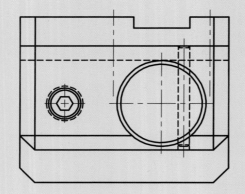

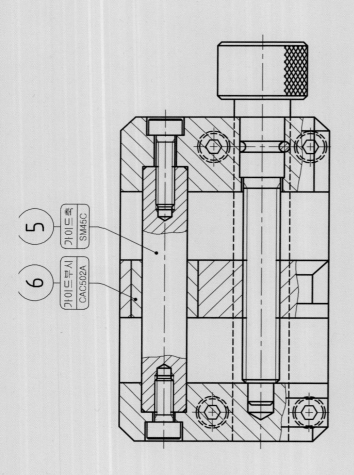

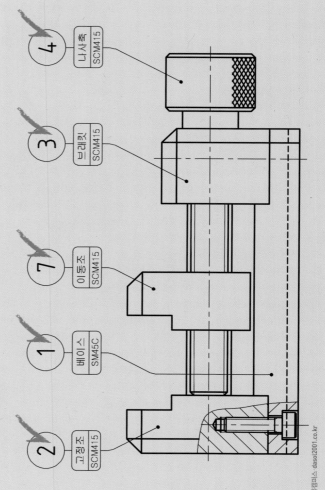

5 가이드축 SM45C

6 가이드부시 CAC502A

4 나사축 SCM415

3 브래킷 SCM415

7 이동조 SCM415

1 베이스 SM45C

2 고정조 SCM415

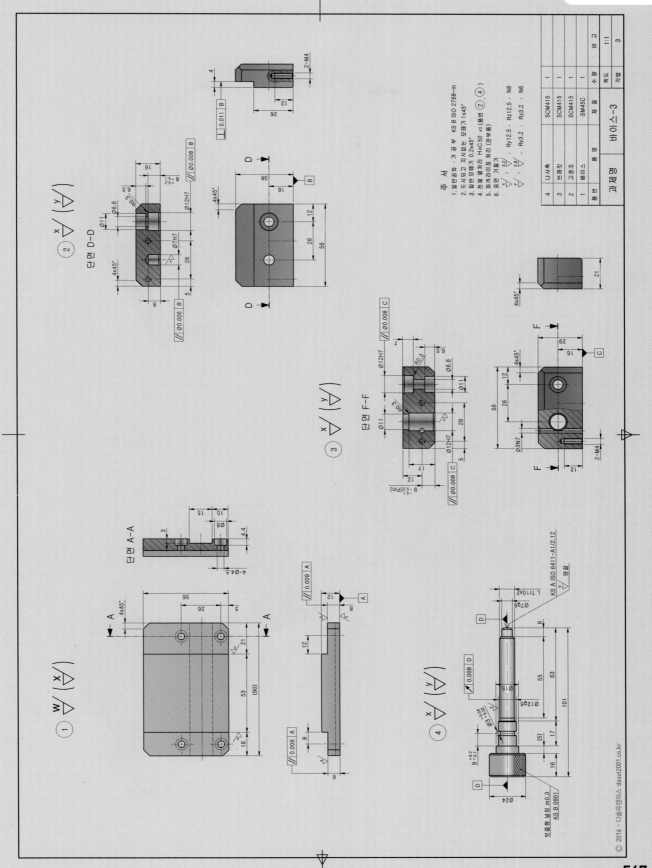

주 서
1. 일반공차 - 가 공 부 KS B ISO 2768-m
2. 도시되고 지시없는 모떼기 1x45°
3. 일반모떼기 0.2x45°
4. 전체 열처리 HRC50 ±3 (품번 ②, ④)
5. 파커라이징 처리 (전부품)
6. 표면 거칠기

나사축 SCM415 1
브레킷 SCM415 1
고정조 SCM415 1
베이스 SM45C 1

바이스-3

단면 D-D ②
단면 F-F ③
단면 A-A
① W
④

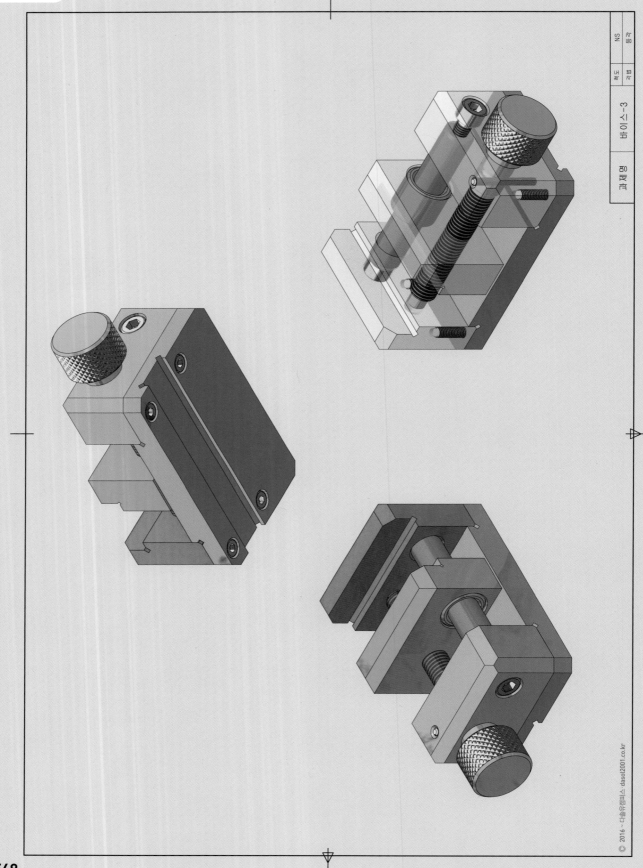

바이스-3

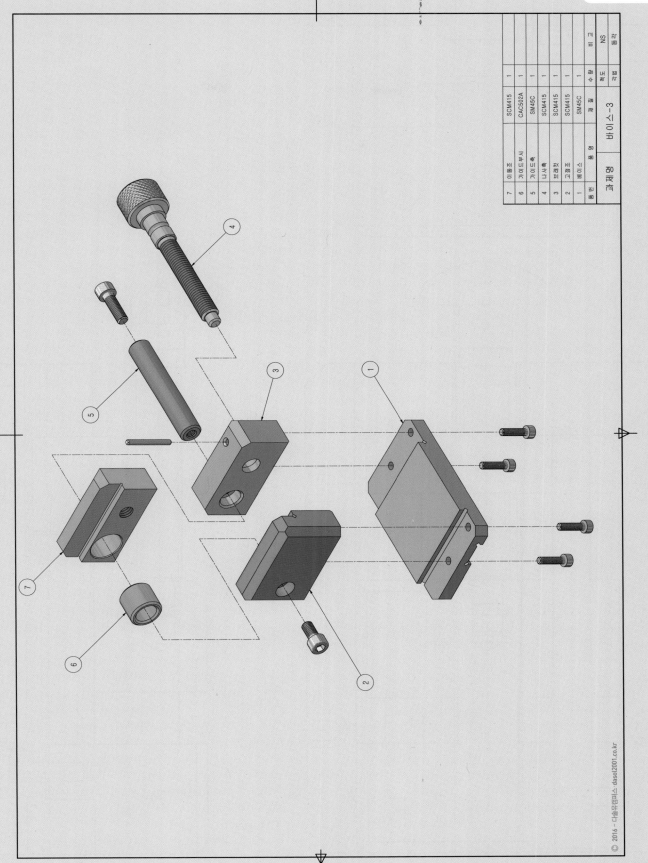

품번	품 명	재 질	수량	비 고
7	이동조	SCM415	1	
6	가이드부시	CAC502A	1	
5	가이드축	SM45C	1	
4	나사축	SCM415	1	
3	브래킷	SCM415	1	
2	고정조	SM45C	1	NS
1	베이스			등각
품번	품 명	재 질	수량	비 고
	과제명	바이스-3		

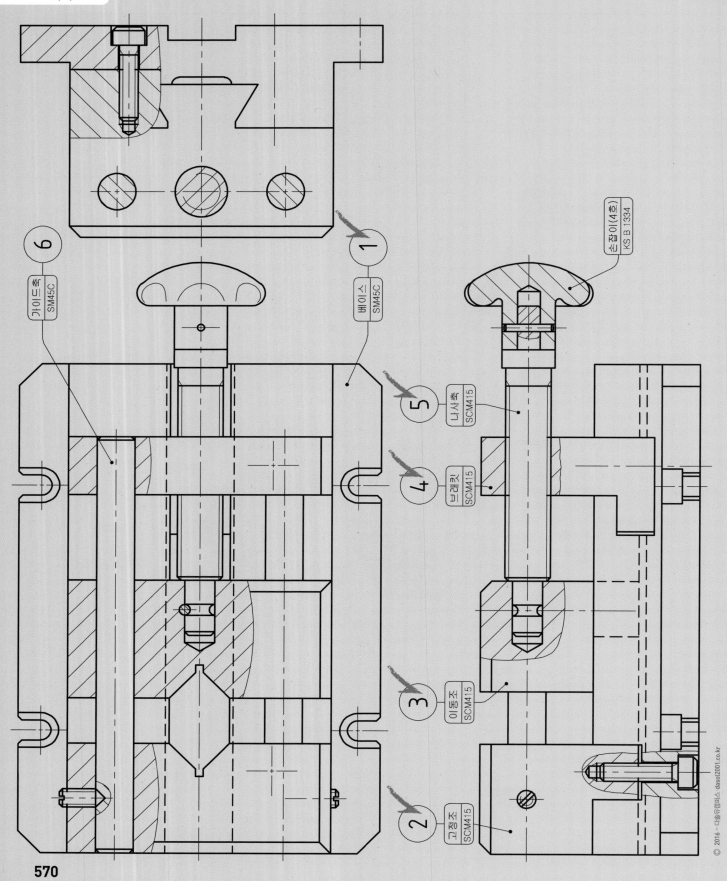

6 가이드축 SM45C

1 베이스 SM45C

손잡이(4호) KS B 1334

5 나사축 SCM415

4 브래킷 SCM415

3 이동조 SCM415

2 고정조 SCM415

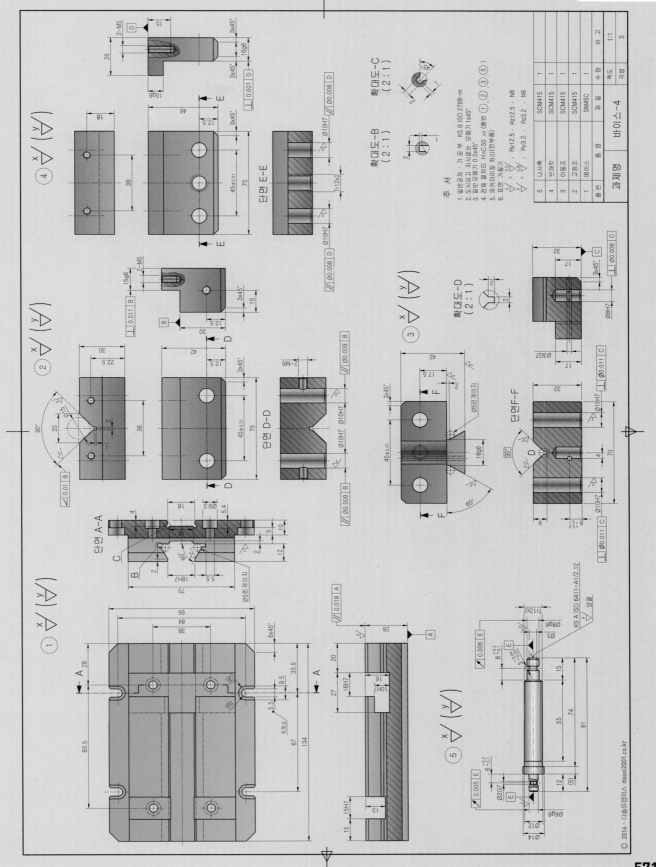

주 서

1. 일반공차 - 가 공 부 KS B ISO 2768-m
2. 도시되고 지시없는 모떼기는 1x45°
3. 일반 모떼기 0.2x45°
4. 전체 열처리 HรC50 ±5 (품번 ①, ②, ③,⑤)
5. 표면처리 처리(전부품)

과제명 바이스-4

품번	품 명	재 질	수 량	비 고
5	나사축	SCM415	1	
4	모렝치	SCM415	1	
3	이동조	SCM415	1	
2	고정조	SM45C	1	
1	베이스		1	

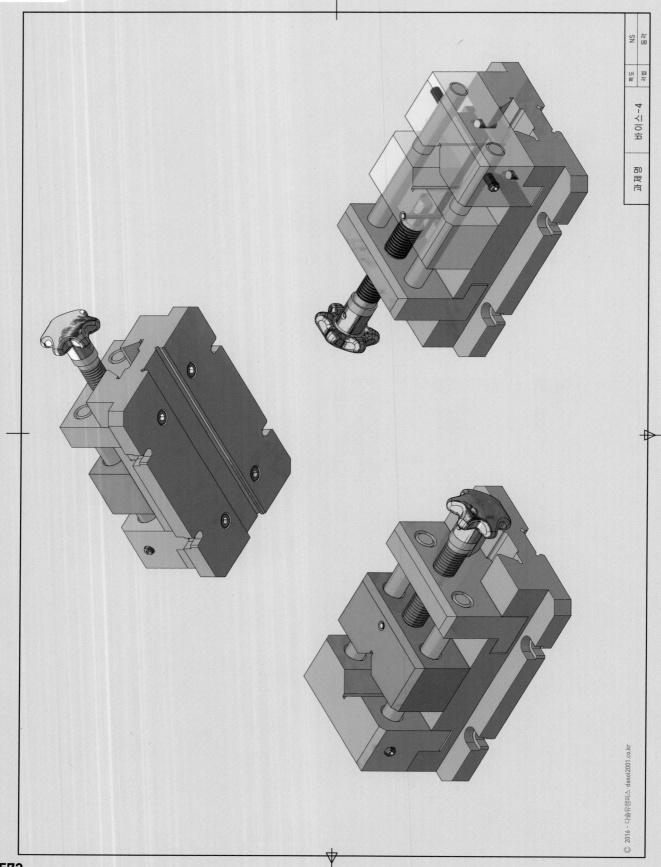

과제명 바이스-4 척도 각법 NS 용지

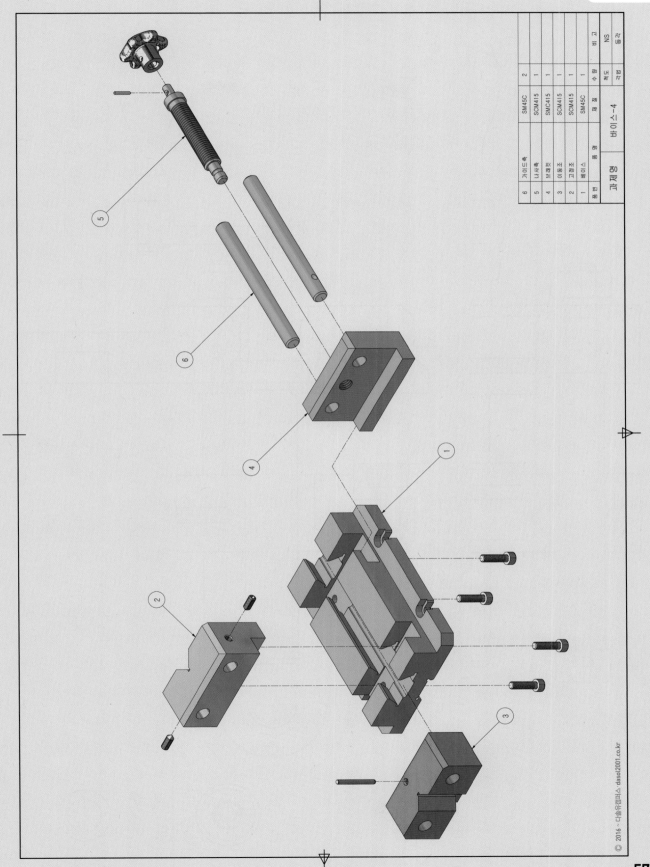

품 번	품 명	재 질	수 량	비 고
6	가이드축	SM45C	2	
5	나사축	SCM415	1	
4	브래킷	SMC415	1	
3	이동조	SCM415	1	
2	고정조	SCM415	1	
1	베이스	SM45C	1	

과제명	바이스-4	척 도	NS
		각 법	3각

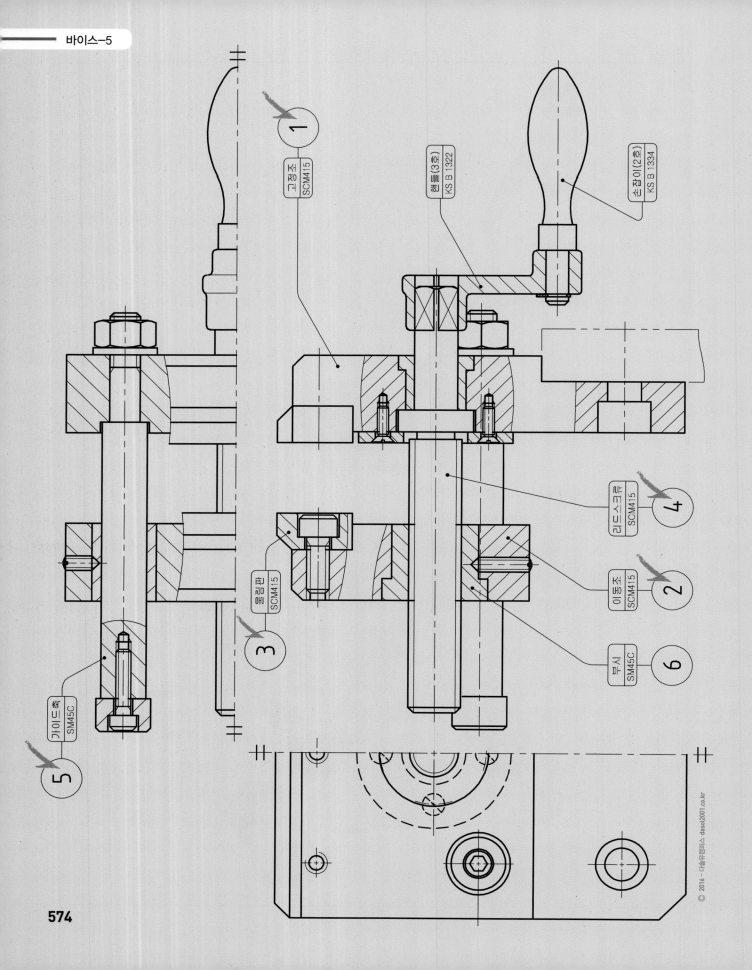

고정조
SCM415

1

핸들(3호)
KS B 1322

손잡이(2호)
KS B 1334

리드스크류
SCM415

4

이동조
SCM415

2

누름판
SCM415

3

부시
SM45C

6

가이드축
SM45C

5

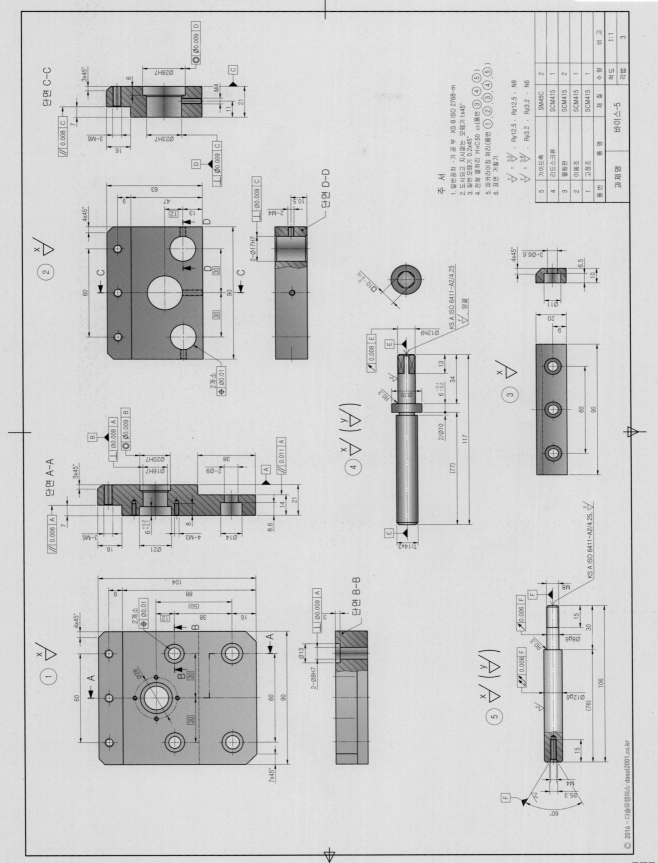

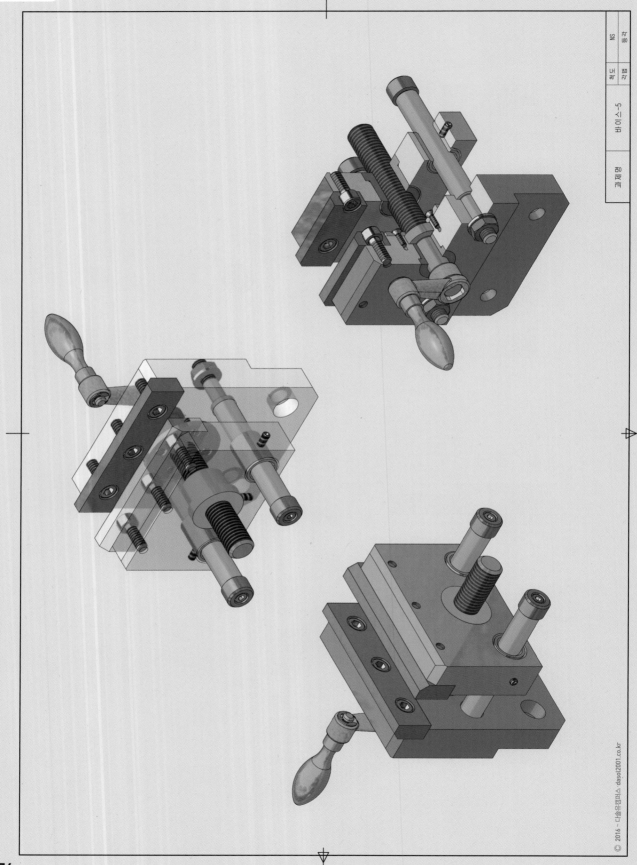

과제명 | 바이스-5 | 척도 | NS
| | 각법 | 3각

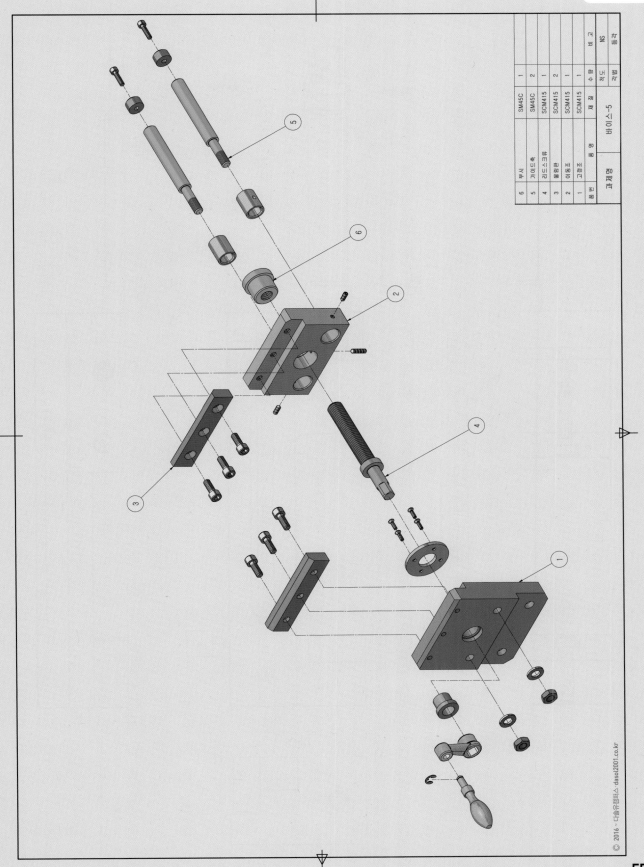

품번	품 명	재 질	수 량	비 고
6	부시	SM45C	1	
5	가이드축	SM45C	2	
4	리드스크류	SCM415	1	
3	물림판	SCM415	2	
2	이동조	SCM415	1	
1	고정조	SCM415	1	
품번	품 명	재 질	수 량	비 고

척 도 | NS
각 법 | 3각법

바이스-5

과제명

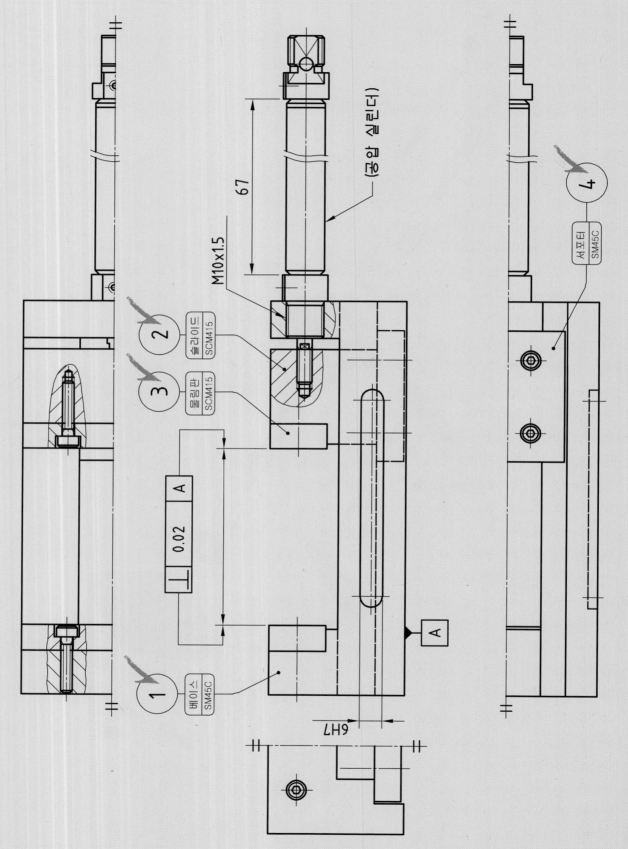

(공압 실린더)

M10x1.5

67

② 슬라이드 SCM415

③ 물림판 SCM415

⊥ 0.02 A

① 베이스 SM45C

⌀6H7

④ 서포터 SM45C

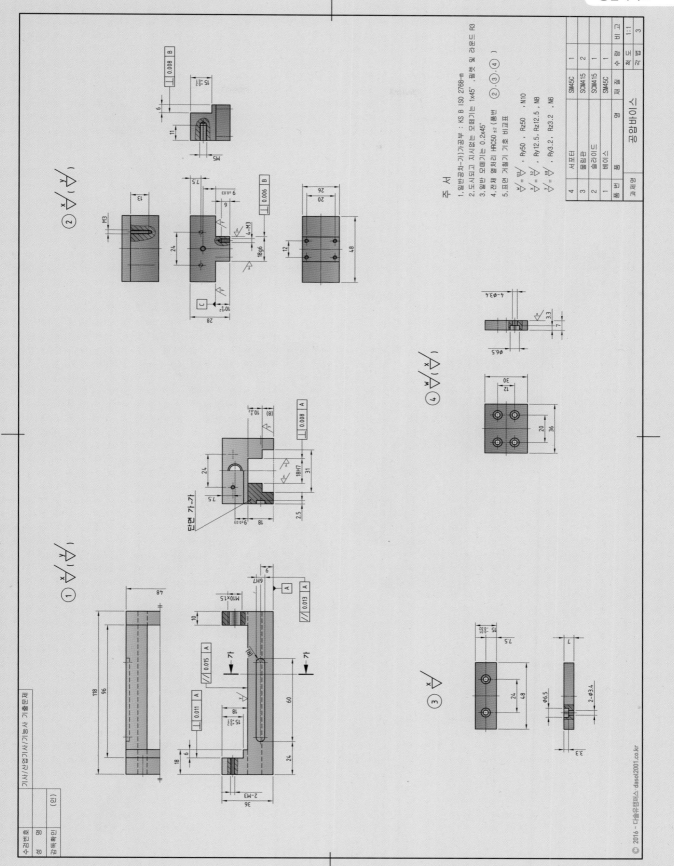

NS
등각
각법
척도
공압바이스
품명

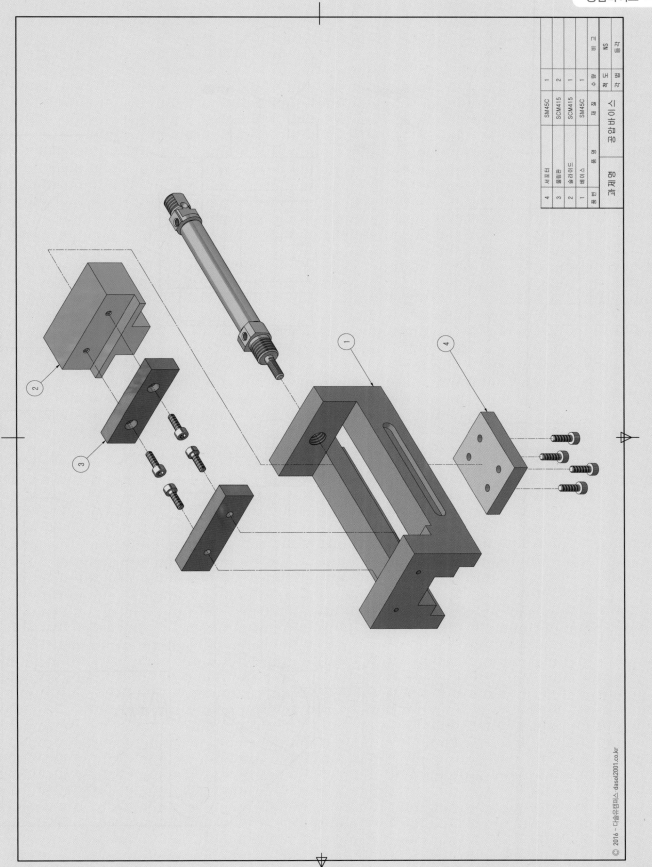

품번	품명	재질	수량	비고
4	서포터	SM45C	1	
3	물림판	SCM415	2	
2	슬라이드	SCM415	1	
1	베이스	SM45C	1	
품번	품명	재질	수량	비고
과제명	공압바이스	척도	NS	
		각법	3각법	

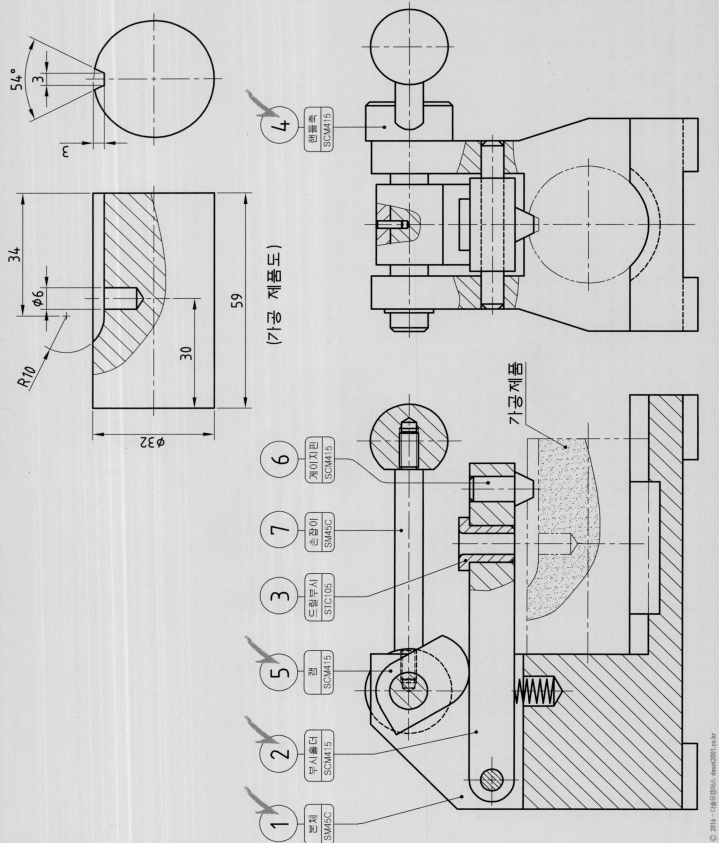

54°

3

3

R10

34

φ6

30

59

φ32

(가공제품도)

가공제품

4 | 핸들축 | SCM415

6 | 게이지판 | SCM415

7 | 손잡이 | SM45C

3 | 드릴부시 | STC105

5 | 캠 | SCM415

2 | 부시홀더 | SCM415

1 | 본체 | SM45C

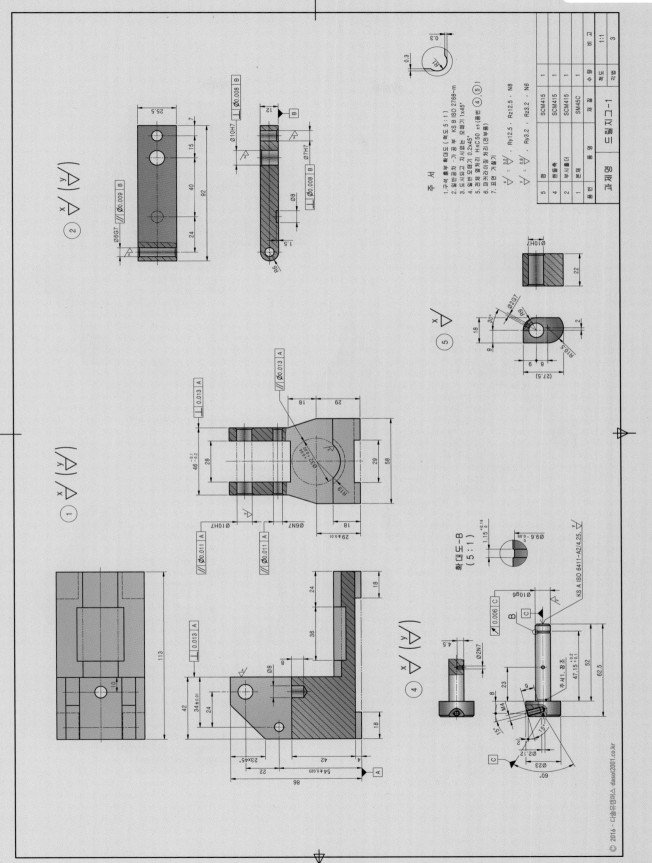

주 서

1. 주석용 축부 확대도 (척도 5 : 1)
2. 예리한 모서리 - 가공 부 KS B ISO 2768-m
3. 도 시되고 지시없는
4. 특반 모떼기 0.2x45°
5. 검펜 열처리 HₐC50 ±5 (몰 틴)
6. 표면 거칠기 (전부품)
7. 표 면 거칠기

드릴지그-1

© 2016 - 다솔유앤미스·dasol2001.co.kr

583

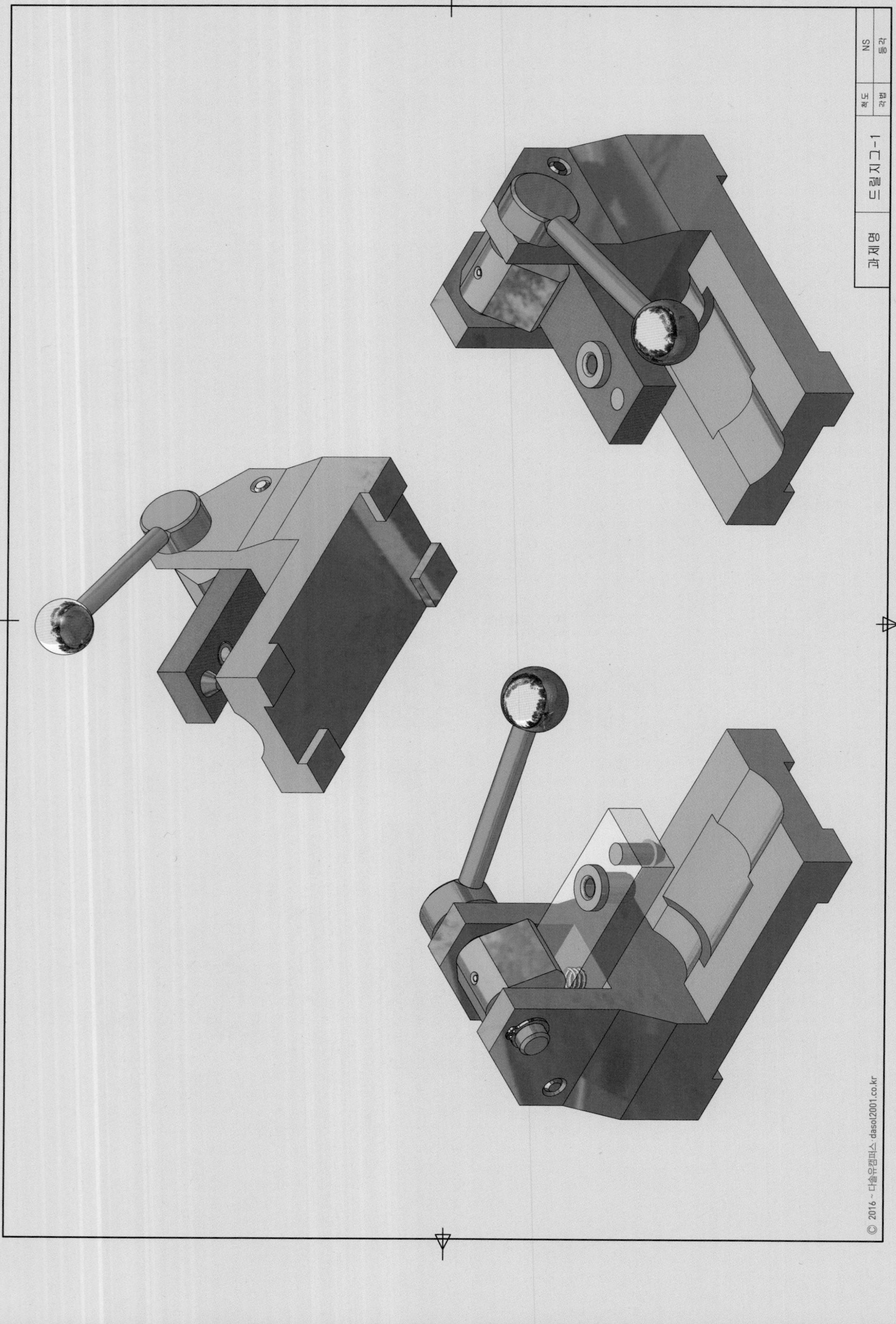
과제명
드릴지그-1
척도
NS
각법
등각
© 2016 ~ 다솔유캠퍼스 : dasol2001.co.kr

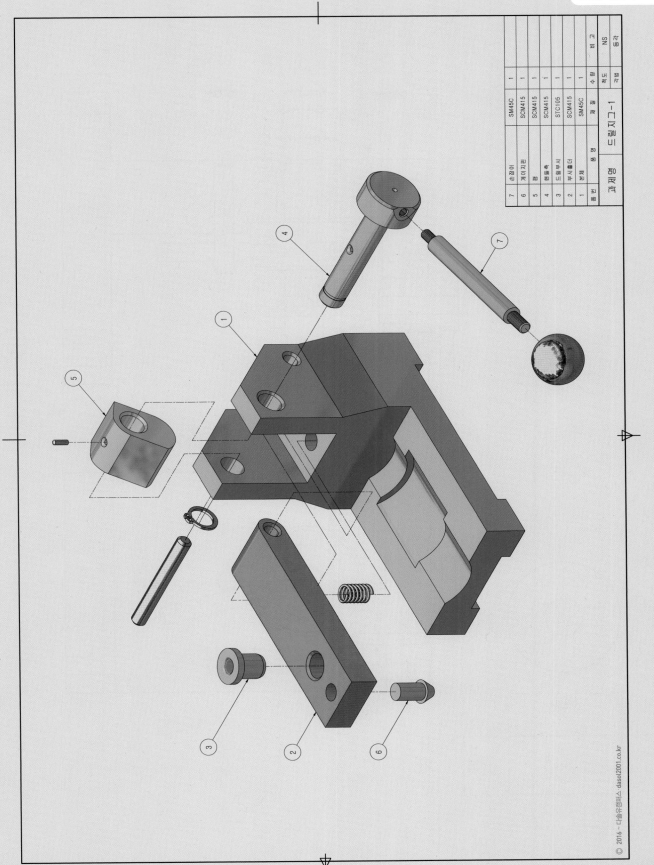

품번	품명	재질	수량	비고
7	손잡이	SM45C	1	
6	게이지핀	SCM415	1	
5	캡	SCM415	1	
4	편심축	SCM415	1	
3	드릴부시	STC105	1	
2	부시홀더	SCM415	1	
1	본체	SM45C	1	

드릴지그-1

7 산입부시 STC105

2 브래킷 SCM415

4 축 SCM415

3 부시 CAC502A

ϕ5G7 $\perp$ ϕ0.01 A

6 고정라이너 STC105

5 지그몸체 SCM415

A

2-ϕ5

ϕ30

ϕ10H7

10±0.02

16

제품도

1 본체 SCM415

586

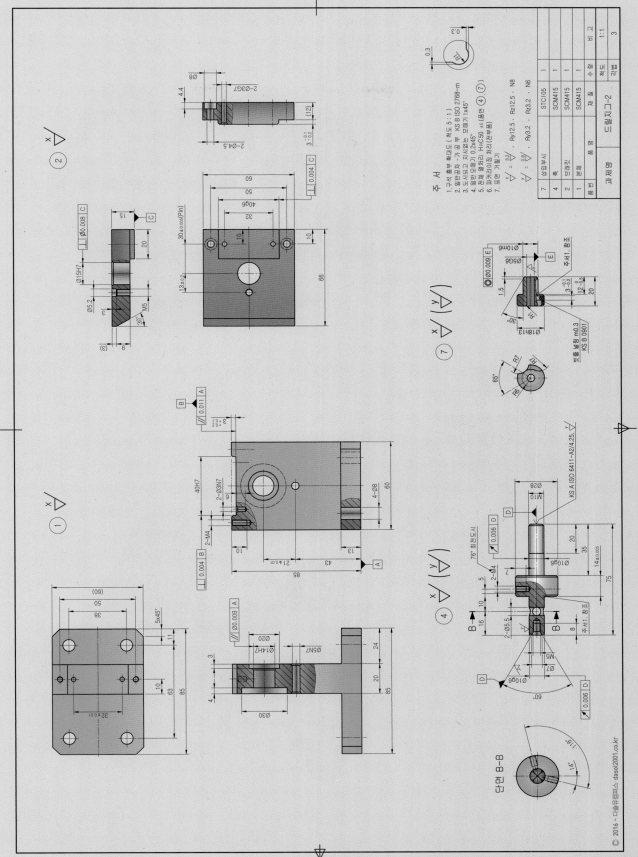

주 서
1. 구석를 부 확대도 (척도 5 : 1)
2. 일반공차 -가공부 KS B ISO 2768-m
3. 도시되고 지시없는 모떼기 1x45°
4. 끝난 모떼기 0.2x45°
5. 전체 열처리 HrC50 ±3 (품번 ④ , ⑦)
6. 파커라이징 처리 (전부롱)
7. 표면 거칠기

드릴지그-2

7	심입부시	STC105	1	
4	축	SCM415	1	
2	브래킷	SCM415	1	
1	본체	SCM415	1	
품번	품 명	재 질	수량	비 고
과제명	드릴지그-2		척도	1:1
			각법	3

KS A ISO 6411-A2/4.25,

KS B 0901
빗줄 널링 m0.3
주서1. 참조

주서1. 참조

단면 B-B

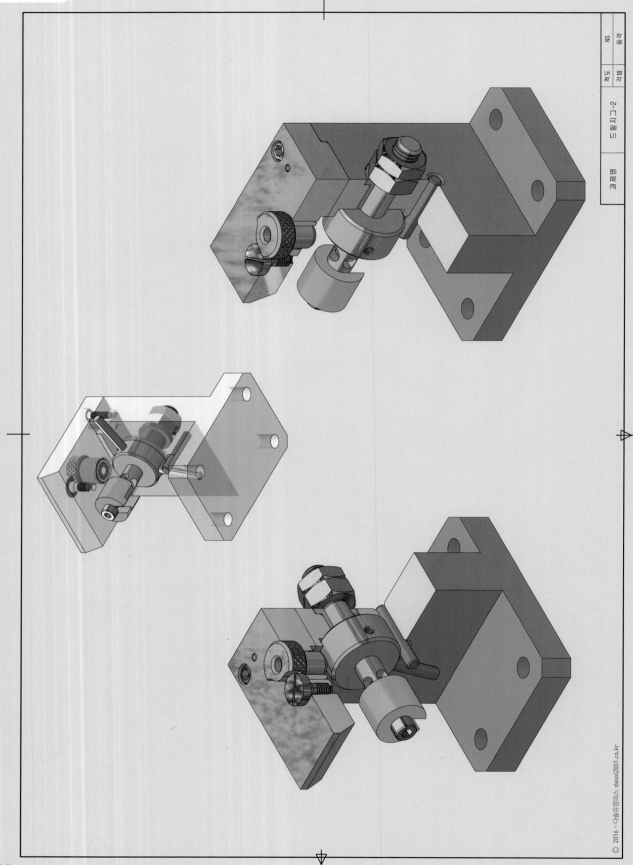

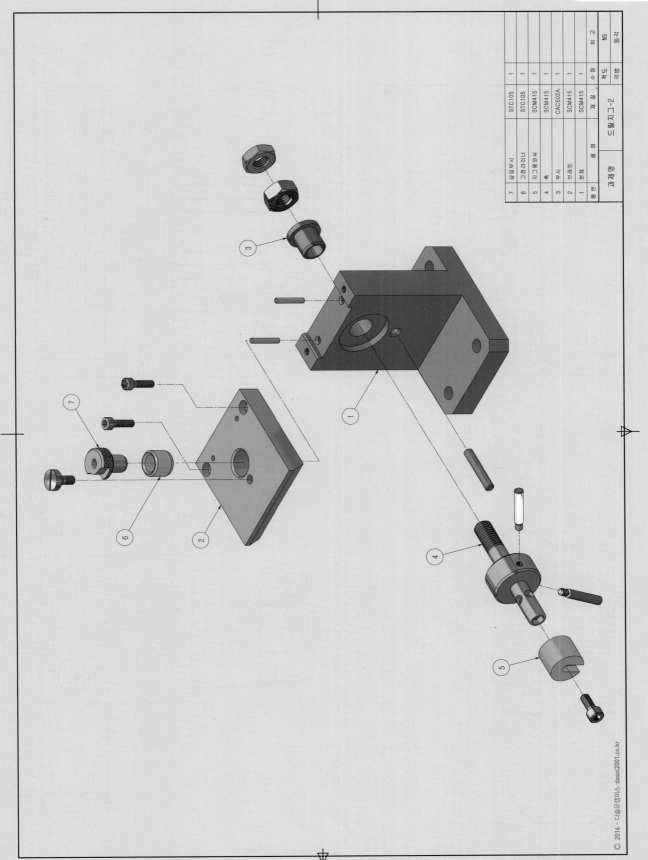

7	6	5	4	3	2	1	품번		품명	드릴지그-2	
와샤머리	고정라이너	지그용부시	부시	와셔	고정구	본체	품명	재질	척도	수량	비고
STC105	STC105	SCM415	SCM415	CAC502A	SCM415	SCM415	재질				
1	1	1	1	1	1	1	수량	2각법	1:1	척도	
							비고	NS		각도	

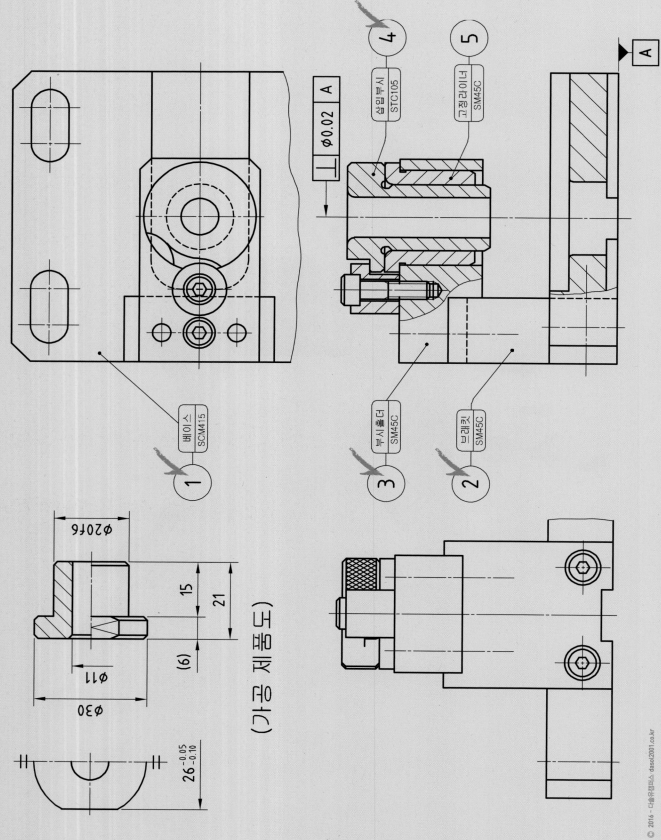

⊥ | Ø0.02 | A

④ 삽입부시 STC105

⑤ 고정라이너 SM45C

▶ A

① 베이스 SCM415

③ 부시홀더 SM45C

② 브래킷 SM45C

Ø20f6

15

21

(6)

Ø11

Ø30

26 -0.05 -0.10

(가공제품도)

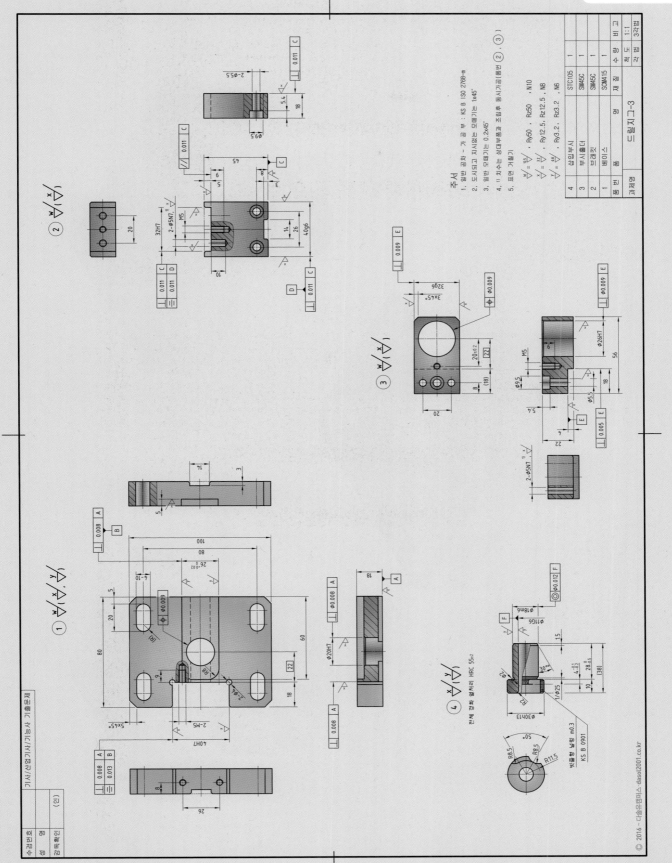

주서
1. 일반공차 - 가공부 : KS B ISO 2768-m
2. 도시되고 지시없는 모떼기는 1x45°
3. 일반 모떼기는 0.2x45°
4. ¹⁾ 치수는 상대부품과 조립후 동시가공(품번 ②, ③)
5. 표면 거칠기

∀ = ¹²/	Ry50 , Rz250 , N10	
∀ = ³²/	Ry12.5, Rz12.5, N8	
∀ = ⁸⁸/	Ry3.2 , Rz3.2 , N6	

4	삽입부시	STC105	1	
3	부시홀더	SM45C	1	
2	브래킷	SM45C	1	
1	베이스	SCM415	1	
품번	품명	재질	수량	비고

과제명 드릴지그-3

척 도 1:1
각 법 3각법

© 2016 - 다솔유컴퍼스-dasol2001.co.kr

591

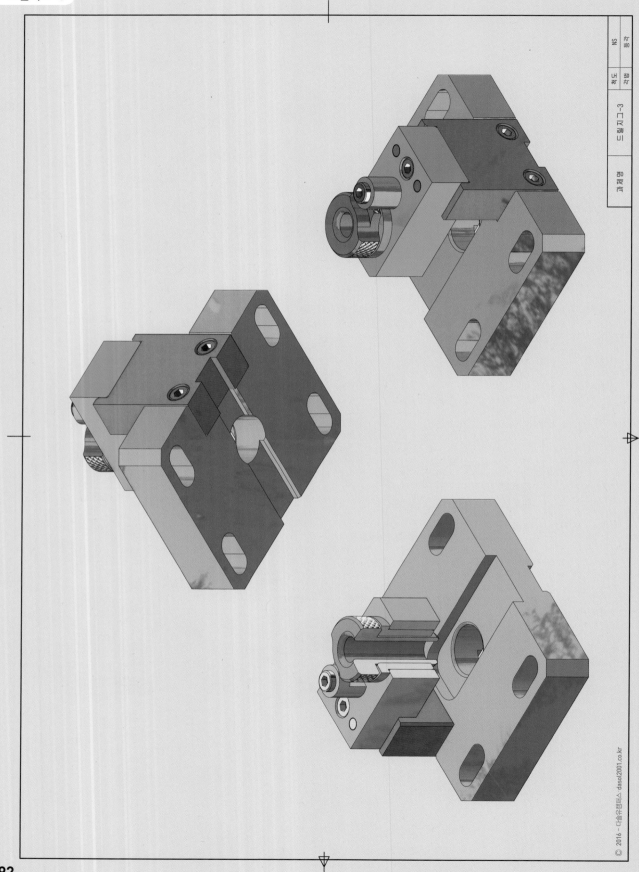

과제명

척도 NS

각법 응용

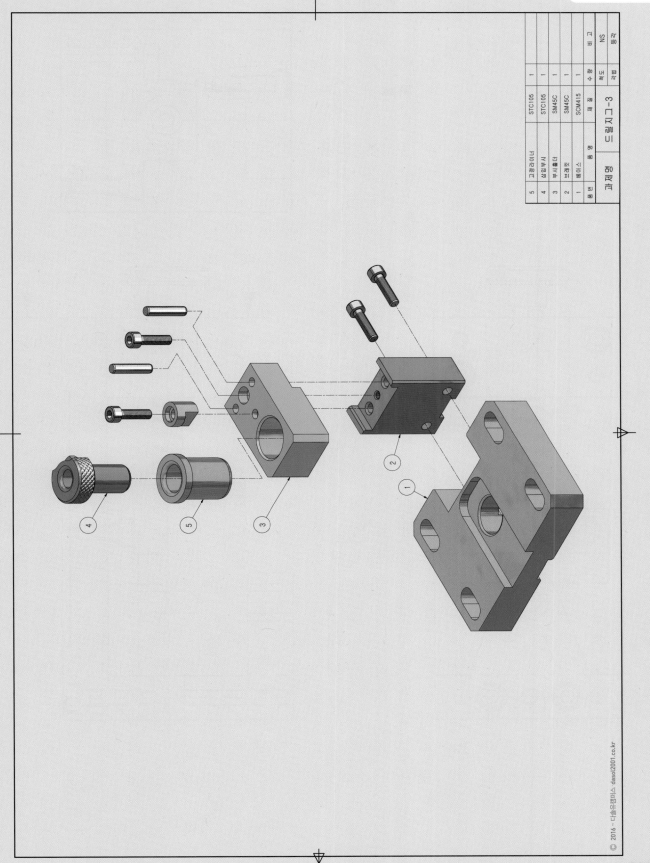

품번	품명	재질	수량	규격	비고
5	고정라이너	STC105	1		
4	N부시멈	STC105	1		
3	지그몸체	SM45C	1		
2	위치결	SM45C	1		
1	베이스	SCM415	1		
품번	품명	재질	수량	규격	비고

드릴지그-3

과제명

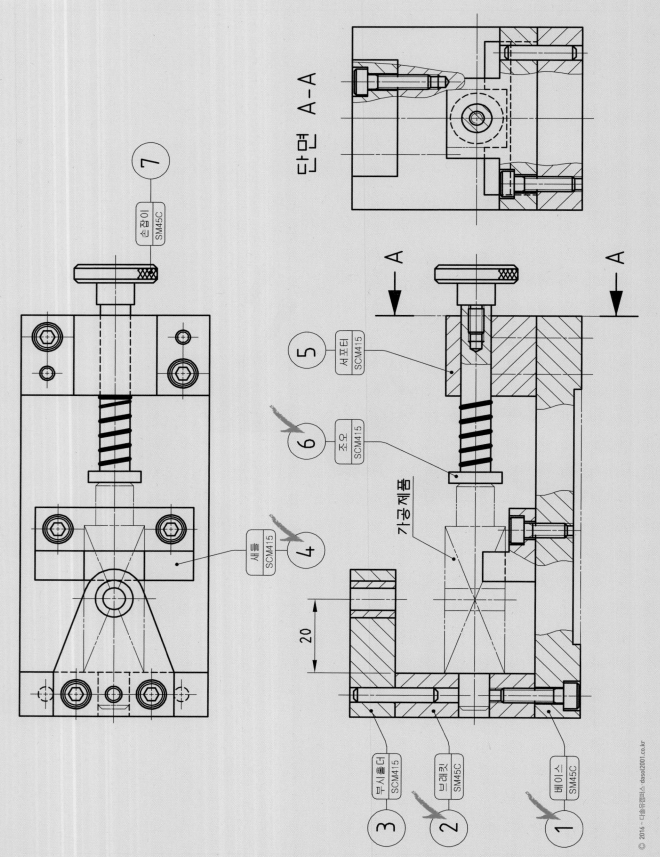

단면 A-A

① 베이스 SM45C
② 브레킷 SM45C
③ 부시홀더 SCM415
④ 세트 SCM415
⑤ 서포터 SCM415
⑥ 조오 SCM415
⑦ 손잡이 SM45C

가공제품

20

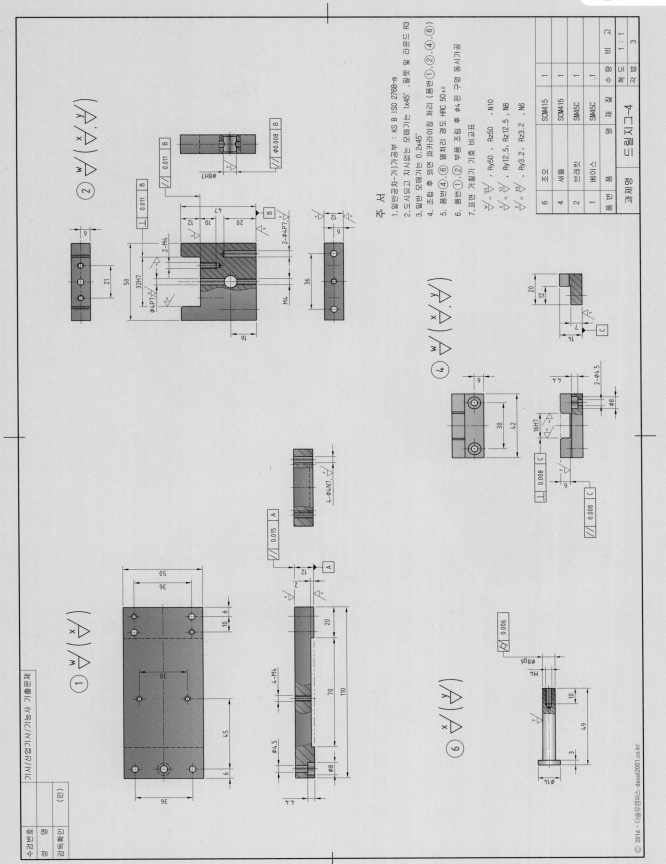

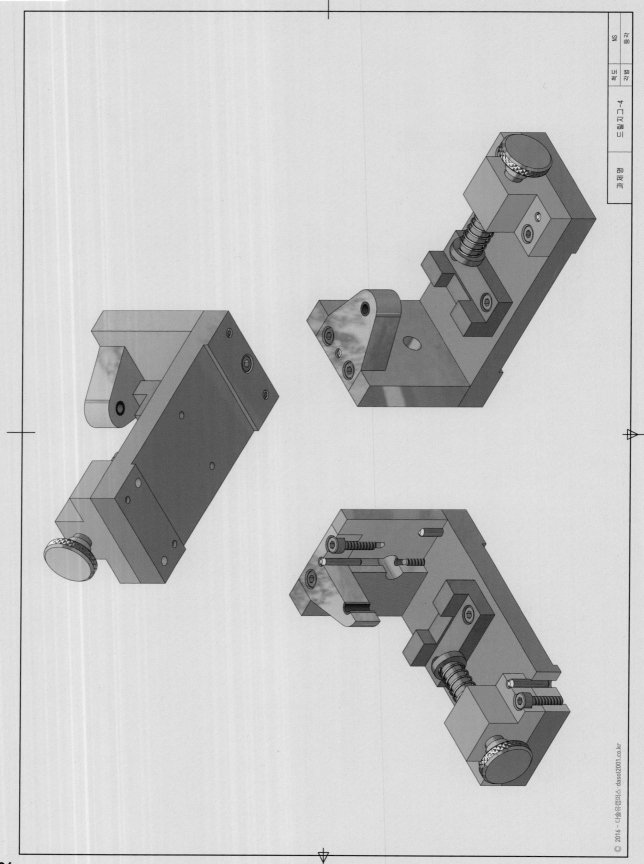

과제명   드릴지그-4   축척   1:1   각법   1각법   NS

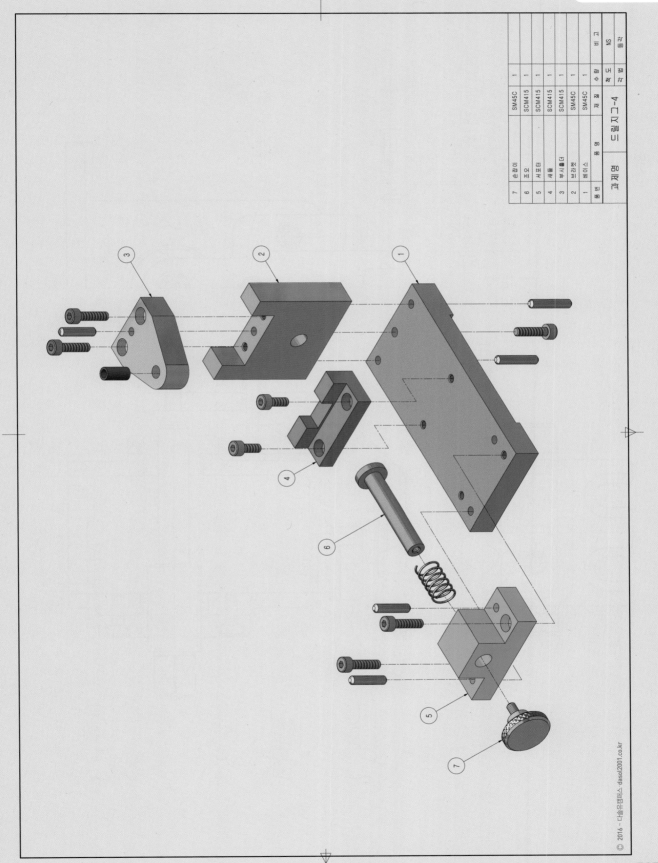

번호	품명	재질	수량	비고
7	손잡이	SM45C	1	
6	조우	SCM415	1	
5	서포트	SCM415	1	
4	세들	SCM415	1	
3	부시홀더	SCM415	1	
2	고정리셋	SM45C	1	
1	베이스	SM45C	1	

과제명	드릴지그-4	척도	NS	각법	3각법

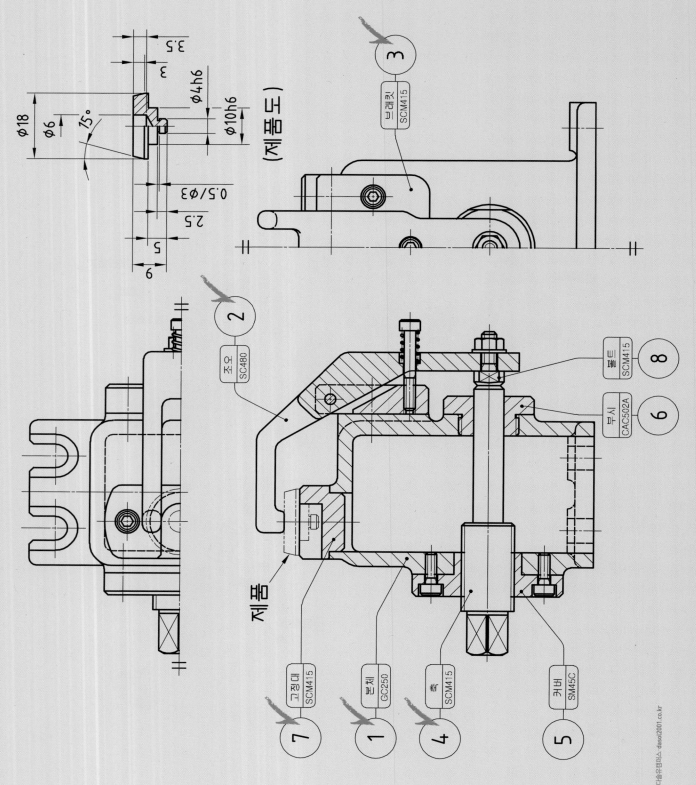

(제품도)

제품

조오 SC480 ②

브래킷 SCM415 ③

볼트 SCM415 ⑧

부시 CAC502A ⑥

고정대 SCM415 ⑦

본체 GC250 ①

축 SCM415 ④

커버 SM45C ⑤

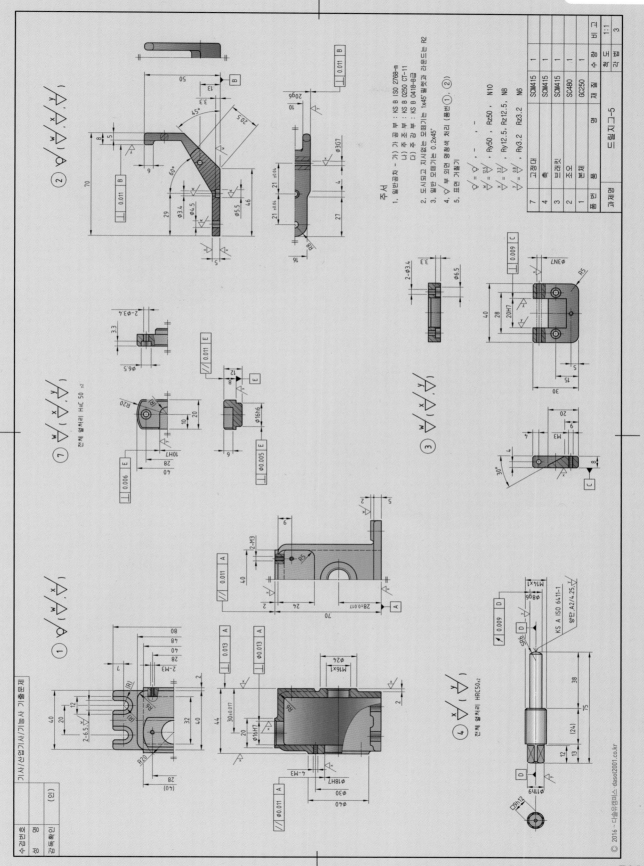

주서
1. 일반공차 - 가) 가공부 : KS B ISO 2768-m
　　　　　　 나) 주조부 : KS B 0250 CT-11
　　　　　　 다) 주강부 : KS B 0418-B급
2. 도시되고 지시없는 모떼기는 1x45°밀링컷과 라운드는 R2
3. 일반 모떼기는 0.2x45°
4. ▽부 외면 명청색 처리 (품번①, ②)
5. 표면 거칠기

　▽ = ▽ , , Ry50 , Rz50 , N10
　x/ = 12.5/ , Ry12.5, Rz12.5, N8
　y/ = 3.2/ , Ry3.2 , Rz3.2 , N6

품번	품명	재질	수량	비고
7	고정대	SCM415	1	
4	축	SCM415	1	
3	브래킷	SCM415	1	
2	조우	SC480	1	
1	본체	GC250	1	

과제명　드릴지그-5

척도 1:1
각법 3

전체 열처리 HRC 50±2

전체 열처리 HRC50±2

수검번호		기사/산업기사/기능사/기능사2 기출문제
성명		
감독확인	(인)	

© 2016 - 다솔유캠퍼스-dasol2001.co.kr

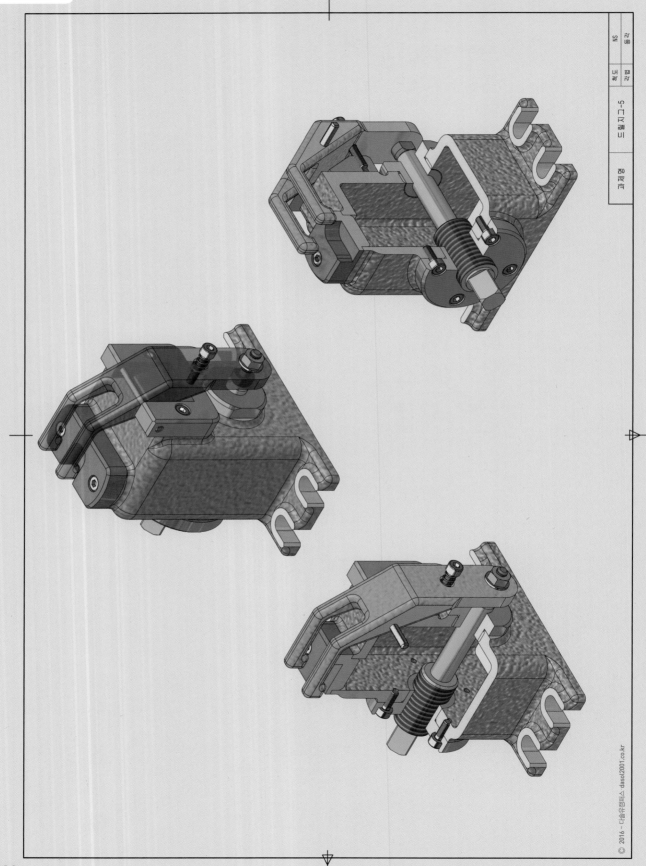

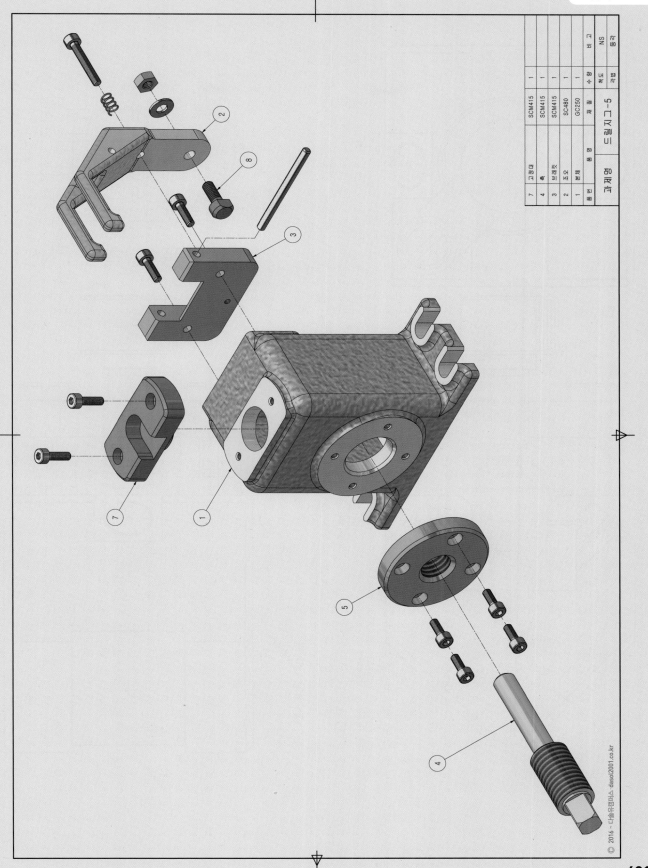

품번	품명	재질	수량	비고
7	고정대	SCM415	1	
4	축	SCM415	1	
3	브라켓	SCM415	1	
2	조오	SC480	1	
1	본체	GC250	1	
품번	품명	재질	수량	비고
과제명	드릴지그-5		척도	NS
			각법	3각법

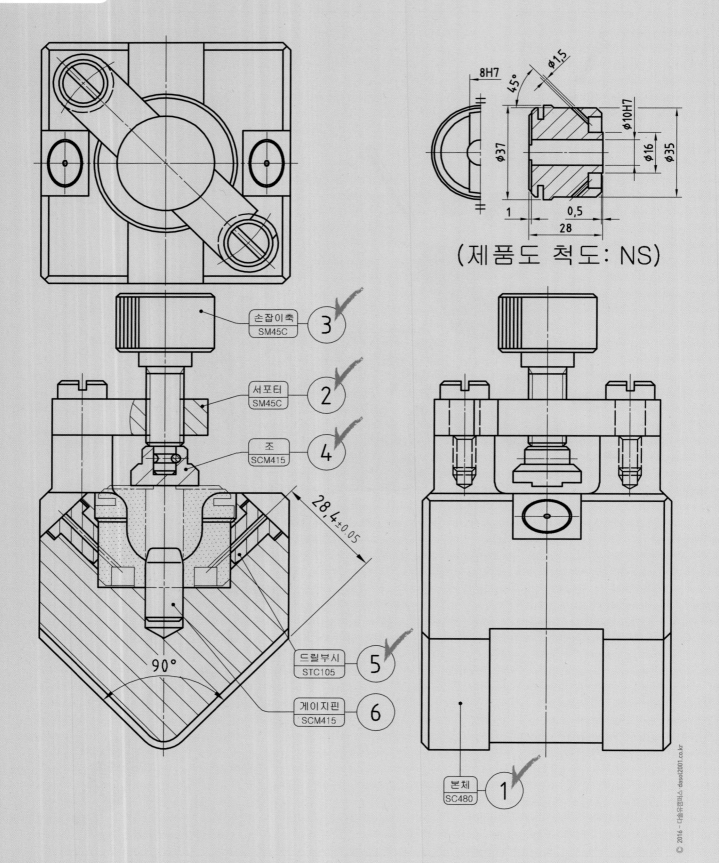

(제품도 척도: NS)

손잡이축 ③
SM45C

서포터 ②
SM45C

조 ④
SCM415

28.4±0.05

90°

드릴부시 ⑤
STC105

게이지핀 ⑥
SCM415

본체 ①
SC480

8H7
45°
φ15
φ10H7
φ37
φ16
φ35
1
0.5
28

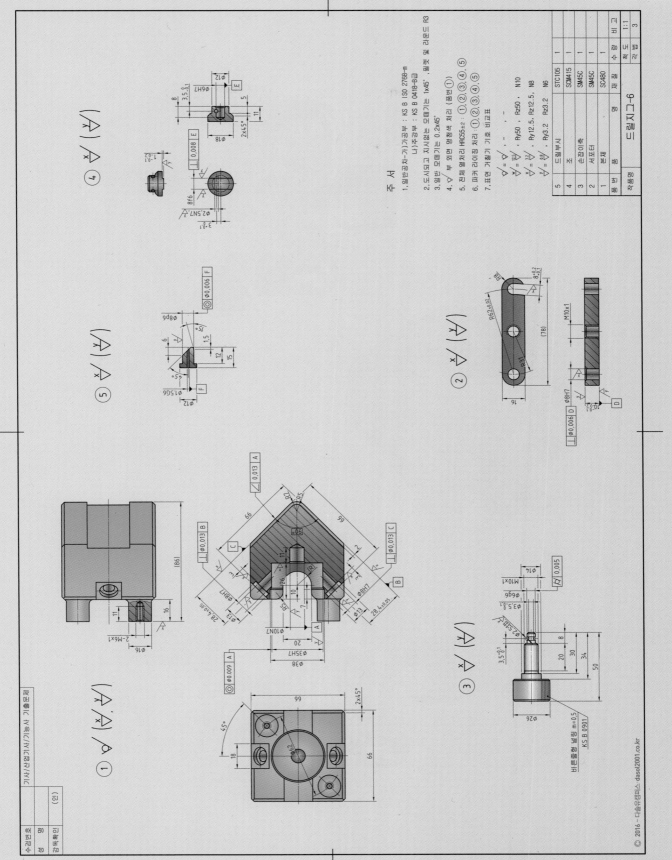

주 서

1. 일반공차-가기가공부 : KS B ISO 2768-m
   나-주강부 : KS B 0418-B급
2. 도시되고 지시없는 모떼기는 1x45˚, 필렛 및 라운드 R3
3. 일반 모떼기는 0.2x45˚
4. ▽부 외면 명청색 처리 (품번①)
5. 전체 열처리 HRC55±2 : ①, ②, ③, ④, ⑤
6. 파커 라이징 처리 ①, ②, ③, ④, ⑤
7. 표면 거칠기 기호 비교표

▽	= $\frac{w}{v}$,	-	-
$\frac{w}{v}$	= $\frac{25}{12.5}$,	Ry50 , Rz50 .	N10
$\frac{x}{v}$	= $\frac{6.3}{1.6}$,	Ry12.5, Rz12.5.	N8
$\frac{y}{v}$	= $\frac{0.8}{0.2}$,	Ry3.2 , Rz3.2	N6

5	드릴부시	STC105	1	
4	조	SCM415	1	
3	손잡이축	SM45C	1	
2	서포터	SM45C	1	
1	본체	SC480	1	
품번	품명	재질	수량	비고

| 작품명 | 드릴지그-6 | 척도 | 1:1 |
| | | 각법 | 3 |

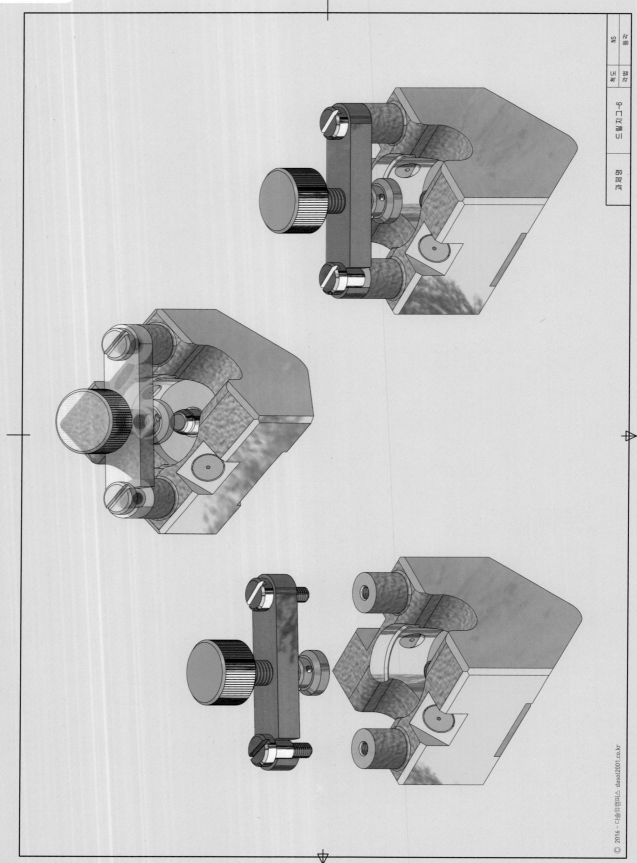

NS
관리
재질
드릴지그-6
정재현

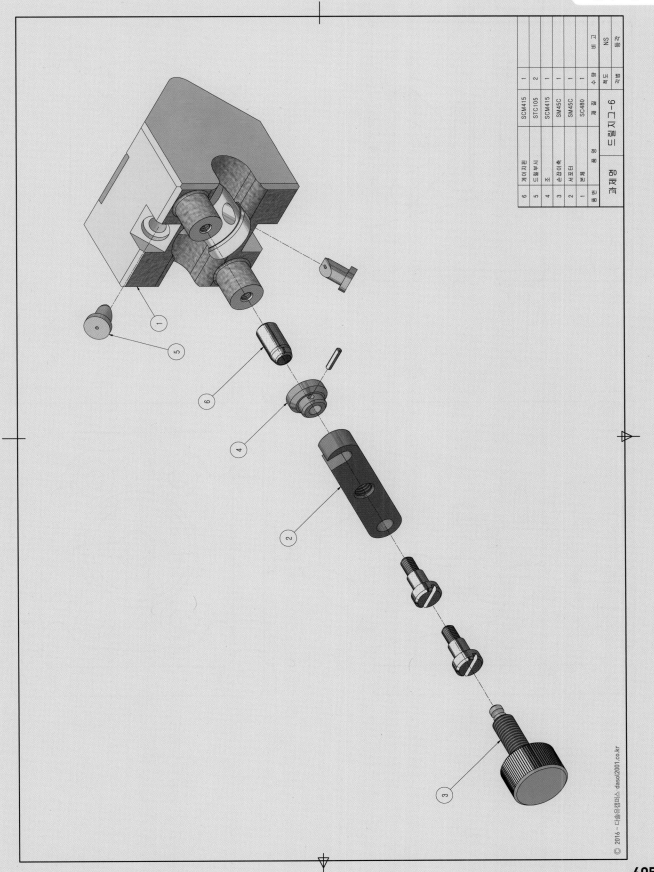

품번	품명	재질	수량	비고
6	게이지핀	SCM415	1	
5	드릴부시	STC105	2	
4	조	SCM415	1	
3	손잡이쇠	SM45C	1	
2	서포터	SM45C	1	
1	본체	SC480	1	
품번	품명	재질	수량	비고
척도	NS			
각법	3각법			

드릴지그-6

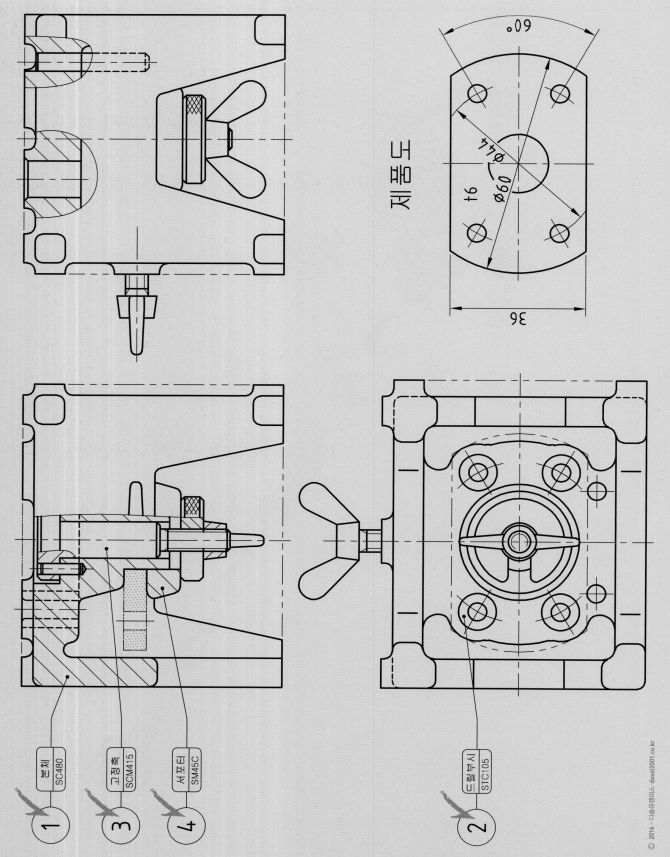

제품도

∘06

Ø44

Ø60

91

36

본체
SC480

고정축
SCM415

서포터
SM45C

드릴부시
STC105

1

3

4

2

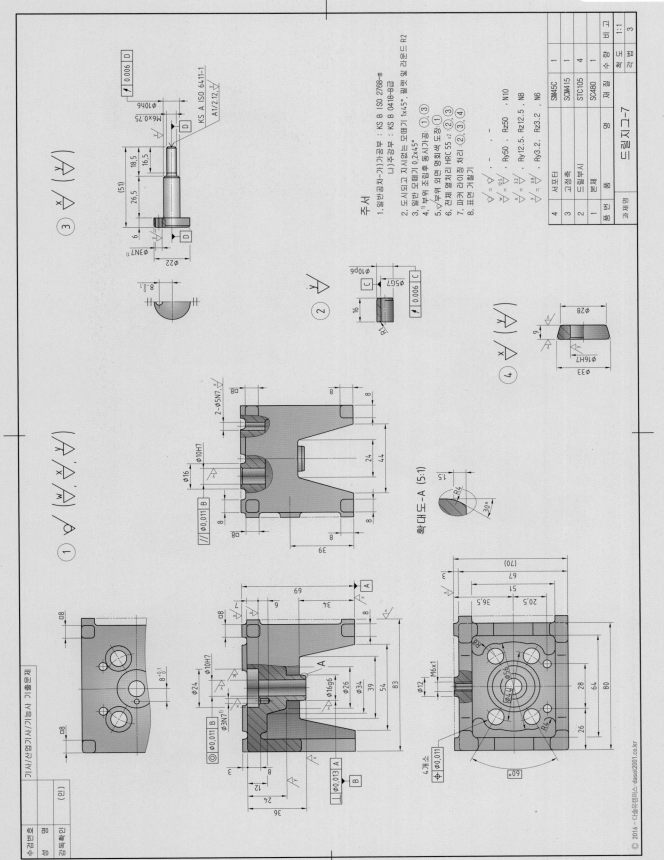

주서
1. 일반공차-가) 가공부 : KS B ISO 2768-m
        나) 주강부 : KS B 0418-8급
2. 도시되고 지시없는 모떼기1×45°, 필렛 및 라운드 R2
3. 일반 모떼기 0.2×45°
4. ¹⁾부위 조립후 동시가공 : ①, ③
5. √부위 외면 명회색 도장 : ①
6. 전체 열처리 HRC 55 ±2 : ②, ③
7. 파커 라이징 처리 : ②, ③, ④
8. 표면 가칠기

$\sqrt{}$ (, , ,)

$\overset{w}{\nabla}$ = $\frac{12.5}{}$, Ry50 , Rz50 , N10
$\overset{x}{\nabla}$ = $\frac{3.2}{}$, Ry12.5 , Rz12.5 , N8
$\overset{y}{\nabla}$ = $\frac{0.8}{}$, Ry3.2 , Rz3.2 , N6

		품명	재질	수량	비고
4	서포터	SM45C	1		
3	고정축	SCM415	1		
2	드릴부시	STC105	4		
1	본체	SC480	1		
품번	품명	재질	수량	비고	

드릴지그-7	
척도	1:1
각법	3

과제명 드릴지그-7

확대도-A (5:1)

수험번호 / 성명 / 감독확인 (인)

가서/산업기사/기사/기능사 기출문제

© 2016 - 다솔유캠퍼스 dasol2001.co.kr

KS A ISO 6411-1
A1/2.12

$\sqrt{}$ ($\overset{x}{\nabla}$) ③

$\sqrt{}$ ($\overset{x}{\nabla}$) ②

$\sqrt{}$ ($\overset{x}{\nabla}$) ④

$\sqrt{}$ ($\overset{w}{\nabla}$ $\overset{x}{\nabla}$ $\overset{y}{\nabla}$) ①

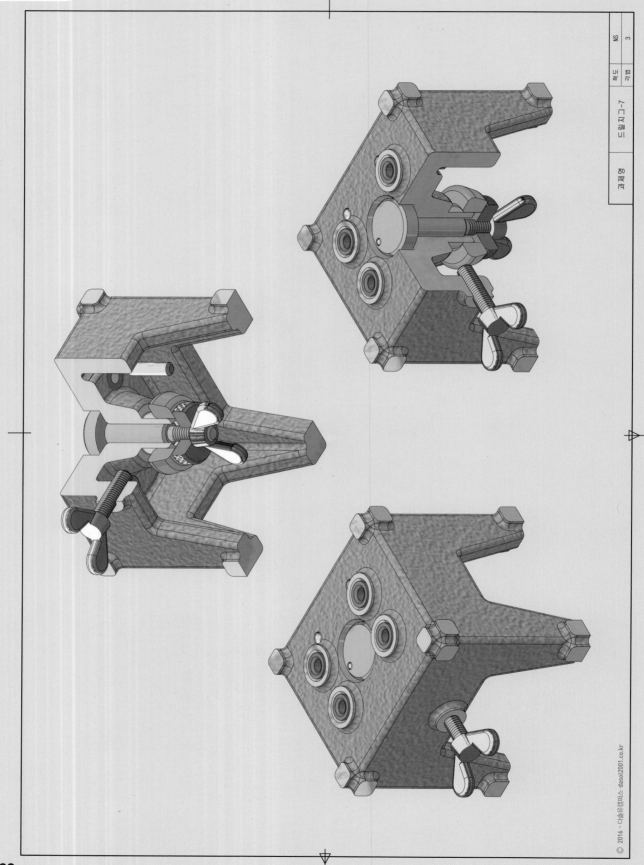

4	3	2	1	품번		
서포트	고정축	드릴부시	본체	품명	드릴지그-7	척도
SM45C	SCM415	STC105	SC480	재질		NS
1	1	4	1	수량		각법
				비고		

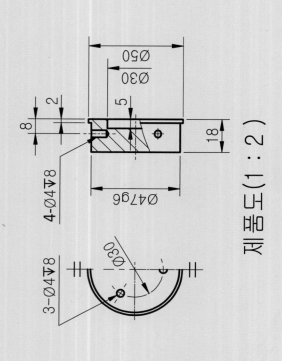

제품도(1:2)

ØØ50
Ø30
5
2
8
18
Ø47g6
4-Ø4▽8
3-Ø4▽8
Ø30

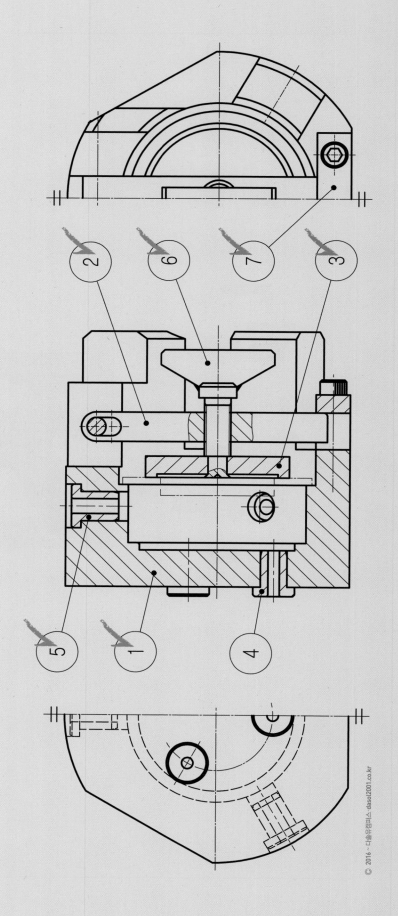

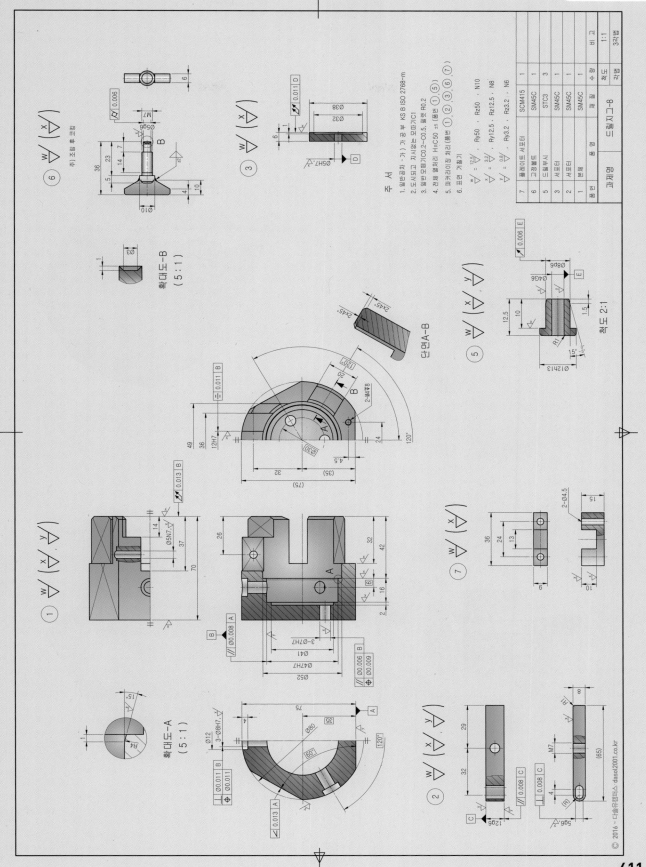

주 서

1. 일반공차 - 가) 가공부 KS B ISO 2768-m
2. 도시되고 지시없는 모떼기C1
3. 일반모떼기C0.2~C0.5, 필렛 R0.2
4. 전체 열처리 HRC50 ±5 (품번①,⑤)
5. 파커라이징 처리 (품번①,②,③,⑥,⑦)
6. 표면 거칠기

$$\frac{w}{} = \frac{12.5}{}, \quad \frac{x}{} = \frac{3.2}{}, \quad \frac{y}{} = \frac{0.8}{}$$

$$\frac{w}{} : Ry50 \cdot Rz50 \cdot N10$$
$$\frac{x}{} : Ry12.5 \cdot Rz12.5 \cdot N8$$
$$\frac{y}{} : Ry3.2 \cdot Rz3.2 \cdot N6$$

품번	품명	재질	수량	비고
7	홀레이트 서포타	SCM415	1	
6	고정볼트	SM45C	1	
5	드릴부시	STC3	3	
3	서포타	SM45C	1	
2	서포타	SM45C	1	
1	본체	SM45C	1	

과제명	드릴지그-8
척도	1:1
각법	3각법

확대도-B (5:1)

단면A-B

확대도-A (5:1)

척도 2:1

© 2016 - 다솔유캠퍼스 dasol2001.co.kr

611

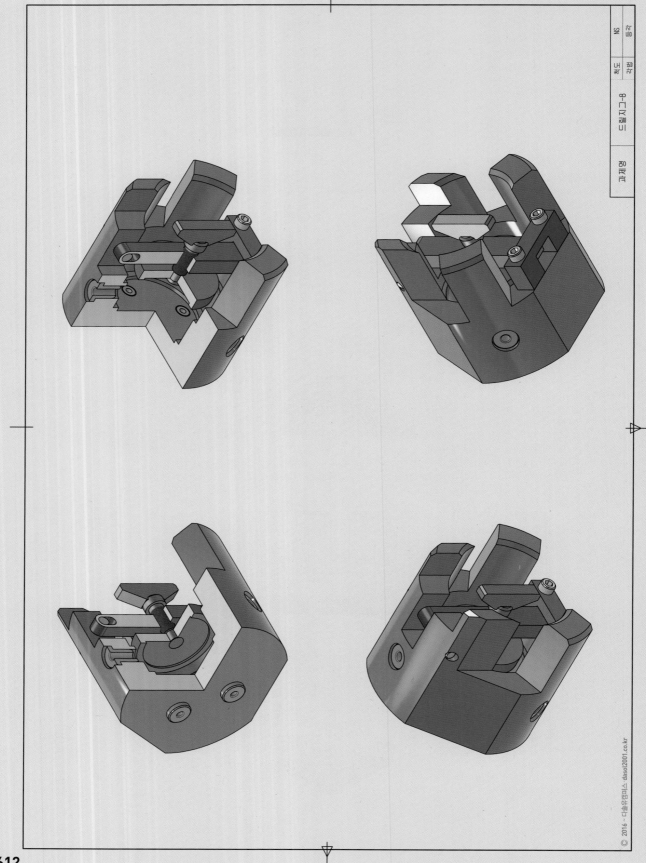

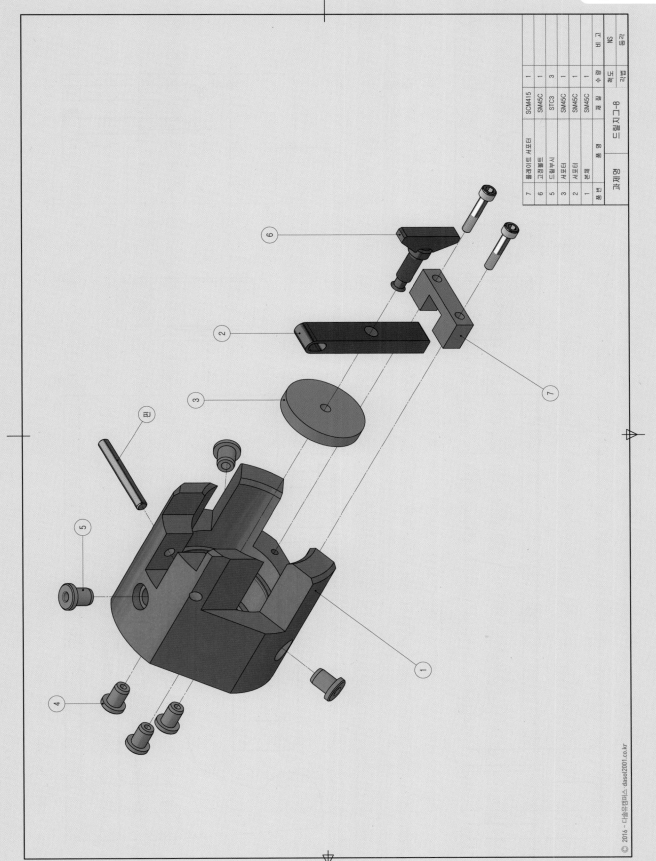

품 번	품 명	재 질	수 량	비 고
7	플레이트 서포터	SCM415	1	
6	고정볼트	SM45C	1	
5	드릴부쉬	STC3	3	
3	서포터	SM45C	1	
2	서포터	SM45C	1	
1	본체	SM45C	1	

과제명	드릴지그-8	척도	NS
		각법	3각

57

R29

t6

Ø10H7

(제품도)

20 ±0.02

30

④ 순접이촉 SCM415

⑥ 게이지판 SCM415

⑤ 슬라이더 SCM415

② 서포터 SC480

제품

③ 조 SC480

① 베이스 SC480

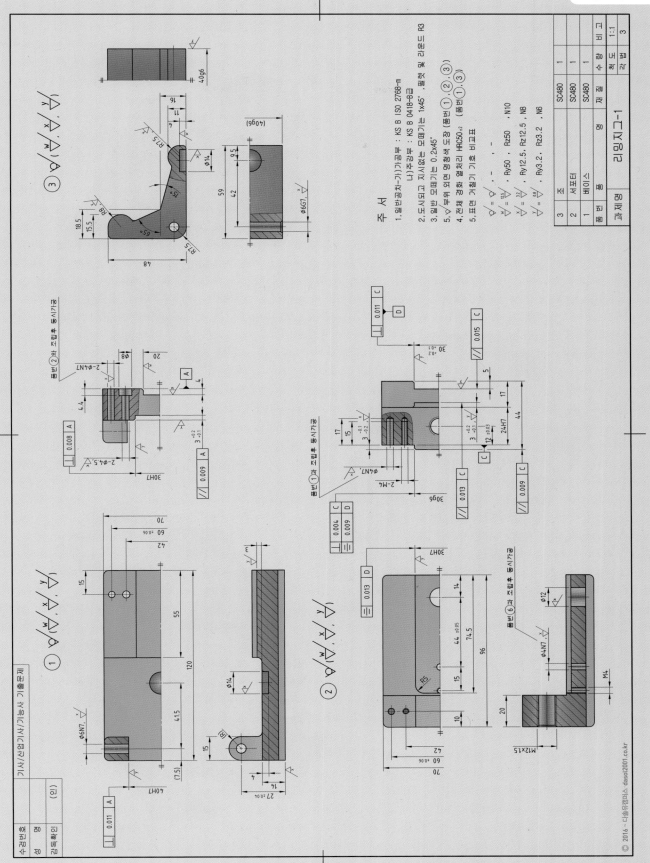

주 서

1. 일반공차ㅡㅋ가)가공부 : KS B ISO 2768-m
   나)주강부 : KS B 0418-B급
2. 도시되고 지시없는 모떼기는 1x45° , 필렛 및 라운드 R3
3. 일반 모떼기는 0.2x45°
4. ✓부위 외면 명청색 도장(품번① ,② ,③)
5. 전체 경화 열처리 HRC50±2 (품번① ,③)
5. 표면 거칠기 기호 비교표

615

품번	품 명	재 질	수 량	비 고
3	조	SC480	1	
2	서포터	SC480	1	
1	베이스	SC480	1	

과제명	리밍지그-1
척 도	1:1
각 법	3

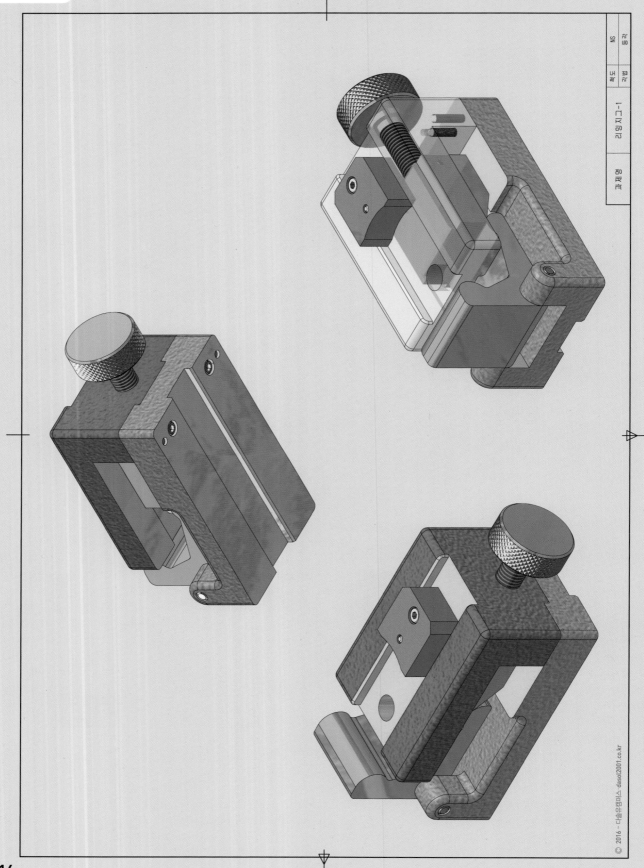

© 2016 - 다솔유캠퍼스 dasol2001.co.kr

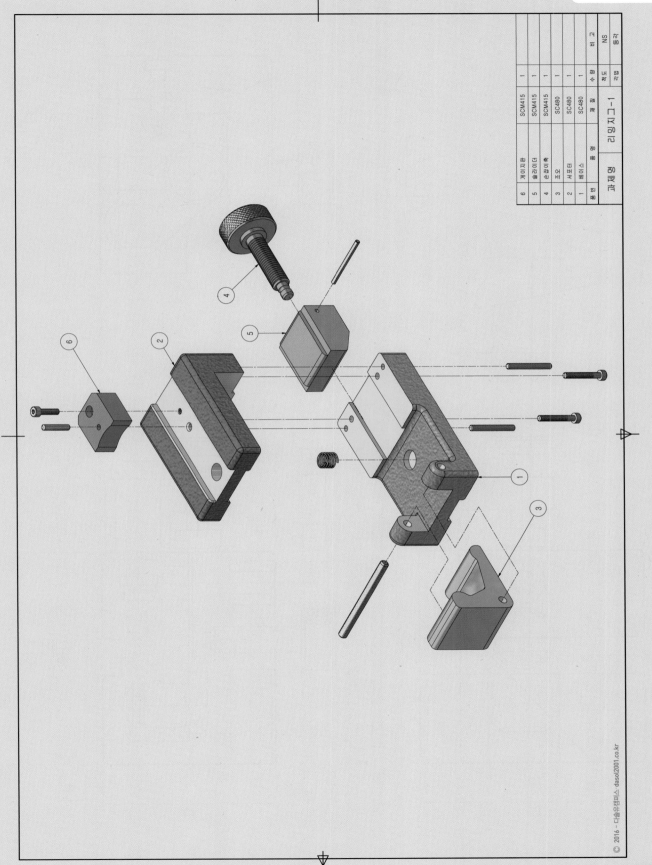

품번	품명	재질	수량	비고
6	게이지판	SCM415	1	
5	슬라이더	SCM415	1	
4	손잡이축	SCM415	1	
3	조오	SC480	1	
2	서포트	SC480	1	
1	베이스	SC480	1	
품번	품명	재질	수량	비고

리밍지그-1

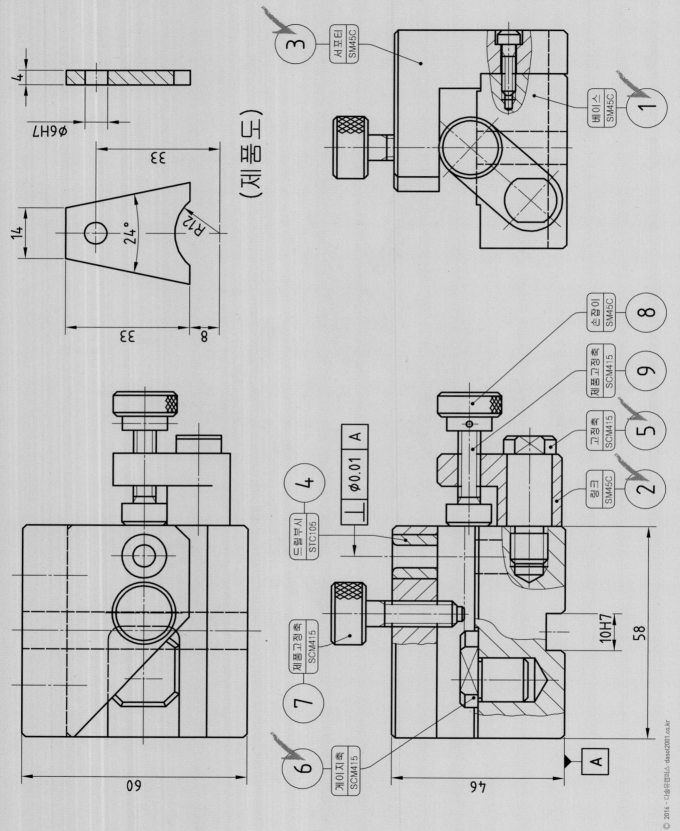

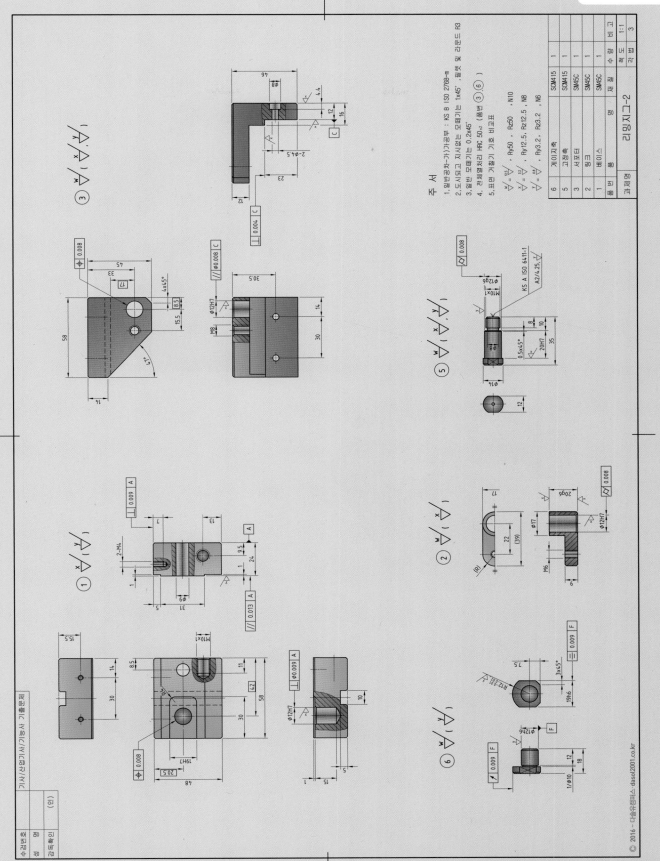

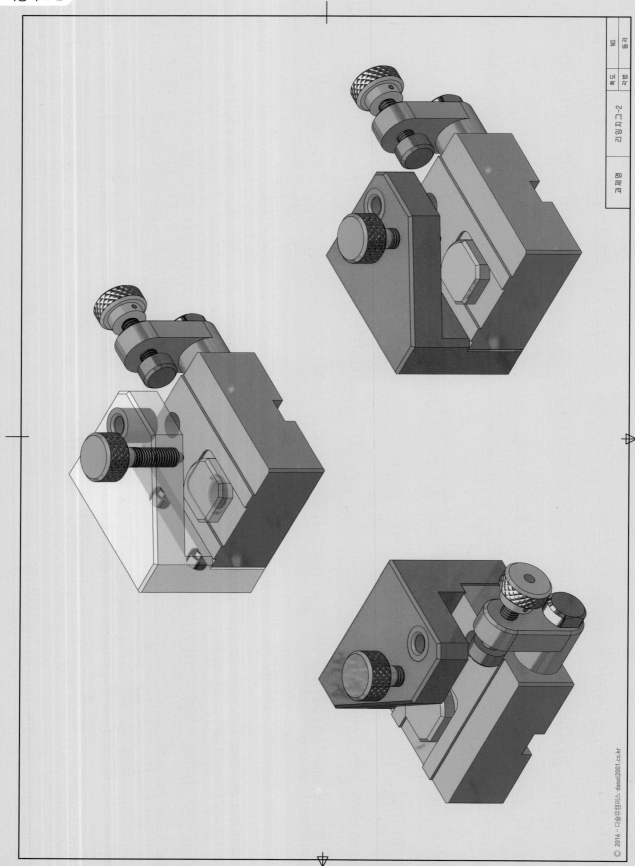

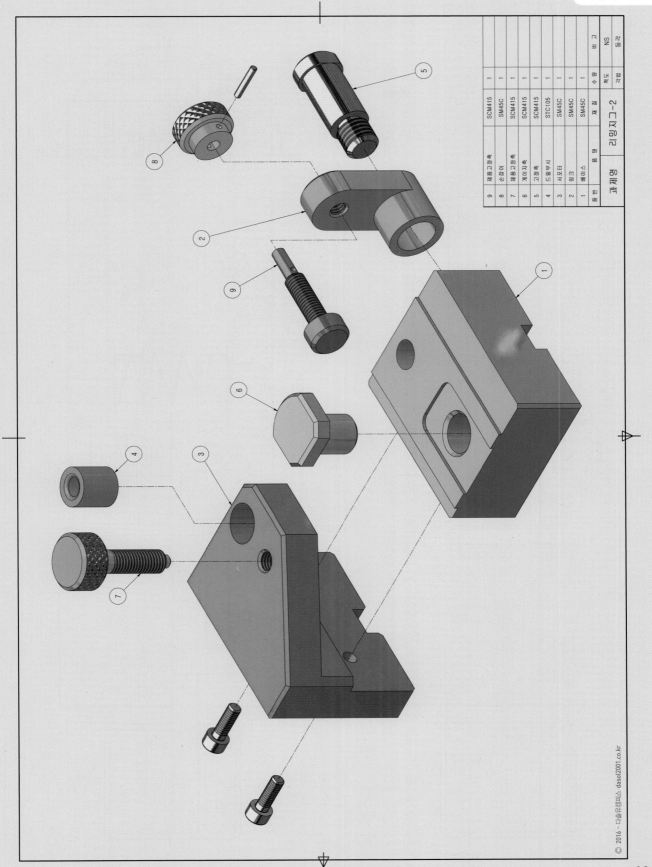

9	8	7	6	5	4	3	2	1	품 번	
재롱고정축	손잡이	재롱고정축	게이지축	고정축	드릴부시	서포터	링크	베이스	품 명	과제명
SCM415	SM45C	SCM415	SCM415	STC105	SM45C	SM45C	SM45C		재 질	리밍지그-2
1	1	1	1	1	1	1	2	1	수 량	척 도 / 각 법
									비 고	NS / 등각

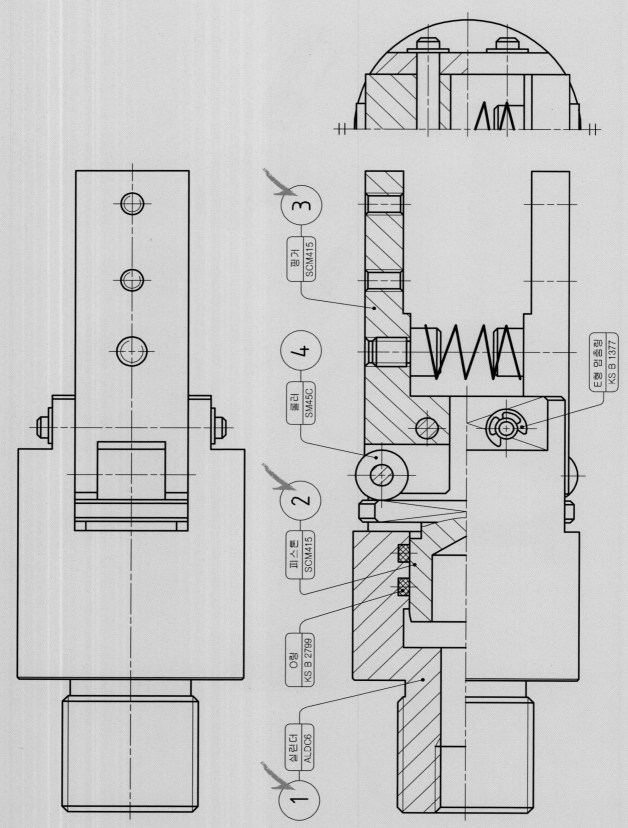

펑거
SCM415

3

롤러
SM45C

4

피스톤
SCM415

2

E형 멈춤링
KS B 1377

O링
KS B 2799

실린더
ALDC6

1

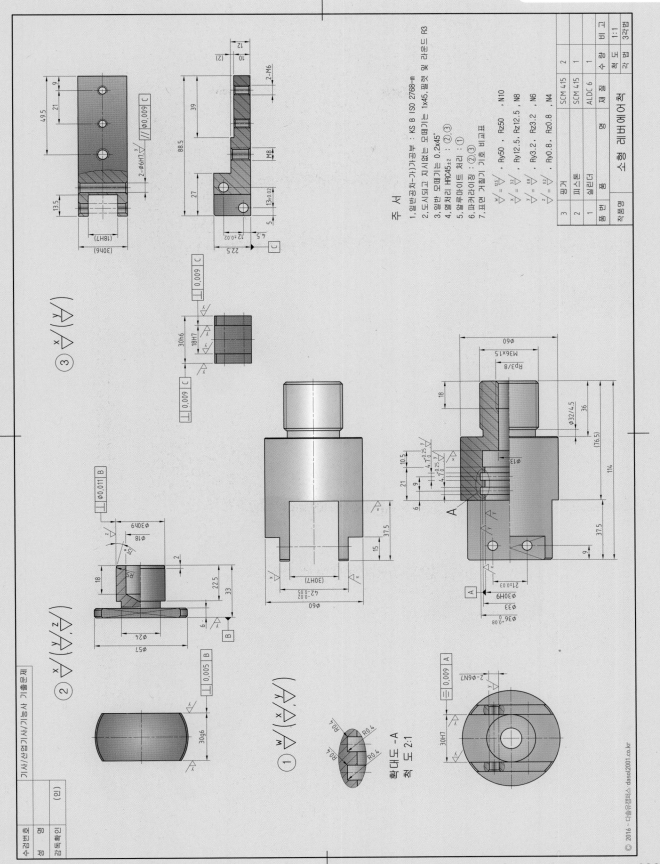

주 서

1. 일반공차-가기공부 : KS B ISO 2768-m
2. 도시되고 지시없는 모떼기는 1x45, 필렛 및 라운드 R3
3. 일반 모떼기는 0.2x45°
4. 열처리 HRC45±2 : (2),(3)
5. 블루마이트 처리 : ①
6. 파커라이징 : ②,③
7. 표면 거칠기 기호 비교표

w =	, Ry50 , Rz50 , N10
x =	, Ry12.5, Rz12.5, N8
y =	, Ry3.2 , Rz3.2 , N6
z =	, Ry0.8 , Rz0.8 , N4

품 번	품 명	재 질	수 량	비 고
3	핑거	SCM 415	2	
2	피스톤	SCM 415	1	
1	실린더	ALDC 6	1	
작품명	소형 레버에어척		척도	1:1
			각법	3각법

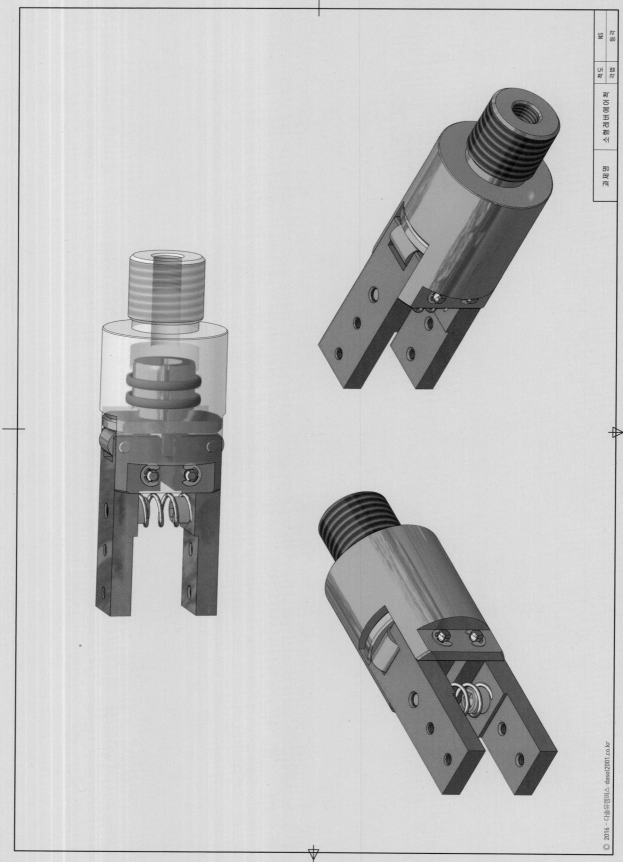

소형레버에어척

과제명

검
도

등
급

NS

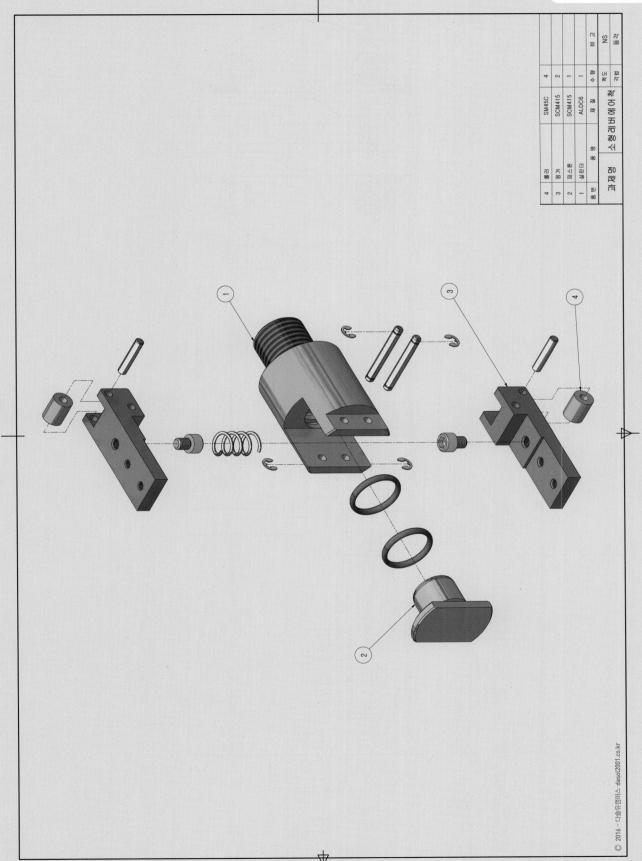

품번	품명	재질	수량	비 고
1	실린더	ALDC6	1	
2	피스톤	SCM415	2	
3	핑거	SCM415	2	
4	롤러	SM45C	4	
	소형레버에어척		척도	NS
	과제명		각법	3각법

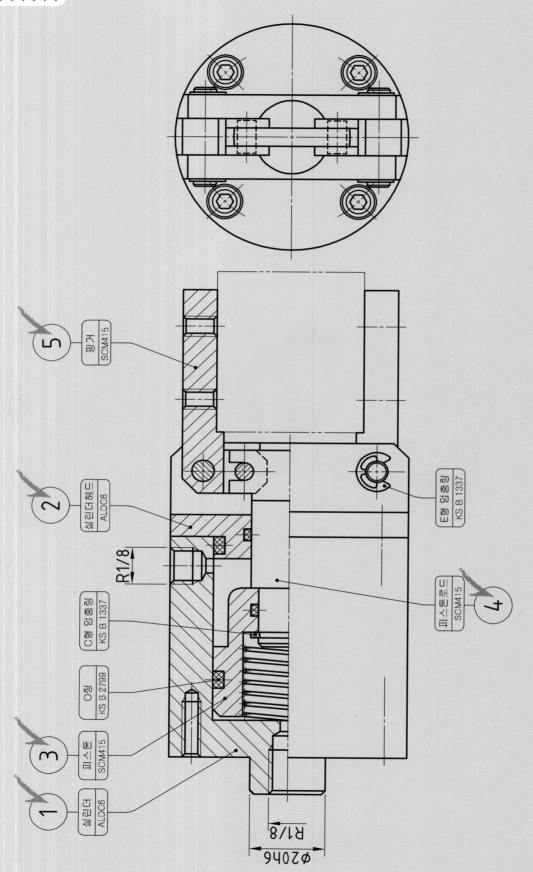

5 | 플러거 | SCM415

2 | 실린더헤드 | ALDC6

E형 멈춤링 | KS B 1337

R1/8

C형 멈춤링 | KS B 1337

피스톤로드 | SCM415 | 4

O링 | KS B 2799

3 | 피스톤 | SCM415

1 | 실린더 | ALDC6

R1/8

$\phi20h6$

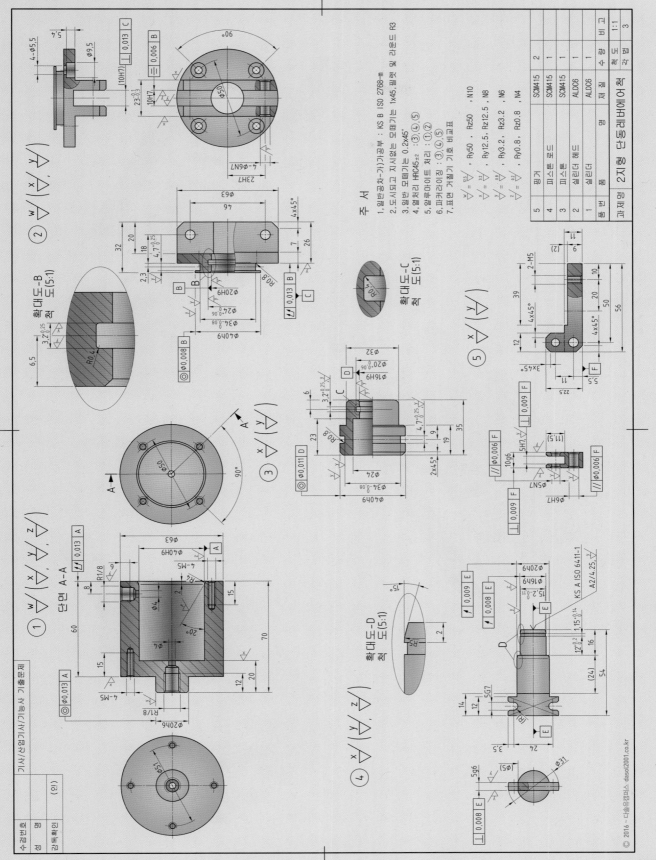

주 서

1. 일반공차-가(다)공부 : KS B ISO 2768-m
2. 도시되고 지시없는 모떼기는 1x45, 필렛 및 라운드 R3
3. 일반 모떼기는 0.2x45°
4. 열처리 HRC45±2 : ③,④,⑤
5. 알루마이트 처리 : ①,②
6. 파커라이징 기호 : ③,④,⑤
7. 표면 거칠기 기호 비교표

품번	품명	재질	수량	비고
5	평거	SCM415	2	
4	피스톤 로드	SCM415	1	
3	피스톤	SCM415	1	
2	실린더 헤드	ALD06	1	
1	실린더	ALD06	1	
품번	품명	재질	수량	비고
과제명	2지형 단동레버에어척		척도	1:1
			각법	3

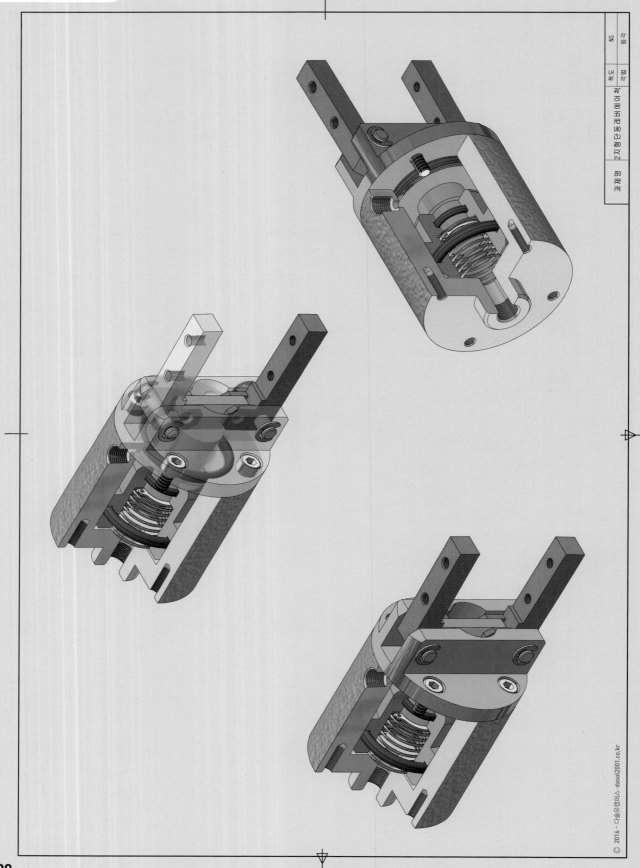

명칭 : 2지형단동레버에어척

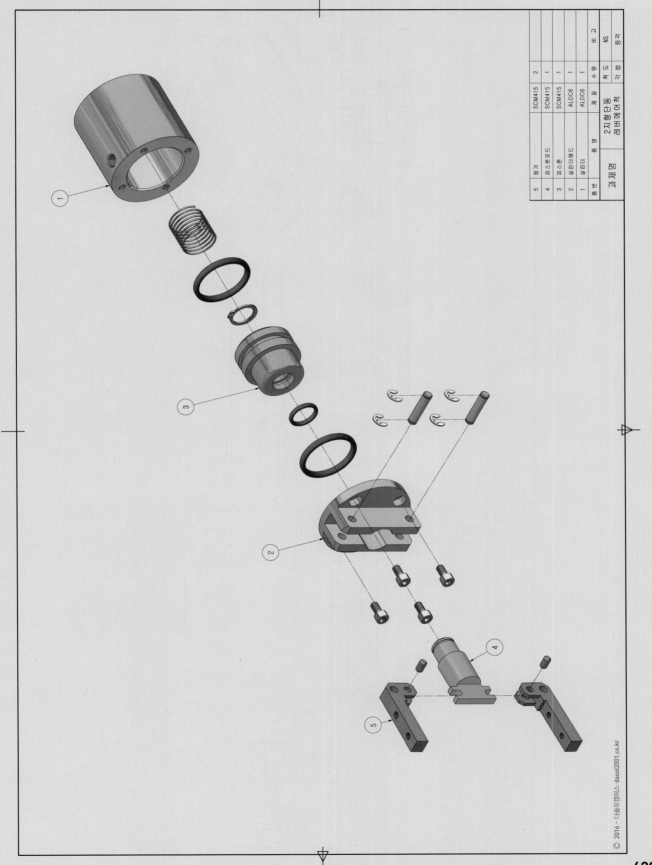

품 번	품 명	재 질	수 량	비 고
5	핑거	SCM415	2	
4	피스톤로드	SCM415	1	
3	피스톤	SCM415	1	
2	실린더헤드	ALDC6	1	
1	실린더	ALDC6	1	
품 번	품 명	재 질	수 량	비 고

척 도	NS
각 법	3각법

2지형 단동
레버 에어 척

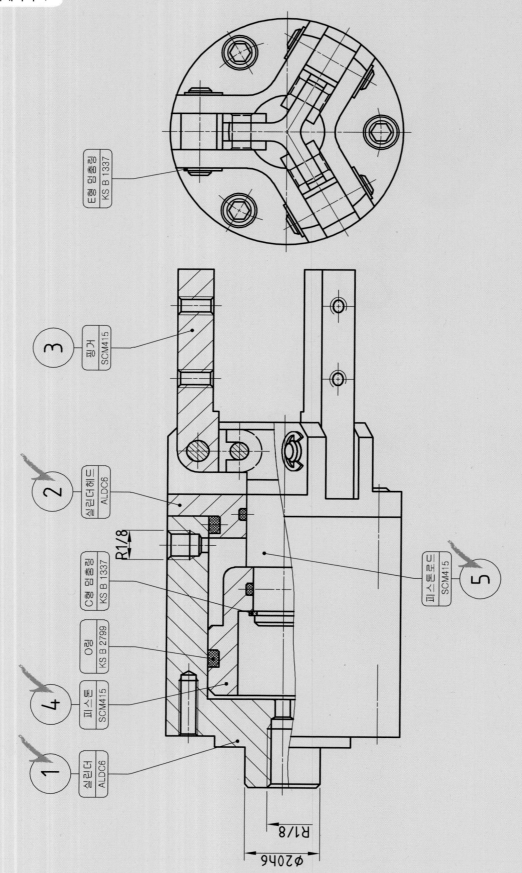

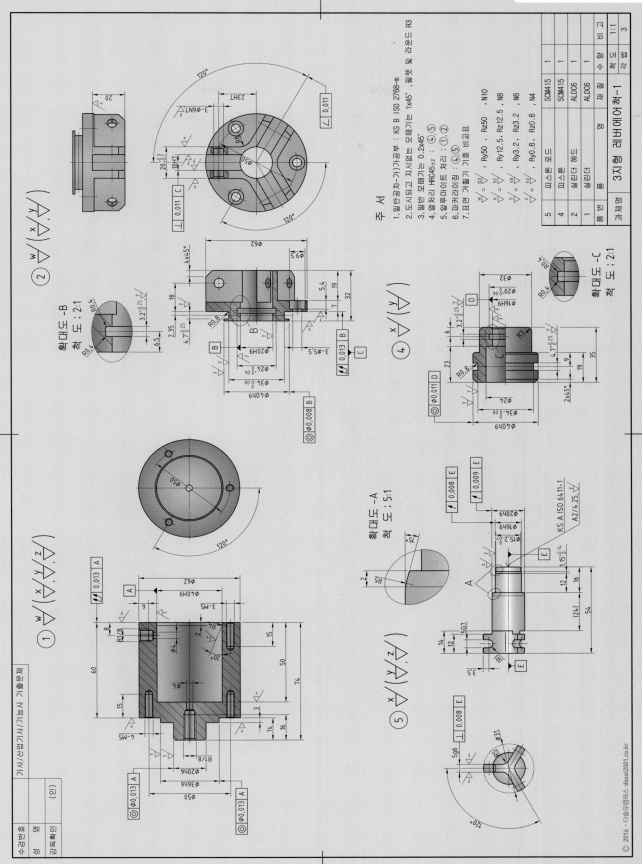

주 서

1. 일반공차-가) 거공부 : KS B ISO 2768-m
2. 도시되고 지시없는 모떼기는 1x45°, 필릿 및 라운드 R3
3. 일반 모떼기는 0.2x45°
4. 열처리 HRC45±2 : ④, ⑤
5. 알루마이트 처리 : ①, ②
6. 파커라이징 : ③
7. 표면 거칠기 기호 비교표

$\sqrt{}$	w	= $\frac{12.5}{}$	, Ry50 , Rz50 , N10
$\sqrt{}$	x	= $\frac{3.2}{}$	, Ry12.5, Rz12.5 , N8
$\sqrt{}$	y	= $\frac{0.8}{}$	, Ry3.2, Rz3.2 , N6
$\sqrt{}$	z	= $\frac{0.2}{}$	, Ry0.8, Rz0.8 , N4

5	피스톤로드	SCM415	1	
4	피스톤	SCM415	1	
2	실린더 헤드	ALD06	1	
1	실린더	ALD06	1	
품번	품명	재질	수량	
과제명	3지형 레버에어척-1	척도	1:1	
		각법	3	

확대도 -B
척 도 : 2:1

② $\frac{w}{\sqrt{}}\left(\frac{x}{\sqrt{}}, \frac{y}{\sqrt{}}\right)$

확대도 -C
척 도 : 2:1

④ $\sqrt{}\left(\frac{x}{\sqrt{}}, \frac{y}{\sqrt{}}\right)$

기사/산업기사/기능사 기출문제

수정번호		
성 명		
감독확인	(인)	

① $\frac{w}{\sqrt{}}\left(\frac{x}{\sqrt{}}, \frac{y}{\sqrt{}}, \frac{z}{\sqrt{}}\right)$

확대도 -A
척 도 : 5:1

⑤ $\frac{x}{\sqrt{}}\left(\frac{y}{\sqrt{}}, \frac{z}{\sqrt{}}\right)$

KS A ISO 6411-1

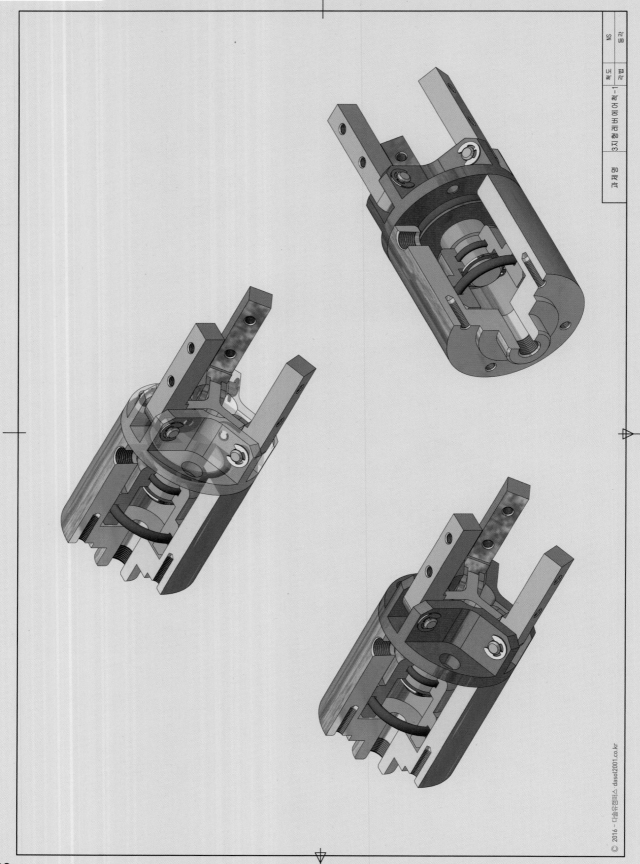

3지형 레버에어척-1

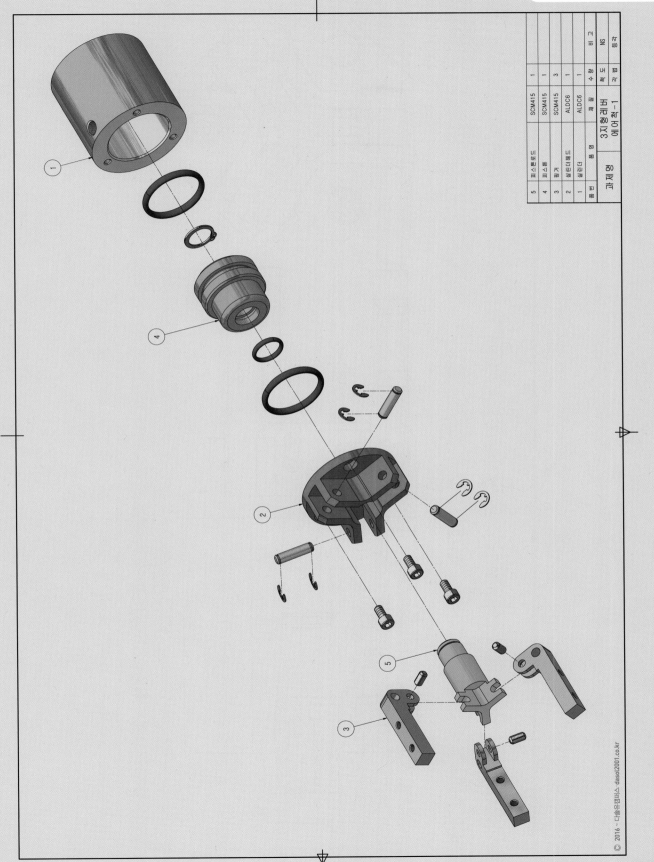

5	피스톤로드	SCM415	1	
4	피스톤	SCM415	1	
3	링거	SCM415	3	
2	실린더헤드	ALDC6	1	
1	실린더	ALDC6	1	
품번	품명	재질	수량	비고

과제명	3지형레버 에어척-1	척 도	NS
		각법	2각

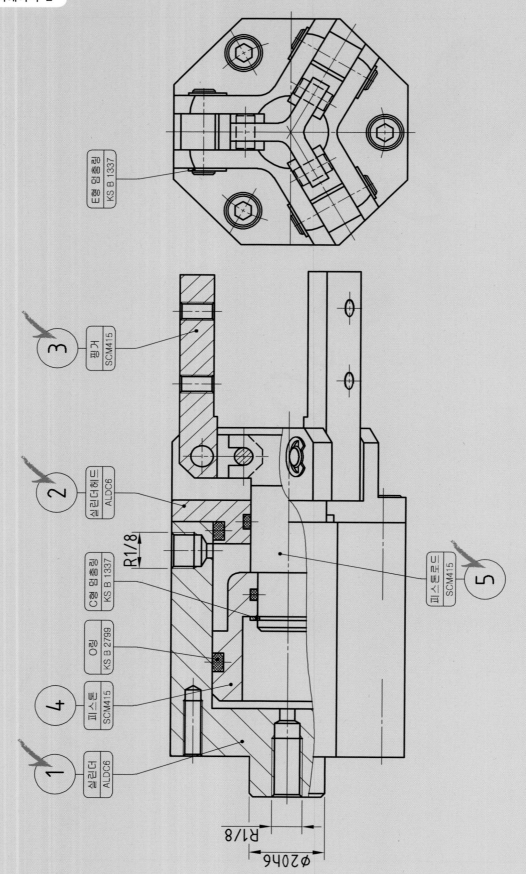

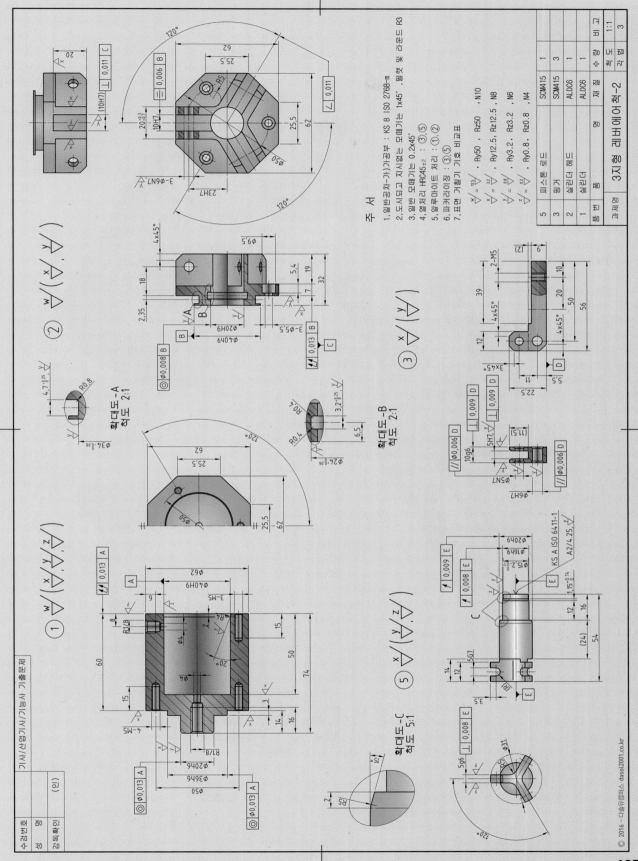

주 서

1. 일반공차-가가공부 : KS B ISO 2768-m
2. 도시되고 지시없는 모떼기는 1x45°, 필렛 및 라운드 R3
3. 일반 모떼기는 0.2x45°
4. 열처리 HRC45±2 : ③,⑤
5. 알루마이트 처리 : ①,②
6. 파커라이징 : ③,⑤
7. 표면 거칠기 기호 비교표

품번	품 명	재 질	수 량	척 도	비 고
5	피스톤 로드	SCM415	1		
3	평가	SCM415	3		
2	실린더 헤드	ALDC6	1		
1	실린더	ALDC6	1		

과제명	3지형 레버에어척-2	척도	1:1
		각법	3

확대도-A 척도 2:1

확대도-B 척도 2:1

확대도-C 척도 5:1

① ② ③ ⑤

기사/산업기사/기능사 기출문제

수검번호
성 명
감독확인 (인)

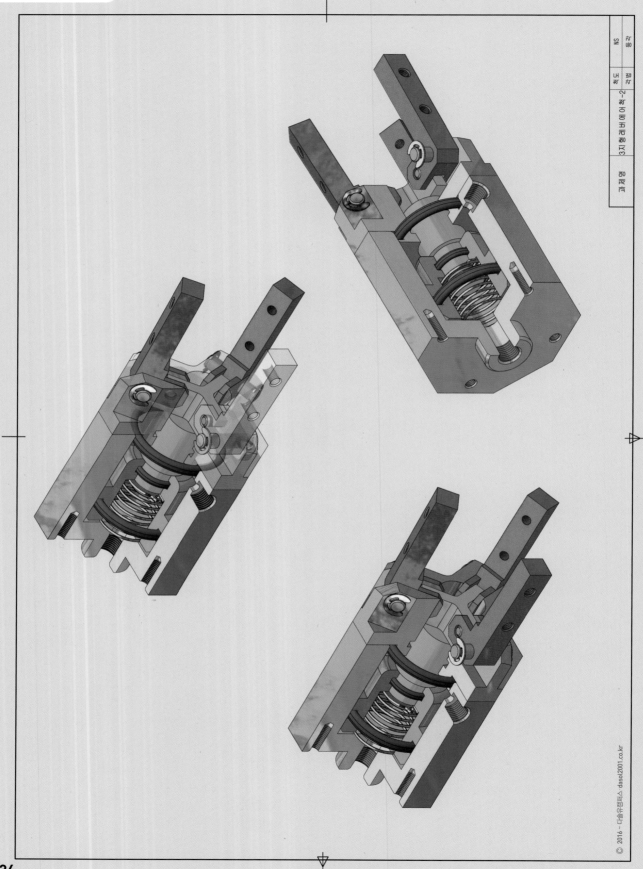

과 제 명 | 3지 형 레 버 에 이 척 -2 | 척 도 | NS

각 법 | 등 각

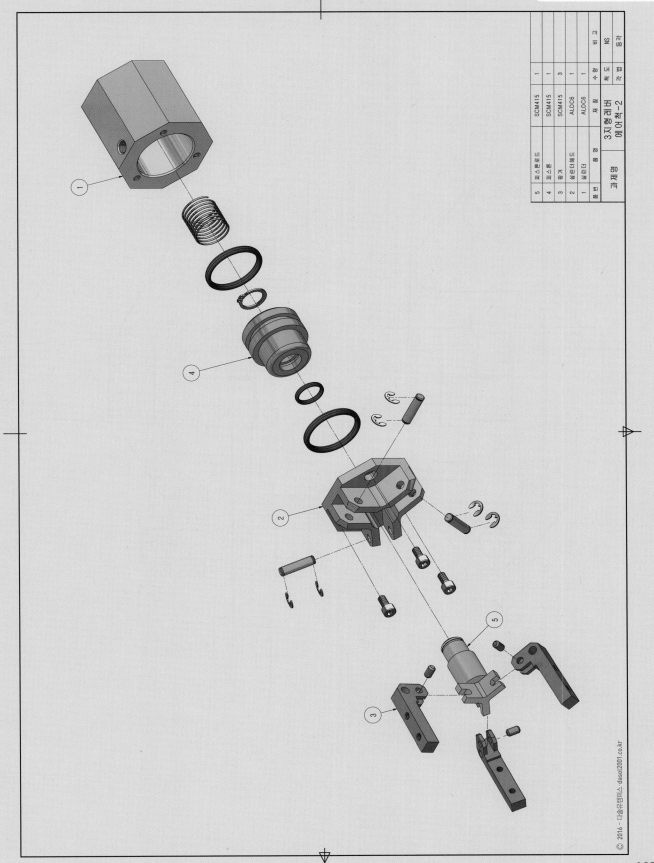

품번	품 명	재 질	수 량	비 고
5	피스톤로드	SCM415	1	
4	피스톤	SCM415	1	
3	팔거	SCM415	3	
2	실린더헤드	ALDC6	1	
1	실린더	ALDC6	1	
품번	품 명	재 질	수 량	비 고
과제명	3지형레버 에어척-2		척 도	NS
			각 법	3각법

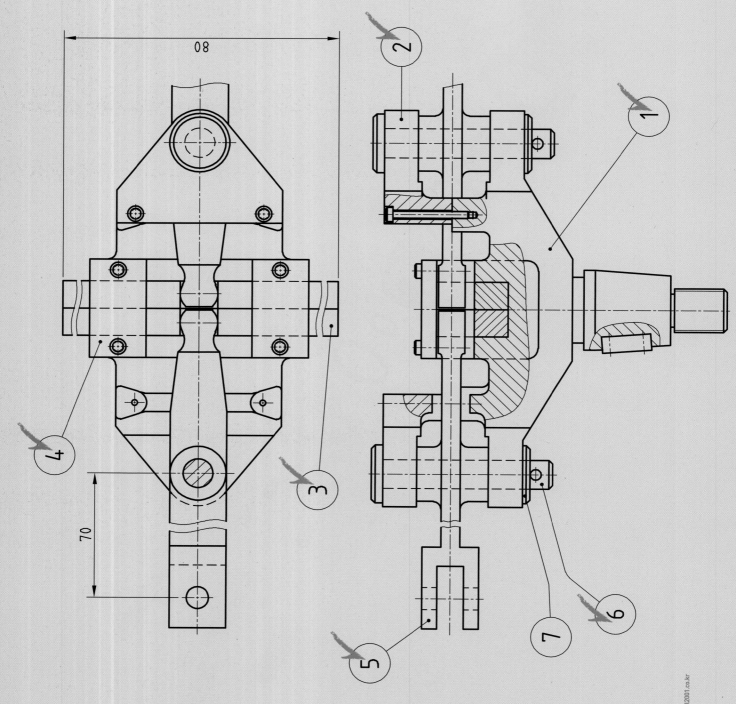

08

70

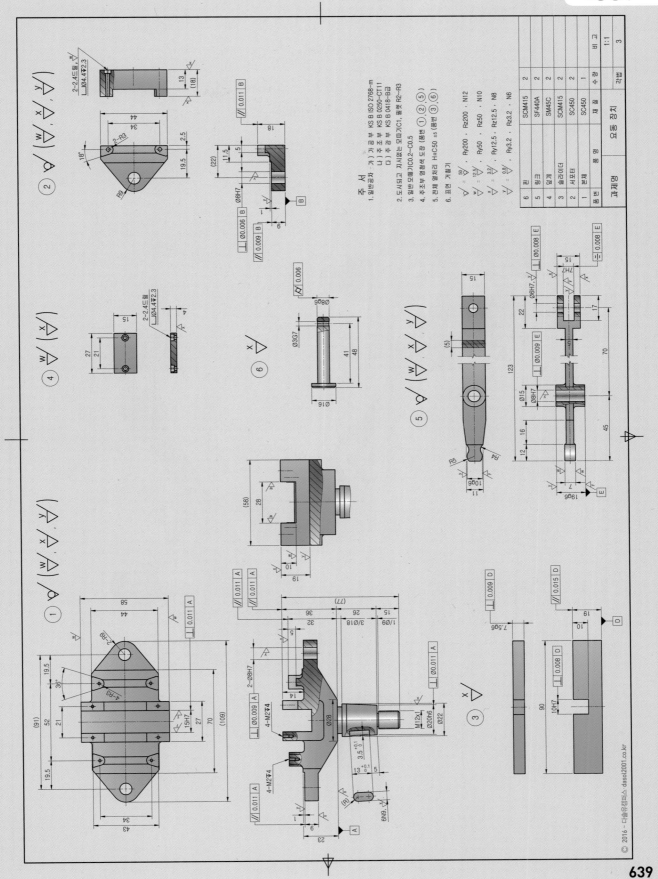

요동 장치

주 서
1. 일반공차 : 가 공 부 KS B ISO 2768-m
　　　　　　　나) 주조 부 KS B 0250-CT11
　　　　　　　다) 주강 부 KS B 0418-B급
2. 도시되고 지시없는 모따기C1, 필렛 R2~R3
3. 일반모떼기C0.2~C0.5
4. 주조부 명청색 도장
5. 전체 열처리 HₑC50 ±5 (품번 ① , ② , ⑤)
6. 표면 거칠기 (품번 ③ , ⑥)

품번	품 명	재 질	수량	비 고
6	핀	SCM415	2	
5	링크	SF440A	2	
4	덮개	SM45C	2	
3	슬라이더	SCM415	2	
2	서포터	SC450	2	
1	본체	SC450	1	

요동 장치　　1:1
　　　　　　　　　3

© 2016 · 다솔유컴퍼스 dasol2001.co.kr

639

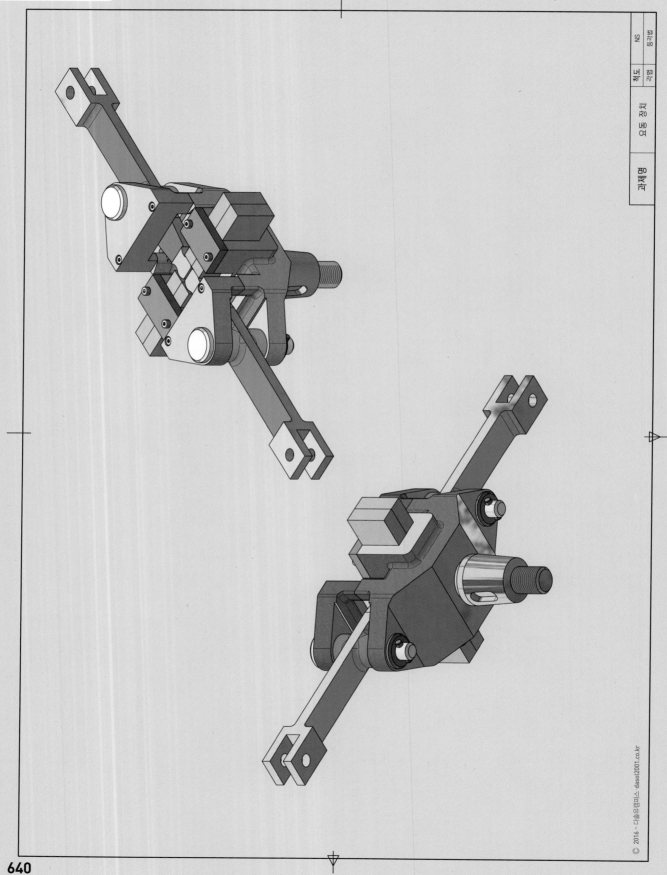

성명 과제명 요동 장치 척도 각법 NS

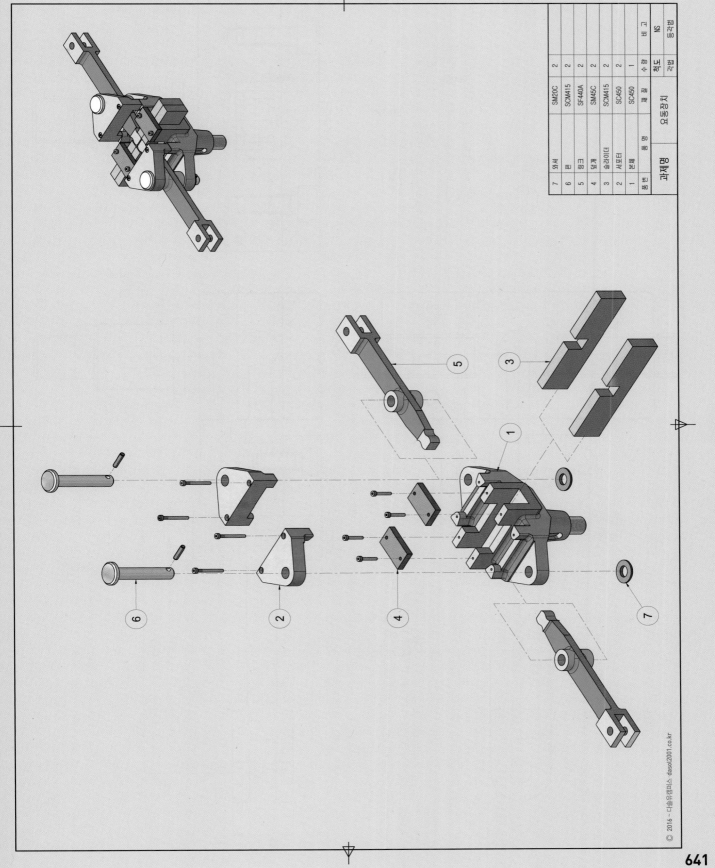

품번	품명	재질	수량	비고
7	와셔	SM20C	2	
6	핀	SCM415	2	
5	드럼	SF440A	2	
4	명게	SM45C	2	
3	슬라이더	SCM415	2	
2	서포터	SC450	2	
1	본체	SC450	1	
품번	품명	재질	수량	비고

과제명 요동장치 척도 NS

$16^{-0.02}_{-0.05}$

90

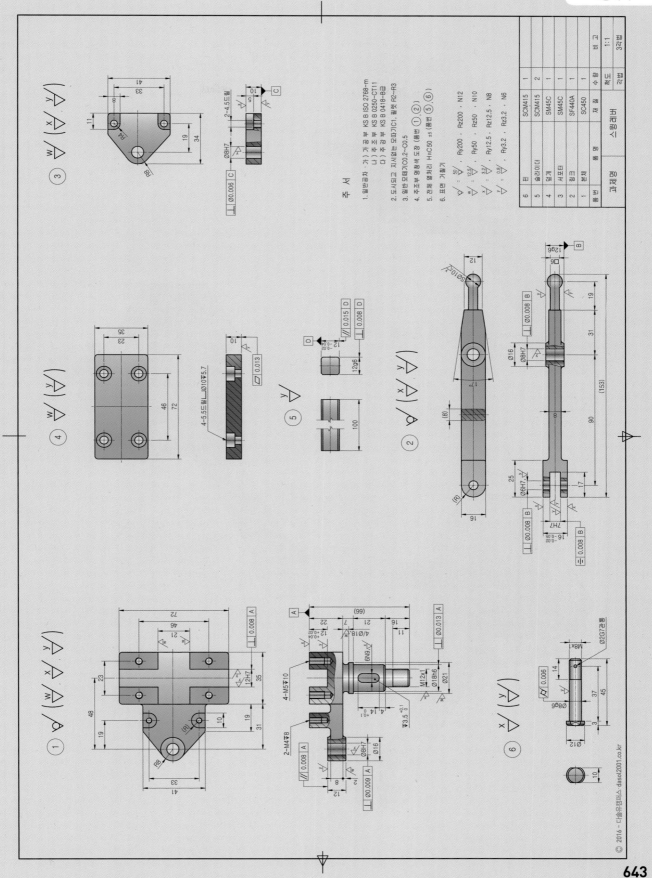

주 서

1. 일반공차 - 가) 가공부 KS B ISO 2768-m
   나) 주조부 KS B 0250-CT11
   다) 주조 가공부 KS B 0418-B급
2. 도시되고 지시없는 모떼기C1, 필렛R2~R3
3. 일반 모떼기C0.2~C0.5
4. 주조부 영향선 도장 (품번 ① ②)
5. 전체 열처리 HrC50 ±5 (품번 ⑤, ⑥)
6. 표면 거칠기

품번	품 명	재 질	수 량	비 고
6	핀	SCM415	1	
5	슬라이더	SCM415	2	
4	덮개	SM45C	1	
3	서포터	SM45C	1	
2	링크	SF440A	1	
1	본체	SC450	1	
품번	품 명	재 질	수 량	비 고

스윙레버

척도 1:1

품번 32개

© 2016 - 다솔유캠퍼스 dasol2001.co.kr

643

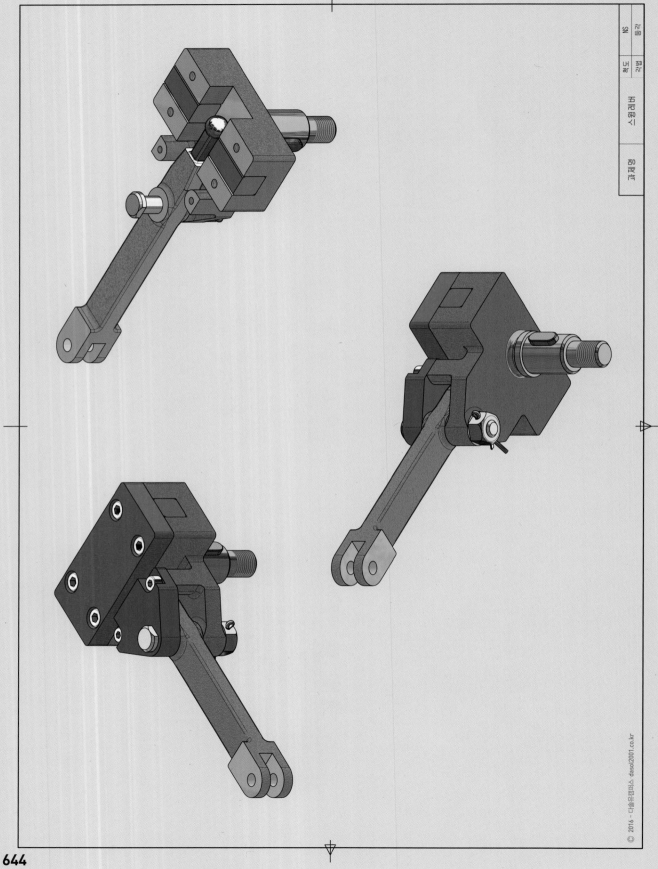

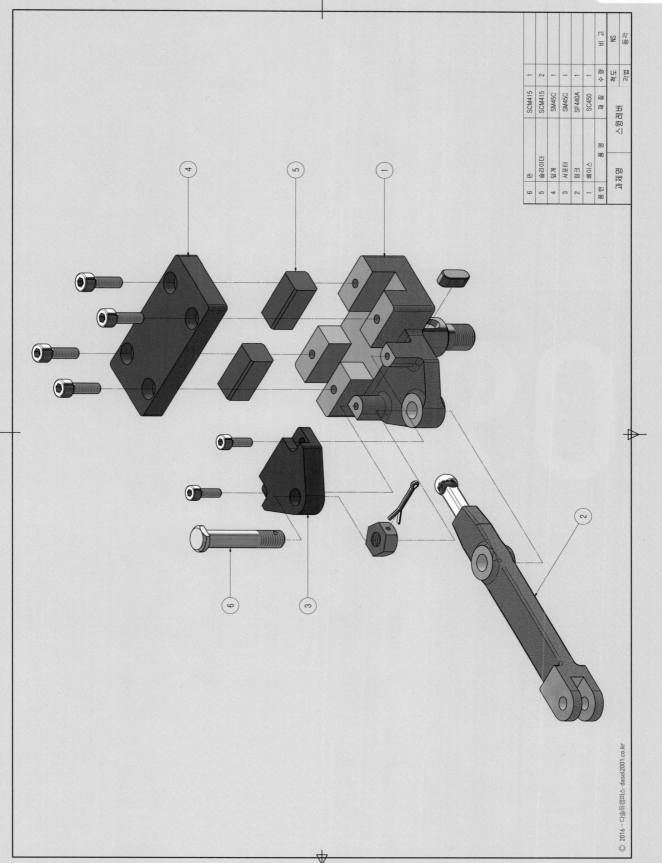

품번	품명	재질	수량	척도	비고
6	핀	SCM415	1		
5	슬라이더	SCM415	2		
4	덮개	SM45C	1		
3	서포터	SM45C	1		
2	링크	SF440A	1		
1	베이스	SC450	1		

과제명	스윙레버	척도	NS
		각법	3각법

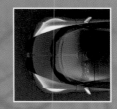

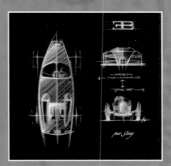

출제경향 · 채점기준 · 요구사항

💬 **BRIEF SUMMARY**

이 장은 일반기계기사/산업기사/기능사 출제경향과 채점기준, 그리고 실기도면 작업 시 요구 사항을 비롯하여 출제예제 도면을 정리해 놓았다.

1. 기계기사, 산업기사, 기능사 실기(CAD) 2D 작업형 채점기준
2. 기계기사, 산업기사, 기능사 실기(CAD) 3D 작업형 채점기준
3. 실기시험 수험생이 갖춰야 할 능력
4. 다솔유캠퍼스에서의 준비과정
5. 기계설계산업기사 실기시험방법 및 도면 제출방법
6. 전산응용기계제도 기능사/기계기사 실기시험방법 및 도면 제출방법

01 | 기계기사, 산업기사, 기능사 실기(CAD) 2D 작업형 채점기준

항목 번호	주요항목	채점 세부내용	항목별 채점방법 (모범답안 기준)	배점	종합
1	투상도 선택과 배열	올바른 투상도 수의 선택	전체 투상도 수에서 1개당 누락 3점 감점	10	30
		단면도 수의 선택	단면 불량 또는 누락 1개소당 2점 감점	10	
		상관선의 합리적 도시 및 투상선 누락	상관선 및 투상선 누락과 불량 1개소당 1점 감점	10	
2	치수기입	중요치수	"2개소"당 누락 및 틀린 경우 1점 감점	5	18
		일반치수	"2개소"당 누락 및 틀린 경우 1점 감점	5	
		치수누락	"2개소"당 누락 1점 감점	5	
		올바른 주서 기입	상 : 3점, 중 : 2점, 하 : 1점 득점	3	
3	치수공차 및 끼워맞춤 기호	올바른 치수공차 기입	"2개소"당 누락 및 틀린 경우 1점 감점	4	10
		끼워맞춤 공차기호	"2개소"당 누락 및 틀린 경우 1점 감점	4	
		치수공차, 끼워맞춤공차 누락	"2개소"당 누락 1점 감점	2	
4	기하공차 기호	올바른 데이텀 설정	"1개소"당 누락 및 틀린 경우 1점 감점	4	10
		기하공차 기호 적절성	"2개소"당 누락 및 틀린 경우 1점 감점	4	
		기하공차 기호 누락	"2개소"당 누락 1점 감점	2	
5	표면거칠기 기호	기하공차부 표면거칠기 기호	"2개소"당 누락 및 틀린 경우 1점 감점	4	10
		중요부 표면거칠기 기호	"2개소"당 누락 및 틀린 경우 1점 감점	4	
		일반부 표면거칠기 기호 기입과 누락	"3개소"당 누락 1점 감점	2	
6	재료선택 및 처리	올바른 재료 선택	재료선택 불량 1개소당 1점 감점	4	7
		열처리 또는 표면처리 적절성	상 : 3점, 중 : 2점, 하 : 1점 득점	3	
7	척도 및 부품란	상세도의 올바른 척도 지시	척도 누락 및 불량 1개소당 1점 감점	2	5
		맞는 수량 기입	누락 및 틀린 경우 1개소당 1점 감점	3	
8	도면의 외관	도형의 균형 있는 배치	상 : 5점, 중 : 3점, 하 : 1점 득점	5	10
		선의 용도에 맞는 굵기 선택	상 : 3점, 중 : 2점, 하 : 1점 득점	3	
		용도에 맞는 문자크기 선택	상 : 2점, 하 : 1점 득점	2	

02 | 기계기사, 산업기사, 기능사 실기(CAD) 3D 작업형 채점기준

항목 번호	주요 항목	채점 세부 내용(3차원 모델링 CAD작업)	배점	종합
1	3차원 투상	(1) 3차원 조립도에서 전체 조립 형상의 올바른 투상 　㉠ 부품의 누락이 있는가? 　㉡ 부품이 올바른 위치에 조립되어 있는가? 　　(단, 부품번호가 주어진 부품을 작도하지 않을 경우 미완성)	7	22
		(2) 3차원 분해도에서 각 부품 형상의 올바른 투상(부품 개별 형상의 채점은 부품의 수가 많고 적음에 따라서 배점이 조정될 수 있다.) 　㉠ (　)번 부품은 올바르게 투상하였는가? 　㉡ (　)번 부품은 올바르게 투상하였는가? 　㉢ (　)번 부품은 올바르게 투상하였는가? 　㉣ (　)번 부품은 올바르게 투상하였는가? 　㉤ (　)번 부품은 올바르게 투상하였는가?	5	
		(3) 모서리 형상의 올바른 투상 　㉠ 모따기 형상은 올바르게 투상하였는가? 　㉡ 라운드 형상은 올바르게 투상하였는가?	2	
		(4) 구석 홈 부분의 올바른 투상 　㉠ 도면에서 표시된 구석 홈 부분의 형상은 올바르게 투상하였는가? 　㉡ 부품이 서로 조립되는 구석 홈 부분의 형상은 올바르게 투상하였는가?	3	
		(5) 3차원 조립도에서 단면된 내부 형상의 올바른 투상 　㉠ 단면 내부 형상은 올바르게 투상하였는가? 　㉡ 단면의 위치는 올바르게 투상하였는가? 　㉢ 단면해서는 안 되는 부품을 단면하지는 않았는가? 　　(예 : 축, 키, 핀, 코터, 리벳, 강구, 리브, 기어의 이 등)	5	
2	3차원 배치	(1) 3차원 분해도에서 조립되는 상대 부품과의 올바른 중심선 표현 　㉠ 조립되는 상대 부품들을 중심선으로 올바르게 연결하여 투상하였는가?	2	8
		(2) 3차원 분해도에서 부품 번호의 올바른 작성 　㉠ 각 부품 번호는 올바르게 작성하였는가?	2	
		(3) 3차원 분해도에서 부품 특성을 잘 나타낸 균형 있는 배치 　㉠ 각 부품의 특성을 잘 나타냈는가? 　㉡ 각 부품의 조립 순서와 조립 위치를 고려하여 배치하였는가?	4	
3	관계 형상	(1) 조립되는 상대부품의 조립 부분 형상이 일치하는가?(부품 개별 형상의 채점은 부품의 수가 많고 적음에 따라서 조정될 수 있다.) 　㉠ (　)번 부품은 올바르게 투상하였는가? 　㉡ (　)번 부품은 올바르게 투상하였는가? 　㉢ (　)번 부품은 올바르게 투상하였는가? 　㉣ (　)번 부품은 올바르게 투상하였는가? 　㉤ (　)번 부품은 올바르게 투상하였는가?	10	10
4	표제란 부품란	(1) 부품란 / 표제란 작성 　㉠ 표제란은 올바르게 작성하였는가? 　㉡ 부품명은 올바르게 작성하였는가? 　㉢ 부품란의 부품 수량은 올바르게 기입하였는가? 　㉣ 부품 재질은 올바르게 작성하였는가?	6	10
5	도면 외관	(1) 투상선 및 기타 선들을 올바르게 사용하였는가? 　㉠ 투상선은 용도별, 굵기별로 올바르게 선택하여 출력되었는가? 　㉡ 도면을 요구 사항에 맞게 올바르게 출력하였는가?	4	

03 | 실기 수험생이 갖춰야 할 능력

실기 준비 능력	세부내용
1. 도면해독법	1) 작동원리 해석능력 2) 투상도 작성능력 3) KS 규격집 활용능력 4) 치수 기입능력 5) 표면거칠기 해석 및 기입능력 6) 끼워맞춤공차 기입능력 7) 기하공차 기입능력 8) 부품명 선정능력 9) 부품재질 선정능력 10) 주석문 기입능력
2. 2D CAD 활용(AutoCAD)	1) 자유로운 명령어 활용 및 제어능력 2) 과제도면 부품도를 빠르게 작도할 수 있는 능력 3) 시험에서 요구하는 도면 작도에서 출력까지 마무리할 수 있는 능력
3. 3D 프로그램 활용 (인벤터, 솔리드웍스, 카티아)	1) 자유로운 3D CAD 명령 활용 및 제어능력 2) 과제도면을 보고 전 제품을 3D로 작업할 수 있는 능력 3) 3D 파일을 CAD로 넘겨 편집 및 출력까지 마무리할 수 있는 능력 4) 인벤터의 경우 3D와2D 모두 인벤터 하나로 마무리 할 수 있음

04 | 다솔유캠퍼스에서 준비과정

자격종목	세부내용
일반기계기사 기계설계산업기사 전산응용기계제도기능사	과정1. 인벤터-3D실기 + 기계제도-2D실기 (도면해독 내용포함) 과정2. 솔리드웍스-3D실기 + 기계제도-2D실기 과정3. 카티아-3D실기 + 기계제도-2D실기 과정4. 인벤터-3D/2D실기 (AutoCAD불필요, 인벤터에서 3D/2D 모두 마무리, 도면해독내용포함)
AutoCAD를 전혀 모르는 수험생	
기계 AutoCAD-2D 3일완성 필수 수강(무료)	

05 | 기계설계산업기사 실기시험 방법 및 도면 제출방법

01 3D 도면 배치

1) 렌더링 방식 : 솔리드웍스/인벤터/카티아 에서 기본틀부터 부품, 도면배치 및 출력(PDF)까지 전부 한다.

2) 부품 설계 변경

02 2D 도면 배치

3차원 작업을 먼저 하고 투상도 도면배치까지 한 후 AutoCAD로 파일을 저장해서 마무리 작업(치수, 표면 거칠기, 형상공차, 주서) 및 출력 작업을 한다.(인벤터의경우 3D와2D 모두 하나로 마무리 가능)

03 배점

1) 2차원 작업 : 80%
2) 3차원 작업 : 20%

04 사용 소프트웨어 및 하드웨어

1) 사용 소프트웨어의 종류 및 버전의 제한 없이 요구하는 부품에 대하여 2차원 도면, 3차원 도면 2장을 A3 용지에 출력하여 제출하면 된다.

2) 제도 시 3차원 작업 후 이를 이용하여 2차원 작업을 하든지 2차원, 3차원 작업을 개별적으로 하든지 수험자가 임의대로 선택하여 작업하면 되고, 소프트웨어도 각각 따로 사용하든지 하나만 가지고 2차원, 3차원 모두 하든지 임의대로 하면 된다.

3) 시험장에 설치된 소프트웨어가 본인이 사용했던 것과 다를 경우 지참 및 사용이 가능하며 부득이한 경우 노트북 등 컴퓨터도 지참 및 사용이 가능하다.(단, 이 경우 컴퓨터에는 해당 CAD 프로그램과 기본적인 OS 외에는 모두 삭제해야 함)

4) 출력은 사용하는 CAD 프로그램으로 출력하는 것이 원칙이나 출력에 애로사항이 발생할 경우 pdf 파일로 변환하여 출력하는 것도 가능하다.

국가기술자격검정 실기시험문제

자격종목	기계설계산업기사	작품명	도면 참조	형별	①

- 비번호
- 시험시간 : 표준시간 : 5시간

01 요구사항

[2차원 CAD 작업]

1) 지급된 조립 도면에서 부품(①, ②, ③, ④)번의 제작도를 CAD 프로그램을 이용하여 제도한 후 지급된 용지(A3 트레이싱지)에 본인이 직접 흑백으로 출력하여 제출한다.

2) 부품 제작도는 과제의 기능과 동작을 정확히 이해하여 투상도, 치수, 치수공차와 끼워맞춤, 공차기호, 기하공차 기호, 표면 거칠기 기호 등 부품 제작에 필요한 모든 사항을 기입한다.

3) 제도는 제3각법에 의해 A2 크기 도면의 윤곽선(② 수험자 유의사항의 11)번 참조) 영역 내에 1:1로 제도한다.

4) 제도는 KS 규격에서 정한 바에 의하고, 규정되지 아니한 내용은 ISO 규격과 관례에 따른다.

[3차원 CAD 작업]

1) 지급된 조립 도면에서 부품(①, ②, ③, ④)번을 솔리드 모델링하여 실물의 특징이 가장 잘 나타나는 등각축을 선택하여 음영과 렌더링 처리가 된 등각투상도를 지급된 용지(A3 트레이싱지)에 본인이 직접 흑백으로 출력하여 제출한다.

2) 솔리드 모델링은 흑백으로 출력 시 형상이 잘 표현되도록 A2 크기 도면의 윤곽선 영역 내에 적절하게 배치되도록 한다.

3) 모델링한 각 부품은 비중을 7로 하여 g 단위로 비고란에 기입한다.

02 수험자 유의사항

1) 미리 작성된 Part program 또는 Block은 일체 사용할 수 없다.

2) 시작 전 바탕화면에 본인 비번호로 폴더를 생성한 후 이 폴더에 파일명을 비번호로 하여 작업내용을 저장하고, 시험 종료 후 하드디스크의 작업내용은 삭제한다.

3) 출력물을 확인하여 동일 작품이 발견될 경우 모두 부정행위로 처리된다.

4) 정전 또는 기계고장으로 인한 자료 손실을 방지하기 위하여 10분에 1회 이상 저장(Save)한다.

5) 제도 작업에 필요한 Data book은 열람할 수 있으나, 출제문제의 해답 및 투상도와 관련된 설명이나, 투상도가 수록되어 있는 노트 및 서적은 열람하지 못한다.

6) 좌측 상단에 수험번호, 성명을 먼저 작성하고, 오른쪽 하단에 표제란, 부품란을 만들어 제도한다.

7) 장비조작 미숙으로 파손 및 고장을 일으킬 염려가 있거나 출력시간이 30분을 초과할 경우에는 시험위원 합의하에 실격된다.

8) 과제에 표시되지 않은 표준부품은 Data book에서 가장 적당한 것을 선정하여 해당 규격으로 제도하고, 도면의 치수와 규격이 일치하지 않을 때에도 해당 규격으로 제도한다.

9) 연장시간 사용 시 허용 연장시간 범위 내에서 10분마다 3점씩 감점된다.

10) 다음 사항에 해당하는 작품은 채점대상에서 제외된다.

　　가) 시험시간 내에 1개의 부품이라도 제도되지 않은 작품

　　나) 주어진 각법을 지키지 않고 제도한 작품

　　다) 요구한 척도를 지키지 않고 제도한 작품

　　라) 요구한 도면 크기로 제도되지 않아 요구한 출력용지 크기가 맞지 않는 작품

　　마) 요구한 트레이싱지에 출력되지 않은 작품(불투명 용지나 백상지에 출력된 작품)

　　바) 끼워맞춤공차 기호를 기입하지 않았거나 아무 위치에 기입하여 제도한 작품

　　사) 기하공차 기호를 기입하지 않았거나 아무 위치에 기입하여 제도한 작품

　　아) 표면거칠기 기호가 기입되지 않았거나 아무 위치에 기입하여 제도한 작품

　　자) 3차원 솔리드 모델링을 제출하지 않은 작품

　　차) 기계제도 기본 지식이 없이 제도한 작품

11) 도면의 한계(Limits)와 선의 굵기, 문자의 크기를 구분하기 위한 색상을 다음과 같이 정한다.

　　가) 도면의 한계설정(Limits)

　　　　a와 b의 도면의 한계선(도면의 가장자리 선)은 출력되지 않도록 한다.

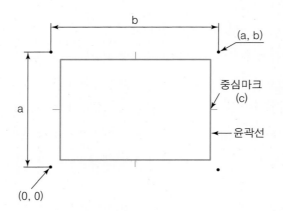

구분	도면의 한계		중심마크
	a	b	c
2차원 작업	420	594	10
3차원 작업	420	594	10

단위 : mm

　　나) 선 굵기와 문자, 숫자 크기 구분을 위한 색상 지정

선 굵기	색상(Color)	용도
0.7mm	하늘색(Cyan)	윤곽선, 부품번호 등
0.5mm	초록색(Green)	외형선, 개별주서 등
0.35mm	노란색(Yellow)	치수문자, 일반주서 등
0.25mm	흰색(White), 빨강(Red)	해칭, 치수선, 치수보조선, 중심선 등

　　다) 사용 문자의 크기는 7.0, 5.0, 3.5, 2.5 중 적절한 것을 선택한다.

12) 도면은 다음 양식에 맞추어 좌측 상단 A부에 수험번호와 성명을, 우측 하단 B부에는 표제란과 부품란을 작성하고, A부에 감독위원의 확인을 받아야 하며, 안전수칙을 준수하여야 한다.

13) 표제란 위에 있는 부품란에는 각 도면에서 제도하는 해당 부품만 기재한다.

14) 3차원 솔리드 모델링 작업에서는 A부만 작성한다.

15) 작업이 끝나면 제공된 USB에 바탕화면의 비번호 폴더 전체를 저장하고, 출력 시에는 시험 위원이 USB를 삽입한 후 수험자 본인이 시험위원 입회하에 직접 출력하며, 출력 소요시간은 시험시간에서 제외한다.

16) 지급된 시험 문제는 비번호 기재 후 반드시 제출한다.

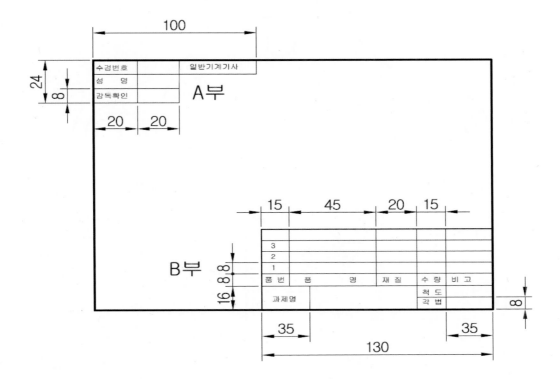

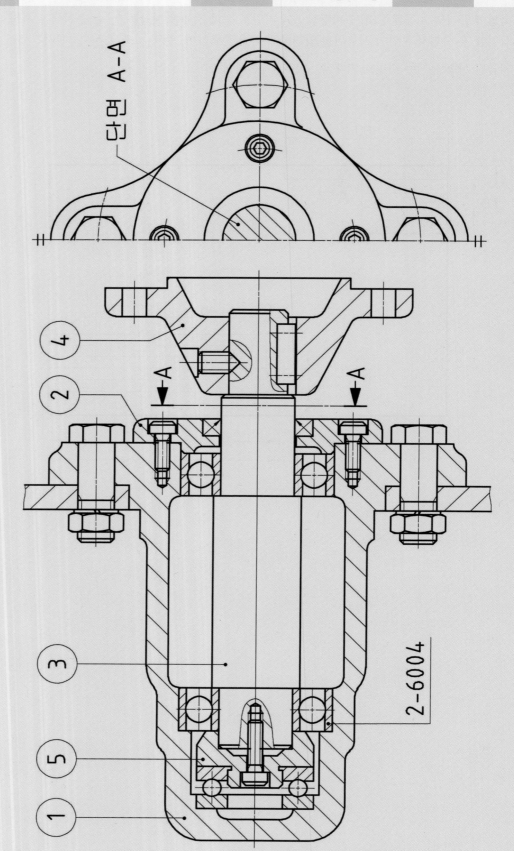

단면 A-A

2-6004

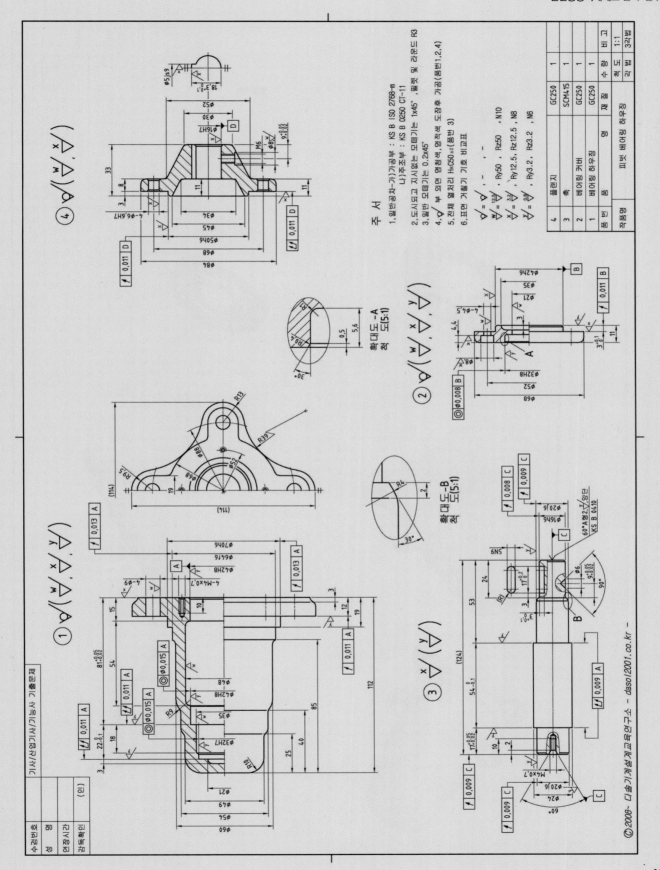

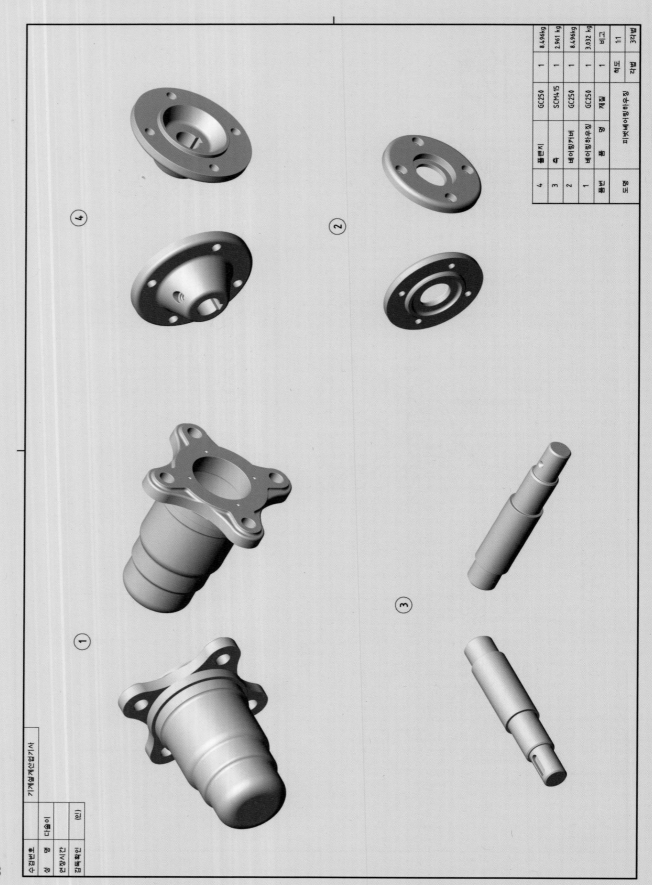

2 품번	품명	재질	수량	비고
4	플랜지	GC250	1	8.496kg
3	축	SCM415	1	2.961 kg
2	베어링커버	GC250	1	8.496kg
1	베어링하우징	GC250	1	3.032 kg
품번	품 명	재 질	수량	비고

척 도	1:1

| 2 품명 | 피벗베어링하우징 |

06 | 전산응용기계제도 기능사/기계기사 실기시험 방법 및 도면 제출방법

01 3D 도면 배치

1) 렌더링 방식만 사용한다.

2) 인벤터/솔리드웍스/카티아 에서 기본틀부터 부품, 도면배치 및 출력(PDF)까지 전부 한다.

02 2D 도면 배치

3차원 작업을 먼저 하고 투상도 도면배치까지 한 후 AutoCAD로 파일을 저장해서 마무리 작업(치수, 표면 거칠기, 형상공차, 주서) 및 출력 작업을 한다.(인벤터의 경우 3D와2D 모두 마무리 할수 있음)

03 배점

1) 2차원 작업 : 약 80~90%

2) 3차원 작업 : 약 10~20%

04 사용 소프트웨어 및 하드웨어

1) 사용 소프트웨어의 종류 및 버전의 제한 없이 요구하는 부품에 대하여 2차원 도면, 3차원 도면 2장을 A3 용지에 출력하여 제출하면 된다.

2) 제도 시 3차원 작업 후 이를 이용하여 2차원 작업을 하든지 2차원, 3차원 작업을 개별적으로 하든지 수험 자가 임의대로 선택하여 작업하면 되고, 소프트웨어도 각각 따로 사용하던지 하나만 가지고 2차원, 3차원 모두 하든지 임의대로 하면 된다.

3) 시험장에 설치된 소프트웨어가 본인이 사용했던 것과 다를 경우 및 지참 사용이 가능하며 부득이한 경우 노트북 등 컴퓨터도 지참 및 사용이 가능하다.(단, 이 경우 컴퓨터에는 해당 CAD 프로그램과 기본적인 OS 외에는 모두 삭제해야 함)

4) 출력은 사용하는 CAD 프로그램으로 출력하는 것이 원칙이나, 출력에 애로사항이 발생할 경우 pdf 파일로 변환하여 출력하는 것도 가능하다.

국가기술자격검정 실기시험문제

자격종목	전산응용기계제도 기능사/기계기사	작품명	도면 참조	형별	①

- 비번호
- 시험시간 : 표준시간 : 5시간

01 요구사항

[2차원 CAD 작업]

1) 지급된 조립 도면에서 부품(①, ②, ③, ④)번의 제작도를 CAD 프로그램을 이용하여 제도한 후 지급된 용지 (A3 트레이싱지)에 본인이 직접 흑백으로 출력하여 제출한다.

2) 부품 제작도는 과제의 기능과 동작을 정확히 이해하여 투상도, 치수, 치수공차와 끼워맞춤, 공차기호, 기하 공차 기호, 표면 거칠기 기호 등 부품 제작에 필요한 모든 사항을 기입한다.

3) 제도는 제3각법에 의해 A2 크기 도면의 윤곽선([2] 수험자 유의사항의 11)번 참조) 영역 내에 1:1로 제도한다.

4) 제도는 KS 규격에서 정한 바에 의하고, 규정되지 아니한 내용은 ISO 규격과 관례에 따른다.

[3차원 CAD 작업]

1) 지급된 조립 도면에서 부품(①, ②, ③, ④)번을 솔리드 모델링하여 실물의 특징이 가장 잘 나타나는 등각 축을 선택하여 음영과 렌더링 처리가 된 등각투상도를 지급된 용지(A3 트레이싱지)에 본인이 직접 흑백으로 출력하여 제출한다.

2) 솔리드 모델링은 흑백으로 출력 시 형상이 잘 표현되도록 A2 크기 도면의 윤곽선 영역 내에 적절하게 배치 되도록 한다.

02 수험자 유의사항

1) 미리 작성된 Part program 또는 Block은 일체 사용할 수 없다.

2) 시작 전 바탕화면에 본인 비번호로 폴더를 생성한 후 이 폴더에 파일명을 비번호로 하여 작업내용을 저장하고, 시험 종료 후 하드디스크의 작업내용은 삭제한다.

3) 출력물을 확인하여 동일 작품이 발견될 경우 모두 부정행위로 처리된다.

4) 정전 또는 기계고장으로 인한 자료손실을 방지하기 위하여 10분에 1회 이상 저장(Save)한다.

5) 제도 작업에 필요한 Data book은 열람할 수 있으나, 출제문제의 해답 및 투상도와 관련된 설명이나 투상도가 수록되어 있는 노트 및 서적은 열람하지 못한다.

6) 좌측 상단에 수험번호, 성명을 먼저 작성하고, 오른쪽 하단에 표제란, 부품란을 만들어 제도한다.

7) 장비조작 미숙으로 파손 및 고장을 일으킬 염려가 있거나 출력시간이 30분을 초과할 경우에는 시험위원 합의하에 실격된다.

8) 과제에 표시되지 않은 표준부품은 Data book에서 가장 적당한 것을 선정하여 해당 규격으로 제도하고, 도면의 치수와 규격이 일치하지 않을 때에도 해당 규격으로 제도한다.

9) 연장시간 사용 시 허용 연장시간 범위 내에서 10분마다 3점씩 감점된다.

10) 다음 사항에 해당하는 작품은 채점대상에서 제외된다.

  가) 시험시간 내에 1개의 부품이라도 제도되지 않은 작품

  나) 주어진 각법을 지키지 않고 제도한 작품

  다) 요구한 척도를 지키지 않고 제도한 작품

  라) 요구한 도면 크기로 제도되지 않아 요구한 출력용지 크기가 맞지 않는 작품

  마) 요구한 트레이싱지에 출력되지 않은 작품(불투명 용지나 백상지에 출력된 작품)

  바) 끼워맞춤공차 기호를 기입하지 않았거나 아무 위치에 기입하여 제도한 작품

  사) 기하공차 기호를 기입하지 않았거나 아무 위치에 기입하여 제도한 작품

  아) 표면거칠기 기호가 기입되지 않았거나 아무 위치에 기입하여 제도한 작품

  자) 3차원 솔리드 모델링을 제출하지 않은 작품

  차) 기계제도 기본 지식이 없이 제도한 작품

11) 도면의 한계(Limits)와 선의 굵기와 문자의 크기를 구분하기 위한 색상을 다음과 같이 정한다.

　가) 도면의 한계설정(Limits)

　　　a와 b의 도면의 한계선(도면의 가장자리 선)은 출력되지 않도록 한다.

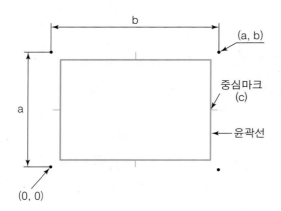

단위 : mm

구분	도면의 한계		중심마크
	a	b	c
2차원 작업	420	594	10
3차원 작업	420	594	10

　나) 선 굵기와 문자, 숫자 크기 구분을 위한 색상 지정

선 굵기	색상(Color)	용도
0.7mm	하늘색(Cyan)	윤곽선, 부품번호 등
0.5mm	초록색(Green)	외형선, 개별주서 등
0.35mm	노란색(Yellow)	치수문자, 일반주서 등
0.25mm	흰색(White), 빨강(Red)	해칭, 치수선, 치수보조선, 중심선 등

　다) 사용 문자의 크기는 7.0, 5.0, 3.5, 2.5 중 적절한 것을 사용한다.

12) 도면은 다음 양식에 맞추어 좌측 상단 A부에 수험번호와 성명을, 우측 하단 B부에 표제란과 부품란을 작성하고, A부에 감독위원의 확인을 받아야 하며, 안전수칙을 준수하여야 한다.

13) 표제란 위에 있는 부품란에는 각 도면에서 제도하는 해당 부품만 기재한다.

14) 3차원 솔리드 모델링 작업에서는 A부만 작성한다.

15) 작업이 끝나면 제공된 USB에 바탕화면의 비번호 폴더 전체를 저장하고, 출력 시에는 시험 위원이 USB를 삽입한 후 수험자 본인이 시험위원 입회하에 직접 출력하며, 출력 소요시간은 시험시간에서 제외한다.

16) 지급된 시험 문제는 비번호 기재 후 반드시 제출한다.

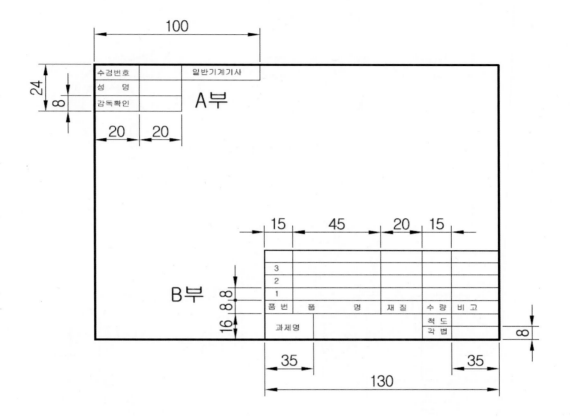

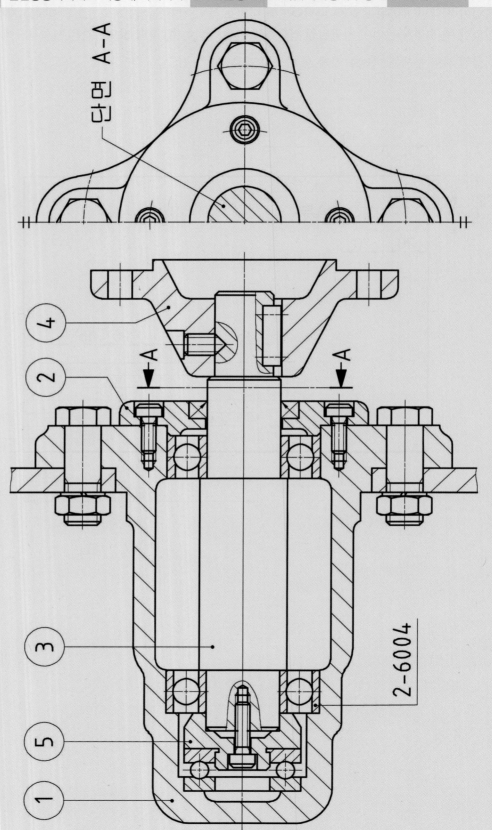

단면 A-A

2-6004

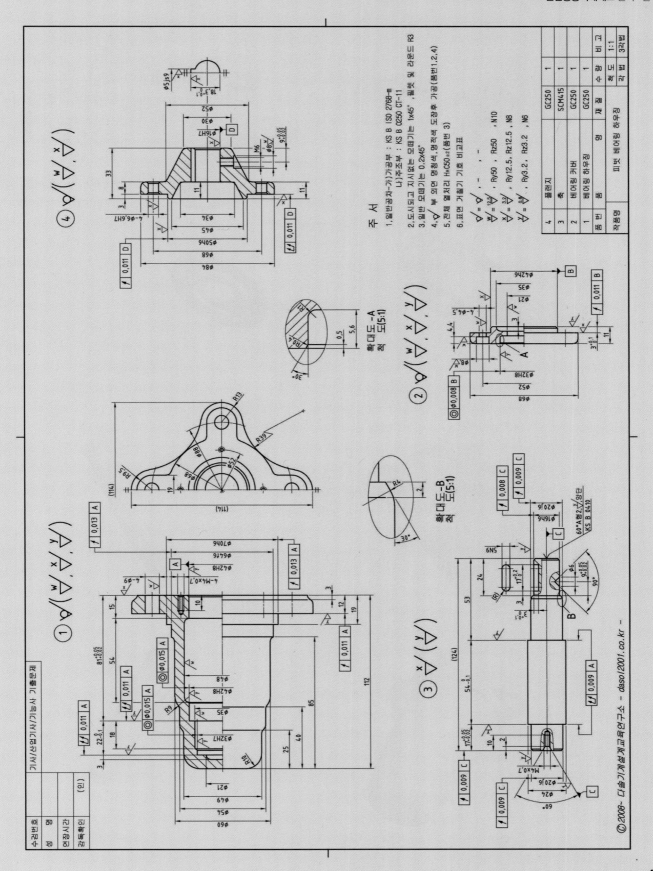

주 서
1. 일반공차-가) 가공부 : KS B ISO 2768-m
          나) 주조부 : KS B 0250 CT-11
2. 도시되고 지시없는 모떼기는 1x45°, 필렛 및 라운드는 R3
3. 일반 모떼기는 0.2x45°
4. ◯부 외면 명청색, 영작색 도장후 가공(품번1,2,4)
5. 전체 열처리 HₐC50±2(품번 3)
6. 표면 거칠기 기호 비교표

665

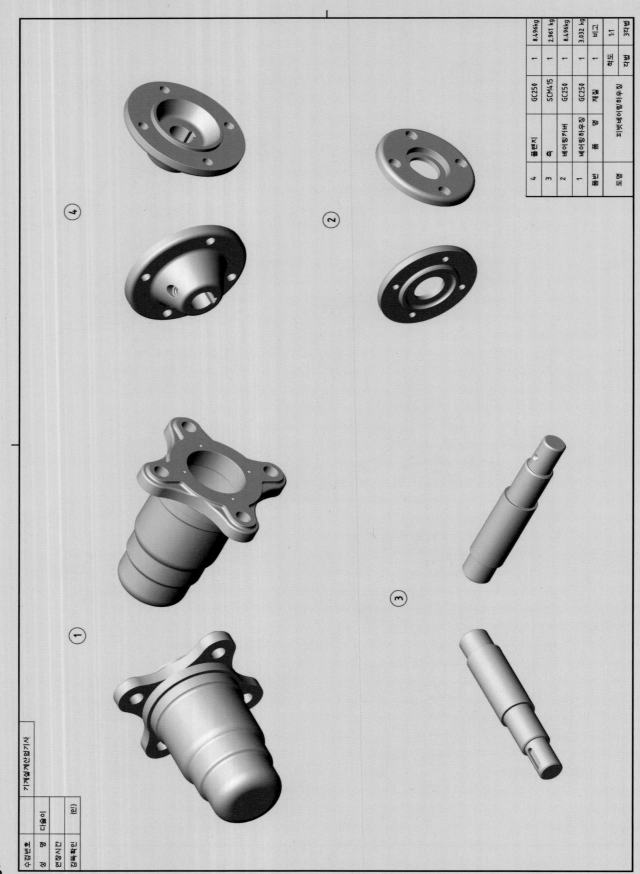

품번	품 명	재 질	수량	비고
4	플랜지	GC250	1	8.496kg
3	축	SCM415	1	2.961 kg
2	베어링커버	GC250	1	8.496kg
1	베어링하우징	GC250	1	3.032 kg
품번	품 명	재질	수량	비고

피벗베어링하우징 척도 1:1

MEMO

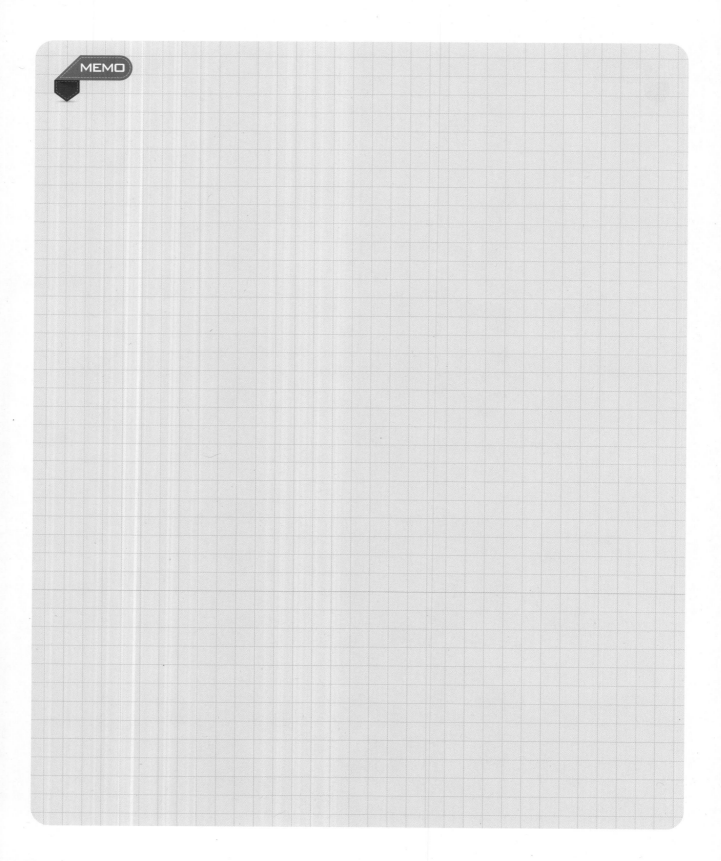

전산응용기계제도
실기 · 실무

발행일 | 2008년 1월 10일 초판 발행
2016년 6월 10일 11차 전면개정
8월 10일 12차 개정
2017년 1월 15일 13차 개정
3월 10일 14차 개정
5월 10일 2쇄
9월 10일 3쇄
2018년 2월 5일 15차 전면개정
6월 5일 2쇄
2019년 2월 10일 16차 전면개정
3월 25일 2쇄
2020년 1월 5일 3쇄
8월 10일 17차 개정
2021년 3월 10일 18차 개정
10월 10일 19차 개정
2022년 9월 20일 20차 개정
2024년 5월 20일 21차 개정

저　자 | 권 신 혁
발행인 | 정 용 수
발행처 | 예문사
주　소 | 경기도 파주시 직지길 460(출판도시) 도서출판 예문사
T E L | 031) 955-0550
F A X | 031) 955-0660
등록번호 | 11-76호

정가 : 39,000원

http : //www.yeamoonsa.com

ISBN 978-89-274-5451-9 13550